普通高等教育规划教材

海洋食品学

MARINE FOOD SCIENCE

张拥军　主编

中国质检出版社
中国标准出版社
北　京

图书在版编目（CIP）数据

海洋食品学/张拥军主编. —北京：中国质检出版社，2015.8
ISBN 978-7-5026-4164-1

Ⅰ.①海… Ⅱ.①张… Ⅲ.水产品—食品加工 Ⅳ.①TS254

中国版本图书馆 CIP 数据核字（2015）第 122730 号

内容提要

本书共分五章，介绍了海洋食品资源现状（海洋水产动物、海洋水产植物及海洋水产微生物资源）和海洋食品资源的原料特性、加工现状及发展趋势，重点阐述了海洋食品的加工贮藏技术、海洋食品的深加工技术、海洋食品危害及质量控制技术，力求突出反映加工贮藏技术及检验技术的最新成果，拓宽读者视野，增加时效性，兼顾海洋食品的基础知识、加工技术和成熟的检验技术方法，充分体现了海洋食品从原料加工到质量检测的全过程完整体系与实用性。

本书可作为高等院校食品科学与工程、食品质量与安全及相关专业的教材，也可作为相关领域食品检验人员的参考书。

中国质检出版社
　　　　　　　　　　　　　　　出版发行
中国标准出版社

北京市朝阳区和平里西街甲 2 号 （100029）
北京市西城区三里河北街 16 号 （100045）
网址：www.spc.net.cn
总编室：(010)68533533　发行中心：(010)51780238
读者服务部：(010)68523946
中国标准出版社秦皇岛印刷厂印刷
各地新华书店经销

*

开本 787×1092　1/16　印张 19.75　字数 485 千字
2015 年 8 月第一版　2015 年 8 月第一次印刷

*

定价 **42.00** 元

前　言

21 世纪人类面临着"人口剧增、资源匮乏、环境恶化"三大问题的严峻挑战，随着陆地资源的日益减少，开发海洋、向海洋索取资源变得日益迫切和重要。一场以开发海洋为标志的"蓝色革命"正在世界范围内兴起，许多沿海国家都把开发利用海洋作为基本国策，如美国国家研究委员会（National Research Council）和国立癌症研究所（National Cancer Institute）每年用于海洋生物资源开发研究的经费分别在 5000 万美元以上并逐年增长；日本海洋生物技术研究院及日本海洋科学和技术中心每年用于海洋生物资源研究的经费在 1 亿美元以上；欧共体海洋科学和技术（Marine Sciencesand Technology，简称 MAST）计划每年用于海洋生物资源研究的经费也在 1 亿美元以上。1996 年，我国正式启动了海洋"863"计划，并已取得了令人鼓舞的成绩，但仍然存在许多问题：海产原料种类繁多，但产品种类相对较少；海洋食品原料中存在的安全问题及生产加工过程中的质量控制与安全监控问题。针对海洋水产品的特殊性，缺乏先进的贮藏加工技术，创新有待加强等。现有相关教材已不能满足当前的教学科研要求，为了适应新形势的需要，满足轻工类院校食品专业、水产品加工专业及从事食品工业科技人员的需求，在中国质检出版社的大力支持下，我们组织编写了本书。

本书由张拥军主编，李振兴、潘家荣为副主编，参加编写的人员有：张拥军、李振兴（中国海洋大学）、潘家荣、王革、朱丽云、赵元晖（中国海洋大学）、李佳（未标出单位者单位均为中国计量学院）。编写分工为：第一章由李振兴编写，第二章由张拥军编写，第三章由张拥军、李佳编写，第四章由张拥军、潘家荣、朱丽云编写，第五章由李振兴、王革编写。几位教师充分利用自己丰富的教学经验，参阅和吸收了国内外大量先进技术和相关知识，并进行了归纳整理。全书由张拥军负责编审统稿。

由于海洋食品加工与检验技术和方法异常繁多，且发展迅速，限于作者的专业水平，加之时间相对仓促，书中错误和遗漏之处在所难免，真诚期待广大读者批评、指正（yjzhang@ vip. 163. com，0571 – 87676199）。

张拥军
2015 年 6 月于杭州

目 录

第1章 海洋食品资源概述 …………………………………………………（ 1 ）
1.1 我国海洋食品原料概述 …………………………………………（ 1 ）
1.2 海洋食品原料的特性 ……………………………………………（ 2 ）
　1.2.1 多样性 ……………………………………………………（ 2 ）
　1.2.2 易腐性 ……………………………………………………（ 2 ）
　1.2.3 渔获量不稳定性 …………………………………………（ 3 ）
　1.2.4 原料成分的多变性 ………………………………………（ 3 ）
1.3 海洋食品加工现状及发展趋势 …………………………………（ 4 ）
　1.3.1 海洋食品加工的意义 ……………………………………（ 4 ）
　1.3.2 海洋食品加工的发展历史及现状 ………………………（ 4 ）
　1.3.3 海洋食品加工的重点发展方向 …………………………（ 6 ）
第2章 海洋食品原料 ………………………………………………………（ 8 ）
2.1 海洋食品加工原料 ………………………………………………（ 8 ）
　2.1.1 海洋鱼类 …………………………………………………（ 8 ）
　2.1.2 海洋软体类 ………………………………………………（ 20 ）
　2.1.3 甲壳类 ……………………………………………………（ 35 ）
　2.1.4 海藻类 ……………………………………………………（ 42 ）
　2.1.5 其他类 ……………………………………………………（ 48 ）
2.2 主要海洋功能性食品原料 ………………………………………（ 50 ）
　2.2.1 海洋动物 …………………………………………………（ 51 ）
　2.2.2 海洋植物 …………………………………………………（ 60 ）
　2.2.3 海洋微生物 ………………………………………………（ 64 ）
2.3 海洋食品原料的化学成分及特性 ………………………………（ 67 ）
　2.3.1 海洋食品蛋白质 …………………………………………（ 67 ）
　2.3.2 海洋食品脂质 ……………………………………………（ 70 ）
　2.3.3 海洋食品糖类 ……………………………………………（ 71 ）
　2.3.4 海洋食品维生素 …………………………………………（ 73 ）
　2.3.5 海洋食品无机质 …………………………………………（ 74 ）
　2.3.6 海洋食品色素物质 ………………………………………（ 75 ）
　2.3.7 海洋食品呈味物质 ………………………………………（ 79 ）
　2.3.8 海洋食品挥发性物质 ……………………………………（ 82 ）
2.4 海洋食品原料的品质变化 ………………………………………（ 85 ）
　2.4.1 海洋食品死后的品质变化 ………………………………（ 85 ）
　2.4.2 海洋食品保鲜过程中的品质变化 ………………………（ 88 ）

第3章　海洋食品贮藏加工技术 ……………………………………………………（90）

3.1　海洋食品贮藏技术 ……………………………………………………………（90）

3.1.1　海洋食品保活技术 ………………………………………………………（90）

3.1.2　海洋食品保鲜技术 ………………………………………………………（92）

3.1.3　海洋食品烟熏加工技术 …………………………………………………（99）

3.1.4　海洋食品腌制加工技术 …………………………………………………（102）

3.1.5　海洋食品罐藏加工技术 …………………………………………………（104）

3.2　海洋食品加工技术 ……………………………………………………………（107）

3.2.1　海洋鱼类食品加工 ………………………………………………………（107）

3.2.2　海洋虾、蟹、贝类食品加工 ……………………………………………（120）

3.2.3　海洋藻类食品加工 ………………………………………………………（130）

3.2.4　海洋仿生食品加工 ………………………………………………………（141）

第4章　海洋食品深加工技术 ……………………………………………………（162）

4.1　海洋多糖加工技术与功能 ……………………………………………………（162）

4.1.1　海藻多糖加工技术与功能 ………………………………………………（163）

4.1.2　海洋动物多糖加工技术与功能 …………………………………………（190）

4.1.3　海洋微生物多糖加工技术与功能 ………………………………………（199）

4.2　海洋蛋白质加工技术与功能 …………………………………………………（204）

4.2.1　海洋动物蛋白质加工技术与功能 ………………………………………（204）

4.2.2　海洋藻类蛋白质加工技术与功能 ………………………………………（221）

4.2.3　海洋细菌蛋白加工技术与功能 …………………………………………（230）

4.3　海洋脂质加工技术与功能 ……………………………………………………（236）

4.3.1　海洋动物脂质加工技术与功能 …………………………………………（236）

4.3.2　海洋藻类脂质加工技术与功能 …………………………………………（257）

4.3.3　海洋细菌脂质加工技术与功能 …………………………………………（267）

第5章　海洋食品危害及质量控制技术 …………………………………………（270）

5.1　海洋食品危害概述 ……………………………………………………………（270）

5.1.1　生物性危害 ………………………………………………………………（270）

5.1.2　化学性危害 ………………………………………………………………（271）

5.1.3　物理性危害 ………………………………………………………………（273）

5.2　海洋食品生产体系中的主要危害 ……………………………………………（273）

5.2.1　海洋食品中可能存在的天然有毒有害成分 ……………………………（273）

5.2.2　养殖及捕获前可能产生的危害 …………………………………………（278）

5.2.3　捕获后及加工过程中可能产生的危害 …………………………………（286）

5.2.4　保藏及流通过程中可能产生的危害 ……………………………………（288）

5.3　海洋食品质量控制技术 ………………………………………………………（289）

5.3.1　感官鉴定控制技术 ………………………………………………………（289）

5.3.2　微生物鉴定控制技术 ……………………………………………………（290）

5.3.3　理化指标鉴定控制技术 …………………………………………………（294）

主要参考文献 ………………………………………………………………………（305）

第1章 海洋食品资源概述

> **教学目标：**掌握我国海洋食品资源的分布情况，了解海洋生物资源的基本特性，特别是其与陆上生物资源的区别；掌握我国海洋食品加工业的现状及发展趋势，了解海洋食品加工业在食品加工业中的地位。

1.1 我国海洋食品原料概述

海洋食品是以生活在海洋中的有经济价值的水产生物为原料，经过各种方法加工制成的食品。海洋动物原料以鱼类为主，其次是虾蟹类、头足类、贝类等；海洋植物原料以藻类为主。

我国海疆辽阔，环列于大陆东南面有渤海、黄海、东海和南海四大海域，海岸线长达18000多公里，可管辖海域300万平方公里。大小岛屿5000多个，蕴藏着丰富的海洋渔业资源。我国海域地处热带、亚热带和温带3个气候带，水产品种类繁多。仅鱼类就有冷水性、温水性和暖水性鱼类、大洋性长距离洄游鱼类、定居短距离鱼类等许多种。我国海区的大陆架又极为宽阔，是世界上最宽的大陆架海区之一，各海区平均深度较小，沿岸有众多江河径流入海，带入大量营养物质，为海洋渔业资源的生长、育肥和繁殖提供了优越的场所，为发展人工增殖资源提供了有利条件。我国海洋鱼类有1700余种，经济鱼类约300种，其中最常见而产量较高的有六七十种。此外，还有藻类约2000种，甲壳类近1000种，头足类约90种。在我国沿岸和近海海域中，底层和近底层鱼类是最大的渔业资源类群，产量较高的鱼种有带鱼、马面鲀、大黄鱼、小黄鱼等；其次是中上层鱼类，广泛分布于黄海、东海和南海，产量较高的鱼种有太平洋鲱、日本鲭、蓝圆鲹、鳓、银鲳、蓝点马鲛、竹筴鱼等，各海区都还有不同程度的潜力可供开发利用。分布在中国海域的甲壳类不仅种类繁多，而且生态类型也多样性，有个体小、游泳能力弱、营浮游生活的浮游甲壳类和常栖息于水域底层的底栖甲壳类两大群。在甲壳类动物中，目前已知的有蟹类600余种，虾类360余种，磷虾类42种。其中有经济价值并构成捕捞对象的有四五十种，主要为对虾类、虾类和梭子蟹科，其主要品种有中国对虾、中国毛虾、三疣梭子蟹等。头足类是软体动物中经济价值较高的种类。我国近海约有90种，捕捞对象主要是乌贼科、枪乌贼科及柔鱼科。资源种类主要有曼氏无针乌贼、中国枪乌贼、太平洋褶柔鱼、金乌贼等。头足类资源与出现衰退的经济鱼类相比，是一类具有较大潜力、开发前景良好的海洋渔业资源。此外，还有很多种既可采捕又能进行人工养殖的贝类，如双壳类的牡蛎、贻贝、蛏、蚶等，其中鲍、干贝（扇贝的闭壳肌）等都是珍贵的海产食品。

世界上藻类植物约有2100个属，27000种。藻类对环境条件适应性强，不仅能生长在江河、溪流、湖泊和海洋，也能生长在短暂积水或潮湿的地方。藻类的分布范围极广，从热带到北极,从积雪的高山到温热的泉水,从潮湿的地面到不深的土壤,几乎都有藻类分布。经济海藻以大型海藻为主,人类已利用的约 100 多种,列入养殖的只有五个属,即海藻、裙带菜、紫菜、江蓠和麒麟菜属。我国最早开发了海带养殖技术,1988 年产量达到 21.64 万 t(干),居世界之首。裙带菜以朝鲜和日本分布较广,我国主要分布在浙江埭山岛。世界上的三大紫菜养殖国家是日本、朝鲜和中国。江蓠是生产琼胶的主要原料,我国常见的有 10 余种,年产约 4000t(干)。麒麟菜属热带、亚热带藻类,我国自然分布于海南省的东沙和西沙群岛及台湾省海区,近年来还从菲律宾引入长心麒麟菜进行养殖。藻类除了可以食用之外,藻胶在工业上被广泛利用,单细胞藻类作为饲料蛋白源也具有重要的意义。

1.2　海洋食品原料的特性

1.2.1　多样性

1.2.1.1　种类多

我国海洋食品资源丰富,水产食品原料品种多、分布广。有海洋的鱼类,甲壳动物中的虾蟹类、软体动物中的头足类和贝类,还有藻类等。以鱼类为例,我国常见的有经济意义的鱼类有 200 多种,在黄渤海地区以暖温性鱼类为主,东海、南海以及台湾以东海区主要是暖水性鱼类。按照肌肉颜色分为两大类,一类是体内肌红蛋白、细胞色素等色素蛋白含量较高,肉带红色的红肉鱼类,如鲐鱼、沙丁鱼、金枪鱼等洄游性鱼类;另一类是肌肉中仅含有少量色素蛋白,肉色近乎白色的白肉鱼类,如鳕鱼、鲷鱼等游动范围比较小的鱼类。

1.2.1.2　含脂量差异大

鱼体中脂肪的含量将直接影响鱼的风味和营养价值,通常含脂量多的鱼肉能给人以细腻、肥厚的感觉。鱼的种类不同,其脂肪含量有很大的差异。海洋洄游性中上层鱼类如金枪鱼、鲱、鲐、沙丁鱼等的脂肪含量大多高于鲆、鲽、鲷、黄鱼等底层鱼类。前者一般称为多脂肪鱼类,其脂肪含量通常为 10%～15%,高时可达 20%～30%;后者一般称为少脂肪鱼类,其脂肪含量多在 5% 以下,鲆、鲽和鳕鱼则低达 0.5%。鱼体的部位、年龄不同,脂肪含量也有差异。一般头部、腹部和鱼体表层肌肉的脂肪含量多于尾部、背部和鱼体深层肌肉的脂肪含量,参见表 1-1。年龄、体重大的鱼,其肌肉中的脂肪的含量高于年龄、体重小的鱼。此外,暗色肉的脂肪含量高于普通肉的含脂量。

表 1-1　鲷不同部位肌肉的脂肪含量　　　　　　　　　　　　　%

部位	头肉	背肉	腹肉	尾肉
脂肪含量	7.94	4.12	60.2	4.95

1.2.2　易腐性

海洋动物较陆产动物易于腐败变质,其原因主要有两个:一是原料的捕获与处理方式;二是其组织、肉质的脆弱和柔软性。渔业生产季节性很强,特别是渔汛期,渔获高度集中。鱼类捕获后,除金枪鱼等大型鱼外,很少能马上刨肚处理,而是带着易于腐败的内脏和鳃等进行运输和销售，细菌容易繁殖。另外，鱼类的外皮薄，鳞片容易脱落，在用底网拖、延绳网、刺网等捕捞时，鱼体容易受到机械损伤，细菌就从受伤的部位侵入鱼体。即使在冰藏条件下，水中的细菌也会浸入鱼体肌肉。

从海洋食品原料本身的特性看，鱼类的肌肉组织水分含量高，肌基质蛋白较少，比畜肉组织柔软细嫩。鱼体内所含的酶类在常温下活性较强，死后僵硬、解僵和自溶过程的进程快，因鱼肉蛋白质分解而产生的大量低分子代谢物和游离氨基酸，成为细菌的营养物。鱼体表面组织脆弱、鳞片易于脱落，容易受到细菌的侵入。同时，鱼类除消化道外，鳃及体表也附有各种细菌，体表的黏液更是起到培养基的作用，成为细菌繁殖的好场所。因此，捕获后的水产品必须及时采取有效的保护措施，才能避免腐败变质的发生。

1.2.3　渔获量不稳定性

海洋食品原料的稳定供给是海洋食品加工生产的首要条件。但是，鱼类等海洋食品原料的渔获量受季节、渔场、海况、气候、环境生态等多种因素的影响，难以保证一年中稳定的供应，使海洋食品的加工具有季节性。特别是人为的捕捞因素更会引起种群数量的剧烈变动，甚至引起整个水域种类组成的变化。例如，我国原来的四大海产经济鱼类中的大黄鱼、小黄鱼和带鱼，由于资源的变动和酷渔滥捕等原因，产量日益下降；而某些低值鱼类如鲐鱼、沙丁鱼等的产量大幅度上升。随着我国远洋渔业的发展，柔鱼和金枪鱼的渔获量正在逐年增加。为了保护我国海洋渔业资源，减少幼鱼的海捕产量，我国沿海各海域已经实行伏季休渔制度。1999 年我国农业部规定，海洋捕捞计划产量实行"零增长"，为渔业的持续发展奠定基础，并逐步地向科学管理、合理利用海洋食品原料资源的方向发展。

1.2.4　原料成分的多变性

鱼类由于一年之中不同季节的温度变化，以及生长、生殖、洄游和饵料来源等生理生态上的变化不同，造成鱼体中脂肪、水分甚至蛋白质等成分的明显变化。鱼类中洄游性多脂鱼类脂肪含量的季节变化最大，一般在温度高、饵料多的季节，鱼体生长快，体内脂肪蓄积增多，到冬季后则逐渐减少。此外，生殖产卵前的脂肪含量高，到产卵后大量减少。虾、蟹和贝类等水产动物表现为糖原和蛋白质含量的季节性增减变化。

饵料对于鱼类肌肉成分的变化也是有影响的。以天然鳗鲡和养殖鳗鲡鱼肉的化学组成作比较（参见表 1 - 2），养殖鳗鲡的脂肪含量明显高于天然鳗鲡，水分含量则与此相反，其他成分如蛋白质等变化不大。刺网、鱼龄、鱼体大小对鱼肉成分也有影响。

表 1 - 2　天然鳗鲡和养殖鳗鲡的化学组成比较

成　分	天然鳗鲡 （体重 135 ~ 150g，3 尾）	养殖鳗鲡 （体重 130 ~ 200g，14 尾）
水分	69. 35 ~ 71. 98	56. 3 ~ 64. 2
干物质	28. 02 ~ 30. 75	35. 8 ~ 43. 7
灰分	1. 60 ~ 2. 54	1. 41 ~ 1. 95
粗脂肪	9. 94 ~ 13. 81	18. 74 ~ 27. 01
总氮	2. 21 ~ 2. 62	2. 25 ~ 2. 62

1.3　海洋食品加工现状及发展趋势

1.3.1　海洋食品加工的意义

海洋食品加工是渔业生产活动的延续，是捕捞、养殖水产品从生产到流通上市过程的重要中间环节，也是连接渔业生产和市场的桥梁。因此，海洋食品加工不仅对海洋捕捞和养殖，还对海洋食品市场以及其他相关行业都具有重要的意义。

海洋食品加工是渔业发展的必然要求。目前，我国渔业已发展到相当规模，产量迅速提高。渔业将不再是单纯的生产环节，它将需要发展新的产业链条——海洋食品加工来满足市场需求，同时促进生产、提高效益和产业素质。通过海洋食品加工，可以更好地推动渔业产业化的发展。海洋食品加工已经成为我国渔业内部的三大支柱产业之一。发展海洋食品加工，可以支持和促进捕捞和养殖生产的发展。由于渔业经营链条短，使得一些大宗水产品（特别是四大家鱼）出现了滞销，市场疲软，价格低迷，生产效益下降；同时由于渔业产品具有季节性，淡旺季节明显，产品上市较为集中，导致价格低及销售不畅。这极大地挫伤了广大渔民的积极性，要使我国渔业特别是大宗水产品养殖走出困境，根本的出路在于发展海洋食品加工业，以实现渔业的增产增收。

海洋食品加工的发展，提高了产品的附加值。过去我国的海洋食品加工主要是传统加工（腌制、干制等）方式，产品结构单一，经济效益不好。随着科学技术的进步以及先进生产设备和加工技术的引进，我国的海洋食品加工技术、方法和手段已经发生了根本性的改变，海洋食品的加工技术含量和经济附加值有了很大的提高。例如利用优质的海水鱼或淡水鱼，开发了方便卫生的冷冻调理制品、单体速冻制品、保鲜冻干制品等；采用冷杀菌技术，开发了可保持食品中营养成分、功能成分和色、香、味的高档系列保鲜加工品；利用小型鱼虾，开发了盐制、干制、熏制、糟制等休闲水产食品；利用低值鱼或鱼类加工下脚料提取鱼泊，开发 EPA 和 DNA 保健品，及大批模拟食品，如鱼糕、鱼丸、鱼卷、仿虾仁、仿鱼翅、仿扇贝等鱼糜制品；利用鱼头、骨、鳞、皮加工成鱼骨鱼鳞胶和复合氨基酸钙等产品；利用甲壳制备壳聚糖及其衍生物，用于医药工业；利用藻类可制成营养价值极高的食品，如富含蛋白质的螺旋藻、富含胡萝卜素的盐藻。经过加工后的海洋食品提高了产品的使用价值，增加原产品的附加值。海洋食品加工行业的发展，同时也带动了相关行业的发展，例如机械行业、包装行业和运输行业等。因此，海洋食品加工业的发展，不仅具有明显的经济效益，还具有明显的社会效益。

总之，海洋食品加工主要通过人工方法，改变海洋水产资源的原始性状，多层次地加工各种制品，为人们提供以食用为主的多用途产品，在海洋食品资源转换成商品的社会化生产过程中，提供了不可或缺的技术性支撑，在海、淡水养殖业、海水捕捞业和远洋渔业的大生产、大流通中，发挥着日益重要的作用。

1.3.2　海洋食品加工的发展历史及现状

海洋食品加工在我国具有悠久的历史。我国人民很早就掌握了简单的鱼类加工技术，如将鱼用盐腌制或将鲜鱼晒制成干鱼储藏，"鲍鱼之肆"即为成鱼加工厂。发展至明代，由于官方对渔业的重视，渔业生产大为发展，海洋水产加工制品的数量也大大增加、质量越来越好，海洋食品加工工艺趋于多样化、精致化，加工工艺更为丰富多彩。时至清代后期，渔获物的冷藏保鲜渐行，尤其是冰厂渐多以后，原多只用于进贡皇家的冷藏厂逐渐推广。清代末期，又从海外引进水产品罐装加工技术。另外，人们对非食用类的副产品也予以加工利用，做到物尽其用。

我国海洋食品加工的研究始于 20 世纪 50 年代末。20 世纪 80 年代以前，重点研究了海水鱼虾的保鲜技术，借鉴国外的经验并结合国情，研究了海上渔获物的冰藏保鲜、冷海水保鲜、微冻保鲜和药物保鲜等方法和应用；设计制造了冷却海水保鲜船，取得明显效果。20 世纪 60 年代还重点开展了防止盐干鱼油脂氧化和海带综合利用技术的研究，采用 BHA、BHT 等抗氧化剂解决盐干鱼油脂氧化问题，并取得了从海带中提取褐藻胶、甘露醇和碘的成功，为 70 年代末 80 年代初建立我国海带化工产业奠定了基础。"六五"期间（1980—1984 年），开展了海水鱼冷藏链保鲜技术研究和淡水鱼保鲜方法的研究，使我国海水鱼的保鲜水平达到或接近世界先进水平，20 世纪 60 年代海水鱼腐败变质率达到 10% 的局面已经成为历史。到 1990 年，我国渔业产量开始名列世界首位，至今已连续 18 年名列世界首位。目前，渔业工作重心开始由数量扩张型向质量效益型转变。20 世纪 80 年代后期至今，我国在水产食品加工和综合利用方面做了大量的研究，开发了罐头、鱼糜制品、冷冻品、调理食品、鱼香肠、各种风味小吃等；利用生物化学和酶化学技术从低值水产品和加工废弃物中研制出一大批综合利用产品，如水解鱼蛋白、蛋白陈、甲壳素、水产调味品、鱼油制品、水解珍珠液、中华鳖精、紫菜琼胶、河豚毒素、海藻化工品等；部分产品的生产技术已达到世界先进水平。可以说，我国水产食品加工体系已逐步形成。水产食品在国内、国际市场上的需求量不断上升，高档水产食品的出口较以前有所增加。纵观近几年我国水产食品加工业发展的现状，主要呈现以下特征。

（1）海洋食品加工能力稳步增长。我国海洋食品加工企业多、加工产量大，而且加工比例有所提高。海洋食品加工企业在 2002 年有 8140 家，到 2007 年就达 12000 多家，在 5 年间（2002—2006 年）水产食品加工能力增长 67.7%，海洋食品加工产量所占总产量的比例达到 30.9%，海洋食品资源经深加工后产品附加值有了明显的提高。随着技术的进步、机械化程度的进一步提高，将大大提高海洋食品加工业的技术含量和企业技术改造的力度，更有利于增强我国加工产品在国际上的整体竞争能力，适应国际市场的需求。

（2）海洋水产资源加工食品的种类和产量快速增长。近 20 年来，我国海洋食品加工的比例和经济效益在逐年提高，精深加工比例也越来越高，产品结构也在不断优化。鱼类、虾类、贝类、中上层鱼类和藻类加工工业体系正在建立并逐渐完善。在烤鳗、鱼糜和鱼糜制品、紫菜、鱿鱼丝、冷冻小包装产品、海藻类等方面食品大规模地被开发和推广，不仅品种繁多，而且质量也达到或接近世界水平。在综合利用方面也研制出了一大批新产品，如胶原蛋白肽、甲壳素等，其中大部分已投入生产，获得较好的经济效益。在消费市场上，除了鲜活水产品外，冷冻品、干制品、烟熏制品仍然是市场消费的主体，上述三大类海洋食品占整个海洋食品加工市场的 80%，其中冷冻制品的产量占海洋食品加工总量的 59%，冷冻制品一直以来都是数量增长之冠。近几年来价廉物美的储藏方式已越来越被广大消费者所接受，但由于这三大类产品加工成本相对较低，风味独特，加之近年来高速公路和冷藏链的迅速发展，因此，这几类产品在未来很长一段时期内仍将主导消费市场。

（3）海洋食品加工技术及装备建设成效明显。我国的海洋食品原料冷库数、冻结能力及冷藏能力也有了较大提高，使加工原料及加工产品的质量进一步提高。近几年来

（2003—2006 年），我国的海洋资源冷库建设趋于稳定，连续几年增长幅度不大。我国海洋食品加工业自 20 世纪 80 年代以来，引进了一批国外先进技术和设备，加上我国科技人员的努力，一大批新产品、新设备也被开发出来。现全行业有冷冻调理食品、鱼糜和鱼片生产线数百条，烤鳗生产线 50 余条，紫菜精加工生产线 170 多条，干制品生产线 100 多条，盐渍海带、裙带菜生产线 50 余条。此外，还引进了许多鱼糜食品、模拟食品、鱿鱼丝、冷冻升华干燥、单冻和冷冻调味食品等的生产流水线或单机。我国自行设计制造了冷冻保鲜船和冷却海水保鲜船，一批加工机械如鱼糜、湿法鱼粉、平板冻结、烘房、杀菌器和紫菜加工机械等被设计和制造出来，不仅改善了工人的劳动强度，也提高了产品质量和效率，保证了产品的质量安全。

（4）加工技术基础研究少，自主创新能力不强。基础性研究是应用型研究的后盾和技术保证。世界上海洋食品加工基础理论的每一次突破，都推动了海洋食品加工科技的飞跃发展，促进海洋食品的开发和提高产品的科技含量，从而进一步提高海洋食品的质量和附加值。然而几十年来，我国在海洋食品加工和综合利用研究领域，一直以开发性研究为主，对基础性研究较为忽视，学科间的相互渗透不够，缺乏自主技术创新。由于 20 世纪末以来国家对海洋食品加工技术研究支持减少，科研经费相对不足，很多科研机构无法从事系统深入的应用基础理论研究。可喜的是，近年来我国在海洋食品加工业和综合利用方面的研究工作也已引起国家各级政府部门的重视，科技投入不断增加，如"十一五国家科技支撑计划""863 计划海洋技术领域"都专门为海洋水产食品加工开设了专题。相信在不远的将来，我国在海洋食品精深加工技术研究及应用方面将取得更大的进展，满足社会对海洋食品多样化、多层次、优质化、方便化、安全化和营养化等的需求。

（5）精深加工比例较低，废弃物综合利用少。发达国家海洋食品产量的 75% 左右是经过加工而后销售的，鲜销的比例只占总产量的四分之一。而我国的海洋食品主要以鲜销为主，目前的加工比例仅占总产量的 30% 左右，与世界发达国家 70% 以上的加工比例相比，我国海洋食品精深加工比例明显偏低。海洋食品加工主要以冷冻水产品、鱼糜制品、鱼干制品、鱼油及鱼粉饲料等加工产品为主。另外，海洋食品加工后产生的废弃物尚未得到充分的利用，而这些废弃物中仍含有大量蛋白质、多不饱和脂肪酸、有机钙、甲壳素等多种营养成分和活性物质，如何利用这些废弃物是体现加工水平的一个重要方面。

1.3.3　海洋食品加工的重点发展方向

海洋食品加工业的发展方向是重视海洋食品精深加工的技术创新，提高海产品加工的综合利用水平和效益。当前的首要任务是提高海洋食品加工水平和产品质量，积极发展高营养、低脂肪、无公害、环保型海洋食品。以大宗产品、低值产品精深加工和废弃物的综合利用为重点，采用先进的加工技术和加工方式，增强技术支撑，改变产品形态，优化产品结构，开发创立优质品牌产品，尤其是开发与利用冷冻鱼糜，开发高档新产品、复合制品和水生生物保健品等高附加值产品；提高海洋食品加工产业化水平，推进海水鱼、贝类、中上层鱼类、藻类加工体系的建立，建立健全海洋食品加工企业的产品质量保证体系，对外增加出口、对内满足各消费层次的需要；构建发达的海洋食品加工物流业，加强海洋食品市场建设和管理；培植和引导一批经营规模大、科技含量高、管理能力强、经济效益好、拥有自主品牌的海洋食品加工龙头企业；重点抓好海水鱼类、海水中上层鱼类加工综合利用、贝类净化加工等的基地和配套冷链设施建设；通过加快企业技术改造，促进适销对路的加工新品开发，发展既有营养又食用方便的加工制品，提高低值产品的综合利用率和附加值，不断提高国内外市场占有率和竞争力。

我国未来的海洋食品加工应朝着以下几个重点方向研发。

（1）海洋食品食用安全与质量保障技术的研究。工业废水、生活污水和养殖水体自身污染的影响，污染物通过食物链被水产动植物富集，从而影响海洋食品的食用安全。目前我国在海洋食品食用安全和质量监控方面的技术处于落后地位。要提高海产品在国际市场上的竞争力，就必须加强安全与质量保障技术的研究。

（2）大型远洋性鱼类超低温冻结保鲜加工技术及其装备研究。优质高档远洋性鱼类保鲜价值巨大，大型鱼类急速冻结处理难度巨大，小型高效船用保鲜加工设备研制困难。

（3）中上层小型高产多脂鱼类的有效开发利用技术。小型多脂鱼类传统上归为低值鱼类，事实上其营养保健价值反而更高，控制其氧化酸败的品质变化是技术关键。

（4）海洋食品废弃物综合利用技术。鱼、虾、贝、蟹等加工中产生的鱼头、鱼皮、内脏、鱼骨、甲壳和贝壳等大量不可食用的废弃物，其充分而高效的开发利用不仅可以变废为宝、减少污染，而且可以洁净生产、增加效益。另外胶原蛋白、多不饱和脂肪酸、活性多肽、多糖、动物钙源等功能性研发是重点。加强对这类生物资源加工技术的研究，研究低值水产品的成分、鱼肉结构等，提高其利用价值和附加值是当前面临的迫切任务。

（5）海洋微生物的有效开发。优势功能菌的筛选与利用，有毒有害菌的控制，微生物代谢产物利用等。

（6）高新技术在海产品保鲜加工与综合利用上的应用。快速检测技术、栅栏技术、超高压技术、超临界萃取技术、超微粉碎技术、微波技术、真空冻干技术、膜分离技术、微胶囊技术、纳米技术等。重点开发产品主要有：冷冻调理食品、休闲食品、快餐食品、微波食品、婴幼儿或老龄人食品、保健食品、工程食品（模拟食品）、健康饮料和调味品等，以便满足 21 世纪人们生活节奏不断加快、营养健康意识加强、消费层次多样化和个性化发展的要求。

总之，我国海洋食品加工业的产业结构正逐步发生变化，由过去的初步加工、粗加工向精深加工方向发展，且追求多样化、系列化和高附加值的产品。海洋食品质量、安全问题受到各级渔业主管部门、海洋食品企业和消费者的进一步重视，保鲜、加工体系建设逐步得到加强。

第2章 海洋食品原料

教学目标：掌握海洋鱼类、海洋软体动物、海洋甲壳类动物、海洋植物等主要海洋加工食品原料的种类与加工利用现状；掌握对虾、鹰爪虾、毛虾等甲壳类海洋食品与海藻类海洋食品的外形特征与加工利用现状；了解海星、海胆、海蛰、海鞘等海洋食品的外形特征、分布与加工利用现状；掌握海洋食品原料的化学成分及特性，掌握海洋食品原料死后与保鲜过程中的品质变化。

2.1 海洋食品加工原料

占地球表面 70% 的海洋水域蕴藏着丰富的海洋生物资源，为人类提供了各种食品、化工和医药用的原料。由于海洋生物具有独特的营养价值，含有多种生物活性物质，越来越多地成为人类保健食品、海洋药物的重要来源。海洋生物资源按种类分为：①海洋鱼类资源，占世界海洋渔获量的 88%。其中以中上层鱼类为多，约占海洋渔获量的 70%，主要有鲱科、鳀科，鲭科和金枪鱼科等。底层鱼以鳕产量最大，其次为鲆、鲽类。经济鱼类中，年渔获量超过 100 万 t 的有：狭鳕（明太鱼）、大西洋鳕、毛鳞鱼、远东沙瑙鱼、美洲沙瑙鱼、鲐、智利竹荚鱼、秘鲁鳀鱼、沙丁鱼和大西洋鲱等 10 种。②海洋软体动物资源，占世界海洋渔获量的 7%，包括头足类（枪乌贼、乌贼、章鱼）、双壳类（如牡蛎、扇贝、贻贝）及各种蛤类等。③海洋甲壳类动物资源，约占世界海洋渔获量的 5%，以对虾类（如对虾、新对虾、鹰爪虾）和其他泳虾类为主，并有蟹类、南极磷虾等。④海洋哺乳类动物，包括鲸目（各类鲸及海豚）、海牛目（儒艮、海牛）、鳍脚目（海豹、海象、海狮）及食肉目（海獭）等。⑤海洋植物，以各类海藻为主，主要有硅藻、红藻、蓝藻、褐藻、甲藻和绿藻等。当前世界海洋生物资源利用很不充分，捕捞对象仅限于少数几种，而大型海洋无脊椎动物、多种海藻及南极磷虾等资源均未很好开发利用；捕捞范围集中于沿岸地带，仅占世界海洋总面积 7.4% 的大陆架水域，却占世界海洋渔获量的 90% 以上。

2.1.1 海洋鱼类

海洋鱼类种类繁多，千姿百态。生物学家按目、科、属、种分门别类约有 2 万多种，而水产学家按水层、深度，将鱼分为中上层鱼类、中下层鱼类和底层鱼类。各层鱼类的色彩、形态特征与所栖息的自然环境高度统一，体现出物以类分、鱼以群集的自然特性。下面按水产学分类进行介绍。

中上层鱼类：按平面划分可分为潮间带、浅海区和远洋区。典型的中上层鱼类身体呈梭形，两端尖细，在海水中游泳阻力小，大部分为高速游泳鱼类。在海潮间带，海水由于受降雨、陆上注入淡水和潮汐的影响，温度、盐度变化较大，因此大部分鱼属于广温性和广盐性鱼类，而且有的鱼可较长时间暴露在空气中。典型代表为弹涂鱼，弹涂鱼除在水中游泳外，还可依靠吸盘和发达的胸鳍跳跃，甚至能爬到红树林的枝头上去捕捉昆虫吃，被称为"会爬树的鱼"。在潮间带，黑色鱼类可在熔岩间找到，绿色鱼类生活在较淡的海藻间，橄榄色鱼类在马尾藻间，赤色鱼类可在红珊瑚礁间找到。浅海区中上层鱼，背部颜色则与浅海区海水一样呈灰黑色，腹部银白色。典型代表为玉筋鱼，会飞的燕鳐也常在浅海区活动。远洋区中上层鱼，例如蓝点马鲛、金枪鱼、东方旗鱼、白枪鱼、箭鱼、噬人鲨等都是在海洋中快速游泳的鱼类，其背部颜色具有与远洋区海水一样的蓝黑色，腹部颜色较淡。

中下层鱼类：浅海海底常可分为岩礁与泥沙海底。水深 200m 以内的中下层鱼类如黑鲷、真鲷就常生活在多岩礁地区；鳕鱼、皱唇鲨、扁头哈那鲨、扁鲨等，嘴在头下部，常在泥沙质海底觅食。水深超过 200m 的中下层鱼类，常称为深海鱼。水深 200～3000m 称作半深海，水深 300～6000m 称作深海，而水深 6000m 以下的海沟称作超深海。深海光线昏暗，食物贫乏，压力大，故深海鱼类形态奇特，色彩一般都呈银色、黑色和紫黑色。如在半深海生活的巨尾鱼，长着望远镜式的眼睛，可充分利用这里的一丝微光，以搜寻食物。许多深海鱼眼睛退化或埋于皮下成为睁眼瞎子，常用触觉器官代替视觉器官，如深海盲鲟鱼，其鳍条延长似扫帚。在万米深的海沟，像人指甲大小的面积要承受 1t 重的压力，虽有如此大的重压，但鱼却生活自如。

底层鱼类：典型的底层鱼类身体扁平，背部颜色灰黑，常附贴在海底，使敌害难于发现，有孔鳐、赤魟、比目鱼、日本蝠鲼、鮟鱇等。如比目鱼则全身隐埋于海底泥沙中，仅露双眼，遇有可食之物，便跃身捕捉，比目鱼体色还常可随周围环境而改变。还有些鱼如毒鲉，常模拟周围环境而形成拟态，而绿鳍鱼胸鳍常有游离鳍条，可在海底爬行，寻觅食物。

2.1.1.1　中上层鱼类

中上层鱼类一生中大部分时间栖息于海洋或内陆水域的中层或上层。它们常分布于较深外海的中上层或洋区的表层，作较长距离的快速洄游。体型呈梭形或流线型，尾部肌肉发达，尾柄或具侧褶，尾鳍深叉形或新月形；口多数为前位或上位；眼较发达；背鳍、臀鳍后方常具小鳍。世界所产的重要海洋经济鱼类如鲱类、沙丁鱼类、鳀类、鲭类、竹荚鱼类、金枪鱼类等多数均属中上层鱼类。

2.1.1.1.1　带鱼（*Trichiurus haumela*），又名刀鱼、牙鱼、白带鱼、裙带鱼、海刀鱼等，为近海中上层暖温带鱼类。如图 2 - 1。

（1）外形特征及分布：鱼体显著侧扁、延长呈带状，尾细似鞭、口大，下颌突出，牙齿发达尖锐，侧线在胸鳍上方显著弯曲，眼间隔平坦，背鳍很长，占鱼体

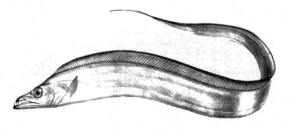

图 2 - 1　带鱼

整个背部，臀鳍不明显，无腹鳍，体表光滑，鳞退化呈表皮银膜，体长 60～120cm。属暖水性中下层结群性洄游鱼类，我国沿海均有分布。东南沿海春夏汛为 5～7 月，冬汛为 11 月至翌年 1 月。

（2）加工利用：带鱼系多脂鱼类，肉质肥嫩，经济价值很高，除鲜销外，可加工成罐头制品、鱼糜制品、盐腌品及冷冻小包装食品。

2.1.1.1.2 鲣鱼（*Skipjack Tuna*），又名炸弹鱼，小金枪鱼，大型洄游性中上层鱼类。如图 2 - 2。

（1）外形特征及分布：鲣鱼属于鲭科、鲣属。全长 1m，身体为纺锤形，粗壮，无鳞，

图 2 - 2 鲣鱼

体表光滑，尾鳍非常发达。主要特征是体侧腹部有数条纵向暗色条纹。鲣鱼背鳍有 8～9 个小鳍；臀鳍条 14～15 根，小鳍 8～9 个。尾鳍新月形，体侧具 4～7 条纵条纹，体背蓝褐色，腹部银白，各鳍浅灰色，大者长 1m 以上，一般体长 400～500mm。由于捕食和其生活习性等原因，在水中游速很快，是一种"好动"的海洋鱼类。

（2）加工利用：鲣鱼身体肌肉发达，油脂比其他鱼类偏低，适合加工成具有日本人和我国台湾人所喜爱的风味型食品添加剂，即柴鱼制品，如柴鱼片、柴鱼丝、柴鱼粉等，这种"片""丝""粉"在日本统称为花鲣，使用时添加到菜肴、汤料和浇头等食品作风味佐料，十分方便。

2.1.1.1.3 大黄鱼（*Pseudosciaena crocea*），又名黄鱼、大王鱼、大鲜、大黄花，近海浅海中上层鱼。如图 2 - 3。

（1）外形特征及分布：鱼体长而扁平，尾柄较细长，头大而尖突，体色金黄，一般体长为 30～40cm，体质量 400～800g。大黄鱼属于亚热带性鱼类，通常生活在我国近海 60m 以内沿岸浅海的中上层，主要分布在我国黄海南部、福建和江浙沿海。春汛为 4 月下旬至 6 月中旬，秋汛在 9 月，俗称桂花黄鱼汛，但是由于资源变化该鱼几乎形成不了鱼汛。

（2）加工利用：大黄鱼经济价值很高，目前主要供市场鲜销或冷冻小包装流通，淡干品、盐干品等亦是餐桌上的佳肴。

2.1.1.1.4 小黄鱼（*Pseudosciaena polyactis*），又名小鲜、黄花鱼、大眼、花鱼、小黄瓜、黄鳞鱼等。如图 2 - 4。

| 图 2 - 3 大黄鱼 | 图 2 - 4 小黄鱼 |

（1）外形特征及分布：小黄鱼与大黄鱼外形很像，但它们是两个独立种，主要区别是大黄鱼的鳞较小，背鳍起点到侧线间有 8～9 个鳞片，而小黄鱼的鳞片较大，在背鳍起点间有 5～6 个鳞片。其次是大黄鱼的尾柄较长，其长度为高度的 3 倍多，而小黄鱼的尾

柄较短，其长度仅为高度的 2 倍多，一般体长为 16 ~ 25cm。小黄鱼体长圆形，侧扁，尾柄长为其高的 2 倍。小黄鱼头大，口宽而倾斜，上下颌略相等。下颌无须，颏部有 6 个细孔。属温水近海底结群性洄游鱼类，分布于我国渤海、黄海和东海。春汛为 3 ~ 5 月，秋冬汛为 9 ~ 12 月。

（2）加工利用：与大黄鱼相似，在日本是生产高级鱼糜制品的原料。

2.1.1.1.5　鳀鱼（*Engraulis japonicus*），**又名鲊抽条、海蜒、离水烂、鲅鱼食等。如图 2 - 5。**

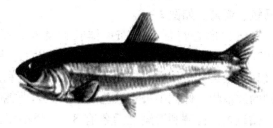

图 2 - 5　鳀鱼

（1）外形特征及分布：鳀鱼体细长，稍侧扁，一般体长 8 ~ 12cm，体重 5 ~ 15g。口大，吻钝圆，下颌短于上颌，两颌及舌上均有牙。眼大、具脂眼睑。体被薄圆鳞，极易脱落，无侧线。腹部圆、无棱鳞。尾鳍叉形、基部每侧有 2 个大鳞。体背面蓝黑色，体侧有一银灰色纵带，腹部银白色。背、胸及腹鳍浅灰色；臀鳍及尾鳍浅黄灰色。鳀鱼是一种生活在温带海洋中上层的小型鱼类，广泛分布于我国的渤海、黄海和东海，是其他经济鱼类的饵料生物，广泛用于网箱养殖鱼类的饲料，是黄海、东海单种鱼类资源生物量最大的鱼种，也是黄海、东海食物网中的关键种。

（2）加工利用：鲜食或经蒸煮、烘干、粉碎后制成鳀鱼干粉、鳀鱼酱汁。

2.1.1.1.6　秋刀鱼（*Cololabis snira*），**如图 2 - 6。**

图 2 - 6　秋刀鱼　　　　　　　　　　图 2 - 7　鳓鱼

（1）外形特征及分布：秋刀鱼体延长而纤细，侧扁。头较长，背面平坦，中央有一微弱棱线。口前位，前部平直，后部微斜裂。两颚向前延伸短喙状，下颚较上颚突出。齿细小，两颌各 1 行，前部较集中，后部少或无。背鳍与臀鳍位于身体之后方。均无硬棘；体被细圆鳞，易脱落；侧线下位，近腹缘。体背部及侧上方为暗灰青色，腹侧面银白色；体侧中央具一银蓝色纵带。体长可达 35cm。秋刀鱼属中上层鱼类，栖息在亚洲和美洲沿岸的太平洋亚热带和温带水域中，主要分布于太平洋北部温带水域，是冷水性洄游鱼类。

（2）加工利用：秋刀鱼体内含丰富的蛋白质和脂肪等，味道鲜美，常用于蒸、煮、煎、烤，是日本料理中最具代表性的秋季食材之一。

2.1.1.1.7　鳓鱼（*Ilisha elongata*），**又名白鳞鱼、白鳓鱼、曹白鱼、鲞鱼。如图 2 - 7。**

（1）外形特征及分布：体呈侧扁形，背窄，腹缘有锯状棱鳞，眼大口朝上，两颌、腭骨和舌上密布细小牙齿。鳃孔大，假鳃发达。无侧线，体鳞圆形，纵列鳞 52 ~ 54 枚，易脱落。尾鳍深叉形。体侧银白色，背面黄绿色，背鳍和尾鳍淡黄色，体长一般 35～44cm。属亚热带及暖温带近海洄游性的中上层鱼类，我国沿海均产。水温低时，栖息于水深 60m 左右的大陆架区；水温高时，游向近岸。适温范围为 17～27℃。渔期在浙江沿海 4～7 月，江苏沿海 5～6 月。

（2）加工利用：鳓鱼鱼肉肥嫩、鲜美。除鲜销外还可以加工成盐藏鳓鱼、糟鲞鱼等。

2.1.1.1.8　蓝点马鲛（*Scomberomorus niphonius*），**又名鲅鱼、条燕、板鲅、尖头马加、马鲛、青箭。如图 2－8。**

（1）形态特征及分布：体长而侧扁，呈纺锤形，一般体长为 25～50cm、重 300～1000g，最大个体长可达 1m、重 4.5kg 以上。尾柄细，每侧有 3 个隆起脊，以中央脊长而且最高。头长大于体高，口大，稍倾斜，牙尖利而大，排列稀疏。体被细小圆鳞，侧线呈不规则的波浪状。体侧中央有黑色圆形斑点。背鳍 2 个，第一背鳍长，有 19～20 个鳍棘，第二背鳍较短，背鳍和臀鳍之后各有 8～9 个小鳍；胸鳍、腹鳍短小无硬棘；尾鳍大、深叉形。属暖水性中上层鱼类，常结群作远程洄游，分布于北太平洋西部。我国产于东海、黄海和渤海。主要渔场有舟山、连云港外海及山东南部沿海。每年的 4～6 月为春汛，7～10 月为秋汛，5～6 月份为旺季。

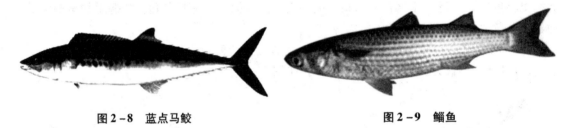

图 2－8　蓝点马鲛　　　　　　　　　　　图 2－9　鲻鱼

（2）加工利用：肉坚实味鲜美，营养丰富。除鲜食外，也可加工制作罐头和咸干品。其肝是提炼鱼肝油的原料。

2.1.1.1.9　鲻鱼（*Mugil cephalus*），**又名乌支、九棍、葵龙、田鱼、乌头、乌鲻、脂鱼等。如图 2－9。**

（1）形态特征及分布：鲻鱼体延长，前部近圆筒形，后部侧扁，一般体长 20～40cm，重 500～1500g。全身被圆鳞，眼大、眼睑发达，位于头的前半部。鼻孔每侧 2 个，位于眼前上方。牙细小成绒毛状，生于上下颌的边缘，背鳍两个，臀鳍有 8 根鳍条，尾鳍深叉形，体、背、头部呈青灰色，腹部白色，体侧上半部有几条暗色纵带。鲻鱼外形与梭鱼相似，主要区别是鲻鱼肥短，梭鱼细长；鲻鱼眼圈大而内膜与中间带黑色，梭鱼眼圈小而眼晶液体呈红色。鲻鱼是温热带浅海中上层优质经济鱼类，广泛分布于大西洋、印度洋和太平洋。我国沿海均产之，尤以南方沿海较多，而且鱼苗资源丰富，是南海及东海的养殖对象。主要渔场在沿海各大江河口区，鱼汛期自 10 月至翌年 12 月。

（2）加工利用：鲻鱼是优质经济鱼类之一，肉细嫩，味鲜美，多供鲜食，鱼卵可制作鱼子酱。此外，鲻鱼肉性味甘平，对消化不良、小儿疳积、贫血等病症有一定的辅助疗效。

2.1.1.1.10　金枪鱼

金枪鱼类属鲈形目鲭科又叫鲔鱼，是一种生活在海洋中上层水域的鱼类，分布在太平洋、大西洋和印度洋的热带、亚热带和温带广阔水域，属大洋性远距离洄游鱼类。主要有黄鳍金枪鱼、蓝鳍金枪鱼、长鳍金枪鱼和大眼金枪鱼等。

（1）外形特征及分布

黄鳍金枪鱼（*Thunnus albacares*），鱼体呈纺锤形，稍侧扁，头小，尾部长而细，肉粉红色。体背呈蓝青色，体侧浅灰色，带点黄色，有点状横带，成鱼的第二背鳍和臀鳍及其后面的小鳍，均呈鲜黄色。第一背鳍和腹鳍均带有黄色。体长 1～3m，因不同海区而异，重一般为 40～60kg。广泛分布于三大洋的赤道海域，是热带海区的代表种。如图 2－10。

蓝鳍金枪鱼（*Thunnus maccoyii*），是金枪鱼类中最大型的鱼种。身体短而结实、锥状细长的身躯，尾鳍成交叉状，身躯底部至侧边的色彩明亮，上身躯则是深蓝色，鳍是深暗色，小鳍则是呈现微黄色，尾柄隆起嵴呈黑色。全身被鳞，口相当大，眼不大，胸鳍短，末端不到第一背鳍的中央，这是本种的最大特点，体长一般 1～3m，大者长达 3m 多，体质量700kg 余。分布在北半球温带海域，栖息的水温较低，主要鱼场在北太平洋的日本近海，北大西洋的冰岛外海、墨西哥湾和地中海。如图 2－11。

图 2－10　黄鳍金枪鱼　　　　　　　图 2－11　蓝鳍金枪鱼

长鳍金枪鱼（*Thunnus alaunga*），体背呈深蓝色，侧面及腹侧为银白色，体色均匀。体长 1～1.5m，重 15kg 左右。大的个体可达 45kg。肉粉红色，胸鳍呈刀状、极长，长度大于头部是本种最显著的特点。分布于印度洋和太平洋西部，产于我国南海和东海南部。如图 2－12。
大眼金枪鱼（*Parathunnua obesus*），又称肥壮金枪鱼和副金枪鱼，体背蓝青色，侧面及腹面银白色。肉粉红色，略柔软。胸鳍长，其末端甚突，达第二背鳍下方，第二背鳍也较窄，与第一背鳍高度相近，鱼体呈灰色，肥满、尾短、头和眼明显较大。体长 1.5～2.0m，体重大的在 100kg 以上，一般为 16～35kg。主要渔场在赤道至 35°N 之间海域，是捕捞量最多的金枪鱼种。如图 2－13。

图 2－12　长鳍金枪鱼　　　　　　　图 2－13　大眼金枪鱼

（2）加工利用：制作高档鱼片，也可制作罐头或冷冻调理品，鱼油可提取不饱和脂肪酸，如 EPA（Eicosapentaenoic acid，C_{20}:5n－3）和 DHA（Docosahexaenoic acid，C_{22}:6n－3）。

2.1.1.1.11　沙丁鱼类，如图 2－14。

沙丁鱼为近海暖水性鱼类，一般不见于外海和大洋，常栖息于中上层，但秋、冬季表层水温较低时则栖息于较深海区。多数沙丁鱼的适温在 20～30℃ 左右，只有少数种类的适温

图 2 – 14　沙丁鱼

较低，如远东拟沙丁鱼的适温为 8～19℃。沙丁鱼主要有远东拟沙丁鱼、脂眼鲱、日本鳀鱼等。

（1）外形特征及分布

远东拟沙丁鱼（*Sardinops melanosticta*），是沙丁鱼中产量最高的鱼种。体形扁平，沿体侧面有 7 个黑点，2 年成鱼，体长 18～25cm。主食植物性浮游生物，在沿海岸表层面群体洄游。春天产卵。主要分布于东海、日本近海、朝鲜东部沿海等，可分为 4 个群系，即太平洋群系、日本海群系、足褶群系和九州群系，其中以前两个群系较大。

脂眼鲱（*Etrumeus teres*），眼泡肿大，体成圆形，2 年成鱼，体长可达 30cm，背鳍比腹鳍长得靠前很多，主食动物性浮游生物。产卵期 4～6 月，虽群体洄游，但结群比拟沙丁鱼要小。主要分布在朝鲜、中国、澳大利亚、南非沿海等地。

日本鳀鱼（*Engraulis japonicus*），成鱼体长只有 15cm，上颌比下颌突出，背侧呈青黑色，腹部呈银白色，主食浮游生物，在沿海岸表层群体洄游，产卵期从春季可延伸到夏季，暖水性鱼，主要分布在日本、朝鲜、中国沿海等地。

（2）加工利用：小沙丁鱼可用于作为煮干品、鱼露，成鱼可加工生鱼片、酒渍鱼、罐头制品、熏制品、鱼糜制品等，鱼油可提取 EPA 和 DHA。

2.1.1.1.12　鲐鱼（*Scomber scombrus*），又名鲭鱼、鲭鲇、青花鱼、青占、花鲱、巴浪、鲐鲅鱼等。如图 2 – 15。

（1）外形特征及分布：鱼体呈纺锤形，粗壮微扁，口大，上下颌等长，各具一行细牙，犁骨和胯骨有牙；头中大，前端尖细，呈圆锥形，尾柄两侧各具有一个隆起峰，体被细小圆鳞，背侧青黑色，有深蓝色不规则斑纹，腹部微带黄色，体长一般为 25～47cm。属暖水性中

图 2 – 15　鲐鱼

上层结群洄游鱼类，分布于太平洋西部，我国近海均产。系我国重要的中上层经济鱼类之一。东海春汛期 4～5 月，夏秋汛 8～11 月，黄海 5～9 月。

（2）加工利用：鲐鱼产量较多，已成为海洋水产加工的主要对象之一，油脂含量高，适于加工油浸、茄汁类罐头、腌制品等。

2.1.1.1.13　竹荚鱼（*Trachurus trachurus*），又名巴浪、刺鲅、山鲐鱼、黄石、大目鲭、刺公等。如图 2 – 16。

（1）形态特征及分布：体呈纺锤形，稍侧扁，一般体长 20～35cm、体质量 10～300g。脂眼睑发达，体被小圆鳞，侧线上全被高而强的棱鳞。所有棱鳞各具一向后的锐棘，形成一条锋利的隆起脊。体背部青绿色，腹部银白色，腮盖骨后缘有一黑斑。背鳍 2 个，分离；胸鳍特大，镰刀状；胸及尾鳍土黄色，背及臀鳍淡黄色。竹荚鱼为中上层洄游性鱼类，游泳迅速，喜欢结群聚集，有趋光特性。分布于太平洋西部，我国沿海均产之，且渔场分布广。主要渔场和渔期：南海的万山群岛一带为 12 月至翌年 4 月；东海的马祖、大陈岛、嵊山等渔场为 4～10 月；黄海的大沙、海洋岛及烟台威海渔场为 4～9 月，尤以 9 月份为旺汛。

（2）加工利用：竹荚鱼为我国一般的经济鱼类。可供鲜食，也口加工制罐头或咸干品。

2.1.1.1.14　太平洋鲱鱼（*Clupea pallasi*），又名青条鱼。如图 2-17。

<table>
<tr><td>图 2-16　竹荚鱼</td><td>图 2-17　太平洋鲱鱼</td></tr>
</table>

（1）外形特征及分布：体延长而侧扁，口端位，眼中大，有脂眼睑，头小，体呈流线形；体鳞为圆形，无侧线。腹缘为棱鳞，尾鳍呈叉形；色鲜艳，体侧银色闪光、背部深蓝金属色、腹侧银白色，体长一般为 25～36cm。属冷水性中上层鱼类，是世界上数量多的鱼类之一。以桡足类、翼足类和其他浮游甲壳动物以及鱼类的幼体为食。成大群游动，自身又为体型更大的掠食动物，如鳕鱼、鲑鱼和金枪鱼等所捕食。分布于西北太平洋，我国产于黄海和渤海。渔期为 12 月至翌年 4 月。

（2）加工利用：用于加工罐头、熏制品、盐干品及鱼松等，鲱鱼籽的加工品味美价高。

2.1.1.1.15　鲨鱼，属于软骨鱼类。

种类较多，常见的有以下几种：扁哈那鲨（*Notorhynchus platycephalus*），欧氏锥齿鲨（*Carcharias owstoni*）；灰星鲨（*Mustelus griseus*）；白斑星鲨（*Mustelus manazo*）；黑印真鲨（*Carcharinus menisorrah*）；白斑角鲨（*Squalus acanthias*）；皱唇鲨（*Triakis scyllium*）；路氏双髻鲨（*Sphyrnidae lewini*）；鲸鲨（*Rhincodon typus*），如图 2-18。

（1）外形特征及分布：鲨鱼由于种类不同，其体型不一，身长小至 20cm，大至 18m，体重可由数千克到数吨重（鲸鲨），体表为盾鳞覆盖（皮齿），皮较粗厚，口位于头的腹面。在头的两侧各有 5～7 个鳃裂，无鳃盖，内骨骼为软骨，鳍条为角质软条，无鳔也无肺。卵大，体内受精，卵生、卵胎生或胎生。在我国沿海均有分市，一般长年均可捕到，以 3～5 月捕获较多。

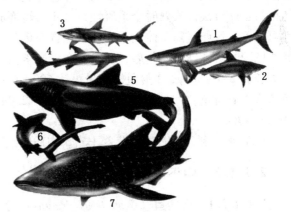

图 2-18　鲨鱼
1. 尖吻鲭鲨　2. 太平洋鼠鲨　3. 鼬鲛
4. 大青鲨　5. 象鲛　6. 狐鲛　7. 鲸鲛

（2）加工利用：鲨鱼的经济价值较高，几乎各个部分都可利用，肉可鲜食或加工成鱼糜制品及其他制品，鳍可制成鱼翅，为名贵海味，软骨可制明骨，亦为名贵食品，皮可制革、制胶；鱼肝中脂肪含量高，并含有维生素 A、维生素 D，是生产鱼肝油制品的原料。最近还用鲨鱼油提炼出保健药品角鲨烯，具有抗衰老功效，鲨鱼软骨亦有抗癌作用。

2.1.1.1.16　美国红鱼（*Sciaenops ocellatus*），如图 2 - 19。

（1）外形特征及分布：美国红鱼呈纺锤形，侧扁，背部略微隆起，以背鳍起点处最高。

头中等大小、口裂较大、呈端位，齿细小、紧密排列、较尖锐。鼻孔两对，后一对呈椭圆形，略大。眼上侧位，后缘与口裂末端平齐、中等大小，分布于头两侧。前鳃盖后缘为锯齿状，后鳃盖边缘有两个尖齿的突起。梯鳞、侧线明显、背部呈浅黑色、鳞片有银色光泽，腹部中部白色，两侧呈粉红色，尾鳍呈黑色、最明显的尾基部侧

图 2 - 19　美国红鱼

线上方有一黑色圆斑。外形与黄姑鱼较为相似，区别在于其背部和体侧的体色微红，幼鱼尾柄基部上方有一黑色斑点。全长为体高的 2.65 ~ 2.70 倍，体长为体高的 2.0 ~ 2.1 倍，尾柄长为高的 1.8 ~ 1.9 倍。分布于南大西洋和墨西哥湾沿岸水域。1991 年引进我国，并开展繁殖、养殖。目前，在我国海域沿岸自然环境中均发现其踪迹，且已大量养殖。

（2）加工利用：主要的加工形式为鲜活品、冻整包、冻鱼片和干制品。

2.1.1.1.17　石斑鱼（*Epinephelus drummondhayi*）又名石斑、蛤鱼，如图 2 - 20。

石斑鱼可分为很多种类，如赤点石斑鱼、东星斑鱼、曲星斑鱼、青石斑鱼、苏鼠斑鱼、巨石斑鱼等。

（1）外形特征及分布：石斑鱼体椭圆形，侧扁，头大，吻短而钝圆，口大，有发达的铺上骨，体披细小栉鳞，背鳍强大，体色可随环境变化而改变。石斑鱼为雌雄同体，具有性转换特征，首次性成熟时全系雌性，次年再转换成雄性，因此，雄性明显少于雌性。一周龄性可成熟，怀卵量随鱼体大小而异，如青石斑鱼怀卵量 15 万 ~ 20 万粒，分批产卵，产浮性卵，圆形，具油球。孵化后，幼鱼就在沿岸索饵生长。石斑鱼生长迅速，如鲑点石斑鱼，一年可长到 250 ~ 300g，2 龄鱼体质量可达 500 ~ 600g，3 龄鱼体质量可达 800 ~ 900g；赤点石斑鱼和青石斑鱼，1 龄鱼体质量可长到 200 ~ 250g，2 龄鱼体质量 400 ~ 500g，3 龄鱼体质量达 700 ~ 800g。

（2）加工利用：石斑鱼营养丰富，肉质细嫩洁白，以鲜活和冷冻加工为主。

2.1.1.2　中下层鱼类

2.1.1.2.1　金线鱼（*Nemipterus virgatus*），又名虹杉、红哥鲤、吊三、拖三、瓜三、黄肚，如图 2 - 21。

图 2 - 20　石斑鱼　　　　　　　　　　　　　图 2 - 21　金线鱼

（1）形态特征及分布：呈椭圆形，体延长，侧扁，背腹缘皆钝圆，般体长 19～31cm、重 50～150g。吻钝尖，口稍倾斜，上颌前端有 8 颗较大的圆锥形齿，上下颌两侧皆有细小的圆锥齿。体背小型薄栉鳞。全体呈深红色，腹部较淡，体两侧有 6 条明显的黄色纵带。胸鳍长，末端达臀鳍起点；背鳍长，尾鳍叉形，其上叶末端延长成丝状。背鳍及尾鳍上缘尾黄色，背鳍中下部有 1 条黄色纵带，臀部中部有 2 条黄色纵带。为暖水性中下层鱼类，分布于北太平洋西部。我国产于南海、东海和黄海南部，其中南海产量较多。主要渔场有南海北部湾各渔场，万山群岛渔场和汕尾外海渔场常年可以捕捞，尤以冬、春两季为旺汛期。

（2）加工利用：金线鱼为南海经济鱼类之一，金线鱼肉质细嫩，味道鲜美，营养元素丰富，具有滋阴调阳、暖肾填精的功效，主治虚劳损伤、肾虚滑精等症，可供鲜食或加工成干品。钓捕的大规格金线鱼冰鲜或冷冻出口港台，拖网小规格的一般用于生产冷冻鱼糜。

2.1.1.2.2　鲳鱼

鲳鱼属于鲈形目，鲳科。是热带和亚热带的食用和观赏兼备的大型热带鱼类主要有白鲳、银鲳、金鲳等。

（1）外形特征及分布

白鲳（*Ephippus orbis*），体侧扁而高，近圆形（侧面观），一般体长为 7～15cm，吻短，口小，前位，两颌牙尖锐，呈刷毛状的宽带。体被小圆鳞，背鳍鳍条部和臀鳍基底均短小，第 3～5 鳍棘突出延长且粗壮坚硬，胸鳍短，腹鳍第 1 鳍长，尾柄短，尾鳍双截形，腹鳍深肤色，其他鳍均呈黄色。分布于印度洋和太平洋。我国只产于南海，尤以广东沿海产量较大，全年均可捕获。如图 2-22。

银鲳（*Pampus argenteus*），体呈卵圆形，侧扁，一般体长为 20～30cm，体质量 300g 左右。头较小，吻圆钝略突出。口小，稍倾斜，下颌较上颌短，两颌各有细牙一行，排列紧密。体被小圆鳞，易脱落，侧线完全。体背部微呈青灰色，胸、腹部为银白色，全身具银色光泽并密布黑色细斑。无腹鳍，尾鳍深叉形，体侧扁，略呈菱形。分布于印度洋和太平洋西部。我国沿海均产之，东海与南海较多。主要渔场有黄海南部的吕泗渔场，可形成较大的鱼汛。如图 2-23。

图 2-22　白鲳　　　　　　　　　　　图 2-23　银鲳

金鲳（*Trachinotus ovatus*），体呈鲳形，高而侧扁；体长为体高的 1.7～1.9 倍，为头长的 3.8 倍。尾柄短细，侧扁。头小，高大于长。枕骨嵴明显。长为吻长的 4.4～4.9 倍，为眼睑的 4.9～5.4 倍。吻钝，前端几呈截形。吻长于眼径，眼小，前位，脂眼睑不发达。口小，微倾斜，口裂始于眼下缘水平线上。前颌骨能伸缩，上颌后端达瞳孔前缘或稍后之下方。上下颌、犁骨、腭骨均有绒毛状牙，长大后，牙渐退化，上下唇有许多绒毛状小突起。鳃盖条 7，鳃耙短，排列稀，上枝始部和下枝末端均有少数鳃耙呈退化状，无假鳃。分布于印度洋、印度尼西亚、澳洲、日本、美洲的热带及温带的大西洋海岸及中国黄海、渤海、东海、南海。如图 2 - 24。

（2）加工利用：系名贵的海产食用鱼类之一，肉质细嫩且刺少，尤其适于老年人和儿童食用。对于消化不良、贫血、筋骨酸痛等病症有辅助疗效。主要的加工方式为鲜活品、条冻、冻鱼段、冻鱼片、咸干品，也可加工成罐头、糟鱼及鲳鱼鲞等。

2.1.1.3　底层鱼类

2.1.1.3.1　海鳗（*Muraenesox cinereus*），又名狼牙鳝、牙鱼、鳗鱼、蟒鱼等，在我国常见的还有星鳗。如图 2 - 25。

图 2 - 24　金鲳　　　　　　　　　　　　　　　图 2 - 25　海鳗

（1）外形特征及分布：体延长，躯干部分近圆形，后端侧扁，肛门位于体中部前方，背鳍后连尾鳍与臀鳍，无腹鳍，背暗灰色，腹灰白色。头尖长，嘴、眼较大，吻突出。上下额前端有锐利的大型犬牙，全身光滑无鳞，有侧线。体背侧银灰色，腹部近乳白色，一般体长 35～45cm，大者可达 100cm 以上，体重 10kg 以上。海鳗属近海底层鱼类，我国沿海均有分布。产卵于海，生长于江河，属江河入海洄游鱼类。

（2）加工利用：海鳗肉质细腻、鲜嫩。除鲜销外，其干制品"鳗鲞"驰名中外，还可用于加工油浸烟熏鳗鱼罐头，冷冻鳗鱼片出口等，由鳗鱼制成的鳗鱼鱼糜制品白色、弹性好、口味鲜美。

2.1.1.3.2　绿鳍马面鲀（*Navodon septentrionlis*），又名橡皮鱼、剥皮鱼、猪鱼、皮匠鱼等，属于外海近底层鱼类。如图 2 - 26。

（1）外形特征及分布：鱼体扁平，呈长椭圆，体长为体高 2 倍多，鳞细小，具小刺，无侧线，口小，牙呈门状，第一背鳍有二鳍棘，第一鳍棘粗而坚硬，第二鳍棘极短小，腹鳍退化成一短棘。体呈蓝灰色，各鳍呈绿色，体长一般不超过 20cm。马面鲀属外海暖水性底层鱼类，栖息于水深 50～120m 的海区，有季节洄游性。分布在北太平洋西部，我国沿海均有，喜集群，在越冬及产卵期间有明显的昼夜垂直移动现象，白天起浮、夜间下沉。索饵期间昼夜垂直移动不显著。食性较杂，主要摄食浮游生物，兼食软体动物、珊瑚、鱼卵等。绿鳍马面鲀隶属鲀形目鳞鲀亚目单角鲀科。本科有 31 属 95 种，在海边经常可以看到，尤其是海草多的地方。具有从北向南的洄游规律，1～5 月均可捕获，一般 2～4 月为旺汛。近年资源下降幅度较大。

（2）加工利用：马面鲀鱼肉质结实，多制成调味干制品（马面鱼片干）。此外，还可以加工成为罐头食品及鱼糜制品。鱼肝占体质量的 4%～10%，且出油率高，可达 50% 以上，多用于鱼肝油制品的油脂来源。

2.1.1.3.3 鳕鱼（*Gadus macrocephalus*），又名大头青、大口鱼、大头鱼、明太鱼、水口、阔口鱼、大头腥、石肠鱼，如图 2-27。

图 2-26 绿鳍马面鲀   图 2-27 鳕鱼

（1）外形特征及分布：鱼体长，稍侧扁，头大，口大，上颌略长于下颌，下颌有一触须，颈部的触须须长等于或略长于眼径，尾部向后渐细。腹鳍候位鳞细小易脱落，侧线不明显。体色多样，从淡绿或淡灰到褐色或淡黑，也可为暗淡红色到鲜红色；头、背及体侧为灰褐色，并具不规则深褐色半点和斑纹，腹面为灰白色。体长一般为 20～70cm。鳕鱼为冷水性底层鱼类，分布于北太平洋，我国产于黄海和东海北部。夏汛4～7月，冬汛12月至翌年2月。

（2）加工利用：除鲜销外可加工成鱼片、鱼糜制品、咸干鱼、罐头制品等。肝含油量为 20%～40%，并富含维生素 A、维生素 D，是制作鱼肝油的原料，鳕鱼加工的下脚料是白鱼粉的主要原料。

2.1.1.3.4 长蛇鲻（*Saurida elongata*），又名丁鱼、沙棱、狗棍、细鳞丁、蛇支等，如图 2-28。

（1）外形特征及分布：体长，呈圆筒状，一般体长 19～30cm，重 100～300g。头略平扁，口大，两颌具多行细牙，颚骨及舌上亦具细牙。体被较小圆鳞。体背侧棕色，腹部白色，侧线发达平直，侧线鳞明显突出。背鳍1个，位于吻端和脂鳍的中间，脂鳍很小，臀鳍小于背鳍，尾鳍深叉形。背、腹、尾鳍均呈浅棕色，胸鳍及尾鳍下叶呈灰黑色。为近海底层鱼类，通常栖息于水深 20～100m 底质为泥或泥沙的海区。性凶猛，游泳迅速，以小型鱼类和幼鱼为食。通常移动范围不大，不结成大群，一般不作远距离洄游。分布于西北太平洋，我国广东、福建沿海海域产量较多，南海的主要渔场为北部湾、七洲洋及万山群岛，东海、渤海及黄海也有一定的产量。渔获期以冬春两季为主。

（2）加工利用：为我国主要经济鱼类之一，年产量较大。其肉味肥鲜，是我国南方冷冻鱼糜的主要原料，亦可鲜食或制成咸干品。此外，长蛇鲻具有清热、消炎、健脾补肾之药用功效。

2.1.1.3.5 军曹鱼（*Rachycentron canadum*），又名海鲡，如图 2-29。

图 2-28 长蛇鲻   图 2-29 军曹鱼

（1）外形特征及分布：其体形圆扁，躯干粗大，头平扁而宽；口大，前位，微倾斜。近水平而宽阔；吻中等大，约为头长的1/3；眼小，不具脂膜，为头长的1/7～1/10，眼间隔宽平，位于头两侧；前额骨不能伸缩，上颌后端近眼前缘，下颌略于上颌；鼻孔长圆形，每侧2个，与眼上缘处丁同一水平；上下颌骨、腭骨及舌面具绒毛状牙带。背鳍硬棘短且分离，臀鳍具2～3枚弱棘。幼时尾鳍圆形，成体尾鳍则内凹呈半月状。尾柄近圆筒形、侧扁、无隆脊，第一背鳍8～10鳍棘、粗短，可收褶入沟巾，胸鳍尖、镰状，腹鳍胸位，具1棘5鳍条。在养殖过程中，尾鳍形状有所变化，在130cm时尾鳍为尖尾形。180cm时尾鳍略成截形，300cm以上时尾鳍渐变为深叉形。上叶略长于下叶。鱼体表、颊部、鳃盖上缘、头项部、鳍基部均被小圆鳞，侧线前端为波状，胸鳍上方波位较大，后段平直达到尾鳍基部。鱼体背面位黑褐色，腹部为灰白色，体侧沿背鳍基部有一黑色纵带，白吻端经眼而达尾鳍基部。体两侧各有一条平行黑色纵带，各带之间为灰白色纵带相间。鳍为淡褐色，腹鳍与尾鳍上边缘则为灰白色。

军曹鱼为暖水性底层鱼类，栖息于热带及亚热带较深海区。分布于大西洋、印度洋、太平洋西南部热带、亚热带海域，生活在咸水和咸淡水的较广盐性水中，适宜温度为10～35℃，最适生长温度为25～32℃，10℃以下摄食减少或不摄食，3℃以下处于冻害边缘。现在已经成为我国南方沿海一带的重要海水网箱养殖对象。

（2）加工利用：军曹鱼肉制细嫩、鲜美，为大型食用鱼，鲜食较多，也可整条冷冻，制作罐头或成干品。

2.1.2　海洋软体类

海洋软体类动物是一类身体柔软、不分节、一般左右对称、通常具有石灰质外壳的海洋动物。软体动物的种类繁多，有10万余种，其中有一半以上生活在海洋中，是海洋中最大的一个动物门类。软体动物中除双壳纲中约有10%为淡水种类、腹足纲中约有50%为淡水和陆生种类外，其余全是海产种类。海洋软体动物分布很广，从寒带、温带到热带，由潮间带的最高处至1万米深的大洋底，都生活有不同的种类。

软体动物一般由头、足、内脏囊、外套膜和贝壳5部分组成。头部生有口、眼和触角等；足在身体的腹面，由强健的肌肉组成，是运动器官；内脏囊在身体背面，包括神经、消化、呼吸、循环、排泄、生殖系统；外套膜和由它分泌的贝壳包被在身体的外面，起保护作用。

软体动物根据形态主要分为7个纲，分别为无板纲、多板纲、单板纲、掘足纲、双壳纲、腹足纲和头足纲。其中无板纲（class Aplacophora）是软体动物中的原始类型，形似蠕虫，没有贝壳，外套膜极发达，表面生有角质层和石灰质的骨针，神经系统简单。无板纲全部为海产，从水深数米到4000多米的海域都有分布，该纲种类很少。全世界仅有百余种，龙女簪（*Proneomenia*）、毛皮贝（*Chaetoderma*）、新月贝（*Neomenia*）都属于这一纲，目前未发现这类动物有经济用途。多板纲（class Polyplacophora）也是软体动物中的原始类型，身体呈椭圆形，背腹扁，有覆瓦状排列的8块板状贝壳，神经系统与无板纲相似。多板纲全部为海产，大多数种类生活在潮间带，一般用肥厚的足部在岩石上过爬行生活。全世界约有600种，常见的有石鳖（*Chiton*），目前未发现有经济用途。单板纲（class Monoplacophora）是一类原始的软体动物，身体为椭圆形，有一个笠状的贝壳，足很发达，用以在海底爬行。它们的神经系统、消化系统、鳃的结构，都与多板纲相似。但它们只有一个壳，而且一些器官有分节现象，与多板纲不同。以往仅发现有化石种，现生的种类仅有新蝶贝（Neo‑pili‑na）一属。掘足纲（class Scaphopoda）身体呈牛角形，有一个牛角状的贝壳。贝壳两端开口，前端开口大，是头足孔；末端开口小，为肛门口。足发达，呈柱状，用以挖掘泥沙，潜入其中生活，神经系统有脑、侧、脏、足 4 对神经节。掘足纲全部为海产，分布广，种类不多，全世界约有 200 种，如角贝（Dentalium）。古代曾用这类动物的贝壳做货币和装饰，目前没有发现其他用途。

以下主要例举双壳纲、腹足纲和头足纲软体动物的例子。

2.1.2.1　双壳纲（class Bivalvia）

为软体动物门的一个纲，约有 2 万种，分布于海洋、淡水和半咸水中。在海洋中，从潮间带至 10000m 左右深海中均有分布。双壳类体具 2 片套膜及 2 片贝壳，故称双壳类（Bivalvia）；头部消失，称无头类（Acephala）；足呈斧状，称斧足类（Pelecypoda）；瓣状鳃，故称瓣鳃类。

双壳纲动物身体左右偏平，左右各有一个包被身体的外套膜和由它分泌的贝壳。足发达，适合于在海底挖掘泥沙或用足丝、贝壳在硬底质上营固着生活。神经系统有脑侧、脏、足 3 对神经节。双壳类的一对贝壳一般左右对称，也有不对称的〔如牡蛎（Ostrea）等〕。壳的形态为分类的重要依据、贝壳中央特别突出的一部分，略向前方倾斜，称为壳顶。以壳顶为中心，有同心环状排列的生长线，有的种类有自壳顶向腹缘有放射的肋或沟。壳顶前方常有一小凹陷称小月面，壳顶后的为盾面、壳的背缘较厚，于此处常有齿和齿槽，左右壳的齿及齿槽相互吻合，构成绞合部（hinge）。绞合齿的数目和排列不一，为鉴定双壳类种类的主要特征。绞合齿中正对壳顶的为主齿，其前的齿称前侧齿，其后为后侧齿。在绞合部连结两壳的背缘有一角质的、具弹性的韧带（ligament），其作用可使二壳张开。壳自背至腹为其高度，自前至后为其长度，两壳左右最宽处为其宽度。一些种类（贻贝、蚶、扇贝等）在足的腹中线稍后处有一孔，称为足丝孔，通入足丝囊内，其上皮细胞的分泌物遇水即变硬成贝壳素的丝状物，集合成足丝（byssus），用以固着外物。海产的种类大多生活于浅海，少数生活于深海。双壳纲的种类虽不及腹足纲多，但有些种的数量极大，肉质鲜美，是海洋捕捞和浅海养殖的对象，如蚶（Arca）、贻贝（Mytilus）、扇贝（Pecten）、牡蛎（Ostrea）、蛤仔（Venerupis）、缢蛏（Sinonovacula）、竹蛏（Solen）等。

2.1.2.1.1　贻贝,俗称海红,主要品种有紫贻贝、翡翠贻贝、厚壳贻贝等。如图 2‑30。

（1）外形特征及分布

紫贻贝（Mytilus edulis），壳顶在前方，没有明显的雕刻。壳皮明显，某些种类毛状。有珍珠光泽。铰齿缺乏，后肌痕大呈 C 状，没有水管。以足丝附着于底质，有时可钻孔。壳楔形，顶端尖，腹缘略直，背缘弧形。壳表为紫褐色，内面紫黑色或黑色，壳内面有强烈的珍珠光泽。为寒温带种类，分布于我国黄海、渤海、东海，一般生活在水深 3m 左有清澈的岩礁上，为我国养殖贝类之一，产量最高。

图 2‑30　贻贝

翡翠贻贝（Perna viridis），贝壳较大，壳长达 13 ~ 14cm。壳长是壳高的 2 倍。壳顶位于贝壳的最前端，喙状。背缘弧形，腹缘直或略凹。壳

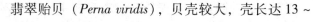

较薄，壳面光滑，翠绿色，前半部常呈绿褐色，生长纹细密，前端具有隆起肋。壳南面呈瓷白色，或带青蓝色，有珍珠光泽。铰合齿左壳 2 个，右壳 1 个。足丝细软，淡黄色。分布于东海南部和南海沿岸，是我国南海养殖贝类之一。

厚壳贻贝（*Mytilus coruscus*），贝壳呈楔形，较贻贝大且厚。壳顶细尖，位于壳的最前端。壳长是壳高的 2 倍。贝壳后缘圆，壳面由壳顶沿腹缘形成一条隆起，将壳面分为上下两部分，上部宽大斜向背缘，下部小而弯向腹缘，故两壳闭合时在腹面构成一菱形平面。生长线明显，但不规则。壳面棕褐色，顶部常被磨损而显露白色，边缘向内卷曲成一镶边。壳内面紫褐色或灰白色，具珍珠光泽。足丝粗硬、黄色。分布于黄海、渤海和东海沿岸，浙江省自然资源较多。

（2）加工利用：鲜活贻贝是大众化的海鲜品，可以蒸、煮食之，也可剥壳后和其他青菜混炒，味均鲜美。其煮熟晒干品为淡菜。贻贝还用于冷冻、罐头加工品的生产，也可煮熟后冻制品、半壳贻贝。蒸煮贻贝的汤汁经浓缩制成"贻贝油"可作为调味料。

2.1.2.1.2　扇贝，为双壳纲、翼形亚纲、珍珠贝目、扇贝科，是扇贝属的双壳类软体动物的代称。本科约有 50 个属和亚属，400 余种。广泛分布于世界各海域，以热带海的种类最为丰富。主要经济品种有栉孔扇贝、海湾扇贝、虾夷扇贝、华贵栉孔扇贝等。

（1）外形特征及分布

栉孔扇贝（*Chlamys farreri*），贝壳较大，量圆扇贝。一般壳长 74mm，壳高 77mm，壳宽 27.5mm，两壳大小及两侧均略对称，右壳较平，其上有多条粗细不等的放射物，两壳前后耳大小不等，前大后小，壳表多呈浅灰白色。栉孔扇贝营附着生活，足丝料发达。成贝壳高可达 8cm 以上。因右壳前耳有明显的足丝孔和数枚细栉齿而得名。壳面生长纹细密，具粗细不等放射肋；左壳约 10 条，右壳约 20 条，肋上有不整齐的小棘。属我国海区自然生种类，产于我国北部沿海，山东长岛、威海、蓬莱、石岛、文登和辽宁大连、长山岛等地是主产地。适宜于我国广大海域特别是北方沿海养殖。如图 2－31。

海湾扇贝（*Argopectens irradians*），贝壳扇形，两壳几乎相等，后耳大于前耳，前耳下方生有足丝孔。壳面有放射肋 18 条，壳面呈黑褐色或褐色。原产于美国大西洋沿岸，为当地的一种采捕贝类。1982 年从美国引进我国。海湾扇贝具有适应性强、生长快、养殖周期短、产量高等特点，肉味鲜美，富含蛋白质和维生素，营养价值高。作为一种优质海水养殖品种，常年可收获，以春季质量较好。如图 2－32。

图 2－31　栉孔扇贝

图 2－32　海湾扇贝

华贵栉孔扇贝（*Chlamys nobilis*），贝壳大，近圆形。左壳较凸，右壳较平。两耳不相等，前耳大，后耳小。贝壳表面颜色有变化，壳面呈浅紫褐色、淡红色、黄褐色或枣红云状斑纹，壳表具大而等粗的放射肋 23 条左右，肋上具有翘起的小鳞片。足丝孔具细齿。铰合线直。贝壳内面有与壳面相对应的肋与沟。闭壳肌痕圆，位于体中央偏后背部。放射肋大，约 23 条。产于我国南海及东海南部，属暖水性贝类。自低潮线至深海都有分布。如图 2-33。

虾夷扇贝（*Patinopecten yessoensis*），贝壳扇形，右壳较突出，黄白色。左壳稍平，较右壳稍小，呈紫褐色，壳表有 15~20 条放射肋，两侧壳耳有浅的足丝孔。虾夷扇贝为冷水性贝类，生长适温范围 5~20℃。繁殖产卵水温 5~9℃。自然生长最大个体可达 20cm，体质量 900g，人工养殖 17~23 个月，个体平均壳长可达 10cm，体质量 100~150g。主要在我国北方的辽东半岛、山东长岛等海区进行养殖。如图 2-34。

图 2-33　华贵栉孔扇贝

图 2-34　虾夷扇贝

（2）加工利用：扇贝肉，特别贝柱肉是十分受欢迎的高档海洋水产食品，加工多用于冻制品、干制品、熏制品和其他调味制品。

2.1.2.1.3　牡蛎

牡蛎属软体动物，主要的经济品种有近江牡蛎、长牡蛎、大连湾牡蛎、密鳞牡蛎等。

（1）外形特征及分布

长牡蛎（*Ostrea gigas*），长牡蛎壳大而坚厚，呈长条形。背腹缘几乎平行，壳长为高的 3 倍左右。大的个体壳长达 35cm，高 10cm。也有长卵圆形个体。右壳较平，环生鳞片呈波纹状，排列稀疏，层次少，放射肋不明显。左壳深陷，鳞片粗大，壳顶固着面小。壳表面淡紫色、灰白色或黄褐色。壳内面白色，瓷质样。壳顶内部有宽大的韧带槽。闭壳肌痕大，马蹄形。长牡蛎在我同沿海均有分布，但以广东、福建较多，为南方沿海主要养殖品种之一。如图 2-35。

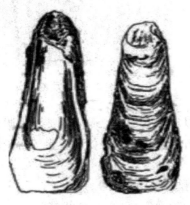
图 2-35　长牡蛎

图 2-36　近江牡蛎

近江牡蛎（*Ostrea rivularis*），贝壳呈椭圆形、卵圆形、三角形或略长，壳坚厚，较大者壳长 100～242mm，高 70～150mm，左壳较大而厚，背部为附着面，形状不规则。有壳略扁平，表面环生薄而平直的鳞片。黄褐色或暗紫色，1～2 年生的个体，鳞片平薄而脆，有时边缘呈游离状；2 年至数年的个体，鳞片平坦，有时后缘起伏略呈水波状；多年生者鳞片层层相叠，甚为坚厚。壳内面白色或灰白色，边缘常呈灰紫色，凹凸不平。铰合部不具齿，韧带槽长而宽，如牛角形，韧带紫黑色。闭壳肌痕甚大，位于中部背侧，淡黄色，形状不规则，常随壳形变化而异，大多为卵圆形或肾脏形。近江牡蛎我国南北沿海均产。如图 2－36。

大连湾牡蛎（*Ostrea talienwhanensis*），大连湾牡蛎因其产地在大连湾附近海域而得名。贝壳大型，壳长达 10cm，壳高 6cm。壳顶尖，延至腹部渐扩张，近似三角形。右壳较左壳小扁平，壳顶部鳞片趋向愈合，边缘部分疏松，鳞片起伏呈水波状，放射肋不明显。左壳坚厚极凸，自壳顶部射出数条粗壮的放射肋，鳞片粗壮竖起。壳表面灰黄色，杂以紫褐色斑纹。壳内面为灰白色，有光泽，铰合部小，韧带槽长而深，三角形，闭壳肌痕大。主要分布于大连湾，产于黄海、渤海。如图 2－37。

图 2－37　大连湾牡蛎

密鳞牡蛎（*Ostrea denselamellosa*），贝壳大型，圆形、卵圆形，有的略似三角形或四方形。左壳下凹根深，右壳较平坦，两壳几乎同样大小。右壳壳顶部鳞片愈合，较光滑，其他鳞片密薄而脆，呈舌状，紧密地以复瓦状排列。放射肋不明显。壳表面肉色、灰色或混以紫、褐青色。壳山面黄色杂以灰色，左壳表面环生坚厚同心鳞片，壳面紫红色、褐黄或灰青色，铰合齿而窄。分布于我国沿岸海域，一般北部较南部多。如图 2－38。

图 2－38　密鳞牡蛎

图 2－39　文蛤

（2）加工利用：牡蛎肉中糖原含量高达 5% 以上，用其加工成蚝油被誉为调料品中的极品，亦可用于制作罐头、熏制品、冷冻制品。此外，其牛磺酸、微量元素等含量高，是海洋功能食品的原料。

2.1.2.1.4　文蛤（*Meretrix meretix*），又名花蛤，如图 2－39。

（1）外形特征及分布：双壳类贝壳。壳表面有光泽，呈淡黄色或淡褐色，多栖于 10m 以上的浅水沙泥中，我国沿海均有分布。

（2）加工利用：适用于加工罐头制品、调味品及带壳鲜销，其冻煮肉、冻文蛤肉串是出口日本的创汇产品。

2.1.2.1.5 波纹巴非蛤（Paphia undulate），**如图2-40。**

（1）外形特征及分布：属软体动物，贝壳中型，韧带外在，位于后方。主齿加上前侧齿有3个，双闭壳肌，套线湾三角形或圆形或缺乏。分布于红海至澳洲及日本，我国沿海均有分布，南方已大规模养殖。

（2）加工利用：适用于加工活蛤、冷冻蛤肉、罐头。

2.1.2.1.6 蚶科

（1）外形特征及分布

布纹蚶（Barbatia decussata），贝壳近椭圆形，坚硬。壳顶稍凸，位于靠近前方，约相当壳全长的1/4~2/7处。壳高约为壳长的2/3，而壳宽约为壳高的7/12。背缘与前、后缘各形成一明显的角。前端圆，后端稍呈截形，后缘腹侧呈钝角，腹缘近弧形。壳表面灰白色，壳皮为褐棕色，毛发状。贝壳表面同心生长线较密而凸，与放射肋相交，形成布纹状。足丝呈片状，足丝孔稍内陷而狭长。壳内面呈淡蓝色，边缘有缺刻。铰合部较狭，前、后端比中部宽大。铰合齿呈片状，稍大而稀，中部齿比前、后部小。前闭壳肌痕呈卵圆形，后闭壳肌痕较大，近圆形。本种生活于低潮区和浅海，以足丝附着在岩礁隙缝中或贝壳上。分布于广东、广西、海南和香港等省（区）沿海，为西太平洋和印度洋广分布种。如图2-41。

图2-40 波纹巴非蛤　　　　　　图2-41 布纹蚶

毛蚶（Scapharca subernata），贝壳近卵圆形，膨胀而坚厚。背缘平直，两端与前、后缘形成的角度大于90°。腹缘前端较圆，后端略延长。壳高约为壳长的4/5~9/10，而壳长约为壳宽的1.3倍左右。两壳显著不等，左壳比右壳较大。壳顶凸出，先端倾向前方而向内卷曲，自壳顶至壳前端的距离约为壳长的4/9，而左、右两壳顶的距离约为壳宽的1/8。壳表面灰白色，被有褐色的绒毛状表皮，因此名叫毛蚶。放射肋33~37条，通常以34~35条者较多。同心生长线在腹侧显著，与放射肋交织成方形小结节，这种小结节在左壳上特别明显。韧带面呈披针形，宽度约为长度的1/5。韧带呈黑色，表面被有褐色的绒毛状壳皮。本种生活于我国和日本沿海低潮区至水深55m的泥沙质海底，是我国和朝鲜、日本的共有种，仅分布于中、朝、日三国沿海。我国沿海均有发现。如图2-42。

（2）加工利用：适用于加工活蚶、冷冻蚶肉、罐头。

2.1.2.1.7 菲律宾蛤仔（Ruditapes philippinarum），**如图2-43。**

南方俗称花蛤，辽宁称蚬子，山东称蛤蜊，与缢蛏、牡蛎和泥蚶一起被称为我国传统的

"四大养殖贝类"。

图 2 - 42 毛蚶

图 2 - 43 菲律宾蛤仔

（1）外形特征及分布：壳高 1.9 ~ 3.1cm，壳长 2.8 ~ 4.6cm，壳宽 1.3 ~ 2.2cm。贝壳呈卵圆形。壳质坚厚，膨胀。壳顶稍突出，稍向前方弯曲。小月面宽，椭圆形或略呈梭形，盾面棱形。翻带长，突出。贝壳前端边缘椭圆，后端边缘略呈截形。贝壳表面灰黄色或深褐色，有的具带状花纹或褐色斑点，花纹长，不规则。壳面有细密的放射肋，顶端极细弱，至腹向逐渐加粗，与同心生长纹交错形成布纹状。壳内面灰黄色，略带紫色。铰合部细长，每壳有主齿 3 枚，左壳前 2 枚与右壳后 2 枚顶端分叉。我国南北海区均有分布，其中辽宁、山东产量较大。

（2）加工利用：适用于加工活蛤、冷冻蛤肉、罐头，也可加工成蛤肉干、五香蛤仔等。

2.1.2.1.8 杂色蛤仔（*Ruditapes variegate*），如图 2 - 44。

（1）外形特征及分布：贝壳小而薄、呈长卵圆形。壳顶稍突出，于背缘靠前方微向前弯曲。放射肋细密，位于前、后部的较粗大，与同心生长轮脉交织成布纹状。贝壳表面的颜色、花纹变化极大，有棕色、深褐色、密集褐色或赤褐色组成的斑点或花纹。贝壳内面淡灰色或肉红色，从壳顶到腹面有 2 ~ 3 条浅色的色带。我国沿海均有分布，山东青岛和福建沿海产量较大。

图 2 - 44 杂色蛤仔

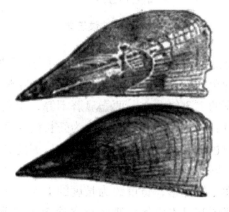

图 2 - 45 栉江珧

（2）加工利用：主要加工方式为活蛤、冷冻蛤肉、罐头。

2.1.2.1.9 栉江珧（*Pinna*（*Atrina*）*pectinata*），又名大海红、大海荞麦，如图 2 - 45。

（1）外形特征及分布：贝壳极大，一般长达 30cm，壳呈直角三角形。壳顶尖细，位于壳之最前端。背缘直或略弯,腹缘前半部较直,后半部逐渐突出;后缘直或略呈弓形。壳表向一般约有 10 余条放射肋,肋上具有三角形略斜向后方的小棘。棘状突起在背缘最后一行多变成强大的锯齿状。壳表面颜色,幼体多呈白色或浅黄色,成体多呈浅褐色或褐色。壳顶部常被磨损而露出珍珠光泽。壳内颜色与壳表略同,其前半部具珍珠光泽。韧带发达,淡褐色,其高度与背缘相等,自壳顶至背缘 2/3 处韧带较宽,颜色亦较深,闭壳肌巨大。我国黄海、东海、南海均有分布,以福建东南海域产量较多。渔民多在 1 ~ 3 月采捕生产。

（2）加工利用:是一种很有加工利用价值的贝类。其后闭壳肌（内柱）极发达,约占体长的 1/4 和体质量的 1/5,且味鲜美,营养丰富。除鲜食外,可加工干制成著名的"干贝",也可制作罐头,贝壳可做贝雕原料。

2.1.2.2　腹足纲（Class Gastropoda）

腹足纲是软体动物中种类最多、变化最大的一纲,约有 3 万余种,它们分布于世界各海区、高山、平原、湖沼和江河等,约占软体动物总种数的 76%。一般有一个螺旋形的贝壳,也称单壳类。

腹足纲动物身体分为头、足、内脏囊及外套膜 4 部分。头部发达,具 1 ~ 2 对触手,触手的顶端或基部有眼。绝大多数种类体外有一发达的贝壳,头、足、内脏囊均可缩入壳内。腹足类的壳为典型的螺旋圆锥形壳,壳尖细的一端称壳顶（apex）,是壳最先形成的部分,由壳顶围绕中心壳轴（columella）连续放大形成直径逐渐增大的螺形环,称为螺层（whorls）,最后形成的一个螺层体积最大,称为体螺层（bodywhorl）,其向外的开口即为壳口（aperture）。除体螺层之外,其他螺层称螺旋部（spire）。许多海产螺由壳口外翻,形成外唇（out lip）与内唇（inner lip）。壳表面有许多与壳口平行的细线称生长线（grow lines）。各螺层之间的交界线称缝合线（suture）。也有的种类壳口的前缘具水管凹陷（siphonal notch）,或壳轴基部内陷形成脐（umbilicus）。如果以壳顶向前,壳口面向观察者,壳口在壳轴的右侧,则称为右旋壳（dextral shell）,壳口在壳轴的左侧,称左旋壳（sinistral shell）。大多数腹足类动物为右旋壳。少数种为左旋壳,也还有少数种同时具有右旋壳个体与左旋壳的个体。腹足类的壳因种不同,在形状、颜色、花纹及壳面装饰上表现出多样性。例如有的壳螺旋部不显著,成年的壳仅有体螺层极度膨大,如鲍（Haliotis）;或壳形又表现出两侧对称,如帽贝（Limpet）;或壳面长出骨刺,如骨螺（Murex）;或壳完全埋在外套膜中,如壳蛞蝓（Philine）;或壳完全消失,如海牛（Doris）等。腹足类具有扁平、宽阔、适于爬行的足,足部肌肉发达,适于在底质表面爬行。大多数前鳃类足的后端背面,有一圆形角质板,或石灰质板,它的大小、形状与壳口完全一致,当头、足缩回壳内之后,这个板十分严密的完全封闭壳口,此壳板称为厣板（operculum）,具有保护作用。例如圆田螺的厣板是角质的,玉螺（Natica）、蝾螺（Turbo）是石灰质的,这是由于角质板上大量沉积的碳酸钙所致。神经系统由脑、侧、足、脏 4 对神经节及其连结的神经索组成,较高等的种类神经节向头部集中。有海水、淡水和陆地生活的种类。海生种类有鲍（Haliotis）、马蹄螺（Trochus）、笠贝（Acmaea）、红螺（Rapana）、骨螺（Murex）等。

2.1.2.2.1　鲍鱼

我国主要有皱纹盘鲍、耳鲍和杂色鲍 3 种。

（1）外形特征及分布

皱纹盘鲍（Haliotis discus）,又名鲍鱼、紫鲍。贝壳大,椭圆形,坚厚,向右旋。螺层

3 层，缝合不深，螺旋部极小。壳顶钝，微突出于贝壳表面，但低于贝壳的最高部分。从第二螺层的中部开始至体螺层的边缘，有一排以 20 个左右凸起和小孔组成曲旋转螺肋，其末端的 4~5 个特别大，有开口，呈管状。壳面被这排突起和小孔分为右部宽大、左部狭长的两部分。壳口卵圆形，与体螺层大小相等。外唇薄，内唇厚，边缘呈刃状。足部特别发达肥厚，分为上、下足。腹面大而平，适宜附着和爬行。壳表面深绿色，生长纹明显。壳内面银白色、有绿、紫、珍珠等彩色光泽。分布于我国北部沿海，山东、辽宁产量较多，其中山东的威海、长岛和辽宁的金县、长山岛产量最多。产季多在夏秋季节。近年人工养殖发展，威海、长岛及长山岛等地已成为鲍鱼养殖基地，一年四季均出产。如图 2 - 46。

图 2 - 46　皱纹盘鲍　　　　　　　　　　　图 2 - 47　耳鲍

耳鲍（*Haliotis asinine*），又名海耳。贝壳狭长，螺层约 3 层，螺旋部很小，体螺层大，与壳口相适应，整个贝壳扭曲成耳状。壳面左侧有一条螺肋由一列约 20 个排列整齐的突起组成，其中 5~7 个突起有开口。肋的左侧至贝壳的边缘其 4~5 条肋纹。生长纹细密。壳表面光滑，为绿色、黄褐色，并布有紫色、褐色、暗绿色等斑纹。壳内银白色，具珍珠光泽。足极发达，不能完全包于壳中。主要产于我国台湾、海南等地，其中三亚市、丽沙群岛等地产量较多，产季多在夏秋季。如图 2 - 47。

杂色鲍（*Haliotis diversicolor*），又名九子螺、九孔鲍。贝壳坚硬，螺旋部小，体螺层极宽大，几乎占贝壳的全部，螺旋部很小，仅占全壳的极小部分，呈乳头状。螺层约三层，除体螺层外，其余各层间的缝合线不明显。壳表面为褐红色或绿褐色，壳顶部常磨损而呈灰白色或淡红色。壳内面为灰白色，具有绿彩色珍珠光泽。壳口很大，卵圆形，宽度约为长度的 5/8。外唇薄，边缘呈刀刃状。内唇较厚，向壳内延伸成为一个狭长的片状遮缘，最大部分宽约 7mm 左右。足部很发达，与壳口等大，分为上、下两部分，上足覆盖下足，边缘生有很多短小的触手。遮面宽大，呈卵圆形。我国东南沿海有分布，以海南岛及广东的硇州岛产量较多，产期多在秋季。不少地方已进行人工养殖。

图 2 - 48　杂色鲍

如图 2 - 48。

（2）加工利用：鲍鱼肉特别鲜美，多用于高档宴席及鲜销，亦可制成罐头制品及干制品。皱纹盘鲍是我国所产鲍中个体最大者，鲍肉肥美，为海产中的珍品；耳鲍壳薄肉多，足部肌肉特别肥厚，是著名的海珍品之一，也是人工养殖的优良品种；杂色鲍虽不及皱纹盘鲍口感好，也是鲍中较好的品种。鲍贝壳是有名的中药石决明，也是制作贝雕画的重要材料。

2.1.2.2.2　红螺 [Rapana bezoar (Linnaeus)]，**如图 2 - 49。**

（1）外形特征及分布：贝壳厚而坚固，中等大小。螺层约 6 ~ 7 层。螺旋部短小，约占壳高的 1/3；体螺层宽大。壳表面具有很多细肋，与细密的生长纹交织成鳞片状。体螺层的下半部具有 3 条较粗的螺肋，有的肋上生有短小的角状突起，在最下部的一条螺肋上常有鳞片状突起。螺旋部各螺层的中部和体螺层的上部向外扩张形成肩角，肩角上生有短小的棘状突起，在体螺层的上部构成竖起的片状褶襞。壳表面黄褐色。壳口呈卵形，宽大，内面为淡黄色或桔黄色。内唇光滑，呈弧形，与由鳞片构成的绷带，形成宽大的假脐，略呈漏斗形；外唇内缘具有粗壮的褶襞。生活于低潮区至 10m 水深的沙泥质海底，分布于西太平洋、印度洋、美国加利福尼亚沿海，以及我国东海南部和南海。本种喜食其他贝类，为养殖贝类的敌害。

图 2 - 49　红螺

图 2 - 50　泥螺

（2）加工利用：主要加工方式为活红螺、冷冻红螺肉，贝壳可作工艺品。

2.1.2.2.3　泥螺（Bullacta exarata），**如图 2 - 50。**

（1）外形特征及分布：贝壳近卵圆形，中小型，宽度约为长度的 3/4。壳薄而脆，并透明。螺旋部内旋，体螺层膨胀，为贝壳的全长。贝壳表面具有褐黄色壳皮和细密的螺旋沟。生长线明显，有时聚集为肋状。壳口宽大，上部稍狭，底部扩张。内唇石灰质层薄而狭小，轴唇有一个狭小的反褶缘。外唇很薄，上部弯曲，凸出壳顶部，底部圆形。体略呈长方形，活动时体长约 25 ~ 33mm，不能完全缩入壳内。头楯大，前端稍凹，后端分为两叶，被覆一部分贝壳。眼埋于头楯皮肤组织中。足部肥大，前端稍凹，后端呈截形。侧足发达，掩盖贝壳两侧。外套膜薄，被贝壳包被，后部肥厚，叶片状，向上反卷掩盖贝壳的一部分。体呈灰黄色或淡红褐色，半透明。贝壳灰白色。本种生活于潮间带中、低潮区泥沙质底，全国沿海均有发现，闽东和浙江沿海产量较多，俗名"吐铁"或"麦芽螺"（闽南）。

（2）加工利用：主要加工方式为罐头，远销我国香港、澳门、台湾地区和东南亚各国，颇受当地居民和海外华侨的欢迎。

2.1.2.2.4　银口凹螺（Chlorostoma argyrostoma），**如图 2 - 51。**

（1）外形特征及分布：壳宽而短，壳质重厚，极坚固，呈圆锥形。壳高约为壳宽的 5/6。螺层有 6 层。缝合线稍深。壳顶钝，常被磨损。螺旋部高度约占壳高的 2/3，顶部三

图2-51 银口凹螺

层低而小，向下三层迅速增宽而膨圆。体螺层很膨大。壳表面黑色或黑灰色。生长线极细密；呈细波纹状。顶部三层有不很明显的细螺纹，但常被磨损而呈银灰色。下面三层具有向右倾斜而排列整齐的纵肋，这些纵肋上端粗大，向下常分为两叉细肋。贝壳底部略平坦，颜色比壳表面稍淡，呈淡黑灰色，在壳轴的下方具有环形的螺纹。壳口宽大而倾斜，近椭圆形，内面为银灰色珍珠光泽，微显淡绿色。外唇稍薄而完整，边缘有一狭小的灰黑色镶边。内唇很厚，弧形，具有一个钝齿。壳脐被厚而有光泽的石灰质胼胝掩盖，外表仅留一很浅的凹陷，脐孔部及其周围呈翠绿色。厣为角质，圆形，棕褐色，核位于中央，同心环纹明显。本种为暖水种，生活于潮间带中、低潮区的岩石间，分布于菲律宾及我国台湾、南海等地。

（2）加工利用：主要加工方式为活螺、冷冻螺肉，贝壳珍珠层可制中药。

2.1.2.3 头足纲（class Cephalopoda）

头足类动物隶属头足纲（*Cephalopoda*），是软体动物门的重要类群。广泛分布于世界各海区，全世界现生种类有700余种，我国有100余种。头足类动物身体多少都有点圆柱形，嘴长在身体下侧的平面上，长有尖利、像鸟嘴一样的颚，四周有可伸缩的强健触须或手臂，头部极为发达，足环围于头的前端，头的两侧有构造与脊椎动物相似的眼，眼发育好。足由8条或10条腕及1个漏斗组成（四鳃类的鹦鹉螺腕数多，漏斗由两片组成）。外套膜的肌肉肥厚，呈袋状，包被整个内脏。现生种类除鹦鹉螺（*Nautilus*）外，均已无外壳，有的具有内壳。神经系统较发达，神经节多集中于头部形成脑。头足纲全部为海产，有的种数量很大，肉多味美，富有营养，是海洋渔业的重要对象，重要经济种类主要有乌贼类、枪乌贼类、柔鱼类和章鱼类等。

2.1.2.3.1 乌贼

本科主要有金乌贼、虎斑乌贼、拟目乌贼、日本无针乌贼、曼氏无针乌贼等。

（1）外形特征及分布

金乌贼（*Sepia esculenta*），又名墨鱼、乌鱼、斗鱼、目鱼、梧桐花、大乌子、柔鱼、苗鱼等，属中型乌贼。胴部卵圆形，一般胴长20cm，长度为宽度的1.5倍。背腹略扁平，侧缘绕以狭鳍，不愈合。头部前端、口的周围射生有5对腕。4对较短，每个腕上长有4个吸盘；1对触腕稍超过胴长，其吸盘仅在顶端，小而密。眼发达。体内有墨囊，内贮有黑色液体。体呈黄褐色，背面紫褐色色素斑点很密，雄体背面具有波状条纹。内壳呈长椭圆形，长度约为宽度的2.5倍，背面稍凸，具有坚硬的石灰质粒状突起，腹面中央有一条纵沟，横纹面略呈菱形，内壳后端中央有一锥形骨针。我国沿海均有分布，以黄海、渤海产量较多。山东省日照市为主要集散地。产期多在8～12月，11月为盛渔期。如图2-52。

虎斑乌贼（*Sepia pharaonis Ehrenberg*），又名花旗、花枝。

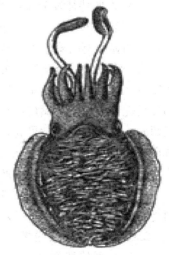

图2-52 金乌贼

个体较大，重达 3~4kg。头部短而宽。胴部呈卵圆形，宽度约为胴背长的 1/2。最大的胴背长达 300mm 以上。鳍宽大，最大宽度约为胴宽的 1/4。各腕长度差别不大，其长度顺序为 4>3>2>1。吸盘 4 行，基部吸盘角质环光滑无齿，顶部吸盘角质环具有密集的钝形小齿。触腕的长度约为胴背长的 1.5 倍，呈肾形，长度约占全腕长的 1/5。体背面具有许多褐黄色波状斑纹，形似虎斑。内壳呈长椭圆形，宽度约为长度的 2/5，背面具有同心环状排列的石灰质颗粒，腹面的横纹面略呈 "∧" 字形。内壳后端有一粗壮的骨针。本种生活于热带和亚热带海区，暖水性较强，分布于我国东海南部和南海，以及菲律宾群岛、马来群岛、澳大利亚和印度洋。如图 2-53。

拟目乌贼（*Sepia lycidas Gray*），又名花旗。胴部近卵圆形，宽度约为长度的 1/2。鳍宽大，位于胴部两侧全缘，末端分离。各腕长度顺序一般为 4>1>3>2 或 4>3>2>1。吸盘 4 行，各腕吸盘大小相近，角质环具钝头小齿。雄性左侧第 4 腕茎化，自基部向上约 7~10 列吸盘缩小，其余正常。触腕较长，超过头长和胴长的长度。触腕穗呈刀形，约占全触腕长的 1/5。吸盘大小相近，约 6~8 行，角质环具钝头小齿，顶部吸盘角质环有尖锥形小齿。生活时，体背面呈黄褐色，胴背有眼状白斑，其间有许多较细的横纹。内壳呈长椭圆形，宽度约为长度的 2/5，横纹面稍短，后端骨针粗壮。本种生活于水深 100m 左右的大陆架区，暖水性较强，分布于我国浙江舟山群岛以南近海、日本群岛南部、马来群岛和印度东海岸等。如图 2-54。

日本无针乌贼（*Sepiella japonica Sasaki*），又名墨鱼。体型中等，胴长最大可达 16cm，胴部卵圆形，后端有一个明显的腺质孔，常流出红褐色的浓汁。鳍位于胴部两侧全缘，末端分离。各腕长度差别不大，其顺序一般为 4>1>3>2，吸盘 4 行，各腕吸盘大小相近。其角质环具有尖锥形小齿，触腕长度稍大于胴长或相近，触腕穗稍狭小，吸盘很小而密集，大小相近，约 18~20 行，其角质环具有方圆形小齿。内壳呈长椭圆形，腹面中部凸，横纹面的生长纹呈波浪形。角质缘发达，后端形成一个半圆形的角质板，无骨针。生活时，胴部背面有明显的白色斑点，雄性白斑比雌性大。分布于俄罗斯远东海域、日本、朝鲜和我国的南、北沿海，是我国沿海种群最密、产量最大的一种乌贼。如图 2-55。

　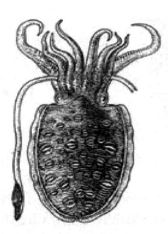　

图 2-53　虎斑乌贼　　　　图 2-54　拟目乌贼　　　　图 2-55　日本无针乌贼

曼氏无针乌贼（*Sepiella maindroni*），俗名花粒子、麻乌贼、血墨，属中型乌贼。个体较金乌贼小，一般胴体长 15cm。眼部椭圆形，后部端圆，长度为宽度的 2 倍。旧体瘦薄。眼部后面有一脉孔，常流出近红色的腥臭腺体。肉鳍前端狭窄，向后部渐宽，位于胸部两侧全缘，末端分离。腕5对，4对长度相近，第四对腕较其他腕长。各腕吸盘大小相近。其胶制环外缘具尖锥形小齿。触腕一般超过胴长，穗狭小。眼背白花斑明显。石灰质内骨长椭圆形，长度约为宽度的3倍，角质缘发达，后端无骨针。分浙北、浙南和闽东3个渔场。浙北群自4月下旬至5月上旬先后进入大陈、鱼山、中街山列岛和马鞍列岛。浙江省产量产居全国之首。如图2-56。

（2）加工利用：乌贼的可食部分比例很高，达92%，除鲜销外，可加工冻品罐头、鱼糜制品，其干制品"蟟哺鲞"是我国传统特产。调味干制品墨鱼丝是受欢迎的休闲食品。

2.1.2.3.2　枪乌贼

本科主要有火枪乌贼、长枪乌贼、中国枪乌贼、日本枪乌贼等。

（1）外形特征及分布

火枪乌贼（*Loligo beak Sasaki*），又名鱿仔。个体小，胴部略呈圆锥形，后端钝圆，胴背长约为胴宽的4倍。鳍长超过胴背长的1/2，而鳍宽约为鳍长的2/5，两鳍相接略呈纵菱形。体表面有大小不等的卵圆形或近圆形的褐色色素斑。各腕不等长，一般以第3对腕最长，第1对腕长度约为第3对腕长度的2/3。腕吸盘两行，以第2、第3对腕上的吸盘最大，吸盘角质环有4~5个宽板齿。触腕细长，约为第一对腕长度的4倍。触腕穗稍宽，末端尖，其长度约占触腕全长的1/4。触腕吸盘4行，中部两行吸盘较大，顶部、基部和边缘者较小，大、小吸盘角质环均具有尖齿。内壳几丁质，呈披针叶形，宽度约为长度的1/6，前部狭长，两侧平直而平行，后端钝圆，中轴粗壮，叶脉细密。本种生活在沿岸岛礁周围，主要捕食小型虾类等，分布于我国沿海和日本南部海区。如图2-57。

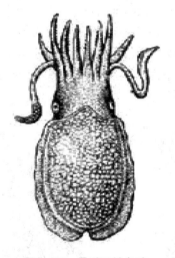

图2-56　曼氏无针乌贼

图2-57　火枪乌贼

长枪乌贼（*Loligo bleekeris Keferstein*），又名竹枝仔。胴部细长，呈圆锥形，后部尖削，长度约为宽度的6~7倍。胴部背面前缘中央向前凸出，形成一个舌状突起，腹面前缘中央向后方凹入为半月形。腹面中央有一肉质纵嵴。体表面具有大小不等的褐色色素斑，呈卵圆形或近圆形。鳍长超过胴长的1/2，鳍宽略小于鳍长的1/3，两鳍合并时呈菱形。头部短小，比胴部前端稍狭。泪孔显著，位于眼的前方。漏斗和闭锁器发达。各腕长度差别不大，以第3对腕最长，长度小于胴背长的1/3。触腕短，长度小于胴背长的1/2，柄部比第一对腕略细。触腕穗短小，约占触腕全长的1/4。口膜发达，分7裂，每裂较大，内侧具有两行小吸盘。内壳几丁质，狭长，淡黄褐色，透明，宽度约为长度的 1/9，两侧平直而平行，中部扩大，后端尖削。本种生活于浅海，以毛虾及小型中、上层鱼类为食料。分布于我国沿海、千岛群岛、日本群岛和马来群岛等海域。如图 2－58。

中国枪乌贼（*Loligo chinensis Gray*），又名鱿鱼、本港鱿鱼。个体较大，最大的胴长可达410mm。胴部狭长，末端略尖，长度约为宽度的 5～6 倍。鳍位于胴部的后半部，长度约为胴长的 2/3，宽度大于鳍长的 1/4。左、右两鳍在胴部末端相连，侧角稍钝圆，彼此合并略呈菱形。头部狭小，背腹扁，宽度比胴部前端稍狭，长度约为宽度的 3/4。眼较大，前方有明显的泪孔。嗅觉陷发达，突起呈“E”形，位于眼的后方。腕较短，各对腕的长度不等，第三对腕最长，其长度略大于胴背长的 1/3。腕吸盘排列为两行，均呈杯状。触腕细长，长度略小于胴背长或近相等。触腕穗稍宽，近菱形，长度约为触腕全长的 1/4。触腕吸盘排列为四行，大小不等，中间两行比两侧者大，其中有 10～14 个为最大。吸盘角质环具有大、小相间的尖圆锥形小齿 25～30 个，顶部吸盘约有大、小齿 10～20 个。本种生活时，呈淡肉红色。全体表面散布有细小的暗褐色色素斑点，这种斑点在体背面中央特别浓密。内壳薄而透明，近披针形，呈淡黄色。背面中央有一粗壮的纵肋，由中央纵肋向两侧发出微小的放射纹。本种在我国台湾附近和南海很常见，种群密而产量大，游泳力较强，常成群洄游，有时冲入鱼群中猎食。一般白昼下沉海底，早晚上升水面附近，凶猛猎食鱼类和虾类等。趋光性强，渔民常用灯光诱捕或钩钓捕获。本种分布于我国东海和南海、日本南部海域、越南、菲律宾、马来半岛和印度尼西亚，为西太平洋暖水种。如图 2－59。

图 2－58　长枪乌贼　　　　　　　　　　　图 2－59　中国枪乌贼

日本枪乌贼（*Loligo japonica*），又名笔管蛸、柔鱼、鱿鱼、油鱼、小鱿鱼、乌蛸、乌增、仔乌、海兔子等。胴部细长，胴长最大可达 15cm，形状类似鱿鱼，个体比鱿鱼短而小，体短而宽。一般胴长 12～20cm，长度为宽度的 4 倍。肉鳍长度稍大于胸部的 1/2，略呈三角形。腕吸盘 2 行，其胶质环外缘具方形小齿。触腕超过胴长。内壳角质，薄而透明。眼背部具浓密的紫色斑点。外套膜中的贝壳为几丁质，形似古罗马剑。在我国黄海、渤海沿海分布较广，主要产于东海和黄海，每年冬春以石岛南部沿海产量最为集中。如图 2－60。

（2）加工利用：营养价值仅次于鱿鱼，可鲜食，也可加工成各种干品及冷冻品。干品在食用前需进行泡发,生干品的泡发近似鱿鱼干和墨鱼干,不过其碱液的浓度要淡一些,泡发时间要短一些,熟品用温水浸泡4~6h,变软后即可烹调食用。

2.1.2.3.3 章鱼

属软体动物头足纲,章鱼种类很多,至少有30种以上,以真章鱼最多。

（1）外形特征及分布

短章（*Octopus ocellatus Gray*），又名短脚章、短爪章。胴部呈卵圆形或球形,背面粒状突起密集。在背部两眼之间的表皮上,具有浅灰色的纺锤形或半月形的斑块。在每眼的前方,第2至第4对腕的区域内,有一个椭圆形的金色圈。漏斗为圆锥形,漏斗器明显,呈"W"形,腕短,各腕长度差别不大,其顺序一般为4>3>2>1,吸盘两行。生活时,体背面呈褐黄色,腹面为淡黄色。本种为沿岸底栖种类,以腕吸盘吸着岩礁或其他物体上爬行。分布于俄罗斯远东海域,日本,朝鲜,我国南、北沿海,印度尼西亚和新几内亚等地。如图2-61。

图2-60 日本枪乌贼　　　　　　　　　　　图2-61 短章

长章（*Octopus variabilis*），又名石拒、章拒、长爪章。胴部呈长椭圆形,表面光滑,两眼前方无金色圆圈。漏斗器呈"UU"形。腕较长,各腕长度差别较大,其顺序为1>2>3>4,第4对腕最短,约为第1对腕长度的3/7~1/2,吸盘两行。生活时,体背面呈肉红色,腹面为淡黄色或乳白色。本种为沿岸底栖种类,腕长而有力,常挖穴栖居。冬季在浅海泥沙中栖息,春季渐向潮间带低潮区移动,夏秋季节,可达中潮区,秋末水温下降,又回到浅海潜伏越冬。分布于日本叁岛和我国南、北沿海。如图2-62。

真章鱼（*Octopus vulgara*），又名章鱼。胴部呈卵圆形或椭圆形。全体长可达810mm,胴长约占全体长的1/4。背面具有稀疏的疣状突起。头部短小。宽度约为胴宽的2/3。眼小,两眼之间无斑块,在左、右眼前方也无金色圈。漏斗呈圆锥形,漏斗器为"W形"。各腕较长,末端尖细。长度差别不大,侧腕较长,腹腕最短,各腕大小顺序一般为2>3>1>4,腕吸盘2行,内壳退化。生活时体背面呈蓝色或淡蓝色,腹面为灰白色,胴部背显著的灰白色斑点。栖息在浅海沙泥海底间或洞穴中,昼伏夜出。本种是世界底栖种类。分布于我国东南沿海、俄罗斯远东海岸、日本沿海、朝鲜、中印半岛、马来西亚、印度、法国、意大利、英国、美国等地。如图2-63。

图 2 - 62　长章

图 2 - 63　真章鱼

（2）加工利用：冷冻品、煮干品、熏制品及其他调味加工品。

2.1.3　甲壳类

甲壳动物虾、蟹类属于节肢动物门、甲壳纲、软甲亚纲、十足目，其体表都有一层几丁质外壳，称为甲壳。甲壳动物大多数生活在海洋里，少数栖息在淡水中和陆地上。虾、蟹等甲壳动物有 5 对足，其中 4 对用来爬行和游泳，还有一对螯足用来御敌和捕食。虾、蟹等甲壳动物营养丰富，味道鲜美，具有很高的经济价值。

2.1.3.1　虾类

2.1.3.1.1　长毛对虾（*Penaeus penicillatus Alcock*），**别名红虾、大虾、白虾。如图 2 - 64。**

（1）外形特征及分布：体淡棕黄色，额角基部明显隆起，额角上缘齿 6 ~ 8 枚，下缘齿 4 ~ 6 枚，额角侧沟浅，伸至胃上刺的下方。额后脊达头胸甲的后缘。头胸部具胃上刺，肝刺及额角刺。无肝脊。第一触角上鞭与头胸甲几乎等长。第三颚足雌雄异形。雄性的指节长于掌节，掌节末端有一簇长毛，雌性的指节短于掌节。成体生活在 40m 左右深的沙质海底，幼虾常群集于河口或近岸海区。主要分布在印度洋、西太平洋的巴基斯坦到印度尼西亚沿海一带，我国福建、台湾及广东东部沿海最为常见，海捕渔汛为每年 10 月至翌年 1 月份。目前是福建、广东、广西、海南等沿海地区的主要养殖对象。

（2）加工利用：除鲜食、冷冻外，对脾胃虚弱、食少纳呆、腹满泄泻、气血不足等症具有一定效果。

2.1.3.1.2　中国对虾（*Penaeus（Fenneropenaeus）orientalis*），**又名大虾、对虾、内虾、黄虾（雄）、青虾（雌）、明虾，如图 2 - 65。**

图 2 - 64　长毛对虾

图 2 - 65　中国对虾

（1）外形特征及分布：体长大而侧扁。雌体长 18～24cm，雄体长 13～17cm。甲壳薄，光滑透明，雌体青蓝色，雄体呈棕黄色。通常雌虾个体大于雄虾。对虾除尾节外，各节均有附肢 1 对。有 5 对步足，前 3 对呈钳状，后 2 对呈爪状。头胸甲前缘中央突出形成额角。额角上下缘均有锯齿。主要分布于我国黄海、渤海和朝鲜西部沿海。我国的辽宁、河北、山东及天津沿海是对虾的重要产地。捕捞季节过去每年有春、秋两季，4～6 月为春汛，9～10 月为秋汛，10 月中下旬为旺汛期。

（2）加工利用：对虾肉质鲜嫩味美，系高蛋白营养海洋食品。虾干、虾米等干品为上乘的海珍品，其带头、无头或虾仁的冷冻品是我国出口的主要海洋食品，虾头可生产味道鲜美的海鲜调味料，虾壳可提取甲壳素、壳聚糖。

2.1.3.1.3　罗氏沼虾（*Macrobrachium rosenbergii*），**又名马来西亚大虾、淡水长臂虾。如图 2－66。**

（1）外形特征及分布：体肥大，青褐色。每节腹部有附肢 1 对，尾部附肢变化为尾扇。头胸部粗大，腹部起向后逐渐变细。史胸部包括头部 6 节，胸部 8 节，由一个外壳包围。腹部 7 节，每节各有一壳包围。附肢每节 1 对，变化较大，由前向后分别为 2 对触角、3 对颚、3 对颚足、5 对步足、5 对游泳足、1 对尾扇。成虾个体一般雄性大于雌性，最大个体雄性体长可达 40cm，体质量 600g；雌性体长可达 25cm，体质量 200g。雄性第二步足特别大，呈蔚蓝色。原产于印度太平洋地区，生活在各种类型的淡水或咸淡水水域，20 世纪 60 年代以来，先后移养于亚洲、欧洲、美洲等一些国家和地区。1976 年自日本引进我国，目前主要在南方 10 多个省（市、区）推广养殖，为广东最主要的淡水养殖虾。

（2）加工利用：可食部分含蛋白质 20.5%，与中国对虾相当，脂肪 1.97%，略高于中国对虾，是深受广大消费者欢迎的名贵产品。

2.1.3.1.4　斑节对虾（*Penaeus*（*Penaeus*）*monodon*），**又名草虾、花虾、牛形对虾，联合国粮农组织通称大虎虾。如图 2－67。**

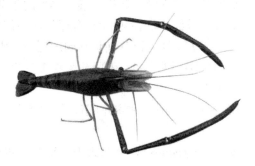

图 2－66　罗氏沼虾

图 2－67　斑节对虾

（1）外形特征及分布：体被黑褐色、土黄色相间的横斑花纹。额角上缘 7～8 齿，下缘 2～3 齿。额角侧沟相当深，伸至胃上刺后方，但额角侧脊较低且钝，额角后脊中央沟明显。有明显的肝脊，无额胃脊。该虾是对虾中个体最大的一种，发现的最大个体长达 33cm，体质量 500～600g。成熟虾一般体长 22.5～32cm，体质量 137～211g。分布区域甚广，由日本南部、韩国、我国沿海、菲律宾、印度尼西亚、澳大利亚、泰国、印度至非洲东部沿岸均有分布。我国沿海每年有 2～4 月和 8～11 月两个产卵期。该虾生长快，适应性强，食性杂，为当前世界上养殖最普遍的品种,我国南方沿海可以一年养两茬。广东湛江地区养殖产量达全国总产量的1/4。

（2）加工利用：味鲜美，营养丰富。鲜食为桌上佳肴。是深受消费者欢迎的名贵虾类。冷冻斑节对虾是目前我国内外销的大宗虾类品种。

2.1.3.1.5 日本对虾（*Penaeus（Marsupenaeus）japonicus*），**又名花虾、竹节虾、花尾虾、斑节虾、车虾。如图 2 - 68。**

（1）外形特征及分布：体被蓝褐色横斑花纹，尾尖为鲜艳的蓝色。额角微呈正弯弓形，上缘 8 ~ 10 齿，下缘 1 ~ 2 齿。第一触角鞭甚短，短于头胸甲的1/2。第一对步足无座节刺，雄虾交接器中叶顶端有非常粗大的突起，雌交接器呈长圆柱形。成熟虾雌大于雄。日本对虾分布极广，日本北海道以南、我国沿海、东南亚、澳大利亚北部、非洲东部及红海等均有栖息。我国沿海 1 ~ 3 月及 9 ~ 10 月均可捕到亲虾，产卵盛期为每年 12 月至翌年 3 月。虾汛旺季为 1 ~ 3 月，常与斑节对虾、宽沟对虾混栖。日本对虾是日本最重要的对虾养殖品种，我国福建、广东等南方沿海也有养殖。

（2）加工利用：该虾甲壳较厚，耐干露，适于活体运销，利润较高。营养价值与其他主要虾类相近。

2.1.3.1.6 墨吉对虾（*Penaeus（Fenneropenaeus）merguiensis*），**又名大虾、明虾、黄虾、大白虾、太明虾，联合国粮农组织统称香蕉虾。如图 2 - 69。**

图 2 - 68 日本对虾 　　　　　图 2 - 69 墨吉对虾

（1）外形特征及分布：体淡棕黄色，透明甲壳较薄。额角上缘 8 ~ 9 齿，下缘 4 ~ 5 齿。额角基部很高，侧视呈三角形。额角后脊伸至头胸甲后缘附近，无中央沟。第一触角鞭与头胸甲大致等长。雌交接器前片顶端疣突相当大，约为纳精器的3/7。性成熟的虾雌大于雄。分布甚广，在南半球自东非至澳大利亚、在北半球东南亚及印度洋；在我国广东、海南及广西沿海均有分布。主要产卵期为 3 ~ 6 月，产卵盛期为 4 ~ 5 月。鱼汛旺季为 10 月至翌年 1 月。我国广东湛江市沿海为主要产区，也是广东沿海的主要养殖品种之一。

（2）加工利用：墨吉对虾是我国南方的对虾养殖对象之一。可养一茬，也可养两茬。生长周期 160 ~ 180d，体长可达 12cm 以上。自然捕捞大者体长 20cm，体质量 100g。该虾虾体离水后很快死亡，销售活虾较难，主要为冷冻虾。营养价值与其他主要虾类相近。

2.1.3.1.7 凡纳滨白对虾（*Penaeus vannamei*），**又名白对虾、万氏时虾、凡纳滨对虾，如图 2 - 70。**

（1）外形特征及分布：虾体外形洁白透明，尾伞最外缘带状红色，前端两条长形为粉红色，额角上缘有 8 ~ 9 齿，而下缘为 2 齿。雌虾的雌性交接器为开放式，不同于斑节对虾

图 2 – 70　凡纳滨白对虾

和日本对虾所拥有的贮精囊。野生原种分布于北至墨西哥、南至智利的太平洋沿岸海域，栖息深度为 30 ~ 70m 深的大陆架。栖息水域水温常年在 20℃以上。具有最受美国消费市场的喜爱，生长环境适应力强，到达商品规格的成长速度最快，抗病能力较强等优点。1988 年引进我国之后，因人工繁殖技术尚无太大突破，养殖规模较小。1998 年底，大量种虾、种苗从美国、我国台湾省等地引入两广和海南省地区。

（2）加工利用：肉质鲜美，营养丰富，口感好，深受消费者喜爱。冷冻凡纳滨白对虾主要出口欧美市场，经济价值比同类虾高，是出口创汇的优良品种。

2.1.3.1.8　鹰爪虾（*Trachypenaeus curvirostris*），**又名鸡爪虾、厚壳虾、红虾、立虾、厚虾、硬枪虾，如图 2 – 71。**

（1）外形特征及分布：体较粗短，甲壳很厚，表面粗糙不平。体长 6 ~ 10cm，体质量 4 ~ 5g。额角上缘有锯齿。头胸甲的触角刺具较短的纵缝。腹部背面有脊。尾节末端尖细，两侧有活动刺。体红黄色，腹部各节前缘白色，后背为红黄色，弯曲时颜色的浓淡与鸟爪相似。我国沿海均有分布，东海及黄渤海产量较多。东海鱼汛期为 5 ~ 8 月；黄渤海鱼汛期为 6 ~ 7 月和 10 ~ 11 月。

（2）加工利用：鹰爪虾出肉率高，肉味鲜美。产区以鲜销为主，运销内地则多数为冻虾仁。鹰爪虾足是加工虾米的主要原料，经过煮熟晾晒去壳后便是颇负盛名的"金钩海米"。

2.1.3.1.9　中国毛虾（*Acetes chinensis*）**又名毛虾、红毛虾、虾皮、水虾、小白虾、苗虾，如图 2 – 72。**

（1）外形特征及分布：体形小，侧扁，体长 2.5 ~ 4cm。甲壳薄，额角短小，侧面略呈三角形，下缘斜而微曲，上缘具两齿。尾节很短，末端圆形无刺；侧缘的后半部及束缘具羽毛状。仅有 3 对步足并呈微小钳状。体无色透明，唯口器部分及触鞭呈红色，第六腹节的腹面微呈红色。我国沿海均有分布，尤以渤海沿岸产量最多。产地主要有辽宁、山东、河北、江苏、浙江、福建沿海。鱼汛期渤海为 3 ~ 6 月和 9 ~ 12 月；浙江为 3 ~ 7 月，福建为 1 ~ 4 月和 11 ~ 12 月。

图 2 – 71　鹰爪虾

图 2 – 72　中国毛虾

（2）加工利用：因体小壳薄肉嫩，适于加工成干品虾皮或调味料虾酱。儿童常食之有助于骨骼和牙齿的发育生长，老年人多食用也有良好的保健作用。

2.1.3.1.10 龙虾（*Panulirus argus*），如图 2 – 73。

（1）外形特征及分布：龙虾是节肢动物门甲壳纲十足目龙虾科属动物，又名大虾、龙头虾、虾魁、海虾等。它头胸部较粗大，外壳坚硬，色彩斑斓，腹部短小，体长一般在 20 ~ 40cm 之间，重 0.5kg 左右，是虾类中最大的一类，最重的能达到 5kg 以上，人称龙虾虎。体呈粗圆筒状，背腹稍平扁，头胸甲发达，坚厚多棘，前缘中央有一对强大的眼上棘，具封闭的鳃室。腹部较短而粗，后部向腹面卷曲，尾扇宽短。龙虾有坚硬、分节的外骨骼。胸部具五对足其中一或多对常变形为螯，一侧的螯通常大于对侧者。眼位于可活动的眼柄上。有两对长触角。腹部形长，有多对游泳足。尾呈鳍状，用以游泳；尾部和腹部的弯曲活动可推展身体前进。龙虾分布于世界各大洲，品种繁多，一般栖息于温暖海洋的近海海底或岸边。是名贵海产品，中国产的龙虾至少有 8 种以上。

（2）加工利用：主要以鲜活品、冻品为主，另外龙虾体内的虾青素广泛用在化妆品、食品添加剂、以及药品。

2.1.3.1.11 口虾蛄（*Oratosquilla oratoria*），又名皮皮虾、虾公驼子、虾姑、赖尿虾、虾耙子、琵琶虾、爬虾，如图 2 – 74。

图 2 – 73 龙虾

图 2 – 74 口虾蛄

（1）外形特征及分布：身体窄长筒状，略平扁，头胸甲仅覆盖头部和胸部的前四节，后四胸节外露并能活动。腹部 7 节，分界亦明显，而较头胸两部大而宽，头部前端有大形的具柄的复眼 1 对，触角两对，第 1 对内肢顶端分为 3 个鞭状肢，第 2 对外肢为鳞片状。胸部有 5 对附肢，其末端为锐钩状，以捕挟食物。胸部 6 节，前五节的附属肢具鳃，第 6 对腹肢发达，与尾节组成尾扇。口位于头胸甲腹面，口周围有 5 对附肢，以捕夹食物，第 1 对粗大，前端钩状有锯齿，第 2 对无钩，后 3 对具有钩和齿。胸部有步足 4 对，第 1 对退化，很小。背面呈淡乳黄色，微带绿色。头和胸及腹部背面具有红褐色条纹数行，尾节和附肢背面有墨绿色及红褐色斑点。腹部灰白色，雌性鲜活时胸部显王字，体长 15cm 左右。栖息于 5 ~ 60m 泥沙底质水域海底，喜穴居或潜入礁石裂缝内生活，洞穴常呈 U 形，有 2 个开口，两口一大一小。穴居时常将洞口缩小到仅能使触角和眼伸出洞外，以观察外界动静，若遇外来侵扰，先用触角警告对方，然后迅速掉转身躯，用尾节进行御敌。出洞生活及觅食时游泳能力极强，无长距离洄游习性，仅随季节变化在近岸深浅水间移动。冬季在较深水域越冬，春季游向沿岸江河口附近水域产卵。我国沿海均有分布，黄海、渤海数量较多。

（2）加工利用：口虾蛄是一种营养丰富、汁鲜肉嫩的海味食品。其肉质含水分较多，肉味鲜甜嫩滑，淡而柔软，并且有一种特殊诱人的鲜味。现在已成为沿海城市宾馆饭店餐桌上受欢迎的佳肴，食用方法主要有清蒸、活体腌渍（卤琵琶）、制成虾姑酱以及取肉做馅等。

2. 1. 3. 1. 12 南极磷虾（*Euphausia superba*）

无脊椎动物，是节肢动物门甲壳纲磷虾目，磷虾科动物的通称。全世界约有 80 种。如图 2 - 75。

图 2 - 75 南极磷虾

（1）外形特征及分布：体形似小虾，长 1 ~ 2cm，最大种类约长 5cm。身体透明，头胸甲与整个头胸部愈合，但不伸向腹面，因此不形成鳃腔；鳃裸露，直接浸浴水中。腹部 6 节，末端具有 1 个尾节。胸肢 8 对，都是双枝型，基部各有鳃，适于游泳。胸肢中无特化的颚足，眼柄腹面、胸部盈腹部的附肢基部都具有球状发光器，可发出磷光。分布在南极区海洋中，蕴藏量 4 亿 ~ 6 亿 t。

（2）加工利用：南极磷虾是许多鱼类和甲壳类动物的天然饲料，例如，它是野生鲑鱼的主要食物来源。由于生长于低温环境，南极磷虾的营养性能得以保持。它们被应用于鲑鱼、虾、鲷鱼和黄尾的海洋水产养殖。可以使商业饲料更加适口，掩盖抗生素的味道，同时也会降低饲料的成本。南极磷虾是一种天然的类胡萝卜素资源，其体内高于 95% 的色素都以虾青素的形式存在。

2. 1. 3. 2 蟹类

2. 1. 3. 2. 1 中华绒螯蟹（*Eriocheir sinensis Milne - Edwards*），又名河蟹、毛蟹、清水蟹、大闸蟹或螃蟹，是一种经济蟹类。如图 2 - 76。

（1）外形特征及分布：身体分头胸部和腹部两部分，附有步足 5 对。头胸部的背面为头胸甲所包盖。头胸甲墨绿色，呈方圆形，俯视近六边形，后半部宽于前半部，中央隆起，表面凹凸不平，共有 6 条突起为脊，额及肝区凹降，其前缘和左右前侧缘共有 12 个棘齿。额部两侧有一对带柄的复眼。头胸甲的腹面，除前端为头胸甲所包裹外，大部分被腹甲，腹甲分节，周围有绒毛，腹部紧贴在头胸部的下

图 2 - 76 中华绒螯蟹

面，普通称为蟹脐，周围有绒毛，共分 7 节。雌蟹的腹部为圆形，俗称"团脐"，雄蟹腹部呈三角形，俗称"尖脐"。第一对步足呈棱柱形，末端似钳，为螯足，螯足用于取食和抗敌，其掌部内外缘密生绒毛，绒螯蟹因此而得名。第四、五对步足呈扁圆形，末端尖锐如针刺。生活于江、河、湖荡的泥岸，昼匿夜出，具生殖洄游习性。每年秋季，洄游到近海河口交配产卵。幼蟹溯江河而上，在淡水中继续生长发育。国内广泛分布于黄海、渤海、东海、南海以及通海的江、河、湖泊中。

（2）加工利用：中华绒螯蟹肉味鲜美，营养丰富，历来被视为上品，经济价值很高。每 100g 河蟹食用部分含蛋白质 14%、脂肪 5.9%、碳水化合物 7%，此外，还含有维生素 A、核黄素、烟酸，其发热量超过一般鱼类的营养水平。此蟹只可食活蟹，因死蟹体内的蛋

白质分解后会产生蟹毒碱。

2.1.3.2.2　锯缘青蟹（*Scylla serrata*），**又名青蟹、闸蟹、黄甲蟹。如图 2 - 77。**

（1）外形特征及分布：锯缘青蟹因体色青绿而得名。其头胸甲略呈椭圆形，表面光滑，中央稍隆起，分区不明显。甲面及附肢呈青绿色。背面胃区与心区之间有明显的"H"形凹痕，额具 4 个突出的三角形齿，较内眼窝突出，前侧缘有 9 枚中等大小的齿，末齿小而锐突出，指向前方。螯足壮大，两螯不对称。长节前缘具有 3 棘齿，后缘具 2 棘刺；腕节外末缘具 2 钝齿，内末角具 1 壮刺；掌节肿胀而光滑，雄性个体尤为肿胀，背面具有 2 条隆脊，其末端具 1 棘刺，指节的内外侧各具 1 线沟，两指间的空隙较大，内缘的齿大而钝。前三对步足指节的前、后缘具短毛，末对步足的前节与指节扁平浆状，适于游泳。雄性腹部呈宽三角形，第 6 节末缘内凹，其缘直，两侧缘直，末节末缘钝圆，雌性腹呈宽圆形。甲宽可达 20cm，体重有 1.5kg。生活在潮间带泥滩或泥沙质的滩涂上，喜停留在滩涂水洼之处及岩石缝等处。白天多穴居，夜间四处觅食。尤其是在涨潮的夜晚显得更为活跃，由于它的眼睛和触角感觉灵敏，故夜间活动自如。属广温广盐海产蟹类，其生存水温 7 ~ 37℃，适宜生长水温 15 ~ 31℃，最适水温 18 ~ 25℃，15℃以下时，生长明显减慢，水温降至 7 ~ 8.5℃时，停止摄食与活动，进入休眠与穴居状态。广布于印度—西太平洋热带、亚热带海域，包括我国东南沿海、日本、越南、泰国、菲律宾、印度尼西亚、美国夏威夷、澳大利亚、新西兰以及非洲东南部与红海。

（2）加工利用：肉味鲜美，营养丰富。捕捞未怀卵和体质瘦的天然蟹，经过短时间的人工饲养，促使雌蟹怀卵成熟，叫做膏蟹，雄蟹增肉，叫做肉蟹。锯缘青蟹最大特点是离水后不易死亡，可就近或远销活蟹。它也是传统的出口水产品，具有很高的商品价值。

2.1.3.2.3　三疣梭子蟹（*Portunus trituberculatus*），**又名梭子蟹、枪蟹、海螃蟹、海蟹。如图 2 - 78。**

图 2 - 77　锯缘青蟹　　　　　　　　图 2 - 78　三疣梭子蟹

（1）外形特征及分布：三疣梭子蟹的体色随周围环境而变异。生活于沙底的个体，头胸甲呈浅灰绿色，前鳃区具一圆形白斑，螯足大部分为紫红色带白色斑点，一部分或整个腹面为白色，前 3 对步足长节和腕节也呈白色，掌部为蓝白色，软毛棕色，指节紫蓝色或紫红色，第 4 对步足为绿色带白斑点，指端紫蓝色。生活在海草间的个体体色较深。为杂食性，鱼、虾、贝、藻均食，甚至也食同类，喜食动物尸体。头胸甲呈梭形，稍隆起。表面有 3 个显著的疣状隆起，1 个在胃区，2 个在心区。其体型似椭圆，两端尖尖如织布梭，故有三疣梭子蟹之名。两前侧缘各具 9 个锯齿，第 9 锯齿特别长大，向左右伸延。额缘具 4 枚小齿。额部两侧有 1 对能转动的带柄复眼。有胸足 5 对。螯足发达，长节呈棱柱形，内缘具钝齿。

第 4 对步足指节扁平宽薄如桨, 适于游泳。腹部扁平 (俗称蟹脐), 雄蟹腹部呈三角形, 雌蟹呈圆形。雄蟹背面茶绿色, 雌蟹紫色, 腹面均为灰白色。一般在 3~5m 深海底生活及繁殖, 冬天移居到 10~30m 的深海, 喜在泥沙底部穴居。其适应水温在 4~34℃, pH 值在 7~9 之间, 最适温度在 22~28℃。水质要求清新、高溶氧, 生活于 10~30m 深的沙泥或沙质海底。分布于我国的福建、广西、广东、浙江及山东半岛、渤海湾、辽东半岛海域。

(2) 加工利用: 三疣梭子蟹肉多, 脂膏肥满, 肉质细嫩、洁白, 肉味鲜美, 营养丰富。鲜食以蒸食为主, 还可盐渍加工 "呛蟹"、蟹酱, 蟹卵经漂洗晒干即成为 "蟹籽", 均是海味品中之上品。

2.1.3.2.4　远海梭子蟹 (*Portunus pelagicus*) 又名花蟹。如图 2-79。

图 2-79　远海梭子蟹

(1) 外形特征及分布: 头胸甲宽约为长的 2 倍, 梭形, 表面具粗糙的颗粒, 雌性的颗粒较雄性显著。雄性除在螯脚的可动指与不可动指及各步脚的前节、指节为深蓝色外, 其余部位大都呈蓝绿色并布有浅蓝或白色斑驳。雌性头胸甲前部为深绿色, 后部布有黄棕色斑驳; 螯脚前节腹面淡橙色、延伸至可动指及不可动指基部, 二指前端为深红色; 步脚前节和指节淡橙色。前额具 4 齿, 中间 1 对额齿较短小, 成体的较尖锐, 幼体的较圆钝; 前侧缘具 9 尖齿, 末齿比前面各齿大得多, 向两侧突出。螯脚左右大小不同, 瘦长, 雄性螯脚长度约等于头胸甲长的 4 倍, 表面具花纹。广泛分布于印度洋及西太平洋, 包括中国 (广东、广西、福建、浙江、海南、台湾)、日本、菲律宾、澳洲、泰国、马来群岛及非洲东岸。栖息于水深 10~30m 的砂泥质海底或岩礁。

(2) 加工利用: 营养丰富, 肉质细嫩, 肥硕鲜美, 为蟹类中的上品。可供药用, 具有散瘀血、通经络、利尿消肿、解漆毒、续筋接骨、滋补等功能。其肉、卵巢、肝脏均可食用。蟹黄为高级的调味品和滋补品。

2.1.4　海藻类

海藻类为低等植物, 因进行孢子繁殖, 一般称为孢子植物。藻类可分为 12 门, 其中 11 门有海生种类, 包括蓝藻门 (只有一纲, 即蓝藻纲)、红藻门 [Rhodophyta, 包括红毛菜纲 (Ban-giophyceae) 和红藻纲 (Rhodophyceae)]、甲藻门 [Dinophyta, 包括纵裂甲藻纲 (Des-mophyceae) 和横裂甲藻纲 (Dinophyceae)]、黄藻门 (Xanthophyta, 只有黄藻纲)、金藻门 [Chrysophyta, 包括金藻纲 (Chry-sophyceae) 和定鞭金藻纲 (Hapto-phyceae)]、硅藻门 [Bacillariophyta, 包括中心纲 (Cen-tricae) 和羽纹纲 (Pen-natae)]、褐藻门 (Phaeophyta, 只有褐藻纲)、原绿藻门 (Prochlorophyta, 只有原绿藻纲)、裸藻门 (Euglenophyta, 只有裸藻纲)、绿藻门 (Chlorophyta, 海水中只有绿藻纲) 和隐藻门 (Crypotophyta, 只有一纲, 有隐鞭藻目)。表 2-1 列出了中国大型海藻的分类系统及物种数。

表 2 - 1 中国大型海藻分类系统及物种数

	属数 No. of genus	物种数 No. of speceis		属数 No. of genus	物种数 No. of speceis
蓝藻门 Phylum Cyanophyta			红毛藻科 Bangiaceae	2	29
色球藻目 Chroococcales			顶丝藻目 Acrochaetiales		
色球藻科 Chroococcaceae	3	9	顶丝藻科 Acrochaetiaceae	5	34
蓝菌科 Cyanobacteriaceae*	3	5	海索面目 Nemaliales		
皮果藻科 Dermocarpellaceae	2	4	皮丝藻科 Dermoneataceae	4	12
石囊藻科 Entophysalidaceae	4	4	乳节藻科 Galaxauraceae	5	19
真囊球藻科 Gomphosphaeriaceae*	1	1	粉枝藻科 Liagoraceae	3	36
水胞藻科 Hydrococcaceae*	2	4	海索面科 Nemaliaceae	3	7
微囊藻科 Microcystaceae*	2	15	珊瑚藻目 Corallinales		
聚球藻目 Synechococcales*			珊瑚藻科 Corallinaceae	15	42
平裂藻科 Merismopediaceae*	2	4	孢石藻科 Sporolithaceae	1	1
假鱼腥藻目 Pseudanabaenales*			石花菜目 Gelidiales		
假鱼腥藻科 Pseudanaberaceae*	4	10	网地藻科 Dictyotaceae	11	42
颤藻目 Oscillatoriales*			索藻目 Chordariales		
博氏藻科 Borzaceae*	1	3	顶毛藻科 Acrotrichaceae	1	1
颤藻科 Oscillatoriaceae	5	29	索藻科 Chordariaceae	5	15
席藻科 Phormidiaceae*	7	30	短毛藻科 Elachistaceae	2	2
裂须藻科 Schizotrichaceae*	2	2	铁钉菜科 Ishigeaceae	1	2
念珠藻目 Nostocales			粘膜藻科 Leathesiaceae	3	6
软管藻科 Hapalosiphonaceae*	2	2	狭果藻科 Spermatochnaceae	1	1
微毛藻科 Microchaetaceae	3	6	网管藻目 Dictyosiphonales		
念珠藻科 Nostocaceae	4	5	散生藻科 Asperococcaceae	1	1
胶须藻科 Rivulariaceae	5	19	网管藻科 Dictyosiphonaceae	1	1
伪枝藻科 Scytonemataceae	2	6	点叶藻科 Punctariaceae	2	5
真枝藻科 Stigonemataceae	1	1	萱藻目 Scytosiphonales		
胶聚线藻科 Symphyonemataceae*	2	2	毛孢藻科 Chnoosporaceae	1	2
小计 Total	57	161	萱藻科 Scytosiphonaceae	6	10
红藻门 Phylum Rhodophyta			毛头藻目 Sporochnales		
紫球藻目 Porphyridiales			毛头藻科 Sporochnaceae	1	1
紫球藻科 Porphyridiaceae	1	1	酸藻目 Desmarestiales		
角毛藻目 Goniotrichales			酸藻科 Desmarestiaceae	1	2
角毛藻科 Goniotrichaceae	2	19	海带目 Laminariales		
红盾藻目 Erythropeltidales			翅藻科 Alariaceae	1	1
红盾藻科 Erythropeltidaceae	4	20	绳藻科 Chordaceae	1	1
红毛菜目 Bangiales			海带科 Laminariaceae	2	2

续表

	属数 No. of genus	物种数 No. of speceis		属数 No. of genus	物种数 No. of speceis
墨角藻目 Fucales			红叶藻科 Delesseriaceae	13	25
墨角藻科 Fucaceae	1	1	松节藻科 Rhodomelaceae	21	89
马尾藻科 Sargassaceae	5	138	小计 Total	169	607
小计 Total	62	298	褐藻门 Phylum Phaeophyta		
绿藻门 Phylum Chlorophyta			水云目 Ectocarpales		
丝藻目 Ulotrichales			水云科 Ectocarpaceae	9	47
科氏藻科 Collinsiellaceae	1	2	间囊藻科 Pilayellaceae	2	3
丝藻科 Ulotrichaceae	1	1	聚果藻科 Sorocarpaceae	1	2
石花菜科 Gelidiaceae	3	21	褐壳藻目 Ralfsiales		
层孢藻科 Wurdemaniaceae	1	1	褐壳藻科 Ralfsiaceae	1	2
胭脂藻目 Hildenbrandiales			黑顶藻目 Sphacelariales		
胭脂藻科 Hildenbrandiaceae	1	1	黑顶藻科 Sphacelariaceae	2	10
柏桉藻目 Bonnemaisoniales			网地藻目 Dictyotales		
柏桉藻科 Bonnemaisoniales			胶毛藻目 Chaetophorales		
杉藻目 Gigartinales			胶毛藻科 Chaetophoraceae	3	3
茎刺藻科 Caulacanthaceae	2	4	石莼目 Ulvales		
胶粘藻科 Dumontiaceae	5	5	盒管藻科 Capsosiphonaceae	1	2
内枝藻科 Endocladiaceae	1	3	科恩藻科 Kornmanniaceae	1	1
杉藻科 Gigartinaceae	3	7	礁膜科 Monostromataceae	2	5
粘管藻科 Gloiosiphoniaceae	1	1	石莼科 Ulvaceae	3	14
海膜科 Halymeniaceae	7	51	溪菜目 Prasiolales		
沙菜科 Hypneaceae	1	8	溪菜科 Prasiolaceae	1	2
楷膜藻科 Kallymeniaceae	1	3	刚毛藻目 Cladophorales		
滑线藻科 Nemastomataceae	1	1	肋叶藻科 Anadyomenaeeae	3	6
耳壳藻科 Peyssonneliaceae	2	6	刚毛藻科 Caldophoraceae	3	38
育叶藻科 Phyllophoraceae	1	6	顶管藻目 Acrosiphonales		
海头红科 plocamiaceae	1	6	顶管藻科 Acrosiphoniaceae	2	3
根叶藻科 Rhizophyllidaceae	1	1	管枝藻目 Siphonocladales		
海木耳科 Sarcodiaceae	2	3	布多藻科 Boodleaceae	3	9
裂膜藻科 Schizymeniaceae	1	1	管枝藻科 Siphonocladaceae	3	7
粘滑藻科 Sebdeniaceae	1	1	法囊藻科 Valoniaceae	4	10
红翎菜科 Solieriaceae	8	16	蕨藻目 Caulerpales		
江蓠目 Gracilariales			蕨藻科 Caulerpaceae	1	27
江蓠科 Gracilariaceae	2	38	钙扇藻科 Udoteaceae	8	37
伊谷藻目 Ahnfeltiales			松藻目 Codiales		
伊谷藻科 Ahnfeltiaceae	1	2	松藻科 （Codiaceac）	1	22
红皮藻目 Rhodymeniales			羽藻目 Bryopsidales		
环节藻科 Champiaceae	4	6	羽藻科 Bryopsidaceae	2	9
红皮藻科 Rhodymeniaceae	10	17	德氏藻科 Derbesiaceae	1	1
仙菜目 Ceramiales			绒枝藻目 Dasycladales		
仙菜科 Ceramiaceae	19	58	绒枝藻科 Dasycladaceae	3	7
绒线藻科 Dasyaceae	5	8	多枝藻科 Polyphyaceae	1	5
			小计 Total	48	211

海藻有鲜艳美丽的色彩，如呈紫红色的蜈蚣藻、红毛藻、紫菜、海萝，有绿色的礁膜、石莼、浒苔等。有些海藻可净化水质，充作海洋动物的饲料。有些海藻如紫菜、海带、裙带菜、麒麟菜、浒苔等，是人们喜爱的食品。海藻含有丰富的营养成分，可作食品店品、医药、化妆品、纺织、油漆、酿酒等工业原料。以下主要介绍几种常见海藻。

2.1.4.1　紫菜

属红藻门，红毛菜料，紫菜属，常见的有坛紫菜和条斑紫菜。

（1）外形特征及分布

坛紫菜（*Porphyra haitanensis*），俗名紫菜、乌菜，是中国特有的一种可人工栽培的海藻。呈紫红色或青紫色，藻体较薄，分叶、叶柄和固着器三部分，不同种类的叶片形状、大小不同，坛紫菜的叶状体呈长叶片状，基部宽大，叶薄似膜，边缘有少些皱格，自然生长的长 30～40cm，宽 3～5cm；养殖好的叶长可达 100～200cm。我国长江以南沿海均有分布，为江南主要养殖品种。

条斑紫菜（*porphya yezoensis*），藻体卵形，基部心脏形、圆形或楔形，一般呈紫黑色，藻体长 12～30cm，少数可达 70cm 以上，藻体厚 35～50μm。长江以北均有分布，为江北的主要养殖品种。福建、浙南沿海多养殖坛紫菜，北方则以养殖条斑紫菜为主。紫菜是分期采割的，叶长 15～20cm 即可采收一次，从秋后开始可持续到翌年 3～5 月。紫菜采收期初期从 9 月中旬至 11 月下旬；中期从 12 月上旬到第二年 2 月下旬，后期从 3 月中旬到 4 月上旬。条斑紫菜则从 12 月上旬开始到翌年 5 月止。如图 2－81。

图 2－80　坛紫菜

图 2－81　条斑紫菜

（2）加工利用：味鲜美，蛋白质量高，营养丰富。一般加工成紫菜干品或调味紫菜食用，具有降低人体血清胆固醇，预防动脉硬化，补肾利尿，清凉宁神，防治夜盲、发育障碍等功效。亦可用于提取琼胶。

2.1.4.2　海带

海带（*Thallus Laminariae*），又名江白菜。

（1）外形特征及分布：海带分为叶片、叶柄和固着器三个部分。藻体叶片位于柄上端，是海带光合作用的主要器官，呈带状无分枝，色褐富光泽，中带部较厚，叶片边缘则较薄而软，呈波浪褶，表面附着胶质层。叶柄粗短，圆柱状。固着器位于叶柄基部，由许多从叶柄基部生出的分枝假根组成，用以附着于海底岩石或其他固定物上，一般长 2～4m 最长可达

7m，宽 20 ~ 30cm（在海底生长的海带较小，长 1 ~ 2m，
宽 15 ~ 20cm）。海带通体橄榄褐色，干燥后变为深褐
色、黑褐色，上附白色粉状盐渍。干海带其表面有白色
粉末状随着，海带所含的碘和甘露醇尤其是甘露醇呈白
色粉末状附在海带表面，没有任何白色粉末的海带质量
较差。海带生活在水温较低的海中，我国沿海由北至南
均产，为重要养殖品种。海带收割期，北方沿海一般在
6 ~ 7 月，南方为 5 ~ 6 月。

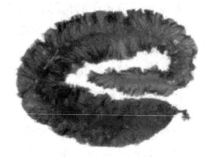

图 2 - 82　海带

　　（2）加工利用：海带一般在收割期时晒干成干制
品、盐渍制品及加工成各种食品（蒸煮食品、调味制品、即食海带等），由于富含碘和碣藻
胶质，可用于工业提取碘、褐藻胶、甘露醇等。可防治动脉硬化、甲状腺肿大等。

2.1.4.3　裙带菜

　　裙带菜（*Undaria pinnarifida*），又名海芥菜、裙带，如图 2 - 83。

　　（1）外形特征及分布：外形很像破的芭蕉叶扇，但生长在大连、山东沿海的，叶上缺
刻深，叶形较细长，生长在浙江海区的则反之。明显地分化为固着器、叶柄及叶片三部分。
固着器为叉状分枝的假根组成，假根的末端略粗大，以固着在岩礁上，柄稍长，扁圆形，中
间略隆起，叶片的中部有柄部伸长而来的中肋，两侧形成羽状裂片。叶面上有许多黑色小斑
点，为粘液腺细胞向表层处的开口，叶表生有无色丛毛。内部构造与海带很相似，在成长的
孢子体柄部两侧，形成木耳状重叠褶皱的孢子叶，成熟时，在孢子叶上形成孢子囊。叶高
1 ~ 2m，宽 50 ~ 100cm。鲜藻体浓褐色、褐绿色，加工脱水后呈茶褐色、黑褐色。裙带菜在
辽宁、山东沿海及浙江省舟山嵊泗列岛均有分布，有些地区现已发展养殖。收割期从 3 月中
旬前后开始，4 月中旬结束。

图 2 - 83　裙带菜

图 2 - 84　江蓠

　　（2）加工利用：裙带菜是种美味适口营养丰富的海藻，其中除含碘量较海带少外，其
他成分均不亚于海带。加工品种主要为盐渍品、即食裙带菜、汤料等。

2.1.4.4　江蓠（*Gracilaria verrucosa*），又名龙须菜、海菜、海面线。如图 2 - 84。

　　（1）外形特征及分布：藻体呈圆柱形，少数种类扁平或呈叶状，线形分枝。藻体直立，

丛生或单生。分枝疏密不等，互生、偏生或分叉。分枝基部有的缢缩（这是鉴定不同品种的特征）。每株基部为小盘状固着器，固着器多呈盘状，边缘整齐或呈波形。主枝较分枝粗，直径一般 0.5～1.5mm，大的可达 4mm，株高 10～50cm，高的可达 1m，人工养殖的更高。藻枝肥厚多汁易折断。颜色红褐、紫褐色，有时带绿或黄，干后变为暗褐色，藻枝收缩。江蓠为暖水性藻类，热带、亚热带及温带都有生长，热带和亚热带海区分布的种类更多。自然生长的数量以阿根廷、智利沿海最多，其次为巴西、南非、日本、我国及菲律宾沿海，印度、马来西亚及澳大利亚沿海也有一定数量。我国主要产地在南海和东海，黄海较少，现广东、广西等南方沿海已发展养殖。采收江蓠在两广从 3 月开始，福建沿海要推迟 1 个月才开始收割。

（2）加工利用：江蓠体内充满藻胶，含胶达 30% 以上，是制造琼胶的重要原料之一，广泛应用于工、农、医业，作为细菌、微生物的培养基。沿海人们用其胶煮凉粉食用，或直接炒食。煮水加糖服用，具有清凉、解肠热、养胃滋阴的功效。

2.1.4.5　石花菜

石花菜（*Gelidiun amaansii*），又名鸡毛菜、洋菜。如图 2-85。

（1）外形特征及分布：藻体分主枝、分枝、小枝，直立丛生。枝体扁平，分枝渐细，呈羽状互生、对生，枝端急尖。主枝基部是固着器。每株高 10～20cm，大者可达 30cm。颜色随海区环境、光照的不同而有变化，有紫红色、棕红色、淡黄色等。石花菜分布于我国北部沿海，浙江、福建、台湾也有生长。人工筏式养殖的石花菜，春茬在 7 月上旬收获，秋茬在 12 月初收获。自然增殖的石花菜多在 6～7 月间采收。

图 2-85　石花菜　　　　　　　　　图 2-86　孔石莼

（2）加工利用：石花菜也是一种重要的经济藻类，藻体细胞空隙间充满胶质，是制琼胶的理想原料。

2.1.4.6　孔石莼

孔石莼（*Uiva pertusa*），又名海白菜、海青菜、海莴苣、绿菜、青苔菜、纶布。如图 2-86。

（1）外形特征及分布：藻体有卵形、椭圆形、圆形和针形，叶片上有形状、大小不一的孔，这些孔可使叶片分裂成不规则裂片。叶边缘略有皱褶或呈波状。叶基部有盘状固着器，但无柄，株高 10～40cm。颜色碧绿，干后浓绿色。辽宁、河北、山东和江苏沿海均有分布，长江口以南沿海虽也有生长，但逐渐稀少。孔石莼全年均有，繁殖生长期主要在冬、春季，春末夏初是采收盛期。

（2）加工利用：孔石莼的化学成分很复杂，是药用海藻，在福建、广东各地的中药店内称昆布，其性味咸寒，能清热解毒，软坚散结，利水降压，可治中暑、水肿、小便不利、颈部淋巴结肿和高血压，亦可做菜吃。

2.1.4.7　麒麟菜

麒麟菜（*Eucheuma okamurai Yamada*），如图 2 - 87。

（1）外形特征及分布：藻体紫红色，软骨质，肥厚多肉，长 12 ~ 30cm，体圆柱形，直径 2 ~ 3mm，不规则的分枝。腋角广开，近于水平伸出、互生、对生、偏生或数回叉状分枝，先端尖细，两边或周围具疣状突起。位于分枝上部的突起密集，在下部的稀疏。髓部中央有藻丝，四孢子囊集生，带形分裂，囊果突起于体表而呈半球形，固着器盘状。

（2）加工利用：麒麟菜与人们经常食用的海洋植物海带、裙带菜、紫菜的营养成分相比，其主要成分为多糖、纤维素和矿物质，而蛋白质和脂肪含量非常低，属于高膳食纤维食物。同时，麒麟菜还含有丰富的矿物质，钙和锌的含量尤其高，其钙含量是海带的 5.5 倍，裙带菜的 3.7 倍，紫菜的 9.3 倍；锌含量是海带的 3.5 倍，裙带菜的 6 倍，紫菜的 1.5 倍。麒麟菜目前除用做海味食品外，主要用来制造卡拉胶，用于食品工业，制造软糖和罐头。

2.1.5　其他类

2.1.5.1　海胆

海胆种类很多，我国主要产紫海胆（*Anthoeidaris erassispina*）。如图 2 - 88。

（1）外形特征及分布：体半球形，口面平坦，外层为坚固的壳。大棘强大，末端尖锐，长度约等于壳径。体色暗紫色，口面的棘多带斑纹，壳径 3 ~ 10cm，高 1.5 ~ 5cm。生殖巢为黄白色，食海藻。产卵期为 6 ~ 8 月，主要分布在我国浙江、福建、广东、广西和海南沿海，是我国东南沿海的重要捕捞品种，具有很高的营养价值和药用价值。

图 2 - 87　麒麟菜　　　　　　　　图 2 - 88　海胆

（2）加工利用：食用生殖巢，生食或盐渍罐藏作调味料。用其加工成海胆酱，风味独特，营养价值很高。

2.1.5.2　海参

海参种类繁多，我国主要产刺参（*Stichopus japonicus*），是中国 20 多种食用海参中质量最好的一种，刺参作为一种珍贵的海味被列为"八珍"之一。在海参家族中，品质比较好的是山东半岛和辽东半岛的刺参。如图 2 - 89。

（1）外形特征及分布：刺参包括仿刺参、梅花参、绿刺参和花刺参。仿刺参又称灰刺参、刺参、灰参、海鼠，也就是人们俗语中的刺参。体长 20 ~ 40cm，体呈圆筒形，背面隆起有 4 ~ 6 行大小不等、排列不规则的圆锥形肉刺（称为疣足）；腹面平坦，管足密集，排列成不规则的 3 行纵带，用于吸附岩礁或匍匐爬行。口位于前端，偏于腹面，有楯状触手 20 个，肛门偏于背面；皮肤粘滑，肌肉发达，身体可延伸或卷曲。体形大小、颜色和肉刺的多少常随生活环境而异，喜栖水流缓稳、无淡水注入、海藻丰富的细沙海底和岩礁底，昼伏夜出。再生能力很强，

图 2 - 89　海参

损伤或被切割后都能再生。我国北方沿海产量较大，目前人工养殖刺参发展很快。

（2）加工利用：海参干制品是名贵海味，经济价值高，也可用于罐头制品。从刺参中提取的多糖具有抗肿瘤作用。

2.1.5.3　海蜇

海蜇（*Rhopilen esculenta*），又名石镜、水母、蜡、蒲鱼，属钵水母纲、根口水母目、根口水母科、海蜇属，是生活在海中的一种腔肠软体动物。如图 2 - 90。

（1）外形特征及分布：海蜇体呈伞盖状，全身分伞体和口腕两部，伞部（即海蜇皮）

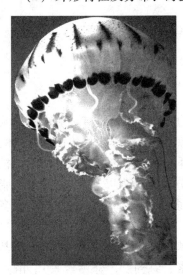

图 2 - 90　海蜇

超过半球形，直径 30 ~ 60cm，最大可长到 1m。外伞部表面光滑，中胶层厚，晶莹剔透。伞缘感觉器 8 个，每 1/8 伞缘有缘瓣 16 ~ 22 个。伞部隆起呈馒头状，胶质比较坚硬；八枚口腕，缺裂成许多瓣片。内伞部有发达的环状肌，间辐位有 4 个半圆形的生殖下穴，其外侧各有 1 个生殖乳突。内伞中央由胃腔向伞缘伸出 16 条辐管，辐管侧生许多分枝状小管，并彼此相连，且各辐管中部由 1 条环管连接，形成复杂的网管系统。伞体中央向下伸出圆柱形口腕，其基部从辐位有 8 条三翼形口腕。肩板和口腕处有许多小吸口、触指和丝状附器，上面有密集刺丝囊，能分泌毒液。其作用是在触及小动物时，可释放毒液麻痹，以做食物。口腕（即海蜇头）各翼生有若干棒状附器。吸口捕吸食物，是胃腔与外界的通道。伞下 8 个加厚的（具肩部）腕基部愈合使口消失（代之以吸盘的次生口）。通体呈半透明，体色多样，白色、青色、微黄色、紫褐色或乳白色；伞部和腕部的颜色通常是相似的，但也有时两部分颜色完全相异。暖水性，生活在河口附近，游泳能力很小，常随潮汐、风向、海流而漂流。我国沿海均产，广东渔期为 4 ~ 6 月，福建、浙江、江苏为 6 ~ 8 月，山东、河北、辽宁为 8 ~ 9 月。海蜇分伞部和口腕两部分。

（2）加工利用：由于新鲜海蜇体内水分特别多，一般在 90% 以上，渔期又在气温较高的夏秋季节，因此必须用强力脱水剂明矾和食盐混合腌渍，腌渍三次者，称之为三矾海蜇。

加工后的伞体部分叫海蜇皮，口腕部分叫海蜇头。加工后的海蜇皮是国内外市场的畅销货。

2.1.5.4　海鞘

海鞘（*Haloucynthia roretzi*），脊索动物门尾索动物亚门海鞘纲的总称，全世界大概1250种海鞘。海鞘又称海中凤梨，因形状像凤梨而得称。如图2-91。

（1）外形特征及分布：海鞘纲又可分为单海鞘和复海鞘两大类。单海鞘不形成群体，体形较大，从1~20cm均有，一般呈不规则椭圆形，一端固着，另一端有两个突起处为出入水孔所在，出水孔较入水孔低。复海鞘类由无性生殖的出芽法形成群体，它们的个体一般较小，各个体之间以柄互相连接，并有共同的被囊。复海鞘以各自的入水孔进水，有共同的出水孔。大型的海鞘多产于寒带海域，而暖海海域的海鞘体型较小。大多数的海鞘生活在深度四百公尺以内的海底，它们在海底可附着于任何适当的物体表面，就如有些船只底部因受海鞘大量附着，使得航行速度变慢。海鞘的种类很多，常见的海鞘有柄海

图2-91　海鞘

鞘、玻璃海鞘、拟菊海鞘等。柄海鞘除了茎柄外，体表还生有许多不规则的瘤状隆起；玻璃海鞘的被囊是透明的，体内的五脏六腑可以看得一清二楚；拟菊海鞘以无性出芽生殖方式形成群体，仿佛橙黄色的花朵。广泛分布于世界各大海洋中，从潮汐到千米以下的深海都有它的足迹。

（2）加工利用：生食或醋渍加工品。

2.2　主要海洋功能性食品原料

海洋功能性食品，是指以海洋生物资源作为食品原料的功能性食品，具有一般食品的共性，能调节人体的机能，适于特定人群食用。与陆地食品资源相比，海洋生物体内所具有的生物活性物质种类繁多，功能独特，体现在保健功能上，同样也是丰富多样，特色鲜明。根据生物活性物质的不同，海洋生物中具有保健功能的食物成分通常分为以下15个大类：脂质（主要为不饱和脂肪酸和磷脂，如EPA、DHA等）、活性多糖类（如海藻多糖、海参多糖、甲壳多糖、甲壳素等）、苷类（如刺参苷、海参苷等）、糖蛋白（如蛤素、海胆蛋白、乌鱼墨等）、氨基酸（如牡蛎、鲍鱼、章鱼、蛤蜊、海胆、海蜇、海鳗等都富含优质氨基酸）、多肽类（如藻类、软体动物、鱼类中广泛存在的凝集素、海豹肽、降钙素等）、酶类（如超氧化物歧化酶、鲐鱼肉中的细胞色素C等）、萜类（如海兔素、角鲨烯等）、色素类（如盐藻中的β-胡萝卜素、虾蟹中的虾青素等）、甾类（如褐藻中的岩藻甾醇，鱼类中的甾类激素等）、酰胺类（如龙虾肌碱、骨螺素等）、核酸类（如鱼精蛋白中的核糖核酸和RNA脱氧核糖核酸DNA等）、维生素（如在盐泽杜氏藻中含天然的β-胡萝卜素，鱼类中富含维生素E、A、D等）、膳食纤维（如海藻酸、卡拉胶、琼胶等具有较丰富的膳食纤维）、矿物元素（海洋生物中含有丰富的而且比例适当的矿物质，如碘、锌、硒、铁、钙和铜等）。以下主要介绍可用于保健食品开发的海洋生物及其所含有的主要活性成分。

2.2.1　海洋动物

海洋动物不仅是人类食物的重要来源，也是很重要的天然药源宝库，其种类多、资源量丰富，有软体动物、腔肠动物、节肢动物、棘皮动物、海绵动物、尾索动物、脊椎动物等。由于海洋中的生物生存环境特殊，许多海洋生物具有陆地生物所没有的药用化学结构，为新药的开发和研究提供了丰富的源泉。

2.2.1.1　软体动物门

2.2.1.1.1　双壳类 （Lamellibranchia）

海洋双壳类富含生物活性物质，深受科技与产业界的重视。在日本，以牡蛎提取物为主成分已开发出不同类型的功能性食品，年产值达百亿日元。我国亦相继开发出多种保健食品，主要代表种类有泥蚶 （*Tegillarca granosa*）、毛蚶 （*Scapharca subcrenata*）、栉孔扇贝（*Chlamts farreri*）、褶牡蛎 （*Ostrea plicatula*）、文蛤 （*Meretrix meretrix*）、西施舌 （*Mactra antiquate*）、蛛母贝 （*Pinctada margarutufera*）、缢蛏 （*Sinonovacula constricta*）、紫斑海菊蛤（*Spondtlus nicobaricus*） 等。贝类软体动物中含一种具有降低血清胆固醇作用的代尔太 7 - 胆固醇和 24 - 亚甲基胆固醇，它们兼有抑制胆固醇在肝脏合成和加速排泄胆固醇的独特作用，从而使体内胆固醇下降；它们的功效比常用的降胆固醇的药物 β - 谷固醇更强，人们在食用贝类食物后，常有一种清爽宜人的感觉。贻贝营养丰富，富含蛋白质，素有"海中鸡蛋"的美称，且富含 EPA、DHA、贻贝多糖、硫磺酸、活性多肽以及硒元素等活性物质；实验表明，贻贝提取物有抗肿瘤、增加机体免疫功能、降血脂、抗衰老、抗病毒和抗菌功能。栉孔扇贝中的氨基多糖，具有显著的抗凝血、抗动脉粥样硬化作用；糖蛋白具有显著的抗肿瘤和提高机体免疫功能；其内脏团中的小分子水溶性多肽 （相对分子质量为 800～1000Da），是一种很好的天然抗氧化剂，具有显著的抗氧化、抗肿瘤、抗辐射和保护神经等作用。珠母贝分布于我国西沙群岛、海南岛、广西及广东沿海，珍珠和珠母层具有安神定惊、清肝明目、解毒生肌功效。

2.2.1.1.2　腹足类 （Gastripoda）

腹足类动物适应能力较强，遍布于世界，在陆地、淡水和海洋中都有分布，是软体动物门中种类最多的一纲。主要代表种类有鲍鱼 （*Haliotis rubra*）、红螺 （*Rapana thomasiana*）、泥螺 （*Bullacta exarata*）、蓝斑背肛海兔 （*Norarchus leachiicirrosus*） 等。

鲍鱼是名贵的海珍品之一，肉质细嫩，鲜而不腻；鲍鱼和河蚌、田螺的营养价值相当接近，100g 鲍鱼肉中蛋白质的含量是 12.6g （鲜重），脂肪含量是 0.8g （鲜重），属于低脂肪高蛋白食品；鲍鱼肉中含有约 6.6% 的碳水化合物，给鲍鱼带来更多鲜美的口感；鲍鱼肉中还富含牛磺酸、丙氧酸、谷氨酸、甘氨酸、精氨酸等游离氨基酸，胶原蛋白和杂多糖等物质，具有保肝明目、滋阴、免疫调节、抗肿瘤、降高血压等作用。中国常见的红螺有两种，一种个体较大，产于南、北各地沿海，叫作红螺；一种个体较小，只产于南方沿海，叫作皱红螺。红螺的肉特别是足部的肌肉肥厚，同鲍鱼一样，是很好的海产食品；螺肉含有丰富的维生素 A、蛋白质、铁和钙等营养元素，对目赤、黄疸、脚气、痔疮等疾病有食疗作用。泥螺又称土铁、麦螺、梅螺、土螺，分布于中国沿海，以东海较多。泥螺壳薄、体表有粘液，体内含有丰富的蛋白质、钙、磷、铁及多种维生素成分。泥螺味甘、咸，性微寒，具一定医药作用。据《本草纲目拾遗》载：泥螺有补肝肾、润肺、明目、生津之功能。民间还有以酒渍食，防治咽喉炎、肺结核的做法。

2.2.1.1.3　头足类

在无脊椎动物里，体型最大的、游得最快的和头最大的都是头足类动物。头足类动物加工脚料——皮、骨、肉、墨、血均具有药用开发价值，是重要的海洋功能性食品资源，主要代表种类有金乌贼（*Sepia esculenta*）、枪乌贼（*Teuthoidea*）、章鱼、鹦鹉螺（*nautiluses*）、墨鱼、真蛸（*Octopus vulgaris*）、茎柔鱼（*Dosidicus gigas*）等。

枪乌贼（又称鱿鱼）营养价值极高，蛋白质含量达 16% ~ 20%，脂肪含量极低，不到 1%，属低热量食品。鱿鱼富含钙、磷、铁等矿质元素，利于骨骼发育和造血，能有效治疗贫血。鱿鱼中虽然胆固醇含量较高，但鱿鱼中同时含有一种物质——牛磺酸，牛磺酸有抑制胆固醇在血液中蓄积的作用，只要摄入食物中牛磺酸与胆固醇的比值在 2 以上，血液中的胆固醇就不会升高；而鱿鱼中牛磺酸含量较高，其比值为 2.2，故食用鱿鱼时，胆固醇只是正常地被人体所利用，而不会在血液中积蓄；同时鱿鱼中含有的牛磺酸可缓解疲劳、恢复视力、改善肝脏功能。

金乌贼全体均可药用，内壳具收敛作用，肉具养血滋阴功效，墨囊广泛用于止血，乌鱼蛋具开胃利水功用。章鱼含有丰富的蛋白质、矿物质等营养元素，并还富含抗疲劳、抗衰老，能延长人类寿命等重要保健因子——天然牛磺酸。《本草纲目》中记载："章鱼、石距二物，似乌贼而差大，味更珍好"。章鱼性平、味甘咸，入肝、脾、肾经；具有补血益气、收敛、生肌之效，主治气血虚弱，痈疽肿毒，久疮溃烂，气血虚弱，头昏体倦，通经下乳之功效。

2.2.1.2　腔肠动物门

2.2.1.2.1　水母类

水母属于腔肠动物门（Coelenterata）、水螅纲（Hydrozoa）的有缘膜水母和钵水母纲（Scyphozoa）的正缘膜水母。主要代表种类有白色霞水母（*Cyanea nozakii*）、海月水母（*Aurelia aurita*）、海蜇（*Rhopilema esculentum*）、沙海蜇（*Nemopilema nomurai*）等。其中白色霞水母中胶层较薄，食用价值低，属于灾害性水母，其生长过程中分泌毒素并缠粘网具，对海洋渔业资源造成巨大负面影响。海月水母有海洋中小月亮之称，主要用来观赏。沙海蜇的伞部可生食，也可加工成蜇皮，口腕可加工蜇头，但质量及经济价值较海蜇略有逊色，其刺细胞有剧毒。海蜇的营养极为丰富，含有胶原蛋白、脂肪酸、多糖、维生素 B_1、维生素 B_2、烟酸、钙、磷、铁、碘、胆碱等营养成分。海蜇生殖腺部位花生四烯酸（AA）含量高达 15.2%，可用作为 AA 来源加工开发利用。据《本草纲目》记载，海蜇具有清热解毒、化痰软坚、降压消肿等功能，对支气管炎、哮喘、高血压、胃溃疡等症均有疗效。另外，海蜇皮多糖硫酸根含量为 1.90%，相对分子质量为 40kD，由葡萄糖、半乳精和糖醛酸组成。海蜇头多糖的硫酸根含量为 3.98%，相对分子质量为 43kD，由葡萄糖、甘露糖和糖醛酸组成。实验表明，海蜇多糖对高脂血症小鼠具有显著的降血脂作用。

2.2.1.2.2　珊瑚类

珊瑚属于腔肠动物门（Coelenterata）珊瑚虫纲（Anthozoa）。珊瑚虫纲是腔肠动物门类的个纲，全世界约有 7000 余种，我国约有 500 余种，全部海产，主要生长在热带和亚热带海域。按生物学分类通常把珊瑚分为软珊瑚（*Alcyonarian*）、柳珊瑚（*Gorgonian*）、红珊瑚（*Corallium*）、石珊瑚（*Scleractinian*）、角珊瑚（*Antipatharian*）、水螅珊瑚（*Hydrocoral-*

linian)、苍珊瑚（*Heliporian*）和笙珊瑚（*Tubiporian*）等。珊瑚的基本体型是圆筒或圆盘状，呈辐射对称，身体中央是起消化和吸收作用的腔肠，具有石灰质、角质或革质的内骨骼或外骨骼。其中，软珊瑚、柳珊瑚是海洋天然产物研究的 2 个主要热点，如已从软珊瑚和柳珊瑚中发现 100 多种倍半萜，有些倍半萜对人体肿瘤细胞 CNE2 和 Hep2 – G2 有一定的抑制作用；从软珊瑚和柳珊瑚中分离得到的 γ，δ，ε – 西松烯内酯类二萜类单环二萜具有抗肿瘤活性；从软珊瑚中分离到的 Dolabellane 类二萜化合物具有中等以上强度的细胞毒性，可抑制艾氏腹水瘤细胞的（EAC）生长。目前研究发现，珊瑚中的活性物质主要有二萜、倍半萜、二倍半萜、甾醇、前列腺素类似物、神经酰胺及其苷类、糖脂和精胺等，具有抗炎、抗心血管疾病、抗癌抑瘤、降血压和免疫调节等功效，展现了较好的开发应用前景。其中，粗糙盔形珊瑚（*Galaxea aspera*）在我国南海各岛屿均有分布，具有清热解毒、化痰止咳的作用，可治疗气管炎和痢疾等。侧扁软柳珊瑚（*Subergorgia suberosa*）在我国广泛分布于广东和海南岛沿海，从中分离出的柳珊瑚酸具可明显改善环己酰胺或东莨菪碱引起的小鼠记忆保持障碍，对乙酰胆碱酯酶（AchE）有较强的选择性可逆性抑制作用，是一种较有前途的治疗老年性痴呆的化合物。网状软柳珊瑚（*Subergorgia reticulata*）从我国广东西部沿海至雷州半岛及海南海域均有分布，已从中分离出了胆甾醇、鲨肝醇、咖啡碱、胸腺嘧啶、尿嘧啶、鸟嘌呤等化合物，其中部分化合物显示出较强的体外抗肿瘤活性。

2.2.1.3　节肢动物门

2.2.1.3.1　甲壳类

甲壳类动物属节肢动物门甲壳亚门（Crustacea），大多数生活在海洋里，少数栖息在淡水中和陆地上。十足目的虾类和蟹类在海洋甲壳资源的综合利用开发中占主导地位。虾、蟹壳中的几丁质经脱乙酰化、降解获得的壳聚糖、壳寡糖的化学结构中含有活性自由氨基，溶于酸后糖链上的胺基与 H^+ 结合形成强大的正电荷离子团，可维持机体正常 pH 值，有利于改善酸性体质，强化人体免疫功能，排除体内有害物质等。壳聚糖是阳离子高分子物质，进入人体后能聚集在带负电荷的脂肪滴周围，如甘油三脂、脂肪酸等使这些高能物质不被人体吸收而排出体外，从而减少热量，达到减肥的目的。壳聚糖抗肿瘤活性被认为主要是其可活化巨噬细胞、T 淋巴细胞、NK 细胞（自然杀伤细胞早期非特异性杀伤瘤细胞）和 CAK 细胞（染色体畸变杀伤细胞），活化免疫系统，联合起来杀死癌细胞。带正电荷的壳聚糖能够螯合 Cl^-，避免 Cl^- 活化 ACE（血管紧张素转换酶），使血管紧张素原分解成血管紧张素，从而防止高血压。甲壳素能调节 pH 值呈弱碱性，提高胰岛素利用率，有利于糖尿病的防治，并能调节内分泌系统的功能，使胰岛素分泌正常，抑制血糖上升。壳聚糖具有天然的抑菌活性，抑菌谱较广，对革蓝氏阳性菌、革蓝氏阴性菌和白色念珠菌均有明显抑菌效果。壳聚糖具有抗胃酸及抗溃疡作用，可用于治疗过敏性皮炎，并降低肾病患者血清胆固醇、尿素及肌酸的水平。由于壳聚糖具有良好的生物相容性，由壳聚糖制成的人工皮肤透气性好、渗出性好，可以止痛、止痒、消肿化瘀，并能促进皮肤生长，加快创面愈合，若与乙酸合用，还有镇痛和抗感染等功效。

甲壳动物体内富含虾青素，是一种类胡萝卜素，化学名称是 3,3′ – 二羟基 – 4,4′ – 二酮基 – β，β' – 胡萝卜素，在体内可与蛋白质结合而呈青、蓝色。虾青素具有抗氧化、抗衰老、抗肿瘤、预防心脑血管疾病等作用。天然虾青素是人类发现自然界最强的抗氧化剂，其抗氧化活性远远超过现有的抗氧化剂。

2.2.1.3.2 肢口类

肢口纲（Merostomata）仅存被称为"活化石"的鲎，属于剑尾目（Xiphosura）鲎科（Limulidae）鲎属（*Tachypleus*）。存3属：两属分布于亚洲沿岸，一属分布于北美沿岸。最熟知的种是唯一的美洲种美国鲎（*Limulus polyphemus*），体长可达60cm以上。世界上现存的鲎为两亚科三属四种，北美洲东岸海域产的美洲鲎，属美洲鲎亚科（Subfamily Limulinae），分布于北美东海域，即加拿大的新斯科省以南，墨西哥湾沿尤卡坦半岛到美国的缅因州沿岸，也即北纬19°~45°的狭窄海域。东南亚海域产的东方鲎、圆尾鲎、巨鲎均属鲎亚科（Subfamily Tachypleinae）。我国沿海已发现两种：中国鲎和圆尾鲎，圆尾鲎有毒，不能食用，其他鲎均是美味的海洋食品。

鲎是一种珍贵的海洋药用动物。鲎的血液中含有铜离子，它的血液是蓝色的。这种蓝色血液的提取物——"鲎试剂"，可以准确、快速地检测人体内部组织是否因细菌感染而致病。中国鲎血细胞中提取的鲎素（2.0μg/mL）处理人胃癌BGC-823细胞，可使癌细胞生长缓慢、倍增时间延长、细胞集落形成能力减弱，细胞生长抑制率达62.67%，细胞分裂指数下降40.91%，表明鲎素能有效地抑制胃癌细胞的增殖活性，具有与癌细胞诱导分化物相似的抗肿瘤效果。同时，鲎素在较低浓度下可抑制革兰氏阴性菌（大肠杆菌、绿脓杆菌）和革兰氏阳性菌（枯草芽孢杆菌、金黄色葡萄球菌）的生长，其中以葡萄球菌对鲎素的反应最为敏感，其最小致死剂量为10μg/mL，表明鲎素具有很强的抗菌活性，它是鲎血细胞用以抵抗入侵微生物的自我防御系统的主要组份。

2.2.1.4 棘皮动物门

2.2.1.4.1 海胆类

海胆类动物属棘皮动物门（Echinopermata）海胆纲（Echinoidea），生活在海洋浅水区，是地球上最长寿的海洋生物之一。分2亚纲22目，现存种类约950种，中国已知约100种，其中可食用的经济海胆约10种。海胆是生物科学史上最早被使用的模式生物，它的卵子和胚胎对早期发育生物学的发展有举足轻重的作用。

海胆不仅是一种上等的海鲜美味，还是一种贵重的中药材。中国很早就有海胆药用的记载，它的药用部位为全壳，壳呈石灰质，药材名叫"海胆"。《本草原始》记载海胆有"治心痛"的功效，近代中医药认为"海胆性味咸平，《中药志》记载"软坚散结，化痰消肿。治瘰疬痰核，积痰不化，胸胁胀病等症"。海胆的外壳、海胆刺、海胆卵黄等，可治疗胃及十二指肠溃疡、中耳炎等。海胆中含有多活性成分，如光棘球海胆含磷脂、糖脂、糖等成分。此外，还含多羟基萘醌类物质如6-乙基-2,3,5,7,8-五羟基-1,4-萘醌(6-ethyl-2,3,5,7,8) A。其性腺含3种唾液糖脂（sialoglycolipids）的混合物，已分离出2种，分别为N-乙醇酰神经氨基-α-(2→4)-N-乙醇酰神经氨基-α-(2→6)-吡喃葡萄糖基-β-(1→1)-神经酰胺［N-glycolylneu raminyl-α(2→4)-N-glycoloylneuraminyl-α-(2→6)-glucopyramosyl-β(1→1)-ceramide］。还含17种氨基酸，如天冬氨酸（aspartic acid）、谷氨酸（glutamic acid）、甘氨酸（glycine）、赖氨酸（lysine）。卵母细胞在原生质阶段含糖原（glycogen）、中性粘多糖（neutralmucopolysaccharide）。肉中含醛缩酶（aldolase）。马粪海胆卵含海洋（卵）微管蛋白（marine egg tubulin），蛋黄含水溶性脂肪蛋白、β-胡萝卜素（β-carotene）和海胆烯酮（echinenone）。细雕刻肋海胆未受精卵含过氧化氢酶（catalase），性腺含角鲨烯（sgualene）、正十七碳烯（n-heptadecene）、正十七烷（n-heptadecane)，卵含酸性磷酯酶（acid phosphatase）。

　　海胆提取物波乃利宁（Bonellinin）有抑制癌细胞生长作用。其生殖腺供食，生殖腺又称海胆卵、海胆籽、海胆黄、海胆膏，色橙黄，味鲜香，占海胆全重的 8% ～15%，其生殖腺中所含有二十碳烯酸占总脂肪酸的 30% 以上，二十碳烯酸是预防心血管病的有效药物。海胆生殖腺提取物，对豚鼠回肠具有前列腺素样平滑肌兴奋作用，并能抑 ADP、肾上腺素及花生四烯酸诱导的血小板聚集及 5 - 羟色胺的释放。海胆含有海胆毒素，其作用各不相同，有的对动物的红细胞有溶解作用，并能引起心脏的激活和使肌肉对外直接性刺激不起反应。

2. 2. 1. 4. 2　海星类

　　海星类动物属棘皮动物门（Echinopermata）海星纲（Asteroidea），现存约 1500 种，我国沿海有约 100 种。主要分布于世界各地的浅海底沙地或礁石上，太平洋北部的种类最多。体扁、星形、具腕，腕中空，有短棘和叉棘覆盖。体无头、胸，只有口面与反口面之分。身体呈辐射状对称，全身皮肤粗糙，整个身体由许多钙质骨板借结缔组织结合而成，体表有突出的棘、瘤或疣等附属物。海星的体型大小不一，体色也不尽相同。

　　近年来，有关海星活性成分的研究以及资源的综合利用日益受到国内外关注。如从南海中华疣海星体内分离得到的化合物，即 1 - O - 十六烷酰基 - 3 - O - β - D - 吡喃半乳糖基 - 丙三醇（1 - O - hexadecanoyl - 3 - O - β - D - galactopyranosyl - glycerol，1）、1 - O - 十八烷酰基 - 3 - O - β - D - 吡喃半乳糖基 - 丙三醇（1 - O - octadecanoyl - 3 - O - β - D - galacto-pyranosyl - glycerol、3β - 羟基 - （22E，24R）- 麦角甾 - 7，9，22 - 三烯（22E，24R - ergosta - 7，9，22 - trien - 3β - ol）、3 - 吲哚甲酸（3 - indoleformic acid）、胆甾 - 7 - 烯 - 3β - 硫酸钠（3β - O - sulfated - cholesta - 5 - en - sodium salt）、胆甾 - 7 - 烯 - 3β - 硫酸钠（3β - O - sulfated - cholesta - 7 - en - sodium salt）和尿嘧啶（uracil），对大肠杆菌或金黄色葡萄球菌显示出明显的抗菌活性，MIC 值为 0. 5 ～1. 0mg/mL。从罗氏海盘车（Asterias rollestoni Bell）壳的水抽提液中分离纯化出水溶性海星皂苷，其对 HeLa 宫颈癌细胞、SGC - 7901 胃癌细胞、A - 549 肺癌细胞和 Bel - 7402 肝癌细胞均具有显著的抑制活性。多棘海盘车体壁中提取的海星多糖，对酒精性肝脏有较明显的保护作用。从南海海星中提取的海星多糖具有较强的抗氧化活性。从海星中分离、萃取出来的甾体苷类物质——海星皂甙，可通过诱导细胞凋亡抑制人胶质瘤 U87 细胞的增殖，这种抗增殖作用可通过激活内质网应激相关凋亡分子实现。

2. 2. 1. 4. 3　海参类

　　海参类动物属棘皮动物门（Echinopermata）海参纲（Holothurioidea），全世界有 1100 多种，其中 40 余种可供食用，我国南海沿岸种类较多，有 140 余种，其中 20 余种可供食用。根据海参的外部特征，将其分为四个目九个科即枝手目的瓜参科、沙鸡子科、高球参科，楯手目的辛那参科、海参科、刺参科，芋参目的芋参科，无足目的锚海参科、指参科。干制的海参蛋白质成分很高，接近 90%，多糖 6% 左右，脂质约占 4%，含有少量核酸以及钙、镁、铁、锰、锌、铜、钼、硒等微量元素。不同种类的海参由于生长环境的不同，其营养价值和生物活性也有所差异，其中以刺参营养价值最高，属于海参中的精品，被称为"参中之冠"。自古以来，海参作为营养食品和保健食品被广泛使用，海参常被制成海参干粉、海参熟制品、海参罐头等，大量的应用是把海参作为食品原料进行简单的初级加工。海参多肽是以新鲜海参为原料，经过蛋白酶酶解，分离纯化得到的具有功能特性的生物活性物质，研究发现海参多肽具有抗氧化、降血压、抗肿瘤、抗疲劳等多种功能。同时，海参小分子肽可以改善运动训练尤其是有氧运动训练导致的小鼠血清睾酮水平下降。海参磷脂型二十碳五烯酸通过激活胰岛素介导的肝脏 Akt/GSK – 3β 信号转导通路，促进糖尿病大鼠肝糖原合成的途径达到降血糖作用。黑乳海参中至少存在两种不同的硫酸化多糖——岩藻糖化糖胺聚糖和 α – L – 硫酸化岩藻聚糖，均具有强的抗凝血活性。

2.2.1.5　脊椎动物门

2.2.1.5.1　鱼类

鱼类是脊椎动物门中最古老、最繁盛的门类。根据 Nelson（1994 年）统计，全球现存鱼类共有 24618 种，占已命名脊椎动物一半以上，且新种鱼类不断被发现，平均每年已约 150 种计。鱼纲是脊椎动物中种类最多的一个类群，超过其他各纲脊椎动物种数的总和，生活在海洋里的鱼类约占全部总数的 58.2%，包括软骨鱼和硬骨鱼两大类。软骨鱼是现存鱼类中最低级的一个类群，全世界约有 200 多种，我国有 140 多种，绝大多数生活在海里。软骨鱼纲包括板鳃亚纲（Elasmobranchii）和全头亚纲（Holocephali）两亚纲。硬骨鱼是世界上现存鱼类中最多的一类，有 2 万种以上，大部分生活在海水域。硬骨鱼纲共分 3 个亚纲，即总鳍亚纲（Crossopherygii）、肺鳍亚纲（Dipnoi）和辐鳍亚纲（Actinopterygii），其中辐鳍亚纲有多数种类可供药用。

鱼类脂肪含量较低，在提供丰富的蛋白质和维生素的同时，本身含有众多的生物活性物质，在海洋功能性食品和药品的开发中有着巨大的潜力。以下主要介绍有药用价值的鱼类。

2.2.1.5.1.1　板鳃亚纲（Elasmobranchii）

两鳃瓣板鳃亚纲之间的鳃间隔特别发达，甚至与体表相连，形成宽大的板状，故名板鳃类。现存鱼类有鲨目（Squalifomes）和鳐目（Rajiformes）。

（1）鲨目

鲨又叫鲨鱼或鲛，为比较凶猛的大型食肉型软骨鱼类。共分 14 科，约有 250～300 种，我国海域中约有 130 多种，最大的鲸鲨体重可达 5000kg 左右，长可达 20m。鲨鱼类的肝脏是制鱼肝油的主要原料之一，鲨鱼鳍叫做鱼翅，是具有较高经济价值的海味。有些鲨鱼的胆、卵、肝、肉等能作药用，其中具有药用价值的主要有须鲨科（Orectolobidae）的条纹斑竹鲨（*Chiloscyllium plagiosum*），皱唇鲨科（Triakidae）的灰星鲨（*Mustelus griseus*）、白斑星鲨（*Mustelus Manzo Bleeker*）等，真鲨科（Carcharh inidae）的黑鳍基齿鲨（*Hypoprion atripinnis*）、阔口真鲨（*Carcharhinus latistomus*）、黑印真鲨（*Carcharhinus menisorrah*）、侧条真鲨（*Carcharhinus pleurotaenia*）、乌翅真鲨（*Carcharhinus melanopterus*）、沙拉真鲨（*Carcharhinus sorrah*）等，猫鲨科（Scyliorhinidae）的梅花鲨（*Halaurusburgeri*），多鳃鲨科（Hexanchidae）的扁头哈那鲨（*Heptranchi asplat ycealus*），双髻鲨科（Sphyrnidae）的锤头双髻鲨（*Sphyrnazygaena*），鲸鲨科（Rhincodontidae）的鲸鲨（*Rhincodon typus*）。

（2）鳐目（Rajiformes）

鱼类身体扁平形、菱形或圆盘形，是一类营海底栖生活的软骨鱼类，游泳能力不强，以贝壳或其他底栖动物为食。本目分为 9 科，具有药用价值的主要有魟科（Dasyatidae）的花点魟（*Dasyatidae uarnak*）、赤魟（*Dasyatidae akajei*），锯鳐科（Pristidae）的尖齿锯鳐（*Pristis-cuspiatus Latham*）。

2.2.1.5.1.2　全头亚纲（Holocephali）

头大而侧扁，两侧有鳃裂 4 对，有鳃盖状的皮膜遮着，外面只见 1 对鳃孔。体光滑无鳞，侧线发达。尾细长成鞭状，歪型尾。因上颌骨与脑颅互相愈合而得名全头类，是原始的、为数不多的深海鱼类群。分为软鳍目 ［Chondrenchelyiformes（化石）］和银鲛目（Chimaeriformes）两目。我国沿海及日本、朝鲜产的黑线银鲛（*Chimaera phantasma*）属银鲛目科动物，它的背鳍和胸鳍是有名的"鱼翅"。

2.2.1.5.1.3　辐鳍亚纲（Actinopterygii）

占世界上现存鱼类总数的 90% 以上，是现代鱼类中数量最多的一个类群。分为古鳕总目（Palatonisci）、多鳍总目（Brachiopterygii）、硬鳞总目（Chondrostei）、全骨总目（Holostei）和真骨总目（Teleostei）。

（1）硬鳞总目（Ganoidomorpha）

为辐鳍亚纲中较原始的鱼群，骨骼多为软骨，体表被硬鳞（或裸露），又叫软骨硬鳞鱼。体形呈纺锤形，似鲨鱼。头骨中脑颅为软骨组成，外表覆盖膜骨并形成鳃盖。吻发达，口腹位，终生具脊索，歪形尾，肛门和泄殖孔分开。现仅存鲟形目，为辐鳍亚纲中比较古老的类群，体形较大，呈纺锤形，皮肤裸露或被覆 5 行硬甲（硬鳞）。我国有鲟科（Acipenseridae）和白鲟科（Polyodontidae），其中鲟科的东北鲟（*Acipenserschrelicki*）、中华鲟（*A. sinensis Gray*）、长江鲟（*A. dabryanus Dumeri*1）、鳇鱼（*Huso daztricas*）等的鳔可作中药鱼嫖胶；肉和卵可食，尤为名贵；骨可制高级涂料，是我国大型经济鱼类。

（2）真骨总目（Tdeostei）

为辐鳍亚纲中最高等的种类，也是当今世界上现存鱼类中数量最多、经济价值最高的一总目。全总目共分 40 余目，约 2 万种，其中具有药用价值的有鲱形目、鲤形目、鳗鲡目、海龙目、鲈形目、鲀形目、鲽形目、海蛾鱼目、灯笼鱼目和合鳃目。

① 鲱形目（Clupeiformes）

为现代真骨鱼总目中最原始的类群，体表被圆鳞，背鳍及臀鳍无坚棘，腹鳍腹位，鳍条柔软分节；脊椎由若干个相同的椎体组成，大多骨化，中央有孔，无口须；鳔管发达，与食道相联通。多数分布在热带及亚热带地区，主要为海生或生殖期进入河湖产卵受精而为洄游性的鱼类。供药用的主要有鲱科（Clupeidae）的鰳鱼（*Ilisha elongata*）、青鳞鱼（*Harengu*1*a zunasi*）、中华青鳞鱼（*Harengula nymphaea*）、大眼青鳞鱼（*Harengula ovalis*）、太平洋鲱（*Clupeapallasi*）、鲥鱼（*Macrurareevesii*）等，鳀科（Engraulidae）的刀鲚（*Coiliaectenes JordanetSeale*）、凤鲚（*Coiliaectenes mystus*）等，银鱼科（Salangidae）的尖头银鱼（*Salanx acuticeps Regan*）、长鳍银鱼（*Salanx Longianalis*）等，鲑科（Salmonidae）的大麻哈鱼（*Oncorhynchus keta*）等。

② 鲤形目（Cypriniformes）

为鱼类中第二大目，体表被圆鳞或裸露，头部无鳞；有中喙骨弧，下咽骨呈镰状，脊椎的最前四枚常愈结，且两侧附有 4 对鳔骨（带状骨、舟状骨、间插骨及三脚骨等）构成韦伯氏器连接鳔的前端和内耳，有保持鱼体平衡的作用，背鳍 1 个，腹鳍腹位。现已发现 5 千种以上，多分布在温带和热带淡水域，只有 2 科为海产，我国约有 600 种。药用价值较高的有鲤科（Cyprinidae）的青鱼（*Mylopharyngodon piceu*）、草鱼（*Ctenopharyngodon idellus*）、白鱼（*Erythroculter ilishaeformis*）、金线鱼（*Nemipterus virgatusi*）、倒刺鲃（*Spinibarbus denticulatus denticulatus*）等，鲇科（Siluridae）的鲶鱼（*Silurus asotus*）等，鳅科（Cobitidae）的泥鳅

（*Misgurnus anguillicaudatus*）、大鳞泥鳅（*Misgurnus mizolepis Gunther*）、滇泥鳅（*Misgurnus mohoityyunnan Nichols*）等，胡子鲶科（Clariidae）的胡子鲶（*Clarias fuscus*），鮡科（Sisoridae）的藏鮡（*Glyptosternon maculatus*），鮠科（Bagridae）的中臀黄颡鱼（*Pseudobagrusmebianalis*）等。

③ 鳗鲡目（Angviliformes）

鱼类体形圆而长，一般无腹鳍，背、尾、臀三种鳍连为一体不能区分，鳞极细或退化。脊椎骨数目甚多，最多可达 260 枚。分 2 亚目 25 科，有 100 多种。我国主产在南海，常见药用的有鳗鲡科（Anguillidae）的鳗鲡（*Anguilla japonica*）、花鳗（*Anguilla marmorata*）等，海鳝科（Muraenidae）的网纹裸胸鳝（*Gymnothorax reticularis Bloch*）、斑条裸胸鳝（*Gymnothorax punctato - fasciata*）、斑点裸胸鳝（*Gymnothorax meleagris*）、花斑裸胸鳝（*Gymnothorax pictus Ahl*）、波斑裸胸鳝（*Gymnothorax undulatus*）等。

④ 海龙目（Syngnathiformes）

口前位，口裂上缘仅由前颌骨或前颌骨与颌骨共同组成管状吻。无颅顶骨和后耳骨，咽骨退化，鳃常呈簇状。脊鳍、臀鳍及胸鳍均不分枝，只有腹鳍与尾鳍部分分枝。为体形特殊的小型海鱼，其中海龙科（Syngnathidae）的粗吻海龙（*Trachyrhamphus serratus*）、刁海龙（*Solenognthus hardwickii*）、拟海龙（*Syngnathoides biaculeatus*）、刺海马（*Hippocampushistrix Kaup*）等为名贵中药。

⑤ 鲈形目（Perciformes）

为鱼类的最大目。无鳔管，鳞片多为栉鳞，鳍有棘，背鳍通常由鳍棘和鳍条两部分组成。腹鳍多为胸位，也有喉位，多为 1 鳍棘 5 鳍条。口先端常呈斜裂状，锐齿着生在颌骨、犁骨和腭骨上形成齿带，鳃盖发达。有 8 千多种，我国产并入药的常见有鮨科（Serranidae）的鲈鱼（*Lateolabrax japonicus*），石首鱼科（Sciaenidae）的大黄鱼（*Pseudosciaena crocea*）、黄姑鱼（*Nibea albiflora*）、鮸鱼（*Miichthys miiuy*）等，鰏科（Leiognathidae）的黄斑鰏（*Leiognathus bindus*），石鲈科（Pomadasyidae）的纵带髭鲷（*Hapalogenys kishinouyei*）、横髭鲷（*Hapalogenys mucronatus*）等，金线鱼科（Scatophagidae）的金线鱼（*Nemipterus virgatus*），带鱼科（Trichiuridae）的带鱼（*Trichiurus lepturus*）、小带鱼（*Trichiurus multicus Gray*）、沙带鱼（*Trichiurus savala*）等，鲭科（Scombridae）的鲐鱼（*Pneumatophorus japonicus*）。

⑥ 鲀形目（Tetraodontiformes）

体粗短，皮肤裸露或被有刺、体被骨化鳞片、骨板、粒鳞；腹鳍胸位或连同腰带骨一起消失。无肋骨、顶骨、鼻骨及眶下骨，上颌骨常与前颌骨相连或愈合。牙圆锥状、门齿状或愈合成喙状牙板。鳃孔小，鳃腔上无气室，侧位。背鳍 1 或 2 个；腹鳍胸位或亚胸位或消失，鳔和气囊或有或无。有侧线，尾鳍形状不一。全世界有 200 多种，我国产 60 多种。大多为海洋鱼类，生活在海洋暖水水域，只有少数生活在淡水河里。常见药用的有兰子鱼科（Siganidae）的黄斑兰子鱼（*Siganusaramin*），三刺鲀科（Triacanthidae）的短吻三刺鲀（*Triacanthus brevirostris*）、尖吻三刺鲀（*Triacanthus strigilifer Cantor*）等，鲀科（河鲀科）（Tetraodontidae）的大眼兔头鲀（*Lagocephalus lunaris*）、棕斑兔头鲀（*Lagocephalus lunacisspddiceus*）、虫纹东方鲀（*akifugu vermicularis*）等，刺鲀科（Diodontidae）的九斑刺鲀（*Diodon novemaculatus*）、刺额短刺鲀（*Chilomycterus echinatus*）等，翻车鲀科（Molidae）的翻车鲀（*Molamola*）、矛尾翻车鲀（*Masturus lanceolatus*）等。

⑦ 鲽形目（Pleuronectiformes）

因游动似蝶飞而得名，又因鱼类两眼同位头一侧，被认为需两鱼并肩而行，又名比目鱼。成鱼体侧扁，左右不对称。被小圆鳞或栉鳞。两眼位于头部的一侧。有眼的一侧有色素。头骨不对称。背鳍与臀鳍的基底均长，一般无棘。腹鳍胸部或喉位，鳍条通常不超过6枚。成鱼无鳔。为近海的浅水鱼类，少数进入淡水域，全身平卧状营底栖生活。有3亚目9科118属500余种，我国产3亚目8科50属130余种，均为底层海鱼类。可入药的有牙鲆（*Paralichthys olivaceus*）、马来斑鲆（*Pseudorhombus malayanus*）等。

⑧ 海蛾鱼目（Pegasiformes）

因其外形似蛾而得名，为暖水性近海小型鱼类，仅有1科1属5种，中国有1属3种，主产南海到台湾海峡。体宽短，平扁，躯干部圆盘状，尾部细长或较短，微能活动。头短，吻部突出，二鼻骨愈合，突出，形成一具锯齿的吻部。眼大，下侧位。口小，下位，稍可伸出，无牙。鳃呈梳状，鳃盖各骨愈合成大型鳃板，鳃孔窄小，位于胸鳍基部前方。肛门位于体中部稍前方腹面。体无鳞，完全被骨板，躯干部骨板密接，不能活动。背鳍1个，臀鳍短小，与背鳍相对，均位于尾部，胸鳍宽大，侧位，翼状，具指状鳍条。能入药的有长海蛾（*Pegasus natans Linne*）、龙海蛾（*Pegasus draconis Linne*）、飞海蛾（*Pegasus volitans Cuvier*）、海蛾鱼（*Pegasus laternarius Cuvier*）等。

⑨ 灯笼鱼目（Scopeliformes）

体似鲱形目，但口裂上缘仅由前颌骨组成，眼楔骨或有或无。有14～15科70余属400多种，许多种类体上具各种形状的发光器，在夜间或幽暗的深水中发出各种不同颜色的光泽，鲜艳夺目，因形似灯笼而得名。能入药的有大头狗母鱼（*Trachinocephalus*）、多齿蛇鲻（*Saurida tumbil*）、花斑蛇鲻（*Saurida undosquamis*）、长条蛇鲻（*Saurida filamentosa Ogilby*）、长蛇鲻（*Saurida elongata*）等。

⑩ 合鳃目（Symbranchiformes）

鱼体呈鳗形，背、臀、尾鳍连在一起并萎缩成皮褶状。鳃不发达，鳃裂移至头部腹面，左右两鳃孔连接在一起形成一横缝，故称合鳃目。由口咽腔代行辅助呼吸，故可较长时间离水。鳞细小或无鳞，无鳔，奇鳍变为皮褶。我国只产黄鳝（*Monopterus albus*），既能入药，也可食用。

2.2.1.5.2 爬行类

爬行类动物属于脊椎动物门爬行纲（Reptilia），分为喙头目、龟鳖目、有鳞目（蜥蜴和蛇类）和鳄目4大类，其中生活在海洋中的爬行类有龟鳖目的海龟科和蛇目的海蛇科。世界现存海龟科4属7种，分布遍及各个温暖海域，是生活于海洋中的具角质盾片的大型龟类，我国有5种（海龟、蠵龟、玳瑁、太平洋丽龟和棱皮龟），主要分布于我国南海海区，均被列于国家二级重点保护野生动物。

海蛇（Pelamis platurus），是蛇目眼镜蛇科的一亚科，本亚科有13属、38种，主要分布在印度洋和西太平洋的热带海域中，大西洋至今未发现过海蛇。中国沿海有海蛇约20种，广东、福建沿海海蛇资源丰富，以北部湾最多。海龟、海蛇的肉、血、皮（甲）、肝、胆汁等作为药用历史悠久，主要代表种类有绿海龟、玳瑁、青环海蛇、半球海蛇等。绿海龟分布于我国黄海、东海和南海，片甲具有滋阴补肾、润肺止咳作用。玳瑁栖息于温、热带海洋中，分布于我国福建、台湾、广东、海南、南海诸岛，片甲具有平肝定惊、清热解毒的作用。药理学研究表明，海龟组织浆可显著地提高鼠免疫功能，促进对肿瘤细胞的抑制和杀伤作用，同时可增强机体的抗衰老能力。海蛇是海宝，其肉质柔嫩、味道鲜美、营养丰富，是一种滋补壮身食物，常用于病后、产后体虚等症，也是老年人的滋养佳品。它具有促进血液循环和增强新陈代谢的作用。海蛇药材作为祛风燥温，通络活血、攻毒和滋补强壮等功效良药，常用于风湿痹症、四肢麻木、关节疼痛、疥癣恶疮等症。据现代药理学家研究，海蛇的蛇毒可制成治癌药物"蛇毒血清"，还可以用于治毒蛇咬伤、坐骨神经痛、风湿等症，并可提取十多种活性酶；蛇血治雀斑也十分见效；蛇油可制软膏、涂料；蛇胆浸药酒，有补身和治风湿的功效；它的肉、胆、油、皮、血、毒等均可入药。

2.2.2　海洋植物

海洋植物（Marine plantarum）是海洋中利用叶绿素进行光合作用以生产有机物的自养型生物。海洋植物属于初级生产者，门类甚多，从低等的无真细胞核藻类（即原核细胞的蓝藻门和原绿藻门），到具有真细胞核（即真核细胞）的红藻门、褐藻门和绿藻门，及至高等的种子植物等13个门，共1万多种。海洋植物可分为低等的藻类植物和高等的种子植物两大类，海洋种子植物的种类不多，都属于被子植物，没有裸子植物，分为红树植物（Mangrove plants）和海草（Seagrasses）两类。海洋植物以藻类为主，都是简单的光合营养的有机体，其形态构造、生活样式和演化过程均较复杂。它们介于光合细菌和高等植物——维管束植物之间，在生物的起源和进化上占有极为重要的地位。以下主要介绍有药用价值的藻类。

2.2.2.1　红藻类

红藻类体态软嫩，色泽红艳，富含藻胶，是制造琼脂和卡拉胶的主要原料。除含有叶绿素、叶黄素之外，还含藻红素、藻蓝素、各种维生素、萜烯类及多不饱和脂肪酸。具有补肾养心、清热利水之功，用于甲亢、高血压、支气管炎、水肿、肠炎、关节炎等症。常见的药用红藻有紫菜、石花菜、鸡毛菜、海萝、蜈蚣藻、江蓠、龙须菜、麒麟菜、琼枝等。

2.2.2.1.1　紫菜

紫菜为红毛菜科植物，又叫海紫。《本草纲目》中记载："闽、越海边悉有之，大叶而薄。彼人捩成饼状，晒干货之，其色正紫"。紫菜的原生物种主要有坛紫菜、条斑紫菜、圆紫菜、长紫菜、皱紫菜、甘紫菜、边紫菜等。紫菜性味甘、咸、寒，全藻入药。具有清凉泄热、软坚散结、利水消肿、补肾之功。紫菜除含蛋白质24.5%、脂肪0.9%、碳水化合物31.0%等营养成分，还含有胆甾醇半乳糖甙、胆甾醇甘露醇甙、棕榈酰胆甾醇半乳糖甙、棕榈酰胆甾醇甘露糖甙、维生素、胡萝卜素、烟酸及矿物质。动物实验表明紫菜可软化血管及降低血压，起预防动脉硬化的效果；并可降低血浆中胆固醇含量。

2.2.2.1.2　石花菜

石花菜为石花菜科植物，俗名鸡毛菜、冻菜。石花菜的种类较多，包括石花菜、优美石花菜、中肋石花菜、大石花菜、小石花菜、细毛石花菜等。石花菜藻体呈紫红色，丛生直立，一般高达10~20cm。石花菜性味甘、咸、寒、滑，全藻入药。具有清热解毒、润肠通便的功效，用于干咳、肾盂肾炎、肠炎、慢性便秘等，亦可用于治疗乳腺癌、子宫癌等肿瘤。石花菜含甲基牛磺酸、琼胶以及卤化物、硫酸盐、氧化钙、磷酸盐、钾、钠、镁等多种无机和微量元素。药理实验表明，在石花菜所制的琼胶中，含半乳糖聚合体的硫酸化多糖化合物，对腮腺炎病毒、B型流感病毒、脑炎病毒有抑制作用。

2.2.2.1.3　鸡毛菜

鸡毛菜为石花菜科植物，俗名冻菜渣渣、翼枝藻。藻体多分枝，形似鸡毛。呈紫红色，高 5 ~ 15cm，为扁平形，对生或互生。鸡毛菜性味甘、咸、寒，全藻入药。有清热泻火、软坚化痰、润肠通便的功效，可用于干咳、痰结、喉炎、慢性便秘等。鸡毛菜富含蛋白质、多糖、琼脂、丙酮酸、胆硬脂、并含卤化物、硫酸盐、磷酸盐及钾、钠、钙等大量无机盐和其他微量元素。

2.2.2.1.4　海萝

海萝为海萝科植物，俗名牛毛菜、鹿角菜、胶菜。藻体密集丛生似牛毛，同属植物鹿角海萝个体略大，叉枝较长，又称鹿角菜。藻体呈紫红色，一般高达 4 ~ 10cm。自盘状固着器丛生，有不规则的叉状分枝。海萝性味甘、咸、寒，全藻入药。有软坚化痰、祛风除湿、清热消食的功效，主治甲状腺肿大、肠炎、痔疮、风湿性关节痛、干咳痰结等。海萝含甲基木糖甙，琼脂二糖二甲基缩醛，甲基半乳糖甙，3,6 - 去水半乳糖二甲基缩醛，由 3,6 - 去水半乳糖、半乳糖、木糖和 2 - 酮基葡萄糖酸组成的硫酸多糖，牛磺酸等。另含氮、钾、钠、铝、铁、钙、镁、磷、硅、铜、硫、锰、硼、钛等元素。

2.2.2.1.5　海柏

海柏为蜈蚣藻科植物。藻体呈深紫红色，枯老时变淡黄色，丛生，高 5 ~ 15cm。新鲜时为软骨质，干后成角质。海柏性味甘、咸、寒，全藻入药。具有清热解毒、养心安神的功效，主治胃炎、肠炎、高血压等。海柏含有琼胶、蛋白质、糖类、卤化物、磷酸盐、硫酸盐、钾、钠、钙、镁、碘及其他微量元素。

2.2.2.1.6　蜈蚣藻

蜈蚣藻为蜈蚣藻科植物，本属药用的有蜈蚣藻和舌状蜈蚣藻。蜈蚣藻羽状分枝，枝圆细，藻体呈紫红色，高 15 ~ 30cm，宽约 1cm。蜈蚣藻性味甘、咸、寒，全藻入药。有清热解毒、驱虫的功效，用于风热喉炎、肠炎及蛔虫病。蜈蚣藻含蛋白质、琼胶、多糖、牛磺酸以及卤化物、硫酸盐、磷酸盐、钾、钠、钙、镁、碘等并其他微量元素。

2.2.2.1.7　江蓠

江蓠为江蓠科植物，又叫龙须菜、粉菜、发菜、海黄。本属药用的有扁江蓠、真江蓠、节江蓠、江蓠、龙须菜。江蓠藻体直立，丛生，高达 10 ~ 50cm，最高可达 1m。紫褐色，有时略带绿色或黄色，干后变褐。体质为软骨质，线形，圆柱状，基部有一盘状固着器。江蓠性味甘、咸、寒，全藻入药。具有清热化痰、软坚散结功效，用于内热痰结、瘿瘤结气、小便不利、便秘等。江蓠含多糖、蛋白质、藻胶、藻红肮、胆甾醇、L - 卡拉胶、3,6 - 去水半乳糖、十八酸、丙酮酸。药理实验表明江蓠对多种动物红细胞都有凝集作用，对急性放射病有保护作用。

2.2.2.1.8　角叉菜

角叉菜为松节藻科植物，俗名大石花菜、鲍鱼食。藻体呈红色，顶端常现绿色；软骨质或厚革质。丛生，高达 5 ~ 10cm，固着体壳状。角叉菜性味甘、咸、寒，全藻入药。具有润肠通便、活血消肿、止痛生肌的功效，用于慢性便秘、骨折、跌打损伤等。角叉菜含牛磺酸、角叉菜胶及卡拉胶等。

2.2.2.1.9　麒麟菜

麒麟菜为红翎菜科植物，俗名鸡脚菜。藻体高 12 ~ 30cm，径 2 ~ 3mm。紫红色，肥厚多肉，软骨质，有不规则的分枝。麒麟菜性味苦、咸、平，全藻入药。有清热祛痰、软坚散结的功效，用于气管炎、咳嗽痰结、淋巴结核、甲状腺肿、痔疮等。麒麟菜含半乳糖硫酸脂、半乳糖硫酸钙盐、半乳糖、3，6－去水半乳糖、D－葡萄糖醛酸、D－木糖等。药理实验表明，麒麟菜对实验性高血脂有降低血清胆固醇作用。

2.2.2.1.10　琼枝

琼枝为红翎菜科植物，俗名海菜、菜籽、石衣菜。藻体紫红或黄绿色，直径 $10 \sim 20cm$，平卧。夏季藻体背面为黄色，腹面为红色，软骨质，不规则的叉状分枝。琼枝性味甘、咸、寒，全藻入药。具润肺化痰、清热解毒、软坚散结的功效，用于支气管炎、肠炎、痰结、瘿瘤、痔疮等。琼枝含琼胶、多糖、粘液质、硫酸盐、磷酸盐、卤化物、钾、钠、钙、镁及其他微量元素。药理实验表明琼枝有降低血清胆固醇的作用。

2.2.2.1.11　鹧鸪菜

鹧鸪菜为红叶藻科植物，又叫美舌藻、乌菜、岩头菜。藻体暗紫色，干燥后变黑，高 $1 \sim 4cm$，丛生、叶状、扁平而狭窄，有不规则叉状分枝；节间为狭长的椭圆形，节部缢缩。鹧鸪菜性味咸平，全藻入药。具驱虫、化痰、消食的功效，用于慢性气管炎、消化不良及蛔虫病。鹧鸪菜含甘露糖甘油酸钠盐、胆甾醇、α－海人草酸、乳酸盐、粘液质和无机盐等。药理实验表明，鹧鸪菜 2% 的煎液，对猪蛔虫体有抑制以至麻痹作用；其水煎浓缩液能抑制蛙心活动，能兴奋离体兔肠引起节律性收缩，甚至为强制性收缩；海人草酸为其主要有效成分，低浓度可使蚯蚓紧张性增加，高浓度则引起麻痹，对家蝇、蟑螂等亦有良好的毒杀作用；对子宫颈癌细胞株 JTC－26 抑制率在 90% 以上；70% 乙醇提取物，成人口服相当生药量 60g，其排虫率可达 91%，虫卵转阴率可达 55%。

2.2.2.1.12　海人草

海人草为松节藻科植物，俗名亦叫鹧鸪菜。藻体呈暗紫红色，干后变绿色或灰色，丛生。高 $5 \sim 25cm$，软骨质，不规则的叉状分枝。固着器为盘状构造。海人草性味咸、平，全藻入药。具有驱虫的功效，主治蛔虫、鞭虫、绦虫等症。海人草含海人草酸、异海人草酸、氨基酸、有机酸、肽、琼脂等。药理实验表明海人草水煎液有显著的驱虫作用；给家兔注射 $1 \sim 2mg/kg$ 海人草酸，可抑制心跳，使肝肾损害，血细胞计数有改变，但对人无明显副作用。

2.2.2.1.13　树状软骨藻

树状软骨藻为松节藻科植物。藻体树状，浅红色，干燥后变为深红色。树状软骨藻性味咸平，全藻入药。具有抗菌、驱虫作用，主治蛲虫、蛔虫等症。树状软骨藻含 D－天冬氨酸、软骨枣酸、甘露醇、脂肪酸、卤化物、磷酸盐、乳酸盐、钠、钾、钙、镁及其他微量元素。药理实验表明树状软骨藻对蛔虫和蛲虫有抑制和杀灭作用。

2.2.2.2　褐藻类

褐藻类植物主要分布于寒带和温带海洋，生长在低潮带和潮下带的岩石上，淡水种罕见，世界各大洋都有，它们种类多，个体大，如长达几十米的巨藻。其颜色取决于褐色素（墨角藻黄素）与绿色素（叶绿素）的比例，从暗褐到橄榄绿。该门植物只有褐子纲，下分同型世代亚纲、异型世代压纲和圆子藻亚纲，其下又分为 11 个目。

2.2.2.2.1　裙带菜

裙带菜属褐藻门（Phaeophyta）、褐子纲（Phaeosporeae）、海带目（Laminariales）、翅藻科（Alariaceae）植物。其主要化学成分为褐藻糖胶（水溶性多糖，主要为由 L－岩藻糖－4－硫酸酯组成的多聚物，并且含有不同比例的半乳糖、木糖、葡萄糖醛酸）、褐藻酸钠、膳食纤维尤其是高比例的可溶性纤维。

裙带菜具有抗病毒活性、抗肿瘤活性、抗炎症与免疫调节、降血脂、降血糖作用。褐藻抗病毒的有效成分是其所含的硫酸化聚阴离子物质，主要是通过竞争性结合宿主细胞表面受体，从而抑制像疱疹病毒等包膜病毒进入宿主细胞内而发挥作用的。

裙带菜中的岩藻黄质和多糖具有抗肿瘤活性。岩藻黄质（Fucoxanthin）是一种主要的类胡萝卜素，其在褐藻中含量十分丰富。岩藻黄质具有强的自由基清除活性，不仅能诱导人白血病 HL260 细胞和前列腺癌细胞的凋亡，而且作为维生素 A 原（provitaminA）相关化合物，能有效地抑制哺乳动物 DNA 复制多聚酶。

裙带菜中的褐藻糖胶具有抗炎症与免疫调节作用。如 Maruyama 等研究了卵清蛋白（Ovalbumin，OVA）气雾剂激发后的支气管肺泡灌洗液中，裙带菜褐藻糖胶对 Th（T 辅助淋巴细胞）的影响，结果表明裙带菜褐藻糖胶对 Th2 细胞主导的应答起负调节作用，能使肺部炎症得到缓解。

裙带菜中的膳食纤维具有降血脂、降血糖作用。如肖红波等给高脂血症大鼠喂食裙带菜膳食纤维，结果发现大鼠血清胆固醇（TC）、甘油三酯（TG）显著降低；肖红波等研究水溶性裙带菜膳食纤维对四氧嘧啶糖尿病小鼠糖代谢的影响，发现小鼠经过可溶性裙带菜膳食纤维 21 天灌胃后，能够降低糖尿病小鼠的血糖，明显抑制正常小鼠的糖异生作用，改善糖尿病小鼠的耐糖量。

2.2.2.2.2　海带

海带属褐藻门（Phaeophyta）、褐子纲（Phaeosporeae）、海带目（Laminariales）、海带科（Laminariaceae）、海带属（*Laminaria*）植物。其化学成分主要为褐藻胶（约为 19.7%，由 $\alpha-1,4-L-$古罗糖醛酸和 $\beta-1,4-D-$甘露糖醛酸为单体构成、褐藻糖胶（即 $\alpha-L-$岩藻糖 $-4-$硫酸酯的多聚物，还伴有少量半乳糖葡萄糖醛酸阿拉伯糖和蛋白质）、海带淀粉（又名昆布多糖，主要由 $\beta-D-$吡喃葡萄糖的多聚物组成）及岩藻黄素。

其中海带多糖具有抗肿瘤活性，抗氧化、抗衰老活性，抗辐射、抗突变活性，抗疲劳、耐缺氧活性，免疫调节活性以及降血压、降血糖等多种生物活性。

2.2.2.3　海洋微藻

海洋微藻是地球上出现最早的生物，它们个体微小（几微米至几十微米），是海洋生态系统中的主要初级生产者，种类多，繁殖快，在海洋生态系统的物质循环和能量流动中起着极其重要的作用。海洋微藻营养价值高，易于人工繁殖，生长速度快，繁殖周期短，在医药、保健品、化妆品、水产养殖饵料、饲料添加剂、化工和环保等方面具有广阔的应用前景。海洋微藻资源丰富，并且含有许多化学结构新颖、具有特殊生理功能的生物活性物质，使微藻的养殖和产品开发成为新兴产业。目前大量培养与生产的微藻分属于四个藻门：蓝藻门、金藻门、绿藻门和红藻门。四类藻中金藻门植物多分布淡水水体；红藻门植物绝大多数分布于海水中，且以巨型藻类为主，微藻中以紫球藻最常见，为淡水藻类植物；蓝藻门与绿藻门植物广泛分布淡水与海水中。

蓝藻是原核生物，又叫蓝绿藻、蓝细菌；大多数蓝藻的细胞壁外面有胶质衣，又叫粘藻。在藻类生物中，蓝藻是最简单、最原始的单细胞生物，没有细胞核，细胞中央有核物质，通常呈颗粒状或网状，染色质和色素均匀的分布在细胞质中。蓝藻门分为两纲：色球藻纲和藻殖段纲。色球藻纲藻体为单细胞体或群体；藻殖段纲藻体为丝状体，有藻殖段。蓝藻在地球上大约出现在距今 35～33 亿年前，已知蓝藻约 2000 种，中国已有记录的约 900 种。蓝藻分布很广，淡水、海水中，潮湿地面、树皮、岩面和墙壁上都有生长，尤以富营养化的淡水水体中数量多。蓝藻是最早的光合放氧生物，对地球表面从无氧的大气环境变为有氧环境起了巨大的作用。有些海洋蓝藻既可作为食品，如同时具有一定的生理功效，如海发菜、海水螺旋藻等。海发菜又称（龙须菜）富含海藻多糖、碘、钙、铁等多种人体必须的常、微量元素和维生素 A、B$_1$、C 等。藻体外层的粘质主要成分是岩藻依聚糖（Fucoidan），能有效清除胃黏膜表面的细菌、大肠肝菌 O$_{157}$。日本研究也证明，海发菜有清肺通便、养颜瘦身，降血压血脂和调作身体机能等功效。螺旋藻含有丰富的蛋白质，氨基酸，维生素，矿物质，藻多糖，藻蓝素，β - 胡萝卜素，叶绿素和亚麻酸等营养活性物质，是迄今为止发现的营养最丰富、最均衡的物种之一；由于其细胞壁有多糖类物质构成，人体吸收率达 85% 以上；螺旋藻含有 65% 蛋白质和氨基酸、20% 碳水化合物、5% 脂类、7% 矿物质和 3% 水分，在营养方面比任何其它动物、植物、谷类等食物都更为全面、有效。螺旋藻具有以下药用价值：①、调节生理功能，清除自由基，促进机体新陈代谢，强化生命活力。②、激活免疫系统功能，抗辐射、抑制癌细胞。③、降血脂，降血压，增加血管弹性，改善心血管功能。④、刺激骨髓细胞、恢复造血机能，促进白细胞、血小板、血色素的恢复。⑤、抗疲劳、耐缺氧。

　　绿藻是藻类植物中最大的一门，约有 350 个属，5000～8000 种。分成两个纲，即绿藻纲和轮藻纲。我国一般将绿藻纲分为 13 个目，即团藻目、四孢藻目、绿球藻目、丝藻目、具毛藻目、石莼目、溪菜目、鞘藻目、刚毛藻目、管藻目、管枝藻目、绒枝藻目和接合藻目。轮藻纲中只有轮藻目。绿藻分布在淡水和海水中，海产种类约占 10%，淡水产种类约占 90%，石莼目（Ulvales）和管藻目（Siphonales）是海产种占优势。海洋绿藻中，小球藻作为极具营养价值与药用价值的微藻是近年来的研究热点。小球藻（Chlorella）为绿藻门、绿藻纲、绿球藻目、小球藻科的一属。小球藻属都是单细胞，单生或聚集成群体，我国常见的有普通小球藻（C. vulgaris）、蛋白核小球藻（C. pyrenoidosa）和椭圆小球藻（C. ellipoidea）等。小球藻在自然界中分布范围极广，种类繁多，对温度和气候条件等适应能力较强，在海洋、湖泊、沟渠、池塘以及潮湿的土壤等环境中均可以生长繁殖。小球藻含丰富的蛋白质、多糖、脂质、叶绿素、维生素、微量元素和一些生物活性代谢产物。自 1962 年日本学者 Yamagi - shi 报道小球藻对胃溃疡有治疗作用以来，人们对小球藻的药理作用进行了广泛的研究，发现小球藻具有防治消化性溃疡、抗肿瘤、增强免疫、抗辐射、抗病原微生物、防治贫血、降血脂和抗动脉粥样硬化等多种药理作用。

2.2.3　海洋微生物

　　与陆地相比，海洋环境以高盐、高压、低温和稀营养为特征。海洋微生物长期适应复杂的海洋环境而生存，因而有其独具的特性。海洋细菌分布广、数量多，在海洋生态系统中起着特殊的作用。据估计海洋微生物的种类高达 2 亿种，正常情况下，海水约含有 10^6 个/mL 微生物。海洋微生物参与海洋物质分解和转化的全过程，其分解有机物质的终极产物如氨、硝酸盐、磷酸盐以及二氧化碳等都直接或间接地为海洋植物提供主要营养。微生物在海洋无机营养再生过程中起着决定性的作用。某些海洋化能自养细菌可通过对氨、亚硝酸盐、甲烷、分子氢和硫化氢的氧化过程取得能量而增殖，另一些海洋细菌则具有光合作用的能力。不论异养或自养微生物，其自身的增殖都为海洋原生动物、浮游动物以及底栖动物等提供直接的营养源。海水高盐、高压、低温、低营养和无光照等特殊复杂的生态环境赋予海洋微生物特有的代谢途径、遗传背景和有特殊结构和功能的活性物质，海洋微生物的拮抗作用可以消灭陆源致病菌，它的巨大分解潜能几乎可以净化各种类型的污染，它还可能提供新抗生素以及其他生物资源，因而随着研究技术的进展，海洋微生物日益受到重视，成为寻找海洋天然活性物质的巨大来源。

2.2.3.1　细菌

海洋中常见的细菌主要属于以下几个类群：变形细菌（*Proteovacteria*）类群、革兰氏附性细菌类群、噬纤维菌属黄杆菌（*Cytophaga – Flavobacterium*）类群、浮霉状菌（*Planctomy – cetales*）、衣原体类群及一些人工尚未培养成功的类群等。变形细菌，又称紫色细菌，是所有细菌中最具多样性的类群，在海洋中自由存在或与海洋动植物共生或共栖。噬纤维菌群黄杆菌群主要由需氧革兰氏阴性细菌组成，在海洋中数量丰富，是某些生境中的优势种群，占细菌总量的 15% – 25%。浮霉状菌目前分离培养的较少。目前，已从海洋细菌中分离出具有抗肿瘤、抗病毒、抗细菌、生物毒素以及其他用途的生物活性物质，如酶类、酶抑制剂、多糖、不饱和脂肪酸维生素、氨基酸、色素等，这些物质在医药、化妆品、保健食品、食品添加剂和着色剂等方面具有重要的应用价值。

多数海洋细菌可产抗生素，其中包括芽孢杆菌属（*Bacillus*）、交替单胞菌属（*Altero-monas*）、假单胞菌属（*Pseudomonas*）、黄杆菌属（*Flavobacterium*）、微球菌属、着色菌属（*Chromatium*）、钦氏菌属（*Chainia*）等菌属。已报道海洋细菌产生的抗生素有溴化吡咯、a – n – pentylquinolind、magnesidins、istamycins、aplasmomycins、ahermicidin、macmlactins、diketoplperazines、3 – 氨基 – 3 – 脱氧 – D – 葡萄糖、oncorhynco｜ide、maduralide、sali-namides、靛红、对羟苯基乙醇、醌、thiomarinds BC、trisindoline、pyrolnitrim 等，其中有些种类在陆生菌中从未见过。

海洋细菌是海洋微生物抗肿瘤活性物质的一个重要来源，主要集中在假单胞菌属、弧菌属（*Vibrio*）、微球菌属、芽孢杆菌属、肠杆菌属（*Enterubacrerium*）、交替单胞菌属（*Altero-monas*）、链霉菌属、钦氏菌属、黄杆菌属和小单孢菌属（*Micromonospora*）。Macrolactins 是从深海（– 1 000m）细菌中分离到的系列大环内酯类化合物，其中 macrolactinA 组分是一种配糖体母体，既有抗菌活性又能抑制 B16 – F10 黑色素癌细胞，还能保护 T – 淋巴细胞防止人类免疫缺陷病毒（HIV）的复制，具有抗肿瘤、抗病毒、抗菌等功能。Halobacillin 是从一株海洋芽孢杆菌（分离自墨西哥 Guaymas 海湾 – 124m 深海污泥中）发酵物中分离到的 Iturin 族酰基化多肽，结构特征是具有极性的环状七肽和亲脂的 β – 酰氧基或 β – 氨基脂肪酸，对人结肠癌细胞有中等细胞毒性。Homocereulide 和 cereulide 是从分离自潮间带蜗牛体表的 B. cereus 的脂溶性提取物中分离到的 2 个具有极强细胞毒性的环肽。

在海洋生态环境下，极端微生物的发现和研究，促进了新酶源的开发应用。海洋细菌产生的酶常常具有特殊的理化性质，特别是在极端环境下的高活性和稳定性。各国在海洋蛋白酶领域都有较多的研究，其中以低温蛋白酶的研究最多。这些产蛋白酶海洋细菌通常具有嗜低温的特性，有些海洋细菌适宜在偏碱性的条件下生长并产酶。王鹏等筛选到一株产岩藻多糖酶的海洋芽孢杆菌，可用于催化生产低分子质照的岩藻多糖。医药上用于治疗消化不良、食欲不振的纤维素酶、脂肪酶也逐渐在海洋细菌中发现。新型碱性金属内肽酶、碱性磷酸酶、海藻解壁酶、葡萄糖降解酶、甘露聚糖酶、过氧化物酶、褐藻胶裂解酶等各种酶类在海洋细菌中均有发现。

海洋生物毒素一直是海洋活性物质研究的焦点之一，许多海洋生物毒素的真正来源是海洋中游离的或附生在海洋生物上的海洋微生物所产生，其中研究较多的是河豚毒素。河豚毒素（terrodotoxin，TTX）是一种毒性很强的海洋生物活性物质，为典型的神经 Na^+ 通道阻断剂，毒性为 NaCN 的 1250 倍，对人的致死量为 0.3mg，临床药用价值很高，可用作镇痛剂、镇痉剂、搔痒镇静剂、呼吸镇静剂等，并具有充血功能、尿意镇静作用及抗心律失常作用等。另据报道，河豚毒素还有抗癌作用，对肝癌抑制率在 37% 以上，对肉瘤 180 的抑制率在 30% 以上。近年来，人们从含有河豚毒素的叉珊藻、毒蟹、河豚、毛颚动物等的体内或体表分离出的一些细菌中，检测出河豚毒素及其类似物，推测河豚毒素的产生与含毒生物体内共生存的微生物及其食物链有关，目前这一观点已为大多数学者所接受。已报道的能够产生河豚毒素的细菌有假单胞菌属（*Pseudomonas*）、弧菌属（*Vibrio*）、发光杆菌属（*Photobacterium*）、气单胞菌属（*Aeromonas*）、邻单胞菌属（*Plesiomonas*）、别单胞菌属（*Alteromonas*）、不动杆菌属（*Acinetobacter*）、芽孢杆菌属（*Bacillus*）等。

海洋微生物多糖，是开发新型多糖类免疫调节剂的重要资源。Umezawa 等对 1063 株从海洋样品中分离出的细菌做了较为系统的研究，结果发现 167 株菌株可产生胞外多糖，其中分离自海藻表面的湿润黄杆菌（*Flavobacterium uliginosum*，MP255）产生的胞外多糖（Marinactan）具有促进体液免疫和细胞免疫功能，对动物移植性肿瘤具有明显抑制作用，已作为治疗肿瘤的佐剂上市。从厦门海区潮间带的动植物体及底泥分离到的 177 株海洋细菌中筛选出 1 株高产胞外多糖的土壤杆菌，其产生的胞外多糖可显著地促进昆明种小鼠脾淋巴细胞 IL–2 的合成，并对小鼠 S180 肉瘤有较强的抑制作用。

2.2.3.2 放线菌

放线菌（*Actinomycetes*）是类革兰氏阳性细菌。据不完全统计，近年来 50% 以上新发现的海洋微生物活性物质是由海洋放线菌这个庞大的分类群产生的，说明开发海洋放线菌的巨大潜力。海洋放线菌主要包括链霉菌属（*Streptomycetes*）、小单孢菌属（*Micromonosporas*）以及红球菌（*Rhodococcis*）、诺卡氏菌（*Nocarda*）、游动放线菌（*Actinpplanetes*）等稀有属种。海洋放线菌主要分布在海底沉积物、海洋生物表面以及海水中。

海洋环境的特殊性造就了海洋放线菌独特的代谢方式和代谢产物。近年来人们不断从各种海洋环境中寻找到能产生具有新型作用机制的抗生素的放线菌。如 Feidler 等人从不同地点采集的太平洋和大西洋海底沉积物样品中分离得到了 600 多株放线菌，并且根据其是否能产生具有生物活性的次级代谢产物进行了筛选，其中 *Streptomyces*（链霉菌）占 22%，*Micromonospora*（小单孢菌）占 29%，*Pseudonocardia*（假诺卡氏菌）和 *Rhodococcus*（红球菌）分别占 15% 和 33%。他们还发现了一个稀有的属 *Verrucosispora*（疣孢菌），该属的放线菌菌株 AB–18–032 能产生具有强烈抗 G^+ 的磺胺类药物前体 abyssomicin，因此是寻找新型抗生素的理想来源。

海洋放线菌代谢产物是寻找新抗肿瘤活性物质的重要来源。Fenical 研究组从海洋放线菌（*Marinospora*）中分离出一系列结构新颖的化合物 Salinosporamides，这些化合物具有很强的抗菌及抗肿瘤活性。从海鱼（*Hacichperes bleekeri*）胃肠道分离到的链霉菌（*Streptomyces hygroscoicus*）的大环内酯类代谢产物 Halichphycin，对 P388 细胞有显著细胞毒性。近年来从海洋小单孢菌中发现了引人瞩目的抗肿瘤活性物质。Furuait 等人从海洋小单孢菌（TP–A0468）的培养液中分离得到一类醌环类抗生素（kosinostatin）和异醌环素 B，Kosinostatin

对多种癌细胞具有抑制作用。Charan 等人从一株海洋小单孢菌中分离得到一种生物碱类化合物 Diacepinomicin，其在体外实验中显示了极强的细胞毒活性，并对小鼠体内神经胶质瘤、乳腺瘤及前列腺瘤细胞有杀伤作用，此化合物已在加拿大进入临床前试验阶段。Salinosporamide A 是从海洋小单孢菌的发酵液中提取的一种具有抗肿瘤活性的化合物，它是一种能够诱导细胞衰亡的蛋白酶体抑制剂，已于 2006 年进入临床试验阶段。

2.3　海洋食品原料的化学成分及特性

海洋生物蕴藏量极为丰富，能够为人类提供巨大的膳食资源。随着人口激增、农业用地缩减及环境恶化，陆生生物资源的有限性逐渐凸显，人类逐渐将解决食物问题的突破口转向海洋。由于海洋生物的生态环境、食物链、体内的生物合成途径及酶反应系统均与陆生生物迥然不同，海洋食品中富含结构新颖、功能独特的营养功效成分。同时，近年疯牛病、口蹄疫、禽流感等陆生动物源性疾病频发，陆生生物中功效成分的食品安全性受到严重威胁。在此背景下，海洋食品由于其营养功能特性而受到青睐。近年来，我国海洋水产品，尤其是海珍品的市场需求不断增长，海洋水产养殖及加工产业迅猛发展，以我国传统滋补海参食品为例，2010 年的产业总产值已突破 300 亿元，这充分反映出人们对于海洋食品营养功能的重视与肯定。但另一方面，海洋生物比陆上生物更易腐败变质。为了有效地认识和开发利用海洋生物资源，必须了解海洋动植物的食品化学特性及其加工特性，以及在加工贮藏过程中发生的成分变化及其机理，从而确定保持品质、提高质量的方法。海洋水产食品原料具有许多固有的特性，易腐败、变质，有毒种类、生理活性物质存在等。这些特性同海洋水产生物为了适应其在特殊的自然环境——水域中很好生存而采取的生物学上的适应性有关。从海洋食品的加工利用而言，各种有用的生物活性物质的存在也应该是这种生物生存适应性的表现。本节主要内容是阐明海洋水产生物的食品化学特性。

2.3.1　海洋食品蛋白质

海洋食品具有营养全面、平衡的特点，其蛋白质的营养保健价值很高，蛋白质的氨基酸构成比例较合理。海产动物的肌肉及其他可食部分富含蛋白质，并含有脂肪、多种维生素和无机质，含少量的碳水化合物（表 2－2）。

表 2－2　常见鱼类有其他海产动物营养成分　　　　　　　　　　　　　　　%

种类	名称	水分	粗蛋白	粗脂肪	碳水化合物	无机盐
海水鱼类	大黄鱼	81.1	17.6	0.8	—	0.9
	带鱼	74.1	18.1	7.4	—	1.1
	鲥	73.2	20.2	5.9	—	1.1
	鲐	70.4	21.4	7.4	—	1.1
	海鳗	78.3	17.2	2.7	0.1	1.7
	牙鲆	77.2	19.1	1.7	0.1	10.0
	鲨鱼	70.6	22.5	1.4	3.7	1.8
	马面鲀	79.0	19.2	0.5	0.0	1.7

续表

种类	名称	水分	粗蛋白	粗脂肪	碳水化合物	无机盐
海水鱼类	蓝圆鲹	71.4	22.7	2.9	0.6	2.4
	沙丁鱼	75.0	17.0	6.0	0.8	1.2
	竹荚鱼	75.0	20.0	3.0	0.7	1.3
	真鲷	74.9	19.3	4.1	0.5	1.2
淡水鱼类	鲤	77.4	17.3	5.1	0.0	1.0
	鲫	85.0	13.0	1.1	0.1	0.8
	青鱼	74.5	19.5	5.2	0.0	1.1
	草鱼	77.3	17.9	4.3	0.0	1.0
	白鲢	76.2	18.6	4.8	0.0	1.2
	花鲢	83.3	15.3	0.9	0.0	1.0
	鲂	73.7	18.5	6.6	0.2	1.0
	大马哈鱼	76.0	14.9	8.7	0.0	1.0
	鳗鲡	74.4	19.0	7.8	0.0	1.0
甲壳类	梭子蟹（海产）	76.0	20.0	0.5	1.5	2.0
	中华绒螯蟹	71.0	14.0	5.9	7.4	1.8
	对虾	77.0	20.6	0.7	0.2	1.5
	青虾	81.0	16.4	1.3	0.1	1.2
贝类	文蛤	84.8	10.0	0.6	1.8	2.2
	鲍鱼	73.4	23.5	0.4	0.7	2.0
	牡蛎	80.5	11.3	2.3	4.3	1.6
	蚶	88.9	8.1	0.4	2.0	0.6
其他	乌贼	80.3	17.0	1.0	0.5	1.2
	海参	91.6	2.5	0.1	1.5	4.3
	中华鲟	79.3	17.3	40.0	0.0	0.7

　　作为食物源对人类调节和改善食物结构，供应人体健康所必需的营养素，起着重要的作用。海洋鱼类含有丰富的蛋白质和脂肪，其热量不次于牛羊猪肉，尤其是蛋白质和必需氨基酸含量，在日常生活中占有重要地位。海洋鱼类蛋白质含量高达80% ~90%，而牛肉为80%，鸡肉、猪肉仅为50%，牛奶只有35%。大量的海洋无脊椎动物如蟹、乌贼、海参、贻贝、扇贝等都是高蛋白食品，如干海参蛋白质的含量高达50.2%。海藻如海带、紫菜、裙带菜、鹿角菜等蛋白含量丰富，以海带和紫菜为例，每百克含蛋白质分别是8.2g和28.1g。从氨基酸构成来看，海藻除赖氨酸、色氨酸较低外，蛋氨酸、胱氨酸都很丰富，而一般植物蛋白质却缺乏这两种氨基酸。特别需要提出的是，海洋鱼类蛋白质的组成与人体蛋白质组成接近，8种必需氨基酸在种类和数量上也都接近人体所必需的氨基酸，极易被人体

吸收，且海洋鱼类的脂肪、碳水化合物含量比猪肉、羊肉低，是一种高蛋白、低脂肪和低热量食物。

2.3.1.1　鱼贝肉蛋白质的组成

从颜色划分，鱼类分为红肉鱼类和白肉鱼类。红肉鱼指金枪鱼等鱼肉中含有大量的肌红蛋白和细胞色素等蛋白质，带有不同程度的红色，一般称为红色肉，并把这种鱼称为红色鱼。白肉鱼是指带有浅色肉和白色肉的鱼类，如鲤鱼。鱼贝类肌肉蛋白质的组成可大致分为肌原纤维蛋白、肌浆蛋白和肌基质蛋白三大部分（如图 2 – 92），也可根据其对不同溶剂的溶解性而分为水溶性蛋白、盐溶性蛋白、不溶性蛋白。

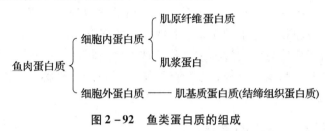

图 2 – 92　鱼类蛋白质的组成

（1）肌原纤维蛋白：由肌球蛋白、肌动蛋白以及称为调节蛋白的原肌球蛋白与肌钙蛋白所组成（如图 2 – 93）。

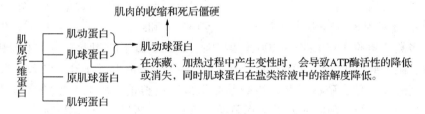

图 2 – 93　鱼类肌原纤维蛋白的组成

肌球蛋白和肌动球蛋白是构成肌原纤维粗丝与细丝的主要成分，两者在 ATP 的存在下形成肌动球蛋白，与肌肉的收缩和死后僵硬有关。肌球蛋白的相对分子质量约为 5.0×10^5，肌动蛋白约为 4.5×10^4，是肌原纤维蛋白的主要成分。其他属于调节蛋白的原肌球蛋白等数量较少，与加工贮藏中鱼肉质量变化的关系不大。肌球蛋白分子由重链与轻链两个部分所组成，每肌球蛋白分子有 3 根或 2 根（白色肉 3 根，暗色肉 2 根）相对分子质量不同的轻链。不同鱼类的 3 根轻链的相对分子质量大小不尽相同，但对于同一鱼种是一定的。利用这种轻链的种特异性可以进行鱼种分类的鉴别。作为肌球蛋白和肌动蛋白的重要生物活性之一，它具有分解腺苷三磷酸（ATP）的酶活性，是一种盐溶性蛋白。当两种蛋白质在冻藏、加热过程中产生变性时，会导致 ATP 酶活性的降低或消失。同时，肌球蛋白在盐类溶液中的溶解度降低，这两种性质是用于判断肌肉蛋白变性的重要指标。在鱼糜制品加工过程中加 2.5% ~3% 的食盐进行擂溃的作用，主要是利用氯化钠溶液从被擂溃破坏的肌原纤维细胞溶解出肌动球蛋白使之形成弹性凝胶。此外，在贝类、乌贼等无脊椎动物肌肉的肌原纤维蛋白中还存在一种副肌球蛋白，相对分子质量约 1.0×10^5 Da，与肌球蛋白共同构成肌原纤维的粗丝，与贝类闭壳肌的收缩作用有关。

（2）肌浆蛋白：存在于肌肉细胞肌浆中的水溶性（或稀盐类溶液中可溶的）各种蛋白的总称，种类复杂，其中很多是与代谢有关的酶蛋白。现时常利用一些如乳酸脱氢酶、磷酸果糖激酶、醇缩酶等所谓同工酶的种类特异性，来进行鱼种或原料鱼的种类鉴定。各种肌浆蛋白的相对分子质量般在 $1.0 \times 10^4 \sim 3.0 \times 10^4$ Da。在低温贮藏和加热处理中较稳定，热凝温度较高。此外，色素蛋白的肌红蛋白亦存在于肌浆中。运动性强的洄游性鱼类和海兽等暗色肌或红色肌中的肌红蛋白含量高，是区分暗色肌与白色肌（普通肌）的主要标志。

（3）肌基质蛋白：包括胶原蛋白和弹性蛋白，是构成结缔组织的主要成分。两者均不溶于水和盐类溶液，在一般鱼肉结缔组织中，前者的含量高于后者 4～5 倍。胶原在体内是白色不透明无枝链的纤维，嵌没在粘多糖及其蛋白质的骨架之中，其数量决定于组织的种类和动物的年龄。胶原是由多条原胶原分子组成的纤维状物质，当胶原纤维在水中加热至 70℃ 以上温度时，构成原胶原分子的 3 条多肽链之间的交链结构被破坏而成为溶解于水的明胶。在肉类的加热或鳞皮等熬胶的过程中，胶原被溶出的同时，肌肉结缔组织也被破坏，使肌肉组织变成软烂和易于咀嚼。此外，在鱼肉细胞中存在的一种称为结缔蛋白的弹性蛋白，以及鲨鱼翅中存在的类弹性蛋白，都同样是与胶原近似的蛋白质。

2.3.1.2　鱼贝肉蛋白质的营养价值

食品蛋白质的营养价很大程度上依存于蛋白质的必需氨基酸组成，非必需氨基酸根据需要可在体内进行合成，而必需氨基酸依存于食品蛋白质的供给。鱼贝类蛋白质含有的必需氨基酸的种类、数量均一平衡。以食物蛋白质必需氨基酸化学分析的数值为依据，FAO/WHO 于 1973 年提出了氨基酸计分模式（AAS），对各种鱼类和虾、蟹、贝类蛋白质营养值的评定结果显示，多数鱼类的 AAS 值均为 100，和猪肉、鸡肉、禽蛋的相近，高于牛肉和牛奶。但鲣、鲐、鲆、鲽等部分鱼类以及部分虾、蟹、贝类的 AAS 值低于 100，在 76～95。它们的第一限制氨基酸大多是含硫氨基酸，少数是缬氨酸，鱼类蛋白质的赖氨酸含量特别高。因此，对于米、面粉等第一限制氨基酸为糊氨酸的食品，可通过互补作用，有效地改善食物蛋白的营养。此外，鱼类蛋白质消化率达 97%～99%，和蛋、奶相同，而高于畜产肉类。肉基质蛋白质中 8 种必需氨基酸含量相对较少，缺少色氨酸、胱氨酸等，是种不完全蛋白质。

2.3.2　海洋食品脂质

脂质具有许多重要的功能，如作为热源、必需营养素（必需脂肪酸、脂溶性维生素）、代谢调节物质、绝缘物质（保温、断热作用）、缓冲（对来自外界机械损伤的防御作用）及浮力获得物质等。海产动物的脂质在低温中具有流动性，并富含多不饱和脂肪酸和非甘油三酯等，同陆上动物的脂质有较大的差异。

鱼贝类脂质按极性大小可分为非极性脂质（nonpolarlidid）和极性脂质（polar lipid），按功能可分为贮藏脂质（depot lipid）和组织脂质（tissue lipid）。非极性脂质包括中性脂质（neutral lipid，单纯脂质）、衍生脂质（derived lipid）及烃类；中性脂质是三酰甘油（triacylyceral，甘油三酯）、二酰甘油（diacylglycearal，甘油二酯）及单酰甘油（moroaclglyceral，甘油单酯）的总称，一般指脂肪酸和醇类（甘油或各种醇）组成的酯，但有时也包含烃类。衍生脂质是脂质分解产生的脂溶性衍生化合物，如脂肪酸、多元醇、同醇、脂溶性维生素等。极性脂质又称复合脂质（conjugated lipid），包括磷脂（phospholipid，如甘油磷脂、鞘磷脂）、糖脂质（glucolipid，如油糖脂、鞘糖脂）、磷酰脂（phosphonolipid）及硫脂（sulfolipid）。

鱼贝类中的脂肪酸大都是 $C_{14} \sim C_{20}$ 的脂肪酸，可分为饱和脂肪酸、单烯酸和多烯酸（表 2–3）。

脂肪酸的组成因动物种类、食性而不同，也随季节、水文、饲料、栖息环境、成熟度等而变化。鱼贝类的脂质特征是富含 n–3 系的多不饱和脂肪酸。海水鱼与淡水鱼的脂肪酸是有差异的，对于烯酸类化合物，海水鱼含 20∶1 和 22∶1 类化合物比例高，淡水鱼含 16∶1 类化合物比例高。对于多烯酸类化合物，海水鱼含 20∶5 和 22∶6 类化合物比例高，淡水鱼含二亚油酸（18∶2）和亚麻酸（18∶3）类化合物比例高。淡水鱼的脂肪酸组成介于陆上哺乳动物与海产鱼之间。另外，同一种鱼，养殖品的风味往往略逊于天然成长者，这可能与饲喂的饵料有关。如香鱼的脂肪酸组成，天然鱼 14∶0、16∶1、18∶4 类化合物的含量比例高，而养殖鱼则 16∶0、18∶1、18∶2、22∶6 的含量比例高。鱼贝类的器官和组织内，脂质可以游离状态存在，也可以与其他物质结合存在，如脂蛋白（lipoprotein）、蛋白脂（proteolipid）、硫辛酰胺（lipoamid）等具有亲水性的复合脂质。

表 2 – 3　鱼贝类脂质的脂肪酸组成

脂肪酸	香鱼背肌		狮鱼背肌（天然）	真鲷背肌（天然）	狭鳕鱼甘油	乌贼甘油	日本对虾（天然）	蛤仔
	天然	养殖						
14∶0	4.0	5.6	6.6	1.6	5.8	5.7	0.7	3.6
16∶0	26.0	29.5	24.0	21.6	10.8	16.2	15.6	19.1
16∶1	16.7	16.2	8.8	5.4	7.7	6.5	3.6	8.4
18∶0	3.4	4.6	3.0	7.6	3.3	1.8	9.2	6.3
18∶1	25.6	13.1	16.1	14.7	13.7	18.0	0.9	9.0
18∶2	10.0	3.5	1.3	1.0	0.8	1.9	6.6	0.7
18∶3	47.9	8.6	0.9	1.9	0.3	1.4	0.5	0.9
20∶1			3.5		20.1	5.7	0.9	5.6
20∶4	1.5	1.0	1.9	4.7	0.3	0.9	9.9	
20∶5	1.9	5.0	10.8	8.5	9.7	12.5	14.0	11.8
22∶1			1.4		14.6	6.3		
22∶5	0.4	4.0	3.5	6.0	0.7	0.6	2.5	1.0
22∶6	2.3	1.7	11.2	19.3	5.7	13.3	11.7	8.4

2.3.3　海洋食品糖类

鱼贝类组织中的糖类物质主要是糖原和黏多糖，并含有少量的单糖和二糖。对于海洋巨藻类植物，其体内不仅含有红藻淀粉、绿藻淀粉、海带淀粉等不同于陆上植物的贮藏多糖，亦含有琼胶、卡拉胶、褐藻等陆上植物未见的海藻多糖。

2.3.3.1　鱼贝类的糖原

鱼贝类动物和其他类高等动物一样，糖原贮存于肌肉或肝脏中，是能量的来源，有

"动物淀粉"之称，其含量同脂肪一样因鱼种生长阶段、营养状态、饵料组成等而不同。鱼类组织是将糖原和脂肪共同作为能源来贮存的，而贝类特别是双壳类是以糖原作为主要能源贮存，故其糖原含量高于如鲣、金枪鱼一类的洄游性鱼类中肌肉的含量（含1% 糖原），而牙鲆、蛸鱼等低栖息类只含 0.3% ~0.5% 的糖原。一般普通肉比暗色肉糖原含量高，而有些贝类比鱼类高出 10 倍，最高的为牡蛎（含 4.2% 糖原）。贝类的糖原含量有显著的季节性变化，一般在产卵期最少，产卵后急剧增加。

正常情况下，鱼类体内的糖原在酶的作用下进行有氧氧化生成丙酮酸和乳酸，并供给能量。生成的乳酸等产物经血液至肝脏，再次合成为糖原而贮存。刚刚捕获的鱼，激烈挣扎死后体内糖原在无氧状态下经糖酵解而分解生成乳酸。鲣、金枪鱼等红肉鱼的乳酸生成量较多，肌肉 pH 值急剧下降达 5.6~5.8，死后僵硬最盛期，而牙鲆、鳕鱼等白肉鱼乳酸生成较少，肌肉 pH 值在 6.0~6.4。贝类糖原糖酵解后生成的代谢物为琥珀酸，它和乳酸一样，随贝类捕获及放置时间的不同，其含量有显著差异。

2.3.3.2　海藻多糖

海藻多糖分为支撑细胞壁的骨架多糖（最外层）和细胞间质的黏质多糖（如原生质内的贮藏多糖）。

（1）骨架多糖：海藻的骨架多糖因海藻种类不同而不同。一般绿藻与陆地植物相同，葡聚糖分子平行排列，以 X 光衍射像明显的纤维素 I 为主要成分。褐藻和红藻中，有些葡聚糖分子为反向排列，含有较多 X 光衍射像不明显的纤维素 II。绿藻多糖主要为甘露聚糖，岩藻、羽藻多糖主要为木聚糖，红藻中紫菜的骨架多糖是由甘露聚糖和木聚糖构成。

（2）黏质多糖：孔石莼、浒苔等绿藻中的黏质多糖是以硫酸酯多糖、D - 葡萄糖醛酸、D - 木糖和 L - 鼠李糖为主要成分的水溶性糖醛酸多糖。裙带菜、海带等褐藻的细胞间存在能用稀碱萃取的岩藻聚糖。红藻的石花菜科、江蓠科含有黏质多糖的琼胶，琼胶以 D - 半乳糖（52.5%）、3,6 - 脱水 - L - 半乳糖（34%）为主要成分，含有少量 6 - O - 甲基 - D - 半乳糖、硫酸酯基等。琼胶是由约 70% 的琼脂糖和约 30% 的琼脂胶两种多糖组成，琼脂糖是由 D - 半乳糖和 3,6 脱水 - D - 半乳糖组成的琼脂二糖为结构单元构成的。石花菜科的琼脂含量相当于干物质的 33% ~35%，并随季节而变化。

卡拉胶（Carrageenan），又称为麒麟菜胶、石花菜胶、鹿角菜胶、角叉菜胶，因卡拉胶是从麒麟菜、石花菜、鹿角菜等红藻类海草中提炼出来的亲水性胶体，其化学结构是由半乳糖及脱水半乳糖所组成的多糖类硫酸酯的钙、钾、钠、铵盐。由于其中硫酸酯结合形态的不同，可分为 κ 型（Kappa）、Ι 型（Iota）、L 型（Lambda）。不同类型卡拉胶的增稠和胶凝性质有很大的不同，如 κ 型卡拉胶与钾离子形成的坚硬的凝胶，而另外两型只有轻微影响。Ι 型卡拉胶与钙离子相互作形成柔软、富有弹性的凝胶，但是盐对于 L 型卡拉胶的性质没有影响。在大多数情况下，L 型与 κ 型在牛奶系统中一同使用获得一种悬浮液或奶油凝胶。卡拉胶及其混合物提供大量的有利物质导致产生大量范围广泛而复杂的商业产品以满足独特的综合性能最适合特定的应用。

褐藻酸是一种直链的嵌段聚糖醛酸，由糖基的 C - 6 位上形成 COOH 的酸性多糖，由均聚的 α - L - 吡喃古罗糖醛酸嵌段、均聚的 β - D - 吡喃甘露糖醛酸嵌段以及这两种糖醛酸的交聚嵌段，以 1,4 - 糖苷键连接而成，以钙、镁、钠、钾、锶盐等形式存在于许多海洋褐藻的细胞壁中。褐藻酸的含量因藻种、生长场所、季节、部位的不同有所差异。但海带、裙带菜、黑海带等的含量为干物质的 10% ~ 30%，夏季其含量更高。

2.3.3.3 其他糖类

海洋动物的碳水化合物中除了糖原之外，还有黏多糖类的动物性多糖，包括甲壳类的壳和乌贼骨中所含的甲壳质（几丁质、甲壳素、壳多糖）类的黏多糖以及硫酸软骨素、硫酸乙酰肝素、乙酰肝素、多硫酸皮肤素、硫酸角质素、透明质酸和软骨素等酸性黏多糖。酸性黏多糖中又按硫酸基的有无分为硫酸化多糖和非硫酸化多糖。软骨鱼类的软骨中含有硫酸软骨素，硫酸软骨素能抗动脉粥状硬化和血管内斑形成，并降低心肌耗氧量，从而对冠心病、心绞痛有治疗作用。多糖结构式见图 2 - 94。

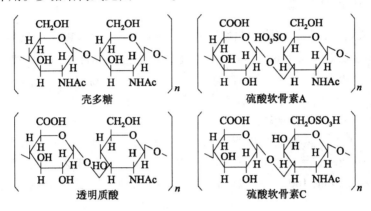

图 2 - 94 多糖结构式

2.3.4 海洋食品维生素

鱼类的可食部分含有多种人体营养所需的维生素，包括脂溶性维生素 A、维生素 D、维生素 E 和水溶性维生素 B 族和 C 族等，其含量分布依鱼贝类的种类和部位而异。

2.3.4.1 维生素 A（Vit A）

Vit A 包括 Vit A_1（retinol，视黄素）和 Vit A_2（retionicacid，3 - 脱氢视黄醇），前者主要存在于海产鱼类肝脏中，后者主要存在于淡水鱼肝脏中，二者生理功能、性质相似。鱼类肝脏一般中含有大量的 Vit A，可用来制作鱼肝油，如鲨鱼肝、马面鱼肝等。鱼类肌肉中 VitA 的含量大都在 40 ~ 300 I. U/100g，但海鳗、油鲨、银鳕等肌肉中的含量可达 1000 ~ 10000I. U/100g。

2.3.4.2 维生素 D（VitD）

Vit D 包含 D_2 ~ D_7，生物活性较高的主要是 Vit D_2 和 Vit D_3，前者可由表角固醇经紫外线照射后转变而成，后者是 7 - 脱氢胆固醇经紫外线照射后的产物。人和动物的皮肤和脂肪组织都含有 7 - 脱氢胆固醇，故皮肤经光（紫外光）照射后可形成 Vit D_3。Vit D 也和 Vit A 一样，主要存在于鱼类肝油中，但软骨鱼类肝脏中含量少，肌肉中含脂量多的中上层鱼类（一般为红肉鱼），如拟远东沙丁鱼、鲣、鲐、鲥、秋刀鱼等的含量在 300I. U/100g 以上；含脂量少的低脂鱼类，如大马哈鱼、虹鳟、马鲛、鲱、鲻、鲈等，一般在 100I. U/100g 以上。天然食物中含脂高的海水鱼及其肝脏是优良的 VitD 源。

2.3.4.3　维生素 E（VitE）

Vit E 又名生育酚，已知有 8 种不同的生育酚和生育烯酚具有 Vit E 的活性，其中 α - 生育酚活性最强。鱼类和贝类等软体动物肉的含量多在 0.5 ~ 1.0mg/100g，香鱼、河鳗、蝾螺、长枪乌贼、虾、蟹体内总生育酚含量较高，为 1 ~ 4mg/100g。海产鱼中 α - 生育酚含量为总生育酚的 90% 以上，但淡水鱼的鲤、红点鲑含 γ - 生育酚的比率最高，个别贝类含 δ - 生育酚比率较高。

2.3.4.4　B 族维生素

Vit B$_1$ 又称硫胺素，鱼类中除八目鳗、河鳗、鲫、鲣等少数鱼肉含量 0.4 ~ 0.9mg/100g 之外，多数鱼类在 0.10 ~ 0.40mg/100g，一般暗色肉比普通肉含量高，肝脏中含量与暗色肉相同或略高。不少鱼贝类、甲壳类中含有 Vit B$_1$ 分解酶——硫胺酶，会造成 Vit B$_1$ 的损失，加热可使其失活。Vit B$_1$ 广泛存在于天然食物中，除海洋食品之外，含量较丰富的还有动物内脏、肉类、豆类及未加工的粮谷类。

Vit B$_2$ 又称核黄素，鱼类除八目鳗、泥鳅、鲐等含量在 0.5mg/100g 以上外，远东拟沙丁鱼、马鲛鱼、马面鲀、大马哈鱼、虹鳟、小黄鱼、罗非鱼、鲤等多数鱼类以及牡蛎、蛤蜊等含量在 0.15 ~ 0.49mg/100g，一般红肉鱼高于白肉鱼，肝脏、暗色肉高出普通肉 5 ~ 20 倍。

Vit B$_5$ 又称烟酸或尼克酸，鱼类中金枪鱼、鲐、马鲛等肌肉中含量在 9mg/100g 以上，远东拟沙丁鱼、日本鳀鱼、鲹、大马哈鱼、虹鳟等在 3 ~ 5.9mg/100g，鲷、海鳗、鳕、鲫及多数鱼类、乌贼等为 1 ~ 2.9mg/100g，同其他 B 族维生素不同的是，普通肉的含量高于暗色肉和肝脏。

2.3.4.5　维生素 C（Vit C）

Vit C 又称抗坏血酸，鲤、虹鳟、黑鲷等鱼类肌肉和肝脏中 Vit C 含量低，在 1.6 ~ 7.6mg/100g 范围内；但在卵巢和脑的含量高达 16.7 ~ 53.6mg/100g。海藻中的紫菜含量也较丰富。

2.3.5　海洋食品无机质

海洋食品约含有 40 种的元素，除碳、氢、氧、氮之外，其他元素无论以有机化合物还是以无机化合物的形式存在，都称之为无机质。

2.3.5.1　常量元素

常量元素（macroelement）指在有机体内含量占体重 0.01% 以上的元素，这类元素在体内所占比例较大，有机体需要量较多，是构成有机体的必备元素，如钠、钾、钙、镁、氯、磷、硫 7 种元素。鱼贝类肌肉中 7 种主要无机质占总无机质的 60% ~ 80%。鱼类中钠的含量大致为 70mg/100g，略比甲壳类和贝类低。鱼类、贝类和甲壳类中钾含量在 200 ~ 450mg/100g。钙的含量因种类变动较大，在 20 ~ 40mg/100g 范围。镁的分析数据较少，鱼贝类含 40mg/100g 左右，种类变动比钙小。氯的数据亦不多，鱼肉平均在 200mg/100g。磷的含量在 200mg/100g 左右，种类间的变动范围不大。鱼类骨头的主要无机质组成按干基计，无机质占骨头的 40% ～65%，主要成分为钙和磷。鱼鳞中无机质的比例因鱼种而不同，在 10% ～60%，主要成分同样是钙和磷，骨、齿、鳞都是主要以 $Ca_{10}(PO_4)_6 \cdot H_2O$ 形式存在。甲壳类壳的主要无机质占 20% ～30%（按干基计），除主成分钙外，也含有微量的镁和磷，大部分是以碳酸钙、碳酸镁、过磷酸钙等存在，一般碳酸钙含量越多的壳越硬。贝壳的无机质约占 95%，其大部分为碳酸钙。

2.3.5.2　微量元素

人体生理所必需的元素如碘、锌、硒、锰、钴、铬、钼、铜等称为微量元素。

碘：碘在人体内主要参与甲状腺素的生成。甲状腺素是人体主要激素，它能促进和调节代谢和未成年人的生长发育。缺碘在成年人可引起甲状腺肿大，胎儿期和新生儿期可引起呆小病。碘的补充主要通过饮食，海洋食品中的含碘量要比陆上禽类多 10～50 倍，是人们摄取碘的主要来源。

锌：锌参与酶、核酸的合成，可促进机体的生长发育、性成熟和生殖过程；参与人体免疫功能，维护和保持免疫细胞的复制等多种生理功能。贝类中含锌较高，马氏珠母贝、牡蛎的含锌量高达 100mg/kg 以上。此外，锌与铜、镁三元素被称为壮阳元素，在贝类中的含量较高。

硒：硒是世界卫生组织推荐的 14 种人体必需微量元素之一，具有抗肿瘤、抗氧化、抗衰老、抗毒性等重要作用。体内代谢过程中，可产生大量的过氧化物，这对机体足有害的。硒参与的谷胱甘肽过氧化酶可使过氧化物分解，从而保护细胞中脂类免受过氧化物损害，保护细胞的完整性。Vit E 对硒的抗氧化作用有协同性。缺硒时，红细胞的脆性增加，容易产生溶血现象；硒还能保护肝细胞免受其他毒物影响；硒对心细胞和心血管系统也有保护作用，缺硒会使心肌细胞变性乃至坏死，克山病即与缺硒有关。硒还可以降低重金属、黄曲霉素的毒性作用，可保护视觉器官及提高机体抗病能力等。吃海藻即可得到硒的补充，海洋生物是硒的良好食物来源。

2.3.6　海洋食品色素物质

鱼贝类的不同组织呈现各种不同颜色，这些色彩有些是色素带来的，有的则是干涉光引起的。由色素细胞内色素颗粒的扩散与集中所致的色泽变化，可因环境、年龄、性别、健康状况和感情冲动而变化。干涉光引起的如肉的切面和鳞的光泽，从不同的角度看，其色泽不同，这正是由于光线反射的缘故。色素有肌红蛋白、血红蛋白、β-胡萝卜素、黑色素、胆汁色素等，因生物的种类、生存环境、年龄、性别和组织不同，其所含的色素种类及量亦不同。

2.3.6.1　肌红蛋白与血红蛋白

鱼肉的颜色由肌细胞的肌红蛋白（Mb）及毛细血管中的血红蛋白（Hb）所形成。Mb 和 Hb 都是由色素部分的血红素和蛋白部分的珠蛋白构成的色素蛋白质，其中血红素是卟啉环以四个配价键与铁原子相连，形成四配位体螯合的络合物。生物体内血红素的生物合成见图 2-95。

肌红蛋白的相对分子质量约 17 000Da；血红蛋白基本上是由 4 个分子肌红蛋白结合组成的，相对分子质量约 68 000Da。结合氧的肌红蛋白叫氧合肌红蛋白，鱼类氧合肌红蛋白的

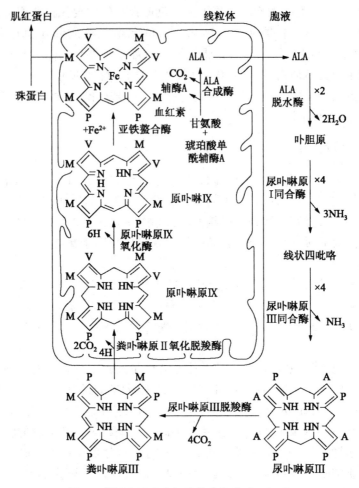

图 2-95　血红素的生物合成

可见光吸收光谱在 540nm 和 570nm 附近有 2 个最大吸收峰，呈鲜红色。不结合氧的肌红蛋白叫脱氧肌红蛋白，在 550nm 附近有唯一的最大吸收峰，呈暗紫红色。血红蛋白的氧合型和脱氧型都显示类似肌红蛋白光谱的性质。对鱼肉色泽影响的最大因素是存在于肌肉细胞中的 Mb 含量和毛细血管内的 Hb 含量及两者的比例关系。

　　每千克金枪鱼类暗色肉中的 Mb 及 Hb 的总量基本在 10g 以上，金枪鱼深部暗色肉甚至可达 35～50g。Mb 及 Hb 的总量中 Mb 所占的比例，在暗色肉中可高达 80%～90%；普通肉中，即便是 Mb 比例低的鲣和黄鳍金枪鱼也在该范围内。海产鱼的 Hb 在血液的 pH 值低时，Hb 对 O_2 的亲和力下降，Hb 溶氧量也下降，这种现象称为 Hb 的鲁特效应（Root effect）。由于鲣的鲁特效应特别显著，因而呈现出比金枪鱼肉更暗的颜色。

2.3.6.2　类胡萝卜素

　　类胡萝卜素广泛分布于动植物界，呈现黄、橙、红色系列颜色，是化学结构为一条共轭双键的长链，两端连接紫罗兰酮环，碳数为 40 的一类化合物的总称。鱼贝类体表一般都有类胡萝卜素存在，由于其多种衍生物的存在而构成多彩的体色（见图 2-96）。

　　鱼类最具代表性的色素是虾青素，呈鲜红色是由于两个酮基的存在而产生的。它不仅是

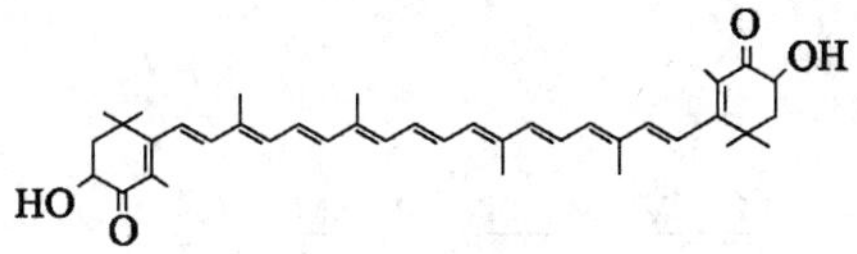

虾青素

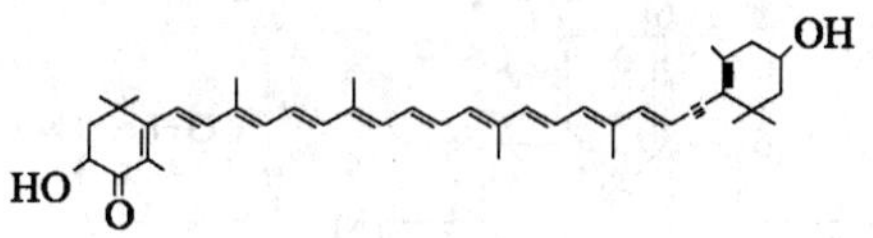

扇贝黄酮

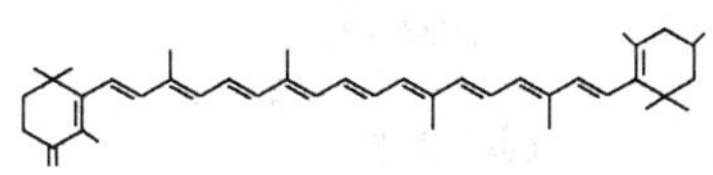

β-胡萝卜系

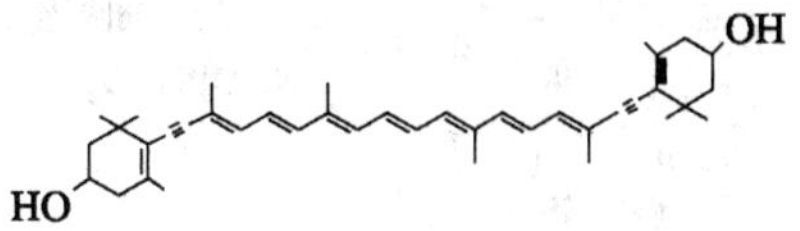

扇贝黄质(黄质)

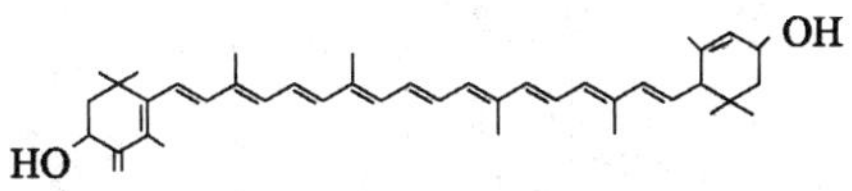

叶黄素

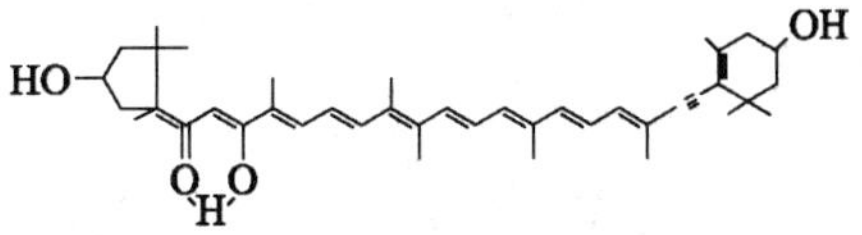

贻贝黄质

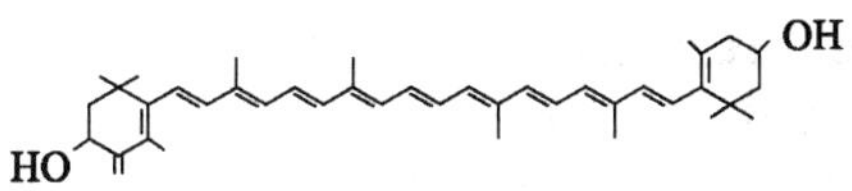

玉米黄质

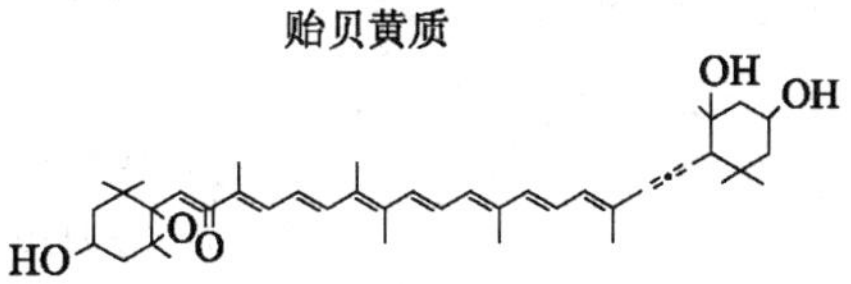

岩藻黄质

图2-96 鱼贝类中β-胡萝卜素及其衍生物

真鲷鱼类、红色鱼类及虾、蟹类体表的重要色素，而且还是鲑鳟鱼类的红色肌肉色素（一般鱼肉的红色都是由Mb所构成的）。分布于鱼皮的色素还有叶黄素和玉米黄质等黄色类胡萝卜素，所不同的是两端紫罗兰酮环上双键的位置不同。

贝类肌肉中的类胡萝卜素因贝类种类不同而极其多样。蝾螺以β-胡萝卜素和叶黄素为主，盘鲍以玉米黄质为主，在双壳贝的魁蚶中检出扇贝黄酮和扇贝黄质。在贻贝中检出有扇贝黄质和贻贝黄质，在蛤仔和中国蛤蜊中检出岩藻黄醇。

甲壳类的壳有各种颜色，虾青素是其主要色素，虾青素的一部分同蛋白质结合，呈现黄、红、橙、褐、绿、青、紫等各种颜色，对虾、龙虾、梭子蟹等壳的绿、蓝、紫等颜色就是很好的例子。龙虾甲壳中的色素蛋白叫甲壳花青素，相对分子质量为36万左右，在630nm处呈现最大吸收峰，使龙虾壳呈现蓝色。这一蓝色产生除虾青素分子两端紫罗兰酮环上4或4′位的酮基和蛋白质的氨基酸残基相互作用之外，还必须有水分子存在，故甲壳花青素冻结干燥时颜色变化是可逆的。

2.3.6.3 胆汁色素

脊椎动物的胆汁含有黄褐色的胆红素（bilirubin）和绿色的胆绿素（biliverdin）等主要色素。这些色素是Hb或Mb的分解物，即由色素部分的血红素开环而形成具有4个吡咯环与3个碳原结合的结构的色素物质（见图2-97）。

在鱼类中，鹦嘴鱼属的圆尾绚鹦嘴鱼类和隆头鱼类的体表含有胆绿素，此外，与它们近缘的种类，即生息在冲绳近海波纹唇鱼（*Cheilinus undulatus*）的鱼体肌肉由于含有胆绿素而带有淡青色。杜父鱼科的鱼肉大多呈青色，在鰤杜父鱼属已被确认为胆绿素。这些胆绿素与蛋白质相结合，以色素蛋白质的形式存在。波纹唇鱼中色素蛋白的相对分子质量及等电点分

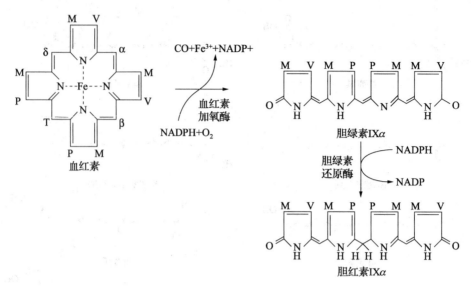

图 2 – 97　血红素到胆红素的形成

注：希腊字母代表血红素中的亚甲基碳原子

别约为 10 万及 6.8，鳚杜父鱼中约为 4 万及 3.4。

螺的肌肉也有呈绿色或淡绿色的，从大马蹄螺科的一种单齿螺（*Monodonta labio*）的足肌分离出绿色色素，也认为是胆汁色素或其近缘化合物。

2.3.6.4　血蓝蛋白

血蓝蛋白又称血蓝素，是一种多功能蛋白，是在某些软体动物、节肢动物（蜘蛛和甲壳虫）的血淋巴中发现的一种游离的蓝色呼吸色素。血蓝蛋白含两个直接连接多肽链的铜离子，与含铁的血红蛋白类似，它易与氧结合，也易与氧解离，是已知的唯一可与氧可逆结合的铜蛋白，氧化时呈青绿色，还原时呈白色。软体动物的血蓝蛋白是一条与 6 分子氧结合的多肽链，含铜 0.025%。铜以二价形式与蛋白直接结合。血蓝蛋白有多种催化作用，特别是变性后，在特定条件下具有多酚氧化酶、过氧化氢酶和脂氧化酶等活性。

多数无脊椎动物的血液不含血红蛋白，如软体动物（头足动物和石鳖属等）以及节肢动物（虾、蟹及肢口纲的鲎）所含的是血蓝蛋白（亦称为血蓝素）。血蓝蛋白分子由 Cu^{2+} 和 1 个约 200 个以上氨基酸的肽链结合而成，和血红蛋白一样，该呼吸色素的颜色也与其状态有关，在氧合状态下为蓝色，在非氧合状态下则为无色或白色。

2.3.6.5　黑色素

黑色素(melanin)是自然界广泛分布的褐色乃至黑色的色素,溶于温浓硫酸或浓碱,不溶于一般溶剂,是非常稳定的高分子物质。黑色素是一种生物多聚体,动物黑色素可分为两类,一类是真黑色素(eumelanin),不含硫原子,呈棕色或黑色;另一类是脱黑色素(pheomelanin),含硫原子,呈黄色或微红棕色。真黑色素以酪氨酸为出发点,经多巴、吲哚醌聚合而成。鱼皮中的黑色素起吸收过量光线的作用,栖息在较深水域的真鲷,如放在浅水域内养殖,皮内就会合成大量的黑色素,作用是防止强烈的阳光照射。养殖真鲷比天然真鲷黑的原因就在于此。过剩的黑色素沉积在肌肉毛细血管壁上,使养殖的真鲷的肌肉也变黑。

2.3.6.6 眼色素

头足类的皮肤含有一种称为眼色素（ommochrome）的色素。加热处理过的乌贼、章鱼色调的本体主要是眼色素。该色素呈黄、橙、红、褐及紫褐色，是一种类似于黑色素的色素。黑色素是以酪氨酸作为出发物质生成的，而眼色素则是山色氨酸转变为犬尿氨酸后生成，可分为奥玛丁（ommatine）和奥明（ommine），鱿鱼和金乌贼的体表色素即被认为是奥明。

2.3.6.7 其他色素

鱼贝类的颜色除了与上述色素有关外，还与其他目前尚未做过多研究的其他色素有关。

河鳗和鲑鳟类鱼一游到海口，体色会变成银白色，是因为嘌呤类的鸟嘌呤、尿酸等大量沉积在皮细胞内，虽然没有颜色但吸收了紫外线后便呈白色光泽。带鱼体表积累鸟嘌呤、尿酸，使带鱼全身呈白色，其他鱼在腹部呈银白色也都是由此产生的。蝶呤类（pterin）是与嘌呤类相似的色素化合物，大部分有萤光，萤光的颜色随 pH 值而变化；从鲤的鳞和泥鳅的皮中可以分离出黄碟呤（xanthopterin）、鱼蝶呤（ichthyopterin）等。海胆棘、壳中的色素被称为棘皮色素（spinochrome），生殖腺中的色素被称为海胆色素（echinochrome），都是荼醌类色素（naphthoquinone）。这些色素在棘、壳中以钙盐、镁盐存在，在生殖腺中则以蛋白质复合体存在。

2.3.7 海洋食品呈味物质

2.3.7.1 鱼类的呈味物质

在海洋水产动植物中含有各种易溶于水的成分。一般将含氮成分如游离氨基酸、低分子肽、核苷酸类化合物、有机盐基类，以及非含氮成分如有机酸、低分子碳水化合物等水溶性成分称为抽提物（或提取物、浸出物）成分。

鱼类呈味的主体是游离氨基酸（Glu、Asp 等）、低肽、核甘酸（AMP、IMP 等）、有机酸（乳酸）等，由于其组成的不同而使鱼肉口味具有多样性。一般红肉鱼类味浓厚，白肉鱼类味淡泊。如蛳鱼的味与组氨酸含量密切相关；鲣鱼的浸出物中含有大量的组氨酸、乳酸及磷酸钾，可强化呈味作用；鳁鲸中的鲸肌肽可使鲜味增强特别是味变浓厚。组氨酸、鹅肌肽均带有咪唑环，这些化合物在相当于咪唑环 pK 值 pH6.9 ~ 7.0 时，显示较强的缓冲能力，推断它们与味的浓厚感有关。

鱼露（又称鱼酱油，水产酱油），是一种水产调味品，它以经济价值较低的鱼虾及水产品加工的下脚料为原料，利用鱼体自身含有的酶及微生物产生的酶类在一定的条件下发酵而得。生产和食用鱼露的地区很分散，主要分布在东南亚、我国东部沿海地带、日本及菲律宾北部（见表 2－4）。

鱼露的鲜味主要来自于蛋白质降解的最终产物——氨基酸；以及核酸降解生成的呈味核苷酸，多肽、有机酸也能赋予鱼露以综合鲜味。鱼露中的重要呈鲜成分——谷氨酸，为鱼露中所有氨基酸中最高的一种，约占总氨基酸的 1/5 ~ 1/6。另外鱼露的酸性二肽亦具有类似谷氨酸钠的鲜味，且同鱼露味的浓厚感有关。此外，鱼类的美味季节往往同鱼的脂质积蓄时期相一致，可见脂质对鱼肉的味有很大的影响，但这方面的研究报告不多。

表 2 - 4　各地区传统鱼露的名称

产　地	名　称	原　料
中国	鱼露	圆鲹、竹荚鱼、沙丁鱼等小杂鱼
日本秋田	盐汁	叉牙鱼
日本能登	鱼汁	墨鱼内脏
日本鹿儿岛	煎汁	鲣鱼煮汁
日本广岛	蛎汁、文蛤酱油、扇贝酱油	牡蛎、文蛤、扇贝蒸煮汁
越南	虐库曼	圆鲹、银带鲱等小鱼
泰国	南普拉	鲌等小杂鱼
马来西亚	布杜	小杂鱼
菲律宾	帕提司	鲲等小杂鱼

2.3.7.2　甲壳类的呈味物质

蟹类是我国特色水产品,蟹肉兼具鲜美的滋味和良好的营养,蟹肉中含大量的呈味成分,其风味包括挥发性气味成分和非挥发性滋味成分两大类。蟹肉的主要非挥发性滋味成分是甘氨酸、谷氨酸、精氨酸、核苷酸、丙氨酸、甜菜碱及钠离子、钾离子、氯离子。其中,氨基酸是海产品中主要的营养成分和呈味物质。虾蟹肉中特有的甘味性食感是因为其肌肉中含有较多的甘氨酸、丙氨酸、脯氨酸、甜菜碱等甘味成分的缘故,其主体在于甘氨酸的作用。中华绒螯蟹、锯缘青蟹、三疣梭子蟹体肉和南美白对虾氨基酸含量的比较见表 2 - 5。从表 2 - 5 中的数据可以看出,蟹类体肉中的氨基酸含量比南美白对虾的丰富,且较之海水蟹,中华绒螯蟹体肉中氨基酸的含量尤为丰富,Glu、Gly、Thr、Ala、Arg、Pro、Tyr、His、Ile、Leu、Phe、Lys、Val、Met、Cys 含量均是南美白对虾中同类氨基酸含量的几倍至几百倍。此外,虾肉中水溶性蛋白质含量高,使味得到增强,并带有一定的黏稠性。经加热之后,虾味道变差,被认为是水溶性蛋白质变性凝固的缘故。

表 2 - 5　几种蟹体肉和南美白对虾氨基酸含量的对比（干物质百分含量/%）

氨基酸名称	滋味特征	中华绒螯蟹（雄蟹）	中华绒螯蟹（雌蟹）	锯缘青蟹（海水）	三疣梭子蟹（海水）	南美白对虾（海水）
Asp	鲜/酸（+）	4.46	4.21	1.58	6.46	2.16
Glu	鲜/酸（+）	7.28	6.25	2.82	11.08	3.32
Ser	甜（+）	1.70	1.97	0.71	2.76	0.79
Gly	甜（+）	2.88	2.53	1.16	5.11	1.54
Thr	甜（+）	2.27	2.17	0.74	2.82	0.81

氨基酸名称	滋味特征	中华绒螯蟹（雄蟹）	中华绒螯蟹（雌蟹）	锯缘青蟹（海水）	三疣梭子蟹（海水）	南美白对虾（海水）
Ala	甜（+）	3.92	3.05	1.04	4.13	1.42
Arg	苦/甜（+）	3.83	3.77	1.71	8.10	2.05
Pro	苦/甜（+）	5.45	4.42	0.83	4.35	1.15
Tyr	苦（+）	1.73	1.77	0.61	2.39	0.70
His	苦（+）	1.00	0.98	0.35	1.54	0.38
Ile	苦（−）	2.25	2.00	0.60	2.78	0.88
Leu	苦（−）	3.57	3.44	1.25	5.46	1.66
Phe	苦（−）	2.16	1.87	0.65	3.05	0.84
Lys	苦/甜（−）	3.23	3.01	1.33	5.57	1.76
Val	苦/甜（−）	2.46	2.42	0.67	3.05	0.88
Met	苦/甜/硫（−）	1.21	1.20	0.49	2.00	0.55
Cys	苦/甜/硫（−）	0.35	0.26	0.13	0.93	0.23

2.3.7.3　贝类的呈味物质

贝类因其含有丰富的呈味成分和牛磺酸等保健成分，备受人们的青睐。如黄海洪等以毛蚶肉为原料，采用酶法制备了毛蚶汁调味品；杨志娟以牡蛎鲜肉为原料，经组织自溶、中性酶水解、脱腥、调配处理等工艺制得牡蛎鲜味油；张添等采用双酶法水解新鲜文蛤肉，并在此基础上制备了文蛤调味料；郑丽等利用扇贝加工废弃物制备了海鲜调味料；郝记明等以马氏珠母贝肉为原料，利用蛋白酶进行水解制备海鲜调味料。

马氏珠母贝营养丰富，味道鲜美，含有较多的呈味成分，其体内游离氨基酸含量丰富，与呈鲜味和甜味相关的天门冬氨酸、谷氨酸、甘氨酸和丙氨酸 4 种氨基酸含量占总氨基酸的 50% 以上；内脏团中甜菜碱的含量可达到 191mg/100mL，琥珀酸在全脏器和内脏团中的含量分别达到了 125mg/100mL 和 124mg/100mL；内脏团中糖原含量高达 105.34mg/100mL，与呈味有着密切关系的阳离子 K^+、Na^+ 含量均较高，而阴离子 PO_4^{3-} 在闭壳肌中含量最高、Cl^- 在内脏团中含量最高。这些呈味物质影响马氏珠母贝肉的滋味。

翡翠贻贝肉含有丰富的蛋白质（占干基的 67.6%），氨基酸价为 81，营养价值高。其蛋白质的氨基酸组成中谷氨酸、甘氨酸、天门冬氨酸、丙氨酸等主要呈味氨基酸占氨基酸总量的 44%，游离氨基酸中甘氨酸含量高达 684mg/100g，IMP 占核苷酸关联物总量的 34%，因此翡翠贻贝肉是理想的海鲜调味品的原料。

另外，琥珀酸及其钠盐均有鲜味。琥珀酸在贝类中含量最多，如干贝含 0.37%，蛤蜊含 0.14%，螺含 0.07%，牡蛎含 0.05% 等。

2.3.7.4 其他海产品的呈味物质

柔鱼体内甜菜碱和氨基酸含量很高,甜菜碱是各类甜菜碱如 β - 丙氨酸甜菜碱、甘氨酸甜菜碱和龙虾肌碱等的总和。这类化合物在柔鱼中含量丰富,具有清快的鲜味,是一个重要的呈味物质,也被认为是这类海产品甜味的来源之一。乌贼类动物中呈味物质主要是游离氨基酸,特别是甘氨酸含量多,其他如核苷酸、糖、有机酸等抽提物成分的组成及其同呈味之间的关系尚不清楚,有待进一步研究。海胆的主要呈味成分是甘氨酸、丙氨酸、缬氨酸、谷氨酸、蛋氨酸、腺苷酸及鸟苷酸等。甘氨酸、丙氨酸呈海胆甘味,缬氨酸呈特有的苦味,谷氨酸、腺苷酸及鸟苷酸则呈鲜味,蛋氨酸与海胆特异的风味有关,不可缺少。另外,海胆中的糖原虽没有直接的呈味作用,但具有味的整体调和作用。

2.3.8 海洋食品挥发性物质

鱼贝类的气味是决定其品质的重要因素之一,一般刚捕获的鱼贝类大多不带气味,但随着鲜度下降,就会产生特有的腥臭味,腥臭味同鱼贝类的鲜度下降及品质变化密切相关,鱼的腥臭味可以作为判定鱼类鲜度的一个指标。另外海水鱼富含不饱和脂肪酸,在加工和贮藏过程中脂肪易氧化劣变产生"哈败味",成为海水鱼加工利用的重要限制因素。但也有如香鱼和胡瓜鱼这类一捕获就具有独特香气的鱼种,还有一些受环境污染物质的影响产生石油味、碘味等异臭鱼。

鱼肉中的风味物质包括滋味和气味成分两部分。鱼肉等海产品的滋味成分可分为含氮化合物(主要包括游离氨基酸、有机碱、核苷酸、相对分子质量相对小的肽类等)和不含氮化合物(主要包括有机酸、糖和无机盐等)。气味成分由挥发性风味化合物构成,鱼肉的风味是由于受热而产生的,在加工过程中产生的芳香挥发性物质主要来源于氨基酸和还原糖发生的美拉德反应和脂质的热降解,如图 2 - 98 所示,挥发性化合物对于鱼肉的特征香气和整体风味有重要的作用。

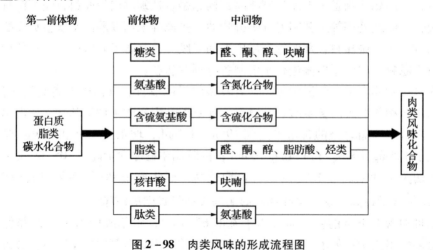

图 2 - 98 肉类风味的形成流程图

2.3.8.1 腥味

鱼腥味大致可分为海产鱼气味和淡水鱼气味,或者分为非加热鱼气味和加热鱼气味等。目前已知的鱼腥成分有胺类、挥发性含硫化合物、挥发性低级脂肪酸、挥发性羰基化合物等，这些挥发性成分的不同组合，构成了鱼类的各种气味。鱼臭成分的主体及其来源和特征如表 2 - 6 所示。

表 2 - 6　鱼臭成分的化学分类及其特征

分类	化合物	主要来源	生成因素	特　征
挥发性 盐基类	氨	氨基酸、核苷酸 关联化合物	细菌	腥臭味
挥发性酸	三甲胺（TMA） 二甲胺（DMA） 各种胺类 甲酸 乙酸 丙酸 戊酸	氧化三甲胺（TMAO） 氨基酸 氨基酸 不饱和脂肪酸 不饱和脂肪酸 醛类	酶 酶、加热 细菌的脱羧作用 细菌的脱氨作用 加热分解 氧化分解 醛类的氧化	腥臭味 腥臭味 腥臭味 酸刺激臭 酸败臭 如酪酸败臭 C_5 最强烈汗臭、肥皂 臭、C_5 以上无臭
挥发性羰基 化合物	C_1 - C_2 醛 C_3 - C_5 醛 C_6 - C_8 丙酮	脂质 氨基酸 氨基酸	脂质氧化分解 脂质加热分解 氨基酸的加热分解 斯特雷克尔分解	油烘臭 油烘臭 刺激臭 刺激臭
挥发性含 硫化合物	硫化氢 甲硫醇 二甲基硫醚	胱氨酸 胱氨酸、蛋氨酸	细菌 加热 酶	不快臭 烂洋葱 不快臭
挥发性非羰 基化合物	醇 酚	糖 氨基酸 醛	发酵 细菌 醛的还原	烟熏成分

当鱼的新鲜度稍差时，其嗅感增强，呈现一种极为特殊的气味。这是由鱼体表面的腥气和由鱼肌肉、脂肪所产生的气味（成分有甲胺、挥发性酸、羰化物等）共同组成的一种臭气味，以腥气为主。鱼腥气的特征成分由存在于鱼皮黏液内的 δ - 氨基戊酸、δ - 氨基戊醛和六氢吡啶类化合物共同形成。在鱼的血液内也含有氨基戊醛。淡水鱼中六氢吡啶类化合物所占的比重比海鱼大。这些腥气特征化合物的前体物质，主要是碱性氨基酸，形成的途径如下：

$$CH_2(CH_2)_2CHCOOH \xrightarrow[\text{脱氨酶}]{-NH_3} H_2N(CH_2)_4\overset{\displaystyle O}{\overset{\displaystyle \|}{C}}COOH \xrightarrow[\text{脱羧酶（δ-氨基戊醛）}]{-CO_2} H_2N(CH_2)_4CHO \xrightarrow[\text{氧化酶（δ-氨基戊醛）}]{O_2} H_2N(CH_2)_4COOH$$

（Lys）

$$CH_2(CH_2)_3CHCOOH \xrightarrow[\text{脱羧酶}]{-CO_2} H_2N(CH_2)_4CH_2NH_2 \xrightarrow[\text{（尸胺）脱氨酶}]{} \bigcirc NH$$

（Lys）　　　　　　　　　　　　　　　　　　　　（六氢吡啶）

此外，鱼体内含有的氧化三甲胺也会在微生物和酶的作用下降解生成三甲胺和二甲胺：

$$(CH_3)_3=O \begin{cases} (CH_3)_2NCH_2OH \longrightarrow (CH_3)_2NH+HCHO \quad \text{二甲胺} \\ (CH_3)_3N+H_2O \quad \text{三甲胺} \end{cases}$$

纯净的三甲胺仅有氨味，在很新鲜的鱼中并不存在。当它与不新鲜鱼的 δ - 氨基戊酸、六氢吡啶等成分共同存在时则增强了鱼腥的嗅感。由于海鱼中含有大量的氧化三甲胺，尤其是白色的海鱼（如比目鱼），而淡水鱼中含量极少，鲤鱼甚至没有，故一般海鱼的腥臭比淡水鱼更为强烈。在被称为氧化鱼油般的全腥气味中，其成分还有部分来自 ω - 不饱和脂肪酸自动氧化而生成的羰基化合物。

当鱼的新鲜度继续降低时，最后会产生令人厌恶的腐败臭气。这是由于鱼表皮黏液和体内含有的各种蛋白质、脂质等在微生物的繁殖作用下，生成了硫化氢、氨、甲硫醇、腐胺、尸胺、吲哚、四氢吡咯、六氢吡啶等化合物而形成的。例如：

$$HSCH_2C\,HCOOH \longrightarrow H_2S + CH_3SH + NH_3$$
$$\underset{NH_2}{|}$$

$$H_2NCNH(CH_2)_3C\,HCOOH \longrightarrow H_2N(CH_2)_3C\,HCOOH$$
$$\underset{NH}{|}\qquad\underset{NH_2}{|}\qquad\quad CO(NH_2)_2\qquad\quad \underset{NH_2}{|}$$

$$\longrightarrow H_2N(CH_2)_4NH_2 \longrightarrow$$

鱼在贮藏过程中，脂肪氧化酸败是引起海水鱼肉制品变质败坏的另一主要原因。海水鱼富含 EPA 和 DHA 等高度不饱和脂肪酸，在加工过程的调味、烘干、烤制等步骤及贮存过程中，脂肪酸的双键易与氧结合而发生变质，生成一些小分子醛、酮类物质，不仅降低了产品的营养价值，而且脂肪的过度氧化分解产生的二级氧化产物可以与鱼体的蛋白质、糖发生反应，使鱼肉发生酸败产生令人难以接受的不愉快的气味，影响了产品的风味和货架期，尤其在夏季的较高气温时更为严重，直接影响海鱼制品的扩大销售和产品质量。

脂肪氧化酸败的原因主要有两个，一是三甘油酯和磷脂酶解产生的游离脂肪酸在脂肪氧化酶的作用下氧化生成醛、酮、酸等短链物质，从而造成鱼肉加工制品异味的产生；二是不饱和脂肪酸发生自氧化产生的氢过氧化物，这些中间产物再经降解后形成有特殊气味的低相对分子质量的醛、酮、酸等，从而使鱼肉制品发生酸败。

2.3.8.2　香味

鱼肉中挥发性风味成分复杂，化合物的种类繁多，对鱼肉的整体风味起着重要作用。鱼类的风味可以大致分为生鲜品和调理、加工品的气味。熟鱼和新鲜鱼相比，羰基类化合物和含氮化合物的含量有所增加，并产生诱人的香气。熟鱼特有的香气形成途径主要是通过美拉德反应、氨基酸降解、硫胺素的热解以及脂肪酸的氧化降解等反应生成，鱼肉的风味因为各种加工方法不同，挥发性化合物的组成和含量都有差别，形成了各种制品的香气特征。

新鲜鱼肉的香气一般是柔和浅淡的且令人愉快的。鱼肉中的挥发性风味成分主要包括醇、酮、醛、酯、碳氢化合物、含硫和含氮类化合物等。新鲜鱼肉的气味是由羰基和醇类化合物共同造成的，这些化合物是由一些特定的脂肪氧合酶（如 1，2 - 脂肪氧合酶、1，5 - 脂肪氧合酶）作用于鱼脂质中的多不饱和脂肪酸产生。酮类化合物具有甜的花香和果香味。

醛类化合物气味阈值一般较低，且能够与许多其他物质产生重叠的风味效应。在新鲜捕捞的鱼体中，己醛可产生一种鲜香和醛的特征香味。醇类化合物的风味比较柔和，通常具有芳香、植物香等气味。碳氢类化合物的阈值较高，对于鱼类整体的风味的作用较小。含硫杂环化合物具有较低的气味阈值，可能对一些新鲜鱼肉的特征香气起作用，同时也与海产品变质的气味有一定的联系。鱼肉中含有的含氮化合物主要包括吡嗪类、吡咯类、吡啶类和三甲胺等。吡嗪类化合物通常表现出坚果香、烘烤香，烷基吡嗪是一些蒸煮、烘烤和油炸食品中重要的微量风味成分。吡啶化合物是通过胺类和醛类反应，再经过脱水、环化过程产生的，在低浓度会产生令人愉快的芳香味。在新鲜的鱼体内基本不含三甲胺，所以三甲胺只对不新鲜的鱼的气味产生作用，增强"鱼腥味"气味。

南极磷虾加热时产生的气味成分主要有戊醛、己醛、顺 4 - 庚烯醛、辛甲醛、苯乙醛、2 - 戊酮、2 - 庚酮、2 - 壬酮、2 - 癸酮、3，5 - 二烯 - 2 - 酮等。

蛤蜊香气中挥发性酸和羰化物等成分的含量较少。海参、海鞘类水产品具有令人好感的风味，其清香气味的特征化合物有 2，6 - 壬二烯醇、2，7 - 癸二烯醇、7 - 癸烯醇、辛醇、壬醇等。产生这些化合物的前体物质是氨基酸和脂肪，形成的基本途径与植物性食品类似。烤紫菜的香气成分在 40 种以上，其中最重要的有羰基化合物、硫化物和含氮化合物。

2.4　海洋食品原料的品质变化

2.4.1　海洋食品死后的品质变化

海洋鱼贝类动物在死后容易腐败变质。鱼贝类的风味和质量，以及作为加工原料的适性，与其新鲜度密切相关。因此，为生产出优质的海洋水产食品，就必须了解鱼贝类死后机体组织发生的变化，以创造条件延缓死后变化的速度。活体的鱼贝类在呼吸过程中氧可以得到充分的补充，处于有氧状态，新陈代谢过程中有物质的合成也有物质的分解，能量的代谢始终处于平衡状态。海洋鱼贝类动物死后，呼吸作用和血液循环停止，氧气很快耗尽，变成了无氧状态，而体内的各种酶仍具有活力，新陈代谢仍在进行，只是与鱼贝类活着时的途径有所不同。肌肉中贮备的糖原发生酵解生成乳酸，在软体动物中则被分解成章鱼碱和乳酸，并在肌肉中蓄积，导致肌肉的 pH 值从 7.4 左右下降至 6.0 甚至更低。与此同时，肌肉的渗透压随着死后时间的延长而升高，腺苷三磷酸（ATP）被其内源性酶类分解成相关化合物，直到最后分解成黄嘌呤。发生降解，脂质发生氧化。氧化三甲胺（Trimethylamine Oxide，TMAO）由于前期的内源酶作用和后期的微生物作用导致一氧化氮（Nitric Oxide，NO）及活性氧的增加而降解生成三甲胺(Trimethylamine，TMA)。由于 pH 值下降、渗透压增加，线粒体和肌纤维网状结构被破坏，导致细胞液中钙离子释放，浓度可达 0.2mM 游离钙。

鱼贝类死后组织发生的一系列生物化学和生物学变化过程可以分为初期生化变化和僵硬、解僵和自溶、细菌腐败 3 个阶段，如图 2 - 99 所示。

2.4.1.1　初期生化变化

在鱼贝类的肌肉中，糖原作为能量的储存形式而存在。鱼贝类死后，在停止呼吸与断氧条件下，糖原分解成乳酸。与此同时，ATP 按以下顺序发生分解：ATP→ADP（腺苷二磷酸）→AMP（腺苷一磷酸）→HxP（次黄嘌呤核苷）→Hx（次黄嘌呤）→Xa（Xanthine，

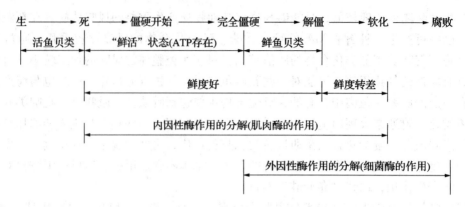

图2-99　鱼贝类死后的变化

黄嘌呤）→尿酸，分解过程如图2-100所示。

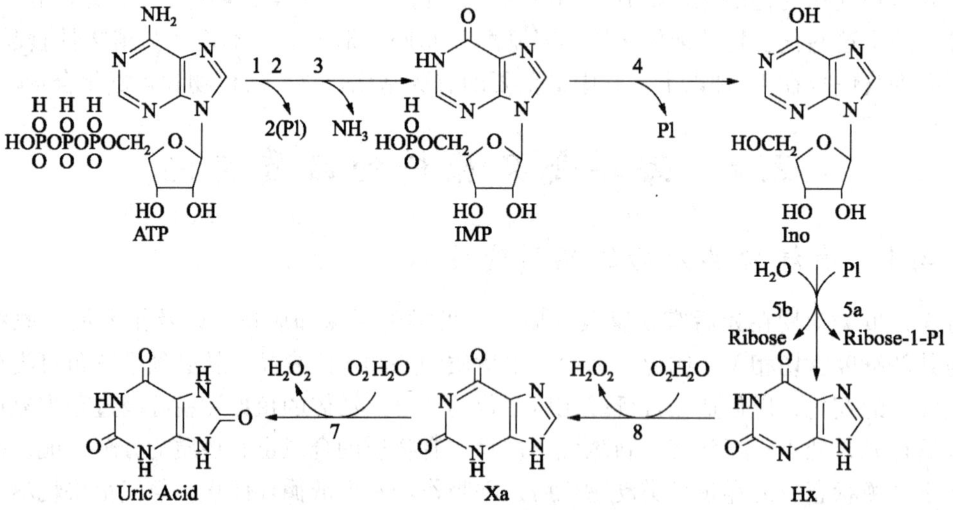

图2-100　鱼类死后肌肉中ATP的降解途径

涉及到的酶有：1—ATP酶；2—肌激酶；3—AMP脱氨酶；4—IMP磷酸水解酶；
5a—核苷磷酸化酶；5b—次黄嘌呤核苷酶；6、7—黄嘌呤氧化酶

　　在肌肉中含量比ATP高数倍的CrP（磷酸肌酸），在肌酸激酶的催化作用下，可将ATP分解产生的ADP重新再生成ATP：

$$ATP + H_2O \rightarrow ADP + Pi$$

$$ADP + CrP \rightarrow ATP + Cr$$

式中：

　　Pi——无机磷酸；Cr——肌酸。

　　同时，通过腺苷酸激酶（adenylatekinase）的催化作用，从2摩尔的ADP产生1摩尔的ATP和1摩尔的AMP。

$$2ADP \rightarrow ATP + AMP$$

　　此外，糖原经过葡萄糖-1-磷酸等过程，分解产生乳酸，这一过程称为糖酵解。糖酵解即使在无氧的条件也能进行。通过这一过程有效地产生能量的同时，每1摩尔葡萄糖产生

2 摩尔的 ATP。

由此可见，鱼体死亡后在短时间内仍能维持 ATP 含量不变，但 CrP 和糖原不久便消失。由于 CrP 和糖原的消失，ATP 的含量开始显著下降，而肌肉也开始变硬。

2.4.1.2　死后僵硬

活着的动物肌肉柔软而有透明感，死后便有硬化和不透明感，这种现象称为死后僵硬。肌肉出现僵硬的时间与肌肉中发生的各种生物化学反应的速度有关，也受到动物种类、营养状态、贮藏温度等的影响，不能一概而论。如牛为 24h，猪为 12h，鸡为 2h。在 5℃下贮藏，僵硬持续时间，牛为 8 ~ 10d，猪为 4 ~ 6d，鸡为 0.5 ~ 1d，这一过程称为熟化。鱼类肌肉的死后僵硬也同样受到生理状态、疲劳程度、渔获方法等各种条件的影响，一般死后几分钟至几十小时僵硬，其持续时间为 5 ~ 22h，但总的说来比畜肉要短。这是因为鱼贝类结缔组织少，组织柔软，水分含量高，微生物数量多的缘故。

鱼体死后，肌肉中 ATP 浓度不断减少，利用 ATP 能量在膜内积蓄 Ca^{2+} 的肌小胞体和线粒体，随着死后时间的延长丧失生理功能，导致 Ca^{2+} 泄出。当活体肌肉细胞中 Ca^{2+} 浓度约为 10^{-6} mol/L 时肌肉发生收缩，而死后游离钙浓度上升至 10^{-4} mol/L。当细胞内 ATP 含量从 $7 ~ 10\mu$mol/gmucle 下降到不足 2.0μmol/gmucle 时，肌原纤维中的肌球蛋白和肌动蛋白发生结合，形成不可伸缩的肌动球蛋白，使肌肉收缩从而导致肌肉变硬，直至整个肌体僵直。

由于糖原和 ATP 分解产生乳酸、磷酸，使得肌肉组织 pH 值下降、酸性增强。一般活鱼肌肉的 pH 值在 7.2 ~ 7.4，洄游性的红肉鱼因糖原含量较高（0.4% ~ 1.0%），死后最低 pH 可达到 5.6 ~ 6.0，而底栖性白肉鱼糖原较低（0.4%），最低 pH 值为 6.0 ~ 6.4，pH 值下降的同时，还产生大量热量（如 ATP 脱去 1 克分子磷酸就产生 29.295J 热量），从而使鱼贝类体温上升促进组织水解酶的作用和微生物的繁殖。因此当鱼类捕获后，如不马上进行冷却，抑制其生化反应热，就不能有效及时地使以上反应延缓下来。

2.4.1.3　解僵和自溶作用

鱼贝类死后进入僵硬期，并达到最大程度僵硬后，其僵硬又开始解除，肌肉重新变得柔软，称为解僵。鱼体的解僵是存在于肌肉中的内源蛋白酶对鱼贝类蛋白质分解的结果，鱼贝类肌肉的解僵过程中，肌肉软化的同时伴随着迅速的生物化学变化。解僵过程中肌肉的软化和活体肌肉的松弛不同，因为活体肌肉放松时由于肌动球蛋白重新解离为肌动蛋白和肌球蛋白，而死后形成的肌球蛋白并没有发生解离，只是肌肉内源性 Ca^{2+} 激活蛋白酶作用于肌纤维的 Z 线部位，而使肌节断开，从而导致肌肉松弛变软，促进自溶作用（autolysis）。

自溶作用是指鱼体自行分解（溶解）的过程，主要是水解酶积极活动的结果。水解酶包括蛋白酶、脂肪酶、淀粉酶等。经过僵硬阶段的鱼体，由于组织中的水解酶（特别是蛋白酶）的作用，使蛋白质逐渐分解为氨基酸以及较多的低分子碱性物质，所以鱼体在开始时由于乳酸和磷酸的积累而呈酸性，但随后又转向中性，鱼体进入自溶阶段，肌肉组织逐渐变软，失去固有弹性。应该指出：自溶作用的本身不是腐败分解，因为自溶作用并非无限制地进行，在使部分蛋白质分解成氨基酸和可溶性含氮物后即达平衡状态，不易分解到最终产物。但由于鱼肉组织中蛋白质越来越多地变成氨基酸类物质，为腐败微生物的繁殖提供了有利条件，从而加速腐败进程，因此自溶阶段的鱼货鲜度已在下降。

研究表明，鱼肉自溶作用过程中，达到平衡状态所需的时间，以及达到平衡状态时其蛋白质、氨基酸及可溶性氮等成分的含量比率不仅因动物的种类而异，且随温度的高低、氢离子的浓度及盐类的存在与否而异。传统的鱼露生产就是利用高浓度食盐来抑制微生物生长，使其自溶缓慢进行，而加温则可加快自溶反应速度。

2.4.1.4　腐败

由于自溶作用，体内组织蛋白酶把蛋白质分解为氨基酸和低分子的含氮化合物，为细菌的生长繁殖创造了有利条件。由于细菌的大量繁殖加速了鱼体腐败的进程，因此自溶阶段鱼类的鲜度已经开始下降。大型鱼类或在气温较低的条件下，自溶阶段可能会长一些，但实际上多数鱼类的自溶阶段与由细菌引起的腐败进程并没有明显的界限，基本上可以认为是平行进行的。

鱼类在微生物的作用下，鱼体中的蛋白质、氨基酸及其他含氮物质被分解为氨、三甲胺、吲哚、组胺、硫化氧等低级产物，使鱼体产生具有腐败特征的臭味，这种过程称为腐败。

随着微生物的增殖，通过微生物所产生的各种酶的作用，食品的成分逐渐被分解，分解过程极为复杂，主要有蛋白质的分解、氨基酸的分解、氧化三甲胺的还原、尿素的分解、脂肪的分解。

2.4.2　海洋食品保鲜过程中的品质变化

鱼贝类在保鲜过程中由于内源酶和外源细菌的作用，会发生各种生化变化，从而导致肌肉品质的下降，这些变化主要包括 pH 值、糖原、乳酸、ATP、核苷酸及其关联化合物等的变化。pH 值反映鱼肉的酸碱度，糖原可分解为乳酸、从而改变鱼肉的 pH 值，对鱼肉的鲜度及品质产生影响。ATPase 活性反映肌原纤维蛋白的变性情况，通常作为鱼肉蛋白的变性指标。

衡量蛋白质冷冻变性程度的指标有物理的、化学的、生物的，具体来说常用的有溶解度、ATPase 活性、ATP 感度、疏基数、疏水性、超沉淀等。肌球蛋白是鱼贝类肌肉中的主要蛋白质，而且其他蛋白质的冻藏稳定性高，即使冻藏相当长的时间也有较高的溶解性。因此，肌球蛋白的变性是鱼肉蛋白质变性的研究重点。大量的研究表明，鱼肌肉蛋白质在冻藏过程中的变性与原料鱼的种类、新鲜度、冻藏温度、pH 值、脂肪氧化、氧化三甲胺还原产生的二甲胺和甲醛等因素密切相关。其中冻藏温度是最重要的影响因素，冻藏温度越低，白肌肉蛋白质的变性速度越慢。

（1）冻结速度及冷冻贮藏条件的影响。冻结速度的快慢对鱼肉中形成的冰晶状态有很大的影响，但冻结速度比冷冻贮藏温度对蛋白质变性的影响小。鱼肉冻结贮藏时，蛋白质的变性程度因贮藏温度而异。鳕鱼肌球蛋白在 $-10 \sim -4℃$ 贮藏 4 个月后变成完全不溶，12℃ 贮藏 3 个月也有相当部分不溶，23℃ 贮藏 5 个月则仅有少部分不溶，$-20℃$ 以下储藏时，肌球蛋白变性速度显著减慢。

（2）原料鱼的鲜度及种类。鲜度低的原料鱼比鲜度高的在冷冻贮藏中易于蛋白质变性。冷冻贮藏中鱼肉蛋白质的变性程度因鱼种而异。如有学者比较了各种鱼的冷冻条件，认为旗鱼、鱿鱼、鲨等冷冻耐性强，真鳕、大鲆、鲽、真狗母鱼及石首角等冷冻耐性差。

（3）劣化。冷冻贮藏期长，蛋白质变性，肉质硬化或解冻时滴液增加，食味低劣，原料食品加工价值丧失。冷冻变性的鱼油的凝胶形成能力丧失，持水性和乳化性下降，不能制成弹性良好的制品。在冻藏过程中引起肌球蛋白溶解性下降的因素有很多种。在冻藏过程中，由于肌肉组织中的水分被逐渐冻结，导致蛋白质的部分结合水析出，肌动球蛋白分子之间相互靠近、聚集，进而形成超大分子的不溶性凝集体使肌动球蛋白溶出量下降。另外，肌原纤维蛋白也会导致肌球蛋白在冻藏过程中溶解性的下降。肌球蛋白具有 ATPase 活性，在冻藏过程中，由于蛋白质变性会引起 ATPase 活性改变。因此，肌原纤维蛋内的 ATPase 活性被广泛应用来作为鱼肉或鱼糜蛋白质变性的指标研究表明，在冻藏过程中，鱼肉或鱼糜蛋白的 Ca^{2+} – ATPase 活性随冷冻时间的延长而降低。

第3章 海洋食品贮藏加工技术

教学目标：了解海产活体运输过程中保活的影响因素，掌握海洋食品原料的物理、化学与生物保鲜技术，熟悉海洋食品原料烟熏加工工艺中的熏烟成分与熏烟工艺，熟悉海洋食品原料的腌制工艺方法及罐藏工艺方法。了解鱼糜类食品，鱼类调味品，虾、蟹、贝类食品，海洋褐藻食品，海洋绿藻饮品，海洋微藻食品以及海洋仿生食品的加工工艺。

3.1 海洋食品贮藏技术

我国海洋生物资源丰富，海洋食品原料（鱼、虾、贝、蟹等）品种繁多、营养丰富、肉质鲜美独特、易于消化吸收，深受广大消费者的青睐；但大部分海产品具有个体较小、离水易死、肉质柔软、水分含量高、脂肪易氧化、品质易下降等易腐食品原料特性；此外，优质高价市场经济规则为海产品鲜活销售赢得更高的价格和更多的利润。因此，对活体原料需依据其生物学特性采取必要的技术手段实现长时间/远距离的高密度甚至无水贮运；对非活体原料则需及时采取冷冻、干燥、腌制、罐藏、烟熏等非常态技术手段延缓海产品的品质下降及防止其腐败。只有采取有效的贮藏、保活技术才能保证海洋食品加工与利用所需的原料是安全优质的。

3.1.1 海洋食品保活技术

随着经济的发展和人们生活水平的不断提高，人们对海产品活体的需求不断增加，海产品活体运输技术不断开发，批发市场大量涌现，供给数量呈直线上升趋势。海产品保活的目的是使其不死亡或少死亡，必须维持或者接近其赖以生存的自然环境，或者通过一系列的措施降低其新陈代谢活动。

3.1.1.1 海洋食品保活原理

海产品活运通常为高密度暂养，海产品始终处于紧张状态，容易相互碰撞而增加受伤几率，同时耗氧量、排泄物增加，促进了周边环境的细菌增殖使海产品生存的状态恶化。因此，在保活过程中，必须注意海洋水产品的状况、生活温度和湿度、操作方法、氧气的供应、毒性代谢产物的积累和排泄等重要因素的影响。通过采用物理化学法降低水体和活运海产品的温度以及减少其应激反应等，可降低活运海产品的代谢强度；通过采用无污染的供氧、添加缓冲物、抑菌剂、保活剂、防泡剂和沸石粉等，可改善活运水体的水质与物理环境，避免活体死亡、数量减少以及由于不良环境引起的活体衰弱所带来的损失，提高流通存活率等措施可保证海产品的食用安全性与高品质。

海产品活体运输过程中保活需注意以下关键因素。

（1）环境水温：海产动物和其他动物一样，在降低其生活环境温度时，新陈代谢就会减弱，对氧气和养分的需求减少。环境水温是影响海洋水产品活体运输存活率的重要因素。水温越低，耗氧率越低，故较低的保活温度对长时间保活运输的存活率具有积极的作用。各种海产品活体都有自己的适温范围，超出适温范围就容易死亡。同时，水温突变时，海产品不能自身调节以适应外面变化的温度，易患疾病，为此在换水或加冰时，要防止温度的急剧变化。

（2）溶氧量：溶氧量是影响活体生存的重要因素之一。水中的溶氧降低到一定的数值时，海产品就要加快呼吸频率来弥补氧量的不足。当低于临界氧浓度时，呼吸作用受阻，容易窒息致死。因此，在高密度、长时间、远距离的保活运输过程中必须要有充足的氧供给，才能保证较高的存活率。

（3）CO_2：CO_2在水中的存在形式有两种：一种是与其他物质形成化合状态；另一种是以分子态的CO_2存在。前者因离子间有缓冲作用，毒性较小。而后者危害性较大，且会增加海产品的耗氧量。当CO_2的危害浓度超过一定范围时，可以用打气或打水机排除，同时可以增加水中溶解氧量，以帮助海产品抵御不良环境。

（4）pH 值：pH 值能直接影响海产品的生理状态，从而影响保活运输的存活率。酸性水体可使海产品血液中的 pH 值下降，使一部分血红蛋白与氧的结合受阻，降低其载氧能力，导致血液中氧分压变小。在这种情况下，尽管水中含氧量较高，仍会出现缺氧现象。因此，为避免保活运输末期的 pH 过低，要采取适当的措施来控制 pH 值，以保证活体运输的存活率。

（5）渗透压：鱼、虾的体表都有黏液或鳞片来保护，使其体内的渗透压处于平衡。在运输过程中，震动以及其他环境条件的变化，会给鱼、虾带来严重的不安，表现出一些应激反应，如兴奋性增强，耗氧量增大，从而导致其体内酸碱失衡。同时其表面易受到网箱等器具的机械损伤，致使鳞片、黏液脱落，表皮擦破，使体内渗透压失去平衡，降低了其对疾病的抵抗力，对活运带来了较大的影响，造成存活率下降。因而应当尽量减少或避免鱼、虾表面的损伤和应激反应，以保持正常的渗透压。

（6）水质：在运输容器内海产品的密度很大时，水质的影响就会很突出。活鱼运输用水必须选择水质清新、含有机质和浮游生物少、中性或微碱性、不含有毒物质的水。

（7）毒性代谢产物：充分降低运输过程中海产品的代谢率是海产品保活运输的技术关键。海产品代谢产生的代谢产物会降低其从水中吸取溶解氧的能力，这种情况随水温升高而恶化。水体中CO_2的积累导致水质 pH 值降低，将会加快海产品的新陈代谢速率，并使水质急剧恶化，最终导致海产品的死亡。

（8）防止细菌的繁殖：若处于不适环境运输时，海产品会大量分泌黏液和排泄物，这不但会造成其呼吸困难，而且会成为细菌的培养基，使细菌迅速繁殖。在最初的几个小时内，氨被水生细菌利用，虽然降低了水中氨的含量，但也会随之伴生缺氧现象，最终导致海产品呼吸困难，质量下降。运输中，如鱼的消化管内留有残余食物，细菌会在胃、肠中大量繁殖，再加上搬运时鱼体本身体力较弱，更易感染疾病。为了提高运输存活率，通常采取活体海洋水产品在运输前暂养或先行清肠，使其排空粪便，从而避免或减轻运输中对水的污染。

3.1.1.2　海洋食品保活技术

鲜活海产品贮运历来是个难题，我国活运海产品虽然有悠久的历史，如用活运水船等在沿海河流拖运，但是系统的研究还很少。

鱼、虾、贝类和蟹等海产品属于不同的生物种类，其生理活动存在一定的差异，显然不同海产品保活的要求不同，因此应采取不同的活体运输方法和保活技术要求。

不同种类的鱼在基本相似的水体、温度、溶氧量和放鱼密度等条件下，成活率却高低不同。日本用高速运转的2mm钻头来切断鱼的脊髓，切断脊髓的鱼放回水中仍能呼吸，除头部和胸部外都不能动，这样可以减少消耗，放入可充氧气的冷却保温箱，用卡车可进行长途运输。在运输中应充氧，包括淋浴法（循环水淋浴法）、充氧法、充气法、化学增氧法等。

虾的运输分为带水运输和无水运输。带水运输过程中虾一般都匍匐于底部，极少活动。如发现虾反复窜水或较多虾在水中急躁游动，表明水中缺氧，一般在常温下充氧气贮运，可达到与无水低温保活相同的效果。无水运输是在9~12℃水中使其进入休眠状态，装箱，先在纸箱里垫上吸湿纸，铺上15~20cm厚的冷却锯末，然后放虾2~3层，上层也盖满木屑，相对湿度控制在70%~100%，以防止脱水，降低死亡率，同时还必须加入袋装冰块以防箱内外温度上升；此外，采用添加物（如白酒、食盐、食醋、大蒜汁等）处理也能延长保活时间。

贝类保存在2~4℃，用隔热性能较好的包装容器，可用冰，也可用制冷装置。

蟹一般经暂养24h后用蟹笼、竹筐、草包装满，再用浸湿的草包盖好，再加盖压紧或捆牢，使河蟹无法运动以减少体力消耗，经1~2d的长途运输，存活率在90%左右。在蟹类运输中最重要的是控制温度和湿度，湿度一般在70%以上，温度则稍低于蟹生活的自然环境温度，这样可降低新陈代谢的速度以免同类自相残杀。深水蟹的理想水温为0~5℃，暖水蟹可承受27℃的水温。运输中采用低温保温箱，每一层都铺上潮湿的材料，如粗麻布、海草、刨花等，最上层再覆盖一层潮湿材料，无需提供饵料，一般可保存1周左右。

3.1.2　海洋食品保鲜技术

海产品在捕捉致死后，在内源酶的作用下会发生一系列复杂的生物化学变化，这种变化主要是鱼体内的组织酶和附着在鱼体上的微生物不断作用的结果。其变化历程与畜肉相似，分为死后僵直、自溶、腐败3个阶段，但变化更快，要明确区分各个阶段非常困难。与畜肉相比，排酸成熟软化阶段相当短暂，几乎没有，鱼体从僵直消失起，立刻就进入自溶、腐败阶段。因此，海产品在捕获之后需要立即采取有效的保鲜技术以确保其品质。

鲜度是海产品原料的品质之一。狭义上的鲜度是指新鲜度，即生鲜鱼、虾、贝、蟹类是否已经发生物理或化学变化及其变化程度；而广义的鲜度除了新鲜度意义外，还应概括为安全性、鲜美度、营养性、适口性等多种意义。海产品保鲜技术指利用物理、化学、生物等手段对原料进行处理，从而保持或尽量保持其原有的新鲜程度。海产品新鲜度的下降，其原因主要是组织酶、微生物作用，以及氧化、水解等化学反应的结果。

3.1.2.1　海洋食品物理保鲜技术

3.1.2.1.1　低温保鲜

（1）冰鲜保鲜

是新鲜海洋食品保鲜中常用的方法，冰鲜常用淡水冰和海水冰。淡水冰制冰厂通常设在海边，冰点接近 0℃，容易获得。海水冰虽然对机械设备有腐蚀作用，且不容易获取，但是它冰点较低，通常为 -1℃，可吸收更多热量。海水冰与鱼体的含盐量相等，能抑制胶结作用，在保护鱼体固有的色泽、硬度、鳃的颜色和眼球的透明度等方面都好于淡水冰。

冰鲜的方法有干冰法和水冰法二种。干冰法即撒冰法，冰经破碎后撒在鱼层上，形成一层冰一层鱼或者鱼和冰屑混在一起。前面叫层冰层鱼法，后面叫拌冰法。层冰层鱼法适用于大鱼冷却，鱼层厚度为 50～100mm，冰鱼整体堆高约 75cm，上面冰封，下面冰垫。拌冰法适用于中、小鱼体，冷却快。水冰法即用冰冻淡水或海水降温至冰点，然后把鱼浸泡在冰水中进行冷却保鲜的方法。优点是冷却速度快，适用于死后僵直快或捕获量大的鱼。当鱼冷却到冰点时，再取出用干冰法保鲜，以防长时间浸泡侵害鱼体。

（2）微冻保鲜

微冻保鲜是指将海洋食品保藏在冰点以下（-3℃左右）的一种轻度冷冻或部分冷冻的保鲜方法，也称过冷却或部分冷冻。一般淡海水鱼为 -0.75℃，洄游性海水鱼 -1.5℃，底栖性海水鱼 -2℃，微冻温度范围一般在 -3～-2℃。

（3）冻藏保鲜

低温保鲜方法都有一个共同的特点，就是鱼体内部的水分并未冻结或完全冻结，细菌和酶的活性也没有完全失活，鱼体内的某些生化反应还在继续进行，保鲜期一般较短，不超过 20d。若要有效地抑制微生物和酶的活力，最有效的方法就是进一步降低温度。

冻藏保鲜是指利用低温将鱼贝类中心温度降至 -15℃以下，体内组织的水分绝大部分冻结，再在 -18℃以下进行储藏和流通的低温保鲜方法。海产品冻结后要想长期保持其鲜度，还要在较低的温度下贮藏，即冻藏。目前占海产品保鲜 40% 左右的是冻藏保鲜。海洋水产品在冻藏过程中受温度、氧气、湿度等的影响还会发生油脂氧化、水分蒸发（干耗）等变化。冻藏温度对冻品品质影响极大，温度越低品质越好，贮藏期限越长。但考虑到设备的耐受性及经济效益以及冻品所要求的保鲜期限，一般冻藏温度设置在 -30～-18℃；我国的冷库一般是 -18℃以下，有些国家是 -30℃。海产品与牛肉、猪肉、禽肉等陆生动物相比，其性质不稳定，保鲜期短。为了保持冻结海产品的品质，国际冷冻协会推荐海产品冻藏温度如下：少脂鱼（牙鲆等）-20℃，多脂鱼（鲐鱼等）-30℃。冷藏库设计时最低温度应达到 -30℃。一般来说，温度越高，湿度越低，空气流速越快，则干耗越快越多，微细碎穴增多，组织海绵状化，严重时导致海产品油脂氧化，表面产生褐变、蛤味的"油烧"现象；同时，冻藏的温度波动导致冻品中冰晶成长，即形成数目少而个体大的冰晶，继而使海产品细胞受到机械损伤，解冻时汁液流失增加，海产品的外观、风味、营养价值发生劣化。为此，应尽量控制小于 3℃ 的波动，减少围护结构传入的热量，冻藏室内电灯、操作人员发出的热量以及开门带入的热量等，注意湿度、堆放方式、包装材料等的选定。此外，还可以用表层镀冰衣和密封包装的方法减少干耗。

常用的海产品冻结技术主要有空气冻结（或吹风冻结）、金属表面接触冻结（平板接触冻结）和浸渍冻结等。

① 空气冻结技术

空气冻结是利用低温空气作为介质以带走海产品的热量，从而使海产品冻结的技术。根据空气是否流动，空气冻结又可分为两种冻结方式，即静止空气冻结和吹风冻结。目前使用的主要是吹风冻结方式。吹风冻结工艺按海产品在冻结过程中是否移动分成固定位置式和流化床式两种。用于固定位置式冻结的设备主要有冻结间、隧道式冻结器、螺旋带式冻结器等，是最为广泛使用的冻结设备。流化床式冻结设备主要有带式和盘式流化床式冻结器，主要用于冻结个体较小、大小均匀且形状规则的产品，如扇贝柱等。

② 平板接触冻结法

平板冻结是借平板冻结器的金属冷平板与鱼体直接接触换热的一种冻结方法。平板冻结器冻结的鱼品外形规整、容易包装，在运输和贮藏过程中能有效地利用运输冻藏间的装货容积。在平板冻结器里，包装或未包装的鱼品与活动的平板接触冻结时，首先利用液压移动平板，紧紧地压在（压力 40～100kPa）鱼体上，将鱼品预压成型，保证鱼体与平板充分接触，使它们之间小存在空气介质，温差减小，强化与制冷剂（或载冷剂）之间的热交换，结构紧凑，经济实用。与空气冻结装置比较，平板冻结器每平方米建筑面积上冻结鱼品的质量要比空气冻结装置大 1.5～2 倍，而能耗和干耗都比空气冻结低 30%～40%。

③ 制冷剂接触冻结法

制冷剂接触冻结法是将包装或未包装的海产品与液体制冷剂或载冷剂接触换热，从而获得冻结的技术。这种冻结方式的换热效率高，因而冻结速度极快。所用制冷剂或载冷剂应无毒、不燃烧、不爆炸，与食品接触时，不影响食品的品质。常用的制冷剂有液氨、液体二氧化碳及液态氟利昂等。常用的载冷剂主要有氯化钠、氯化钙及丙二醇的水溶液等。

④ 超低温冻结技术

冻藏温度视鱼的种类及用途的不同而不同，一般是 -30～-18℃。个别种类的鱼冻藏温度较低，例如生食的鲤鱼冻藏温度是 -40～-30℃，鲔鱼 -60～-50℃。金枪鱼为保持它的红色，冻藏温度为 -50～-45℃。

超低温冻结技术是指在较短的时间间隔内将海产品冻结到 -60℃ 以下的技术。目前在技术先进的国家中多用 -196℃ 的液氮急冻贵重的食品，如对虾、名贵鱼等，以保证食品的高质量。用超低温冻结技术处理后的对虾，能保证它的鲜度，味、色也和活虾一样，同时在很低的温度下，细菌一般都被杀死或停止繁殖，从而达到卫生要求。在发达国家这种技术正迅速发展，已成为国际间竞争食品市场的一种重要手段。

超低温冻结工艺主要有 -60℃ 超低温深冷冻结和急速冻结。

-60℃ 超低温深冷冻结：金枪鱼在冻结时，鱼肉细胞内的水分在 -15℃ 开始冻结结晶，到 -60℃ 时细胞内的所有水分全部冻结成结晶体。因此金枪鱼的共晶点为 -60℃，即在 -60℃ 时金枪鱼达到完全冻结，其细胞生物体的反应被维持在停止状态，从而得以长期保持金枪鱼的鲜度。如果冻结温度达不到 -60℃，则细胞内未能结冰的部分会发生物质反应，时间长了会使鱼肉发黑变质。超低温生产的金枪鱼一般从捕获到消费要半年左右以上的时间，为长时间保持金枪鱼的鲜度，其冻结温度均要求达到 -60℃，在这样的温度下，可以良好地保存半年到 1 年的时间。

急速冻结：金枪鱼在开始冻结时，在 -15～-5℃ 这一温度带上，其细胞中水分变成结晶体的体积最大，细胞膜被破坏。在解冻鱼体时，水分便会从鱼肉组织内流出来，把金枪鱼特有的鲜味带走，使鱼吃起来乏味，大大降低其价值。因此，为了提高金枪鱼的品质，把 -15～-5℃ 的通过时间缩短到最小即提高冻结速度，是金枪鱼冻结中最重要工艺。目前主要采取的措施有：尽量保持冻结低温，冻结室的温度在 -60℃ 时，通过"最大冰结晶生成带"的时间为 3～4h，而在 -30℃ 时的通过时间为 8～9h；加强鱼体表面的传热效率，鱼体表面的传热效率是由通过鱼体表面的风速来决定的，一般通过鱼体周围的冷空气带走鱼体的热量。

经过超低温冻结的海产品品质高于低温冻结的产品，这是深冷急冻杀菌效应的结果。采用深冷急冻，设备流程简单，维修方便，使用灵活，国内现有低温设备可以满足要求。同时可避免出海打捞时需要制冰、贮冰、碎冰等系列工序。超低温冻结对远洋出口名贵海产品以及特殊市场的需求，有极大的经济意义。

3.1.2.1.2　气调保鲜

气调贮藏保鲜技术具有操作处理简单，整洁的外观感受性等特点，所以在海产品中的应用越来越多。气调保鲜是一种通过调节和控制食品所处环境中气体组成而达到保鲜的方法。基本原理是在适宜的低温下，改变贮藏库或包装内空气的组成，降低氧气含量，增加二氧化碳的含量，从而减弱鲜活品的呼吸强度，抑制微生物的生长繁殖，降低食品中化学反应的速度，从而达到延长保鲜期和提高保鲜效果的目的。

由于气调保鲜采取了低氧、无氧、高二氧化碳和充氮气的组成比例，减弱或抑制了因海产品脂肪自动氧化作用，醛、酮和羧酸等低分子化合物所致氧化酸败现象以及抗坏血酸、谷胱甘肽、半胱氨酸等海产品成分氧化所致营养价值下降，过氧化类脂物等有毒物质产生积累，抑制了鲜活海产品组织中某些酶类的活力，从而延缓了一些有机物质的分解过程。此外，低氧环境会抑制好氧性微生物的生长繁殖。采用气调保鲜可避免或减轻上述不利于品质保持的变化。

3.1.2.1.3　干燥保鲜

海产品干制加工是保存食品的有效手段之一，是一项传统的加工方法。主要是通过干燥降低水分含量来降低水分活度从而达到足以防止食品腐败变质、延长货架寿命的目的。干燥食品不仅具有较好的储藏稳定性，而且运输方便，干制既是一种保藏手段，更将发展成为一种现代食品的加工技术。常用的干燥方法有：热风干燥、真空干燥、冷冻干燥和微波干燥等，不同的干燥工艺往往适用于不同类型的海产品。

（1）热风干燥

热风干燥是一种典型的干燥方法，也是目前应用最多、最为经济的干燥方法。它是以加热后的空气做媒介，将物料进行加热促使水分蒸发、使水分去除的一种干燥方法，具有操作简便、成本低廉、设备环境要求低的优点，但其对食品的质量有一定的影响，容易造成溶质失散现象，色香味难以保留，维生素等热敏性营养成分或活性成分易损失。目前热风干燥已广泛应用于海产品干燥，包括各种调味鱼片、海带、裙带菜等的干燥加工。

（2）真空干燥

真空干燥就是将被干燥海产品物料放置在密闭的干燥室内，在用真空系统抽真空的同时，对被干燥物料不断加热，使物料内部的水分通过压力差或浓度差扩散到表面，水分子在物料表面获得足够的动能，在克服分子间的吸引力后，逃逸到真空室的低压空气中，从而被真空泵抽走除去。该技术干燥温度低，避免过热；水分容易蒸发，干燥速度快；同时可使物料形成膨化多孔组织，产品溶解性、复水性、色泽和口感较好。目前，真空干燥技术已应用于罗非鱼片、白对虾、贝类等海产品的干燥。

（3）冷冻干燥

冷冻干燥是利用冰品升华的原理，在高度真空的环境下，将已冻结的食品物料的水分不经过冰的融化直接从冰固态升华为蒸汽而使食品干制的方法。由于食品物料在低压和低温下，热敏性成分影响较小，故可以最大限度地保持食品原有的色香味。现已应用于虾、干贝、海参、鱿鱼、甲鱼、海蜇等干制品的加工，但由于设备昂贵、工艺周期长、操作费用高，所以经济性差是冷冻干燥最主要的缺点。目前将冷冻干燥与其他干燥方式例如微波干燥等联合起来，既降低了生产成本，又能使产品拥有令消费者满意的感官品质，从而获得较好的经济效益。

（4）微波干燥

微波干燥就是利用海产品水分子（偶极子）在电场方向迅速交替改变的情况下，因运动摩擦产生热量而使水分蒸发去除。微波有一定的穿透性，可使海产品物料内外同时加热，具有加热速率快、加热均匀、选择性好、干燥时间短、便于控制和能源利用率高等优点，能够较好的保持物料的色、香、味和营养物质含量，在干燥的同时还兼有杀菌的作用，有利于延长海产品的保藏期，增加其货架寿命。目前微波干燥已经应用在白鲢鱼制品、鲕鱼鱼片、海带等产品的干燥上。

（5）热泵干燥技术

热泵干燥是一种低温干燥技术，干燥仓与环境相对隔绝，能有效降低物料的腐败速率，具有热效率高、节能、脱水效率高、卫生安全等特点，适合于营养丰富、热敏性产品的干燥。近几年我国开始利用热泵干燥技术对海产品进行干燥，包括低盐鱿鱼干的热泵干燥技术、竹美鱼热泵干燥技术、热泵与微波真空联台干燥海参技术等。

（6）高压电场干燥

高压电场干燥技术是 20 世纪 80 年代刚兴起的一种新兴的干燥技术，其干燥特性为一种新的干燥机制，它与被干燥物及其所含水分的接触是靠高压电场，而不是与电极直接接触。这与通常加热干燥中"传热传质"的干燥机制截然不同。被干燥物不升温，能够实现海产品在较低温度范围的干燥（25～40℃）。在此温度范围内进行干燥，可避免海产品中不饱和脂肪酸的氧化和表面发黄现象的产生，减少蛋白质受热变性和呈味类物质的损失。

我国是海产品生产大国，"十一五"期间我国海产品干燥加工技术的研发不断发展，在海产品干制技术方面取得了长足的进步。近几年来，随着我国经济的快速发展，一些国际上先进的干燥技术在我国海产品加工中的应用也越来越多。

3.1.2.1.4　辐照保鲜

海产品的辐照处理能降低大多数微生物的数量，特别是能杀灭常见海产品中的肠道致病菌，且不破坏海洋水产品的食品结构和营养成分。一般辐照剂量为 1～6kGy 时，海产品的色泽、味道几乎没有变化，蛋白质、氨基酸、脂肪和维生素等没有明显损失。另外，辐照可降解海产品中氯霉素的含量。

3.1.2.1.5　玻璃化转移保鲜

玻璃化状态，意味着海产品内部在没有达到化学平衡的状态下就停止了各组分间的物质转移及扩散，即处于玻璃化状态的食品体内不进行各种反应，可长期保持稳定。对海产品而言，可达到长期保鲜的目的。

3.1.2.1.6　超高压保鲜

食品经高压（100MPa 以上）处理后仍可保持其原有的色泽、气味和滋味，只是外观和质地略有改变，同时高压处理还能杀死食品中的微生物，并使组织酶失活。目前超高压保鲜技术已在海产品（如 400～600MPa 处理）保鲜中得到广泛应用。

3.1.2.2　海洋食品化学保鲜技术

化学保鲜就是在海洋食品中加入对人体无害的化学物质提高产品的储藏性能和保持品质

的一种保鲜方法。目前主要指使用食品添加剂（防腐剂、抗氧化剂、保鲜剂等）进行保鲜。所使用的化学保鲜剂必须是符合食品添加剂法规，严格按照食品安全标准规定控制其使用量和使用范围，以确保消费者安全。

3.1.2.2.1　食品添加剂保鲜

（1）杀菌剂

杀菌剂是能够有效地杀灭食品中微生物的化学物质，分为氧化型和还原型两大类。其中氧化型杀菌剂机理是通过氧化剂分解时释放强氧化能力的新生态氧，使微生物被氧化而致死。氯制剂则是利用其有效氯成分渗入到微生物细胞后，破坏核蛋白和酶蛋白的硫基，使微生物死亡。常用的有过氧乙酸、漂白粉等。使用浓度一般在 0.1% ~ 0.5%。氧化型杀菌剂很少直接用于海产品中，而是用于与海产品直接接触的容器、工具等。还原型杀菌剂机理是利用还原剂消耗环境中的氧，使好氧性微生物缺氧而死，同时还能抑制微生物生理活动中酶的活力，从而控制微生物的繁殖。常用的还原剂有亚硫酸及其钠盐、硫磺等，用在海产品中更侧重于防止产品表面的褐变。

（2）防腐剂

作用机理是控制微生物的生理活动，使微生物发育减缓或停止。常用的有苯甲酸钠、山梨酸钾、二氧化硫、亚硫酸盐、硝酸盐等。鱼贝类自死亡后，其体表、内脏、鳃等部位的细菌就开始活跃，此类防腐剂很难达到长期保鲜的目的，原因一是在安全添加剂量内的防腐剂不可能抑制如此大量的细菌；二是防腐剂尚未渗透到内脏之前，腐败就已相当严重了。

（3）抗氧化剂

海产品所含有的高不饱和脂肪酸特别容易被氧化，从而使海产品的风味和颜色劣化，并产生对人体健康有害的物质。抗氧化剂种类很多，作用机理也不尽相同：有的是消耗环境中的氧而保护其品质；有的是作为氧或电子供给体，阻断食品自动氧化的连锁反应；有的是抑制氧化活性而达到抗氧化效果。常用抗氧化剂分为油溶性和水溶性两种。油溶性包括二丁基羟基甲苯、维生素 E、没食子酸丙酯等；水溶性包括异抗坏血酸及其钠盐、植酸等。海产品中单独使用抗氧化剂效果不明显，需与其他保鲜方法共同使用，一般是在制冷、冷藏、辐照时辅以抗氧化剂以共同抑制产品表面的氧化作用。

3.1.2.2.2　抗生素保鲜

某些微生物在新陈代谢过程中能产生一种对其他微生物有杀灭或抑制作用的物质，这些物质即称之为抗生素，如金霉素、氯毒素和土霉素都是放线菌的代谢产物。抗生素的抗菌效能是普通化学防腐剂的几百倍甚至上千倍，但缺点是抗菌谱带窄，只能对一种或几种菌有效。

目前已将抗生素应用于海产品中保鲜与贮藏，但使用剂量极少。应用时需考虑以下几点：①考虑对人体的安全性，是否能通过代谢消除，不对人体健康产生危害；②考虑其对腐败菌的抗菌谱带是否宽；③成本低，操作方便。已有报道分离出一种能够产生乙醇的菌株，将鲜鱼在此菌液中浸泡后取出，可通过菌体产生的乙醇来抑制其他腐败菌的生长，但尚未大规模推广应用。

3.1.2.3　海洋食品生物保鲜技术

生物保鲜技术机理为隔离食品与空气的接触、延缓氧化作用，或是生物保鲜物质本身具有良好的抑菌作用，从而达到保鲜防腐的效果。20 世纪 90 年代，生物保鲜的研究主要向着天然无毒的生物活性物质方向发展。如壳聚糖具有良好的成膜性，对果蔬可起到"微气调"的作用，抑制果蔬的呼吸，并且该膜可将食品与空气隔离，延缓氧化；壳聚糖还具有良好的抑菌作用，它对腐败菌、致病菌均有一定的抑制作用；壳聚糖分子中的羟基与氨基可结合多种重金属离子形成稳定的螯合物，例如铁、铜等金属离子与其结合可以延缓脂肪的氧化酸败；壳聚糖无味、无毒无害。国外研究报道，将无头虾在 4～7℃浸渍在不同浓度的壳聚糖溶液中，可保存 20d 左右，0.0075%～0.01% 壳聚糖即可对几种病原微生物产生很强的抑制作用，但假单孢菌则需要高于 0.1% 的浓度。

又如，普鲁兰多糖是无色、无味无臭的高分子物质，可塑性强，在物体表面涂抹或喷雾涂层均可成为紧贴物体的薄膜，能有效阻挡氧、氮、二氧化碳。木霉发酵液可以与果实表面病菌之间的营养竞争作用和分泌的抗菌物质产生抗菌作用。茶多酚可与蛋白质络合，使蛋白质相对稳定，不易降解，可以抑制微生物的生长；茶多酚还是一种优良的抗氧化剂，使脂肪氧化速度降到最低，能有效清除自由基。另外，发酵法丙酸及芽孢杆菌多肽等均对微生物病原菌有很强的抑制作用。

生物保鲜物质直接来源于生物体自身组成成分或其代谢产物，具有无味、无毒、安全等特点。此外生物保鲜物质一般都可被生物降解，不会造成二次污染。生物保鲜符合绿色环保要求，达到开辟绿色通道、培养绿色市场、进行绿色消费，而称为之"三绿工程"，并节约资源减少能源的浪费，防止污染；生物保鲜剂是采用多种对人体有益的菌种，并以食品类为载体添加部分天然抗氧化防腐物和食品经多次生物转化而成，具有极强的抑制和杀灭腐败菌、霉菌等功效，从而达到了保鲜的目的；保鲜范围广、保鲜期长、保鲜方法简单，不需任何设备、仪器和电器，且保鲜方法灵活，可根据不同产品选用不同类型保鲜剂。

3.1.2.4　海洋食品其他保鲜技术

3.1.2.4.1　酶法保鲜

酶法保鲜技术是利用酶的催化作用，防止或消除外界因素对海产品的不良影响，从而保持海产品的新鲜度。酶法保鲜具有以下优点：①酶本身无毒、无味、无臭，不会损害产品本身的价值；②酶对底物有严格的专一性，添加到成分复杂的原料中不会引起不必要的化学变化；③酶催化效率高，用低浓度的酶也能使反应迅速进行；④酶作用所需要的温度、pH 值等作用条件温和，不会损害产品的质量；⑤必要的时候可以用简单的加热方法使酶失活，终止其反应，反应终点易控制。

由于酶法保鲜具有上述优点，可广泛应用于各种食品的保鲜，有效地防止外界因素，特别是氧化和微生物对食品造成的不良影响。目前应用于海产品保鲜的有葡葡糖氧化酶、溶菌酶、谷氨酰胺转氨酶和脂肪酶等。如利用葡萄糖氧化酶可以防止虾仁变色，有研究表明采用葡萄糖氧化酶为主要成分与常用抗氧化剂和防腐剂进行保鲜性能对比试验，在冷藏和冷冻条件下试验对虾类的防褐变保鲜效果。结果表明，葡萄糖氧化酶具有良好的保鲜性能，保鲜剂浸渍处理后 4℃冷藏 120h 能保持一级鲜度，－18℃冷冻贮存 12 个月仍能保持二级鲜度。溶菌酶主要与其他保鲜剂混合制成复合保鲜剂。研究表明，冷藏条件下乳球菌肽与溶菌酶单独用于缢蛏的保鲜效果均良好，两者混合添加的保鲜效果更佳。同样，用不同配方的复合保鲜剂处理新鲜贻贝后进行冷藏，溶菌酶、乳球菌肽等复合生物保鲜剂保鲜效果良好。脂肪酶可用于含脂量高的鱼类，如宁波大学开发的脱脂大黄鱼和福建师范大学研制的脱脂鲭鱼片等，其本质就是水解鱼类部分脂肪，延长鱼产品的保藏时间。

酶法保鲜技术由于其所具有的鲜明特点而引人瞩目，但酶法保鲜的应用研究尚处在起步阶段，大力加强酶在食品保鲜中的应用研究具有非常重要的意义和广阔的前景。

3.1.2.4.2 臭氧保鲜

臭氧的杀菌能力很强，主要靠其强氧化作用达到杀灭微生物的目的。臭氧与微生物细胞中的多种成分产生反应，从而产生不可逆转的变化。一般认为，臭氧先作用于微生物的细胞膜，使膜构成成分受到损伤，导致新陈代谢障碍并抑制其生长，臭氧继续渗透破坏膜内组织，直至杀死。湿度增加能提高杀菌力，由于高湿度下微生物细胞膜变薄，其组织容易被臭氧破坏。采用臭氧杀菌的优点是：臭氧的最终产物是氧气，因此无公害；存储物上不会有残留物，对食品没有影响；成本低；用紫外线杀菌，其背阴部没有效果，而臭氧对整个空间都有杀菌效果。很早就有臭氧在海洋水产品保鲜中的应用研究，如 Salmon 等用臭氧水洗涤鱼类及贝类进行消毒净化。方敏等用臭氧水处理草鱼片，可改善草鱼片的感观及微生物质量，保鲜期延长约 1.5d。

3.1.2.4.3 栅栏技术

栅栏技术又称复合保藏技术，是德国 Kulmbach 研究中心 Leistner 和 Roble 教授在长期研究的基础上，于 1976 年首先提出来的食品防腐保鲜新概念。栅栏技术是多种保藏技术共同使用，以控制食品中微生物的生长繁殖，从而确保食品的稳定性和安全性。事实上早在栅栏技术理论提出之前，世界上许多国家就已经采用传统的工艺和配方，凭经验应用栅栏技术加工保藏食品。目前，栅栏技术已经在肉类、海产品和果蔬加工保藏等行业得到广泛应用，通过这种技术加工和贮存的食品也称为栅栏技术食品。对栅栏技术的深入研究必将为未来食品保藏提供可靠的理论依据及更多的技术参数。

3.1.3 海洋食品烟熏加工技术

烟熏食品是一种古老而悠久的食品，用烟熏的方法来烤制鱼肉，以提高它们的保存性，历史悠久，可以追溯到人类开始用火的时代。当时的游牧人将捕获到的野兽鱼类在火边烤过、或是挂在烟火顶上烟熏过，味道变得更好，保藏的时间也大为延长。后来又出现了盐藏法，将烟熏与腌制结合使用，可以获得更理想的效果，这种做法一直延续到现在。烟熏不仅能够保存长久，而且经过烟熏的鱼或肉变得更加味美可口，但烟熏程度与制品风味是相互制约的，以保藏为主要目的时，熏制时间长，制品干硬，风味差，但制品可以常年保存。以赋予制品风味为主要目的时，熏制时间短，鱼、肉制品经轻微烟熏后，会产生诱人的香味。随着保藏技术的发展和人们对食品卫生与安全的重视，烟熏已不再作为主要的一种保藏手段，而是赋予熏制品特有的色泽和风味，改善食品的风味及外观为主要目的，已成为一种更受人们欢迎的食品加工工艺。

3.1.3.1 熏材

3.1.3.1.1 熏材种类

熏材最好是阔叶树、树脂少的硬质木材，一般使用的种类有青冈树、山毛榉、樱、赤杨、槲、核桃树、粟树、白桦、山核桃木、门杨、悬铃木、苹果木、香樟木等。熏材形态一般为锯屑，也可使用薪材（木柴）、木片或干燥的小木粒等。熏制中以干燥为主要目的时，往往直接使用较大块的熏材；以熏制为主要目的时，一般使用像锯屑一类粉末状的熏材。

熏烟的香味由熏烟成分的种类和比例决定，气味特征受木材种类、熏烟发生方法、燃烧方法、熏烟收集方法等影响。熏烟是由熏材的缓慢燃烧或不完全燃烧氧化产生的蒸汽、气体、液体（树脂）和微粒固体的混合物。常见的熏材燃烧温度范围是 100~400℃，如果温度过高、氧化过头，不利于熏烟的产生，而且造成浪费。如果空气供应不足，燃烧温度过低，熏烟呈黑色，且导致含有大量碳酸，更有甚者会致使有害的环烃类化合物增加，应尽量避免。此外，熏材的水分含量也会直接影响制品的质量，一般控制熏材水分含量为 20%~30% 为宜。

3.1.3.1.2　熏烟成分

目前已从熏烟中分离出 200 多种化合物。当然这并不意味着烟熏制品中存在着所有这些化合物，熏烟成分因熏材种类、燃烧温度、燃烧发烟条件等许多因素有关，且熏烟成分对熏制品的附着又与熏制品的原料性质、干湿程度、温度高低等因素有关。一般认为在烟熏中起重要作用的熏烟成分是酚类、酸类、醇类以及羰基化合物类和烃类化合物。

（1）酚类

从木材熏烟中分离出来并经过鉴定的酚类达 20 多种，其中有愈创木酚、4-甲基愈创木酚、邻二甲酚、间二甲酚、对二甲酚、4-丙基愈创木酚、香兰素、2，6-双甲基-4-甲基苯酚以及 2，6-双甲氧基-4-丙基酚。在烟熏制品中酚类有三大作用：抗氧化作用、形成特有烟熏味作用、抑菌防腐作用。

（2）醇类

木材熏烟中醇的种类繁多，甲醇是各种醇中最简单和最常见的一种，它是木材分解蒸馏中的主要产物之一，又称之为木醇。熏烟中含有伯醇、仲醇和叔醇等，但是它们常被氧化成相应的酸类。醇的主要作用是充当挥发性物质的载体，对风味并不起主要作用，其杀菌作用也比较微弱。

（3）有机酸

熏烟气相内的有机酸一般为短链（1~4 个碳）有机酸，而链较长（5~10 个碳）的有机酸却附在熏烟的微粒上，故蒸汽中常见的有机酸为蚁酸、醋酸、丙酸、丁酸和异丁酸，附在微粒上的有机酸有戊酸、异戊酸、己酸、庚酸、辛酸、壬酸和癸酸。有机酸对熏制品风味影响不大，但可使熏制品的防腐作用增加，还能促进熏制品表面蛋白质的凝固，形成良好的保护膜。如果在熏制品表面过多会导致熏制品带有酸味。

（4）羰基化合物

熏烟中羰基化合物与有机酸一样，碳链短的羰基化合物存在于熏烟内的蒸汽相组分内，长链的羰基化合物存在于熏烟中的颗粒体上。现已在熏烟成分中鉴定出 20 种以上的羰基化合物：戊酮、戊醛、丁酮、丁醛、丙酮、丙醛、丁烯醛、乙醛、异戊醇、丙烯醛、异丁嗒、丁酮、丁二酮、乙醛、甲基糠醛、丁烯酮、糠醛、异丁烯醛、丙酮醛等。虽然绝大部分羰基化合物存在于非蒸汽相组成分中，但气相组分中的短链羰基化合物不但有典型的烟熏风味，而且与熏制品的氨基褐变反应形成熏制品的色泽，所以熏烟中的羰基化合物对于熏制品的色泽和风味都起着十分重要的作用。

（5）烃类

从烟熏食品中能分离出多种多环烃，其中有苯并蒽、二苯并蒽、苯并芘以及 4-甲基芘等化合物，在这些化合物中至少有两种化合物，即苯并芘和二苯并蒽是目前经过动物试验证明的致癌物质。而且多环烃类对于熏制品来讲既没有重要的作用，也不能使之产生特有风味，故烃类物质是熏烟成分中的有害物质。不过这些多环烃物质几乎都存在于熏烟的同体微粒上，在熏制时可以通过对熏烟的过滤加以清除。

3.1.3.2　烟熏工艺

熏制品的生产，一般经过原料处理、盐渍、脱盐、沥水（干燥）、熏制等工序制成。各种产品生产工艺及关键大致相同，但根据原料的性质和产品的不同，应选择相适应的生产工艺流程。不同烟熏方法，产品的质量和耐贮藏性有很大的差别。根据熏室的温度不同，可将熏制分成冷熏、温熏和热熏。

（1）冷熏法

冷熏法是将原料鱼盐腌一段时间，至盐渍溶液的波美度为 18～20，进行脱盐处理，再调味浸渍后，在 15～30℃低温进行 1～3 周长时间烟熏干燥。冷熏法生产的冷熏品贮藏性较好，但风味不及温熏制品，冷熏品的水分含量较低，一般在 40% 左右，常用于冷熏的原料品种有鲱鱼、鲐鱼、鲑鱼、鳕鱼等。

（2）温熏法

温熏法是将原料置于添加有食盐的调味液中，进行数分钟或数小时的短时间调味浸渍，然后在烟熏室中用 30～90℃温度进行数小时到数天的较短时间烟熏干燥。温熏制品的味道、香味及口感都较好，水分含量较高，一般 50% 以上，食盐含量为 2.5%～3.0%。长时间保藏必须冷冻或罐藏，常温保藏只能存放 4～5d。

（3）热熏法

热熏法采用 120～140℃高温 2～4h 短时间烟熏处理，由于温度高，鱼体立即受到蒸煮和杀菌处理，是一种可以立即食用的方便食品。鱼的水分含量很高，致使烟熏困难，热熏前原料必须先进行风干，除去鱼体表面的水分，使烟熏容易进行。热熏产品颜色、香味均较好，但其水分含较高，保藏性能差，必须立即食用或冷冻保藏。

（4）液熏法

液熏法是在总结烟熏法基础上发展起来的新颖食品熏制加工技术，它是用液体烟替代气体烟进行熏制食品的一种方法。液体烟具有气体烟几乎相同的风味成分，如有机酸、酚及羰基化合物等，但经除掉固相微粒之后制成的烟熏液，基本不含 3，4 - 苯并芘致癌物质。故液体烟是种清洁、卫生、安全的熏制材料。

该技术自从 1985 年问世以来，已经在肉制品、鱼制品、调味品等方面得到日益广泛的应用。近几年来液熏技术在国际发展很快，世界上先进国家生产的熏制食品中，基本上都采用液熏生产技术来生产。如美国约 90% 的烟熏食品由液熏法加工，产品主要有熏肉、熏制香肠和熏制鲱、鲑、鳕、鲐、鳟、金枪鱼等海产品。液熏法最突出的优点在于：①液熏是传统烟熏的根本性变革，气态烟转变成液体烟，使用简单、自然、方便；②去除苯并芘等有害物质，熏制出的食品色香味好，安全可靠，而且无环境污染问题；③烟熏液的使用，可以减少用盐量，通过熏制产生的有效成分起到防腐和抗氧化作用；④能实现机械化、电气化连续生产作业，劳动强度低、熏制速度快、效率高，产品质量稳定。

3.1.3.3　烟熏海产品的贮藏特性

烟熏食品具有贮藏性，主要是指在原料中加入食盐以及通过干燥，熏烟成分中含有防腐性物质的抑菌作用。熏制食品的水分和其他相同水分的食品相比较，无论是对微生物抑制作用还是抗氧化效果，都具有良好的保存性。

（1）烟熏海产品的抗菌作用

熏烟中含有多种成分，其中不少是具有杀菌、防腐作用的物质，烟熏后仍残存在食品中，从而提高了食品的保存性。烟熏成分的杀菌效果因烟熏方法、微生物的种类、状态及存在的环境不同而不同，例如伴有加热作用的烟熏比无加热作用的烟熏杀菌效果更为明显；无芽孢细菌，经过数小时的烟熏几乎都会被杀死；但具有芽孢的细菌，1~7d 的芽孢 1h 的烟熏死亡率大约为 45%，而菌龄为 22 周的芽孢，只能被杀死 20% 左右，菌龄为 7 个月的芽孢，经过 7h 的烟熏，死亡率仅为 30%。

（2）烟熏海产品的防腐抗氧化作用

使海产品具有防腐性的主要成分是木材中的有机酸、醛和酚类等物质。如有机酸可以与海产品中的氨、胺等碱性物质中和，由于其本身的酸性而使海产品向酸性方向发展，而腐败菌在酸件条件下一般不易繁殖；醛类一般具有防腐性，特别是甲醛作用更明显，甲醛不仅本身有防腐性，而且还与蛋白质或氨基酸中含有的游离氨基结合，使碱性减弱，酸性增强，从而也增加海产品的防腐作用；酚类虽有防腐性，但其防腐作用比较弱，而具有良好的抗氧化作用，因而经过烟熏后的制品其抗氧化性增强。熏烟成分对油脂具有显著的抗氧化作用。熏烟中的抗氧化物质，主要为小焦油、酚类及其衍生物等。

3.1.4　海洋食品腌制加工技术

海产品腌制加工是用食盐或食盐和食醋、食糖、酒糟、香料等其他辅助材料腌制加工鱼类等海产品的方法。腌制加工包括盐渍和成熟两个阶段。盐渍就是食品与固体的食盐接触或浸于食盐水中，食盐等渗入食品组织内，降低其水分活度，提高其渗透压，或通过微生物的正常发酵降低食品的 pH 值，从而抑制腐败菌的生长，防止食品的腐败变质，获得更好的感观品质，并延长保质期。成熟是在微生物和鱼体组织酶类的作用下，在较长时间的盐渍过程中逐渐失去原来鲜鱼肉的组织状态和风味特点，肉质变软，氨基氮含量增加，形成咸鱼特有的风味的过程。咸鱼成熟是一种生物化学过程，它导致鱼体组织发生化学和物理的变化，而这些变化是由鱼体自身微生物的蛋白质和脂肪分解酶引起的。该加工技术所需生产设备简单、操作简易、便于短时间内处理大量鱼货，是在高产季节和地区及时集中保藏处理鱼货，防止腐败变质的一种有效方法。腌制也可使制品产生特有的风味。腌制还可与干制、发酵、超高压处理、低温贮藏、添加食品添加剂等方法相结合，形成多种加工方式和制品品种及风味。腌制加工技术在海产品加工中具有不可替代的作用。

海产品的腌制方法按腌制时的用料大致分为食盐腌制法、盐醋腌制法、盐精腌制法、盐糟腌制法、盐酒腌制法、酱油腌制法、盐矾腌制法、多重复合腌制法（如香料腌渍法）；按腌制品的成熟程度及外观变化常分为普通腌制法和发酵腌制法。食盐腌制是最基本的腌制方法，按用盐方式分为干腌渍法、盐水浸渍法和混合盐渍注；按盐渍的温度可分为常温盐渍和冷却盐渍；按用盐多少分可分为中盐渍和轻盐渍（淡盐渍）等。腌制法主要包括以下几种。

（1）干腌法

指在鱼品表面直接撒上适量的食盐进行腌制的方法。体表撒盐后，层堆在腌制架上或层装在腌制容器内，各层之间还应均匀地撒上食盐，在外加压或不加压条件下，依靠外渗汁液形成盐液（即卤水），腌制剂在卤水内通过扩散作用向鱼品内部渗透，比较均匀地分布于鱼品内。但因盐水形成是靠组织液缓慢渗出，开始时盐分向鱼品内部渗透较慢，所以腌制时间较长。干腌法具有鱼肉脱水效率高，盐腌处理时不需要特殊设等优点。缺点是用盐不均匀时容易产生食盐的渗透不均匀，由于强脱水致使鱼体的外观差，盐腌中鱼体与空气接触容易发生脂肪氧化（"油烧"现象）等。

（2）湿腌法

指将鱼体浸入食盐水中进行腌制的方法。通常在坛、桶等容器中加入规定浓度的食盐水，并将鱼体放入浸腌。这种方法常用于盐腌鲑、鳟、鳕鱼类等大型鱼及鲐鱼、沙丁鱼、秋刀角等中小型鱼。盐水浸腌由于是将鱼体完全浸在盐液中，因而食盐能够均匀地渗入鱼体，且鱼体不接触外界空气，不容易引起脂肪氧化（油烧）现象；不会产生干腌法常易产生的过度脱水现象。因此，制品的外观和风味较好，但其缺点是耗盐量大，并因鱼体内外盐分平衡时浓度较低，达不到饱和浓度，所以鱼不能较长时间贮藏。

（3）混合腌制法

是将干腌和湿腌相结合的腌制法，即将鱼体在干盐堆中滚蘸盐粒后，排列在坛或桶中，以层盐堆鱼的方式叠堆放好，在最上层再撒上一层盐，盖上盖板再压上重石。经一昼夜左右从鱼体渗出的组织液将周围的食盐溶化形成饱和溶液，再注入一定量的饱和盐水进行腌制，以防止鱼体在盐渍时盐液浓度被稀释。采用这种方法，食盐的渗透均匀，盐腌初期不会发生鱼体的腐败，能很好地抑制脂肪氧化，制品的外观也好。

（4）低温腌制法

① 冷却腌制法：将原料鱼预先在冷藏库中冷却或加入碎冰，使其达到 $0 \sim 5 ℃$ 时再进行盐渍的方法。此种腌制法能在气温较高的季节阻止鱼肉组织的自溶作用和细菌作用以保证鱼品的质量，确定用盐量时，必须将冰融化成水的因素考虑在内。

② 冷冻腌制法：预先将鱼体冻结再进行腌制。随着鱼体解冻，盐分渗入，腌制逐渐进行。此法的目的是防止在盐渍过程中鱼体深处发生变质。冷冻本身是一种保藏手段，此种先经冷冻再行腌制的方法在保证鱼体质量上更加有效。但本法操作较繁琐，主要用于腌制大型而肥壮的贵重鱼品。

（5）低盐腌制法

传统方法多采用高盐法（制品盐分含量 15% ~ 20%），通过提高食盐用量来控制加工过程中海产品的腐败和提高成品保藏期，但盐含量高会产生制品味咸、肉质较硬，产品的色泽、风味和口感等方面因工艺条件不易控制而有较大差异，且高盐不利于人体健康。近年来低盐化产品逐渐受到重视，国内对鱼制品的低盐腌渍技术及其产品风味品质进行了积极研究。如利用 VC 和 VE 保护肉色、防止脂肪氧化、抑制亚硝胺形成等作用，在腌制品中添加提高产品质量和降低危害性；天然抗氧化剂如肌肽、植物黄酮类物质、酚类物质等，被用于防止腌制品的脂肪氧化，并增加产品的生理活性功能；一些保水剂如复合磷酸盐可提高腌制品的出品率和适口性，并降低生产成本；山梨醇、尼泊金酯类等防腐剂，鱼精蛋白、富马酸、甘氨酸等具有保鲜作用的生物成分，磷酸盐、丙醇和丙三醇等品质改良剂都具有降低水分活度的作用，在有效抑制微生物生长和繁殖的前提下提高腌制品的出品率，改善口感并降低生产成本，可用于低盐产品中；在盐渍过程中添加海藻糖能够很好地保护肌动球蛋白稳定，进而改善腌鱼制品的风味与品质，且海藻糖的加入可以缩短腌制时间。因此，无论是在海产品的盐渍、成熟还是保藏中都可以通过添加食品添加剂来改善低盐腌制海产品的风味和品质。

（6）腌制发酵法

海产品的腌制发酵主要指海产品的糟制技术。糟鱼是湖北、江西、江苏和浙江等地具有民族特色的优秀传统食品。该产品以新鲜鱼为主要原料，经洗涤，盐腌，晒干后，加配米酒糟、白糖、酒等糟浸发酵制成的食品。糟鱼具有甜咸和谐，酒香味、米香味、腊香味三种香气一体且香气浓郁等特点。据分析，香糟鱼蛋白质含量高（约22%）、脂肪少、肉质好、味鲜美、富含氨基酸、矿物质等营养物质。糟鱼肉质紧密，富有弹性，有咬劲，色泽美丽，香气浓郁，久食不厌，是湖北、江西、江苏和浙江等地传统的特色佐餐食品。酒糟含有蛋白质、淀粉、粗纤维、脂肪、氨基酸、聚戊糖、矿物质以及丰富的维生素、生长素等物质，以及发酵过程中产生的酵母菌、多种清香醇甜因子等，营养价值大，符合现代人们对食品营养的要求，且成分含量稳定，开发利用价值高。

3.1.5　海洋食品罐藏加工技术

海产罐头制品是将海产品经过预处理后装入密封容器中，再经加热杀菌、冷却后的产品。海产罐头制品有较长的保藏性、较好的口味，便于携带，食用方便等优点，是消费者欢迎的产品。海产罐头制品加工原理是：将经过一定处理的食品装入容器中，经密封杀菌，使罐内食品与外界隔绝而不再被微生物污染，同时又使罐内绝大部分微生物死灭并使酶失活，从而消除了引起食品变质的主要原因，使之在室温下长期贮存的保藏方法。

1810 年法国人阿培尔撰写并出版了《动植物物质的永久保存法》一书，提出了加热和密封的食品保藏法，但他并不知道罐藏技术的真正理论。1864 年，法国科学家巴斯德阐明食品腐败变质的原因是由于微生物的作用；1873 年，LouisPaster 又提出了加热杀菌的理论。1920 年，Ball 和 Bigelow 首先提出了罐头杀菌安全过程的计算方法。1923 年，Ball 又建立了杀菌时间的公式计算法、杀菌条件安全性的判别方法，后来经美国罐头协会热工学研究小组简化，用来计算热传导数据，这就是目前正在普遍使用的方法。1948 年斯塔博和希克斯进一步提出了罐头食品杀菌的理论基础值，从而使罐藏技术趋于完善。容器也由以前的焊锡罐演变为电阻焊缝罐、复合塑料薄膜袋等。

海产罐头制品的品种很多，但其基本生产工艺大致相同，工艺如下：

原料预处理→装罐→排气→密封→杀菌→冷却→保温→检验→包装→贮藏

3.1.5.1　海产罐头原料预处理

3.1.5.1.1　冷冻原料的解冻

目前，大多数罐头厂都使用冷冻品作为原料，所以，冷冻原料的解冻是罐头生产中一个比较重要的工序。罐头厂一般采用空气解冻和水解冻两种方法。空气解冻法是在室温低于15℃的条件下进行自然解冻，此法适合于春秋季节，并适于体型较大的原料。水解冻一般又分流动水解冻和淋水解冻两种方法，适合于体型较小的海产原料的解冻。海产原料的解冻程度需根据原料特性、工艺要求、解冻方法、气温高低等来掌握。如在炎热季节只要求基本上达到解冻即可；对鲐鱼等容易产生骨肉分离、肉质碎散的原料，只需达到半解冻即可。

3.1.5.1.2　原料处理

海产罐藏原料的处理包括原料的清洗、剔除不可食部分、洗净、剖开、分档等。一般先将原料进行流水洗涤，去除表面附着的污物和黏液，并剔除不合格的原料。然后采用机械或手工方法去鳞、鳍、头、尾，剖开并去除鱼鳃和内脏。但对于凤尾鱼等的鱼卵需完好保存，对马面鲀等的粗厚表皮需剥除。去除不可食部分的原料需在流水中洗净腹腔内的血液、黑膜和污物等，以保持原料固有的色泽。大型鱼类还需采用机械或手工方法切开后再切段或切片，根据原料的厚薄、块形大小、带骨或不带骨等进行分档，以利于盐渍、预热处理和装罐。

3.1.5.1.3　盐水浸渍

盐渍的主要目的是进行调味，增进最终产品的风味。盐渍是从去内脏、去头等操作开始，直到蒸煮、干燥、烟熏等连续过程的一道工序，盐渍时间较短，因此在此过程中水分除去不多。在浓度低于 21%（W/V）盐水中，浸渍后鱼肉净重可能反有增加。在这短时间的盐水浸渍中，肌浆蛋白的变性是不显著的，但部分蛋白会溶解在盐渍液中，并在水分蒸发后转移至鱼肉表面。在那里它们形成具有闪亮光泽的蛋白质凝固层，它的存在不会影响在随后的烟熏过程中水分的蒸发和挥发性成分向鱼肉内部的渗入。盐水中也可加入其他增添感官特性的物质，如色素、烟熏风味料、醋酸等。醋酸可使大西洋幼鲱、黍鲱等鱼类的鱼皮变得坚韧，加热杀菌时不会粘在罐壁上。鱼肉在盐渍过程中，由于盐水的渗透脱水作用，鱼肉组织会变得较为坚实，有利于预煮与装罐。盐渍的方法除了常用的盐水渍法，还有在水产原料中加入适量精盐并拌和均匀的拌盐法，或称干盐法。盐水法所用盐水浓度随原料鱼的种类及产品种类而异，大体在 5%～15%，原料盐水比例为 1∶1～1∶2，以使原料完全浸没为宜。盐渍时间一般在 10～20min。罐头成品中的食盐含量一般都控制在 1%～2.5%。

3.1.5.1.4　预热

根据海产罐头制品的种类。预热的方式有预煮与油炸、烟熏等，其主要目的都是脱去原料中部分水分，并由于蛋白质热凝固而使鱼肉质构变得较紧密，具有一定硬度而便于装罐，同时鱼肉部分脱水后，使调味液能充分渗入鱼肉内部。油炸可使鱼肉获得独特的风味和色泽。

3.1.5.2　装罐

装罐是鱼类罐头加工过程中的重要工序。一般包括称量、装入鱼块和灌注液汁三部分。称量按产品标准准确地进行，一般允许稍有超出，而不应低于标准，以确保产品净重。在称量时，对块数、块形大小、头尾段及鱼块色泽进行合理搭配，以保证成品的外观、质量，并提高原料的利用率。把称重的鱼块装入容器时，排列整齐紧密、块形完整、色泽一致、罐口清洁，且鱼块不得伸出罐外，以免影响密封。装罐后注入液汁，目的在于调味。液汁在注入前要手工加热，以提高罐内食品温度，从而增强排气及杀菌效果，并增加高温杀菌时的效果。液汁的存在，可填满鱼块间的孔隙，高温杀菌时液汁的对流，可加强传热作用。液汁的灌注量不宜过多，使罐内留有一定空隙，有利于罐头排气时在罐内形成一定的真空度。

3.1.5.3　排气

在密封之前，对罐头进行排气的必要性在于两方面：一是防止罐头在高温杀菌时，由于罐内空气、蒸气的膨胀，使罐内压力大为增加。罐内压力过大而超过罐外压力时，会使罐头变形，甚至漏气或爆裂。焊缝由于内外压力不平衡造成的变形而导致泄漏，是罐头食品变质的最常见的原因。二是减少食品在高温杀菌过程中营养物质的破坏并延长罐头食品的保藏期。由于加热过程中，食品中的维生素在有氧条件下破坏较多，而在无氧条件下较稳定，因此排气有利于食品中维生素的保存。罐头经过高温杀菌后，仍有少量微生物残存，其中以好气性芽孢杆菌为多。排气后罐内形成的一定的真空度，能抑制这些好氧性芽孢杆菌的发育繁殖，这对罐头食品保藏期的延长十分重要。另外，为了适应在气温较高或海拔较高、气压较低地区的贮存销售，通过排气使罐内产生一定的真空度也是很有必要的。排气并不要求将罐内空气除净，在实际生产中由于设备、操作等条件的限制，这也是无法达到的。此外，过分的排气会造成大型罐头的瘪听，对食品风味也有不利影响。因此，排气时真空度的控制，只要不影响产品质量并能适应气温、海拔较高地区的销售即可。

排气方式主要有抽空排气与加热排气两种。抽空排气是在真空封罐机内完成的。罐头在进入封罐机前被自动加盖，然后在真空室中抽空排气的同时被密封。操作时真空室中的真空度一般不应低于 53.29kPa。罐头的加热排气是在排气箱内进行的。罐头持续加热，罐内空气受热膨胀而排出罐外，同时蒸气也起到驱除空气的作用。罐头被送出排气箱后，应立即用封罐机将罐头封闭，在杀菌、冷却后，罐内便形成一定的真空度。

3.1.5.4　密封

为了防止外界空气和微生物与罐内食品的接触，必须将罐头密封，使罐内食品保持完全隔绝的状态。

封罐是借助封罐机完成的。封罐机有多种类型，可分为半自动封口机、真空自动封口机等。对应于不同的排气方式，密封可分为热充填热封、蒸气压力下密封以及真空密封等形式。不同种类的容器，采用的密封方法不同。马口铁罐的密封，主要靠封罐机两道滚轮，将罐盖与罐身边缘卷成双重卷边，由于罐盖外缘沿槽内填有橡胶，因此卷成的双重卷边内充填着被压紧的橡胶，从而使罐头内隔绝得到密封。罐头玻瓶的密封，是借助封罐机道滚轮的滚压作用，使罐盖封口槽内的橡胶圈紧压在瓶口的封口线上，从而得到密封。

3.1.5.5　杀菌和冷却

鱼类罐头在密封后，虽已隔绝外界微生物的污染，但罐内仍存在不少微生物，为使鱼类罐头有较长的货架期，必须杀灭罐内的微生物。加热杀菌的方法有常压杀菌（杀菌温度低于100℃）和高压杀菌（杀菌温度高于100℃）。

各种海产品罐头均采用高压杀菌。高压杀菌法比较方便、可靠，且对原汁、鱼糜等包装食品具有增进食品风味、软化食品质构的作用。由于杀菌温度高、时间长，对许多海产类食品的营养与风味成分部有一定的破坏作用。因此，在罐头杀菌的同时，还要尽量减少高温对食品的影响，即要适当控制杀菌条件（杀菌温度与时间）。影响罐头杀菌效果的因素很多，主要应考虑微生物及罐头的传热情况。此外，罐头的杀菌是否完全与食品在杀菌前的污染程度有关，污染越严重，所需杀菌强度越大。实际上，即便生产的罐头是含菌的，只要罐内残存的细菌无损于罐头的卫生与质量情况，能相当长时期保持罐头的标准质量，仍旧是容许的。这种使细菌降低到"可接受的低水平"的杀菌操作算是商业杀菌。"可接受低水平"相当于最危险的致病菌——芽孢肉毒杆菌的存活概率为万亿分之一（10^{-12}）。

3.1.5.6　检查、包装和贮藏

（1）检查。罐头在杀菌冷却后，必须经保温检查、外观检查、敲音检查、真空度检查、开罐检查、理化和微生物检验等，衡量其各项指标足否符合标准，是否符合商品要求，完全合格后才可出厂。

（2）包装和贮藏。罐头经检查合格后，擦去表面污物，涂上防锈油，贴上商标纸。按

规格装箱罐头在销售或出厂前，需要专用仓库贮藏，库温以 20℃ 左右为宜，仓库内保持通风良好相对湿度一般不超过 75%。在雨季应做好罐头的防潮、防锈和防霉工作。

3.2　海洋食品加工技术

3.2.1　海洋鱼类食品加工

3.2.1.1　鱼糜制造的食品

将外观、外形不好的低值鱼类，经过加工成糜后，重新成型而制成一种形状、外观与原鱼甚至与鱼类完全不同的食品，如鱼糕、鱼卷、鱼熏肠以及纤维状鱼蛋白食品。这类鱼糜制品的特点是以鱼糜为原料，改变鱼本身的体形和肉质状态。鱼糜制造的食品是目前鱼品加工中的新型产品，其突出优点是可以将商品价值低但营养价值不低的鱼类资源充分而合理地利用，提高其经济价值。

3.2.1.1.1　鱼糜食品

3.2.1.1.1.1　鱼糕

鱼糕属于质量较高的鱼糜食品。它的特点是弹性好、色泽洁白。也可以做成双色、三色鱼糕。消费者可以将它切成各种形状，用于配制色泽鲜艳的菜肴。

1. 加工工艺

（1）原料的选择。由于对鱼糕弹性及色泽的要求较高，所以要选择原料新鲜、含脂肪较少、肉质鲜美、弹性强的白色鱼肉。一般多用冷冻生鱼糜或冻鱼。

（2）擂溃（斩拌）。鱼糕的加工过程在擂溃之前与鱼糜食品的一般制造工艺基本相同，只是漂洗的工艺更为重要（对于弹性强、色泽白、呈味好的鱼种也可不漂洗）。擂溃的方法分为空磨、盐磨和搅磨。空磨起到破坏鱼肉细胞纤维的作用，然后加盐磨，促使盐溶性蛋白质溶出，形成一定粘性，再加其他辅料进行搅磨约 20~30min 即可。

（3）铺板成型。小规模生产时往往是手工成型，但需要相当熟练的技术。现在逐渐采用机械化成型，如日本的 K3B 三色糕成型机，每小时可铺 300~900 块。其原理是由送肉螺杆把鱼糕挤出物连续地铺在板上，再等距切断而成。如制三色鱼糕，则将上述配料鱼糜分成三份：一份加鸡蛋清（6%）、红米粉（2.2%）、胡椒粉（适量），制成红色并具辣味的鱼糜（也可不要辣味）；一份加鸡蛋黄（8%）制成黄色；一份为原有的本色（白色）。将上述红、黄、白 3 种不同颜色的鱼糜分别置于三色鱼糕机中的 3 个不同的料斗中（其中本色鱼糜放入大斗中），铺板成型的鱼糕即为三色鱼糕。

（4）加热。鱼糕的加热分焙烤和蒸煮两种。焙烤是将鱼糕放在传送带上，以 20~30s 的时间通过隧道式红外线焙烤机，使表面着色有光泽，然后再烘烤熟制。一般以蒸煮加热法较为普遍。目前日本已采用连续式蒸煮器，实现机械化蒸煮。我国生产的鱼糕均是蒸煮鱼糕，温度在 95~100℃，加热时间 45min 左右，中心温度达 75℃ 以上。最好的蒸煮方式是将成型后的鱼糕先在 45~50℃ 下保温 20~30min，再很快升温至 90~100℃ 蒸煮 20~30min。这样蒸煮的鱼糕，其弹性将会大大提高。

（5）冷却。鱼糕蒸煮后须立即在冷水（10~15℃）中急速冷却，使鱼糕吸收加热时失去的水分，防止干燥而发生皱皮和褐变等，并能使鱼糕表面柔软和光滑。

（6）包装与贮藏。完全冷却后的鱼糕，可用自动包装机包装。包装好的鱼糕装入木箱，放在冷库（0±1)℃中贮藏待运。一般制造好的鱼糕在常温下（15～20℃）可放3～5d，在冷库中可放20～30d左右。

2. 质量标准

鱼糕成品要求外形整齐、美观，肉质细嫩、富有弹性，并具有鱼糕制品的特有风味，咸淡适中。

3. 加工实例

（1）包装鱼糕

① 原料配方：鱼肉糜5kg，食盐150g，醋酸淀粉酯500g。

② 加工工艺：在500g马铃薯淀粉（水分18%）中加水将湿度调整到40%后，加热至35℃。边搅拌边添加16.4g醋酸酐（为淀粉重量的4%），将pH调整为9，搅拌时间为30min。反应后中和，脱水，加2倍量的水水洗后，用热风干燥机（110℃，5h）干燥，得到置换度为0.045的醋酸淀粉酯。

将冷冻鱼糜放在室温中，待其自然解冻后，添加3%的食盐、35%的水，用搅拌机搅拌40min，然后放入磨碎机中，加入上述醋酸淀粉酯，添加量为鱼肉糜重量的10%，同时加10%的水，混合后装入肠衣中，分别用70℃、75℃、80℃的温度加热20min后，得到包装鱼糕。

③ 产品特点：由于本产品使用了淀粉，故其弹性良好、水分散性好、抗老性好、货架寿命长。

（2）日本鱼糕

是将3%的食盐和鱼肉一起粉碎、整形、加热熬煮呈凝胶化的产品，其口感和风味多种多样，有的与原料的口感相同，有的则完全没有鱼类的特征。

① 工艺流程

原料鱼→采肉→漂洗→碎肉→擂溃→成型→加热→成品

　　　　　　　　　　　　　↑

　　　　冷冻碎鱼→解冻

② 加工工艺

漂洗：用采肉机采得的细碎肉，加几倍量的冷水漂洗2～3次，其目的是去除臭味、颜色和脂肪，漂洗的程度根据原料种类和鲜度不同而异。

擂溃：漂洗终了控水并用碎肉机切细，加入2.5%的食盐。用擂溃机搅拌、擂溃30～60min。此间为避免蛋白质变性，应尽可能保持低温（15℃以下），使盐溶性蛋白质全部溶出，这一点十分重要。在擂溃后期如有必要，可加入调味料、蛋白、淀粉及水等。

加热：碎鱼成型后，用烧、蒸、煮、炸等方法进行加热。加热的目的不仅在于使蛋白质凝固，还为了杀菌和使淀粉糊化。产品不同，加热的条件各异。从卫生角度出发，原料中心温度至少要达到75℃以上。加热和擂溃一样，对产品的品质管理都极为重要。

3.2.1.1.1.2　鱼卷

鱼卷在日本叫"竹轮"，也是一种鱼糜制品，可直接食用；也可切成片状，配菜食用；还可切成片状、丝状经油炸或烹调加工制成各种花色品种。

1. 原料配方

大连配方：鱼肉50kg，精盐600～700g，淀粉2.5kg，白砂糖1kg，味精100g，酒500g，水适量。

上海配方：鱼肉 30kg，精盐 300g，砂糖 500g，淀粉 2~3kg，味精 50g，五香粉 20g，清醋 200g。

2. 加工工艺

（1）原料的选择。为了增强鱼卷的弹性，一般用小杂鱼（5%）和鲨鱼（5%）等鱼肉搭配使用。

（2）原料处理。将鱼清洗干净后采肉，然后用绞肉机绞肉。

（3）制配料鱼糜。先把定量的鱼肉置于擂溃机内擂溃一定时间，然后加盐擂溃 10min，逐步加入调味料和淀粉，使鱼糜产生很强的粘性后，停止擂溃，成为配料鱼糜。

（4）成型、烤熟。用手工将鱼糜握制在铜管外使其呈圆柱形，要求厚薄均匀一致，外形完整，然后送进烤炉烤熟。烤熟后将铜管拔出，即为圆形空心鱼卷。

3. 产品特点

产品色泽金黄，香鲜可口，富有弹性。

3.2.1.1.1.3　鱼香肠

鱼香肠是以鱼肉为主要原料灌制的香肠。它的优点是有外包衣（畜肠衣或塑料肠衣），使其便于商品流通，卫生条件较好，为一种海鲜方便快餐食品。

1. 原料配方

鱼肉 80kg，猪瘦肉 8kg，猪肥膘 6kg，淀粉 4.8kg，砂糖 2.4kg，精盐 1.8kg，黄酒 5kg，味精 0.16kg，白胡椒粉 0.05kg，生姜汁 1.5kg。

2. 加工工艺

（1）原辅料的选择。鱼香肠的原料一般以新鲜的小杂鱼为主，适当加入一定数量的其他鱼肉（如海鳗、大小黄鱼、乌贼鱼、鲨鱼以及淡水产的青鱼、草鱼、鲢鱼、鳙鱼等）和少量畜肉（如猪前后腿上的瘦肉，或兔肉、牛肉等），并添加适当的调料，使之具有独特口味。肠衣一般常选用中或小号的塑料肠衣或羊肠衣。

（2）擂溃与添加调味料。鱼香肠制品的擂溃方法与鱼糕大体相同，一般是绞肉后直接擂溃，但空磨时间较短。在擂溃的后期，按配方加入各种调味辅料和畜肉，可以调节味道，增加风味。有时也在配制好的鱼肉糜中加入切成块状的猪肉丁，起到改进外观、增加风味的作用。

（3）灌肠。向肠衣中灌注鱼糜是鱼肉香肠加工的特点。国外大部分采用塑料肠衣，我国也在这方面有所发展。对肠衣的要求，如果用畜肠衣，必须在使用前用 40℃ 左右的温水浸泡 2~4h，使它变软。成批生产时需选择直径大体相同的肠衣，并在灌装前检查其是否有泄漏之处。

（4）烘焙。在 170℃ 的条件下，用烘焙机烘焙 50~90s，使片状物料的中心品温达到 82℃ 左右。通过烘焙处理，将片状物料的含水率降至 14%~18% 左右。

（5）分切。将烘焙后的片状物料切成长 450mm、宽 50mm、厚 1~3mm 的带状物，其平均含水率约为 15%。根据需要用拉伸机将 3mm 厚的带状物拉伸，使制品具有柔软性，食用时口感松软。再用切割机将拉伸后的片状物切成长 50mm、宽 15mm 的食品原料。

（6）涂抹面糊。在食品原料的两面涂满面糊。面糊是用小麦粉、牡蛎浸出汁粉、水、食盐、砂糖、发酵粉、谷氨酸钠、天然甜味剂、辣椒及山梨糖醇调制而成的调味液。将面糊放在涂抹容器中，当食品原科通过涂抹装置时，便会涂满面糊。

（7）油炸。将涂满面糊的食品原料油炸加工或者在涂满面糊的食品原料表面撒上面包粉，然后油炸。油锅中的油温为170℃，油炸时间为50～60s。制品呈淡褐色，口感松软。

3. 加工实例

（1）工艺过程。将鳕鱼肉糜60kg、牡蛎肉糜60kg、淀粉10kg、大豆蛋白5kg、食盐6kg、山梨糖醇10kg、调味料3kg放在搅拌机中搅拌混合。将混合物用压延机压制成片状，然后用热风干燥机于50℃左右干燥，将物料的平均含水量降至20%左右。接着用烘焙机进行烘焙处理，烘焙温度170℃，烘焙时间50～90s。将烘焙后的片状物料切成长450mm、宽50mm、厚1～3mm的带状物料，其平均含水率为15%。3mm厚的带状物料还需用拉伸机拉伸处理，以增加其柔软性。然后用切割机切割成宽约15mm的长方形食品原料，并在食品原料表面涂抹面糊。

（2）面糊配方。小麦粉25kg，牡蛎浸汁粉末5kg，水30kg，食盐3kg，砂糖4kg，发酵粉0.1kg，谷氨酸钠6kg，天然甜味剂4kg，辣椒1kg，山梨糖醇10kg。将原料涂抹面糊后，直接投入油炸锅中或在涂抹面糊的食品原料上撒上面粉，然后放在油锅中，用170℃的油炸制50～60s。

4. 产品特点

产品呈淡褐色，口感松软，具有鳕鱼与牡蛎的鲜味。

3.2.1.1.1.4　鱼柳丝

鱼柳丝是采用科学配方经焙烤、精制而成的新产品。内含多种营养素，是一种营养价值较高的旅游馈赠佳品。与鱼糜、鱼片等产品相比较，它兼有保质期长、原料利用率高等优点，是未来鱼品加工的一个比较理想的产品。

1. 工艺流程

新鲜鱼→取白色肉→漂洗→加冷冻变性防止剂→捣碎→冷冻→加料擂溃→铺片→定型→产品

2. 操作要点

（1）采肉、去头、去内脏。用背剖方法以利于采肉，然后清洗干净，除去含脂高的红色肉，采白色肉。

（2）漂洗。漂洗后用离心机脱水。

（3）加冷冻变性防止剂。加入糖7.28%．山梨糖醇3.1%，山梨酸钾0.1%。

（4）捣碎。用捣碎机捣碎。在捣碎时应注意控制低温，捣碎后的鱼糜可直接加辅料进行擂溃或冻藏。

（5）加辅料擂溃。先加盐擂溃2min，然后加其他辅料继续擂溃。擂溃时注意控制温度低于15℃（如加水可以碎冰形式加入，以降低温度，防止鱼肉蛋白质变性）。

（6）铺片。铺片要均匀，厚度在1mm左右。

（7）定型。把鱼糜薄片置于不粘锅上焙烤（两边反复烤），使内部膨胀分层。

（8）切丝。切丝后迅速包装。

3.2.1.1.1.5　高复水率鱼肉干粉

本产品也是一种鱼糜制品，只是为干粉末制品。

1. 加工工艺

（1）分散。先将鱼肉糜分散于氨水中，氨水浓度为0.2%～1%，最好充分分散于溶液中，形成胶体状，可获得良好的制品。

（2）干燥。将上述鱼肉糜分散液干燥，干燥时可采用喷雾干燥法。干燥时易引起蛋白质变性，应避免温度过高。

2. 加工实例

［实例 1］在 1.5kg 狭鳕鱼（明太鱼）中添加 0.2% 氨水 28.5L，搅拌 10min，得均匀的肉糜分散液（固形物为 1%）。在加热温度为 90℃，供给量为 60g/min 的条件下，向离心喷雾干燥机供给肉糜分散液，得干燥鱼肉干粉。产品测试结果表明单位粗蛋白中盐溶性蛋白质含量与原料肉糜相差无几，这表明鱼肉干粉具有良好的胶凝力。

［实例 2］在 2.5kg 狭鳕鱼肉糜中，添加 0.5% 氨水 3L，搅拌 10min，得肉糜分散液（固形物为 9.1%）。在加热温度为 100℃、供给量为 110g/min 的条件下，将肉糜分散液在离心喷雾干燥机中干燥，得鱼肉干粉。

3.2.1.1.1.6　鱼肉快餐食品

这种食品以鱼肉为主材料，制成肉糜后，添加淀粉或骨胶。在此混合料中加调味料、膨松剂、水，搅拌均匀。也可用蛋清来代替水。将物料做成各种形状，再用植物油炸制即为成品。这种食品的特点是：含有丰富的鱼肉蛋白，形状美观，组织膨松，口感酥脆，风味独特。

1. 原料配方

冷冻的密碎鱼肉 110g，土豆淀粉 90g，碳酸氢钠和碳酸铵的混合物 3g，食盐 3g，砂糖 5g，味精 0.3g，清水 10g。

2. 加工工艺

（1）原辅料的选择。原料鱼的种类不限，但最好是选择白色鱼和冰冻的磨碎鱼肉。在上述鱼肉原料中添加土豆淀粉或玉米粉，然后添加调味料和膨松剂。膨松剂可使用碳酸氢钠和碳酸氢铵。用水或蛋清将原料调成可成型的硬度，用成型机做成任意形状，如球状、棒状、片状、多角形等。

（2）加热。成形后直接用火加热，为了让其膨胀得更好，可先在 30～40℃ 的食用油中浸几十分钟，浸后沥去油，再用重量为成形原料重量 10%～30% 的食用油煎炒，油温以 110～140℃ 为宜。为将生料中的水分减少至 3%～6% 的程度，要边搅拌边加热，直至使产品形成快餐食品所具有的酥脆口感。为了使成型后的生料的膨胀率达到最大限度，肉量与淀粉量的比例以 55∶45 为宜。

3.2.1.1.2　鱼糜蛋白食品

鱼糜蛋白食品为近年来发展起来的一种新型食品，是利用鱼糜蛋白的成形特性而制成的多种形状、多种风味、不同口感的新型食品。

3.2.1.1.2.1　鱼蛋白纺丝制品

该产品的特点：产品风味与原料鱼相同，但形状却迥然不同，为非常柔软的纤维丝状，具有很好的复水性。其蛋白效价为 3.8，比酪蛋白（蛋白效价 3.2）还高。产品的色泽因使用鱼皮、鱼头等不同原料而有变化，为白至灰色。

1. 加工工艺

（1）磨碎。将鱼肉或鱼片在加水的同时磨至 1～8mm 细度的鱼肉糜。水与鱼的比例为 0.7∶1～2.5∶1，最好为 1∶1～1.5∶1。嚼碎后得鱼蛋白分散物。

（2）溶解。将碱添加到鱼蛋白分散物中，最好添加碱溶液，添加量以固形物计算，碱与鱼的比例为 0.5∶1～1.5∶1。因为在这个比例范围内不会产生过剩的碱，但能使含鱼蛋白的碱液 pH 达到 10～14。加碱后混合，并将该混合物在 0.5～3min 内加热至 60～100℃。

加热最好采用喷射蒸汽的方法。加热后鱼蛋白溶解，得鱼蛋白溶液。

（3）离心分离。目的是完全分离掉不溶物，最好在温度降至 40 ~ 50℃后进行。分离后得鱼蛋白溶液。

（4）脱气、浓缩。为了除去鱼蛋白溶液中的气泡，并将黏度调整到 10 ~ 30Pa·s（25 ~ 40℃时），纺丝前必须进行脱气。然后将溶液浓缩，使固形物含量达到 6% ~ 10%。

（5）纺丝。将 pH 为 10 ~ 14 的蛋白溶液通过喷嘴注入酸液中。酸液可使用醋酸、磷酸或盐酸。酸液中应含 7% ~ 15% 的食盐，离子强度为 2 ~ 2.2。由于有高浓度的食盐存在，鱼蛋白的 pH 才能由 5 降至 3 ~ 3.5，使之适当凝固，而且通过渗透压作用使其纤维在一定程度上脱水，因此，可获得 pH 为 4.0 ~ 4.2 的鱼蛋白纤维，如果 pH 超过 5，鱼蛋白纤维质脆，易断；反之，如果 pH 低于 3.5，鱼蛋白纤维在洗涤过程中会因再溶解而受到相当大的损失。为了进行连续生产，应连续测定酸液的 pH 及食盐浓度，并及时进行调整。

（6）洗涤、加热、中和。将鱼肉纺丝纤维放入水中洗涤，以洗去其中的大部分盐分，以固形物计算，使食盐含量降至 2% ~ 5%，洗涤后进行加热，以便在中和过程中具有较高的稳定性。中和时，先将纤维在 50 ~ 75℃的水中连续浸渍 10 ~ 15min，再放入缓冲液中，例如放入含氢氧化钠的碳酸氢钠溶液中浸渍 3 ~ 10min，使 pH 达到 6 ~ 6.8，最后进行自然干燥。

2. 加工实例

将鱼废弃物放入带栅条的碾磨机中碾磨，栅条上有直径 3mm 的小孔。碾磨的同时，按水与鱼 12 : 1 的比例加水稀释。稀释后，添加浓度 10% 的氢氧化钠溶液，添加量（以固形物计算）为鱼的 10%。

将混合物用蒸汽加热 1min，使温度达到 95℃，冷却到 50℃后，用胶体磨磨碎，然后用离心分离机除去不溶物，再用表面蒸发器进行真空浓缩，使固形物浓度达到 9%。进行脱气，避免气泡的生成。冷却至 30℃，将 pH 为 12.7 的鱼蛋白液通过喷嘴注入食盐浓度为 12% 的盐酸溶液中。使用的喷嘴有 2500 个孔，孔径为 140nm。在这种条件下，纤维在酸液中的移动距离为 10 ~ 13cm，连续测定酸液的 pH 和食盐含量，并及时进行调整。

将纤维取出，不加热，进行粗略干燥，放入 60℃的水中浸渍 10 ~ 15min。再放入碳酸氢钠与氢氧化钠的混合液中浸渍 5s。该混合液中的碳酸氢钠浓度（0.1%）及 pH（8.2）应保持一定。最后纤维的 pH 为 6.3，用滚筒卷起后进行自然干燥，使水分调整到 80% 左右。

该纤维的组织比较柔软，复水性能很高。蛋白效价达到 3.8。

3.2.1.1.2.2　沙丁鱼蛋白纤维

近年来，鱼糜制品的加工技术进展很快，现已研制出具有干贝和螃蟹风味的鱼蛋白纤维。这种制品具有纤维性、口感良好。日本的中山照雄等在不损失多种营养成分的前提下，制得鱼蛋白纤维。

1. 加工工艺流程

完整的沙丁鱼→切肉机切碎→多辊机碾碎→擂溃机擂溃→挤入沸水中→制品 A

　　　　　　　　　　　　　　　　　　　↓

　　　　　　　　　　　挤入醋酸中→清水洗→制品 B

　　　　　　　　　　　　　　　　　　　↓

　　　　　　　　　　　沸水浸渍→制品 C

2. 加工工艺

将沙丁鱼洗涤后整齐放入切肉机中切碎，再将碎鱼肉用多辊机碾碎，然后分数次加入配料（如褐藻酸钠、酪蛋白酸钠、食盐），同时擂溃 20min，将擂溃物进行不同加工处理，可得三种制品：

制品 A：用注射器（前端内径 1.6mm）将擂溃物挤到沸水中，浸泡 5min 取出。

制品 B：用同样的注射器将擂溃物挤到 5% 的醋酸液（15℃）中，浸渍 1h 后水洗而得。

制品 C：除最后需要在沸水中浸渍 5min 外，其余步骤与制品 B 完全相同。

3.2.1.1.2.3　鱼肉蛋白豆腐

鱼肉中含有丰富的蛋白质，利用蛋白质加热凝固的原理，将鱼肉蛋白与大豆蛋白一同均质和加热凝固，可得一种营养互补、口感更柔嫩的新型鱼肉蛋白豆腐。

1. 原料配方

配方 1：大豆蛋白粉 11.25 份，大豆白绞油 7.5 份，水 76.25 份，鱼肉糜 5.0 份，食盐 0.15 份。

配方 2：大豆蛋白粉 7.5 份，大豆白绞油 7.5 份，水 65.0 份，鱼肉糜 20.0 份，食盐 0.6 份。

配方 3：大豆蛋白粉 5.0 份，大豆白绞油 7.5 份，水 70.7 份，鱼肉糜 30.0 份，食盐 0.9 份。

2. 加工工艺

（1）原料处理。各种原料的配合及均质化方法没有特殊限制，一般可采用以下方法：将大豆蛋白、油脂和水用绞肉机处理得乳化物。在乳化物中加鱼肉、食盐和冰水，然后均质化。或者在鱼肉糜中加入大豆蛋白、油脂和水，在持续混合过程中，再添加食盐和冰水。也可在鱼肉中加食盐，混合后，再加入由大豆蛋白、油脂及水组成的低浓度乳化物，边添加边进行均质。

（2）消泡。在该混合物中，可添加单甘酯、硅油等消泡剂，或均质后采用减压或离心手段进行脱泡处理。虽然没有在混合物中添加凝固剂的必要，但如果添加少量碱土类金属盐，可使制品具有类似木棉豆腐的口感。

（3）静置。均质后的混合物可进行静置，也可不进行静置，填充到肠衣及其他密封容器中，或放在开放容器中进行加热凝固。按固形物计算，与大豆蛋白相比，鱼肉蛋白用量越多，越需要静置，因为通过静置可改善制品的口感。

（4）加热凝固。加热凝固时的温度至少在 60℃ 以上，最好掌握在 75～90℃ 范围内。凝固后，即得营养丰富、口感柔嫩的独特的鱼蛋白豆腐。

3.2.1.1.2.4　高复水率鱼肉蛋白

高复水率鱼肉蛋白也称为海洋牛肉，是一种复水率高，且具有肉状组织的鱼肉蛋白质。它是生产浓缩鱼肉蛋白的延伸产物。加工海洋牛肉的原料鱼不受品种的限制，中、上层鱼类、低值鱼类和水生贝类等均可利用。高脂鱼类如沙丁鱼也可作为海洋牛肉的原料。

海洋牛肉的另一特点是不需冷冻保藏，复水率高，浸水膨润后可按习惯口味烹调，富于营养，具有与鸡蛋一样的消化率，深受消费者的欢迎。

1. 工艺流程

对于多脂鱼与低脂鱼，采用不同的工艺，分别称为工艺Ⅰ和工艺Ⅱ。

工艺流程 I （低脂鱼生产海洋牛肉）

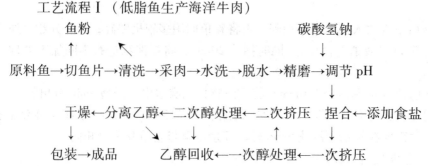

工艺流程 II （多脂鱼生产海洋牛肉）

2. 加工工艺

（1）原料选择。选用新鲜的、肌肉纤维丰富的鱼类为原料。如用解冻后的冷冻鱼作原料，则要求鱼肉蛋白质在冷冻变性时不影响肌原纤维蛋白在盐溶液中的萃取。

（2）采肉。原料鱼经过去内脏、清洗后，用人工或鱼肉采取机采取鱼肉。

（3）水洗与碱洗。对狭鳕或非洲鳕等低脂鱼类只需水洗除去污物，而对高脂鱼类如沙丁鱼或鲐鱼等，则要用 0.4% 的碳酸氢钠溶液漂洗。

（4）脱水。漂洗后的鱼肉用离心机或压榨机除去鱼肉中残留的水分，用精磨机精磨。

（5）调整 pH。用占鱼肉重 0.5% ~ 1% 的碳酸氢钠调整鱼肉 pH 为 7.4 ~ 7.8，并添加 1% ~ 2% 的食盐。

（6）捏和。将调整 pH、添加盐后的鱼肉用捏和机捏和，直到变成粘糊状。

（7）挤压和乙醇处理。粘糊状鱼肉通过绞肉机挤压入冷乙醇中。乙醇温度为 5 ~ 10℃，用量为鱼肉的 3 倍。搅拌 15min，使鱼肉在乙醇中凝结。用挤压机挤压形成细条状，再用离心机除去乙醇。鱼肉再次通过挤压机并用 3 倍量的冷乙醇混合 15min，重新用离心机除去乙醇。

根据乙醇处理的次数、搅拌混和时间的长短及乙醇的温度，可获得不同质量的、不同复水率的产品。为了除去多脂鱼肉中的脂肪，用冷乙醇处理后还需要在乙醇中煮沸。所有用过的乙醇经蒸馏回收，可重新使用。

（8）干燥。用 30 ~ 45℃ 热空气干燥，使之含水量低于 10%。

3. 食用方法

将海洋牛肉浸泡 5 ~ 10min，即可按需要配成菜肴。若置于几倍于其重量的水中，并在室温下静置 15min ~ 2h，可膨胀到原有重量的 5 倍左右。在食用前可用布把肉中多余的水分挤出。如将这种含水 75% ~ 77% 的复水海洋牛肉与 1% 的淀粉混合，添加不同量的碎牛肉，制成 10g 重的海洋牛肉圆，蒸煮冷却后，经感官鉴定，用此法制得的海洋牛肉圆比天然牛肉圆脆且黏度小。如用 70% 的复水海洋牛肉和 30% 的牛肉混合制成牛肉圆，则可获得与天然牛肉圆相似的口感。

4. 产品特点

产品为灰白色、细粒状，直径 1 ~ 2mm、长度 2 ~ 4mm；不需冷冻保藏，复水率高，浸水膨润后可按习惯口味烹调；富于营养，具有和鸡蛋一样的消化率。

3.2.1.1.2.5　高蛋白仿畜肉鱼制品

美国、英国以及西欧、拉美各国，常常为摄食过多的饱和脂肪酸而担忧，所以，他们热衷于追求含有不饱和脂肪酸的食物，特别是鱼贝类产品。

在鱼汛期间，往往会捕捞到大量品质比较低劣、食用价值较低的鱼类，给加工处理造成许多困难。即使质量好的鱼类，如果不及时进行处理，也容易发生腐烂变质，这是渔业生产上长期以来要求解决的问题。用鱼肉加工成仿畜肉制品，不但妥善解决了问题，而且为人们提供了一种新颖食品。在食用前，先用水浸泡使其体积膨胀至约为原来的 5 倍左右。风味就像人们所吃的"精肉"那样，可以烹调成各种美味的菜肴。

1. 加工工艺

先将鱼肉刮下后磨碎，加入香糟后，调节 pH 到 7.4～7.8。再加入 1% 左右的食盐，腌渍一段时间后，将它搅成糊状，并用乙醇反复处理数次。加乙醇的目的主要是脱脂和除腥。在 5～10℃ 的低温下，用挤压机制作成形，即成为"畜肉"。

如果脱脂不完全，在贮藏的过程中会由于脂肪的氧化，而产生令人厌恶的鱼腥味。同时，生成的氧化物也有毒，所以要求脱脂完全。一般的鱼肉脱脂是比较容易的，只要加入乙醇反复处理两次就可以了。但若遇到含脂率比较高的鱼类，就要选择脱脂效果更好的有机溶剂，但又不能影响鱼肉的风味以及蛋白的质量。日本采用己烷和乙醇，其他国家采用异丙醇进行脱脂，同时还能够脱水。

使用有机溶剂时要防止鱼肉蛋白的变性问题，如凝聚能力、粘结能力以及亲水性等特性。若有机溶剂处理不当，有时就会引起鱼蛋白变性。要适当加入一些山梨糖醇、砂糖等，或者添加一些人工合成的真空冷冻干燥剂，以有效地防止蛋白质的变性问题。

2. 产品特点

制成的"畜肉"有米粒大小，含水量在 8%～9% 左右，蛋白质含量在 90% 以上，适宜于长期保存。

3.2.1.1.2.6　纤维状仿牛肉干鱼制品

利用鱼肉蛋白成形特性制成的纤维状鱼肉干品与鱼肉冻干品类似，具有细小的网状结构，质地疏松如同海绵状，吸水后膨润柔软，可作为食品原料，经二次加工后制成各种食品。所采用的原料，可为各种水分含量较高的鱼类和鱼品加工中的鱼肉碎屑，还可采用冷冻鱼肉糜。

1. 加工工艺

先将原料鱼用采肉机采肉，再用切碎机细切，用大于（最好为 2 倍）碎鱼肉量的过氧化氢和氨水的混合溶液（浓度大于 1%）浸渍 30min，然后加以搅拌、揉搓、抄制、伸展或制成砖形，最后用干燥机在温度为 35～40℃、风速为 1m/s 的条件下热风干燥即可。

2. 加工实例

[实例 1] 将狭鳕鱼除去头及内脏等，水洗后用采肉机采肉，再分别使用表 3-1 中的混合溶液进行浸渍处理。

表 3-1　浸渍液配方

试剂	配制浓度
A1	0.2% H_2O_2 + 0.2% NH_4OH
A2	0.2% H_2O_2 + 0.3% NH_4OH
A3	0.2% H_2O_2 + 0.5% NH_4OH
B1	0.3% H_2O_2 + 0.2% NH_4OH
B2	0.3% H_2O_2 + 0.3% NH_4OH
B3	0.3% H_2O_2 + 0.5% NH_4OH

（1）浸渍处理。将鱼肉与 2 倍鱼肉量的处理液混合，在室温条件浸渍 30min，进行发泡、漂白、柔润处理，然后用搅拌机搅拌 10min，对鱼肉纤维进行搓揉。

（2）抄制处理。在抄制台上放上聚丙烯制的帘子（过滤网），上面再放上 19.5cm × 25cm × 3cm 大小的木框，然后将鱼肉溶液倒入框内摊开，静置 10min，等水沥干后除去木框。

（3）干燥处理。将抄制沥干后的鱼肉按适宜的大小切成小块，移入干燥机内，在 35 ~ 40℃、风速 1m/s 的条件下干燥，即得成品。

［实例 2］高水分含量鱼肉 100 份，加入 200 份 0.2% 过氧化氢溶液与 0.2% 氨水各半的混合溶液（液温 6 ~ 18℃），浸渍 30min，再搅拌 10min，对鱼肉纤维进行揉搓。接着在帘子上摊开，抄制，再移入干燥机中在 35 ~ 40℃、风速 1m/s 条件下干燥，制成具有网状结构的黄褐色的鱼肉干燥食品。如果要制出白色的制品时，可使用浓度大于 0.4% 的过氧化氢溶液。

［实例 3］取经添加磷酸盐、糖类处理的冷冻鱼肉糜 100 份，解冻后浸入 200 份的 0.3%（最宜为 0.4%）的过氧化氢溶液中，浸渍 1h 再用搅拌机搅拌 20min，放在帘子上炒制，制成砖形，送入干燥机中在 35 ~ 40℃、风速 1m/s 条件下进行干燥。

以上各加工实例的制品如表 3 - 2 所示。

表 3 - 2　纤维状鱼肉干制品

试剂	H_2O_2 含量 /%	NH_4OH 含量 /%	pH 浸渍前	pH 浸渍后	干品率 /%	制品色泽	H_2O_2 残存量 /mg·kg^{-1}	吸水率 /%
A1	0.2	0.2	10.56	10	9.75	黄褐	109	600
A2	0.2	0.3	10.65	10.2	7.05	黄褐	92	680
A3	0.2	0.5	11.3	10.5	8.55	黄褐	112	740
B1	0.3	0.2	10.43	10	9.2	黄褐	135	740
B2	0.3	0.3	10.5	10.3	9.0	黄褐	156	620
B3	0.3	0.5	10.8	10.35	8.6	黄褐	132	720
C1	0.5	0.2	10.27	10	9.8	淡黄	544	1040
C2	0.5	0.3	10.2	10.2	9.3	淡黄	663	1020

3.2.1.2　鱼类调味品

近几年，鱼类调味品发展非常快，不仅中国，而且在日本、韩国、泰国等许多国家和地区都生产鱼类调味品，驰名世界的福建鲟油、泰国鱼露、韩国金枪鱼液，都以其独特的风味、丰富的营养而深受世界各地消费者欢迎。酶工程的应用，使鱼类调味品的生产又向前迈进了一步，大大缩短了生产周期，提高了产品质量。

3.2.1.2.1　鲟油

鲟油和用大豆、小麦等植物原料所制成的酱油属于同类性质的调味品，但它比酱油含有更多的含氮物。根据研究，鲟油中的氨基酸组成大体和鱼体蛋白质的氨基酸组成相似，它含有人体所需的各种必需氨基酸（苏氨酸、缬氨酸、亮氨酸、异亮氨酸、苯丙氨酸、蛋氨酸、色氨酸、赖氨酸）及其他半必需氨基酸。谷氨酸含量尤为丰富，它是味精的主要成分。除此之外，还含有人体需要的磷、镁、铁、钙及碘等，因此鲮油是一种味道鲜美、营养价值较高的食品。

1. 鲮油的营养素分析

鲮油及其类似制品的氨基酸含量及其比较见表 3 – 3、表 3 – 4。

表 3 – 3　鲮油及其类似制品的氨基酸含量　　　　　　　　　　　%

编号	氨基酸种类	福建鲮油（鱼露）	豆类原汁酱油	河北虾油	浙江七星鱼酱油	越南高级鱼露
1	胱氨酸	0.445	0.120	0.169	0.450	0.397
2	赖氨酸	0.224	0.030	0.155	0.230	0.451
3	精氨酸	0.557	0.098	0.422	0.630	0.676
4	天门冬氨酸	1.110	0.440	0.900	1.180	0.496
5	谷氨酸	1.023	0.950	0.833	1.330	0.927
6	丝氨酸	0.348	0.157	0.274	0.472	0.100
7	甘氨酸	0.313	0.119	0.265	0.500	0.099
8	苏氨酸	0.164	0.029	0.050	0.177	0.049
9	丙氨酸	0.326	0.155	0.270	0.367	0.342
10	脯氨酸	微量	微量	微量	微量	微量
11	酪氨酸	0.105	0.022	0.074	0.121	0.093
12	蛋氨酸	0.133	0	0.061	0.017	0.096
13	缬氨酸	0.431	0.128	0.225	0.345	0.290
14	苯丙氨酸	0.285	0.141	0.292	0.168	0.222
15	亮氨酸	0.193	0.116	0.232	0.152	0.163
16	异亮氨酸	0.470	0.305	0.236	0.312	0.189
17	组氨酸	微量	—	0	0	0
18	色氨酸	—	—	—	—	0.085
氨基酸总量		6.137	2.810	4.458	6.451	4.680

2. 鲮油质量标准

（1）感官指标

① 色泽：橙黄色或棕红色。

② 气味：应具有鲮油特有的香味，无腐臭味。

③ 滋味：鲜美，无苦、涩等异味。

④ 透明度：透明澄清，不混浊。

（2）理化指标

① 酸碱度：pH5.0 ~ 6.0。

② 食盐含量：不高于 27g/100mL。

③ 挥发性盐基氮含量：不高于 250mg/100mL。

④ 氨基酸态氮含量：

特级：1.0g/100mL 以上；

一级：0.8 ~ 0.85g/100mL；

二级：0.7 ~ 0.75g/100mL；

三级：0.6 ~ 0.65g/100mL；

四级：0.5 ~ 0.55g/100mL；

五级：0.3 ~ 0.45g/100mL；

六级：0.3 ~ 0.35g/100mL。

表 3 - 4　鲑油及其类似制品的必需氨基酸、半必需氧甚酸含量比较　　　　　%

氨基酸种类			酱油种类				
			福建鲑油（鱼露）	豆类原汁酱油	河北虾油	浙江七星鱼酱油	越南高级鱼露
必需氨基酸		赖氨酸	0.224	0.030	0.155	0.230	0.541
		苏氨酸	0.164	0.029	0.050	0.117	0.049
		蛋氨酸	0.133	0	0.061	0.071	0.096
		缬氨酸	0.431	0.128	0.225	0.345	0.220
		苯丙氨酸	0.285	0.141	0.291	0.168	0.222
		亮氨酸	0.193	0.116	0.232	0.152	0.163
		异亮氨酸	0.470	0.305	0.236	0.312	0.189
		色氨酸	—	—	—	—	0.085
	必需氨基酸总量		1.900	0.749	1.251	1.401	1.565
	必需氨基酸占氨基酸总量的百分数		30.46	26.65	28.06	21.72	33.44
半必需氨基酸		胱氨酸	0.455	0.120	0.169	0.450	0.397
		精氨酸	0.557	0.098	0.422	0.630	0.676
		甘氨酸	0.313	0.119	0.265	0.500	0.099
		酪氨酸	0.105	0.022	0.074	0.121	0.098
		组氨酸	—	0	—	—	—
	半必需氨基酸总量		1.430	0.359	0.930	1.701	1.270
	半必需氨基酸占氨基酸总量的百分数		23.3	12.77	24.86	26.37	27.13

3.2.1.2.2　鱼露

鱼露味咸，味极美，稍带一点鱼虾的腥味。富含钙、碘、蛋白质、脂肪和其他矿物质，食法与酱油同。泰国鱼露制作历史悠久，泰国人民最早食用鱼露是从大城皇朝帕那莱大帝（公元 1656—1688 年）在位时开始的，据说泰国由于鱼多，不少小鱼价格极低，吃不完的鱼常用来制作鱼露。

1. 泰国鱼露加工工艺

取一定数量的鲜鱼和盐按 3∶4 或 1∶2 的比例配好，这个比例并不限死，但盐一定要多于鱼，以免鱼体腐臭。把盐和鱼混和起来，充分拌和，然后装坛腌制 3 ~ 4 个月。当鱼体缩小变软、变烂、涌出浅黄色的水溢满坛子时，舀出这种黄色的透明液体，经过滤或蒸制就可立即食用。这种液体便是鱼露。因为是原汁鱼露，这与市场上出售的鱼露滋味是大不相同的。市场上出售的鱼露，是大规模现代化生产的。为了节省人力、物力、财力，有的生产厂常常在鱼中加入化学药品，以加速鱼体酥软。有的加入大量的海水熬制，以使一次获得大量的鱼露，谋取高额利润。这种鱼露价值低廉，营养价值不高，与家庭制作的相差甚远。

2. 鱼露发酵新工艺

鱼露是一种享誉海内外的调味品，目前鱼露加工主要靠食盐防腐，自然发酵。由于加盐量过多，抑制了酶的活性，使发酵周期有的长达一年以上。为此，人们进行了缩短发酵周期的不懈探索，先后研究出加温发酵和低盐发酵新工艺，使发酵周期由原来的 12 ~ 18 个月缩短为 4 ~ 6 个月。随着人们对发酵的本质——酶催化水解反应认识的不断深入和酶工程技术的发展，酶制剂被直接引入发酵水解过程，使生产周期由原来的 12 ~ 18 个月缩为 24h，从而使鱼露的生产取得了突破性的进展。主要有以下 3 种方法：

（1）加温发酵。利用蛋白分解酶和嗜盐微生物在 35 ~ 40℃ 时分解蛋白质的活力最强的原理，通过人工加温和保温促进鱼体中的蛋白质加速水解，以缩短发酵时间。如福建东山县将已发酵半年左右的小杂鱼放在烘房中的缸内，烘房保持 40 ~ 45℃，保温 2 ~ 3d 后，将鱼倒入池中继续发酵 5 ~ 7d，即可过滤，效果良好，使发酵周期从原来的 18 个月缩短到 6 ~ 7 个月。

（2）低盐发酵。利用蛋白分解酶在低盐时活力强的原理，在发酵前期少加盐，至蛋白质分解到一定程度时再加足盐的办法，以缩短发酵周期。如福建云霄县用三角鱼鲜原料加 25% 左右的盐，使波美度约为 20°Bè，发酵 5 ~ 15d，当鱼体变软、发胀上浮并有鱼露气味时，表示发酵适度。第二次加盐 5%，经 2 ~ 3d 再加 5% 的盐，至波美度为 24°Bè 左右，继续发酵至鱼肉全部分离成浆状，即可过滤。发酵周期由 1 年缩短到 4 ~ 6 个月。但这种方法所用原料应较新鲜，以三角鱼等较合适，鲜度太差的鱼不宜采用低盐发酵。发酵期间还要经常注意观察，严格掌握用盐量和用盐时间，防止蛋白质水解过度，若控制不好就易变质。

（3）酶法制取。将冷冻后的鳗鱼化冻，清洗干净，捣碎成糜状，加入与鱼等量的水，并加热至沸，维持 10min，使其蛋白质适度变性，以利于酶解，然后冷至 40℃ 以下，加入适量的中性蛋白酶 AS1398，置于 40 ~ 50℃ 恒温环境中进行酶解，酶解周期为 18 ~ 20h。将醪液加热煮沸 3min，以终止酶解。以硅藻土为助滤剂，加入量为醪液的 5% ~ 8%，于滤机中过滤得澄清透明液，在该透明液中加入粉末状活性炭 1% ~ 5%，加热至沸，静置 2 ~ 5h，过滤除去活性炭。再加入与滤液等体积的 95% 的食用乙醇，搅拌均匀，静置过滤后减压浓缩回收乙醇，得棕红透明的浓缩物，即为酶解法鱼露。该鱼露生产周期为 20 ~ 24h，与传统鱼露 6 ~ 12 个月的生产周期比，生产效率大为提高，其色泽棕红，香鲜浓烈，具有鱼类特有鲜味，加入适量的盐、防腐剂后，即可装瓶上市。

3.2.1.2.3　鱼露粉

鱼露是一种美味的液体调味料，深受消费者欢迎，但其包装运输非常不便。近年来开发出一种新型的固体产品——鱼露粉。

1. 加工工艺

鱼露粉的加工工艺如下。

（1）喷雾干燥。将鱼露过滤，除去沉淀物，调整其氨基酸态氮含量，然后抽入高位槽中，通过流量计控制流量，进入气流式喷雾干燥器的中心轴内管，利用压缩空气的压力，穿绕喷雾器中心轴，漩涡状地高速冲出喷嘴而形成雾状在热风干燥箱中流动，雾状颗粒在从空间沉降的过程中得到干燥，湿空气则由出风口的袖袋过滤，强制排出，过滤后的产物即为鱼露粉成品。

（2）包装。鱼露粉在湿空气中易回潮、发粘，故鱼露粉成品应立即用密封桶储藏，按规定重量进行包装。包装物采用塑料薄膜，内销产品每袋成品净重 50g；用纸箱包装每件成品净重 10kg，出口产品每袋成品净重 125g；用木箱每件成品净重 25kg。

2. 成品质量

鱼露粉成品为白色松散的粉末，无异味，无外来夹杂物。用氨基酸态氮为 0.45% ~ 0.65% 的鱼露所加工的成品，每 100g 含蛋白质 17 ~ 21g，氨基酸态氮 1.2% ~ 1.7%，氯化钠 73% ~ 78%，水不溶物 0.3%，水分 2.5%。含量随液体鱼露的成分而变动。

3.2.1.2.4 鱼酱油

经济价值较低的鱼种，除鲜销外可制成鱼酱油。其制品蛋白质含量很高，而且味道也好。其加工工艺如下：

（1）预解。先将原料浸入盐酸（其他酸亦可，均不及盐酸适宜）中进行分解，用酸量为鲜原料的 15% ~ 20%（如果用其他鱼副产品或废弃物，则视原料的干、卤、鲜等具体情况而确定用酸量）。

（2）加热。用盐酸浸过原料，置于耐酸缸或蒸发皿内，以文火加热，保持 80 ~ 105℃，缸盖上面穿孔，插一根长玻璃管，将蒸汽冷凝，回收盐酸，加热分解的时间为 8 ~ 10h。

（3）保温。停止沸腾后，保温 4h，使其分解完全，然后再倒入缸内，准备中和。

（4）中和。待温度冷却至 60℃ 时，逐渐加入碳酸钠（纯碱），用量为盐酸量的 50%。中和残余盐酸，中和时不断搅拌，最后以蓝色石蕊试纸试之，至不呈碱性反应为止。

（5）过滤。将中和后的液渣静置至泡沫停止，用布袋过滤（加力压榨），即得鱼酱油液汁。

（6）制成酱油。将过滤的汁液进行蒸煮消毒（煮沸后保持 10 ~ 20min），同时亦能去腥，再测其浓度，应为 20 ~ 22°Bé，如达不到此浓度时须加浓盐水补足，超过时须加开水稀释，最后加入 5% 的酱色，即成化学鱼酱油。

3.2.1.2.5 鱼酱汁

为了应用以沙丁鱼为原料制取鱼酱汁的生产，人们已经考虑了其内脏酶的有效作用。沙丁鱼内脏萃取物可能含有胰酶等几种蛋白酶，用钙离子可以稳定这些酶的活性。这些酶在 pH 为 8.0，50℃ 以及有钙离子存在时，沙丁鱼的水解率最高。如果加入氯化钠或者鱼肉经热处理（即 100℃，5min）后，会降低鱼肉的水解率。目前，已经确立了以沙丁鱼为原料制取鱼酱汁的新方法。

加工工艺：在上述指定的最适条件下，将内脏萃取物加入到沙丁鱼碎肉中发酵 5h，经发酵后的混合物，用离心方法澄清。然后把 25% 的氯化钠溶液加入到清液中，调节盐浓度，即制成沙丁鱼酱汁。在感官特征和氨基酸等化学组成方面，沙丁鱼酱汁在质量上可与两种商品化产品媲美。

3.2.2　海洋虾、蟹、贝类食品加工

3.2.2.1　海洋虾、蟹类食品加工

3.2.2.1.1　虾制品

3.2.2.1.1.1　虾味素

天津市水产供销公司塘沽分公司水产加工厂以对虾头为原料，经加工处理，适当添加辅

料进行风味和营养调配，研制成功了调味新产品——虾味素，填补了我国天然食品调味料的一项空白。

1. 加工工艺

将出口对虾加工后的副产品对虾头，经采肉机将对虾头中的虾黄、虾肉和虾汁采出，使之与虾壳分离，然后经加热，研磨调成浆状，再进行喷雾干燥、分离。由于虾味素的浆料是一种高蛋白、高脂肪的物料，用一般干燥方式是无法得到滑爽的粉状产品的，因此采用了我国首创的膏状物直接喷雾干燥技术。应用这种技术干燥时间短，且能保持虾味素成品的浓郁对虾风味。

2. 产品质量

经初步鉴定，虾味素是一种吸湿性较强的咖啡色滑爽细粉，对虾风味纯正，无腥异味。粗分析含蛋白质 60% 以上，脂肪 18% 以上，水分 10% 左右。可广泛用于方便食品，虾味酱油、龙虾片、虾味糖果等调味产品。与用干海虾米做的调味料相比，具有用量少、虾味浓、成本低等优点。如直接用于家庭烹调，则是一种营养价值高的高档调味品。

3.2.2.1.1.2　虾籽

虾籽又叫虾蛋，由虾的卵加工而成。凡产虾的地区都能加工虾籽。以辽宁的营口、盘山，江苏的东台、太平、射阳、高邮、洪泽等地区生产较多。每年夏、秋季节为虾籽加工时期。虾籽及其制品均可做调味品，味道鲜美。

1. 产品质量

虾籽分海虾籽和河虾籽两种。海虾籽以色红或金黄、粒圆、身干、味淡、无灰渣杂质为佳。

2. 营养成分

以食用部分 100g 的含量计，水分 17.0g，蛋白质 44.9g，脂肪 2g，碳水化合物 24.2g，钙 244mg，磷 801mg，铁 69.8mg。

3. 食用方法

一般先用清水洗去虾籽的灰渣，可用来烧豆腐、肉类、鲜菜、蒸蛋、煮汤等。比如烧豆腐，先将猪肉剁烂炒一下，再将豆腐及虾籽、葱、酱油等调味品放入烧热，起锅时放点淀粉汁、味精即成味美可口的虾籽烧豆腐。

4. 保管方法

用木箱包装为宜，内衬防潮纸，四周放生石灰（用布包装），存放在阴凉通风处。用坛子盛装最好，可以防止生虫发霉。如发现生虫，可用 1% 硫磺熏后再存放。

3.2.2.1.2　蟹制品

海蟹体大而呈菱形，又称梭子蟹、枪蟹。它属甲壳节肢类动物，营养丰富，味道鲜美。除鲜吃外，又可加工成多种风味独特的食品和调味品，如：蟹黄、蟹蛋、蟹酱等。

3.2.2.1.2.1　蟹肉干

蟹肉干是鲜蟹的肉加工成的淡干品，其腿肉部分称蟹腿、蟹扇，其他部分称蟹肉。螃蟹不仅味道鲜美，而且营养丰富，其营养成份（以 100g 可食部分含量计）如下：水分 80.0g，蛋白质 14.0g，脂肪 2.6g，碳水化合物 0.8g，钙 141mg，磷 191mg，铁 0.8mg。蟹腿（肉干）：水分 15.0g，蛋白质 72.2g，脂肪 5.2g，钙 307mg，磷 748mg，铁 44mg，硫胺素微量，核黄素 0.12mg，尼克酸 2.9mg。

3.2.2.1.2.2　蟹黄

蟹黄是鲜蟹腹内的卵加工制品，亦可制罐头。色黄味美，可烧烩四季鲜菜。

3.2.2.1.2.3　蟹籽

蟹籽是蟹卵干制品，色黄，是一种烧菜用的辅料。以身干、粒粗、色黄亮或褐、无蟹毛及灰渣杂质者为佳。

3.2.2.1.2.4　蟹酱

蟹酱多由个体小、不适宜煮食的鲜蟹加工磨制后，加入 15% ~ 20% 的盐，利用生蟹本身的酶和有益微生物发酵而成的酱，质细、色红，有浓郁而独特的海鲜香味。可烹制各种蔬菜或蒸食，亦可生食。

蟹油是以食用油热浸提海蟹中的脂溶性调味成分而制取的一种蟹香浓郁的风味调味料。以蟹油入菜肴，蟹油飘浮，金黄油亮，鲜香味醇，食之齿颊留香。如冬令的蟹油豆腐、蟹油青菜，素中有荤，趁热食用，更胜一筹。若用于煮面条汤，软滑爽口，汤料汁香；与肉或菜拌和成馅心，风味别致。

1. 加工工艺

新鲜海蟹去壳后，把蟹黄、蟹肉剔下。熬制时，先在烧热的炒锅里放入与蟹黄、蟹肉等量的素油（或熟猪油），把姜块、葱下锅炸出香味后捡出。再敦入蟹黄、蟹肉、绍酒，搅拌均匀，用旺火熬制。锅内的蟹肉中的水气排出时，锅中出现水花，泡沫泛起，此时改用中火熬煎。待油面平静时，再用旺火。如此反复几次，使其中的水分在高温中逐渐排出，待油面最后平静时，蟹油基本熬好。将熬好的蟹油冷却后定量装瓶、贴标即为成品。

2. 注意事项

（1）熬制蟹油时要适当调节火力，即旺火熬开，中火炼熟，小火囟起。

（2）蟹肉中的水分一定要除掉，这是熬油的关键。否则，不但影响油的特色风味，而且容易变质，难以保存。

（3）蟹油熬好后，要过滤除渣，将滤液盛入陶制器皿中，待完全冷却后，再放入冰箱内。

（4）若想隔年贮存蟹油，不能用猪油熬，否则经过夏天，极易变味。

（5）盛蟹油的瓶洗净后要烤干，不可带有水，否则易使蟹油在保存期内变质。

3.2.2.1.2.5　蟹香调料

1. 原料配比

日本发明的蟹香调料是以呈味氨基酸、核苷酸配以蟹壳、无商品价值的小型蟹提取物制成。虽然它不含蟹肉但具有蟹肉的天然风味和芳香味，而且使用时不受地域和季节的限制，十分方便。该调料的主要成分和组成配比为：氨基酸 50% 以上，无机盐约 30% ，5′－核苷酸约 2% ，糖 1% 。蟹壳提取物则为调料中固形物总量之 2% ~ 20% 。氨基酸中，以甘氨酸、精氨酸、丙氨酸、谷氨酸为必须成分，甘氨酸须不少于 40% ，丙氨酸应在 10% 以上。凡用发酵法、合成法、提取法、蛋白质水解法制成的氨基酸均可使用，但必须不含杂质。一般大豆蛋白、酪蛋白、明胶等动、植物性蛋白质的水解物均可作为廉价的氨基酸来源。

核苷酸类可用 5′－鸟苷酸、5′－胞苷酸、5′－肌苷酸；无机盐可用 $NaCl$、KH_2PO_4、K_2HPO_4 等等无机盐类；糖用葡萄糖或含葡萄糖的转化糖；所用蟹壳提取物可用食用蟹壳，选用热水提取法、乙醇等有机溶剂提取法和稀酸抽提法等方法提取。

2. 加工工艺

人工蟹香调料的调制无特别限制，只需将上述各成分制成粉末按比例配合即可。但为使制品有浓郁蟹香，最好将上述配料加热处理，以使香气挥发溢出，即按比例制成调味液后以 80 ~ 120℃ 加热 30 ~ 120min。经加热处理的调味液可直接使用，也可浓缩制成酱型调料，或添加糊精等制成粉末型或颗粒型。

3.2.2.2　海洋贝类食品加工

贝类是海洋中味道极为鲜美的品种，营养极为丰富，含有丰富的蛋白质、脂肪、糖原、无机物等。在其蛋白质中，含有全部必需氨基酸，其中酪氨酸和色氨酸含量比牛肉和鱼肉的含量都高。

贝类历来就被视为海产珍品，中医认为贝类具有调胃和中、滋阴补肾之功效。近年的研究表明，贝类肉质中除含有上述营养物质外，还含有丰富的具有特殊保健作用的牛磺酸。在所有的海产品中，贝类中牛磺酸的含量普遍高于鱼类等，而其中尤以海螺、毛蚶和杂色蛤中的为最高，每百克新鲜可食部分中含有 500 ~ 900mg。另一些贝类如牡蛎中不仅含有丰富的牛磺酸，而且还含有一些特殊的具有抗癌作用的生理活性物质，如活性多糖、活性肽类。著名的抗癌药物金牡蛎，就是由海鲜牡蛎中制取的。

海产贝类中，其营养物尤其是氨基酸含量丰富而平衡，是不可多得的优质蛋白食品。以贝类中具有代表性、产量较大的扇贝与贻贝为例，这两种贝类的营养价值（就蛋白质、氨基酸评价而言）不低于名贵海产珍品刺参。

3.2.2.2.1　贝类罐头食品

3.2.2.2.1.1　新型烟熏贝类罐头

罐藏食品虽不是近几年出现的新型食品，但贝类罐藏食品，尤其是具有一定特色的罐藏食品却具有相当的新颖性。制作烟熏贝类罐头时，一般是把烟熏后的贝类装入罐中，按常规法脱气，密封，在杀菌釜中加热杀菌，制成成品。可是，用这种方法制成的罐头中，往往会产生凝乳状的物质，严重影响罐头的感官质量。新工艺制成的烟熏罐头不产生凝乳状物质。

1. 加工工艺

将贝类烟熏后，整形、装罐，根据需要加入调味料、植物油等，脱气、密封后，在 70℃ 以上 120℃ 以下的液体热媒中浸没加热 5 ~ 40min，然后于杀菌釜中按常规方法进行杀菌、冷却。

2. 加工实例

［实例 1］ 将全贝或贝柱清洗好，置于 10% 的盐水中盐渍数分钟，滤水，烟熏 35min，整形后装罐（每罐装入量为 120g），脱气，密封，在 100℃ 的热水中浸 5min 后取出。在杀菌釜中以 115℃ 杀菌 60min，以水冷却。经此法处理的成品无凝乳状物质产生。

［实例 2］ 把贝类烟熏整形后装入罐中，装罐量为 120g，加入植物油 10g 和调味料若干，脱气，密封，接着将罐头在 85℃ 热水中浸渍 20min 后，于杀菌釜中 115℃ 杀菌 60min，用水冷却。经此法处理的成品无凝乳状物质产生。

3.2.2.2.1.2　原汁赤贝罐头

原汁赤贝是属于清蒸类水产品罐头的一种，系采用新鲜赤贝原料，不经浓味调配，只进行适当工艺处理后即行装罐，并注入少量食盐、味精等调配成的汤汁，经真空封罐后进行高压杀菌而成。它的主要特点就是最大限度地保持原料固有的色泽和风味。

1. 加工工艺

（1）原料选择。罐藏用的赤贝原料，因捕捞季节不同而质量差别很大。夏季产卵期后的赤贝，肉质瘦、脂肪含量少，煮熟后颜色灰暗苍白，食之味道不鲜，不适于加工罐头。而春、秋二季的赤贝，肉质丰满肥厚，肌体营养丰富，煮熟后，特别是巨大的斧足能呈现出淡黄、鲜嫩明亮的颜色，最宜于制罐头。

鲜赤贝肉的化学组成为：水分 82.3%、蛋白质 10.6%、脂肪 1.8%、糖类 3.2%、灰分 2.1%。从营养成分来看，和我国的主要经济鱼类或虾、蟹等肉相比较，除脂肪含量较低外，其他成分差不太多。在 B_{12} 的浸出物中还含有大量的甜菜碱、牛磺酸、琥珀酸和维生素 B_{12} 等，确实味道鲜美，营养丰富，适宜做清蒸类罐头。

赤贝蛋白质含量很高，也容易腐败。用于加工罐头的原料的新鲜度是保证产品质量的重要因素之一。

（2）机械去套和漂洗除泥沙。一个完整的贝肉是由贝套膜及深褐色多绒毛的鳃连结着贝壳肌，附着在丰富多肉的巨大斧足体上而形成的。贝套膜、鳃和贝壳肌约占整个贝肉重量的 40%～45%。它们由于摩擦和碰撞很容易从贝体上分离而脱落，当经过高温加热后，贝套膜及鳃更容易变成碎屑。如将带贝套膜的贝肉装入罐中，势必造成汤汁混浊，外观极为难看，并且在加工中也难以去掉贝套膜中间夹带的泥沙、微小草茎和各种纤维等杂质，致使产品质量得不到保证。这也是生产原汁赤贝罐头必须除去贝套膜的原因。

去贝套膜是生产的第一道工序，过去完全用人工摘套，效率非常低，耗费劳力极大。锦州罐头食品厂研制成功机械打套机，将带套赤贝肉装进打套机内，在适量的流动水中，利用机械搅拌和促使贝肉互相摩擦的原理，使套膜脱离斧足体，然后与水一并流入震荡刷，在具有强大压力的喷淋水流冲刷下，使套膜与贝肉分开，脱套率可以达 95% 以上。这一工序除了去贝套膜外还同时完成了贝肉清洗除杂的工作，为原料挑选工序节省了大量人力，并较手工操作提高效率达 10 倍以上。

（3）预煮。在原汁赤贝的生产中，原料预煮工艺条件的控制很重要，影响产品质量的主要因素即在此工序。

预煮的目的一方面是为脱水，使表面蛋白质凝固和组织紧密，减少原料所带细菌的数量；另一方面是为了保证成品色泽达到脱去游离酸的作用。预煮时水中调入适量的有机酸（用醋酸维持一定的 pH），以增进上述两方面的作用。生产实践证明效果是显著的。

预煮时加酸量太多或加热时间过长，都会造成贝肉过分失水，使其变硬老化。虽经高温长时间杀菌仍具很大韧性，产品不易嚼碎及鲜味不浓等；如加酸量太少，或加热的时间过短，脱水、脱硫的效果亦不好，更有使成品内容物变黑的可能。另外，用水比例太小和煮水连续使用的次数过多，由于其中浸出物浓度提高，会影响醋酸分子的解离，表现在每锅补加的酸量未变，但随着煮水连续使用的次数增多，pH 已逐渐增高了。因此，为了保证在一定的 pH 条件下进行预煮，势必要增大加酸量，这也同样会导致酸量多而使贝肉变硬的后果。因此，如何正确掌握预煮加酸量、预煮时间、贝肉与煮水比例关系等条件，是至关重要的一环。

预煮的条件是：①水和贝肉量的比例应保持一定（贝肉约占水量的 1/2）；②预煮时间控制在从沸腾时起计时，煮 5min 左右为宜；③加酸量须保证在 pH4～5 的条件下预煮，并考虑锅次之间加酸量不要相差太大，尽量维持煮水中最低的酸浓度，这样，才能获得较好的预煮效果；④煮水连续使用最好不超过 4 次，以减少在酸量掌握上由于 pH 与酸的百分含量之间呈非线性规律所造成的误差。

（4）汤汁的加酸和杀菌。在预煮以后的各工序中同样存在着影响质量的因素，如预煮后贝肉放置时间太长，或经过长时间高压杀菌，都会造成蛋白质的变性。所以配汤汁的同时还要调入少许柠檬酸保持微酸性，以防止杀菌和贮藏过程中硫化物的形成，并降低嗜热性细菌芽孢的致死温度和时间，增强杀菌效能以抑制产酸菌的活动等。

3.2.2.2.1.3　海带调味蛤仔

调味蛤仔是将蛤仔用调味液熬煮而制成，一般情况下存在蛤仔肉组织变硬，汤汁浑浊等缺点，致使制品品质下降。海带调味蛤仔克服了调味蛤仔的缺点，蛤仔肉组织柔软，汁浓而不浊，且具有海带的风味。

1. 加工工艺

将蛤仔肉放入由水、料酒和调味料等组成的调味液中熬煮后，加海带后再煮；或将蛤仔肉煮后放置一段时间，加海带再煮。加海带熬煮后，最好将蛤仔肉和海带取出，再把汤熬稠。最后，将调味蛤仔肉、汤汁和切成长方形的海带一起装入容器中密封、杀菌。

2. 加工实例

［实例 1］将蛤仔肉洗净、煮沸，同时除掉杂质。将水 19.8L、酒 1.8L、砂糖 1kg、酱油 2.7L、馏酱油 0.9L 和化学调味料 4 大匙混合，调制成调味液。将上述蛤仔肉和调味液放入锅中熬煮。沸后用中火焖 1h，再放置 1h 左右以脱除异味；再次煮沸，加海带 500g，焖 30min 左右；然后，取出蛤仔肉和海带，把汤再熬煮 20min 左右收汁；把蛤仔肉和切成长方形的海带放入汁中拌匀，再将上述汤汁、蛤仔肉和切成长方形的海带装入瓶、罐或合成树脂袋中密封，加热杀菌。

由于汤汁和海带的风味浸透到蛤仔肉组织中，所以制品具有海带特有的风味，汁浓而不浊，品质良好。

［实例 2］将冷冻蛤仔肉解冻后洗净、煮沸。将水 19.8L、酒 1.8L、砂糖 1.5kg、酱油 2.7L、馏酱油 0.9L 和化学调味料 4 大匙混合，调制成调味液。将上述蛤仔肉和调味液放入锅中熬煮。取出蛤仔肉和海带，把汤再熬煮 20min 左右收汁，再把蛤仔肉和切成长方形的海带放入汁中拌匀。将上述汤汁、蛤仔肉和切成长方形的海带一起装入容器中密封、杀菌。制品的色、香、味俱佳。

3.2.2.2.2　贝类休闲食品

3.2.2.2.2.1　贝类薄脆饼干

贝类薄脆饼干是以贝类与小麦粉为原料加工而成的口感酥脆、海鲜风味浓郁的饼干。与一般饼干相比，它含有丰富的贝肉蛋白，长期食用也不会出现蛋白质缺乏，从而避免了因偏食饼干而出现营养不良的现象。

加工工艺流程及加工工艺如下：

贝类原料→清洗→成糜→配料→压片→烘烤→高温上色→冷却→包装

（1）原辅材料预处理。取下新鲜贝类的肉质部分，磨成肉糜，添加小麦粉作为粘结剂，并根据口味添加辣椒、芝麻、杏仁、香料等，调制成料坯。

（2）压片、烘焙。将料坯压制成片状，然后进行烘焙；使其达到半热变性状态，即加热温度要适宜，防止蛋白质急剧变性，以保持贝类的鲜度和风味。烘焙时最好采用上、下两面同时加热的方式，例如采用热金属板夹住料坯进行加热。由于料坯加热后会膨胀，因此还要注意不要影响料坯膨胀。然后再用蒸气或具有一定水分含量的热风对烘焙后的半热变性料坯进行缓慢加热，一般需加热 5～12h。经过缓慢加热，料坯内部的水分基本被除掉，而且保持了贝类的鲜味和风味。

料坯经蒸气加热后，可用远红外线对其表面进行短时间加热，加热时间为 5～20min，使添加的小麦粉进一步变性，并产生部分焦糖色，使饼干色泽更好，风味更佳。二次加热除采用远红外线外，也可利用电热、燃气及其他方式。

料坯经上述处理后，再用普通薄脆饼干的烘焙方式进行烘焙，即得到色、香、味俱佳的贝类薄脆饼干。

3.2.2.2.2.2　牡蛎肉松

牡蛎风味宜人，营养丰富，但由于水分含量高，不宜久存。将其加工成牡蛎肉松后，既保持了天然牡蛎的风味，又可长期。

1. 原料配方

脱壳牡蛎 30kg、白肉鱼肉糜 10kg、大豆蛋白或小麦面筋 500g、色拉油 200mL、调味料适量。

2. 加工工艺

（1）原料处理。取脱壳牡蛎放入冷水中，迅速用水洗净，取出后熏制 48h，使其在除去水分的同时，产生牡蛎本来的风味，然后用搅拌机搅至不成形的程度。

（2）调配。将白肉鱼（如鳕鱼、石首鱼、海鳗等）肉糜，作为赋形剂加入到牡蛎肉糜中，再加大豆蛋白或小麦面筋，并添加适量的卵黄、食盐、甜味料等。也可用鸡肉糜代替鱼肉糜。

（3）加热、杀菌。水煎加热 2～3h，制得水分含量为 10%～30% 的肉松状（直径 1～3mm）牡蛎混合物。为提高口感，加入色拉油，趁热（约 60℃）装入可加热的瓶或袋中，密封后，在 100℃ 以上的温度下加热杀菌 45min，即得牡蛎肉松。

3.2.2.2.2.3　冷冻文蛤肉串

近年来，各种优质的风味海产小食品日益受到国外消费者的欢迎，为适应当前国外市场的需要，出口海产品不断向精、深加工发展，冷冻文蛤肉串便是其中品种之一。文蛤蒸煮取肉后经简单的成串加工，不仅增加了出口水产品的花色品种，满足了国外消费者的需要，而且取得了较好的经济效益，与普通的文蛤肉相比，增值 30%。

1. 加工工艺

原料验收→冲洗挑选→暂养吐沙→蒸煮→取肉→挑选→漂洗沥水→成串摆盘→急冻→脱盘→镀冰衣包装→冷藏

（1）原料要求。文蛤肉呈微碱性，极易腐败，文蛤一旦死去，很快就会变质，再也不能食用，因此应选用活鲜蛤进行生产。

（2）冲洗挑选。把文蛤肉盛放在筛中，用流动水冲洗，冲洗时要不断翻动，以冲掉蛤体上的泥沙和各种杂质，然后把文蛤肉置于清洁卫生的不锈钢操作台上，挑出死蛤、空壳蛤、破碎蛤和弱蛤。其鉴别方法为：活蛤双壳紧闭，用手掰不开，口开时触之则会合拢，两壳相击发出清脆坚实声。弱蛤闭壳肌松弛，用拇指甲能轻易插入壳缝，轻易一次插入者为弱蛤，因其壳内水分有所流失，经拨动后发出破壳声。死蛤自动开口或用手轻轻一拨即张开，不会闭合，并有臭水流出，有恶臭、壳表面脏污。

（3）暂养吐沙。把文蛤放在水池中，放置时以一层为佳，以免因文蛤重叠使之不易张口而吐沙不尽。注入海水或 1%～1.5% 的盐水，且保持水的循环流动。吐沙约 30min 后即可取出送去蒸煮。

（4）蒸煮。把适量的文蛤置于不锈钢夹层锅中，加水蒸煮至沸约 10min，蒸至蛤壳完全张开，蛤肉易剥离为宜。注意掌握好熟度，以免影响出品率。蒸煮后把文蛤捞出，放在筛中空气自然冷却 3~5min 后即送往下工序。

（5）取肉。先用双手掰开蛤壳，然后用左手拿着附有蛤肉的壳，右手用不锈钢刀剔出蛤肉，取肉时要小心操作，以免划破内脏和切断裙褶。

（6）挑选。把文蛤肉放置在清洁卫生的不锈钢操作台上，剔去内脏破裂或裙褶断裂的蛤肉、碎壳和其他杂质。

（7）漂洗沥水。把蛤肉放置在筛中，其量以占筛容量的三分之一为宜。然后把筛子浸入 3~4℃ 的清洁水中，用手向同一方向轻轻地不断搅动，以洗净泥沙，再置于另一池水中重复操作一次，然后将蛤肉连同筛取出，放在铁架上使之保持一定的倾斜度进行沥水。

（8）成串摆盘。成串时用一光滑无刺、清洁卫生、长度为 10cm 的小竹签从文蛤肉两侧穿过，每串蛤肉大小均匀，共 3~4 只，18~20g，成串时整串文蛤肉平整美观。然后进行摆盘，从盘底摆起，每层两排，每排 4 串，摆 5 层，每盘 40 串，摆好后用另一盘底轻压一下，使其排列整齐、紧密，以免上层过高，冰衣覆盖不良而造成风干。压盘后加入 0~4℃ 的冰水到盘高 1/3 处，立即进行急冻。

（9）急冻。采用空气冻结或平板速冻机进行急冻，冻结至产品中心温度达 −15℃ 时即可出库。采用空气冻结时，急冻间的温度应在 −25℃ 以下，应尽快使中心温度达 −15℃，时间最长不能超过 14h。

（10）脱盘。采用淋水融脱法，脱盘时先用自来水喷淋冻结盘的底部，然后把盘倒置于操作台上，用两手轻压即可脱盘。脱盘时应轻拿轻放，短时快速，以免冰衣融化。

（11）镀冰衣包装。脱盘后立即把冻块浸入 0~4℃ 的清洁冰水中，时间约为 3~5s，使冰块均匀地镀上一层薄冰衣，以防止冷藏时蛤肉表面风干和氧化。然后把冻块装入塑料袋中，封口要严密。外包装为纸箱，包装箱要完好、清洁、坚固。每箱装 16 块冻块，净重为 12.8kg。包装完毕，箱外刷上生产厂、品名、重量、批号、生产日期即可。

（12）冷藏。包装好的产品应立即放到温度为 −18℃、相对湿度为 80% 以上的冷藏库内储藏。温度应保持相对稳定，其波动范围不应超过 2℃，冷库要安装温度自动记录仪。

2. 成品质量要求

（1）鲜度。品质新鲜、色泽正常，具有冷冻文蛤肉的气味，蛤肉柔软、清洁、有弹性。

（2）规格。每串 3~4 只，共 18~20g。

（3）杂质。除净沙，无外来杂质。

（4）贝类毒素。必须符合进口国规定。

3.2.2.2.3　贝类调味品

贝类肉质中除含有丰富的呈味氨基酸——谷氨酸、甘氨酸等以及强烈助鲜剂核苷酸类外，还含有琥珀酸等贝类特有的风味物质。其汁液味道异常鲜美，独具特色，是制造调味品的上好原料。近年来，酶解技术的引入，更使新产品、新工艺不断出现。

3.2.2.2.3.1　酶解法制取牡蛎调味品

目前，牡蛎主要是供鲜食，其次是用传统方法加工成蚝油，其他产品很少，这方面的研究报道也不多。利用酶解法，提高了其蛋白质的利用率，有利于人体吸收，同时使制品味道更鲜美，营养价值更高。用这种方法，可以生产出液体贝类调味品——酶解蚝油，固体调味品——海鲜汤料。

1. 加工工艺

牡蛎→去壳洗涤→磨碎→调 pH→加酶水解→酶失活→过滤酶解液
→浓缩→调配→过滤→装瓶→灭菌→成品（酶解蚝油）
　　↓
喷置干燥
　　↓
酶解牡蛎粉
　　↓←辅料
　　混合→筛分→包装→成品（水解牡蛎粉汤料）

（1）原料处理。鲜活带壳牡蛎的外壳及肉上附有许多泥沙、黏液及微生物。先将壳剥去，肉放入洁净容器中，加入清水轻轻搅拌洗净。因为牡蛎肉柔软多汁，必须轻轻冲洗，避免损失过大。

（2）酶解。对于牡蛎肉的酶解，使用不同类型的蛋白酶水解效果差别很大。碱性蛋白酶的水解效力最高，但由于水解液偏碱性，风味差，不宜使用；酸性蛋白酶对牡蛎肉水解效力很弱；中性蛋白酶水解效力适中，风味好。因此选用中性蛋白酶，酶解条件为 pH7～8，温度 50℃，酶解时间 1～2h。

（3）灭酶。将已水解的肉液加入少量水，加热至沸，保持 20min。灭酶的同时可去掉部分腥味。

（4）过滤、浓缩、干燥。过滤分两次进行，第一次用 40 目筛粗滤，去掉破壳及杂质；第二次用 200 目筛精滤，分离出被水解的碎肉，再重新水解。滤液放入夹层锅中，加热浓缩至氨基酸态氮含量为 1.0g/100mL 左右为止。浓缩液可与其他调味料配制酶解蚝油或调味后喷雾干燥制成水解牡蛎粉，用于做汤料。

2. 几种牡蛎调味料配方

（1）酶解蚝油配方见表 3-5。

表 3-5　酶解蚝油配方

项目	占比/%	项目	占比/%
酶解浓缩蚝汁	30	CMC-Na	0.2
酱油	40	醋	0.2
白砂糖	10	肌苷酸钠	0.01
食盐	7.5	鸟苷酸钠	0.01
砂糖	10	苯甲酸钠	0.1
酱色	1	琥珀酸钠	0.08
味精	0.5	料酒	0.1

（2）水解牡蛎汤料配方见表 3-6。

表 3 - 6　水解牡蛎汤料配方

项目	占比/%	项目	占比/%
酶解牡蛎粉	16	生姜粉	2.02
食盐	58	大蒜粉	2.0
砂糖	8.0	胡椒粉	2.0
味精	10	干葱粉	2.0

3. 酶解牡蛎调味品质量指标

（1）酶解牡蛎液氨基酸含量（见表 3 - 7）。

表 3 - 7　酶解牡蛎液氨基酸含量　　　　　单位：mg/100mL

天门冬氨酸	丝氨酸	甘氨酸	缬氨酸	异亮氨酸	亮氨酸
170.5	202.0	274.0	198.0	172.0	307.0
酪氨酸	组氨酸	胱氨酸	脯氨酸	苏氨酸	谷氨酸
156.5	—	46.0	189.5	170.0	715.5
丙氨酸	蛋氨酸	苯丙氨酸	赖氨酸	总含量	
236.5	181.0	153.0	315.0	3792.0	

（2）酶解蚝油质量指标

① 感官指标

滋味：具有蚝油的独特风味，无苦涩和其他不良味道。

色泽：棕褐色，有光泽。

状态：粘稠状，细腻无颗粒。

② 理化指标：见表 3 - 8。

表 3 - 8　酶解蚝油理化指标

指　　　标	标　准
氨基酸态氮含量/g·(100mL)$^{-1}$	≥0.50
食盐含量/g·(100mL)$^{-1}$	≥10
总糖含量/g·(100mL)$^{-1}$	≥13
总酸含量（以乳酸计）/g·(100mL)$^{-1}$	≤2.5
铅含量（以 Pb 计）/mg·kg^{-1}	≤1.0
砷含量（以 As 计）/mg·kg^{-1}	≤0.5

3.2.2.2.3.2　高压浸提、真空浓缩制取牡蛎精粉

牡蛎是一种软体动物，壳无一定形状。日本的牡蛎共约 13 种，而全世界共有 100 ~ 200 种。可食用的牡蛎主要有真蛎、毛蛎等卵生种及欧洲贝等胎生种。日本大量养殖真蛎，产地遍布整个日本，食用方法除生食、油炸、牡蛎火锅外，还可加工成牡蛎干、熏制品。制牡蛎干的煮汁可用来加工牡蛎酱油。从牡蛎肉中可以提取糖原。最近，又从牡蛎肉中提取氨基乙磺酸。牡蛎壳可做为制作钙的原料。牡蛎含糖原、氨基乙磺酸、维生素 B$_2$、维生素 B$_6$、

维生素 B_{12} 等 B 族维生素，还含钙、钾、镁、铁、碘等矿物质。将牡蛎用加热、水浸等方法提取其中的营养风味物质后，可制成高档牡蛎精粉。牡蛎精粉既可用于各种加工食品，又可用作调味料、汤料。

1. 加工工艺

为了有效地利用牡蛎所含的各种营养素及其特有的香鲜味，可将牡蛎提取液制成牡蛎精粉。但以往的牡蛎精粉制法一般是将牡蛎肉破碎，放入 65～80℃ 的温水中瞬间浸渍，然后离心分离，去掉分离出的固体部分，再将其液体部分浓缩、干燥成粉末。这种方法是利用机械绞碎牡蛎肉，难免会有些不必要的成分和杂质混入制品中；另一方面，也可能有些有效成分未能提取出来，而随残渣一起扔掉。此外，在 60～80℃ 的温水中瞬间浸渍，不可能达到完全杀菌。因此，用以往的制法所生产的牡蛎精粉，因混入杂质而着色，不但外观和风味差，就连其营养价值也不能达到要求；如果将牡蛎在一定压力下煮沸、抽提，再将提取液真空浓缩成粉末，便可解决上述问题。

将干牡蛎或鲜牡蛎放入高压锅中煮沸一定时间，将提取液真空浓缩后，利用喷雾干燥或冻结干燥方式干燥制成牡蛎精粉。浓缩真空度为 0.1MPa 左右，应用时还可根据具体情况来选定。在上述真空度 30min 即可，可视原料状态灵活掌握。如果提取液的温度为 70～80℃，则浓缩时的真空度为 0.1MPa 即可。最后将浓缩物用喷雾干燥法干燥。用上述方法制取的牡蛎精粉为浅黄色的微粉，外观、风味及卫生标准均达到了要求。该制品富含维生素等营养素，可广泛用于调味料、汤料和牡蛎加工食品的原料。

2. 加工实例

［实例 1］将 1kg 鲜牡蛎直接或经水洗后放入高压锅中（容量为 6L，压力为 0.1MPa），加纯水（电阻率 200Ω·cm 以上）1L，在 0.1MPa 的压力下煮沸约 30min。恢复常压后，用滤纸减压过滤得乳白色提取液。然后，向残渣中加入纯水 1L，煮沸约 30min，进行过滤，将此滤液与原来的提取液混合。再将提取液进行真空浓缩（真空度 0.08MPa，温度 70～80℃），得水分为 67.34% 的粘稠赤褐色流动液 440g。该液体与真空浓缩前相比颜色要深。将该浓缩液利用普通的喷雾干燥方式（进风温度为 180℃，出口温度为 80℃，流速为每分钟 30mL）进行瞬间干燥，得均匀的浅黄色细粉 125g。

该粉末 100g（喷雾干燥）中营养成分：糖原 41.9g，氨基乙磺酸 5.0g，维生素 B_2 1.75mg，维生素 B_6 0.52mg，维生素 B_{12} 0.09mg，钙 61.5mg，钾 1.6g，镁 233mg，铁 5.49mg，碘 0.5mg。

［实例 2］将鲜牡蛎 1kg 按实例 1 相同的方法处理，得粘稠的赤褐色流动液 420g（水分为 65.48%）。将该浓缩液利用冻结干燥法（冻结温度 -40℃，真空度 0.1MPa，干燥温度 30℃）干燥，得浅黄色细粉 140g。

3.2.3　海洋藻类食品加工

3.2.3.1　海洋褐藻食品

3.2.3.1.1　褐藻食品

3.2.3.1.1.1　调味生海带

1. 绿色海带结的加工工艺

以往的海带多为干制品即棕包的干海带，由其加工出的海带丝也是棕黄色的制品。近几年出现一种新型的未经干制的加工生海带，非常新颖。如海带结，色泽鲜绿，由于其含有较高的盐分，故可以长期保存食用。食用时放入热水中浸 20min，除去部分盐分后，即可食用。绿色海带结加工工艺流程如下：

生鲜海带→整理→热烫→切片腌制→手工打结→成品

（1）整理。将采集的新鲜海带进行整理，去除异物，洗净沥水。

（2）热烫。在夹层锅内配制 0.01% 的 NaOH 溶液，并将溶液过滤，澄清备用。将稀碱液煮沸之后，将沥水后的海带浸入其中，沸腾下烫漂 5～10s，立即取出放入流动的自来水中冲洗冷却，此时鲜海带由原来的褐黄色变为墨绿色（肥厚者）或翠绿色（薄者）。

（3）切片。将此海带切成 4cm×6cm 的长方片，加入为海带质量 20% 的盐。加盐时，应铺一层绿海带片加一层盐。腌制 4～5h 后，将海带片人工结成结，其形状类似领结。然后将海带结装入聚乙烯袋中，每袋 250g 或 500g，装箱即可。

2. 原色生海带的加工

利用海带产地间苗所得到的海带，经柔软化处理，可制成多种风味的生海带腌渍品。首先将生海带拌盐防腐，并压上重物脱水 4～5d，然后置于 -5～0℃ 低温处保藏。将经上述处理的海带，按容器的尺寸切断，然后用清水洗净，以流动的自来水脱盐约 20～60min，捞出沥水后备用。或采用另一工艺，先洗净，再以流水脱盐，沥干水分后切断，于 15℃ 以下保存（从操作和制品的质量角度考虑，以 0～5℃ 最为适宜）。最后将切断的生海带泡于 20℃ 的软化液中进行柔软化处理。软化液的配方为：水 100mL，谷氨酸钠 12～20g，甘氨酸 12～20g，碳酸钠 4～8g。生干带在软化液中浸渍后，捞出，在 5℃ 以下经过约 6h，使软化液充分沥干。最后，将柔软化处理过的海带浸渍在配制的各种调味液中 3d 以上，即可以得到不同风味的生海带食品。调味液配方见表 3-9 和表 3-10。

表 3-9　配方 1（朝鲜风味）

项目	用量	项目	用量	项目	用量
生海带	18kg	大蒜	240g	虾皮	360g
酱油	120mL	生姜	120g	食盐	300g
水	600mL	大葱	1200g	液糖	600g
洋葱	960g	酿醋	1200mL	天然香味料	420g
辣椒粉	360g	砂糖	600g		

混合液的 pH 调整为 4.0

表 3-10　配方 2（甜醋渍液）

项目	用量	项目	用量	项目	用量
水	850mL	苹果酸	32g	麦芽糖	630g
酱油	360mL	延胡索酸钠	54g	谷氨酸钠	72g
氨基酸液	540mL	酿醋	540mL	天然调味料	3.6g
醋酸	28mL	砂糖	360g	柠檬酸	36g

3. 2. 3. 1. 1. 2　压合鸳鸯海带

鲜海带柔软，但难以保持一定的形状，吃起来还会粘牙，而干海带由于经过干燥，纤维稳定，味道比鲜海带好。但由于其质硬，难以获得很薄的产品。本品中干海带与鲜海带互相取长补短，使之具有一定的柔度和硬度，食用时不粘牙，在色、香、味及口感方面都非常理想。充作点心很适宜。另外，没有使用砂糖等调味料，保持了海带原有的香味和自然甜味，作为健康、珍味食品，商品价值很高。

1. 加工工艺

海带腌制 → 调味 ─┐
　　　　　　　　　├→ 压合处理 → 成品
海带干制 → 调味 ─┘

（1）腌制。将采集的鲜海带放入95℃、3%浓度的盐水中（与海水浓度相同），以利于海带呈绿色，待呈绿色后，立即予以充分冷却。然后放入适宜的容器中，适度加压1h以除去水分。除去水分后，添加30%的盐，用搅拌机充分搅拌后放入容器中，加压、腌制半天。接着将腌制后的海带放入框内，施加适当的压力脱水6h。脱水后再加入1%左右的盐，用搅拌机充分搅拌，放入容器中待用。如送冷库贮存，则长时间不会变色。

（2）干制。将鲜海带用日光或干燥机干燥。用作腌制和干制的鲜海带从利用率、质量方面考虑，以叶薄的为好。另外选用杂海带，可降低成本。

（3）调味。

①腌制海带的调味处理：将腌制海带（盐分25%～28%）用水冲洗，装入适宜的容器中，在水中脱盐至盐分浓度为1%～1.5%，时间为1h。脱盐后用脱水机除去水分，时间为30～45s。然后将海带在不含砂糖或甜味料的调味液中煮熟。不使用甜味料主要是因为甜味料可能会导致海带过度胀发。调味液选用酱油、料酒、山梨醇溶液、谷氨酸钠、甘氨酸、鲣鱼精、肌苷酸钠、辣椒等，用100℃的开水溶解。将海带放入此调味液中煮1h，使海带变得柔软，然后将海带放入筐内沥干。将沥干后的海带排列在网上，在干燥机中于60℃左右的温度条件下干燥至海带水分含量为20%以下，所需时间为8h。

②干海带的调味处理：用刷子将海带中的沙子等污物除去，并用水冲洗后，将海带浸入80℃、1%的醋酸溶液中，不时地搅拌，浸泡3h后取出，用水冲净并除去水分之后，将海带放入含植物性分解酶0.2%、盐15%的40℃的溶液中浸泡半天。从溶液中取出的海带如鲜海带一样柔软，除去水分后再用脱水机脱水，再浸渍到调味液中煮熟、干燥。为加快海带肉质的软化，要添加0.05%～0.3%的磷酸盐。腌制海带与干海带都带有海带原有的香味和自然甜味，加之经上述的调味料的处理，便可制成柔软、美味的半成品海带。

③压合处理：压合处理是把一层腌制海带半成品和一层干制海带半成品压合（整体上看似一层，实为二层，一层绿色，一层为褐色）或上下两层间再夹一层，叠合后（整体实为三层）压合。例如中层用干海带的半成品，上下二层用腌制海带的半成品，则形成双色夹心结构，涂上淀粉以后，由压力机施加10MPa的压力，夹持5h，如一块板那样被一体化，很难将其剥离，再将它切成小块，便制成夹层双色海带食品，包装后即可销售。

2. 加工实例

用水冲洗40kg腌海带，在水中浸渍50min后脱盐，用脱水机脱水30s，得到30kg的脱水海带，然后将脱水沟海带浸入以酱油15L、山梨酸液20L、料酒6L、MSG20kg、辣椒粉200g、肌苷酸钠30g、鲣鱼精200g、甘氨酸1kg、水10L调制的100℃的调味液中煮55min后捞起，放入筐内除去水分后，在网上一片片排列，用干燥机在 60℃下干燥 8h，制成水分含量为 21% 的调味干海带（即腌制海带半成品）20kg。

用刷子将 3kg 干海带上的沙、污物等附着物除去后，放入 85℃的 1% 醋酸溶液中并经常加以搅拌，浸渍 3h，除去水分。然后放入加有 0.2% 的以木瓜蛋白酶、绿藻素精、果糖为主要成分的植物性分解酶、食盐 15% 的 40℃的溶液中浸渍半天。除去水分后再用脱水机脱水，然后再放入上述的调味液中浸渍 60min 煮熟，得到 26kg 的调味海带。与腌制海带相同条件下加以干燥，得到含水分 21% 的带味干燥海带（干海带的半成品）13kg。

将干海带的半成品置于中层，上、下二层用腌制海带的半成品叠合，再涂上淀粉、碳酸钠、食盐、谷氨酸钠等的混合粉，用不锈钢板上下夹持，由压力机施加 10MPa 的压力夹持 5h，便制成一个厚 3～4mm 的板块状新型海带。将它切成 1cm×4.5cm 左右的长方形小块，用包装纸包装，即为夹层三色海带食品。如用一层腌制海带成品与一层干燥海带半成品叠合压制，切块后则制成褐、绿相配的双色鸳鸯海带食品。

3.2.3.1.1.3　无色海带食品

一般干海带为棕褐色，传统的海带食品也为棕黄色。用乙酐（CH₃CO）₂O 与过氧化氢混合液浸渍海带，使海带脱色变成透明的无色海带，将其调味后，可制成一种形式新颖的无色海带食品。

1. 加工工艺

一般海带、裙带菜等褐藻类的脱色，采用过氧化氢比较适合，但仅使用过氧化氢很难彻底脱色，需要加进某种化合物改变过氧化氢溶液的性质来增强脱色作用。但是，在碱性或中性条件下，海藻中的多糖成分发生分解；在使用盐酸和醋酸的条件下，脱色需 1～2 周的时间。而在有乙酐存在的条件下使用过氧化氢，则海藻脱色迅速，仅几个小时即可完成。用普通的乙酐与过氧化氢混合水溶液作为处理液，处理液中再适量加入冰醋酸，对海藻的处理效果非常好。

乙酐与过氧化氢混合后很稳定，加入水也不会变为醋酸，所以在调制处理液时仅加入为总量的 1%～2% 的乙酐，即可达至目的。处理液中过氧化氢浓度在 1% 时效果较好。可将市售的 35% 过氧化氢稀释后使用。

在阳光下使用这种溶液，可使海藻的脱色速度加快。使用后的溶液再适量追加乙酐和过氧化氢即可反复使用。

将脱色后的海带切丝，用水冲净，再以维生素 C 稀溶液等还原性溶液浸泡以去除 H₂O₂，沥水后添加不同的调味料，即可制成无色透明、外观类似于粉丝的调味海带丝。

2. 加工实例

［实例 1］将市场上销售的干海带切成 5cm 长的小块，取 10kg 浸入用乙酐 40L、冰醋酸 10L、35% 过氧化氢 50L、水 200L 混合配制成的脱色液中，在常温下脱色 1h，并经常搅拌。然后将脱色的海带捞出，用自来水冲洗 10min 后，放入含 1% 维生素 C 的 500L 溶液中浸渍 10min，以除去残存的过氧化氢，最后完全干燥得到 8kg 脱水海带。

去除过氧化氢后的海带，用下列调味料配方调制，即为可食无色海带：盐 450g，味精 80g，白糖 200g，五香粉浸液 100mL，酒 50g，生姜末 20g。

［实例 2］将市售裙带菜切成 10cm 长的段，取 5kg 浸入以乙酐 50L，35% 的 H₂O₂250L，水 200L 配制而成的脱色液中，于室温下脱色 1h，然后用自来水冲洗 10min，放入含 1% 维生素 C 的 500L 水溶液中浸渍 10min，最后热风干燥，即可得 4kg 无色裙带菜。

直接用下列配方的调味液浸渍 3h，即得到可食无色裙带菜：香醋 0.5kg，白醋、味精各 100g，精盐 0.5kg，白糖 2kg，水 15L

3.2.3.1.1.4　海带豆

海带含有丰富的碘和其他微量元素，可以调节人体的新陈代谢和促进生长发育，但其中蛋白质、脂肪、碳水化合物含量不多，且其藻体多糖难以为人体所消化、产热量少。黄豆含有丰富的蛋白质和脂肪，但碘等微量元素含量相对不丰富，将两种原料按一定比例混合，进行互补，制成一种新型食品提高了其营养价值。

加工工艺流程如下：

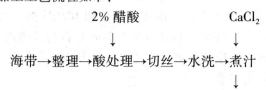

（1）海带处理。选用含水量为 20% 以下的一、二级淡干海带。原料用量为海带 10%，大豆 90%。用醋酸水溶液处理后切丝、水洗。水洗后，将海带放入锅内加水煮沸 20min。为防止海带过分软化，在煮水内加入 0.5% 的 $CaCl_2$，然后弃去煮汁，取出海带丝备用。

（2）黄豆处理。除去虫蛀和破皮的黄豆，将黄豆先用清水洗二次，然后水浸 10～12h（30kg 泡水中加入杀菌剂和漂白剂）。

漂白、杀菌剂配方（每 30kg 豆）：水 100kg，次亚硫酸钠 60kg，次氯酸钠溶液 6L。

浸泡后，沥去黄豆所含水分，并用清水漂洗一次，放在 110℃ 的蒸柜内蒸 18min，再用调味料液浸 8h。

调味料液配方（每 30kg 黄豆）：白糖 25kg，山梨酸钾 30g，食盐 800g，山梨酸液（70%）11.7kg，琼脂 6g，水 11.4kg。

将浸渍后的黄豆连同调味料液一并倒入双层釜内加热，同时加入沥去水分的海带丝一起加热 60min，在糖度达 55°Bx 时出锅。趁热定量排气包装，其中汤汁约为 15%～20%。可用塑料复合蒸煮袋进行密封包装，然后在 100℃ 热水中杀菌 60min，杀菌终了的水温不得低于90℃。杀菌后迅速用冷水冷至室温，装箱，置常温下保存。

（3）海带豆质量标准

① 质量标准：水分≤45%，水分活性≤0.86，盐分≤1.5%。糖度≥55°Bx，pH≥6。

②卫生标准：细菌总数≤5000 个/g，大肠杆菌群≤20 个/100g，肠道致病菌不得检出。

3.2.3.1.1.5　海带松

将海带经过调味、切丝、油炸膨化处理后，可以制成一种微黄、脆、咸鲜适度、酥香味美又富含碘质、多糖等营养成分的休闲食品。

1. 加工工艺（I）

① 将海带洗净，在锅内加水煮透，捞出，洗净黏液，沥去水分。

② 沥干的海带卷成卷，切成丝。

③ 锅内放入豆油或棕榈油或花生油，烧至七成熟时，放入海带丝，盖上盖略炸一会，再开锅，炸至发硬松脆，捞出，沥去油，加入适量的精盐拌匀即可。

2. 加工工艺（Ⅱ）

① 配料：海带 25kg，精盐 50g，酱油 1kg，白糖 2.5kg，白醋、味精各 100g，生油 4kg。

② 工艺过程：

预处理：将海带用温水浸泡，除净泥沙。

切丝：将洗净的海带切成 40mm 左右的长丝。

油炸：生油入锅烧至七成热时，放入海带丝，油炸约 1min，见海带丝漂起，用漏勺捞起沥油。

蒸煮：在夹层锅内，加入 1.5kg 熟油，再将精盐、酱油、白糖、醋、凉开水少许用蒸汽煮沸，再把炸过的海带丝入锅蒸煮 10min，然后加入味精、防腐剂，出锅后凉透、拌松即为成品。

3.2.3.1.1.6　海带全浆食品

海带除含有丰富的碘、钙、钾、褐藻酸、甘露醇外，还含有多种维生素、纤维素、天然色素等，其中甘露醇具有降血压、降血脂及抗凝血作用，褐藻酸能与金属铅、放射性元素锶结合而将其排出体外。海带浑身是宝，其中有多种成分具有医疗保健作用，因此其全浆食品的开发具有重大意义。

海带全浆加工工艺流程如下：

干海带（或鲜海带）→浸泡→清洗→浸泡并加适量醋酸→切碎→沥干→捣碎→高压蒸煮（120℃、20min）→浆体（备用）

海带要求无霉变、无泛白，有特殊香味，叶体平直、深褐色。清水浸发时间不宜过长，以防可溶性成分如碘等的损失。主要目的是去除盐分，并使之吸水膨润。水温以 20℃ 左右为宜，一般浸 10～15h，加适量酸可减少腥味。

1. 海带香酥条

① 加工工艺流程：

海带浆、面粉、辅料→搅拌均匀→压延→切片→摊片→烘烤→油炸→沥油→冷却→称重包装→封口→成品

② 加工工艺要点：海带浆要求质地细腻，淡绿色至深褐色，具有海带特有风味及香味。将盐、味精、NH_4HCO_3、蔗糖等，以适量的水溶解并和入面团中，面团的总含水量为 30%～40%。

切片应根据所需形状选择不同机型，而取得所需要的片形。

烘烤温度为 180℃ 左右，时间为 10～15min，见其切口收拢即可停止烘烤。

油炸时油温宜在 180℃ 左右。

③ 产品特点：质地酥脆，芳香可口，无油腻感，棕色条状。

2. 海带营养辣酱

海带营养辣酱可作为佐餐调料、食品工业辅料等，在我国北方及四川、湖南一带销量较大，对增进食欲、促进消化具有重要作用。

① 加工工艺流程：

海带浆、辅料、熟油→蒸煮锅拌匀→蒸煮→加熟芝麻→装罐封口→杀菌→冷却→成品

② 配方：海带浆、辣椒酱、生姜、白糖、面粉、味精、芝麻、熟油、适量蜂蜜。

③ 加工工艺要点：面粉要用适量水调和打浆，均匀混合；蒸煮时间一般为 15～30min，达到一定黏稠度即可，时间过长会影响制品的色、香、味；芝麻用热锅炒熟后研磨混匀；若

产品太稀，可在蒸煮后适当加温浓缩。加入适量蜂蜜，风味更佳。

④ 产品特点：色泽褐红，鲜辣香甜，味道可口。

3. 海带膨化食品

① 加工工艺流程：在膨化食品中加入海藻等成分，可制成具有海鲜风味的营养强化食品，工艺流程如下：

淀粉打浆→糊化→调和（调味料、面粉、辅料等）→成型→蒸煮→老化→切片→干燥→膨化

② 配方组成：淀粉、调和淀粉、海带浆、调味料、蔗糖、食盐、味精、磷酸二氢钠、乳酸锌。

③ 加工工艺要点：先将一定比例的木薯淀粉加水调匀，然后加入 1 倍热水，于 70℃ 左右糊化至透明。按配方比例加入各种配料揉成均匀一致的面团，若加入适量食用色素，可形成各种需要的色泽。将面团制成一定形状的面棒后，进行蒸煮至透明状且富弹性，时间一般控制在 40~60min。面团蒸熟后在 2~4℃ 温度下存放 1~2d 进行老化，使其中糊化的 α - 淀粉转变成 β - 淀粉，整体富有弹性。按产品要求切片，采用缓和热风干燥，一般 6~7h，目的是除去多余水分，以形成半透明状、断面有光泽的薄片，水分含量 5%~6%。

④ 产品特点：淡绿色、略带斑点，脆性好，有海带香味。因强化了锌，可作为儿童和老年人补充钙、碘、锌的营养食品。

4. 颗粒状海藻食品

将海带浸出液通过冷冻干燥或喷雾干燥制成粉末，然后加入乳糖，制成颗粒状的食品。该食品含有碘、蛋白质和多种维生素。

① 加工工艺：将天然干燥的无杂质海带在乙醇溶液中浸泡 20~25min，进行杀菌处理，然后放入 2~20℃ 的水中（一般以 3~5℃ 为好）浸泡 10~30h，浸泡后液体呈黏稠状，再把此浸出液通过冷冻干燥或喷雾干燥制成粉末状，在此粉末中加入 1~3 倍的乳糖，做成直径为 0.1~1mm 的颗粒状食品。

② 加工实例：把刚从海上采来的裙带菜芽株，通过天然干燥除去大部分的水分（最终含水约 20%），在 95% 乙醇中浸 30min、取出后以 1：50 的比例放入 40℃ 恒温水中浸泡一昼夜，取出海藻，得到粘稠的浸出液。用冷冻干燥机冷冻干燥后，加入等重量的乳糖，制成平均直径为 0.5mm 的粒状物。

③ 产品成分分析（每克产品中含量）：碘 0.046mg，叶绿素 2.622mg，维生素 B_1 0.0036mg，维生素 B_2 20.00167mg，维生素 B_6 0.553mg，维生素 B_{12} 0.336mg。

3.2.3.1.2　新型褐藻饮品

日本及美国等发达国家的海带食用量日益增加。然而在我国，海带的食用量占其总量的份额不大，主要问题是海带的一些食用特性不符合我国人民的饮食习惯，加之其制成饮品的海腥味大，不易去除，因此如何生产新型海带食品，是开发食用海带的关键。饮品的食用非常便捷，多种海带饮料的开发增加了新型海带食品的花色和品种。

3.2.3.1.2.1　新型海带茶

以往的海带茶，是在海带粉末中加入调味料、砂糖、食盐等混合而成。这种粉末状的海带茶由于呈粉末状，所以很难在短时间内泡出海带香气，而且存在着腥味过重的缺点。还有的海带茶，为了在短时间内浸出香气，而在上述粉末中添加一些海带丝。这种形式的海带茶，注入热水时不易软化，沉在杯底，很难饮用。现在日本发明了一种注入热水后即能迅速

产生海带香气，海带丝又能迅速上浮的新型海带茶。

加工工艺：将干海带切成 0.5mm 以下的海带丝，放入 1~40℃的水中浸渍 4~8h，使之吸水膨润，当重量增加至 7 倍以上时，放入 70℃的水中浸渍 1h，进行冻结干燥，得到含水量 4% 以下的干海带丝。海带丝的宽度如果超过 0.5mm，充分吸水膨润后在干燥过程中易收缩，干品在复水时不能立即吸水膨润而沉入杯底。浸渍工序的水温必须是 1~70℃范围内，只有在这个温度范围内，海带丝才能保持海带特有的香气，也才能充分吸水膨润。

另外以加工的粉末海带或颗粒海带添加调味料作为基料，然后将上述加工而成的海带丝与此基料混合，便成了香味、口感、营养均优的海带茶。

将这种海带茶放入杯中，注入热水后，海带丝便浮于上面或悬浮于水中，同时产生海带特有香气，此外海带丝易变软，很易饮用。

这种海带茶可将海带丝与基料混合包装，也可将海带丝与基料分别包装，饮用时再定量混合或根据需要任意混合。

3.2.3.1.2.2　海荷茶

海荷茶是以市售海带和莲心为主要原料，辅以优质杭白菊制成的新型功能性饮料。

1. 加工工艺

海带→挑选→泡发→洗净→打浆→加热水解→浸提→过滤→中和→过滤→海带汁（备用）

莲心、菊花→混配→粉碎→热水浸提→压滤→澄清→过滤→提取液（备用）

海带汁、莲心菊花提取液→溶解→过滤→配料→装瓶→压盖→灭菌→成品→检验→贴标→入库

① 海带汁的制备：海带挑选、泡发、洗净，去除根部粗茎，用双道打浆机打浆，海带与酸液按干重 1∶8 的比例，加入磷酸溶液，酸液中磷酸含量为 0.3%。100±5℃保温 2h，过滤，用饱和 $CaCO_3$ 溶液中和，再过滤，得澄清的无色至淡黄色海带汁。

② 莲心、菊花提取液的制备：干燥莲心（水分 5% 以下）与菊花（水分 10% 以下）按 1∶1 的比例混合，捣碎，加入 2% 的柠檬酸、1.5% 的葡萄糖酸-δ-内脂，再加入一定量的水（液固比例 8∶1）煮沸 10min，重复操作两遍，过滤，合并滤液。滤液中加入 200mg/kg 的 CTS 无毒絮凝剂、150mg/kg 的 PACS 絮凝剂，静置 30min 后过滤，得浅黄色澄清提取液。

③ 调配、杀菌：按比例将海带汁、莲心、菊花提取液混合，再依次加入其他辅料及菊花香精，加水至定量，混匀，装瓶，压盖，然后进行高温灭菌（115℃，20min）。经检验后，贴标，成品即可入库。

2. 配方

干海带 1kg，磷酸钠适量，莲心 0.5kg，D-葡萄糖酸-δ-内脂 15g，菊花 0.5g，甜味剂适量，木糖醇 16kg，乙基麦芽酚 15mg/kg，苹果酸 80g，磷酸 24g

注：以上为 1000 瓶饮料的配方，每瓶容量为 250mL。

3. 感官评定及卫生指标

本饮料外观为浅黄色，澄清透明，具有柔和的菊花香味和淡淡的茶花香味，甜、酸中略带些清爽的苦、涩味，有滑口感。pH 为 4.5~5.0 左右，糖度大于 6.4°Be′，成品符合卫生标准，菌落总数少于 10 个/mL，大肠杆菌数少于 3 个/mL，致病菌不得检出。

3.2.3.1.2.3　海带活性碘饮料

碘是人体必需的重要的微量元素，缺碘将导致多种疾病，迄今为止普遍采取的补碘措施

是供应碘盐。碘盐中的无机碘不稳定易挥发，90%的碘在储运和烹调中损耗；无机碘不易为人体吸收，易出现过敏反应。海带中含碘量高达 2400～7200mg/kg，其中 80% 为可直接吸收利用的有机活性碘。

（1）原料处理。挑选干燥、无霉变且藻体厚实呈深棕红色的海带，以清水洗净表面泥沙等杂质，并切成 5～10cm 段。

（2）高温处理。将预处理后的原料置于灭菌锅中，于 120℃高温处理 0.5h。

（3）浸提。将原料投入 15～20 倍（质量比）的净化自来水中于 50～60℃下浸提 10～15h，每间隔 1～2h 搅动一次。

加工工艺流程如下：

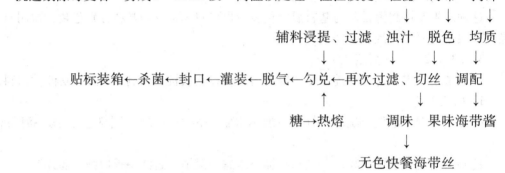

（4）粗滤。捞出海带段，加入为其湿重 2～3 倍的净化自来水捣碎、均质后，加入糖、酸、香料等制成水果风味的海带果酱，或以醋酸：乙醇 = 1.5：20 的比例配制的脱色液脱色后，切丝并调配成无色快餐海带丝。

（5）再次过滤。粗滤后的浊汁，以滤布过滤，得较清的滤汁。

（6）辅料浸提汁制备。将白砂糖热熔过滤，得澄清的糖液。将八角 60g、桂皮 60g、甘草 200g 加入水 2kg 加热浸提，过滤后得辅料浸提汁。

（7）勾兑。将海带汁和辅料浸提汁按比例配好，得无腥饮料液，其配方为：澄清海带汁 170kg，辅料浸提汁 1.7kg，白砂糖 13.6kg，酒石酸 362g，食盐 537g，麦芽酚 51g，奶油香精 49mL。

以除菌过滤板为介质，将饮料液过滤，得澄清透明、色如琥珀、酸甜适口、风味独特宜人的海带饮料。

（8）脱气、灌装。将过滤后的饮料泵入真空脱气罐中，于 65℃，负压 0.065～0.7MPa 下真空脱气 10min，灌装封口。

（9）杀菌。在 110℃下杀菌 20min。

3.2.3.2　绿藻海洋饮品

全世界有记载的绿藻品种近 6000 种，其中生长在海洋中的大型多细胞绿藻有 100 多种。根据我国医籍《本草纲目拾遗》记载：石莼"味甘、平、无毒"，"下水、利小便"。《随恩居饮食谱》记载：浒苔"清胆，消瘰疬瘿瘤，泄胀、化痰、治水土不服"。这里所说的石莼与浒苔是两种我国近海潮间带中常见的食用绿藻。

近代分析结果表明，绿藻含藻胶、蛋白质、氨基酸、淀粉、糖类、丙烯酪、脂肪酸、维生素和多种无机盐、微量元素，有的还含果胶。

绿藻所含的丙烯酸具抗菌作用，因而多数绿藻具抗菌作用。礁膜与浒苔这两种绿藻都能显著降低动物血浆中的胆固醇的含量。由此可见，大型绿藻不仅有相当的营养价值，还含有一定的医疗保健作用。

但是，直接食用绿藻，腥味太浓，纤维较硬，不受欢迎。若经加工，则可制出美味可口的绿藻晶饮料及以海藻多糖为主要成分的悬浊型乳白色海藻多糖饮料。因为原料均为无污染的海藻，有的还为天然绿色，所以统称为绿色海藻饮料。

3.2.3.2.1　绿藻晶

1. 加工工艺

加工工艺流程如下：

```
                                        滤渣弃去
                                          ↑
原料海藻→浸泡复水→清洗→沥干→烫漂→冷却→沥干→捣碎→浸提→过滤→滤液浓缩
                                                              ↓
                    蔗糖粉、糊精、明胶、转化糖浆→混合
                                                              ↓
                    包装←检验←过筛←低温真空干燥
```

2. 加工工艺要点

（1）配料。见表 3 - 11。

表 3 - 11　绿藻晶配料表

成分	蔗糖	转化糖浆（糖度 71%）	糊精	绿藻提取液（浓度 52%）	柠檬酸	明胶	香精
用量/g	400	40	20	50	14	少量	少量

（2）绿藻除腥护色。把绿藻投入煮沸的稀碱溶液中片刻，捞起来迅速冷却，所得藻体色泽翠绿，且在后序制造工艺过程中不易褪色。经如此处理后，也去除了其腥味。

（3）绿藻有效成分的提取与浓缩。将烫漂后的绿藻洗去残液，经高速组织捣碎机破碎，清水浸提过滤，取滤液，将滤液浓缩至含水量低于 50%。

（4）转化糖浆制取。将盐、糖、柠檬酸、水按一定比例一起放入锅中，加热熔化，搅拌，温度达到 $115 \sim 116℃$，改用文火，保持温度为 $94 \sim 96℃$ 之间，勿使大沸腾，保持时间约 $50 \sim 60min$，离火，加小苏打中和。

（5）混合。

① 必须按配料表及一定的顺序投料。

② 蔗糖须先粉碎成能通过 $80 \sim 100$ 目的细粉。

③ 糊精须先经筛出，然后继糖粉后投料。

④ 投入混合器的全部用水，须占全部投料的 $5\% \sim 7\%$，其中包括海藻液、糖浆、明胶液以及香料水。

（6）干燥。低温真空干燥，真空度为 $0.053 \sim 0.060MPa$，$60 \sim 65℃$。

3. 产品特点

本品为颗粒状淡绿色固体饮料，以水冲溶后，为浅绿色半透明溶液，口感酸甜，带有绿藻清新气味。

3.2.3.2.2　天然海洋绿色饮料

绿藻素有海洋蔬菜之美誉，其中含有许多陆地植物稀有的或没有的特殊营养成分，如丰富的微量元素：铁、锌、硒等，尤其是生物碘的含量之高是陆生植物所无法比拟的。同藻体中含有丰富的海藻多糖如硫酸粘多糖等，具有特殊的生理活性和很强的抗癌细胞增殖、抑制艾滋病毒的作用。以绿藻为原料制取的天然绿色饮料，具有很好的营养保健作用，不仅解决了保护饮料天然绿色这一国际性难题，而且填补了国内外市场的空白。

1. 加工工艺

加工工艺流程如下：

反压冷却→高压杀菌→瓶装

（1）原料处理。由海水中采集的新鲜绿藻，用淡水冲净藻体表面的海水，稍晾干（注意不可晒很干，否则退色严重），在冰箱冷冻室中于 $-30℃$ 的低温下迅速冷冻过夜。

将 Na_2CO_3 溶液加热至沸，在保持沸腾状态下，将冷冻藻体迅速浸于热水中烫漂 $3\sim5s$，取出后迅速置于自来水中冲洗后冷却。

（2）破碎、酒精浸提。冷却后的藻体挤去水分，破碎后于95%乙醇中浸泡并微加热以提取其叶绿素，至藻体变白后，用滤布过滤，得透明深绿色液体，于0.08MPa真空度下真空浓缩至约为原体积的1/8。

（3）水提取、过滤。将变白的藻体，浸于 $50\sim55℃$ 的水溶液中，并加入0.01%的磷酸，保持3h，至时藻体将变软烂，于组织捣碎机中打碎后，挤出其汁过滤，过滤后的透明滤汁备用。

（4）勾兑。将各种辅料溶于净化水中，过滤后，加入适量的滤汁，加热至沸点，于沸腾状态下，加入浓缩的海藻绿色液体，加入量为总量的0.8%～1.0%，进行勾兑。

（5）脱气、装瓶。勾兑的饮料液于 $80\sim90℃$ 下真空吸入脱气设备中进行脱气 $3\sim5min$ 之后，趁热装罐，封口。

（6）杀菌。于115℃下杀菌12min后，反压冷却至 $30\sim40℃$ 即可。

3.2.3.3　海洋微藻食品

微藻不是分类学上的名词，微藻指的是个体微小的海藻。目前用于食品生产的微藻主要是螺旋藻。螺旋藻主要作为食品添加剂用于食品工业。在国外，已将螺旋藻干品掺入其他食物原料而制成巧克力、高蛋白奶酪、营养面包、精品蛋糕、馅心糖果和加餐汤料，颇受青睐。

3.2.3.3.1　螺旋藻冰淇淋

1. 配方（表3－12）

表 3 - 12　配方

项目	占比/%	项目	占比/%
螺旋藻干粉	0.1 ~ 0.5	人造奶油	0 ~ 6
鸡蛋	2 ~ 3	白砂糖	12 ~ 14
含脂淡奶粉	10 ~ 15	稳定剂	适量

2. 加工方法

将螺旋藻于温水中浸泡数小时后，加入多种物料，按普通冰淇淋的制法制造即可。

3.2.3.3.2　其他螺旋藻食品

在我国，螺旋藻干品的应用范围在不断扩大，主要用于多种传统小吃、方便食品、旅游食品、医疗保健品和高档膳食，其市场已由南方向北方，从沿海到内地边陲延伸。

螺旋藻味道鲜美，已成为一些传统食品的上等配料或添加剂，有人将少量螺旋藻细粉与面粉、鸡蛋、葱等混合做成煎饼，其味道鲜美可口；螺旋藻加入一定量的甜味剂、酸味剂及稳定剂等制成的饮料，其色泽嫩绿，口感酸甜适口；还有将螺旋藻加配料制成固体饮料，其速溶性良好，冲泡后为澄清的草绿色液体，并具有藻类特有风味，特别适于儿童饮用。

有的厂商利用生物工程手段，将螺旋藻干粉制成"螺旋藻原生液"。这种产品在保留螺旋藻原始生化组织营养成分的前提下，将其藻腥味变成了清香味，并将其由不易溶解变为易溶解，同时消除了沉淀现象，可广泛用作饮品（含啤酒）、食品、调味品、药品等多系列制品的新原料。用这种原生液加工成的食品与保健品无藻腥味，制成的药品不再苦口。

螺旋藻除了直接作为食品或添加剂直接食用外，还可用作高档饲料添加剂。用螺旋藻配合饵料喂对虾、幼鲍，与用常规饲料喂养相比，幼苗成活率大大提高，且幼鲍日平均增重超过喂饲日本进口饵料的幼鲍，可大幅度降低饲料费用。中国农业大学与北京师范大学用鲜螺旋藻饲养对虾苗效果也很好；美国的一些动物饲料制造商，在猫饲料中掺入一点螺旋藻，能使其食欲大增，动物的毛色光亮、美丽。

目前，世界上螺旋藻干粉产量已达 1000t/a，但仍远远不能满足世界各地食品工业发展的需要。近年来，这种高产、优质、全营养素的藻类资源正逐步被人们认识，其应用范围已不仅限于食品加工业，在保健食品、医药、化妆品、饲料等方面的开发利用日益增多，使其年产量远远不能满足要求。我国螺旋藻干制品长期依赖进口，其养殖和加工前景相当诱人。

3.2.4　海洋仿生食品加工

3.2.4.1　海洋仿生食品的特点

近年来，世界各国的食品行业为了满足广大消费者的需要，竞相开发出许多不同类型而又营养丰富的"人造食品"——仿生食品（这类食品或从营养上，或从风味、或从形状上模仿天然食品）。这种食品风味独特、食用方便、有利于健康，一问世便受到广大消费者的青睐。

海洋仿生食品，即以海洋资源为主要原料，利用食品工程手段，加工制取的风味、口感与天然海洋食品极为相似，营养价值不逊于天然海洋食品的一种新型食品，这种产品也应属于海洋食品范畴。海洋仿生食品的出现，极大地促进了海洋食品的发展，丰富了海洋食品市场。海洋仿生食品的生产，具有以下突出优点。

（1）原料利用经济性，资源附加值提高。海生生物资源具有优质的食用蛋白，其独特宜人的海鲜风味深受人们喜爱。但随着近几年捕捞业的迅速发展，遇到对捕捞上来的是一些个头小、刺多、适口性差的小型鱼的处理问题。这些鱼虽营养价值不比大型经济鱼类低，但其外观不佳，适口性差，商品价值低。另有一些小型鱼，自身含蛋白酶非常丰富，捕捞后如不能在短时间内加工处理，其体内的蛋白酶很快激活，出现鱼体酶解，鱼体表呈溃烂状；另外一些大型鱼如大马哈鱼的加工下脚料，均为碎肉块和带刺的鱼排。以上原料以住的处理方法是将其配制肥料或粗制鱼粉，虽然得到了利用，但却是低值利用。如将其破碎制成鱼糜后，重新成型制成各种海洋仿生食品，则可提高原料自身的利用价值，增加其附加值。

（2）食品营养合理性。虽然天然食品具有其独特地优点，但它总存在着某一方面的营养缺陷，如谷类食品中富含多种氨基酸，但赖氨酸含量较低，赖氨酸为其限制氨基酸，单纯食用谷类将造成赖氨酸缺乏。海产品原料中赖氨酸含量较丰富，但色氨酸含量较低，因此色氨酸为大多数水产品的限制氨基酸。如将含赖氨酸丰富的海产品辅以含色氨酸丰富的谷类原料，制成仿生食品，则可以制取比原料营养更合理，风味更好的新食品。

（3）完美性和方便性。海洋仿生食品与天然海洋食品相比其性能更为完美，食用更为方便，因为海洋仿生食品制造完全可以按照人们的意愿人为地控制。如有人喜好海洋食品的鲜味，但不喜欢其海腥味，则在加工配料中可以加入去腥剂使仿生食品具有海鲜品特有的鲜味而不带有腥味，使之适合更多的人群。如有的人喜食螃蟹的美味，但剥壳取肉的过程颇为繁琐，且在公众场合不甚雅观，制造方块形仿生蟹肉既可饱其口福，又不失雅观，使食用更为方便。

（4）廉价性和便捷性。由于仿生食品均由低值海产原料精制加工而成，其风味及口感几乎可以以假乱真，且所用原料价廉，因而其成本远远低于天然海鲜，更适合大众消费。由于食用方便快捷，适于目前快速的生活节奏，从而深受消费者欢迎。

3.2.4.2　海洋仿生食品加工

3.2.4.2.1　仿生蟹腿肉食品

仿生蟹腿肉食品是日本食品专家研制出的一种新型美味仿生海鲜食品。它是以海杂鱼肉、面粉、鸡蛋、盐、豆粉、土豆泥、酒和色素为主要原料，加上螃蟹壳熬制的浓汁，搅拌均匀后，再用成形机压制成柔软的蟹肉样。其色、形、味与真螃蟹肉几乎一样，而成本却远低于螃蟹肉，而且易于贮存和运输，在日本乃至世界各地非常畅销。

1. 加工工艺

目前市场上的仿生蟹腿肉主要有两种，即卷形蟹腿肉和棒状蟹腿肉，两者在风味、营养上没有什么差别，不同之处主要在最终产品的成型上。

卷形蟹腿肉加工工艺流程如下：

杂鱼（或罐头下脚料）→鱼糜→斩拌、配料→充填涂片→蒸煮→火烤→冷却→压条纹→成卷→涂色→薄膜包装→切段→蒸煮→冷却→脱薄膜→切小段→称重→真空包装→冷冻→成品

棒状蟹腿肉加工工艺流程如下：

鱼糜解冻（或切削）→斩拌、配料、搅拌→充填成形→涂色→蒸煮，切段→冷却→称重→真空包装→整形→冷冻→成品

仿生肉食品制造工艺主要包括两大部分，即鱼糜制造和制品成型工艺。

（1）鱼糜制造。一般生产采用低值鱼如鳕鱼等为原料，原料的新鲜度是重要的条件之一，新鲜度不好将严重影响制品的弹性、呈味和贮藏期。

①鱼类鲜度质量标准与鉴定：对制造仿生食品的原料鱼类鲜度的鉴定是完全必要的。鱼类新鲜程度可按以下特征来判断。

鲜度良好的鱼类：处于僵硬期或僵硬期虽已过的鱼类，其腹部和肌肉组织弹性良好；体表、眼球、鳃耙保持鲜鱼固有的状态；气味正常、色泽鲜艳。

鲜度较差的鱼类：其腹部和肌肉组织弹性较差；体表、鳞片、眼球等失去固有的光泽，颜色变暗；鳃耙颜色变暗或呈紫红色；黏液增多且变稠。

接近于腐败变质的鱼类：其腹部和肌肉组织失去弹性；眼球混浊无光泽，体表鳞片呈灰暗色，鳃部呈暗紫色，并开始发出不愉快的气味或微臭，黏液浓稠。

腐败变质的鱼类：其鳃耙具有明显的腐败臭，腹部松软、下陷或穿孔（破腹）等。这些可以看作是鱼类腐败的主要特征。

生产上用于制造仿生食品的应该是鲜度良好的鱼类，凡不具备第一类特征的鱼类原料均视为不合格原料。此外，一切鳞片脱落或有机械损伤的鱼类，即使其他方面质量良好，由于不易保存，容易腐败变质，不能视为质量良好的鱼类，也不可用作生产仿生食品的原料。

作为鲜度判断的客观标准，也可以采用化学、物理学和微生物学的方法进行测定。其中以测定鱼体腐败分解产物的挥发性盐基氮（包括氨、二甲胺、三甲胺）或三甲胺等的含量多少，作为判断鲜度标准的化学方法，并把鱼体肌肉挥发性盐基氮含量 30mg/100g 作为初期腐败的界限标准（即 30mg/100g 以下者为未腐败，超过 30mg/100g 者为腐败），这是在鱼类鲜度研究试验中常用的比较可靠的方法之一。但由于操作繁琐、测定结果显示慢，不适于生产上采用。采用一些物理方法，如测定肌肉的电阻、硬度等，虽然比较简单快速，但对于不同的鱼类，常常难于定出相同一致的可靠标准。采用测定细菌数等微生物学的方法，由于操作较繁琐，并缺乏可靠和适当的判断标准，因此目前生产上很少使用物理化学测定法和判断标准。

②鱼糜加工工艺：鱼糜制造是仿生蟹肉食品制造过程的重要工序，其工艺流程如下。

原料选择→鱼体处理→鱼体洗净→鱼肉采取机→漂洗→滚筒脱水机→压榨脱水机→绞肉机→添加物搅拌机→填充机→速冻机→冷冻鱼糜及贮藏

原料的选择：要选用新鲜度良好的鱼类，即处于鱼体僵硬阶段的鱼类，原料的新鲜度是非常重要的条件，鲜度不好将严重影响制品的弹性、呈味性和贮藏性。在原料选择上要注意以下三点：原料鱼挥发性盐基氮要在 30mg/100g 以下；感官检查，有异味及不新鲜征象的不能采用；进行单品试验，确认某种原料鱼能否利用。

原料的处理：原料处理和鱼糜的制造，在日本是在加工船上进行的，陆地工厂所用的鱼糜基本上采用船上冻藏鱼糜，处理时应注意以下五点：原料鱼要用水洗涤，去头、去内脏，严防内脏残留，对于小型低值鱼，要进行人工仔细处理，一手持鱼体，另一手捏住头部将头及内脏一同拽出（日本通常将腹部肉连同内脏一同去掉）；再经充分水洗；原料处理速度要快，以防由于处理时间拖长而引起鱼体的鲜度下降甚至腐败变质；在处理过程中，要在原料鱼体上覆盖一层冰。夏季水洗时要用冷却水，水温要在 10℃以下；原料处理过程中，要特别注意不能混入杂质。

采肉：采肉机多用橡胶滚筒式鱼肉采取机。鱼肉采取过程中，采肉机的挤压程度要适宜，采肉过度，鱼皮、鱼骨等混入鱼肉中将影响鱼糜的质量；采肉过轻，将影响出肉率

（出肉率一般掌握在78%～85%为宜）；所采取的鱼肉要加水稀释，以便于用送肉泵送入漂洗槽，稀释用水的温度要低于10℃。

漂洗：漂洗的目的是除去鱼体的皮下脂肪、血液和水溶性蛋白等物质。因为如不除去，则皮下脂肪、血液、水溶性蛋白的夹带，将会影响成品的弹性、色泽、呈味性和贮藏性能。

基于上述原因，漂洗要用较大量的水，通常为鱼肉量的8倍。为了保证鱼糜制品良好的弹性，漂洗用水的温度不宜过高，一般不应超过10℃。温度过高，蛋白质分解和变性，将使鱼肉的粘性和弹性降低，从而影响制品质量。为了保证漂洗得比较干净彻底，通常在漂洗水和鱼肉中加入0.3%碳酸氢钠，如pH高于7时，用加入0.1%～0.3%食盐或换水的办法解决。漂洗过程中要不断搅拌，并且洗后要换水一次（换水时应停止搅拌，稍沉淀后，待脂肪稳定的浮于表层后，将上层水放掉，重新加满清水）。皮下脂肪通常浮于水面上，连同上层清水一起放掉，水溶性蛋白、血液等通常在换水时和后面的脱水工序中除掉。漂洗后，鱼肉中的挥发性盐基氮在15mg/100g以下。凡是与鱼肉接触的容器、设备、材料要用不锈钢制作，漂洗水槽和渡槽内要放磁铁，以防止金属杂质混入。

脱水：鱼肉脱水的目的主要是去除鱼肉中多量的水分，并同时将易溶于水的夹带于鱼肉中的水溶性蛋白、血液除去。脱水通常采用两步法，即：先用滚筒滤筛式脱水机（非强制式脱水），再用榨式脱水机（强制式脱水）脱水。脱水后的鱼肉的水分含量为80%～83%，pH为7左右，并通过金属检测器，确保无金属杂质混入鱼肉中。自采肉到漂洗脱水，鱼肉得率为60%～65%。

粗绞肉：采得的鱼肉通过筛孔直径为2mm的绞肉机进行绞碎，绞碎的目的是有利于添加剂的充分混合。

鱼糜冷冻：制备的鱼糜如不一次用完，需对其进行绞碎，为了保证鱼糜的质量和化冻后的复水性和粘弹性，冷冻前鱼糜需要加0.2%复合磷酸盐（其中三聚磷酸钠0.1%、焦磷酸钠0.1%），砂糖4%、山梨酸4%，用搅拌机搅拌6～10min，使之混匀。然后，将鱼糜充填入聚乙烯薄膜袋内，再装于铁盘中，每块定量为10kg，用平板快速冻结机于-30℃下冻结3h，然后置于-25℃以下的冷库中贮存。

鱼糜如不经冻结而直接用于仿蟹腿肉的生产，最好与冷冻鱼糜混匀使用，以保证加工工序中鱼糜温度不超过10℃，这样可使制品保持良好的粘接性和弹性。

所制鱼糜质量的好坏，对制品的质量影响相当大，为此生产中对不同来源的鱼糜进行了品质分级如表3－13。

表3－13　鱼糜品质分级

代　号	来　源	品质排列
SA	工船鱼糜	1
FA	母船鱼糜	2
RA	母船鱼糜	3
C	陆上鱼糜	4

（2）制品成型工艺。仿蟹腿肉食品目前有两种工艺，其成品的形态与质感有所不同，但风味基本一致。它们的主要差别是：一种产品是将鱼糜先经涂片、蒸熟及火烤后轧条纹再卷成卷装，成品展开后可将鱼肉顺着条纹撕成一丝丝的肉丝；另一种产品是将鱼糜直接填充

成圆柱形，再蒸熟而成。不过后一种产品在成形前的配料中加入了预先制好的人工蟹肉纤维（也是鱼糜制品）。因此，其口感与天然蟹肉的口感相似。

下面将两种产品工艺要点分别加以说明：

① 卷状仿蟹腿肉工艺要点

鱼糜解冻：鱼糜解冻采用以下几种方式。

自然空气解冻：即将冷冻鱼糜置于自然室温下，使其缓缓解冻，解冻后的最终鱼糜温度为 $-3 \sim -2℃$ 较为适宜。要防止解冻过度，在后续工序中使鱼糜加速升温，而造成成品质量下降。

微波解冻机解冻：其特点是解冻速度快，表、里温度均匀，易于控制。

平板快速解冻机解冻：其工作原理与平板快速冻结机类似，只是平板中流通的是温水。

有的工厂不对冷冻鱼糜进行解冻，而用切削机将冷冻鱼糜切成 2mm 的薄片，直接送入斩拌机斩拌后配料。实际上这种使用方法最好，可以保证鱼糜在较低的温度下完成加工，成品的质量非常好。

斩拌与配料：斩拌使用的机器是绞刀式斩拌机，目的是利用绞刀的高速旋转将鱼肉斩拌破碎，使盐溶性蛋白充分溶出，同时使各种物料充分搅拌均匀。

配料的基本配方如表 3 - 14。

表 3 - 14　配料的基本配方

项　　目	用　　量	项　　目	用　　量
主原料（鱼糜）	180kg	土豆淀粉（漂白）	10kg
玉米淀粉（漂白）	6kg	食盐	4.2kg
砂糖	8.4kg	CM 调味料（日本）	2.4kg
蛋白粉（或鲜蛋清）	1.8kg	水	123kg
味西林（日本）	900mL	蟹肉味精	1.32kg
蟹露	1kg	山梨酸	适量

涂片：将鱼糜送入充填涂膜机的送肉泵贮料斗内，贮料斗的夹层内要放冰水，以防鱼糜温度升高。将鱼糜泵入充填器内，通过充填器就形成薄片，涂贴在不锈钢传送带上。薄片的厚度为 2.5mm、宽 590mm。涂片成形前的鱼糜温度不要高于 10℃。

蒸煮：涂片随着传送带进入蒸汽箱，用蒸汽加热，温度为 90℃，时间为 30s，蒸煮可使涂片定形。要注意的是，这一工序的目的只是使涂片定形而非蒸熟，切忌蒸煮过度。

火烤：涂片随着传送带送入烤炉，火源为液化汽，火苗距涂片 3cm，火烤时间为 40s。火烤前要在涂片边缘喷淋清水，以防止火烤后涂片与不锈钢板粘连而难于取下。

自然冷却：涂片随传送带经过烤炉后，开始自然冷却，时间为 2.25min，冷却后涂片的温度为 35~40℃。冷却可使涂片富有弹性。

轧条纹：轧条纹的目的是使成品表面接近于真正蟹腿肉表面的条纹，增加食品的美观。轧条纹的方法是利用带条纹的轧辊与一定含水量并富有弹性和可塑性的涂片之间的挤压作用来完成。涂片上挤轧条纹的深度和宽度为 1mm × 1mm，条纹间距为 1mm，经过这样处理的涂片与真实蟹腿肉极为相似。

起片：用不锈钢铲刀紧贴在正在转动的不锈钢传送带上，将涂片铲下，制品进入下道工序。

成卷：将铲 T 的薄片利用成卷器自动卷成卷状，卷层为 4 层，从一个边缘卷起的称为单卷，卷的直径为 20mm；也有的为双卷，即从两端的边缘同时向中心卷起。

涂色：选取与虾、蟹颜色相似的几种红色素配料后涂于鱼卷的表面，使仿制的蟹腿肉在外观上更逼真。涂色的面积占圆柱体表面积的 2/5 ~ 1/2，有的采用直接涂于圆柱体表面的办法，也可涂于包装薄膜上，当薄膜包在鱼卷的表面上时，色素即可附着在制品表面了。涂色液的配方见表 3 – 15。

表 3 – 15　涂色液的配方

项　目	用　量	项　目	用　量
食用红色素	800g	食用棕色素	50g
鱼糜	10kg	水	9.5kg

将上述原料搅拌均匀后稍呈黏稠状，即可涂用。

包薄膜：将制品用聚乙烯薄膜包装，薄膜厚度为 0.02mm。薄膜为袋装，随制品的不断制出，自动包装并热合缝口。

切段：将用薄膜包装的制品切段，段长为 50cm，将其整齐地装在塑料箱内，一般只装两层，以利蒸煮和冷却。

蒸煮：采用连续式蒸煮箱，温度 98℃，时间 18min。

淋水冷却：采用淋水法冷却，水温为 18 ~ 19℃，时间为 3min，冷却后的温度为 33 ~ 38℃。

强制冷却：采用连续式冷却柜进行冷却，冷却柜内的温度分为四段：第一段（入口处）为 0℃；第二段为 –4℃；第三段为 –18℃；第四段（出口处）为 –18℃。制品通过连续式冷却柜出来所需的时间为 7min，冷却后的温度为 21 ~ 26℃。

脱包衣（薄膜）：制品冷却后，薄膜需要脱去。脱膜要注意防止制品断裂变形。

切小段：将制品切分成小段有两种切法，一为斜切段，其斜切角度为 45°，斜切刀距为 40mm；二为模切段，其刀口切断面垂直于卷柱的轴线，一般段长为 10mm 左右，也可按不同要求切不同长段，这样有利于消费者自由改刀。切段由切段机来完成，刀距的调整以制品的进料速度和刀具旋转速度来决定。

真空包装：包装材料用聚氯乙烯袋，厚度为 0.04 ~ 0.06mm。每袋净重可按不同要求规定。

日本向西欧国家出口的产品通常每袋净重为 470g，封口用真空自动封口机在约 0.08 ~ 0.1MPa 真空度下封口。

整形：经封口机封口后，塑料袋内容物易于聚集在一起，影响产品的美观，可以用辊压式整形机整形，使之外观均匀一致而且美观。

冷冻：先将袋装制品装入铁盘中，分为上、下两层，层间用铁板隔开，以防止冻结在一起及制品变形，然后将装入制品的铁盘送入平板速冻机内，在 –40℃下冷冻 2h。

外包装：为了制品外观美观，便于运输和贮存，通常要按商品流通要求对制品进行一次外包装。

运输和贮存：本产品属于冷冻食品，因此运输与贮存的温度条件要求在 –15℃以下。

② 棒状（肉质中含纤维状肉）仿蟹腿肉工艺要点

鱼糜解冻：同前。

斩拌配料：基本配料配方如表 3-16。

表 3-16 配料配方

项 目	用 量	项 目	用 量
冷冻鱼糜	160kg	人造蟹肉纤维	300kg
海蟹肉	40kg	土豆淀粉（漂白）	12kg
小麦淀粉（漂白）	4kg	玉米淀粉（漂白）	8kg
味精	1.32kg	蟹味香料液（蟹露）	500mL
食盐	4.2kg	砂糖	8.4kg
味西林	900mL	蛋白粉	1.8kg
山梨酸	适量		

斩拌配料除人造蟹肉纤维和海蟹肉最后加入外，其他所有辅料的配合与斩拌同前述。最后加入人造纤维肉和海蟹肉时禁止使用斩拌器，以避免将纤维肉斩碎、斩断，影响制品外观与口感。

注：人造蟹肉纤维的制法：采用一级鳕鱼糜，解冻的最佳温度30℃，不可过高。

基本配料配方如表 3-17。

表 3-17 配料配方

项 目	用量/kg	项 目	用量/kg
一级鳕鱼糜	220	蟹味露	3.39
土豆淀粉（漂白）	16	大豆蛋白	2
玉米淀粉（漂白）	27	食盐	10
复合磷酸盐	1	砂糖	20.2
味精	1.89		

斩拌：同前述。

预冷：斩拌配合结束后，要装盘预冷，预冷温度为 15~17℃，时间为 12~16h。

杀菌：杀菌温度为 92℃，35min。

冷却：浸水冷却，冷却水温度为 18℃，时间 1~2h，最佳制品温度达到 18℃，冷藏备用，或直接用于切丝。杀菌后的贮藏日期不超过 6d，一般为当天使用。

切丝：用于切丝的熟鱼糜呈熟蛋清状，用切丝机切成丝状，长度约为 5cm，作为仿蟹腿肉中的纤维状肉，配合在鱼糜中。

填充成型：将鱼糜送入充填机贮肉槽内，贮肉槽的夹层内放冰水，以防鱼糜温度升高。鱼糜被泵入充填器，通过它形成半圆柱形制品，直径约 2cm。随着鱼糜的不断成形，制品不断地由不锈钢传送带送往下道工序加工。

涂色：涂色有两种方法，一是在充填器出口端，安装三通管，通入色素和鱼糜，当制品挤出充填器出口端时，色素就附着在制品表面。二是制品成形后，用毛刷沾色素刷在制品的表面。色素涂刷的面积占制品圆面积的 2/5 ~ 1/2。色素的配料及制法同前述。

蒸煮：由不锈钢传送带将制品送入蒸汽箱中，先用 95℃ 水处理 6min 预热，再用 100℃ 经 4.5min 蒸熟，然后自然冷却，使制品温度降至 60℃。

切段：如果单独包装，一般切成 12cm 的长段，如与卷状仿蟹腿肉混合包装，一般切成 2cm 的段。

冷却：用强制冷却的方法，冷却温度为 - 25℃，时间为 3min。制品冷却的最佳温度为 19℃。

定量包装：按不同要求（净重）包装，日本的产品每袋净重 470g，包装材料为聚氯乙烯，厚度为 0.04 ~ 0.06mm。

真空封口：将制品整齐排放于袋内，采用真空封口机封口，真空度为 0.08 ~ 0.10MPa。

整形：经真空封口后，塑料袋内容物易聚集在一起，因此要进行整形，整形中要注意袋内产品保持完整。

冷冻、外包装、运输与贮存等同前述。

2. 产品质量标准

仿蟹腿肉的感官质量：肉质洁白，口感细腻，具有与天然蟹肉相似的特有口感与味道，无其他异味。其组成成分如表 3 - 18。

表 3 - 18　仿蟹腿肉的组成成分分析　　　　　　　　　　　质量分数/%

产　品	成　　　分					
	掺鲢鱼糜比例	水分	粗蛋白	粗脂肪	灰分	碳水化合物
鳕鱼仿蟹腿肉	0	76.84	8.19	2.05	2.23	10.69
掺鲢鱼的仿蟹腿肉	30	78.14	8.04	2.02	2.29	9.51

3.2.4.2.2　仿生鱼翅食品

鱼翅是海味八珍之一（其余七珍为：海参、鱼肚、淡菜、干贝、鱼唇、鲍鱼、鱿鱼），它是人们喜庆筵席上有名的美味佳肴，根据科学分析，干鱼翅的含水量为 3.7%；蛋白质 63.5%（其中缺乏色氨酸和异亮氨酸）；脂肪 0.3%（不及蛋黄中的含量）；钙 0.146%（不及牛肉中的含量）；铁 0.015%（不及菠菜中的含量）；磷 0.19%（不及鱼类中的含量）。从以上分析来看，其营养价值与鸡蛋和粉丝相似。如单从其基本营养素方面看，其营养价值并不高。最近研究成果认为，鱼翅的特殊保健作用来自于其所含的一种抑制微血管生长的 anti – angiogensfactor，它能使癌细胞周围的血管网络无法建立，由此就可以抑制肿瘤的生长及其蔓延。

科学证实了鱼翅不仅因为其稀有而成为价格昂贵的高级消费品，还因为它具有其他多方面的食疗价值，这一研究成果使得本来就价格昂贵、来源奇缺的鱼翅更是一跃成为稀世之珍品，成为非一般消费者所能享用之物。近年来，随着生活水平的提高，需求量越来越大。天然鱼翅由鲨鱼的胸、腹、尾等处的翅鳍切细成丝干制而成。要大量生产真品鱼翅，其海洋资源是有限的，因此鱼翅的仿真食品越来越受欢迎。最近，日本一家食品公司用鱼肉和从海藻中提取出来的物质为主要原料，再加上面粉、鸡蛋白、食用色素及人体必需的其他营养成分制成仿鱼翅食品，虽其药理价值不及真品鱼翅，但其基本营养价值都优于天然鱼翅，口感宜人且味美价廉，烹制方便，深受广大消费者欢迎。

1. 加工工艺

仿生鱼翅食品的工艺流程如下：

动物骨皮→明胶制取→溶于酸性溶液

↓

虾、蟹壳→壳聚糖制取→溶于酸性溶液→混合配料→入贮罐→喷丝→喷雾固化→干燥

↑

还原糖、氨基酸等

（1）仿生鱼翅基本配方。

明胶以 100 份计，以下配料量为所占百分比。

壳聚糖，0.03～3.0 以 0.1～0.5 最佳；

还原糖，0.3～30 以 1～10 最佳。

其他营养成分根据需要加入。

其中明胶和壳聚糖、还原糖等首先于 pH1～6.5 下溶解，最适 pH 为 3～6.0。

（2）明胶的制取。所用明胶为由动物骨皮制得的产品，如由牛骨、牛皮、猪皮等原料制取，其制法为先用适当浓缩的石灰水浸泡动物皮，脱去其粗糙的毛和带异味的蛋白、脂肪与杂质，然后用酸化水如硫酸、盐酸等进行水解。水解时要进行加热处理以利于明胶溶出。制出胶液后，过滤、干燥即成。

（3）壳聚糖的制取。优质壳聚糖的制取以虾、蟹及昆虫甲壳为原料，用 3%～4% 的 NaOH 溶液加热一定时间即可制得。

（4）原料的溶解。上述原料可以各自单独溶解后再配料，也可混合一起再调 pH 后一同溶解，但溶解时温度要保持在 40℃以上。

可供选用的酸有盐酸、硝酸、硫酸等无机酸，醋酸、柠檬酸、乳酸等有机酸。从食品生产的卫生、安全角度考虑，以有机酸的稀溶液为好。

（5）成型。成型可用仿生鱼翅成丝设备。

将上述配制好的溶液泵入贮槽中，在压力的作用下，喷丝装置喷射出丝状体。贮槽通过接管不断地向喷丝装置供料。喷下来的成束的丝状体继续下落与丝束传送带接触，其作用是使成束丝状体转向侧面出料。为了防止成束丝状体下落后相互粘连，通过喷雾器喷入粉末状 $Ca(OH)_2$ 使喷射出的丝束固定化，不再相互粘结。喷管的内径为 0.5～1.5mm，喷管间距为 50mm，由附件固定。

贮料器间歇加料，如喷射管开放喷射 1s，然后关闭 0.5s。其结构为一中间粗（0.2～1.5mm）、两头尖、长 20～200mm 的梭状管。将由此喷射出的丝状物风干后即为成品。

所得成品呈无色透明体，用温水浸泡后，其品质与真品鱼翅几乎一样，于 1% 的盐溶液中煮制处理，则不失天然鱼翅的口感。

2. 加工实例

［实例 1］先用 600 份水溶解 15 份葡萄糖，接着加入 3 份壳聚糖、2 份醋酸，以使壳聚糖溶解。接着将此溶液真空脱气，保持负压状态搅拌 1～3min。继续减压并升温至 60℃保持 1h，即得原料液。

将上述溶液自内径为 2.0mm 的喷管中以 5～10mg/s 的流量喷出。在开始喷射的 1s 内，在丝状体落下的过程中，与喷入的碱石灰粉末相接触，从传送带出来的半成品风干后即为

成品。

碱溶液的 pH 应调至 8~13 之间。如低于 8，所得制品的耐热性变差；高于 13，则制品的颜色不佳。

由碱石灰固定后所得的丝状体，应用水洗除去多余的碱，于室温下热风干燥，干燥时间视具体情况而定，一般在 0.5~12h 之间。

将固定化后的丝状体浸于 0.1%~3.0% 的醋酸溶液中洗至透明。

该丝状体风干后，浸于 0.2% 的酸化的水溶液中，于室温下风干 10h 后，于 120℃ 加热硬质化，再于 0.5% 的醋酸溶液中洗涤，干燥后，即为仿生鱼翅产品。

所得产品为无色透明状长 20~200mm、中央厚度（直径）为 0.2~0.8mm 的丝状物，其口感及形状与天然品十分相似。这种仿鱼翅食品在 3% 的盐水中煮 60min，其口感与天然鱼翅一致。

［实例 2］将 20g 壳聚糖加 980mL 水制成悬浊液混合后，徐徐加入醋酸 6.8g，溶解后以 80 目的金属网过滤以除去不溶物，此时溶液的 pH 为 5.4。接着加入 10g 还原糖，充分脱气，然后通入成形器中，于 60~70℃ 下干燥的厚度为 1~2mm 的板状壳聚糖片，取该板状物 0.5~1m² 拆开，于 0.5mol/L NaOH 溶液中浸泡 30min。以流动水洗净，离心脱水，再于 60~70℃ 下干燥，既得人造鱼翅 14g。

该产品与天然品鱼翅一同对比检验，几乎无差异，结果见表 3-19。

表 3-19　感官检查结果

样　品	项　目	
	形状	口感风味
天然鱼翅	13	15
人造鱼翅	15	8

［实例 3］用与实例 2 同样的比例制取 1000g1% 的葡萄糖液、1000g 混合液，于加热条件下充分脱气，其余同实例 2，最终得产品 25g。

所得产品与天然鱼翅相比较，结果见表 3-20。

表 3-20　感官检查结果

样　品	项　目	
	形状	口感
天然鱼翅	13	13
人造鱼翅	14	16

以上两实例中的检查法采用三点打分法即：1 为好，2 为普通，3 为差。参加检查人员 40 为每组（次）12 人，得分累计后为结果。

［实例 4］将壳聚糖 40g 加水 1800mL 制成悬浊液，徐徐加入 13.6g 醋酸，溶解后以孔径为 0.18mm 的筛除去不溶杂质，添加 20g 还原糖。以下脱气、干燥制膜、切断、离心脱水等工序同实例 2、实例 3。最终得含水量为 50% 的湿润人造鱼翅 56g。

3.2.4.2.3　仿生虾样食品

虾的肉质细腻、脂肪含量较低、味道鲜美可口、口感特别，是人们非常喜爱的高档水产品。天然虾肉组织是由直径为几微米至几百微米的肌肉纤维紧密结合成的，在食用时其破断力分强和弱两种，由于它们的不同作用产生虾肉独特的口感。

美国食品专家新近研制生产了一种外形、颜色、口味均可与天然对虾媲美的人造对虾，这种人造对虾以鱼肉或小虾为主要原料，加入浓缩大豆蛋白、马铃薯淀粉、面粉、调味香料、食盐等，混匀后送入成形机中挤压成形，然后喷上一层钙液、色素作为"外衣"，即成人造对虾。人造对虾价格便宜，鲜嫩可口、营养丰富，很受消费者欢迎。

1. 加工工艺

人造对虾肉加工工艺流程如下：

原料鱼预处理→采肉→绞肉→漂洗→蛋白质纤维化→调味→成形→加热→包装

2. 加工工艺要点

要制造出与天然虾肉的外观、味道和口感相类似的仿生虾肉，其加工工艺的关键在于蛋白质纤维化的操作技术及调味、调色和成形等工序。

（1）原料鱼的预处理。不论鱼个体大小，均可作为制造人造虾肉的原料鱼，但必须新鲜，鲜鱼经清洗、刮鳞、去内脏、血污、腹膜，切头去尾，再充分洗净。

（2）采肉脱水、漂洗。可选用鱼肉采取机，使鱼肉和鱼骨分离。由于第二次采肉所得的鱼肉颜色较深，会影响成品人造虾肉外观色泽，所以以第一次采取的鱼肉为佳。将采取的鱼肉放入漂洗槽中，加入 5～7 倍的水搅拌后静置 5～10min，去掉上层清液，再反复用水漂洗 3～6 次。最后一次漂洗时，可加入 0.05%～0.1% 的食盐，使鱼肉脱水。漂洗好的鱼肉要尽可能地脱水，一般可用 2000～2800r/min 的离心机脱水，脱水时间根据原料种类而定，一般为 5～20min。

（3）蛋白质纤维化。使蛋白质纤维化的过程也称蛋白质的组织化，它是采用物理化学方法使蛋白质变成纤维状。目前使蛋白质纤维化的方法很多，各国在这方面的研究也十分广泛。在仿生虾肉的制造中，一般都采用单向冷冻法、喷丝法和添加纤维素法等，使原料鱼的蛋白质纤维化。

① 单向冷冻法：该法是将蛋白质与褐藻酸盐的混合水溶液单向冷冻，使之形成蛋白质纤维，用于制造各种类似肉组织纤维的食品，具体工序如下．

a. 配料：在漂洗后的碎鱼肉中加入 1% 的褐藻酸钠，使蛋白含量在 3%～20%，可溶性固形物的含量小于 10%，配制成蛋白质和褐藻酸的混合物。

b. 单向冷冻：将混合物置于盘中，从盘的下面或上、下两面降温进行冷冻，冷源为冰或液氮、低温盐水等。也可采用平板冻结机。冷冻后由于冰晶的产生，使固形物分开，形成单向的蛋白质纤维。然后置于 -100～-1℃下保存，以免冰晶增大和纤维结构受破坏。

c. 切片：沿与纤维平行的方向，将冻结块切成 2.0～2.3mm 的薄片。

d. 盐处理：将薄片放入 0℃ 左右的 $CaCl_2$ 溶液中，使褐藻酸钠变为褐藻酸钙凝胶，使纤维相互间产生粘连作用。

e. 加热处理：再经 100～120℃，20～30min 处理，使蛋白质失去水溶性，并以纤维形式固定。然后将其浸入水中，漂洗去残留的盐类，并用 0.2% 的三聚磷酸钠溶液浸 10min，以改善纤维组织，并加强其保水性，使纤维组织多汁而有弹性，产生与虾、蟹相似的口感。

② 纤维添加法：在鱼肉糜中加入食盐、调味料、淀粉而制得的仿虾肉制品与以前日本市场上出现的仿虾肉制品一样，只有虾的味道，而没有虾的特征口感。要使仿虾肉产品具有虾肉细腻的纤维口感，须加入一种或多种品质改良剂，然后擂溃成鱼糜原料糊，再按 1 份重

的鱼糜原料糊加入 0.2 份重以上的可食性纤维，最后成形、加热凝固，从而得到具有虾肉口感的制品。可食性纤维是以多糖类物质、动物蛋白质、植物蛋白质为原料经加工而制成的，外观呈乱线状，具有立体化网目结构。这种立体化网目结构是以直径为 1mm 以下的微细纤维为主干，主干上有很多的分枝相互结合而构成的。

如采用多糖类物质（甘露聚糖、海藻酸等）为原料加工可食性纤维，其效果以甘露聚糖较为理想。加工方法以甘露聚糖为例，是将甘露聚糖加水溶解，制成 2% ~ 10% 的水溶液，然后加入胶体化促进剂之类的碱性物质（单独或与碳酸钠、重碳酸钠、氢氧化钠、氢氧化钙混合使用较为理想），使溶液胶体化，同时调 pH 至 8 以上，加温到 60℃ 以上。在这种溶液中，一般还要加入一些淀粉和鱼肉糜，以达到提高纤维化和提高对鱼肉糜原料糊的结合性的目的。把上述调好的胶体溶液，用钵式水平研磨粉碎机加以挤压，形成捏合状态，然后放入水中充分搅拌，使可溶性的碱性物质溶出，即可得到乱丝状、具有立体化网目结构的可食性纤维。所采用的钵体式水平研磨粉碎机，其结构特点为外部钵体固定，与钵体接触的内滚则旋转，接触面为单面或双面，呈凹凸沟条状。除了甘露聚糖外，用其他多糖类物质为原料，也可采用与上述大致相同的方法制取可食性纤维。

以动物蛋白为原料制取可食性纤维时，可将牛、猪、鸡肉等加入鳕鱼、乌鱼肉等海产肉质，经蒸煮所得到的热变性蛋白质或经干燥所得到的脱水变性蛋白质，具有比较强韧的组织化纤维，把这些变性蛋白质用上述的水平研磨粉碎机挤压揉搓，成捏合状态后挤出，或把变性蛋白质放入硬质的容器中捣碎，最后将变性的捏合状态的蛋白质放入相应的水中充分搅拌，使可溶性成分溶出，即成为可食性纤维。

植物性蛋白可用大豆蛋白、谷朊等。以大豆蛋白为原料时，在大豆蛋白中加入糖类（如海藻酸类）、凝集剂（如氯化钙），经挤压成纤维状或片状，待凝固后，再用上述水平研磨粉碎机挤压揉捏，然后在水中充分搅开，即可得到可食性纤维。

所采用的另一种原料，即鱼肉糜原料糊，其制作方法与通常制作鱼糕、鱼卷所用的鱼糜一样，是将鱼加适量水搐溃，制成酱状，再加入调味料（如谷氨酸钠）、淀粉及一种或多种改良剂（如聚合磷酸盐），经蒸煮后形成具有胶状凝固性质的糜料，为了使制品具有虾的风味，也可加入虾肉糜和虾汁。

有了上述两种原料，即可按 1 份重量的鱼糜，0.2 份以上重量的可食性纤维的比例混合，然后进行捏和、成形、蒸煮即可，为了满足人们的直观感，可将其制成虾状，涂以色素，以进一步提高其商品价值。此制品有与虾肉相似的口感。

③ 喷丝法：喷丝法是利用纺丝的原理使蛋白质纤维化。

a. 鱼肉蛋白的溶解：原料鱼绞碎后，加入 1.0 ~ 1.5 倍的水，用 NaOH 调至 pH10 ~ 13，加热升温到 95℃，使水溶性鱼糜蛋白溶解。

b. 过滤：降温至 40 ~ 45℃，过滤除去皮骨和不溶物，抽气减压脱去液体中的空气。要求其固形物含量在 90% 左右，调整黏度为 10 ~ 30Pa·s。

c. 喷丝：滤液经过纺丝头喷入 pH 为 0.7 ~ 0.9 的食品级盐酸溶液中，酸液中含盐 10%，即得到 pH4 ~ 4.2 的蛋白纤维。

d. 漂洗：用清水漂洗蛋白纤维，使含盐量降至 2% ~ 5%。

e. 加热处理：在 50 ~ 70℃ 水中加热处理 10 ~ 15min，使蛋白纤维固定。

f. 中和：将蛋白纤维投入 NaH_2PO_4 缓冲液中浸泡 5 ~ 10min，晾干，形成质地柔软、具有良好吸水性的纤维束。

（4）调味。调味方法有两种，一种方法为加入天然鱼、虾水的浓缩物或小型虾的碎肉；另一种方法是首先测定天然虾呈味成分的种类和浓度，据此人工配制与其成分相似的虾味素，然后加入虾味素进行调味。

（5）调色。调色的方法与调味相似，可以加入天然产品的有色煮汁或真虾肉，也可以外加色素进行调色。

（6）成型。成型在加工人造虾肉中也是一个很重要的工序。将加工处理好的成品，用模具挤压成形，然后经加热，制成与天然虾肉外形相似的人造虾肉。

3. 大豆蛋白为主要原料制造人造虾状食品新工艺

人造虾状食品主要以大豆为原料，而制品的口感酷似真虾。其制品的好坏，关键在于特殊处理的大豆蛋白的好坏，因为它是以特殊处理的大豆蛋白来模拟虾肉的口感。

将脱脂大豆用含水的有机醇类洗净后干燥，制成水溶性氮指数（NST）在 25 以下的浓缩大豆蛋白，再与再与鱼肉糜、调味料、香料混合，然后成形、蒸煮，制出口感与天然品相似的人造虾状食品。

脱脂大豆用含水有机醇洗净，是为了清除大豆中所含的糖、色素及异味成分，使制成的浓缩大豆蛋白具有适合制作虾状食品的色泽和风味，而采用其他方法制成的分离大豆蛋白、浓缩大豆蛋白等都较差，直接与鱼糜混合易形成疙瘩，特别是分离大豆蛋白中易混有空气，不能使制品产生虾状口感。洗净所用的含水有机醇，可采用甲醇、乙醇、异丙醇等，但从食品安全性角度考虑，以乙醇为佳。有机醇的浓度范围为 50% ~80%，超出这一范围会降低对脱脂大豆的处理效果。处理后的浓缩大豆蛋白，其水溶性氮指数应在 25 以下，然后干燥成 100 目的颗粒。

加工时，制品原料按浓缩大豆蛋白 30% ~60%（按固体换算），鱼肉糜 70% ~40% 的比例调配，并适当加入调味品、香料、油脂及着色剂等，加以擂溃、成形、蒸煮，即成外观与口感都与天然品相似的制品。

4. 仿生虾样食品制造实例

［实例 1］ 称取 2.5kg 糖蒟甘露聚糖溶于 100L 牛奶中。取其 5kg 与 10kg 淀粉、15kg 鱼糜混合制成粘稠酱状，然后边搅拌边用配制的 20% 的碳酸钠水溶液将 pH 调整至 10.2，再蒸煮 40min 即得到胶状物。采用水平研磨粉碎机挤压，呈捏和状倒出，充分搅拌即得到具有立体化网目结构的乱丝状可食性纤维，其含水量为 67%，总重约 65kg。

取冷冻鱼糜 100kg，加入调味料 1kg，冰水 3.5kg、淀粉 6kg、食盐 2.5kg、品质改良剂 0.1kg、虾肉糜 10kg 混合擂溃，制成鱼糜制品原料糊。

取 160kg 鱼糜原料糊，平均分为 8 份，每份中分别加入可食性纤维 1，2，10，14，20，30，40，60kg，充分捏和后，制成厚度为 7mm 的薄片状，然后在 90℃ 下蒸煮 30min，制成虾形，既得不同口感的仿虾肉制品。

［实例 2］ 取干燥的乌鱼干 20kg，切成 5mm 宽的细条，然后加水充分膨润后再分成 2 等份。将其一份用前述的水平研磨粉碎机挤压，呈捏和状态挤出，然后放入充足的水中充分搅拌，使可溶性成分溶出。另一份先用于乌鱼伸展机粗碎，然后用石臼捶捣，用充足的水揉捏，除去可溶性成分。将上述两法得到的试料充分加以榨挤，即可得到 40kg 含有 67% 的有立体化网目结构的可食性纤维。用这种可食性纤维 50kg，和 50kg 与实例 1 相同的鱼肉糜制品原料糊捏合，加工成厚约 1cm 的薄片状，然后于 95℃ 下蒸煮 40min，最后切断成制品。

［实例 3］ 将 10kg 大豆蛋白干燥粉末及 50g 褐藻酸钠，用 50L 水溶解成粘稠的流体，然

后加入 1L20% 的 $CaCl_2$ 溶液充分混合，使溶液成为胶体状。用前述的水平研磨粉碎机挤压呈捏合状态挤出，然后用充足的水加以搓洗，最后挤去多余的水分，所得的可食性纤维的水分含量为 65%，质量为 2.5kg。将这种可食性纤维 100kg，用与实例 1 相同的 50kg 鱼肉糜制品原料糊相捏合，加工成 1cm 厚的薄片状，于约 95℃ 的温度煮 30min，最后切断即可。

〔实例 4〕低变性脱脂大豆片（水溶性氮指数 NST = 90）10kg，60% 乙醇 60kg，于 50℃下搅拌洗净 1h，离心去液，进一步减压干燥后粉碎，制成 100 目以下的浓缩大豆蛋白（NST = 11）。取 2kg 此蛋白、10kg SA 级冷冻鱼糜、300g 盐、2kg 水、200g 甘氨酸、100g 谷氨酸钠、100g 虾味素，共同混合擂溃 15min。然后用成形机挤出切成直径 1.5cm 长 4.5cm 的圆条，蒸熟 30min 后即得口感与虾相似的制品。

〔实例 5〕取实例 1 的浓缩大豆蛋白 1.5kg，SA 冷冻鱼糜 10kg、盐 230g、虾味素 320g、虾油 110g、虾粉末 200g、水 1.5kg，擂溃 10min，用成形机挤出，切成 3cm×1cm×5cm 的椭圆柱，蒸 30min 即可得与虾相似的制品。

3.2.4.2.4　仿生墨鱼食品

墨鱼也是传统的八大海珍品之一，市场上其价格也不菲，近年来许多食品专家利用低值鱼制造的鱼糜和鱼蛋白为原料，制出了口感、风味与天然制品相似的各种仿生墨鱼制品。

3.2.4.2.4.1　利用乳蛋白生产的仿生墨鱼肉

牛乳蛋白是一种营养价值非常高的蛋白质，它与肉、禽、鱼、蛋等的蛋白质一样，由18 种氨基酸组成，且人体必需氨基酸含量非常丰富，因而称之为完全蛋白或优质蛋白。因此以乳蛋白与鱼糜配合制成的仿墨鱼肉不仅口感风味与墨鱼相似，而且因其均为优质蛋白质原料，营养价值也不逊于真正墨鱼。

1. 蛋白液仿制墨鱼肉

（1）工艺流程

脱脂乳→乳清蛋白浓缩液→混合→加盐→注模→热凝→切片→浸味→熏制→包装
　　　　　　　　　　　↑
　　　　　鸡蛋液→鸡蛋白液

（2）加工工艺

① 将脱脂乳分离除去酪蛋白后的乳清，经分子筛膜过滤，浓缩成乳清蛋白浓缩液。

② 由蛋液分离除去蛋黄而制得的蛋白液，调整其固形物含量为 10%。

③ 将乳清蛋白浓缩液与蛋白液按它们所含蛋白液按它们所含固形物之比为 4：1 的数量混合，且总固形物含量为 10%，添加食盐均匀混合后，灌入聚偏二氯乙烯管（折幅 40mm）中，于 85℃ 下加热 30min 使之凝固。

④ 用自来水冷却凝固物，30min 后，切成 2mm 的薄片，放入由食盐、砂糖、调味料组成的调味液中浸一夜。

⑤ 调味后，于 25℃ 下熏制 2h，然后于 70℃ 下熏制 4h。

（3）产品特点

具有墨鱼熏制品的口感，风味良好。

2. 蛋白粉仿制墨鱼肉

（1）加工工艺

配料为乳清蛋白粉 125g，蛋白粉 21g，食盐 25g，调味料 8g，七味辣椒粉 5g，砂糖100g，水 845g。将乳清蛋白粉、蛋白粉、水组成的混合液，与食盐、化学调味料、七味粉、砂糖均匀混合，灌入聚偏二氯乙烯管（折幅 40mm）中，每管中装量为 100g。于 85℃ 下加热 60min，使之凝固即可。

（2）产品特点

具墨鱼肉口感，风味良好。

3.2.4.2.4.2　仿生墨鱼干

仿生墨鱼干加工的关键在于使制品具有墨鱼干特有的口感，即蛋白的纤维性。所选用的原料为活性面筋，它具有韧性的面筋蛋白的大分子结构，通过压延拉伸，可使其纤维化。

（1）加工工艺

配料：活性面筋 1kg，食盐 250g，墨鱼精少许，酸性亚硫酸钠 0.8g，马铃薯淀粉 3kg，水及其他调味料适量。

向活性面筋中加入 5L 水，搅拌均匀，添加亚硫酸钠、食盐混合。添加马铃薯淀粉，再混合。将混合物压延、拉伸，立即放入水中糅和，使其纤维化，接着在蒸汽中拉伸。在 75～85℃ 条件下加热 10min，然后用水洗净，得纤维状复合食品约 10kg。用轧辊轧成片状，制成网目状墨鱼干，然后加入墨鱼精、料酒、酱油、砂糖、食盐及其他调味料，制得水分为 25% 的仿生墨鱼干 4kg。

（2）产品特点

口感风味均与真品极为相似。

3.2.4.2.4.3　仿生墨鱼珍味食品

仿生墨鱼珍味食品均以优质的大豆蛋白为原料。大豆蛋白其氨基酸质量逊于鱼肉蛋白，但在所有植物蛋白中，其质量却是最好。而且大豆中含有异黄酮类物质，具有抗癌活性。大豆中还含有降低人体血液胆固醇的特殊生理活性物质。因此以大豆蛋白为主要原料制取的仿墨鱼食品，不仅营养、口味好，而且还具有独特的医疗保健作用。

1. 大豆蛋白粉仿墨鱼珍味食品

（1）加工工艺

配料：大豆分离蛋白粉 6kg，豆油 157kg，马铃薯淀粉 2kg，水 102kg（其中 2kg 为挤压时用），$CaSO_4$ 200g，盐 320g，料酒、鱼肉汁 3.2kg，糖 649g，化学调味料 160g。

将大豆分离蛋白粉、马铃薯淀粉充分混合，通过投料器投入双螺旋挤压机中，同时注入大豆油和水。螺杆转速为 100r/min，套筒温度为 150℃，压力为 2.45MPa，模口孔径 7mm，挤压后得到膨化物 10kg。取 10kg 膨化物，加水 100kg 和硫酸钙 200g，加热至 85℃，搅拌并保温 30min，然后用离心机脱水，得 32kg 含水量为 75% 的纤维状蛋白。在纤维状蛋白中加料酒、鱼肉汁、盐、糖、化学调味料调味，然后放入热风干燥机中，80℃ 干燥 4h，得水分含量为 25% 的仿墨鱼珍味食品。

（2）产品特点

制品风味、口感俱佳。

2. 可手撕的仿墨鱼珍味食品

（1）加工工艺

配料：大豆蛋白粉 11.72kg，水 5.52kg，精制菜籽油 690g，$CaCl_2$ 400g，化学调味料 624g，砂糖 15.6kg，墨鱼油 156g，玉米淀粉 2.07kg。

在大豆蛋白粉中添加玉米淀粉，混合后通过投料器投入双螺旋挤压机中，同时加入水和菜籽油。挤压机的螺旋杆转数为 120r/min。套筒温度为 135℃，压力 2.94MPa，4 个出料孔的出口直径4mm，通过挤压得到膨化韧20kg。取20kg膨化物，加300L热水和氯化钙，加热至70℃，搅拌40min，然后过滤、脱水、水洗。经反复两次脱水后，得78kg含水82%的纤维状蛋白。纤维状蛋白中添加糖、盐、化学调味料、辣椒粉、墨鱼油，混合后用压辊将其压成3mm的薄片，干燥后即成。

（2）产品特点

这种珍味食品可用手撕裂食用，口感、风味与真品极为相似。

3.2.4.2.5　仿生海蜇食品

海蜇又称水母，是一种风味、口感独特的海产品，作为凉拌用海鲜深受人们的喜爱。仿海蜇食品是以褐藻酸钠为主要原料经过系统加工处理而成的一种仿生食品。性状口感类似于海蜇，具有天然海蜇特有的脆嫩口感及色泽，该类产品比天然海蜇价格便宜，食用方便，调味容易，而且可以按人们的营养需要对其进行营养强化，是一种很值得发展的佐餐食品。

3.2.4.2.5.1　仿生海蜇

仿生海蜇的主要原料为褐藻酸钠（也称海藻酸钠），是褐藻的细胞成分褐藻酸的钠盐，其主要成分为 $\beta-D-$ 甘露糖醛酸钠和 $\alpha-L-$ 古罗糖醛酸钠，两种糖醛酸通过 $C-1,4$ 键连接而存在于褐藻中。褐藻酸是一种极性高分子化合物，含有羟基和羧基，不溶于水，在水中能吸收大量的水而膨胀至原体积的30~40倍，成为立体网状结构。溶液的酸性越强，越不吸水，如水呈碱性，则溶解成粘稠的液体。它的碱金属盐可溶于水，因此在工业生产中，利用这一性质用 Na_2CO_3 或 $NaOH$ 消化褐藻原料，使不溶性的褐藻酸（或其盐类）转化为可溶性的褐藻酸钠而提取出来。

褐藻酸钠的特性之一是它与二价金属钙离子的钙盐反应，形成不溶于水的褐藻酸钙，其反应式及结构式如下：

$$H. Alg(褐藻酸) + Na^+ \rightarrow Na. Alg(褐藻酸钠) + H^+$$

$$2Na. Alg + Ca^{2+} \rightarrow Ca(Alg)_2(褐藻酸钙) + 2Na^+$$

这种不溶于水，在水中具有致密网状结构的钙盐，就是人造海蜇食品的主要成分。通过调节褐藻酸钠和钙离子的浓度和置换时间，就可以得到口感软硬程度不同的仿生海蜇食品。

3.2.4.2.5.2　仿生海蜇丝

1. 工艺流程

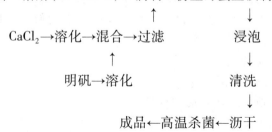

2. 原料配方

（1）滴液配方（质量分数）：海藻酸钠0.7%~1%，苯甲酸钠0.2%，白砂糖4%~5%。

（2）固化液配方：氯化钙10%，明矾2%~3%，加软化净化水至100%。

3. 生产设备流程

主要设备包括：软化水处理系统；溶料罐；配料罐；成型机；高温杀菌锅等。

4. 加工工艺

（1）混料。海藻酸钠与白砂糖按比例混合，然后加软化净化水溶解，这样可加快海藻酸钠的溶解速度，不易结块，可以提高成品的柔和度。

（2）溶解。海藻酸钠溶解的适宜温度为 $50 \sim 60℃$，勿高于 $80℃$，因温度过高可使海藻酸钠部分降解。在溶解过程中，要充分搅拌，至无凝块后，再静置 $2 \sim 3h$，使物料充分溶解，再去滴制，这样可保证滴制的质量。

（3）用水要求。溶解海藻酸钠的水，必须是软化水。因为硬水中的钙、镁离子将与海藻酸钠结合，提前生成不溶性的海藻酸钙和海藻酸镁，使下一步钙化过程不能正常进行。

（4）加明矾。固化液的配方中，明矾的作用是增加人造海蜇丝的脆度，并不影响海藻酸钠与氯化钙的作用。

（5）固化。将配制的固化液注入固化槽中，然后启动槽内搅拌器，使固化液成环流流动。关闭滴料槽上的滴出管，把配制好的滴液倒入滴料槽中，到一定高度后，打开出料口，让滴液呈条状流下，并进入固化液中，这时可以看到海蜇丝逐渐固化成型，形成晶莹透亮、连续不断的条状。随着工艺过程的进行，固化液浓度逐渐降低，因此要定时补充氯化钙，以保证其浓度在适当范围之内。

（6）浸泡。制成的人造海蜇丝要用水进行 $3 \sim 4h$，甚至更长时间的浸泡，以泡出海蜇丝内多余的氯化钙溶液，以免出现涩味。

（7）清洗。浸泡后的清洗要采用软化净化水，这样既可以进一步去涩，又可保证人造海蜇丝的安全卫生。

（8）杀菌。制得的海蜇丝经瞬时高温（$120℃$，$20 \sim 30min$）杀菌，进一步保证其安全卫生。

3.2.4.2.5.3 仿生海蜇片

1. 加工工艺

制造人造海蜇片需要两种基本原料：以大豆为原料的分离蛋白质和以褐藻（如海带）为原料制取的褐藻胶（即褐藻酸钠）。将大豆蛋白与褐藻胶按干重 $1:3$ 的比例，加水混合，搅溃（加水量相当于大豆蛋白与褐藻胶总量的 $5 \sim 20$ 倍）。将两种溶液混合，直到凝固，凝固后水洗，尽量除去残存未凝部分。接着进行 $5min$ 短时蒸煮处理，最后脱水干燥即成。食用时将干品放入水中，短时间吸水后，即具有类似天然海蜇口感。

2. 原料配方

配方1：大豆蛋白粉 $25g$，褐藻胶 $75g$，水 $1L$，4% 氯化钙溶液 $18g$，褐藻胶 $60g$。

配方2：100目的脱脂大豆粉 $25g$，褐藻胶 $75g$，水 $1L$，4% 氯化钙溶液适量。

3. 产品特点

用上述配方与方法制取的人造海蜇片具有以下特点：具有天然海蜇片的口感；原料便宜易得，生产方法简便；生产过程不必像天然海蜇那样进行特制处理（如盐腌、脱水）；能防止发酵变质，质量稳定，可以长期保存；可以随时供应市场，以补天然海蜇皮供应不足。

3.2.4.2.6 其他海洋仿生食品

3.2.4.2.6.1 仿生鱼籽食品

鱼籽如鲑鱼与鳟鱼之卵，由于资源紧缺，数量稀少，加之该品含有丰富的卵磷脂、脑磷脂、维生素等营养成分，对皮肤、眼睛干燥者有益，是一种很好的滋补、明目保健佳品，因而非常昂贵。以多种海藻胶类多糖为主要原料模拟其口感，添加各种营养调味因子如磷脂、胡萝卜素等，制成的口感类似天然鱼籽，强化后营养也不低于天然鱼籽的多种仿生鱼籽食品，价格低廉，并可保证供应充足，深受消费者欢迎。

1. 加工工艺

（1）水溶胶的配制。选择果胶、卡拉胶、糊精、琼脂、明胶中的一种或几种为主要原料，加水溶解，在常温下配制成溶胶。

（2）调味。在水溶胶中加入鱼卵提取物、食盐、味精、香料等，使之具有类似鱼籽的风味。

（3）油料的配制。以色拉油为主要原料，添加维生素 A、β - 胡萝卜素进行调色。

（4）成型。根据水溶胶在低温下形成凝胶这一原理，设计一种双层套管，内管注入油料，两管中间加入溶胶，通过不断地连续开闭，内管中的油不断滴下形成油滴，外层的水溶胶附着在油滴周围形成颗粒落下，油的滴出量为水溶胶的 10% 左右。

（5）凝胶化。由水溶胶包着的油滴颗粒，经冷却成凝胶。冷却介质可用冷空气，最好采用低温冷却液，如盐水、稀释乙醇、油、水等均可作为冷却介质。用水作冷却介质时，要添加疏水剂，才有利于水溶胶形成球状颗粒，疏水剂可用蔗糖、糖脂、卵磷脂等。如用油作冷却介质时，就不需加其他疏水剂。液体冷却介质的温度为 1 ~ 5℃。

（6）水洗、脱水。凝胶颗粒用冷却水清洗，沥去水分。

（7）包膜。可选用明胶、酪蛋白、褐藻酸钠、果胶、卡拉胶等。选择一种或几种为原料，一般以果胶与褐藻胶为好，用水溶解成包膜溶胶。用浸渍或喷雾的方法，将包膜溶胶附着在球状凝胶的表面。包膜处理应始终在低温条件下进行，并将球状颗粒迅速投入钙盐凝固剂溶液中，形成球状凝胶。

（8）水洗、干燥。包膜结束后的球状凝胶经水洗、脱水和轻度干燥，必要时可用油涂覆其表面，所得制品酷似鲑、鳟鱼籽。

2. 加工实例

[实例 1]

（1）原料配方

甲液：卡拉胶 20g，食盐 50g，明胶 25g，鱼卵提取物 50g（溶于 1L 水中）。

乙液：色拉油 100mL，维生素 A2g。

将上述原料，各自混合溶解，即分别得到甲、乙液。

（2）液 - 液包容

以内径 2.5mm 玻璃管为外管，0.5mm 的为内管，内管与乙液相连，外管与甲液相连。通过脉冲式开闭机构，在套管的出口端形成液体状颗粒，乙液被甲液覆盖，滴下速度由脉冲开闭机构调节。

（3）丙液制备

取水 8L，加入糖脂 16g，红花油 24g，混合后冷却至 3 ~ 5℃，该液即为丙液，加入内径为 10cm 的圆管内。

（4）成型

由套管形成的液体状颗粒落入丙液中，并使之凝胶化，硬化后形成颗粒。

（5）包膜

将凝胶粒放置 10min，收集后放入 0℃左右的 5% 盐水中，缓缓搅拌，洗涤。用金属网捞起沥水，用冷却至 3℃左右的 3% 褐藻酸钠溶液撒布于球粒表面，然后将球粒分散落入 3% 的氯化钙溶液中，使球状凝胶的表面形成包膜。

（6）干燥

收集已成包膜的球状凝胶，经水洗、脱水，用 60℃ 热风吹 10min，使表面干燥，再用色拉油向制品表面喷雾，获得人造鱼籽 1.6kg。

［实例 2］

（1）原料配方

角叉菜胶 1.2kg，葡萄糖 10kg，氯化钙 1kg，β - 胡萝卜素 0.1kg，大豆色拉油 10L，水 87.8L。

（2）调制溶胶体

将角叉菜胶、葡萄糖、氯化钙加至 87.8L 水中，边搅拌边加热至 75℃，得溶胶体。

（3）凝胶化

将溶胶体于 15℃ 下放置 30min，冷却后即得凝胶。

（4）均质

将得到的凝胶体放在搅拌机内，使凝胶微细化，得细粒溶胶体。

（5）调制乳化液

在另一搅拌机内投入 89.9kg 上述细粒溶胶体，边搅拌边投入 β - 胡萝卜素，溶解后加入大豆色拉油，得到乳化液。

（6）形成颗粒

将乳化液通过内径为 5mm 的喷嘴，形成直径为 6mm 的液滴，以每分钟 100 滴的速度滴入浓度为 0.8% 的褐藻酸钠水溶液中，液滴在溶液中沉降，乳化液被褐藻酸钠包裹住，连续不断形成颗粒体。颗粒体在溶液中浸渍 2min，使之吸水膨胀，变成直径为 8mm 的颗粒体后，从溶液中取出。

（7）加热收缩

将颗粒体撒到 75℃ 的热水中，停留 60min，在最初的 10min 内，分离出油层和水层，结束时，颗粒体收缩至直径 6mm。

（8）调味浸渍

将氯化钙 0.1%、沙丁鱼汁 5%、栀子黄色素 2% 溶解，制成调味调色液。自清水中取出颗粒体，放在调味液中浸渍 10min，即得类似于咸鲑鱼籽的仿鱼籽食品。

3.2.4.2.6.2　仿生蟹籽食品

天然的蟹籽在食用时有其独特的粒状及滑润的口感。作为仿生制品要具有这种特点，有一定难度。以禽、蛋、鱼卵、海藻胶等为原料，经精细加工制成细粒胶状物质，再以禽类的蛋白、蛋黄、鱼卵为粘合剂，通过加热凝固作用，把细粒状胶体质粒连成一体，可制出很像天然蟹籽的人造食品。

1. 加工工艺

首先是加工制造凝胶强度达 24.5 ~ 176kPa 的细粒状胶块。凝结后达到这一强度范围的胶体原料和处理方法有以下几种：

（1）禽类蛋白、鱼卵混合的加热凝固物，或者是禽类蛋黄、鱼卵的加热凝固物。

（2）禽类蛋白、鱼卵与禽类卵黄混合的加热凝固物。

（3）海藻酸钠等多糖类物质与起调整强度作用的淀粉、植物蛋白、鱼肉糜等混合，经盐析制成的胶状物。

（4）鱼肉糜加入淀粉、食盐擂溃后加热凝固的鱼糜制品。

上述原料加入一种或多种偏磷酸、焦磷酸、多磷酸等聚合磷酸的钠或钾盐，制品的效果更佳。如再加入少量的调味料、食用色素及 10% 左右的天然肉糜，制品即与蟹籽的味道相似。

胶体的细粒化处理，可先将胶体切成适当的大小，然后用食品断机切细或用金属网搅打，制成直径为 0.1～1.2mm 的不定形细粒。

将得到的细粒状胶体加入禽蛋白、禽蛋黄、鱼卵等作为粘合剂，通过 70℃ 以上的高温凝集作用，将胶体粒均匀地包裹起来，并粘连成一体。粘着剂的加入量为 20%～70%，过少则胶体粘连不成一体，过多又会使制品过硬，达不到预期效果。使用蛋白、蛋黄或鱼卵，因其粘性较低，而且使用后对胶粒的包裹厚薄不匀，故一般采用干燥的蛋白与蛋黄的粉末，同时尽量加大胶粒表面的粗糙度（如用金属网挤擦得到的胶粒），以达到对胶粒的包裹粘连均匀一致。

2. 加工实例

［实例 1］鲜鸡蛋白 1kg，加入多聚磷酸钠与焦磷酸钠等量配制的 6% 溶液 70g，调味料 7g，食盐 9g，搅拌混合，然后对混合物进行脱气，移入 15cm×12cm×5cm 的塑料容器中，于 85～90℃ 下蒸煮 25min，即得到凝胶强度为 33.3kPa（340kgf/cm²）的胶体，将其粗切，用食品切断器（日本制造的高速切断器 MK-132 型）切削 90min，得 0.4～0.9mm 的细粒 1kg。于 1kg 细粒胶体中，加入鲜蛋黄 250g，蛋黄粉 20g，食用色素 5g，蟹味香精 1g，轻轻混合，在 90℃ 下蒸煮 25min，即得口感与天然蟹籽相似的仿生蟹籽食品。

［实例 2］与实例 1 方法相同。于 1kg 细粒状胶状物中加入蟹肉糜 100g，鲨鱼卵 360g，蟹味香精 1g，色素 2g，分别注入 5.5cm×9.5cm×2.5cm 的塑料容器中，封口后用 100℃ 蒸汽加热，即得口感与实例 1 近似的制品。

［实例 3］6% 的褐藻酸钠 1kg，加入 50g 淀粉，使呈黏稠状液体，再加鱼糜 100g 及天然蟹肉糜 50g，凝结后，通过内径 1cm 的圆孔挤入 $CaCl_2$ 水溶液中，使其胶体化，然后加热蒸煮即得凝胶强度为 176kPa 的胶体。用食品切断器将胶体切成 0.2～0.4mm 的细粒状，用充足的水洗净。在 1kg 细粒胶体中，加入蛋黄 600g，蛋黄粉 100g，蟹味香精 2g，色素 1g，于 95℃ 下凝固 20min，即得与天然蟹籽有类似口感的制品。

3. 制造仿生蟹籽可供使用的胶体原料

按以下方法所制得的胶体原料均可用作制仿生蟹籽的原料：

① 全鸡蛋充分搅拌后真空脱气，90℃ 蒸 15min 所得的胶体，其凝胶强度为 7.73N/cm²。

② 蛋黄真空脱气后，90℃ 蒸 15min 所得的凝胶强度为 1.35N/cm² 的胶体。

③ 100g 蛋黄，加入 1.5% 磷酸盐（多磷酸钠与焦磷酸钠等量配制）水溶液 20g，真空脱气，90℃、15min 处理所得的凝胶强度为 14.6N/cm² 的胶体。

④ 100g 蛋黄、0.3g 磷酸盐、0.8g 食盐及 20mL 温水搅匀真空脱气后，90℃ 处理 15min 所得的凝胶强度为 17.6N/cm² 的胶体。

3.2.4.2.6.3　仿生海胆风味食品

海胆黄为海产珍味食品，自古以来就深受人们的喜爱。用粒状植物蛋白、食用油脂及鱼肉糜为原料，可配制加工而成外观、食感都与海胆黄相似的仿生食品。

1. 加工工艺

所采用的粒状植物蛋白，是用大豆或小麦通过常规法制作的，粒度为 10 目以上，粒度过大，则制品粗糙，外观及口感与天然海胆相差较大。粒度过细、口感不好，应以 10 ~ 60 目为好。

食用油脂用豆油、菜籽油、椰子油等，也可以用猪油等动物油。食用油脂一般在蛋白着色、调香、调味后加入，也可在调味的同时加入，一同混匀，用量为蛋白量的 20% ~ 100%，最佳用量为 30% ~ 60%。

加入的鱼糜必须经水稀释，否则制品类似鱼糕而非类似海胆，口感差。加水量为鱼糜量的 150% ~ 250%，并加少量的盐，充分擂溃。鱼肉糜的用量为蛋白量的 50% ~ 200%。

将上述混合物于 90 ~ 100℃下蒸 20min 即成。

2. 加工实例

[实例 1] 将脱脂大豆按常规方法用挤压成形机制成 10 ~ 30 目的颗粒，取其 100 份，放入搅拌机中，然后加入色素，调味料及海胆黄液共计 100 份搅拌，最后加入 30 份椰子油拌合。

取阿拉斯加鳕鱼 C 级鱼糜 100 份、水 250 份、盐 3 份、擂溃 20min，取其 50 份，加入上述的大豆蛋白中，进一步充分搅拌。

上述混合物于 95℃下蒸 20min，即得到与天然海胆黄口感类似的仿生海胆黄。

[实例 2] 将脱脂大豆和小麦粉按 2∶1 的比例混合，用挤压成形机制成 30 ~ 60 目颗粒。取其 100 份，用辣椒水包裹着色，然后加入海胆黄之类的调味香料水，用捏合机加以搅拌。将豆油与猪油按 9∶1 的比例混合，取混合油 50 份，进一步充分混合。

取阿拉斯加鳕鱼 C 级鱼糜 100 份，加 2.5 份食盐和 200 份水，擂溃 30min，取其 100 份加入要求调味的植物蛋白中，并进一步混匀。

将此混合物用连续成形机制成厚 2mm、宽 2mm 的条状，于 98℃下处理 15min，即得到风味、口感与外观都与天然海胆类似的仿生食品。

第4章　海洋食品深加工技术

教学目标: 掌握褐藻胶、琼脂、卡拉胶、甲壳素的来源、性质、生物活性与加工工艺;掌握海洋细菌与海洋真菌产生的胞外多糖的生物活性;了解褐藻胶、琼脂、卡拉胶、甲壳素的分子结构与应用现状;掌握鱼类及虾贝类水解活性肽的制备工艺与生物活性;掌握海洋鱼类胶原蛋白的物理特性;掌握海藻非蛋白质氨基酸、藻胆蛋白以及海洋细菌蛋白及肽类物质的生物活性;了解海洋鱼类水解活性肽及胶原蛋白的应用;了解鱼类脂质的分类和结构、鱼体的脂类运输;熟悉鱼类必需脂肪酸的合成与制备技术及其在食品中的应用;掌握鱼类必需脂肪酸、鱼类磷脂以及海藻必需脂肪酸的生物活性。

海洋是生命资源的宝库,蕴藏着丰富的自然资源,地球上的生物 80% 存在于海洋,海洋生物物种远比陆地生物丰富和复杂。随着海洋生物技术的发展,海洋生物活性物质越来越受到关注。科学家已经从海洋中分离出 7000 多种天然活性产物,其中 25% 来自藻类,33% 来自海绵,18% 来自腔肠动物以及 24% 来自海洋中的其他物质。本章主要以三大供能物质糖、蛋白质和脂肪为主,对它们的加工利用与功能进行阐述。

4.1　海洋多糖加工技术与功能

多糖及糖复合物是除核酸、蛋白质外有机体最重要的组成成分,广泛参与细胞的生命活动,如细胞与细胞的识别、细胞的转化、分裂及再生,细胞间物质的运输、免疫、衰老等等。海洋生物中存在许多天然活性多糖,海洋生物由于处于高盐、高压、低温缺氧、光照不足和寡营养等特殊的生存环境中,导致海洋生物体内多糖的合成过程与陆地生物不同,结构和组成上与陆地生物多糖存在明显差异,并产生许多结构新颖作用特殊的活性物质,承担着重要的生理功能,是一类重要的活性物质,现已证明海洋多糖能提高机体的免疫功能,参与一切重要的生命活动过程,具有抗肿瘤、抗氧化、抗病毒、抗辐射损伤、抗突变、调节造血功能、降血脂、降血糖及延缓衰老等广泛的生理功能,并具有保护作用,如海洋无脊椎动物和浮游生物的几丁质外骨骼。

海洋多糖是由多个相同或不同的单糖基以糖苷键相连而形成的多聚物。与蛋白质、脂肪、核酸等其他生物大分子相比,糖类具有更强的亲水性。这表明海洋生物通过合成多糖类物质,以保持体内生命活动所需要的自由水分,来适应海洋这个特殊的环境。海洋多糖按来源可分为海藻多糖、海洋动物多糖以及海洋微生物代谢产生的多糖。海藻多糖是指海藻中所含的各种高分子碳水化合物,包括褐藻酸、褐藻淀粉、褐藻糖胶、琼胶、卡拉胶。海洋动物多糖包括甲壳质、鱼类、贝类、刺参、海胆等生物中所含有的多聚糖及酸性粘多糖,而海洋微生物多糖主要指的是微生物胞外多糖，多从海泥、海水和海藻中的细菌中分离出来的。以下主要介绍这三类海洋多糖中典型多糖的深加工技术。

4.1.1 海藻多糖加工技术与功能

4.1.1.1 褐藻胶

4.1.1.1.1 概述

世界各国生产褐藻胶的原藻一般都是大型褐藻，常见的褐藻包括大型褐藻、马尾藻和墨角藻属，太平洋及南极地区的巨藻属和海囊藻属的某些种长度超过33m，是最大的藻，一般藻体在 1~5m。褐藻在温带和寒带海域分布较广，主要生长在潮下带和低潮带的岩礁上。我国主要分布范围为辽宁、山东的黄海和渤海沿岸，福建、浙江、广东等沿海地区。除了靠近热带的国家，如印度利用马尾藻科原藻生产褐藻胶外，多数国家都利用海带原藻和部分墨角藻科原藻生产褐藻胶。在欧洲主要为泡叶藻和掌状海带，在美洲为巨藻，在亚洲以人工养殖海带为主，也有少量的马尾藻。表 4-1 所列褐藻为生产褐藻胶的主要原藻及其所属的分类位置。

4.1.1.1.2 褐藻胶的来源

（1）来源于褐藻植物细胞壁

褐藻胶（Algin）是一种水溶性酸性多糖主要来源于褐藻细胞壁，Stanford 等早在 1881 年就发现。褐藻胶是由 α-L-古罗糖醛酸（α-L-guluronicacid，简称 G）和 β-D-甘露糖醛酸（β-D-mannuronicacid，简称 M）通过 1-4 糖苷键连接而成的直链多糖。褐藻胶在天然状态下主要以游离酸（褐藻酸）、一价盐（钠盐、钾盐）和二价盐（钙盐等）的形式存在，商品褐藻胶主要以钠盐为主。当 pH>12 时成胶体状态，pH<3 时形成不溶性凝胶。在美国，海藻酸钠被誉为"奇妙的食品添加剂"；在日本被誉为"长寿食品"。褐藻胶广泛存在于巨藻、海带、昆布、鹿角菜、墨角藻和马尾藻等上百种褐藻的细胞壁中。目前生产褐藻胶的原藻一般来源于墨角藻目（Fucales）和海带目（Laminariales）的褐藻等。

我国于 1951 年由中国科学院海洋研究所以我国北方沿岸野生的马尾藻（海蒿子）作原料，进行褐藻胶的提取研究。在此基础上，于 1954 年正式在青岛建成了以马尾藻为原料的褐藻胶生产车间，产品供纺织部门使用，从而开创了我国的褐藻胶工业。至 1958 年，海带的养殖业迅速发展，该研究所及时用海带代替马尾藻提取褐藻胶，同时研究了对海带的综合利用，即除褐藻胶外，综合利用生产碘、甘露醇、钾盐。直至 20 世纪 70 年代褐藻胶才开始大量生产和应用。目前我国褐藻胶年产量约 35000t，产量占国际市场的 70%。

（2）来源于微生物发酵

褐藻胶除了从褐藻细胞壁中获得，一些微生物也具有产褐藻胶的能力，例如固氮菌属（Azotobacter）和假单胞菌属（Pseudomonas）被发现具有产褐藻胶能力，这些发现在褐藻胶的生物合成途径的解释方面起到重要作用，并可通过稳定培养条件、优化生物工程技术来生产独特性能和结构的褐藻胶。

1966 年褐藻胶产生菌被发现后，褐藻胶的生物合成则引起了关注。研究发现，通过对一种荚膜型绿脓杆菌进行外界反复诱导筛选出了一种黏液型绿脓杆菌能够稳定产生褐藻胶，通过互补实验可以确定与生物合成褐藻胶有关的调控基因。Chitnis 等在 1993 年将与褐藻胶生物合成相关的调控基因成功表征出来，并发现假单胞菌属几乎全部呈现出与褐藻胶合成有关的基因序列。

表 4 -1 主要褐藻胶原藻

门	目	科	属	种(有代表性)
褐藻门(Phaeophytn)	海带目(Laminariales)	绳藻科(Chordaceae)	绳藻属(Chorda)	绳藻(C, filicm)
		海带科(Laminariaceae)	海带属(Laminaria)	海带(L, faponica)
				糖海带(L,saccharina)
				掌状海带(L,digitate)
				极北海带(L,hyperborca)
				狭叶海带(L,angustata)
				楔基海带(L,ochotensis)
		雷松藻科(Lessoniacene)	巨藻属(Macrocystis)	巨藻(M,pyrifera)
			海囊藻属(Nereocystis)	海囊藻(N,leactheana)
			雷松藻属(Lessonia)	
		翅藻科(Alariaceae)	裙带菜属(Undaria)	裙带菜(U,pinnatifida)
			翅藻属(Alaria)	翅藻(A,esculenta)
			昆布属(Ecklonia)	空茎昆布(E,cava)
				昆布(E,kurome)
			爱森藻属(Eisenia)	爱森藻(E,bicyclis)
	墨角藻目(Fucales)	墨角藻科(Fucaceae)	鹿角菜属(Peloetia)	
			墨角藻属(Fucus)	墨角藻(F.vesiaulosus)
				齿缘墨角藻(F.serratut)
				枯墨角藻(F.euartescens)
			泡叶藻属(Ascoplryllum)	泡叶藻(A,nodosum)
		囊链藻科(Cystoseiracene)	囊链藻属(Cystoseira)	囊链藻(C,barbata)
		马尾藻科(Sargasseceae)	马尾藻属(Sargassum)	海蒿子(S,pallidum=s,confusum)
				鼠尾藻(S,thumbergii)
				海黍子(S,kiellmattianum-S,miyabri)
				铜藻(S,hotteri)
				半叶马尾藻(S,hemiphyllum)
				裂叶马尾藻(S,siliquastrum)
				展枝马尾藻(S,patens)
				亨氏马尾藻(S,henslotcfanum)
				粗马尾藻(S,ringgoldianipn)
				羽状马尾藻(S,pinnatifidum)
				旋扭马尾藻(S,tortile)
				羊栖藻(S,fusiforme)
				无肋马尾藻(S,enerve)
				厚叶马尾藻(S,crassifoliaem)
			喇叭藻属(Turbinaria)	喇叭藻(T,arnata)
				锥形喇叭藻(T,turbinata)

微生物合成褐藻胶包括四个主要阶段，第一阶段主要产生 GDP - M，第二阶段 GDP - M 的聚合及转运，第三阶段转运过程中的修饰，第四阶段将褐藻胶运出细胞外膜。其合成途径如图 4 - 1 所示。

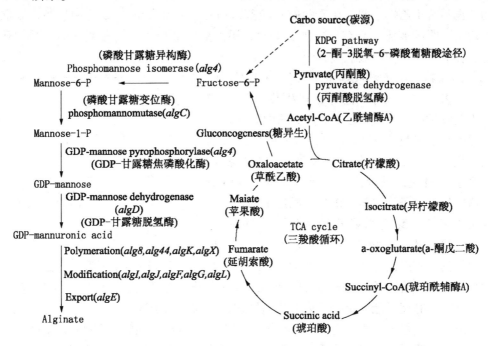

图 4 - 1 微生物来源褐藻胶生物合成途径

其中在第三阶段中，褐藻胶合成后在转运过程中的修饰如乙酰化修饰是很常见的，因为褐藻胶的商业价值，其乙酰化修饰所用的酶及修饰机制备受关注，通过对其修饰基因的调控从而提高褐藻胶质量甚至得到特殊结构的褐藻胶，在工业化中有较大的应用前景，微生物来源的褐藻胶因为细菌产生生物膜必须要在甘露糖醛酸的 2 位和 3 位产生乙酰化修饰，这也是微生物来源的褐藻胶的一个很普遍的特征。

褐藻胶的甘露糖醛酸的 5 位碳在异构酶的催化下能产生异构现象生成古洛糖醛酸，这个过程发生在第二阶段的周质转运时，这种酶在生物科技方面具有巨大的应用前景，其不仅使褐藻胶的商业价值提高，而且能按人们的设计生产结构特殊活性强的褐藻胶，因为乙酰化在 2 位或 3 位上发生，只有脱掉乙酰化后才能产生异构化，所以异构化酶和脱乙酰化酶的研究在褐藻胶的发展中作用很大。

因为海洋褐藻的大量养殖，而且褐藻胶的产量很大，使得海藻来源的商业褐藻胶具有很低的价格，而微生物来源的褐藻胶与海藻来源的褐藻胶相比，成本很高影响其工业化生产，但是用于海藻来源的褐藻胶质量问题难以保证，养殖环境受气候季节等影响很大，使得不同批次重现性差以及相似性不足等缺点，而微生物来源的褐藻胶则具有分离容易，过程可控等的优点，现在大多利用微生物的可控性来生产高值高活性褐藻胶从而弥补成本过高的问题。

4.1.1.1.3 褐藻胶的性质

褐藻胶包括水不溶性的褐藻酸及各种水溶性和水不溶性的褐藻酸盐类，如褐藻酸钠、褐藻酸铵和褐藻酸钙等。但目前市场上销售的褐藻胶主要是指褐藻酸钠。

（1）溶解性。褐藻酸含有游离的羧基，性质活泼，能和一价金属离子 Na^+、K^+、NH_4^+ 等形成水溶性的盐类，溶液呈粘稠状胶液。褐藻酸钠溶液与二价以上的金属离子 Ca^{2+}、Al^{3+}、Ba^{2+} 等发生置换反应，则形成水不溶性盐类。褐藻酸在纯水中几乎不溶解，为无色非晶体物，也不溶于乙醇、四氯化碳等有机溶剂，但在 pH 为 5.8~7.5 之间能吸水膨胀，溶解成为均匀透明的液体，当在其中加入酸时，褐藻酸即被析出。褐藻酸钠能与蛋白质、蔗糖、盐、甘油、淀粉和磷酸盐类共溶。

（2）黏度特性。褐藻胶溶液的黏度与褐藻胶的相对分子质量、溶液的 pH 值等密切相关。图 4－2 反映了褐藻胶黏度与 pH 值的关系。从图中曲线可以看出，褐藻胶的黏度在 pH＝7 时最大，胶体离子的因静电作用而产生聚集，从而电荷增大，产生极性吸附，吸水性极强，黏度最大。超过此点，则电荷减小，静电的胶离子的聚集被破坏，黏度下降。

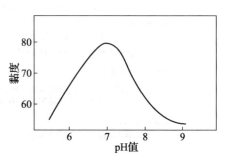

图 4－2　褐藻胶黏度与 pH 值的关系

褐藻胶溶液的黏度与褐藻相对分子质量有关，相对分子质量越大，黏度也越大，反之，黏度就越小。一般的褐藻胶产品在 3% 以上浓度时，其溶液便失去了流动性，不管是低黏度的还是高黏度的褐藻胶，其溶液的黏度随浓度的增加而急剧上升，随着温度的上升而逐渐下降，但当温度再降低时，黏度不能完全按原来变化曲线逆回。这是由于温度升高时，褐藻胶相对分子质量变小所致。一般温度每上升 1℃，黏度约下降 3%，当加热温度到 80℃ 以上时，会发生脱羧基反应，黏度明显下降。当褐藻胶在生产和贮藏过程中，受温度、光线、金属离子、微生物等影响，引起聚合度降低时，同时使黏度下降。

（3）凝胶特性。褐藻胶在 pH 值 5.8 以上时，易溶于水；当 pH 值 5.8 以下时，水溶性降低并逐渐形成凝胶，则褐藻胶脱水析出。随着在褐藻胶溶液中加入部分钙离子，可置换褐藻胶中的钠离子，从而形成较坚固的凝胶，随着褐藻胶浓度和钙离子浓度的增加，凝胶强度也增加。褐藻胶可与大多数多价阳离子（镁、汞除外）产生凝胶。对于褐藻胶凝胶反应的机理，一般认为由于相邻的褐藻胶链段间的两个羧基与多价阳离子间产生离子架桥交联，使褐藻胶高分子链形成网状结构，限制了高分子链的自由运动。另一方面，在褐藻胶链段交联网状形成过程中，无论是聚甘露糖醛酸链段，或是聚古罗糖醛酸链段，都存在协同缔合作用。这种作用使多价阳离子被束缚在高分子链的缔合序列之间，因而改变了溶液的流体性质，表现为凝胶的性质。

（4）稳定性。褐藻胶无论是在水溶液中或是干品，在贮藏过程中都会发生不同程度的降解，其黏度不断下降。这种性质给褐藻胶产品的生产、贮存和应用带来很多困难。在生产过程中，由于无法有效地控制降解过程，使产品质量很不稳定，影响使用效果。褐藻胶的降解性质与许多因素有关，主要有化学试剂引起的降解、热降解、酶降解，以及机械搅拌引起的降解。

褐藻胶在中性条件下，其降解速率较低。当 pH 值大于 10 或小于 5 时降解速率明显加快。褐藻胶的热降解是生产和应用中最为重要的一个问题。褐藻胶在 60℃ 以下比较稳定，当温度在 60℃ 以上时，降解速率明显增大。

4.1.1.1.4　褐藻胶的结构

褐藻胶是英国人 Stanford1881 年从褐藻中分离出来的。1923 年 Nalson 等证实褐藻胶的组成单位为 D - 甘露糖醛酸。1955 年，Fishen 等采用层析法首次确定褐藻酸中除 D - 甘露糖醛酸外尚含有 L - 古罗糖醛酸和少量葡萄糖醛酸。其后，Whishtler 等相继证实了 L - 古罗糖醛酸存在。现已证明，褐藻胶是褐藻共有的一种细胞间多糖，其主要成分为多聚甘露糖醛酸和多聚古罗糖醛酸所构成的高分子化合物。由 β - D - 甘露糖醛酸（M）和 α - L - 古罗糖醛酸（G）各自地或互相交替地或无规则地通过 1,4 键合（部分为 1,5 键合）而成的多糖可溶性盐，其中甘露糖醛酸与古罗糖醛酸之比为 0.3 ~ 2.35。褐藻胶分子结构中组成的片段有以下三种：聚古罗糖醛酸片段（Polyguluronate，PG），聚甘露糖醛酸片段（Polyman - nuronate，PM）以及 M 与 G 两者交替共聚的片段 PMG，结构式如图 4 - 3 所示。

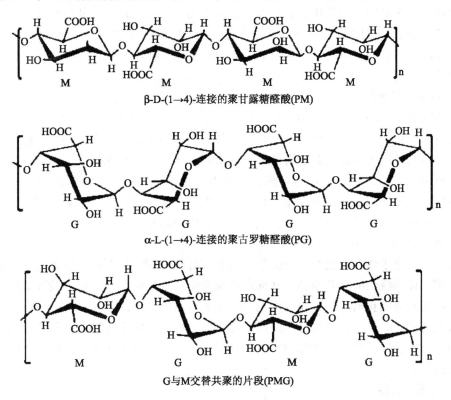

β-D-(1→4)-连接的聚甘露糖醛酸(PM)

α-L-(1→4)-连接的聚古罗糖醛酸(PG)

G与M交替共聚的片段(PMG)

图 4 - 3　褐藻酸分子结构中三种不同组成片段的结构

研究发现，海藻的采收季节、种类、使用部位和生长年限的不同，胶分子中也产生不同相对含量的甘露糖醛酸（M）和古洛糖醛酸（G）。如在海带中一般提取的褐藻胶 M 占 70% 左右，变黑雷松藻褐藻胶中的 M 占 50% 左右，而萱藻的褐藻胶中的 M 却只占 15% 左右。

甘露糖醛酸（M）和古洛糖醛酸（G）在结构上是一对差向异构体。在聚古洛糖醛酸（PG）分子中，两糖单元之间双折叠式螺旋结构的形成是通过 1a - 4a 直立键相连，分子链呈锯齿形，PG 的电负性强于 PM，为刚性结构。在空间构象上 PM 和 PG 的差异，导致两者具有不同的理化性质。酸水解褐藻酸发现，抗酸水解能力在三种片段（PG，PM 和 PMG）中差异较大。PG 和 PM 片段则不易被水解，而 PMG 片段则容易被水解，三者抗酸水解能力 PG > PM > PMG。

4.1.1.1.5　褐藻胶及其衍生物的活性与应用

褐藻胶具有化学结构独特和安全性好生物相容性优良等特性，近年来，其生物活性及应用研究取得了重要进展，主要表现在如下几个方面。

（1）抗肿瘤活性

研究发现褐藻胶具有一定的抗肿瘤活性。与一般的抗肿瘤剂不同，褐藻胶对正常细胞无损伤作用，安全性高，其特征是能使抗原效应细胞的反应性产生亢进。于小鼠体内接种S180实体瘤，对小鼠腹腔注射褐藻酸钠后对肿瘤生长产生了较强的抑制作用，并能明显提高患癌小鼠的脾脏重量。

褐藻胶对 Ehrlich 实体瘤有较好的抑制效果，对 Metha 固形瘤也有预防作用。Fujihara 等报道了褐藻胶对各种小鼠肿瘤细胞，如小鼠肉瘤 S-180 细胞，Ehrlich 腹水瘤细胞和 IIVIC 肿瘤细胞均具有明显的抑制作用，并发现其抗肿瘤活性可能与褐藻胶能够增强巨噬细胞的吞噬作用和细胞的溶解作用相关。进一步研究还发现，褐藻胶中 M 含量的高低决定着其抗肿瘤活性的强弱，富含 M 的褐藻胶（HMA）对巨噬细胞的趋化作用影响更显著，具有更高的抗肿瘤活性。

（2）调节血脂功能

许多研究表明，心血管疾病的发生往往与血液中血脂及胆固醇含量偏高有关，褐藻胶具有明显的调节血脂的功能。在褐藻胶中存在一种可提高脂酶活性、引起脂蛋白脂酶释放的物质，静脉注射后伴随着刺激脂肪裂解的效果。另外褐藻胶作为功能因子，可以在肠道中将食糜中的脂肪带出体外，具有良好的降脂、降胆固醇功效，并能克服降脂药物的一些毒副作用。褐藻胶在海带中的含量极为丰富，用海带提取物多次喂饲鸡，可明显抑制高脂血鸡血清总胆固醇、甘油三酯含量的上升，并能减少主动脉内膜粥样斑块形成和发展。

（3）在心血管疾病方面的应用

褐藻胶及其衍生物在心血管系统疾病方面有较好的应用。褐藻胶的降血脂作用良好，能有效地阻止人体吸收胆固醇及脂肪，从而降低血液中胆固醇的含量。褐藻胶还具有良好的止血作用，用其制成的止血纱布可止住压迫和包扎大动脉引起的出血。褐藻酸的化学衍生物降血脂、抗凝血和抗血栓活性也很好。藻酸双酯钠（PSS）是在羟基基团引入硫酸酯基团和羧基基团引入丙烯乙二醇酯基团所形成的二酯的钠盐，可用于治疗高脂血症、缺血性心脏病、脑血管疾病等。

（4）抗病毒活性

褐藻胶尤其是褐藻胶寡糖具有较强的抗病毒活性。例如，烟草花叶病毒（TMA）就受褐藻胶的抑制，并且褐藻胶的浓度越大以及其中古洛糖醛酸含量越高其对 TMV 病毒抑制作用越强。实验表明，烟草花叶病毒呈单一分散状态存在于培养基中，当加入褐藻胶后则迅速形成"筏形"结构，这种"筏形"结构的形成阻止了烟草花叶病毒的脱莢膜过程，从而呈现明显抑制感染的活性。

（5）促进生长活性

越来越多的研究表明褐藻胶具有显著的促生长活性。Stabler 等研究了不同 M 和 G 含量的褐藻胶对小鼠 βTC3 细胞生的作用，发现富含 M 的褐藻胶具有促进作用而富含 G 的褐藻胶呈抑制作用。此外，褐藻胶在促进骨细胞的生长方面也有显著作用，其作用机制是褐藻胶可以介导骨质再生过程，可被机体用作骨再生膜。实验研究发现，将褐藻胶再生膜植入在小鼠损伤的胫骨上，受损伤口通过褐藻胶再生膜恢复很好，能够达到完全康复的状态。采用褐藻胶与氯化钙溶液形成的自组装薄膜，这个褐藻胶薄膜具有良好的修复骨质再生作用。

褐藻胶寡糖在促生长作用方面也具有很好的活性。Kawada 等发现角质细胞的生长率可因具有古洛糖醛酸末端的褐藻胶酶解寡糖而显著提高，研究推测这可能是因为末端具有古洛糖醛酸对角质细胞上受体具有较强亲和性，也可能是末端具有古洛糖醛酸能够激活表皮生长因子对角质细胞产生促生长作用。同时，褐藻胶寡糖对植物亦有促生长作用。

（6）在生物材料方面的应用

褐藻胶具有良好生物相容性、无毒害和独特的理化特性，广泛的应用在医用生物材料包括伤口敷料、医用支架、缓控释材料、牙模具等。褐藻胶与二价钙离子交联制成褐藻酸钙纤维可用于伤口敷料，这种纤维织物具有无毒性和良好生物相容性特点，伴随着使用时间的推移，褐藻酸钙纤维会通过钙离子和钠离子与伤口组织融合，这样此辅料在伤口愈合时可以不用拆除，即使要揭掉新生组织也不会受到损伤，这些性质作为外伤敷料是非常理想的。

组织支架（Scaffold）材料亦广泛用及褐藻胶，由褐藻胶形成的支架材料可以作为载体和模板而植入组织细胞，从而达到物理支持免疫保护细胞、促进新的目标组织在机体内形成，同时使得细胞的生长环境能够达到高营养密度。褐藻胶薄膜可以作为肝实质细胞生长介质，肝实质细胞在薄膜上能够进行很好的增殖和分化，并且其生理功能能够正常发挥，细胞分泌的白蛋白能被检测到。

M 和 G 的相对含量不同，支架的作用效果也不同，制备优质的支架材料需要选择适当 M/G 比的褐藻胶。富含 G 的褐藻胶形成的胶体具有强度大、低皱缩、孔隙率高的特点，Stevens 等将其制成支架用于骨膜软骨形成层以期达到使关节软骨再生的目的，研究发现 40 天后大量蛋白聚糖、软骨组织和胶原蛋白关节在软骨部分形成，说明该支架在治疗和修复关节软骨损伤时具有重要的意义。

（7）褐藻胶在排除重金属方面的应用

褐藻胶具有很强的吸附和排除重金属离子能力。褐藻藻体对金属的积累和吸收受两种因素影响：环境因素（如光、温度）及内在因素（如藻体年龄、组织类型、生长速度），如 Stengel 等报道高浓度的铁、铜、锰在海带的固着器中的浓度比在叶状部位高，然而在墨角藻中发现没有这样的差别。

（8）褐藻胶在其他方面的应用

褐藻胶是药物载体的理想材料，用褐藻胶做成微囊材料能够达到缓释和提高药物稳定性的效果。Murata 等制作了一种包含有甲硝唑的褐藻胶微球形成胃内漂浮释药系统，从而使得药物释放速率稳定，而且明显提高了胃黏膜中甲硝唑的浓度，达到了靶向胃黏膜的特性，缓释药物的效果很理想。褐藻胶微囊提供了一条理想途径用来在体内传递蛋白质和抗体，在细胞移植和器官杂交领域有较大的应用前景；当褐藻胶中 M 含量高时，溶解性大黏度低，能够制得褐藻胶含量高的凝胶，使微囊的生物适应性增强、稳定性提高同时扩散的通透性减少，进而免疫细胞有效的避免了排斥反应。

褐藻胶缓释药物系统中，褐藻胶中 M 和 G 的含量不同药物释放的持续时间与速率也有所不同，通常来说富含 M 的褐藻胶微囊释放药物的速率较慢持续时间较长，而富含 G 的褐藻胶微囊释放药物的速率较快持续时间较短；King 等实验研究发现利用富含 M 的褐藻胶微囊释放胰岛素在小鼠模型中可发挥 8 周降糖作用，而富含 G 的褐藻胶微囊仅能持续数天降糖作用。此外，Reis 等通过将褐藻胶制成含有钙盐的油包水型乳剂，使得褐藻胶应用于药物的口服给药，其中药物的包封率能够达到 70% 以上。

褐藻胶具有保护胃黏膜的作用。褐藻胶在胃部酸性条件下形成凝胶状的褐藻酸保护膜，从而阻止组织被胃酸和胃蛋白酶的侵蚀，对胃炎和胃溃疡的治疗有较好的效果。

4.1.1.1.6 褐藻胶的加工技术

4.1.1.1.6.1 褐藻胶加工工艺原理

褐藻胶提取工艺是一种典型的离子交换过程，即海藻和碱在加热条件下，使藻体中的水不溶性的褐藻酸盐转化为水可溶性的碱金属盐反应如下：

$$M(Alg)_n + Na_2CO_3 \rightarrow NaAlg + MO + CO_2$$

M 代表 Ca^{2+}、Fe^{3+}、Al^{3+} 等金属离子，Alg 代表褐藻酸。

水溶性的褐藻酸钠在无机酸或钙离子的作用下，与溶液分离，形成水不溶性的褐藻酸或褐藻酸钙沉淀，反应式如下：

$$NaAlg + HCl \rightarrow HAlg\downarrow + NaCl$$

$$2NaAlg + CaCl_2 \rightarrow Ca(Alg)_2\downarrow + 2NaCl$$

再将获得的褐藻酸钙用盐酸脱钙使其转化为褐藻酸反应如下：

$$Ca(Alg)_2 + 2HCl \rightarrow 2HAlg\downarrow + CaCl_2$$

褐藻胶成品通常为水溶性的褐藻酸盐。因此需将褐藻酸与钠盐、钾盐或铵盐充分混合，形成不同类型的褐藻酸盐。国内生产的褐藻胶主要是钠盐，反应式如下：

$$2HAlg + Na_2CO_3 \rightarrow 2NaAlg + CO_2\uparrow + H_2O$$

$$HAlg + NH_4Cl \rightarrow NH_4Alg + HCl$$

$$HAlg + KCl \rightarrow KAlg + HCl$$

4.1.1.1.6.2 褐藻胶加工工艺技术

（1）原料处理

海带经水浸泡后其中的碘、甘露醇、氯化钾等大部分已被浸出，但海带中还残存在褐藻糖胶、褐藻淀粉、色素等杂质，如不除去将给随后生产工序带来许多困难，甚至影响到产品质量。下面介绍几种原料处理方法。

① 水洗：将已浸出碘、甘露醇等成分的湿海带切成约为 10cm 的小块，用清水逆流充分反复洗涤，直至洗去附着在海带表面上的黏性物质。

② 甲醛处理：甲醛有固定色素和蛋白质的作用，同时甲醛对海带体内的有机物有溶胶作用，并能软化和破坏细胞壁纤维组织，从而在碱提取过程中有利于褐藻胶盐的置换与溶出。处理方法：新鲜海带用浓度 8% 的甲醛溶液浸泡或喷淋后，贮藏于料仓中备用；干海带则先用清水浸泡水洗后，再以 0.5% ～1.0% 的甲醛溶液浸泡即可。

③ 稀酸处理：用稀酸处理的目的是为了进一步除去藻中的水溶性杂质，如褐藻糖胶、褐藻淀粉、无机盐等。对褐藻胶的提取和纯度是有利的，但经过稀酸处理的海带，对褐藻胶的黏度有不同程度的降解。处理方法：干海带用清水浸泡后，再以 0.1mol/L 的 HCl 溶液浸泡 1h 即可。

④ 稀碱处理：用稀碱处理的目的是为了除去海带中的一些碱溶性成分和部分色素。海带经碱处理后，提取的褐藻胶的色泽和透明度都有明显的改善。处理方法：干海带先用清水浸泡水洗后，再以 0.02mol/L 的 NaOH 溶液浸泡 4h 即可。

（2）消化提取

提取是将海带中不溶性褐藻酸盐转换为可溶性的褐藻酸钠提取出来。

消化过程中消化剂的选择和用量很重要，迄今世界各国在褐藻胶生产中均选用碳酸钠作消化剂，其用量为干海带质量的 0.8% ～1.0%。消化温度控制在 60℃ 左右，消化时间为 3 ～4h。在消化过程中，为了不将海带皮搅打过细，影响过滤速度，可采用慢速间断搅拌的方法。

消化藻体时消化剂的用量、消化时间和温度，还应根据原料的种类和新鲜程度作适当的调整。若使用的是当年收的新鲜海带，由于其纤维组织结构紧密，则应适当提高消化温度或用碱量；若使用的是隔年陈旧海带，可降低用碱量或消化温度；若需要高黏度的产品，可采用低温消化的方法；反之，则高温消化。

（3）过滤

海带经消化后，消化液呈糊状黏稠液，其中含有大量不溶性物质和纤维素，使过滤非常困难。通常采用稀释粗滤、沉降、漂浮、精滤等手段将其中的杂质分离除去。

① 稀释粗滤：消化后的海带是原海带的 20~40 倍，是一种高黏度溶液。使用普通的过滤方法和设备很难将其分离。因此，必须将其稀释，降低其黏度，然后再进行过滤。一般消化液稀释后黏度在 21000Pa·s，加水量相当于海带量的 100~150 倍，如以马尾藻为原料，其稀释倍数为 80~100 倍。

② 沉降和漂浮：稀释后的消化液中还含有大量的泥沙、纤维素、色素等杂质，根据杂质的相对密度和浮力可采用沉降和漂浮的方法将其除去。方法是将稀释液通过爪式粉碎机或鼠笼式粉碎机，将空气混入稀释液中，产生大量的微细气泡，流入漂浮池内，静置后，稀释液中的悬浮小颗粒附着在小气泡上，随着气泡上浮，悬浮的颗粒漂浮在稀释液的表层，相对密度较大的泥沙沉于池底，从而达到初步分离的目的。经过 4h 的沉降与漂浮后可以得到80%~90% 的清胶液。

③ 精滤：经过沉降和漂浮的清胶液，仍还有少量微细的悬浮物，必须将其除去。目前国内普遍采用分级增加筛网目数的过滤方法，即先将清胶液经过 100~150 目筛网过滤，再将 250~300 目筛网过滤，即可将清胶液中的微细悬浮物除去。欲获得更高质量的产品，可添加助滤剂在清胶液中，再采用真空过滤或板框式压滤的方法。所用的助滤剂有硅藻土、膨润珍珠岩等。

（4）凝析

海带经过消化、稀释和过滤后，所得到的清胶液中褐藻胶的含量仅有 0.2% 左右，此时加入适量的无机酸或氯化钙，可使水溶性的褐藻胶转化为水不溶性的褐藻酸或褐藻酸钙，凝聚析出。大量无机盐、色素等杂质溶入水中，从而提高了褐藻胶的纯度。

凝析的方法有酸析和钙析两种，生产上称为"酸化"或"钙化"。

① 酸析：酸析法使用盐酸或硫酸作凝析剂，盐酸的效果优于硫酸。

酸析过程是先将清胶液通过打泡机与空气充分混合，再缓慢加入流动的浓度为 10% 左右的盐酸溶液中，当溶液的 pH 值小于 2 时，褐藻酸即析出，流入酸化槽内，并漂浮在液面上。为了使褐藻酸的凝胶结构紧密，凝胶块在酸化槽内应停留 0.5h 以上，生产上称为"老化"过程。酸析后得到的凝胶块再用水洗涤，以除去其中的盐酸和杂质。

② 钙析：氯化钙作凝析剂，过程与酸析一样，先将清胶液通过打泡机与空气充分混合后，放入钙化罐内，于搅拌之下缓慢加入一定量的酸性氯化钙溶液。凝析后的褐藻酸钙母液从钙化罐溢出口排出，流经钙化槽，逐渐形成纤维状的褐藻酸钙，再经水洗分离等过程，完成全部钙析过程。

钙析法与酸析法相比，得率要比酸析法高 10% 左右，且褐藻酸钙凝胶的纤维组织坚韧、弹性强、脱水容易。

钙析后得到的褐藻酸钙凝胶，除可用于生产褐藻酸钙之外，若要生产其他褐藻酸盐，必须进行脱钙，脱钙的方法有间歇式和连续式两种。间歇式是用带有搅拌器的耐酸罐将褐藻酸钙凝胶放入罐内，加入二次脱钙的废酸水，搅拌 40min；放掉废酸水，再加 3% 浓度的 HCl 搅拌 20min；放掉废酸水（回收后用作第一次脱钙用），最后加清水搅拌 10min，即完成脱钙。此时的凝胶即为褐藻酸。

（5）漂白

经固色处理的海带，虽然产品色泽有适当减轻，但产品的色泽仍然较深。为此，需要对产品进行漂白处理。漂白的方法有两种，一种是在褐藻酸凝析前漂白，二是在凝析后漂白。前者作用缓慢，漂白剂耗量大，褐藻胶的黏度降低较小；而后者则相反。使用的漂白剂有次氯酸钠、次氯酸钙、氯气、过氧化氢、二氧化硫等。漂白剂对褐藻胶有降解作用，使用时要适量，同时还要控制漂白时间，否则将严重破坏产品的黏度。

（6）脱水

经酸析后得到的褐藻酸凝胶，水洗后还有大量水分可采用机械方法将其除去。将水洗后的褐藻酸凝胶先经过螺旋压榨机，使凝胶含水量降至 75% ~ 80%，再经二级螺旋压榨机或将凝胶装入涤纶布袋中，放入油压机中压出水分，此时凝胶的含水量可降至 70% 以下。若采用液相转化工艺生产褐藻酸，可不必进行第二次脱水，因为水分含量过低，凝胶密度大，不利于液相转化反应。

（7）中和

褐藻酸是一种性质很不稳定的天然高聚物，在常温下容易降解，而褐藻酸盐则比较稳定，在中性和室温下降解速度比较缓慢，能较长时间保持稳定的载度。因此，必须将褐藻酸转化为褐藻酸盐。

褐藻酸转化的方法有两种：一是液相转化；二是固相转化。液相转化是在碱性酒精溶液中进行，将含水量在 75% ~ 80% 的褐藻酸凝胶粉碎后，与 90% 以上浓度的酒精以 1:1 的比例投入反应罐中，加入少量 4% 浓度的氢氧化钠，使其 pH 值在 6.5 ~ 7.0，再加入适量 NaClO 漂白液，充分搅拌，继续缓慢加入碱液，使其 pH 值保持在 8 左右，并不断搅拌，直至 pH 值不变，转化基本结束。此时褐藻胶在酒精中脱水，形成絮状纤维。最后，将褐藻胶与酒精溶液分离。用该法生产的褐藻胶色泽淡、纯度高，适合于食品、医药等行业使用，但用这种方法需耗用大量酒精，每吨成品约耗用工业酒精 0.6 ~ 1.0t，使产品成本提高。

固相转化是将含水量约为 65% ~ 70% 的褐藻酸凝胶与一定比例的纯碱混合后，经捏合机充分搅拌均匀，褐藻胶转化完全与否，对产品的稳定性影响很大。进行固相转化时，应注意以下几点：① 捏合要均匀，用广泛 pH 试液检查胶样，显色反应均一，不应带有红、蓝色；② 胶样的 pH 值应在 6.0 ~ 7.5，显黄绿色；③ 纯碱应通过 100 目筛网过滤；④ 褐藻酸凝胶的含水量应控制在 65% ~ 70%。

（8）干燥

中和后褐藻胶的含水量约为 70%，还必须将其干燥，使其含水量在 15% 以下才能长期保存。中和后的褐藻胶呈不规则的块状和絮状，不能将其直接进行干燥，需要造粒，使其成为大小均匀的颗粒。

干燥可采用沸腾床干燥器。被干燥的颗粒在热气流的吹动下，呈沸腾状态，水分不断地被热空气带走，物料很快被干燥。用沸腾床干燥器时，进风温度为 90℃，烘干时间约为 20min。烘干后的褐藻胶应立刻被摊开放冷，以免长时间堆放受热，造成胶体热降解。

（9）粉碎与包装

褐藻胶成品可根据不同要求进行粉碎。

粉碎的方法有滚压、撞击、研磨等。选择设备时，要根据颗粒来定。对颗粒要求不高的产品（<40目），可采用"爪式"粉碎机或锤击粉碎机；粒度要求（<80目）的产品，可采用"对辊磨研磨机"。对辊磨在研磨时物料发热量低，褐藻胶的黏度基本上不被破坏。爪式和锤击式粉碎机因摩擦热较高，粉碎过程中物料发热严重，使褐藻胶的黏度下降。

褐藻胶产品应包装于清洁、牢固的铁槽中或包装于内衬聚乙烯塑料袋的两层牛皮纸袋。工业级与食用级褐藻酸钠的理化指标分别见表4-2和表4-3。

表4-2　工业级褐藻酸钠的理化指标

项　目	数　值
黏度/(Pa·s)	0.008～0.10，0.15～0.45 以上
水分含量/%	≤5
黏度下降率/%	≤20
pH 值	6.0～7.5
水不溶物含量/%	≤0.3
含钙量/%	≤0.3

表4-3　食用级褐藻酸钠的理化指标

项　目	数　值
黏度/(Pa·s)	0.15～0.25
水分含量/%	≤5
黏度下降率/%	≤20
pH 值	6.0～7.5
水不溶物含量/%	≤0.3
含钙量/%	≤0.3
重金属（以 Pb 计）含量/(mg/kg)	40
铅（Pb）含量/(mg/kg)	≤4
砷（As）含量/(mg/kg)	≤2

褐藻酸钠的黏度指标级别见表4-4。

表4-4　褐藻酸钠黏度指标级别

黏度级别	黏度/(Pa·s)
超低黏度胶	0.01～0.05
低黏度胶	0.05～0.10
中黏度胶	0.10～0.50
高黏度胶	0.50～1.00
超高黏度胶	1.0 以上

注：按浓度1%胶液于20℃时的测定值。

4.1.1.1.7　褐藻胶衍生产品的加工技术

褐藻酸与钾盐或铵盐充分混合，可形成不同类型的褐藻酸盐；褐藻酸还具有活泼的羧基，能与二价金属离子形成水不溶性盐类。这些羧基还可与某些有机溶剂在一定条件下生成酯。如：褐藻酸与环氧乙烷、环氧丙烷、1，3－环氧物、氧杂环丁烷、环氧戊烷等反应生成相应的酯类；另外褐藻胶裂解可得到褐藻胶寡糖。下面简要介绍一些褐藻胶衍生产品的加工技术。

（1）褐藻酸丙二酯（P. G. A）加工技术

褐藻酸丙二酯是褐藻酸与环氧丙烷合成的制品。已被广泛应用在酸性饮料中，是一种优良的乳化剂和稳定剂，同时它还耐盐，对金属离子稳定性好，在啤酒中用它作泡沫稳定剂，能有效地提高泡沫的持久性。

褐藻酸丙二酯是白色或淡黄色粉末，无味、无毒。易溶于冷水或温水中，而不溶于有机溶剂。其溶液呈弱酸性，1% 水溶液 pH 值 3～5。

（2）褐藻酸钾加工技术

褐藻酸钾是一种存在于许多海洋植物中的纤维物质，在褐藻胶加工过程中转化生产。按传统方法提取的褐藻酸钾，当其溶于水时，具有很强的黏稠性，适于作食品的增稠剂，而利用这种盐制备药物或营养保健品，会给服用带来麻烦。

采用中间体褐藻酸固相转化法加工制得的褐藻酸钾比原有传统产品具有更好的流动性，除作食品添加剂外，还可利用其选择性降压作用来制备各种营养保健制品、降压药物、营养食品、带保健作用的调味品、烹调佐料等。

中间体褐藻酸固相转化法加工工艺流程：①取褐藻酸（CP 级以上），加 1.5 倍量95% ～100% 药用酒精（CP 级以上），室温下搅拌使褐藻酸在酒精中成分散相；②搅拌并缓慢加入30% 的 KOH（AP 级）水溶液，采用精密试纸和 pH 计双向监测，当 pH 值由 4 逐渐升至 6～7 时停止加入 KOH 溶液，继续搅拌以待反应完全；③将反应溶液抽滤、晾干、粉碎、过筛，得成品。

整个操作过程的工作条件应是无菌、常温、常压。

（3）藻酸双脂钠（PSS）加工技术

藻酸双脂钠是以褐藻酸为原料，经过酰化合成的一种褐藻多糖双酰钠。是一种阴离子聚电解质的线型结构，具有类肝素的生理活性。

经药理研究和临床验证，本品具有强分散乳化性能，且不受外界因子影响。能阻抗红细胞与血管壁之间的黏附。因此，具有明显的降低血液黏度的作用，同时具有抗凝血作用，其效力相当于肝素的 1/2。有明显的降血脂、降血压、降血糖等作用。本品主要用于动脉硬化、血栓、高血压、冠心病等的防治。是目前已知同类药物中较理想的产品。

（4）褐藻胶寡糖加工技术

聚合度在 2～20 之间的糖基聚合体定义为寡糖，与褐藻胶高聚物相比，寡糖具有溶解性强、稳定性好、易被机体吸收等优点；因聚合度不同，不同组成的褐藻胶寡糖具有不同的生物活性。现有褐藻胶寡糖的制备方法主要是酸水解，但该方法反应慢，处理复杂，产率低且质量难以控制。近年来，国内外研究把注意力集中在利用生物酶解的方法制备褐藻胶寡糖，生物酶解已成为应用前景最好的褐藻胶寡糖制备方法。

酶解制备褐藻胶寡糖工艺流程，如图 4－4。

4.1.1.1.8 褐藻胶的应用

褐藻胶作为一种天然高分子物质，以其良好的生物降解性和生物相容性，以及良好的增稠性、成膜性、稳定性、絮凝性和螯合性而被广泛应用于化学、生物、医药、食品等领域，目前主要应用在以下几个方面。

（1）褐藻胶在食品中的应用

褐藻酸钠是人体不可缺少的一种营养素——膳食纤维，对预防结肠癌、心血管、肥胖病以及铅、镉等在体内的积累具有辅助疗效作用，在日本被誉为"保健长寿食品"，在美国被称为奇妙的食品添加剂。它作为海藻胶的一种，以其固有的理化性质，能够改善食品的性质和结构。它低热无毒、易膨化、柔韧度高，添加到食品中其功能为凝固、增稠、乳化、悬浮、稳定和防止食品干燥。而最主要的作用是凝胶化，即形成可以食用的凝胶体，以保持成型的形状。因而，它是一种优良的食用添加剂，不仅可以增加食品的营养成分，提高产品质量，增加花色品种，也可以降低成本，提高企业的经济效益。

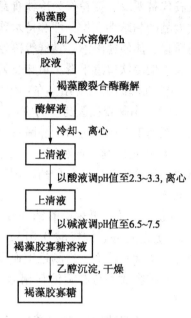

图 4-4 褐藻胶寡糖制备的工艺流程

① 褐藻胶粗制功能食品。将含有褐藻胶的原料经过简单的加工，制成各种大众化的功能食品，如晒干海带、干制羊栖菜、煮制即食海带、盐渍海带、脱水海带产品、海藻调味制品、海藻酱、海藻薄片产品、海藻粉剂等产品。不仅丰富市场的花色品种，而且可以满足不同消费者的需要。

② 在面制品中的应用。褐藻胶可以作为改良剂添加在面条、线面、挂面等面制品中。由于褐藻酸钠有很好的亲水黏结及赋形等特性，在面制品中依据面筋蛋白总量加入 0.1% ~ 0.3% 的褐藻胶，能够提高面制产品的韧性，减少破碎率，特别在蒸煮后不粘连、不糊汤，耐贮存，口感佳。尤其是对面筋蛋白低的面粉效果更佳。

③ 在糕点、面包中的应用。褐藻胶可以作为添加剂添加到饼干、面包、蛋糕等食品中。在烘烤食品中加入 0.02% ~ 0.1% 的褐藻胶，可增加膨胀率，减少切开时粒屑落下，且能防止老化，延长货架寿命。

④ 在可食包装膜中的应用。褐藻胶添加到淀粉中可以制成可食薄膜。淀粉薄膜，俗称米纸，主要在食品和医药工业上供包裹糖果、糕点、药物之用。实验证明，添加 0.5% 褐藻胶的淀粉薄膜，其强度平均增加 13%，且透明度、光泽度良好，韧性高，老化程度也得到了明显改善。

⑤ 在凝胶食品中的应用。以海带、马尾藻、羊栖菜等为原料，浸出其中的褐藻胶，加入调节风味的配料，经胶凝后得到胨类产品。

⑥ 在营养强化食品中的应用。利用褐藻胶特有的对人体健康有益的功效，提取后进一步加工成人类所需的营养品，可以制成胶囊、口服液或片剂等形式，也可以结合食品加工，制成营养型的健康食品。

⑦ 在饮料中的应用。褐藻胶可以依据市场需求加工成混浊汁和澄清汁，经过调味或与其他果蔬原料复合加工，得到营养海藻汁饮料。

⑧ 在冷饮食品中的应用。褐藻胶可以作为结构改良剂添加于冰淇淋雪糕等冷饮中。褐

藻胶代替明胶、淀粉作为冷饮食品的稳定剂、水合剂，在冷饮食品中添加褐藻胶，可改善冷饮食品的黏结性、均一性和持水作用。不仅在人体保健上是安全的，而且能够明显改善食品的质量，能使冰淇淋、雪糕等冷饮食品外观平整，膨胀率大，成型性能好。能有效防止冰晶生长，使冷饮口感平滑，口味良好，添加量以 0.2%～0.3% 为宜。

⑨ 在啤酒中的应用。在啤酒中加入少量的褐藻酸钠可使啤酒的泡沫稳定。

（2）褐藻胶在医药中的应用

医药工业用作止血剂、赋形剂、包埋剂、弹性印模料等。

① 作止血剂。在医疗中，用褐藻胶制成的止血纱布，能止住压迫和包扎大动脉引起的出血。褐藻胶制成的各种药物剂型，在外科中应用较为普遍，如止血粉、止血海绵、喷雾止血剂等。

② 代血浆。低聚藻酸钠（$M_W 2000～2600$），可配成每 1000mL，含褐藻酸钠 4g、葡萄糖 50g、氯化钠 3g、枸橼酸 0.015g、十二水合磷酸氢二钠 0.113g 的代血浆。对失血性休克、烫伤、中毒性休克、胃肠道出血及其他脱水症都有很好的疗效，它是维持血容量的良好扩容剂。其扩容效率与右旋糖苷相似，对肝、肾、脾、骨髓无伤害，一般无过敏，能增进造血机能。

③ 防放射作用。褐藻酸钠能减少放射性锶、镉在消化道的吸收，它可与锶、镉结合形成不溶物而排泄。放射性锶是核污染的产物，随着核试验的升级，人类正遭受着核污染的严重威胁。放射性锶，经消化道进入人体，大量积存在骨骼中，引起人类患白血病和骨癌。研究人员将放射性锶注入鼠的消化道内，然后注入褐藻酸钠，发现锶在消化道的吸收减少了 50%～80%，研究还发现服用一定量的褐藻酸钠能减少放射性锶在血液和骨骼中的含量。

④ 减肥作用。褐藻酸与等分子的药物苯丙胺制成药物合剂，可作为食欲抑制剂，从而达到减肥的目的，同时也能减轻减肥引起的失眠。

⑤ 抗癌作用。褐藻酸经口服对欧利希氏（Ehrlich）腹水癌有抑制效果，并对 Metha 肿瘤也有预防作用，它们与抗癌剂不同，对正常细胞无伤害作用，发现其特征是能使抗原的效应细胞的反应性产生亢进的一种免疫学上的药理作用。

⑥ 人工牙模材。褐藻胶也是镶牙时使用的良好模材。医院里常用的褐藻酸印模材，即是以褐藻胶为原料配成的。将印模粉和自来水按 1:3 比例混合成胶液，使用 3min 后形成固态。其原理：褐藻胶遇到钙离子时，即由胶体状态的褐藻酸钠变成了不溶于水的凝胶——褐藻酸钙从而凝固。

（3）褐藻胶在其他工业中的应用

① 褐藻胶在纺织工业中的应用。褐藻酸钠因其具有易着色、得色量高、色泽鲜艳和印花织物手感柔软等特点，所以它在纺织工业中是棉织物活性染料印花中最常用的糊料。同时它还可作为经纱浆料、防水加工、制造花边等工艺过程的水溶纤维。

② 褐藻胶在橡胶工业中的应用。褐藻胶可用做胶乳浓缩剂，可用来配制天然橡胶的膏化剂。把它加入橡胶内，可增加橡胶的黏稠性。

③ 褐藻胶在造纸工业中的应用。褐藻胶可用来上光和定型，亦可用作纸张分散剂。

④ 褐藻胶在建筑工业中的应用。褐藻酸钠可以制成水性涂料和耐水性涂料，把藻胶酸盐放在水泥、混凝土及沥青中，可提高建筑物的不透水性。

⑤ 褐藻胶在电子工业中的应用。用褐藻酸钠配方胶液刷在电缆纸上，可做纸板电池，其放电性能远较浆糊的放电性能为好，电容量亦有提高，并能节省粮食和棉纱。

⑥ 褐藻胶在日用化学品中的应用。褐藻胶在日用化学品中可以广泛用于各种护肤剂、整发剂、防汗剂、洗涤剂和膏剂药物制品的加工和生产。

此外，褐藻胶还可用作农药分散剂、自来水净化机、钻井泥浆稳定剂、石油驱油剂、焊条涂层等。

4.1.1.2 琼胶

4.1.1.2.1 概述

琼胶又称琼脂、冻粉、凉粉、寒天、洋菜、洋粉等，是一种从某些红藻（Rhodophyceae）中提取出来的水溶性多糖，是构成这类红藻细胞壁的主要成分，属于红藻胶（分为琼胶族和卡拉胶族）中的琼胶族化合物。琼胶、卡拉胶和褐藻胶是目前世界上用途最广泛的三大海藻胶，由于琼胶具有优良的凝胶、增稠、稳定性能和流变性能，常用作增稠剂、凝固剂、悬浮剂、乳化剂、稳定剂、保鲜剂、粘合剂、生物培养基和微生物载体，使之在食品、轻工、医药及其他科研领城中有着广泛的应用。尤其是近十多年来，琼胶作为一种低热值保健食品原料，含有人体必需的多种有益的矿物质元素、多糖和膳食纤维，低热量，具有排毒养颜和降血糖等许多保健效果，欧美、日本等发达国家广泛应用琼胶加工成各种保健食品，很受消费者的欢迎，使琼胶需求量大大增加。

随着琼胶新用途的不断发现，琼胶成为世界各国研究的热点课题。第二次世界大战后，琼胶应用于军事领域，琼胶的需求量不断增加，日本的琼胶限制出口，一些原来依靠日本供应琼胶的国家便开始研究利用本国的海藻资源来制造琼胶。而用于制造琼胶的石花菜资源有限，这促使各国积极研究用江蓠等海藻来制造琼胶的原理和技术。自从20世纪60年代日本解决了用江蓠制造琼胶的技术问题后，许多国家的科学家也开展了与江蓠胶有关的基础和应用性研究，包括江蓠的分类、生理、生化和养殖技术，以及江蓠琼胶的生产工艺等方面的工作，使江蓠这一属海藻成为20世纪60~80年代研究得最多的一属海藻。

我国自20世纪50年代起，开展了江蓠琼胶的研究工作，成功解决了江蓠的养殖和提胶工艺等技术难题。如今，我国的海南、广东、福建等省江蓠属海藻养殖业和琼胶加工业得到蓬勃发展，先后建立了数十家琼胶加工厂，琼胶年产量增加到千吨，我国琼胶也由原来的进口国转变为现在的主要出口国。

4.1.1.2.2 琼胶原料

各国生产琼胶所用的原料，即琼胶原藻（Agarophyte）各不相同，日本所用的藻类最多，但以石花菜和江蓠类为主要原料，其他藻类如三叉仙菜、波登仙菜、钩凝菜等用作配合原料提取琼胶。除日本外，其他大多数国家都用单一属的原料生产琼胶。

20世纪60年代以前，世界各国主要用石花菜属的海藻提取琼胶。60年代后日本解决了利用江蓠属海藻提取琼胶的技术问题，江蓠琼胶质量达到或超过了石花菜的水平，故用江蓠作为琼胶原料逐年增加。到70年代以后，江蓠属海藻成为琼胶工业最主要的原料。

4.1.1.2.3 琼胶的化学结构

琼胶是一种高分子化合物，其组成和结构比较复杂。Payen（1859）最早研究报导琼胶，1884年Bauer证实琼胶的主要组成是半乳聚糖，现已证实琼胶是由中性的琼胶素（琼胶糖，Agarose）和带电荷的琼胶酯（硫琼胶，Agaropectin）两部分构成，琼胶素是其主要成分。琼胶素是由（1-3）-β-D-半乳糖和（1-4）-3,6-内醚-α-L-半乳糖等组成的以琼胶二糖为基本重复单体的长链结构。其基本结构可表示如下：

$$\left[\rightarrow 3Al \xrightarrow{\beta} 4Bl \xrightarrow{\alpha} 3Al \xrightarrow{\beta} 4Bl \xrightarrow{\alpha}\right]_n$$

其中，A 是 D - 半乳糖，B 是 3，6 - 内醚 - α - L - 半乳糖。琼胶酯是由琼胶二糖的衍生物所构成，琼胶素与琼胶酯的基本结构相似。琼胶二糖取代基的不同，造成琼胶二糖有多种衍生物，也正是由于不同红藻琼胶中含有不同的琼胶二糖衍生物，构成了琼胶的特异性。

研究表明，琼胶中琼胶二糖衍生物中的甲氧基含量增加，则琼胶的凝固点提高，硫酸基含量增多，则凝胶强度降低。因此，琼胶中的琼胶素是形成凝胶的主要组分，而琼胶酯是非凝胶部分，也是商业琼胶提取过程中尽力除去的部分。琼胶中含有的琼脂素越多，琼胶的凝胶强度就越高，其应用价值也越高。

4.1.1.2.4　琼胶的性质

（1）溶解性。琼胶在常温下不溶于水和无机、有机溶剂，微溶于乙醇胺和甲酰胺，但在加热条件下可溶于水和某些溶剂。琼胶可在沸腾的低浓度乙醇（30% ~ 50%）溶液中溶解。干琼胶在常温下可吸水溶胀，吸水率可达 20 倍，加热到 95℃ 可溶于水形成溶液，溶液在室温下可形成凝胶。

（2）絮凝。琼胶溶液加入 10 倍体积的乙醇、异丙醇或丙酮，可以使琼胶从水溶液中絮凝析出。同样，饱和硫酸钙、硫酸镁或硫酸铵溶液，可以使琼胶溶液发生盐析。利用这一特性，在琼胶提取工艺中，可用于琼胶凝胶脱水。

（3）凝胶温度滞后性。琼胶凝胶是热可逆性凝胶，凝胶加热时融化，冷置后便凝固，能够重复进行。琼胶溶液的凝固点一般在 32 ~ 43℃，而琼胶凝胶的融点一般在 75 ~ 90℃ 之间。融点远高于凝固点是琼胶的特有现象，称为"滞后现象"，为琼胶特有的性质，琼胶的许多应用优越性就体现在它的这种高滞后性。

（4）黏度。琼胶具有很强的凝固能力，其黏度比卡拉胶低，流动性好，较易过滤。1.5% 的琼胶溶液，其黏度在 85℃ 时为 8×10^{-3} ~ $10 \times 10^{-3} \mathrm{Pa \cdot s}$。琼胶溶液的黏性随原料种类、原料质量、提取条件、溶液 pH、无机盐类的多少以及测定时琼脂浓度、温度和加入电解质的不同而有所不同。一般情况下，凝固能力强的天然多糖，其溶液的黏度则较低。由于琼脂具有很强的凝固能力，因此，其黏度较低。石花菜琼脂具有很高的凝胶强度，其黏度比江蓠琼脂低。工业琼脂在提取过程中，因经过化学试剂处理，受到一定程度的破坏，其黏度较低。

（5）稳定性。琼胶溶液对温度较稳定，可耐受 100℃ 或更高温度的反复处理，琼胶耐碱性强而耐酸性差，在 pH 值 5 ~ 8 范围内稳定，在 pH 值 3.5 以下时易于发生酸性降解。大量研究证明，纯净的干琼胶其稳定性很好，在室温下很难降解。但含有杂质、高温、超声波、强 γ 射线、强烈搅拌等因素可使琼胶分子链发生断裂而发生非酸性降解，并使琼胶某些理化性质恶化。

（6）凝胶。琼胶的最大特点是具有凝胶性，即使浓度为 0.004% 的琼胶溶液，在常温下也能形成凝胶，同其他能形成凝胶的物质相比，在相同浓度下其凝胶强度最大。琼胶溶液形成凝胶时不需要其他化学助凝剂，它不同于卡拉胶、褐藻胶和果胶形成凝胶时分别需要 K^+、Ca^{2+}、蔗糖和酸。凝胶强度的大小与原料的种类、生长环境、采集季节和提取方法等有关，而且还与其化学组成和结构密切相关。琼胶强度是衡量琼胶品质的最主要指标，低强度凝胶具有优良的分散体系的保护作用、防止扩散作用和改善产品质地的效果。由于高强度凝胶具有优良的强度、弹性、回复力、相对透明性、相对渗透性和可逆性，因而具有极高的应用效果和价值。

（7）乳光现象。无色透明的琼胶溶液在冷却变成凝胶时会呈现轻微的乳白色，这种现象为"乳光现象"。当加入蔗糖、甘油或葡萄糖等物质后，其折射率增加，外观明亮。

（8）泌水性。琼胶的凝胶在放置较长时间后，其表面会分泌出一些水珠，随时间延长，则会连成片，这种现象称为"泌水性"。

4.1.1.2.5　琼胶的加工技术

4.1.1.2.5.1　琼胶加工原理

琼胶的提取原理基于其不溶于冷水，在 85℃以上的热水中能以胶体形式分散于水中，成为溶胶。琼胶原藻先经热水提取，趁热过滤，过滤液冷却后生成凝胶，然后经过脱水，干燥即得琼胶。

4.1.1.2.5.2　琼胶加工工艺

　　琼胶原藻→预处理→漂白→加热提取→过滤→滤液→凝胶→脱水→干燥→琼胶

4.1.1.2.5.3　琼胶加工工艺要求

（1）预处理。根据原料的种类选择不同的预处理方法，预处理的方法决定了琼胶的化学性质，以石花菜为原料只需除去杂物即可；以江篱、紫菜为原料，则需用一定浓度的碱液处理，以提高琼胶凝胶强度。碱可使分子中的 L - 半乳糖 - 6 - 硫酸酯脱去硫酸基，转变为 3,6 - 内醚 - 半乳糖，改善其性质，提高产品凝胶强度。同时，碱处理还可以破坏原料中的一部分色素和蛋白质。

处理海藻所用的碱多为 NaOH，其使用浓度、处理温度和时间相差较大。但归纳起来，主要有 2 种：① 常温浓碱法或中温浓碱法，采用 30% ~40% 的 NaOH 溶液在常温浸泡 5 ~7 天或在 60 ~70℃下保温 1 ~3h；②高温稀碱法，采用 5% ~7% 的 NaOH 溶液在 85℃下处理 3 ~5h。常温浓碱或中温浓碱法，琼胶流失较少、不耗或低耗能、产品的凝胶强度和光泽好，但生产周期长、效率低、碱消耗较多，小型工厂大多采用常温浓碱法。高温稀碱法，琼胶流失较多，需要消耗热能和特殊设备、产品的凝胶强度和光泽较差，但生产效率高，碱消耗少，适合于大型工厂生产。因此，这两种方法各有优缺点，应根据生产企业的具体情况选择。碱处理的容器可选用铁质容器，最好用不锈钢，大多数企业采用常温或中温浓碱法，由于不需特殊加热都使用水泥池做碱处理容器。碱处理后的海藻用水反复浸洗以除去余碱，处理后的碱液可经补充新碱反复使用。

（2）漂白。洗碱后的海藻，要同时进行酸处理和漂白处理。酸处理是为了破坏细胞壁转化海藻，便于藻胶溶出。常用的酸有盐酸或硫酸，漂白剂普遍使用的是漂白粉和次氯酸钠。漂白处理时，将海藻浸入一定 pH 值的并加有漂白剂漂白液中，迅速搅拌数十分钟。漂白容器可用金属容器，为防止受试剂的腐蚀，金属容器内壁应衬搪瓷或塑料板，目前使用最多的是水泥池，成本低也耐化学腐蚀。漂白时，pH 值和漂白时间对凝胶强度影响很大，不同的海藻耐酸能力也不同，因此漂白酸化处理时要进行试验，一般 pH 值在 1.5 ~3.5。凝花菜、石花菜等 pH 值高些，江篱、紫菜等 pH 值低。漂白对产品的质量和产量影响很大，应根据原料的种类和性质，选择最佳工艺条件。漂白后的海藻必须要用水反复浸洗至中性，也可用水洗后再用石灰水中和至中性。

（3）提胶。提胶可在开口锅或压力锅中进行，把已洗好的藻体投入带有蒸汽夹层的不锈钢锅、搪瓷锅中或压力锅，加入适量的水，加水量以使提取的琼胶液为 1% 左右的溶液为宜。提取时间以使原料煮成粥状为宜，若用压力锅提取，压力宜保持在 $1kg/cm^2$。

（4）过滤。琼胶提取过程中，胶液与许多杂质及藻渣混在一起，必须经过过滤分离得到琼胶。过滤一般分两次进行，即先粗滤，粗滤通常是用筛网过滤，大多是在提胶的锅底装有过滤板作粗滤之用，过滤应在提胶结束后趁热进行，即温度应保持85℃以上；粗滤后再进行精滤，精滤是用孔径细小的过滤布，加助滤剂（硅藻土、珍珠岩等）形成过滤层，采用加压或真空吸滤，或采用板框式压滤机、圆筒式精滤机、真空吸滤机等。

（5）凝胶。过滤后的琼胶溶液，只有1%左右的是琼胶，必须经过凝胶。小型的琼胶厂一般采用装盘凝胶，即将胶液置于浅盘中，自然冷却，凝冻后，再切割成条或碎片。装盘凝胶的缺点：①铁盘的焊缝会造成重金属对产品的污染；②凝胶速度慢，尤其是高温的夏天则更慢，生产效率低；③凝胶盘在暴露的空气中，容易造成产品污染，难以保证产品质量；④凝胶盘需要占用大量的空间，不适宜大规模生产。大型琼胶厂采用冷却设备进行凝胶，基本装置是让胶液和冷却水同时流经于金属板的两面，胶液经金属板发生热交换降温，即可快速凝胶。主要设备有管式冷却设备、传送带式冷却设备、套管式冷却机、间臂式板式换热器等，其中传送带式冷却机自动化程度较高得到较多企业的应用。

（6）脱水。凝胶后的冻胶中含有98%左右的水分，常用的脱水方法为冻融脱水法和压力脱水法两种。

① 冻融脱水法：是将凝胶冻结、融化、脱水的过程。利用琼胶不溶于冷水及水溶性杂质溶于冷水中的特性，以除去绝大部分含于凝胶中的水，同时去掉绝大多数水溶性杂质。冻结可以采用自然冻结和人工冻结。无论哪种冻结方式，冻结过程都需要缓慢进行，以形成较大的结晶，利于琼胶中的可溶性不纯物质转移到水中去，而在融化阶段除去。人工冻结一般采用两步冻结法，在0~-6℃预冷24h；再在-15℃~-10℃冻结24h。充分冻透后，经过解冻融化，即可流失大量的水。冷冻法需要消耗大量的能量，而且对琼胶的凝胶强度也有不同程度的影响。

② 压力脱水法：将凝胶分别装入尼龙布袋中，堆放在一起使相互挤压或用重石块预压脱去一部分水，然后再用油压机逐步增压，使凝胶受压排出水分，最后成为琼胶薄片。油压机压榨时，应间歇式进行，避免连续快压、压破布袋胶体流失及损坏机器。压力脱水法脱水效率高、耗能少、产品质量高，是目前最普遍的脱水方法。

（7）干燥。一般可采用太阳晒干或热风烘干进行干燥。太阳晒干，最适合压榨脱水后的片状琼胶，只需把琼胶片挂在支架上，或摊在尼龙网上即可自然晒干。太阳晒干设备简单，无需耗能，成本低，而且阳光具有漂白作用，产品的光泽较好。但会受到天气条件的限制，而且容易受到灰尘或微生物的污染，所以需有干净的场地。热风烘干，烘干的温度一般不超过70℃。目前，大多数琼胶厂采用太阳晒干与烘干组合使用，因天气等原因在太阳不能完成干燥的情况下，再放入烘房烘干，同时也起到杀菌的作用。

（8）粉碎。粉状琼胶需要对干燥后的琼胶进行粉碎。琼胶粉碎前应尽量保持干燥，否则因琼胶富于韧性难以粉碎，还会在粉碎时发热而使琼胶发黏，产品质量下降，粉碎后的琼胶粉应经60~80目过筛。

4.1.1.2.6 琼胶的质量标准

各个国家或企业的琼胶质量标准不同，但相差不大。目前我国琼胶国标有两种，一种是医药用的国家标准（2005年版中华人民共和国药典二部911页），另一种标准是食品添加剂琼胶国家标准（GB 1975—2010）。这两种标准均规定了琼胶的基本质量要求，但对凝胶强度、透明度、磷酸盐沉淀等指标均未做详细的规定，而这些指标又是关系琼胶质量的较重要的方面，所以各生产厂除了满足这两种标准以外，还要根据自己产品的主要用途来制订自己产品的企业标准，来满足不同使用者的要求。例如，作为食品添加剂的琼胶应强调高凝胶强度；作为细菌学的琼胶要强调无磷酸盐沉淀和细菌培养效果；透明度，无论作何用途，则要越透明越好。

4.1.1.2.7　琼胶的应用

琼胶具有很好的胶凝性和凝胶稳定性，广泛用于食品、医药、日用化工、生物工程等许多方面。

4.1.1.2.7.1　在食品工业中的应用

琼胶是最早应用于食品工业的海藻胶，最早仅在东亚少数国家应用，现在已推广至全世界。琼胶经过全世界几百年来的应用，已证明其食用安全性，联合国世界卫生组织已批准琼胶用于食品工业，同时也被中、英、美、法等多个国家以规章认可。美国食品药物管理局指定琼胶为 GRAS（Generally Regarded As Safe）级，食用安全可靠。联合国粮农组织和世界卫生组织评价认为琼胶 ADI 值不作限制。

在食品中工业中，琼胶被用作胶凝剂、增稠剂、乳化剂、稳定剂、赋形剂、助悬剂、水分保持剂，用量很少，而且不易被人体吸收，因此琼胶不是营养物质而是食品添加剂。

（1）糖果工业

作为胶凝剂，主要用于制造软糖。根据琼脂的凝胶能力，软糖中的琼脂用量一般为 1.0% ~2.5%，碳水化合物以蔗糖为主，淀粉糖浆为辅，其比例约为 3∶2。用琼脂制造的软糖，其透明度、品质及口感均优于其他软糖。琼脂虽然作为传统的凝胶物质在糖果制作中长久应用，但其口感特性比较单一，近年来也常添加明胶、变性淀粉、果汁、果泥或瓜果等，这有助于糖果配合物料组成的多样性，有利于风味与口感的改进。

（2）禽类和肉类罐头

作为胶凝剂和赋形剂，可以形成为有效粘合碎肉的凝胶，避免罐头中食品组织发生脆碎。其用量是罐头中清汤的 0.2% ~2.0%。在八宝粥、银耳燕窝、羹类罐头食品中，使用 0.3% ~0.5% 的琼胶作为增稠剂、稳定剂，可以改善口感，使其他添加物分散均一，防止沉淀、分层。

（3）饮料类产品

琼胶用在饮料类产品中，可作为助悬剂，使饮料中固型物悬浮均匀，不下沉。其悬浮时间及保质期长，是其他助悬剂无法代替的。产品透明度、流动性更好，口感爽滑无异味。琼胶在果粒饮料中表现出优异的悬浮效果，当浓度为 0.001% ~0.005% 时即可使果粒悬浮均匀。

（4）果冻制造

在果冻制造过程中添加琼胶，可作为稳定剂和胶凝剂，使颗粒悬浮均匀，不沉淀，不分层。根据琼胶的胶凝能力，一般用量为 0.15% ~0.3%。

（5）冷饮食品

琼胶用于冷饮食品，如冰棒、冰淇淋等各种冷冻制品中，可减少冰晶，提高抗热融性，使产品更加爽口。在冰淇淋生产中，琼胶可改善冰淇淋的组织状态，提高冰淇淋的黏度和膨胀率，防止冰晶析出，使制品组织细腻轻滑，其使用量为 0.3% 左右。琼胶与刺槐豆胶、明胶相配合，对丰富冷饮食品的质地和提高香味稳定性方面起到极其优异的作用，并能防止脱水收缩和表面结皮。作为稳定剂的最佳浓度是：琼胶 0.12%、刺槐豆胶 0.07%、明胶

0.2% 。

（6）焙烤食品

琼胶可作为填充剂、膨松剂和保水剂，广泛地用于多种焙烤食品中。如焙烤食品生产厂将琼胶用于曲奇饼、奶油夹心派的外壳、馅饼、糕饼甜心表层的酥皮、蛋白酥皮筒等。琼胶还可以作为填充剂和膨松剂，代替淀粉制造麦片糊、无淀粉面包和餐后点心。在焙烤食品中，琼胶使用量一般为 0.1% ~1.0% 。

（7）乳制品

琼胶可有效降低奶制品的脂肪上浮、增强稳定性和乳化性，广泛地应用于乳制品中。在法国软白干酪、奶油乳饼、发酵牛奶制品中添加琼胶，具有很好的稳定性和韧性，也有助于改善干酪的稠度和切片性。在乳制品中琼胶的用量一般为 0.05% ~0.85% ，与甘露胶、黄原胶复合使用效果更好。

（8）糖衣食品

琼胶可作为糖衣的稳定剂，还可以防止食品与包装的粘连。糖衣食品中琼胶的含量通常为 0.2% ~0.5% 。以需要的糖量为基准，琼胶的浓度达到 0.5% ~1.0% 时，可作为油饼透明糖衣的稳定剂，从而提高透明糖的黏度和在油饼表面的黏着力，促使凝胶较快速凝固并增加柔韧性，以减少表面缺陷和裂纹。在应用中，琼胶通常与其他植物胶如瓜尔胶和槐豆胶混合使用。

（9）肉制品

琼胶能有效保持产品的风味。琼胶用于灌制香肠、熏制或腓制肉制品，可明显保护其胶体以防止风味散失。因此，烹调的火腿也可浇盖含有琼胶和抗坏血酸的溶液。包装以后，经琼胶处理过的肉制品比未处理的和只用抗坏血酸单独处理的肉制品更能保持原有的风味。

（10）其他食品方面应用

利用琼胶溶液在冷水及冷酒精中凝固，同时将酿造物中悬浮物包理起来一起沉降而达到澄清的作用。因此，琼胶在酿造行业可作为啤酒、酱油、食用醋和葡萄酒的澄清剂以加速和改善产品澄清，其用量为 0.05% ~0.15% ；琼胶以其独特的物化性质，如高融点、不易霉变的特性，作为明胶的替代品，替代明胶在食品其他方面的使用。

4.1.1.2.7.2　在微生物学和生物工程中的应用

琼胶凝胶具有高滞后性，且不易受一般微生物的分解，优良的琼胶中不含有抑制其他微生物生长的成分，凝胶稳定透明，是一种优良的微生物培养基，用量一般为 1% ~2% 。另外，低浓度的液态培养基中添加琼胶，可以阻止氧气进入液态培养基，使得暴露空气中的肉汤培养基即可很好地进行厌氧菌的培养。液态培养基中琼胶的使用量一般 0.007% ~0.08% 。琼胶在植物组织的无性繁殖、细菌检验、疫苗生产、检疫、生物制药、细菌培养得到广泛应用。随着生物工程的发展，琼胶的应用将会越来越广泛。

4.1.1.2.7.3　在医药方面的应用

琼胶不易被人体消化吸收、吸水性强、增大体积、促进肠道蠕动，具有可以治疗便秘、预防痔疮、肠内排毒、减肥等医用效果。在医药上，琼胶通常作为轻泻剂。琼胶可作为药用乳化剂、悬浮剂、崩解剂、赋形剂用于制造药膏、药片、缓释胶囊、药用可食包装膜等。另外，琼胶还可用于制造绷带。用琼胶处理过的绷带，具有抗凝聚的性质，能很快地将细菌和白血球吸收，并且不妨碍皮肤的呼吸。琼胶具有屈挠性与弹性，对伤处无刺激性作用，特别适用于关节等不平部位的包裹，琼胶具有凝血剂功效，已被世界各国用于绷带等军队救护和卫生医药设施上。

4.1.1.2.7.4　在实验室的应用

琼胶凝胶作为包埋介质，用于固定植物组织标本，可以很方便地用于切片供显微镜观察，使用浓度通常为 5% 。含有 20% ~25% 氯化钾的和 2% ~2.5% 琼胶的凝胶，可作为抗扩散的电导桥，用以联结电位/pH 值测定仪的甘汞电极和与待测样液，得到较高的电流和较好的效果。蛋白质可通过琼胶凝胶电泳迁移，用于铁蛋白、卵清蛋白、血红蛋白和胃蛋白酶的分析。

铵型琼胶、钠型琼胶、琼胶素和钠型琼胶素在球蛋白电泳、免疫扩散诊断技术、凝胶过滤和凝胶层析等技术中大量应用。

琼胶凝胶技术可用于分离细菌毒素、测定核酸链的长度、抗生素和抗支原体物质的分级、分辨病毒质点大小，以及酶类的分离和纯化。

4.1.1.2.7.5　其他工业中的应用

（1）在纺织、印染工业，琼胶可用作糊料。纺织上琼胶作为经丝上浆，可以增加抗张力及耐摩擦力；印染时作为印染浆，可防止染料漫渗，使花样轮廓清晰。

（2）在橡胶工业中，琼胶可用作浓缩剂，使橡胶汁液中的橡胶能迅速与水分离。

（3）在涂料工业中，琼胶用作制造防水布、防水纸、捕蝇纸及橡胶袋、皮革上光剂等的上胶材料，可使产品光泽良好，机械性强，并可增加填充物的吸着率。

（4）在锅炉水的处理中，琼胶可用作软化剂。琼胶可与钙及镁等金属离子形成胶絮状沉淀，对大于 $60 \times 10^{-6} \sim 70 \times 10^{-6}$ 硬水的处理，效果很好。另外，琼胶还可用于制造电灯钨丝的润滑剂，用于日化工业如牙膏、鞋油和洗洁精等的稳定剂、乳化剂或起泡剂，用于固体酒精的包埋介质，用作照相胶卷、相纸、镀金工业的材料，用作建筑工业水泥硬化凝结的缓凝剂，用作原子反应堆中中子的瞬时吸收剂等。

4.1.1.3　卡拉胶

4.1.1.3.1　概述

卡拉胶（Carrageenan，又称角叉菜胶、鹿角菜胶）是自红藻（Red aglae，*Rhodophyta*）中提取的一种水溶性胶体。作为天然食品添加剂，卡拉胶在食品行业已应用了几十年。联合国粮农组织和世界卫生组织食品添加剂专家委员会（JECFA，Joint FAO/WHO Expert Committeeon Food Additives）2001 年取消了卡拉胶日允许摄取量（ADI，Acceptable Daily Intake）的限制，确认它是安全、无毒、无副作用的食品添加剂。据统计全球卡拉胶产量以 3% 的速度递增，2000 年全球销量达 3.1 亿美元。

卡拉胶这一名称系由英文 Carrageenan 翻译而来，1892 年 Stanford 首先提出 Carrageenin 这一名称。直至近代，根据国际多糖命名委员会的建议改名为 Carrageenan。商业性生产卡拉胶是 20 世纪才开始的。1935 年在美国的东海岸有几家小厂开始生产卡拉胶提取物，但发展缓慢，一直到 1942 年第二次世界大战时，卡拉胶工业才真正在美国发展起来。战后，卡拉胶的新用途不断出现，生产稳步增加。美国、丹麦、法国是当时三个主要生产国。我国卡拉胶的研究起步较晚，直到 1985 年才形成了真正意义上的卡拉胶工业化生产。随后，我国对卡拉胶在食品、日用化工、医药卫生等领域的应用研究有很大进展。

4.1.1.3.2 卡拉胶的原料

各国生产卡拉胶的原藻主要为卡帕藻和麒麟菜两属。另外还使用角叉菜、杉藻、叉红藻、育叶藻等属的各种类。各国生产卡拉胶所用的主要卡拉胶原藻及产地见表4-5。

表4-5　不同国家生产卡拉胶所用的原藻

海 藻 种 类	产 地
钩沙菜（*Hypnnea musciformis*）、鹿角沙菜（*H. cervicornis*）	中国、中美、南非
皱波角叉菜（*Chondrus crispus*）、角叉菜（*C. ocellatus*）、沟角叉菜（*C. canaliculata*）	北欧、北美
星芒杉藻（*Gigartine stellata*）、线形杉菜（*G. tenella*）、沟杉菜（*G. canaliculata*）、针状杉藻（*G. acicularia*）、钵槌杉藻（*G. pistillata*）、斯氏杉藻（*G. skottsbergii*）、查氏杉藻（*G. chauvnii*）	美国、英国、新西兰、法国、摩洛哥、阿根廷、智利
非洲银杏藻（*Iridaea capensis*）、心形银杏藻（*I. cordata*）、萎软银杏藻（*I. flaccidum*）	南非、美国、智利
耳突麒麟菜（*Eucheuma cottonii*）a、异枝麒麟菜（*E. striatum*）b、长心麒麟菜（*E. alvarezii*）c、刺麒麟菜（*E. spinosum*）、麒麟菜（*E. muricatum*）、琼枝（*E. gelatinae*）、可食麒麟菜（*E. edule*）、细齿麒麟菜（*E. denticulatum*）、冈村麒麟菜（*E. okamurai*）	菲律宾、印度尼西亚、中国
育叶藻（*Phyllophora brodiaei*）、具脉育叶藻（*P. nervosa*）	俄罗斯
帚状叉红藻（*Furcellaria brodiaei*）	俄罗斯、波兰、丹麦

最早用作制造卡拉胶原料的是皱波角叉菜，但近年来已被麒麟菜属海藻所取代。特别是菲律宾产的耳突麒麟菜和刺麒麟菜在世界卡拉胶原料市场上占有特别重要的地位。我国的卡拉胶海藻，在北方主要有角叉菜属海藻和沙菜属海藻。我国的海南岛、东沙和西沙群岛，麒麟菜属海藻资源相当丰富。

4.1.1.3.3 卡拉胶的命名

卡拉胶是一类线性、含有硫酸酯基团的高分子多糖。理想的卡拉胶具有重复的 α-（1→4）-D-半乳吡喃糖-β-（1→3）-D-半乳吡喃糖（或3,6内醚-D-半乳吡喃糖）二糖单元骨架结构。通常卡拉胶采用希腊字母来命名，这种命名方法已被普遍接受。商业上使用最多的是 κ（kappa）、ι（iota）、λ（lambda）三种类型，另外根据半酯式硫酸基在半乳糖上连接的位置不同，可分为 α、β、θ、μ、ν、δ、π、ξ、ω 等类型。但是天然产的卡拉胶往往不是均一的多糖，而是多种均一组分的混合物或者是杂合型结构（hybrid），很多时候是结构中混有其他碳水化合物取代基（如木糖、果糖或酮酯类物质）。为适应卡拉胶这种复杂结构的基础研究需要，Knutsen 等提出以大写字母代表特定基团的命名方法（见表4-6）。以此为基础，理想 κ、ι、λ 卡拉胶的重复二糖结构分别为 G4S-DA，G4S-DA2S 和 G2S-D2S，6S。很多有关琼胶、卡拉胶的论文都采用了这种命名方法。后来又有人补充用 M 代表甲酯基、P 代表丙酮酸基团、X 代表木糖等取代基。Storz 等新近发现卡拉胶中偶尔存在 L 型的半乳糖构象，相应可用 L 来表示。

表 4 – 6　不同卡拉胶中发现的功能基团字母代号

字母代号	存在于不同卡拉胶类型	IU PAC* 命名
G	β	3 – 连接 – β – D – 半乳吡喃糖
D	未发现	4 – 连接 – α – D – 半乳吡喃糖
DA	κ, β	4 – 连接 3, 6 内醚 – α – D – 半乳吡喃糖
S	κ, ι, λ, μ, ν, θ	硫酸酯基（O – SO₃）
G2S	λ, θ	3 – 连接 – β – D – 半乳吡喃糖 – 2 – 硫酸酯
G4S	κ, ι, μ, ν	3 – 连接 – β – D – 半乳吡喃糖 – 4 – 硫酸酯
DA2S	ι, θ	4 – 连接 – 3, 6 内醚 – α – D – 半乳吡喃糖 – 2 – 硫酸酯
D2S, 6S	λ, ν	4 – 连接 – α – D – 半乳吡喃糖 – 2, 6 – 硫酸酯
D6S	μ	4 – 连接 – α – D – 半乳吡喃糖 – 6 – 硫酸酯

注：IUPAC：International Union of Pure and Applied Chemistry.

4. 1. 1. 3. 4　卡拉胶的结构特征

含有硫酸酯基团（O – SO₃⁻）是卡拉胶的重要特征。O – SO₃⁻ 以共价键与半乳吡喃糖基团上 C – 2，C – 4 或 C – 6 相连接，在卡拉胶中含量约为 20% ~ 40%（w/w），使卡拉胶带有较强的负电性。卡拉胶是 D – 半乳聚糖的硫酸酯，由 1,3 – α – D – 吡喃半乳糖 1,4 – β – D – 吡喃半乳糖作为基本骨架构成单位，重复交替连接而成的没有分支的链形多糖，可用如下通式表示：

$$\{^3B^{1β}\longrightarrow^4A^{1α}\longrightarrow^3B^{1β}\longrightarrow^4A^{1α}\longrightarrow^3B^{1β}\longrightarrow^4A^{1α}\}$$

其中，B 为半乳糖，在 C_2 或 C_4 上可能连有硫酸基。A 为半乳糖，在 C_2 或 C_6 上可能连有硫酸基，或 C_2、C_6 同时都连有硫酸基。或 A 是 3,6 – 内醚 – 半乳糖，或在 C_2 上连有硫酸基的 3,6 – 内醚 – L – 半乳糖。

目前工业上生产和使用的主要为 κ –、λ – 和 ι – 三种产品，三种基本型号卡拉胶的结构式如图 4 – 5 所示。

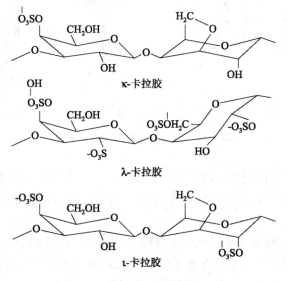

图 4 – 5　三种卡拉胶的分子结构

4.1.1.3.5　卡拉胶的性质

（1）溶解性。所有的卡拉胶都溶于热水，但只有 κ 型和 ι 型的钠盐溶于冷水。通常食品中的盐浓度并不能对 λ 型卡拉胶产生效果。温度确定食品体系中使用哪种类型卡拉胶重要因素之一，所有的卡拉胶水合物适用于高温冷却时，卡拉胶在 40 ~ 70℃ 之间形成的凝胶类型取决于卡拉胶的种类和阳离子的浓度。

卡拉胶难溶于有机溶剂，如甲醇、乙醇、丙醇、异丙醇和丙酮等，所以常用这些溶剂为沉淀剂，使卡拉胶从水溶液中沉淀出来。

（2）黏度。由于卡拉胶大分子没有分支的结构及聚阴离子特性，它们可以形成高黏度溶液。例如，2% 的水溶液（不含金属例子）的平均黏度分布在 0.5 ~ 1Pa·s。这是由它无支链的线性大分子结构及高聚物电解质的特性所决定的。影响卡拉胶溶液黏度的因素很多，如相对分子质量、浓度、温度、卡拉胶的类型及溶液中的阳离子。卡拉胶的黏度还因海藻种类、加工方法和类型不同而有差别。一般 λ - 卡拉胶的黏度比其他类型高。

（3）凝固点、融点和泌水性。卡拉胶在水中加热融化，冷却到一定温度便凝固成透明的半固体状凝胶，此凝固时的温度称为"凝固点"。凝固的凝胶加热到某一定温度便又融化，此融化时的温度称为"融点"。卡拉胶的融点高于凝固点，两者相差较小，例如 κ - 卡拉胶仅为 10 ~ 15℃，ι - 卡拉胶仅 5℃，其温度差常随原藻种类、制造方法、浓度、所含阳离子的种类和数量等的不同而变化。有的凝胶放置时间较长时，其表面便分泌出一些水来，这种现象称泌水性。泌水性的大小与卡拉胶的类型、凝胶的浓度和所受的压力等有关。凝胶浓度低或压力增加时，泌水性增加。

（4）凝胶性质。卡拉胶在热水中溶解，其凝固性受一些阳离子的影响很大。如完全成钠型的 κ - 卡拉胶在纯水中不凝固，加入钙、钾、铯和铵等阳离子，能显著地提高它的凝胶强度。同时一些多糖对卡拉胶的凝胶强度也有影响。

卡拉胶的凝固性能主要与其化学组成、结构和分子大小有关。卡拉胶的凝胶形成过程见图 4 -6。

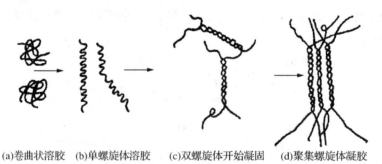

(a)卷曲状溶胶　　(b)单螺旋体溶胶　　(c)双螺旋体开始凝固　　(d)聚集螺旋体凝胶

图 4 -6　卡拉胶溶液及凝胶的转变

卡拉胶中 κ - 卡拉胶的凝固性能最好，其次是 ι - 卡拉胶，其他类型的在水中不能形成凝胶。卡拉胶分子结构中 3，6 - 内醚 - 半乳糖的多少、硫酸基含量和连结位置对卡拉胶凝固性能的影响很大。

（5）稳定性。卡拉胶是亲水胶体，本身带有负电荷，在水溶液中能形成稳定的水化层，当加入酒精等脱水剂时，可使它变为疏水性。当加入电解质时，则易发生盐析现象。卡拉胶热稳定性较好。在中性和碱性介质中很稳定，即使加热也不易水解。在酸性介质中，尤其是在 pH 值 4 以下时，容易发生酸水解，若加热则水解得更快，结果是大分子变为小分子，黏度下降，失去凝固性。

4.1.1.3.6　卡拉胶的加工技术

4.1.1.3.6.1　卡拉胶加工工艺流程

卡拉胶的生产以麒麟菜、沙菜为主要原料，一般工艺流程如下：

原料→碱处理→洗涤至中性→提胶→过滤→凝冻→冷却切条→冻结脱水→解冻→干燥→成品

4.1.1.3.6.2　卡拉胶加工工艺技术

（1）原料处理。将晒干的麒麟菜先用水洗，以除去其中的砂石、盐分及其他杂物。

（2）碱处理。将洗净的麒麟菜投入浓度为 5% 的氢氧化钠溶液中，加热至 90℃保温 1h，再用水反复洗涤，直至其为中性时为止。

（3）提胶。将经碱液处理过的麒麟菜投入夹层锅中，加入干原料量 50 倍的水，加热至 90℃保温 1h。胶液的 pH 值在 6.5~7.0。

（4）过滤。趁热将上述胶液过滤，除去其中的残渣。过滤后的胶液必须澄清。

（5）凝冻。在上述澄清的胶液中加入适量的凝固剂，充分搅拌均匀后静置，待胶液自然冷却后，胶液即成胶冻状态。

（6）切片、冻结。用专用刀具将胶冻块切成细条，放入铁盘内或布袋中，置于 -15~-10℃的冷库中冻结 48~72h，使之冻透为止。

（7）脱水、干燥。将冻结成块的胶冻细条从冷库中取出，放在日光下或用自来水冲洗解冻，解冻后的胶冻条再经压榨除去其中的水分。再用日光或人工烘干的方法，除去其中多余的水分。人工干燥应在 70℃以下的热风中进行。

（8）粉碎、包装。将干燥好的产品粉碎后，按不同规格包装得成品。

（9）卡拉胶质量标准。卡拉胶的质量标准见表 4-7。

表 4-7　卡拉胶的质量标准

项　　目	国家标准 GB 15044—2009	国　际　标　准	
		FAO/WHO—2001	FCC（Ⅲ）
硫酸酯（SO_4^{2-} 计）/%	15~40	15~40	15~40
黏度/Pa·s ≥	0.005	0.005	0.005
干燥湿重/% ≤	12	12	12
总灰分/%	15~40	15~40	15~40
酸不溶灰分/% ≤	1	1	1
铅（以 Pb 计）/mg/kg ≤	5	—	—
砷（以 As 计）/mg/kg ≤	3	5	5
镉/mg/kg ≤	2	2	2
汞/mg/kg ≤	1	1	1

4.1.1.3.7　卡拉胶的应用

卡拉胶由于具有凝固性、黏性以及能与蛋白质等物质起反应等特性，可用作凝固剂、增稠剂、豁合剂、悬浮剂、乳化剂和稳定剂等，用途十分广泛。目前应用最多的是在食品方面，约有 80% 的卡拉胶被用于食品和与食品有关的工业，其余的用在工业与医药生产上。

4.1.1.3.7.1　卡拉胶在食品工业中的应用

卡拉胶具有优良的流变特性，与其他食品胶具有良好的配伍性和协同增效作用，与食品中的蛋白质等成分具有明显的交互作用特性，因此在食品工业中具有广泛的应用。

（1）应用于水果冻、果冻爽、布丁和果酱等系列凝胶食品中

利用卡拉胶与甘露胶、刺槐豆胶等其他食品胶之间的协同增效作用，可改善和提高卡拉胶的凝胶性能，生产出富有弹性和优良咀嚼感的凝胶系列产品，同时可通过调整卡拉胶与其他食品胶、无机盐的比例来调整这类凝胶食品的质构和泌水性。

（2）应用于肉制品中

利用卡拉胶与魔芋精粉等复配成肉制品中的品质改良剂，可提高肉制品（如火腿、肉肠、午餐肉等）的出品率和品质。这主要是利用卡拉胶与肉类蛋白质、脂肪等成分之间的交互作用，形成细腻的组织结构，明显提高产品的粘弹性、持水性、防渗油等方面的性能。

（3）应用于软糖系列产品中

利用卡拉胶与其他食品胶生产出性能优良的软糖复配粉，特别是在成形时间、韧性和透明度等方面，具有琼胶不能相比的优点，因此目前国内外糖果工业广泛采用卡拉胶来生产各式软糖。

（4）应用于乳制品中

卡拉胶具有与牛奶中的酪蛋白交互作用的独特性能，可广泛用作乳制品加工中的稳定剂和凝胶助剂。

（5）应用于冰淇淋中

利用卡拉胶与瓜尔豆胶、CMC – Na 等复配成冰淇淋稳定剂应用于冰淇淋生产中，可显著提高冰淇淋的膨胀率和抗融性，阻止冰晶的形成，使产品口感细腻嫩滑。

（6）应用于饮料制品中

利用卡拉胶与黄原胶、甘露胶之间的协同增效作用，可广泛应用于果汁、果肉饮料中作为悬浮稳定剂，防止这类饮料分层和沉淀。

（7）应用于啤酒和果酒的澄清加工中

啤酒、果酒中如含有一些胶体物质，在贮存过程中易产生混浊或沉淀，故必须加入澄清剂。在一定条件下将卡拉胶加入至这类产品中，可与其中的胶体物质迅速作用产生絮凝沉淀，达到快速澄清的目的。

（8）应用于固定化细胞或固定化酶的载体

根据日本的研究结果，κ – 卡拉胶是很好的固定化细胞和固定化酶的载体。如固定大肠杆菌细胞以生产天冬氨酸，固定黄色短杆菌细胞以生产 ι – 苹果酸，固定假单孢杆菌以生产丙氨酸，固定葡萄糖异构酶以生产果糖等。用卡拉胶作载体的优点是操作简便、酶活性高、半衰期长、机械强度大、凝固温度有高有低，可满足不同的需要。

4.1.1.3.7.2　卡拉胶在工业中的应用

卡拉胶用作牙膏、润肤液、洗发香波等的黏结剂、分散剂、稳定剂；用作感光材料，即代替明胶作感光乳剂或作感光乳剂层的抗静电剂；用作纺织品和纸的上浆料；用作天然乳胶液的凝结剂；还可用作陶瓷制品釉料调配剂以及水彩颜料、石墨悬浮剂的制造等。

（1）牙膏。牙膏中加入卡拉胶的优点是膏体组织好、分散快、易冲洗，能促进洁齿作

用，减少贮存时温度变化对牙膏的不良影响，能与研磨材料形成络合物，故能增加牙膏的稳定性。

（2）润肤剂、洗发香波。加有卡拉胶润肤剂易被皮肤吸附，使皮肤柔润光滑。可与甘油或与硬脂酸和油类混合用，或加在一些化妆乳液和洗发香波中作为乳化剂和稳定剂，效果也很好。

（3）洗涤剂。用加入卡拉胶的洗涤剂洗涤棉、聚酯（的确良）和聚酰胺（尼龙）类纺织品，对防止再被玷污的作用比羧甲基纤维素好。

（4）感光材料。卡拉胶在这方面有两种用途，一是代替明胶作感光乳剂；二是用作感光乳剂层的抗静电剂。

（5）浆料。作纺织品和纸的上浆料。

（6）陶瓷制品。卡拉胶能与黏土结合形成络合物，故能使染料均匀地分散在釉料中，并调节其黏稠度。

（7）水彩颜料。卡拉胶能与水彩颜料组分中颜料和填料结合，使之分散均匀而且稳定。

（8）石墨悬浮剂。用卡拉胶制备石墨悬浮剂，在金属拔丝工艺中作润滑剂。

（9）电镀。加卡拉胶于电镀液中，能使镀层厚而又光亮。

（10）天然橡胶工业。卡拉胶能用作天然乳液的凝结剂。

（11）除草剂和杀虫剂。用卡拉胶作悬浮剂、黏着剂或乳化剂，如在防治病毒的农药中加入少量卡拉胶然后喷洒，能显著提高药效。

4.1.1.3.7.3　卡拉胶在医药中的应用

卡拉胶可用作微生物的培养基，其透明度优于琼胶；可作药膏基、药片粘结剂和药用胶囊而无刺激性；可作通便药物治疗便秘；可作某些药品的乳化剂。近年来发现卡拉胶在防治胃溃疡方面有相当好的效果；作抗凝血剂具有与肝素类似的作用，并有降低血脂的作用；能增加联结组织和骨胶原的生长，增加骨骼对钙的吸收等。

（1）微生物培养基。Watson 等证明用卡拉胶代替琼胶作细菌培养基，不论在硬度和泌水性方面，还是在细菌生长的数量和菌落的大小形态等方面都相当好，尤其是透明度，卡拉胶远优于琼胶。

（2）作乳化剂和稳定剂。卡拉胶可用作乳白鱼肝油等的乳化剂。

（3）药膏基、药片黏结剂和药用胶囊。卡拉胶可用作非油性的药膏基，衣服被药膏沾污后容易洗净。用作药片的黏结剂，在某些情况下还有延长药效作用。如当组胺药物与卡拉胶结合后再投喂实验动物，可延长药效 3 倍时间。对那些带有碱基药物特别有效，它能与卡拉胶的硫酸基结合成盐，然后在体内慢慢地水解释放，延长药效。此外，也可用作卡拉胶制药用胶囊。

（4）消炎药物的筛选。用卡拉胶作致炎剂，注射到鼠的头部，引起水肿发炎，然后观察不同药物的消炎效果，以筛选消炎药。

（5）通便药。卡拉胶不能被人体消化，是一种食物纤维，它能促进肠的蠕动，故对便秘病人是一种温和而有效的通便药。

（6）胃溃疡药。可用卡拉胶的降解产物治疗胃溃疡和溃疡性结肠炎等疾病。

（7）其他。近年来对卡拉胶的生理和药用作用研究的较多，逐步发现了一些引人注意的性能。如作抗凝血剂，具有与肝素类似的抗凝血作用；具有降低血脂的作用；能增加联结组织和骨胶原的生长，增加骨骼对钙的吸收，在免疫反应方面也有值得注意的作用。此外，卡拉胶是食物纤维的一种，因此具有通常食物纤维所具有的降低血液中胆固醇、控制血糖和减肥等作用。

4.1.2 海洋动物多糖加工技术与功能

随着对海洋生物资源的进一步开发和对糖类药物研究的日益重视，海洋动物多糖的研究与开发也越来越受到国内外学者的关注。现已研究发现具有重要的生理活性物质，在免疫调节、抗肿瘤、改善记忆、抗凝血和抗炎等方面都有显著的生物活性的鲍鱼（Abalone）多糖；存在于海参（Seacucumber）体壁，具有抗肿瘤、抗凝血、免疫调节和延缓衰老等多种生物活性的海参糖胺聚糖和海参岩藻多糖；具有明显的端粒酶抑制活性的海绵（Sponge）高硫酸化脂多糖；来源于海星（Starfish）体壁，对人乳腺癌细胞具有较好的化学防御机能的海星黏多糖等等。海洋动物多糖因与人体细胞具有良好的生物兼容性，毒副作用小，而且在免疫调节、抗肿瘤、抗病毒、抗心血管疾病和抗氧化等方面都显示出良好的应用前景，受到国内外学者的广泛关注。海洋动物多糖除可作为潜在的药物用于研究和开发外，还可广泛应用于保健食品和日用化工等领域。以下就以甲壳素及其衍生物为例介绍其加工技术与功能。

4.1.2.1 甲壳素概述

甲壳素（Chitin，CA 登录号：1398 – 61 – 4），又名甲壳质、几丁质，是 N – 乙酰基 – 2 – 脱氧 – β – 氨基 – D – 葡萄糖通过 β – （1,4）苷键连接而成的直链状多糖，分子式为 $(C_8H_{15}NO_6)_n$，相对分子质量一般在 10^5 左右。甲壳素是一种天然生物高分子聚合物，广泛存在于许多低等动物，特别是节肢动物，如虾、蟹、虾蛄等甲壳中，蟋蟀、蛆、蛹等昆虫的甲皮中，以及菌、藻等细胞壁中，是地球上蕴藏量最丰富的有机物之一。据估计，在自然界中，每年生物合成甲壳素达 100 亿 t 之多，其年产量仅次于纤维素，其贮藏量是纤维素的 1/3，是一种极具潜在实用价值，可再生利用的自然资源。甲壳素在自然界的存在，可归纳为以下几方面。

（1）节肢动物，主要是甲壳纲，如虾、蟹等外壳，含甲壳素 20% ～30%，高者达 58% ～85%，其次是昆虫纲（如蝗、蝶、蚊、蝇、蚕等蛹壳等含甲壳素 20% ～60%）、多足纲（如马陆、蜈蚣等）、蛛形纲（如蜘蛛、蝎等甲壳素含量达 4% ～22%）。

（2）软体动物，主要包括双神经纲如石鳖，腹足纲如鲍、蜗牛等，掘足纲如角贝，瓣鳃纲如牡蛎，头足纲如乌贼、鹦鹉等，甲壳素含量达 3% ～26%。

（3）环节动物，包括原环虫纲如角蜗虫，毛足纲如沙蚕、蚯蚓和蛭纲如蚂蟥三纲，有的含甲壳素极少，高的含有 20% ～38%。

（4）原生动物，简称原虫，也叫单细胞动物，包括鞭毛虫纲如锥体虫，肉足虫纲如变形虫，孢子虫纲如疟原虫，纤毛虫纲如草履虫等，含甲壳素较少。

（5）腔肠动物，包括水螅虫纲如中水螅、简螅等，钵水母纲如海月水母、海蜇、霞水母等和珊瑚虫纲等，一般含甲壳素较少，但有的可达 3% ～30%。

（6）海藻，主要是绿藻，含少量甲壳素。

（7）真菌，包括子囊菌、担子菌、藻菌等，含甲壳素从微量到 45% 不等，只有少数真菌不含甲壳素。

（8）其他，动物的关节、蹄、足的坚硬部分以及动物肌肉与骨接合处均有甲壳素存在。

尽管自然界存在大量的甲壳素，但由于原料难以收集、保鲜和运输、原料来源多样性、差异性大，使产品质量难以控制，估计全世界每年可获得的甲壳素只有几十万吨，真正生产出来的，估计不足十万吨。绝大多数甲壳素产品的来源是海产品加工副产物的虾、蟹类外壳，约占世界总产量的80%。据报道虾壳等软壳中含有15% ～30% 的甲壳素，蟹壳等硬壳中含有15% ～20% 的甲壳素，虾、蟹壳资源丰富，对于水产加工来说是固体废弃物，能够为甲壳素的生产提供充分的原料。但利用虾蟹外壳生产甲壳素也有一定的局限：一是虾蟹等原料等多产于沿海地带而受到地域的限制；二是虾蟹繁衍的季节导致原料供应的季节性波动；三是虾蟹壳中含有大量的碳酸钙，需要大量酸，在增加成本的同时还产生了大量的废水。因此研究人员已将开发甲壳素新资源的注意力集中在资源量大、种类多的昆虫、微生物等生物上。

昆虫是地球上生物中种类最多、数量最大的生物类群，是地球上未被充分开发利用的最大的生物资源。昆虫具有世代短暂，繁殖迅速，繁殖力强，可再生性的特点。大多数种类的昆虫中都含有甲壳素，昆虫甲壳素存在于昆虫体壁表皮层的内外表皮中，构成了昆虫体壁的主要组成成分。据报道，昆虫表皮中甲壳素含量为25% ～60%。在昆虫的不同虫态甲壳素含量不同，一般昆虫体含有5% ～15% 的甲壳素。如家蚕干蛹含甲壳素3.73%，脱脂蛹为5.55%，云南松毛虫蛹为7.47%，成虫含甲壳素可高达17.83%。据研究发现从蝇、蚕等一些虫种中提取的甲壳素含量比较高，钙和重金属含量低，杂质少，质量好，提取过程中对水、酸、碱消耗少，生产成本低，因此昆虫就是一座巨大的甲壳素资源库。目前，有关昆虫甲壳素和壳聚糖的研究尚处于开发阶段。

存在于自然界中的甲壳素，往往还以脱乙酰的形式即壳聚糖存在于生物体中，有些生物体中壳聚糖甚至比甲壳素还多，如鲁氏毛霉的菌丝体组成中壳聚糖占32.7%，而甲壳素只占9.40%。壳聚糖（Chitosan，CA 登录号：9012 - 76 - 4，国外商品名为 FloraeN），又名甲壳胺，是甲壳素的主要衍生物，是2 - 脱氧 - β - 氨基 - D - 葡萄糖通过 β - （1，4）苷键连接而成的直链状多糖，分子式为（$C_6H_{13}NO_5$）$_n$，相对分子质量一般在 10^3 ～ 10^5 左右。壳聚糖是甲壳素在强碱性条件下酰胺水解脱乙酰基所得到的产物。

真菌来源的壳聚糖与虾、蟹壳相比，有许多优点：一是分离工艺简便，只需稀酸稀碱处理，周期短，动力消耗和环境污染小；二是原料来源丰富，大部分真菌可通过工业发酵技术大规模培养，不受地域、季节的限制；三是产品性能优良、品质高，脱乙酰度较高，另外控制培养期，适时收获，还可以获得不同相对分子质量的壳聚糖，可作特殊用途；四是综合利用，降低成本。利用工业生产过程中产生的富含甲壳素和壳聚糖的废弃菌丝生产的聚糖，在变废为宝的同时还可减少环境污染，经济效益和社会效益十分显著，因而真菌有望成为生产甲壳素和壳聚糖的新资源。

4.1.2.2　甲壳素及其衍生物的分子结构

甲壳素首先是由法国研究自然科学史的 H. Braconnot 教授在蘑菇中发现的；1823 年另一位法国科学家 A. Odier 从甲壳类昆虫的翅鞘中分离出同样的物质，并命名为 Chitin。甲壳素的衍生物有壳聚糖、氨基葡萄糖盐酸盐、氨基葡萄糖、氨基葡萄糖硫酸盐等。

甲壳素是白色无定型、半透明固体，相对分子质量因原料不同而有数十万至数百万。甲壳素是由 N - 乙酰 - 2 - 氨基 - 2 - 脱氧 - D - 葡萄糖以 β - 1，4 糖苷键形式连接而成的多聚糖，也就是 N - 乙酰 - D - 葡萄糖胺的聚糖，构成甲壳素的基本结构是 N - 乙酰葡萄糖胺，而结构单元是由两个 N - 乙酰葡萄糖胺组成，称为甲壳二糖。其结构式见图 4 - 7。从结构式上看，甲壳素与纤维素的区别在于 2 位上的乙酰氨基（CH_3CONH-）和羟基（$HO-$），因此甲壳素和纤维素有许多类似之处。甲壳素不溶于水、稀酸、浓碱和一般有机溶剂。

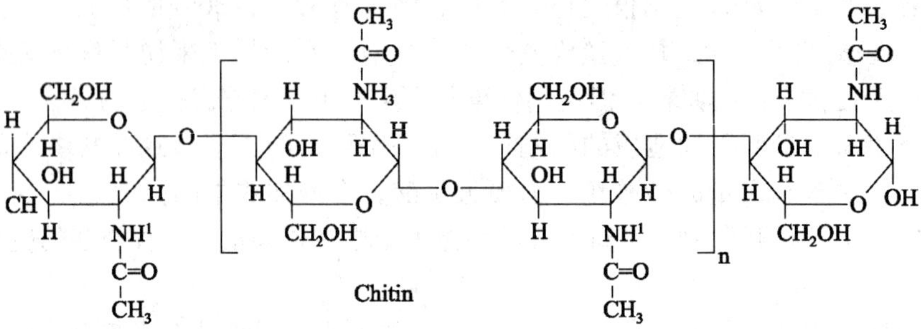

图 4-7　甲壳素的结构式

壳聚糖（Chitsan）是甲壳素的脱乙酰基产物，一般脱乙酰度（DD，degree of deacetylation）高于 55% 的甲壳素称为壳聚糖，壳聚糖也称脱乙酰甲壳素、可溶性甲壳素。壳聚糖不溶于水和碱溶液，可溶于稀的盐酸、硝酸等无机酸和大多数有机酸。甲壳素与壳聚糖的差别在于脱乙酰度不同和溶解度不同。壳聚糖的基本结构式葡萄糖胺，结构单元为壳聚二糖，同样以 β-1，4 糖苷键相互连接而成（图 4-8）。

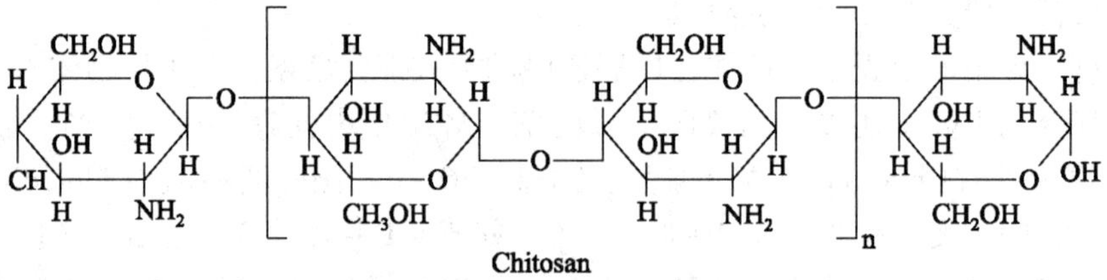

图 4-8　壳聚糖的结构式

甲壳素和壳聚糖均具有复杂的双螺旋结构，微纤维在每个螺旋平面中是平行排列的，同时，平面平行于角质层的表面，一个一个的平面绕自身的螺旋轴旋转，螺距为 0.515nm，每个螺旋平面由 6 个糖残基组成。

甲壳素和壳聚糖大分子链上分布着许多羟基、N-乙酰氨基和氨基，它们会形成各种分子内和分子间的氢键。由于这些氢键的存在，形成了甲壳素和壳聚糖大分子的二级结构。

图 4-9 显示了壳聚糖以椅式结构表示的氨基葡萄糖残基，其 C3-OH 与相邻的糖苷键形成了一种分子间氢键，另一种分子间氢键是由一个糖残基的 C3-OH 与另一条分子链相邻一个糖残基的吡喃环上氧原子形成的。氨基葡萄糖残基的 C3-OH 也可以与相邻壳聚糖分子链的糖苷键形成一种分子内氢键，同样 C3-OH 也可形成分子内和分子间的氢键（图 4-10）。同样道理，甲壳素也能产生分子内及分子间的氢键。由于上述氢键的存在以及分子的规整性，使甲壳素和壳聚糖容易形成晶体结构。

甲壳素和壳聚糖由于分子链规整性好以及分子内和分子间很强的氢键作用而具有较好的结晶性能。甲壳素是以一种高结晶微原纤维的有序结构存在于动植物组织中，分散在一种无定型多糖或蛋白质的基质内。甲壳素存在着 α、β、γ 三种晶型，α-晶型通常与矿物质沉积在一起，形成坚硬的外壳，β-晶型和 γ-晶型与胶原蛋白相结合，表现出一定的硬度、柔

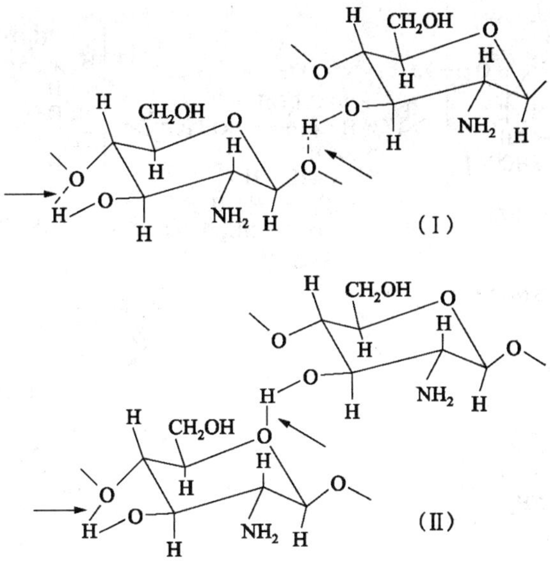

图 4-9　壳聚糖的分子间氢键结构

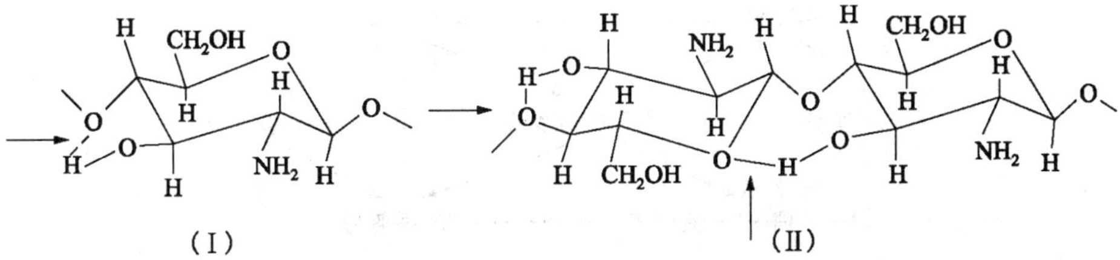

图 4-10　壳聚糖的分子内氢键结构

韧性和流动性，还具有与支撑体不同的许多生理功能，如电解质的控制和聚阴离子物质的运送等。壳聚糖也存在这样的三种结晶变体。

氨基葡萄糖盐酸盐（glucosamine hydrochloride，简记 GAH，CA 登录号：66 - 84 - 2），化学名为 2 - 氨基 - 2 - 脱氧 - β - D - 葡萄糖盐酸盐，化学式 $C_6H_{14}O_5NCl$，相对分子质量为 215.63，它是以甲壳素为原料，在浓盐酸作用下水解制得的，是甲壳素最基本最重要的衍生物之一。GAH 为白色结晶，先甜后略苦盐味，易溶于水，不溶于乙醇。

氨基葡萄糖（glucosamine，简记 GA，CA 登录号：3416 - 24 - 8），化学名为 2 - 氨基 - 2 - 脱氧 - β - D - 葡萄糖，化学式 $C_6H_{13}O_5N$，相对分子质量为 179.17，是甲壳素的最终水解产物。它是 GAH 在强碱的作用下发生中和反应而制得的。

氨基葡萄糖硫酸盐（glucosamine sulfate，简记 GAS，CA 登录号：29031 - 19 - 4），化学名为 2 - 氨基 - 2 - 脱氧 - β - D - 葡萄糖硫酸盐，可以利用 GAH 在一定浓度的硫酸水溶液中根据各物质的溶解度不同，通过反应制得。

甲壳素、壳聚糖、氨基葡萄糖、氨基葡萄糖盐酸盐、氨基葡萄糖硫酸盐的化学结构式及其他们之间的相互转换关系可简单用图 4-11 表示。

图 4-12 简单表示一些常见的甲壳素及其衍生物的基本结构之间相互关系。

结合图 4-11 的化学结构式、图 4-12 的基本构造相互关系，甲壳素及其衍生物实际就

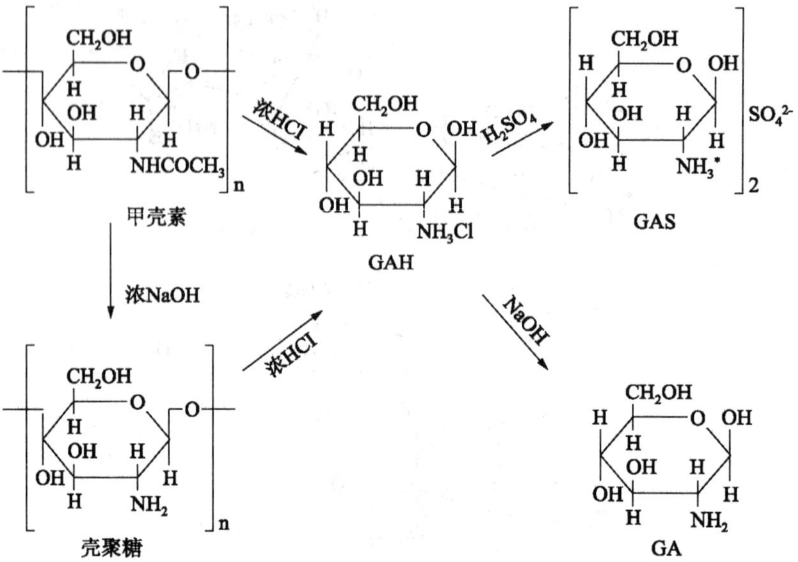

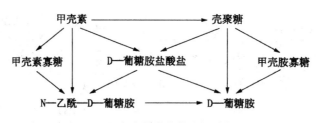

图 4 –11　甲壳素及其衍生物的化学结构式以及它们之间的相互转换关系

图 4 –12　甲壳素化学的基本构造相互关系

是由于其特别的结构单元——氨基葡萄糖，从而决定了它具有广泛的应用价值。

4.1.2.3　甲壳素的综合利用加工技术

　　虾蟹壳中甲壳素含量为 20%～30%，无机物（碳酸钙为主）含量为 40%，其他有机物（主要是蛋白质）含量为 30% 左右。甲壳素生产过程中两个主要的步骤是脱钙和脱蛋白，通常脱钙采用稀酸来进行，而蛋白质的脱除则有很多方法。根据去除蛋白质的方法不同，可将甲壳素的生产分为两类：一类是利用稀碱加热脱除蛋白质生产甲壳素；另一类采用蛋白酶脱除蛋白质生产甲壳素。目前我国每制备 1t 甲壳素需消耗 25～30t 动物甲壳废弃物（以湿基计）、0.5t 片碱、8.5t 30% 的盐酸、200～250t 淡水和 1.5t 煤炭等原料和能源，末端处理成本达 5 元/t 以上，巨大的物质和能源消耗及环保治理成本是西方发达国家不愿生产甲壳素的主要原因。

4.1.2.3.1　化学方法生产甲壳素工艺

　　目前我国大多数甲壳素厂家生产甲壳素还是采用传统的化学方法，其生产工艺见图 4 –13，主要用强酸脱盐、强碱脱蛋白，生产过程中产生大量的蛋白质，蛋白质的腐臭也进一步造成生态的恶化，产生难以解决的二次污染问题，这是制约甲壳素产业发展的主要原因。

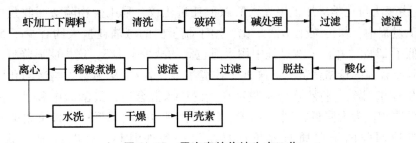

图 4 – 13　甲壳素的传统生产工艺

目前对甲壳素、壳聚糖生产酸碱废水的处理，主要采用酸碱中和，混凝沉淀、经过一、二级水解酸化和接触氧化法，再进行气悬处理，可使废水中的蛋白质得到回收，但营养价值低，只能作为饲料或肥料。如对碱煮液进行中和调等电点，pH 值在 3.0 ~ 4.0 时，使蛋白质回收率最高，达到 80% 。

有报道研究利用壳聚糖作为絮凝剂和三氯化铁作为助凝剂从甲壳素生产废水中絮凝沉淀蛋白质，回收快、操作方法简单。通过实验确定了蛋白质回收的最佳条件，并对所得的蛋白质沉淀进行了氨基酸分析，结果表明，该沉淀中含有较丰富的氨基酸，其总量可以达到 20%，可开发为饲料或饲料添加剂，无需后续处理步骤，这是因为粗蛋白混合物中所含的壳聚糖和虾青素对于动植物体生长是有益的。

4.1.2.3.2　甲壳素的酶法加工技术

甲壳素的生物综合利用加工技术是通过对传统甲壳素化学生产工艺的分析和工艺创新，提出用生物酶水解回收蛋白质，代替碱煮工艺，提高原料中蛋白质、虾青素等副产品的回收利用率，降低甲壳素生产过程中的废物排放，实现甲壳素的清洁化生产。

用酶法回收蛋白质，反应条件温和，对蛋白质及甲壳素的损害少，可以得到高质量的甲壳素和食品级蛋白粉，且生产过程安全，对环境污染少，易于工业化生产。江南大学研究了生物酶法高效蛋白脱除技术，在筛选获得高效水解蛋白质的复合酶制剂基础上，研究了生物酶水解回收蛋白质的合适工艺条件，可使虾加工下脚料中的蛋白质被有效水解溶出，经真空浓缩、喷雾干燥等加工过程可得到高品质的蛋白粉，蛋白粉含氮量高、水溶性高，保持了虾的鲜味和风味，节约了资源。其综合利用工艺流程见图 4 – 14。

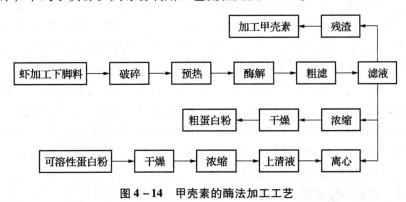

图 4 – 14　甲壳素的酶法加工工艺

采用生物酶法代替化学法生产甲壳素，具有以下优势：①减少了酸、碱对甲壳素品质的影响，产品品质好，安全性更高；②采用生物酶法生产，回收蛋白质，减少了酸碱消耗量，

表 4 - 8 为生物酶法与化学法加工甲壳素酸碱消耗量比较，采用生物酶法回收蛋白质后，在甲壳素的加工过程中，与传统化学法相比，用于脱蛋白的碱消耗量大约较少了 58%，而酸消耗大约降低了 23%，并且水洗过程中用水量也大约减少了 1/3，这样明显降低了甲壳素的生产成本，具有较强的价格优势；③降低了环境污染，表 4 - 9 为生物酶法与化学法产生的废水蛋白质及 COD 比较，将脱蛋白及脱钙产生的废水混合后，经酸碱中和，上清液中蛋白质含量与化学法相比大大降低，同时 BOD、COD 含量也大大降低；④最重要的是资源的综合利用，化学法回收的蛋白质营养价值低，酶法条件温和，可以得到食品级蛋白粉，表 4 - 10 为生物酶法得到的蛋白粉的基本成分。

表 4 - 8　生物酶法与化学法加工甲壳素酸碱消耗量比较　　（%）

项　　目	酸耗量	碱耗量	水用量
生物法	77	42	65
化学法	100	100	100

表 4 - 9　生物酶法与化学法产生的废水蛋白质及 COD 比较

项　　目	上清液蛋白含量/%	上清液 COD
生物酶法	0.12	1419
化学法	0.51	7090

表 4 - 10　生物酶法得到的蛋白粉的基本成分单位

项　　目	粗蛋白/%	粗脂肪/%	灰分/%	水分/%	总类萝卜素/（μg/g）
粗蛋白粉	60.7	15.0	12.0	4.9	100 ~ 1000
可溶性蛋白粉	82.3	0.5	2.4	6.3	—

国内也有一些研究报道，主要以虾蟹为原料，通过酶法脱蛋白、有机酸脱钙、脱色来提取甲壳素，并且彻底消除甲壳素提取工艺中污染因素，对蟹壳中含有的动物性蛋白和钙盐加工利用。其基本工艺为：50℃下蛋白酶酶解 3 次，时间为 5h，用柠檬酸脱钙，酒精回流脱色；利用以上工艺可以得到甲壳素的指标：灰分 1.0%，含氮量 6.7%，白色稍微泛黄；酶解以后的废液经浓缩调味可以制得高档氨基酸调味料，味道鲜美，可以作为高档调味品，也可作为氨基酸营养液。其中游离氨基酸含量接近 60%，且 8 种必须氨基酸齐全，占总氨基酸含量的 54.36%，具有较高的营养价值；脱钙后的废液可以制取柠檬酸，可以用作螯合剂、稳定剂等，还是一种新型的补钙制剂。整个生产过程中不会产生工业废水，不会对环境造成污染。另一种甲壳素清洁生产工艺，以虾蟹壳为原料，先采用较低浓度盐酸喷洒虾、蟹壳，使虾蟹壳软化，然后用 A. S1.398 中性蛋白酶水解软化后虾、蟹壳中的蛋白质，滤出蛋白水解液后的固形物用 3 ~ 5mol/L 盐酸于 40 ~ 50℃浸泡 1 ~ 2h，彻底脱除钙等矿物质，经自来水清洗、晒干获得甲壳素产品，而滤出蛋白水解液经调 pH 值、沉淀、离心、干燥、粉碎等工艺过程，获得红色虾蟹蛋白水解精粉产品。

4.1.2.3.3　碱液的膜回收利用技术

甲壳素产业中酸液、碱液经一次使用就废弃，酸碱的利用率较低，而且大量的强酸性、强碱性废液的排放给环境造成严重的污染。

江南大学对海虾壳及海蟹壳碱两种原料经烧碱脱蛋白工艺产生的高碱废水进行了成分分

析。分析结果表明，用现有生产工艺生产甲壳素，废碱液中残留烧碱的浓度很高，在 3% ~ 4.5%。蟹壳废碱液中钙含量平均高达 20.5mg/g，蛋白质及其水解物含量达 4.72%，虾青素含量 390μg/L，COD 高达 11.28g/L，蟹壳废碱液中各成分指标都远高于虾壳。虾壳废碱液中蛋白水解物相对分子质量主要分布在 200 ~ 1000 范围内，蟹壳的则分布在 10000 ~ 20000 范围内；两种原料的氨基酸分析结果表明，天冬氨酸和谷氨酸含量都明显远高于其他氨基酸成分。采用不锈钢膜分离系统耦合纳滤分离的技术对甲壳素加工过程的废液进行回收利用，从废液中回收酸、碱/再回用于虾壳的处理，使酸碱的利用率大幅度提高。分离后的盐酸、氢氧化钠溶液与处理前浓度相差不大，只需补充少量就可以调到所需浓度即可再次使用，基本实现了污水的零排放，解决了甲壳素加工行业普遍存在的污水处理问题。废液进一步处理，还可得到蛋白质、氯化钙、碳酸钙等副产品，使虾壳资源得到充分利用。

4.1.2.4　甲壳素/壳聚糖的应用

甲壳素/壳聚糖性质独特、资源丰富、安全无毒，甲壳素经过一系列化学修饰和改性，如磺化、羧甲基化、酰化等反应，可以获得具有特定用途的甲壳素系列衍生物，其应用范围相当广泛，尤其以医学、食品、农业等领域最受关注。

4.1.2.4.1　甲壳素/壳聚糖在食品领域中的应用

（1）食品添加剂

大量研究表明，甲壳素和壳聚糖是无毒的，其各种经化学修饰或降解后的产物，水溶性极好。美国食品与医药卫生管理局（FDA）已批准其作为食品添加剂。日本的食品工业中，壳聚糖的应用更是占据重要地位。我国 GB 3760《食品添加剂使用卫生规范》中规定甲壳素、壳聚糖作为增稠剂使用。壳聚糖具有增稠、稳定等功能，能使食品组织细腻、颗粒均匀、柔软可口、保形性提高，尤其是把甲壳素改性为微晶甲壳素或其分散体后效果更好，可用于面包制品、蛋黄酱、花生酱、果酱、奶油代用品及酸性奶油制作等，也可用于防止酯沉淀等用途。

医药方面的药理性试验和研究表明，甲壳素和壳聚糖具有优良的生理活性和功能保健作用，可作为功能因子广泛用于保健食品中，如抗癌食品、防治心血管病食品、降血压食品、防治糖尿病食品、胃溃疡防治食品、减肥食品、肠内菌群调节食品、微量元素补给食品、体内重金属排除食品、口腔保健食品等。

另外，壳聚糖与羧甲基纤维素、卡拉胶等酸性多糖按比例反应生成复合络盐纤维，此类盐呈肉状组织纤维，可作为组织形成剂与猪肉、鱼肉等肉类混合充当优质低热量的填充物，也可以制成人造肉，此类产品不被消化系统吸收，既能防治人体发胖，又有保健功能。

（2）防腐保鲜

甲壳素及其衍生物具有很强的抑菌作用，在抗细菌、真菌方面比较明显，并随壳聚糖相对分子质量的降低而加强，同时壳聚糖的抗菌活性随其浓度增加而增强。Papineau 等认为，这是由于壳聚糖分子的正电荷和细菌细胞膜上负电荷的相互作用，使细胞内的蛋白酶和其他成分泄漏，从而达到抗菌、杀菌作用。Sudharshan 等指出，壳聚糖可渗入细菌的核中与 DNA 结合，抑制 mRNA 的合成，从而阻碍了蛋白质的合成，达到抗菌作用。Yasushi Uchida 指出 0.025% ~ 0.05% 为壳聚糖抑制大肠杆菌、枯草杆菌及金黄葡萄球菌的最低浓度。当壳聚糖溶液浓度为 0.4% 时，对大肠杆菌、荧光假单胞杆菌、普通变形杆菌、金黄色葡萄球菌、枯草杆菌和部分酵母、霉菌等均有较强的抗菌性。而壳聚糖与醋酸钠配合使用，效果更好。

0.1% 的壳聚糖醋酸溶液即可完全抑制金黄色葡萄球菌、铜绿假单细胞菌和热带假丝酵母的生成。

由于甲壳素和壳聚糖有明显的抑菌和生物粘合成膜特性，使其可以充当果蔬产品良好的保鲜材料。这是由于壳聚糖膜具有防止果蔬失水，限制果蔬呼吸，但可促使水果熟化的乙烯气体逸出，延缓营养物质消耗，从而抑制真菌的繁殖和延迟水果的成熟，达到保鲜目的。为了增加溶液的保湿性，便于溶液更易成膜，还可加入表面活性剂，再将其涂于果蔬表面，待形成薄膜后贮存保藏。同时壳聚糖膜还可以用作肉蛋制品的保鲜材料。

（3）液体食品的澄清剂

壳聚糖具有絮凝作用，壳聚糖分子带有游离氨基，在酸性条件下带有正电荷，既是一种阳离子絮凝剂，又是一种天然高分子螯合物，在工业上的应用有其独特的优越性。工业上应用阳离子型工业絮凝剂绝大多数是合成高聚物，有很高毒性，不适于食品工业应用。若采用酶法或加助凝剂处理，则生产成本高，生产周期也长。而壳聚糖无毒副作用可生物降解，不会造成二次污染，加入壳聚糖，能有效去除液体食品中的胶体物质及大部分酚酸类物质，使果汁澄清透明，而且能螯合金属离子，改善风味。经过滤便能得到澄清稳定的产品，能长期存放，不产生混浊。

4.1.2.4.2　甲壳素/壳聚糖在农业方面的应用

（1）饲料添加剂

美国的 FDA1983 年已批准甲壳素和壳聚糖用于饲料添加剂。近年来的一些动物喂养研究结果表明，甲壳素作为饲料添加剂是有一定的应用价值。

（2）农业病虫害防治

壳聚糖和壳寡糖可起到生物防治的作用，如壳聚糖及其衍生物如壳寡糖具有抗真菌活性；几丁质寡糖对害虫蜕皮有抑制作用，能直接杀死害虫。其应用于农业不会产生任何毒副作用，可作为生态农药如浸种剂、根施剂、叶面喷雾剂应用于农林植物病虫害的防治，从而提高粮食和蔬菜产量。

（3）液体土壤改良剂

用壳聚糖处理种子后，利用壳聚糖的抗菌能力和改善土壤的作用，可将壳聚糖与可溶性蛋白合成液体土壤改良剂。这种改良剂有适当的稳定性和具有可降解性，降解以后是优质的有机肥料，可供作物吸收。

4.1.2.4.3　甲壳素/壳聚糖在医学上的应用

壳聚糖的化学结构中含有活性自由氨基，溶于酸后糖链上的胺基与 H^+ 结合形成强大的正电荷离子团，有利于改善酸性体质，强化人体免疫功能，排除体内有害物质等，维持机体正常 pH 值。壳聚糖与人体细胞具有溶合性，使其具有多种生物活性和生物相容性。

① 抗肿瘤作用：壳聚糖物质可以预防和抑制癌细胞转移，壳聚糖对接着分子具有强烈的吸附作用，使癌细胞不能与接着分子结合，从而失去载体而被消灭。其抗肿瘤活性被认为主要是其可活化巨噬细胞、T 淋巴细胞、NK 细胞（自然杀伤细胞早期非特异性杀伤瘤细胞）和 CAK 细胞（染色体畸变杀伤细胞），活化免疫系统，联合起来杀死癌细胞。

② 促进组织修复及止血作用：研究表明壳聚糖抑菌谱较广，对革兰氏阳性菌、革兰氏阴性菌和白色念珠菌均有明显抑菌效果。甲壳素及其降解产物都带有一定的正电荷，作为止血剂有促进伤口愈合，抑制伤口愈合中纤维增生并促进组织生长的功能，如果用壳聚糖水溶液和动物胶水溶液的混合物涂于伤口表面形成一层胶，效果更佳。

③ 防治心脑血管疾病的作用：血管中胆固醇贮积太多是大多数心脑血管疾病发病的一个重要原因，胆固醇在肠中被胆固醇酶催化变为胆固醇酯后被肠道吸收，胆汁酸是胆固醇酶催化功能所必需的物质，壳聚糖很容易与胆汁酸结合并将其排出体外。由于胆汁酸盐的缺乏，有利于降低血脂，防止心脑血管疾病的发生。同时壳聚糖是阳离子高分子物质，进入人体后能聚集在带负电荷的脂肪滴如甘油三脂、脂肪酸等的周围，使这些高能物质不被人体吸收而排出体外，从而减少热量，达到减肥的目的。高血压也是心脑血管疾病中常见易发的病症，实验证明 NaCl 引起的高血压仅与 Cl^- 有关，Cl^- 能活化 ACE（血管紧张素转换酶），使血管紧张素原分解成血管紧张素，导致血压升高。而带正电荷的壳聚糖能够螯合 Cl^-，从而防止高血压。

④ 防治糖尿病中的作用：糖尿病是一种常见的内分泌代谢疾病，是由于胰岛素不足（绝对的或相对的）引起的，其患者体液呈酸性。甲壳素把 pH 值调到弱碱性，提高胰岛素利用率，有利于糖尿病的防治。

⑤ 其他药理作用：壳聚糖为碱性天然多糖具有抗胃酸及抗溃疡作用，也用于治疗过敏性皮炎，并降低肾病患者血清胆固醇、尿素及肌酸的水平。

4.1.2.4.4　医用生物材料的应用

人工皮肤：由于壳聚糖具有良好的生物相容性，由壳聚糖制成的人工皮肤透气性好，渗出性好，可以止痛、止痒、消肿化瘀，并能促进皮肤生长，加快创面愈合。若与乙酸合用，还有镇痛和抗感染等功效。

膜缓释材料：近年来，药物缓释剂逐步成为人们的新宠。壳聚糖作为膜缓释材料在人体内可进行生物降解，被认为是理想的缓释材料。

护肤品：壳聚糖也能够清除体内过多的自由基，起到延缓衰老的作用。人体内产生过多的自由基未能及时消除是导致衰老的重要原因。自由基链式反应破坏能力巨大，而壳聚糖上的 NH_2^- 可使自由基链式反应终止，消除自由基的危害，延缓衰老。近年来，已有多种含壳聚糖的洗液、化妆品、皮肤护理品上市。

接触眼镜：甲壳素、壳聚糖及其一些衍生物可制作隐形眼镜和清洗液，其优异的透氧性和促进伤口愈合的特性，也为发炎或受伤眼睛的辅助治疗提供一种良好材料。

手术缝合线：与羊肠线相比，用壳聚糖做成的手术缝合线材料柔软，打结性能好，而且不需要拆线，可被人体吸收，促进组织愈合，并具有一定抗菌性，对创面无刺激、不致敏、不致癌，结痂后可自行脱落，不留疤痕。

4.1.3　海洋微生物多糖加工技术与功能

目前，关于什么是真正的海洋微生物仍有争议。一般认为，分离自海洋环境，其正常生长需要海水，并可在寡营养、低温条件下生长的微生物即可视为严格的海洋微生物。然而，有些分离自海洋的微生物，其生长不一定需要海水，但可产生不同于陆地微生物的代谢物（如溴代化合物抗生素）或拥有某些特殊的生理性质（如盐耐受性、液化琼胶等），也被视为海洋微生物。这些微生物中不仅包括海洋中生物起源的种类，而且还包含陆地起源后流入海洋中并适应了的微生物种类，几乎包括了所有的微生物种类。如病毒等非细胞类生物、以产甲烷细菌和嗜盐细菌为代表的古细菌、陆地环境常见的细菌种类以及种类繁多的真核生物。

海洋微生物种类数量繁多，据统计有 100 万 ~2 亿种，在正常海水中的数量一般为 $10^6/mL$。

海洋微生物处于低温、高盐、高压、寡营养、高温度梯度及高毒性浓度的特殊环境，具有产生结构新颖、功能独特的新型活性多糖的潜力，是开发多糖类海洋新药的重要资源。几十年来，已有很多关于海洋微生物代谢产物的研究文献，但研究目标还主要局限于脂溶性小分子化合物的代谢产物，而关于海洋微生物胞外多糖的研究鲜见报道。其生物多样性远远超过陆地生物的多样性，遗传及生理特性与陆地微生物有所不同，且相当部分海洋生物活性物质是陆地生物所没有的。

微生物多糖是指由细菌、真菌、放线菌、酵母等以及一些微藻产生的多聚碳水化合物的总称。这些由十个以上的单糖组成的化合物常被有机酸（如醋酸、丙酸、丙酮酸和琥珀酸等）和无机酸（硫酸盐和磷酸盐等）以酯的形式取代。

依据微生物多糖在形态学上的分布，可将微生物多糖分为三类：（1）胞内多糖，存在于质膜以内或者是质膜组分，主要作为能量的储备物；（2）胞壁多糖，黏附在细胞表面上，是构成胞壁的成分；（3）胞外多糖（EPS），是指微生物在胞内合成后，分泌到细胞外的一类多糖。在所有的微生物 EPS 的分类方法中，该方法应用最为广泛。其中微生物所产的 EPS 由于其易于与微生物体分离而备受研究者的青睐，近年来，该类产品也得到了快速的开发和应用转化。

近年来，随着海洋药物和海洋保健生物制品的蓬勃发展，海洋多糖类物质的研究引起了广泛重视，经科研和实践证明，海洋多糖及其降解产物具有多种新型的生理活性，在医药、化妆品、食品工业及农业等方面具有重要的应用价值。目前，海洋微生物多糖的研究主要集中在海洋细菌多糖和海洋真菌多糖，而对海洋放线菌多糖鲜有报道。海洋细菌和海洋真菌作为海洋微生物的一个重要组成部分，能产生许多具有生物活性的胞外多糖，一些细菌和真菌多糖已经被证明具有抗肿瘤、免疫调节和抗氧化活性。

4.1.3.1　海洋细菌产生的胞外多糖

细菌的胞外多糖包括革兰氏阴性菌细胞膜外的多糖成分以及革兰氏阳性菌的肽聚糖。

4.1.3.1.1　海洋细菌胞外多糖的结构研究

早在 1983 年，Boyle 等对源于两种潮间带细菌的胞外多糖进行了研究，发现两者均由葡萄糖、半乳糖和甘露糖构成，后者还含有丙酮酸。源自海洋沉积物的海洋假单胞菌能产生一种由葡萄糖、N - 乙酰葡萄糖胺和 N - 乙酰半乳糖胺构成的胞外多糖，可以抑制蛋白质合成和增加黏附能力，从而保证该菌在恶劣条件下也可以生存。同年，日本的 Umezawa 等从海水、海泥和海草中分离出 1083 株海洋细菌，并从中得到一种新的杂多糖 Marinactin，是由葡萄糖、甘露糖和岩藻糖按 7∶2∶1 的比例组成。Lee 等从济州岛海洋沉积物中分离到的细菌，产生一种由 Gal、Glc、Xyl 和 Rib 构成的 EPS，具有良好的乳化性，可用作乳化剂。RaguenesG 从深海分离得到一种喜氧嗜温异养细菌 ST716，该细菌 EPS 的黏度与在工业上有广泛用途的黄单胞菌多糖的黏度相同。该多糖含有 Glc、Man、丙酮酸酸化的 Man、Gal 以及 GalA 和 GlcA。Okutaani 等从一种名叫 MU - 3 海洋细菌中分离出一种酸性胞外多糖。结构分析表明该多糖含有一个支链结构，其主链为 - 3）- β - Galp（1→3）- α - D - Galp（1→6）- β - D - Glcp（1→，侧链为 α - D - Galp（1→4）- D - Glcu（1→。葡萄糖糖醛酸通过 C4 连在支链上，而 β - D - 半乳糖残基在主链，末端的半乳糖在侧链的 C6，C4 有乙酰基取代基。

意大利的 Kaczynski 报道从 *Burkholderia gladioli pv. agaricicola* 的发酵液中分离出 ［→3）- α - Rhap（1→］ 和 ［→4）- α - Rhap（1→ 以摩尔比例 3∶1 组成的鼠李聚糖；而该国的

Kambourova 等则从 *Geobacillus tepidamans* V264a 的发酵产物中分离纯化出一种结构复杂的葡聚糖，该葡聚糖在优化后的条件下最高产量可达到 111.4mg/L。源自海洋沉积物的海洋假单胞菌 *Pseudolnono sp. strain* S9 能产生一种由葡萄糖、N-乙酰葡萄糖胺和 N-乙酰半乳糖胺构成的胞外多糖，可以抑制蛋白质合成和增加吸附能力，从而保证该菌在恶劣条件下也可以生存。Nicolaus 等证明从那不勒斯海湾热液口附近筛选出的嗜热细菌 4001 的 EPS 为七糖重复单元组成的甘露聚糖，该甘露聚糖的相对分子质量达 380kDa。Maugeri 等报道了分离自浅海热泉的细菌 Bacillus 产生的 EPS，此多糖是含有吡喃甘露糖苷的四糖重复单元。法国的 Jouault 等则从深海热液口筛选出的嗜热菌 *Alteromona sinfernus* 能产生由 Glc，Gal 和糖醛酸通过（1→3）和/或（1→4）糖苷键构成的杂聚多糖。

20 世纪 90 年代以来，随着深海探测技术的发展，对深海热泉微生物的研究成为可能。Raguenes 从深海水流中分离得到一种嗜异养氧细菌 ST716，这种细菌在葡萄糖的培养基中分泌出一种不同寻常的大相对分子质量的多糖，该多糖含有葡萄糖、甘露糖、丙酮酸酸化的甘露糖、半乳糖及半乳糖醛酸和葡萄糖醛酸。Rougeaux 研究小组研究了 5 种从深海海洋细菌分泌的胞外聚合物，根据它们的化学组成和流变学性质说明有 4 种不同的多糖，由可变单孢菌 *Macleodiisub sp. fijiensis* 分泌的多糖与一种商业黄原多糖相似，3 种假可变单孢菌中的两种产生了相同的多糖。除属于弧菌 gonus 细菌产生的多糖含有一种醛酸己糖胺外，都含有葡萄糖、半乳糖、甘露糖、葡萄糖醛酸、半乳糖醛酸。从 East Pacific Rise 深海热泉提取的由 *Pseudoalteromonas* HYD 721 产生的胞外多糖的组成和结构，研究表明，此胞外多糖由葡萄糖、半乳糖、甘露糖、鼠李糖和葡萄糖醛酸以 2∶2∶2∶0.8∶1 的比例组成。通过甲基化、β-消除反应、选择性降解糖醛酸、部分降解和 NMR 等方法分析，表明它是由一个支链化的 8 糖重复单元构成。

4.1.3.1.2　海洋细菌胞外多糖的活性研究

（1）抗肿瘤活性

对海洋细菌胞外多糖的抗肿瘤活性研究较早，也是活性研究的重点之一。日本 Umezawa 等（1983 年）对源于海水、海泥和海草的 167 株海洋细菌产生的胞外多糖进行了抗肿瘤活性筛选，其中有 6% 的多糖有明显的抗 S_{180} 活性。杂多糖 Marinactin 具有显著抗小鼠 S_{180} 实体瘤活性，抑制率达 79% ~90%，并已在日本作为治疗肿瘤的佐剂上市。Marinactin 对携带各种哺乳动物肿瘤的小鼠，能延长寿命，显著增加脾脏抗体形成细胞和迟缓型超敏性。此外，在体外它能刺激淋巴细胞的转化作用，活化巨噬细胞。分离自 Sagami 海湾海藻表面的湿润黄杆菌（*Flavobaeterium uliginosum*）MP-5 产生的由葡萄糖、甘露糖和岩藻糖（7∶2∶1）构成的胞外多糖 Marinactan 具有显著的抗肿瘤活性，当以 10 ~50mg/kg 剂量给药 10d 时，发现对昆明种小鼠 S_{180} 肉瘤的抑制率为 70% ~90%，已作为多糖类抗肿瘤新药进入临床研究。

Rashida 等对一株海绵共附细菌 *Celtodoryx girardae* 胞外多糖 EPS 对单纯疱疹病（HSV-1）有抑制作用。另有报道，从海洋弧菌属提取的胞外多糖具有抗肿瘤活性。小鼠试验对白血病 P_{388} 和肉瘤 S_{180} 细胞均有一定的抗性；另外，该糖还能降低细胞对植物凝集素的免疫反应。2006 年 Arena 等研究了分离自意大利 Vulcano 岛浅海热泉的耐热菌株 *Bacillus licheniformis* 产生的胞外多糖 EPS-1，发现 EPS-1 可以削弱人体外围血液单核细胞（PBMC）中 HSV-2 的复制，但在细胞中没有此作用。这些数据证实了海洋中存在着大量的独特的微生物资源，显示了其作为抗肿瘤药物的开发前景，增强了人们从海洋微生物胞外多糖的研究寻找具有独特结构、高活性的多糖的信心。

（2）免疫增强活性

Marinactin 对携带各种哺乳动物肿瘤的小鼠，能延长寿命，显著增加脾脏抗体形成细胞和迟缓型超敏性；此外，在体外它能刺激淋巴细胞的转化作用，活化巨噬细胞。苏文金等对厦门海域的 177 株细菌多糖进行了筛选，胞外粗多糖产量高于 3g/L 占 2.26%，高于 2g/L 占 3.95%，并从中筛选到能产生具有显著免疫调节活性多糖。对海洋细菌胞外多糖免疫增强活性的研究为新型免疫调节剂的研究开辟了新的途径。

（3）抗病毒活性

最近 Z. M. Rashida 等对 1 株海绵共附细菌 Celtodoryx girardae 产生的 EPS 进行了分离纯化和理化性质研究，结果表明该 EPS 的相对分子质量为 800kDa，并对单纯疱疹病（HSV-1）具有抑制活性。

（4）抗氧化活性

某些细菌 EPS 还具有一定的抗氧化活性，例如 Guo 等报道了 Edwardsiella tarda 产生的两种结构相近的甘露聚糖均在体外表现出抗氧化活性，且其抗氧化活性与相对分子质量的大小相关。

（5）金属絮集性

较多的海洋微生物 EPS 表现出金属絮集的活性。在 1997 年法国的研究者就对四种海洋热液口的细菌的金属絮集能力进行了研究报道，其絮集铅、镉和锌离子的能力可分别达 316mg/g、154mg/g 和 77mg/g。海洋细菌 Enterobacter cloaceae 所产生的 EPS 在铬的浓度低于 100ppm 时，其可以络合 60%~70% 的铬离子。一种新型的深海嗜热细菌 EPS 在 pH = 5.0 时其络合二价铜离子的能力可达 48.0mg/g，在 pH = 6 时其络合二价镉离子的能力可达 39.75mg/g。Li 等对深海嗜寒细菌 Pseudoalteromonas sp. 产生的 EPS 的絮集作用研究显示，其卷扫作用及其乙酰基对絮凝有重要影响。

4.1.3.2　海洋真菌产生的胞外多糖

4.1.3.2.1　海洋真菌胞外多糖的结构研究

海洋真菌是海洋微生物的一个重要分支，海洋真菌产生的 EPS 也早已引起人们的关注。对真菌 EPS 中研究较多的为内生真菌，例如红树林内生真菌、珊瑚内生真菌等。胡谷平等首次从南海海洋红树林真菌（1356 号）的菌体中分离纯化出两种新型多糖 W_{11} 和 W_{21}，W_{11} 主要是由葡萄糖和半乳糖的摩尔比按 3:2 比例组成；胞外多糖 W_{21} 主要由葡萄糖、半乳糖还含有少量木糖组成，摩尔比为 45:3.6:1.0，相对分子质量为 3.4×10^4。从南海海洋红树林内生真菌菌体中分离得到一种胞外多糖，主要由葡萄糖、半乳糖和少量木糖组成，还含有 35.12% 的葡萄糖醛酸。中山大学也从红树林内生真菌中分离到一种新的多糖 G-22a，该多糖由 Rha、Man 和 Glc 及少量的 Xyl、核糖醇组成；Rha、Man 和 Glc 的比例为 1:1:2。陈东森，佘志刚等从海洋真菌 2560 号里面分离得到一种新的多糖 A2，该多糖由 Fuc、Xyl、Man、Glc 以及 Gal 组成，它们的摩尔比分别为 2:2:17:5:2。从中国黄海沉积物中分离到的丝状真菌 Phomaherbarum YS4108 获得的 EPS2，平均相对分子质量为 130kDa，该杂聚多糖由 Gal、Glc、Rha、Man 和 G1cA 构成。

通过国内的报道来看，海洋真菌产生的 EPS 多数为杂聚多糖。事实上，海洋真菌也可以产生同聚多糖，巴西的研究者从真菌 Botryosphaeria sp. 中分离获得了结构新颖的多糖，约 22% 的 [→3] - β - D - Glcp（1→] 存在 [→6] - β - D - Glcp（1→] 的分支结构。而 Schmid 等由真菌 Epicoccum nigrum Ehrenb. ex Schlecht 得到 β - （1→3）连接为主链含有 β -

（1→6）分支的葡聚糖。此外，一些真菌能像细菌那样产生 Dextran 系列的葡聚糖，例如真菌 *Tolypocladium* sp. 产生的 EPS 通过 NMR 等技术证明，EPS - lA 是一个由 ［→6）- α - D - Glcp（1→］作为主链而且在其主链的 C - 3 位连接有大约23% 的 ［→6）- α - D - Manp（1→］糖基的多糖；苏格兰的 Madi 等发现真菌 *Aureobasidium pullulans* 可产主要含有 ［→6）- α - D - Glcp（1→］和 ［→4）- α - D - Glcp（1→］糖苷键构成的线性葡聚糖。

4.1.3.2.2　海洋真菌胞外多糖的活性研究

研究表明，真菌多糖具有免疫调节作用，免疫调节是大多数活性多糖的共性，也是它们发挥抗肿瘤作用的基础。真菌多糖并不能直接杀死肿瘤细胞，但却可以刺激机体免疫能力，从而达到抑制肿瘤细胞增生的目的。

（1）免疫调节活性

体外细胞毒试验显示从南海海洋红树林真菌（1356 号）的菌体中分离纯化出的 W_{21} 的 HepG2 和 Bel7402 半数杀伤浓度（IC_{50}）分别为 50mg/L 和 25mg/L，有一定的细胞毒作用。体内抑瘤试验显示 W_{21} 与环磷酰胺合用，可提高环磷酰胺的抑瘤率，提高机体的免疫作用。

（2）抗氧化活性

Sun 等研究了海洋丝状真菌 *Keissleriella* sp. YS4108 产生的 EPS（EPS2）的抗氧化活性。EPS2 相对分子质量为 130kDa，由 Gal、Glc、Rha、Man 和 G1uA 以 50：8：1：1：0.4 的摩尔比组成，EPS2 对超氧阴离子自由基和羟基自由基具有显著的清除活性，在 0.1mg/mL 就能有效保护 Fenton 反应对 DNA 造成的损失；EPS2 能显著性地抑制铜离子介导的氧化作用对人低密度脂蛋白造成的损伤，且呈剂量依赖性。此外，EPS2 能对 H_2O_2 对小鼠嗜铬细胞瘤 PC_{12} 细胞的氧化损伤起到保护作用。Sun 等也报道了海洋真菌 *Penicillium* sp. F23 - 2 的 EPS 可以有效清除 ROS。Yang 等从中国黄海沉积物中分离到的丝状真菌 *Phomaherbarum* YS4108 获得胞外多糖 EPS2，平均相对分子质量为 130kDa，由半乳糖、葡萄糖、鼠李糖、甘露糖和葡萄糖醛酸构成，并具有很强的抗氧化活性。

4.1.3.3　海洋放线菌及微藻产生的胞外多糖

目前来源较多的 EPS 除由细菌和真菌产生外，一些放线菌也能产生结构新颖功能优异的 EPS。主要包括链霉菌（*Streptomyces*）、小单孢菌属（*Micromono spora*）、诺卡氏菌属（*Nocardia*）以及微藻等。

4.1.3.3.1　海洋放线菌及微藻胞外多糖的结构研究

加拿大的 Perry 由 *Rhodococcus* sp. RHA1 的发酵液中获得了一个由四糖重复单元组成的 EPS，该 EPS 由 ［→3,4）- α - L - Fucp（1→］、［→4）- β - D - Glcp（1→］以及 ［β - D - G1cpA（1→］和 ［→3 - β - D - Galp（1→］按照 1：1：1：1 的比例连接而成，其中末端的 G1cpA 连接在 Fucp 的 C - 4 位，而且 Galp 的 C - 2 上连接有乙酰基。巴西的研究者从垃圾渗出液污染的地下水中分离出 1 株革兰氏阳性菌 *Gordonia* sp.，该放线菌在有氧和缺氧的环境中都能生长，EPS 的产量可达 126.17 ± 15.63g/L。苏传东发现蓝杆藻（*Cyanothece* sp. 113）能产生 ［→6）- α - D - Glcp（1→］糖基组成的葡聚糖。

4.1.3.3.2　海洋放线菌及微藻胞外多糖的活性研究

苏文金等对分离于厦门海区潮间带的 996 株海洋放线菌胞外多糖产量和体内外免疫活性进行了评价。结果表明，3.3% 的海洋放线菌粗多糖产量大于 $3g/dm^3$；在粗多糖产量高的海洋放线菌中有 3 株菌株的胞外多糖在体内外均具有较好的免疫增强活性，其中链霉菌

（*Streptornycea* sp.）23～35 菌株的胞外多糖具有较高的非特异性、细胞及体液免疫增强活性。分离自福建厦门海区潮间带的链霉菌（*Streptomyces* sp.）2305 菌株所产的 EPS 具有显著的非特异性免疫、细胞免疫及体液免疫增强活性。韩国的研究者 Bae 等报道了海洋微藻 *Gyrodinium impudicum*（strain KG03）产生的一种硫酸化 EPS 能通过 NK－κB 和 JNK 通路激活啮齿类动物腹腔巨噬细胞的活性，并诱导 NO 的产生。意大利的研究者对海洋热液口的 *Bacillus licheniformis* 菌产生的 EPS 抗病毒活性表明，EPS－1 可以破坏人外围血单核细胞（PBMC）中 HSV－2 的复制，但并不对 WISH 细胞有效；此外，EPS－1 可以诱导 IL－12、IFN－y、IFN－a 和 IL－18 的分泌，但不能诱导 IL－4 的分泌，因此认为其在 PBMC 中表现出的抗病毒活性与细胞因子相关；而 *Geobacillus thermodenitrificans* strain B3－72 产生的 EPS－2 也具有与 EPS－1 类似的功效，且其活性呈现剂量依赖性。

目前，属我国管辖的海域约 300 万 km^2，有大小岛屿 6000 多个，地理条件差异大，温度相差悬殊，有着极其丰富的海洋微生物资源，充分利用我国海洋微生物的资源优势，研究开发具有我国自主知识产权的海洋微生物胞外多糖，不仅具有必要性，而且具有美好的产业化前景广阔。

4.2　海洋蛋白质加工技术与功能

为了适应海洋高压(深海区域)、低温(极地、深海)、高温（海底火山口）和高盐等极端的海洋生物环境，海洋生物蛋白质在氨基酸组成和序列上都与陆地生物蛋白有很大的差异，同时海洋生物蛋白资源无论在种类还是数量上都远远大于陆地蛋白质资源。种类繁多的海洋蛋白氨基酸序列中，潜在着许多具有生物活性的氨基酸序列，用特异的蛋白酶水解就能释放出有活性的肽段。蛋白质经酶解后可产生具有活性的多肽，如具有免疫调节、抗癌等多重功效。

海洋蛋白功能食品一般由海洋鱼类、虾贝类、藻类或其加工下脚料制成，是海洋功能食品的另一个研究热点。如低值鱼和小杂鱼在海洋捕捞产量中历来占有较大的比例，随着人们生活水平的提高，低值鱼类直接食用的价值越来越低；水产品加工中大量的下脚料，如鱼类的头、皮、内脏、尾、碎肉、汁液，贝类的内脏、裙边及汁液等，大多只制成动物饲料或丢弃，造成很大的浪费。因此，对低值鱼及水产加工废弃物进行水解、提取等深加工，将获得的水解蛋白用作食品添加剂、蛋白强化剂，或研制功能食品以及药物的原料，已在世界各国展开。以下就海洋鱼类、虾贝类及藻类等蛋白质/活性肽的加工技术与功能进行介绍。

4.2.1　海洋动物蛋白质加工技术与功能

4.2.1.1　海洋鱼类

鱼类是人们最早食用的海洋生物之一，其体内含有丰富的蛋白质成分，营养价值相当高，其热量不次于牛羊猪肉，尤其是蛋白质和必需氨基酸含量，在日常生活中占有重要地位。海洋鱼类蛋白质含量高达 80%～90%，而牛肉为 80%，鸡肉、猪肉仅为 50%，牛奶只有 35%。特别需要提出的是，其蛋白质的组成与人体蛋白质组成接近，8 种必需氨基酸在种类和数量上也都接近人体所必需的氨基酸，极易被人体吸收。尤其是赖氨酸含量特别高，其第一限制氨基酸大多是含硫氨基酸，少数是缬氨酸。此外，鱼类蛋白质消化率达 97%～99%，和蛋、奶相同，而高于畜产肉类。此外，海洋鱼类蛋白质的生理价值（BV）和净利用率（NPV）的测定值大约在 75～90，和牛肉、猪肉等的测定值相同。以食物蛋白质必需氨基酸化学分析的数值为依据，FAO/WHO1973 年提出的氨基酸计分模式（AAS）对各种鱼类蛋白质营养值的评定结果显示，多数鱼类的 AAS 值均为 100，和猪肉、鸡肉、禽蛋的相同，而高于牛肉和牛奶。只有鲣、鲐、鲕、鲏、鲽等部分鱼类的 AAS 值低于 100，在 76～95 的范围。

　　每年全球海洋浮游生物产量约 5000 亿吨，但由于现代化捕捞技术的推广普及，大中型鱼类资源逐年受到破坏，从而使生物链中的小鱼、小虾迅速繁殖起来。对渔获物非食用部分的利用更能体现出科学技术如何提高产品的附加值。非食用部分包括低值的小杂鱼及水产品加工的废弃物，一般占渔获物的 28%，如何开发这些量大质低的渔获物，一直困扰着水产加工业。我国现在主要利用低值渔获物加工生鱼粉，用于水产养殖和陆地畜禽养殖，但由于加工技术落后，不但产品的得率和附加值低，而且严重污染近海水域。对于水产品加工的废弃物许多被直接丢弃而未被利用，对环境造成了严重的污染。另外，深海鱼亦由于味道不佳，长期以来一直被加工成鱼粉饲料或咸鱼出售，利用率不高。因此，利用生物技术、仿生技术以及功能重组等食品加工技术将这些鱼类资源加工成仿生食品、活性肽、海鲜调味料等，既可充分利用资源，变废为宝，又可开发新的食品，造福人类。如加拿大 Halifax 研究所已研制成功了一种保水性好、具有乳化能力的功能性鱼蛋白（FFP），它可与其他食品原料配合研制成功能食品，如适用于蛋白质缺乏症、烧伤病人、心脏病人的功能食品，也可作为儿童的代乳营养食品等。又如鳗鲡（*Anguilla japonica*）作为一种营养丰富、味道鲜美且有食疗功能的珍贵的鱼种，在我国沿海地区其加工也发展迅速。鳗加工后有大量的鳗鱼骨被废弃，约占鲜鳗重量的 7%，所含蛋白质丰富，国内有单位用酶解技术将其制成水解蛋白粉，其各种氨基酸比例合理，必需氨基酸占氨基酸总量的 36.9%，还含有 0.33% 的牛磺酸，成为一种具有海鲜风味的高档保健品。又如日本等国已对深海鱼进行深加工，生产出一种浓缩性富含高蛋白的块状肉类。因其有似牛肉的咀嚼感，人们称之为"海洋牛肉"。"海洋牛肉"可作为人类主要的营养源之一。仅此一项，每年即可多为世界供应食物 5000 万吨。这就意味着蛋白质供应可增加近 1000 万吨，能弥补当今世界人类所需蛋白质缺口的 1/3。

　　人类将来蛋白质的来源，80% 以上依赖于海洋资源，而目前全球海产品的开发量只有 1 亿多吨，海洋捕捞每年不过 6000 多万吨，绝大部分局限于浅海区域，不及世界海域可捕捞范围的十分之一，即只占世界人口动物蛋白质消费的 15%，可见海洋资源开发的潜力还相当广阔。众所周知，海洋食品与人类的发展有着深厚的渊源。海洋食品带来了人类最早的饮食革命，又将带动人类未来的饮食革命。在健康已成为人们第一追求的 21 世纪，包括海洋生物蛋白功能食品在内的海洋功能食品的开发必将成为集高科技与高效益为一体的行业，有着非常广阔的发展前景。

4.2.1.1.1　海洋鱼类水解生物活性肽

　　海洋生物活性肽的制备主要有两条途径：一是从海洋生物中提取其本身固有的各种天然活性肽类物质；另一是通过海洋蛋白资源水解途径获得具有各种生理功能的生物活性肽。天然存在的海洋活性多肽由于在生物体内含量低，而且提取困难，难以实现大量生产供给所需。目前研究的仅有三肽的谷胱甘肽和二肽的肌肽、鹅肌肽、鲸肌肽等，其中谷胱甘肽是一种非常特殊的氨基酸衍生物，但对海洋鱼类中谷胱甘肽的研究甚少，而肌肽、鹅肌肽等咪唑化合物也仅知在鱼类生理上是重要的缓冲物质，但其对人体有何生理功能还不甚了解，有待进一步的研究。目前，酶工程技术已经应用于医药、食品、饲料生产等领域中。因此，将酶工程技术应用到海洋蛋白活性肽的开发中具有广阔的应用前景。

从生物进化上看，营养和贮藏蛋白应该是从功能蛋白进化而来的，当生物进化到需要为后代发育提供营养时，最好的方法就是通过若干功能区（结构域，Domain）DNA"组装"出营养或贮藏蛋白基因。所以，在不同的营养和贮藏蛋白的多肽中可能广泛存在着不同的功能区，选择适当的蛋白酶就可将其释放出来，还原其功能特性，通过这种方法可以获得相当广泛的生物活性短肽。从生物多样性来看，生物的各种功能大多来自蛋白质的多样性。这是由于 20 种氨基酸在排列成不同长度的多肽链时，具有天文数字般庞大的多样性。所以 20 个氨基酸残基组成的多肽，其序列多样性足可以胜任所有生物的所有功能。也就是说，理论上所有的生物功能肽都可能以短肽的形式找到。由于生物对营养蛋白和贮藏蛋白需求量很大，基因表达率自然很高。因此，这些蛋白在自然界蕴藏量极大。通过蛋白酶水解这些蛋白所获得的生物活性肽具有很多优点：原料廉价，成本低，安全性好，不需要很高级的试验条件和很贵重的仪器设备，便于工业化生产。

（1）鱼类水解生物活性肽制备工艺研究

① 蛋白酶的选择。

对于同一蛋白底物，由于不同蛋白酶的酶切位点不同，所得到的肽片断相对分子质量大小和氨基酸组成也各有差异，因此水解产物的理化功能特性也会有较明显的差别。如胰蛋白酶的酶切作用位点比较少，只能裂解碱性氨基酸 Arg 或 Lys 羧基侧肽键，因此酶解产生的片断较大。木瓜蛋白酶的酶切位点广泛，释放出来的肽的相对分子质量比较小。细菌蛋白酶（如 Alcalase，Neutrase，Protamex）酶解的酶解产物，相对分子质量小于 2500Da 的肽段较多，而来自动物（猪，鳕鱼）胰脏的蛋白酶酶解产物中相对分子质量较大的肽段较多，而且以氮回收率为考察指标时，细菌蛋白酶优于从动物组织中提取的蛋白酶。

不同的蛋白酶对酶解产物的风味的好坏也有很大的影响。酶解反应所用蛋白酶及其用量、水料比、pH 值、温度和酶解时间等因素对酶解产物的风味值均有影响。在蛋白资源的酶解利用中，成本最高的是所使用的外源蛋白酶。因此，从经济效益上讲，蛋白酶的选择至关重要。目前研究及生产上所用的蛋白酶种类较多，如木瓜蛋白酶、胃蛋白酶、胰蛋白酶、Flacourzyme、Protamex、Alcalase、Neutrase 等。研究表明，以蛋白质回收和获得最大水解度为目的时，以 Protamex 和 Alcalase 最为合适，若以酶解产物风味为选择指标，则使用 Flacourzyme 为适宜。另外，鱼类蛋白在水解加工过程中往往会产生较重的苦腥味，苦腥味的存在已成为酶解物在食品及医疗保健品中应用的主要限制因素，因此制备中应尽量减少苦味，提高其风味氨基酸和呈味肽的含量。Kristinsson 等比较了 4 种碱性蛋白酶对大西洋鲑鱼的水解效果及其水解物的生物化学性质和功能特性，以 Alcalase 2.4L 水解物的各项性能指标最佳。对罗非鱼（Oreochromis spp.）肉等海洋来源蛋白的酶解中，筛选出的最佳水解酶也各不相同。目前虽然对各种蛋白酶的筛选研究较多，但是因底物蛋白和评价标准的不同，仍无哪种酶可作为普遍适用的最佳水解酶。

海洋独特环境成了新型蛋白酶开发的新源地，成为筛选蛋白酶的新焦点，海洋蛋白酶往往具有区别于陆地蛋白酶的新特性，如低温碱性、高温碱性等性质，一些研究者将其应用于海洋生物源蛋白的酶解，结果均显示出了独特的效果。

② 酶解条件优化

鱼类蛋白的酶解和陆地蛋白的酶解就其工艺流程和水解过程来说基本是一致的。在工艺上，所有的酶解反应都包括调节酶解条件（pH 值、温度等）、酶解、酶解反应的终止、产物的分离等过程，图 4 - 15 为酶解反应工艺流程图。

蛋白酶解的机制非常复杂，因为底物中包含了大量的不同种类的不溶性蛋白质。酶解时间是影响最终效果的重要因素，随着反应时间的延长，多肽得率呈现了三个阶段的趋势：第一阶段的水解过程中，蛋白质的酶解反应在最初的 0.5 ~ 2h 内保持较高的水解速度，多肽得率的上升速度很快，这一时间由于酶解反应的底物和所用的蛋白酶不同而有差异，Liaset 等的研究显示用 Protamex 对大西洋鲜鱼鱼排进行酶解以氮回收率（nitrogen recovery%，NR%）为反应指标，酶解反应在最初的 0.5h 内保持较高的水解速度；而在 Guerard 等的研究，水解速度在最初的 1.5h 内保持较高的水平。

随后进入第二阶段的缓慢增长，酶解反应速度明显下降，第三个阶段为平衡期，此时体系中的多肽含量最高。蛋白质酶解反应的这一特性可以用水解曲线（如图 4 - 16 水解度随酶解时间的变化曲线）表示。在反应的初期阶段，水解度随着反应时间的增长而有较大的增

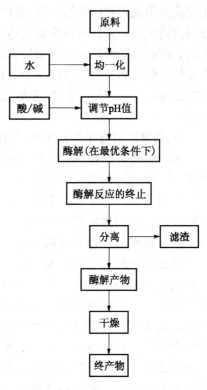

图 4 - 15　酶解反应工艺流程图

高，随着时间的延长，这种增长越来越小，水解速率明显下降，最后，水解速率降为 0 而水解度达到最高。这种蛋白酶解所呈现的典型的曲线在许多水产蛋白资源的酶解研究中被发现，如对大西洋鲑鱼、金枪鱼、毛鳞鱼、沙丁鱼等的酶解都呈现了上述规律。当酶解到达第三个阶段，随着反应的进一步进行，水解度进一步增加，但是多肽得率出现了轻微的下降趋势，这是因为在平衡状态的后期，蛋白酶将体系中的肽进一步水解而产生了更多的氨基酸，由于多肽的活性位点遭到破坏，同时也伴随着活性的下降。这种蛋白酶解典型的曲线在许多酶解海洋生物源蛋白的研究中被证实。

在不同的反应体系中，酶解的最适温度和 pH 受到底物种类、浓度、缓冲液等因素的影响。虽然对水解效果的最终评判标准不同，但是多数蛋白酶在水解目的蛋白时的最适温度和最适 pH 与其水解能力最强时的温度和 pH 相差不大，并且随着温度和 pH 的增加，总体效果呈现先增大后减小的趋势。

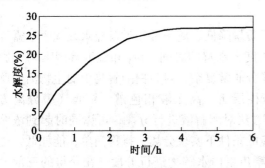

图 4 - 16　水解度随酶解时间的变化曲线

酶与底物反应速度在一定程度上取决于固液比和加酶量。Guerard 等以碱性蛋白酶为催化手段，研究了黄鳍金枪鱼（*Thuuuus albacares*）的加工下脚料的蛋白水解影响因素，提出可供水解键的浓度是决定水解速度的关键因素。在酶被底物饱和之前，用量大一些对于水解反应本身没有不良效果，但会引起使用成本的增加。当固液比较低时，酶与底物结合几率较少，反应速度较慢，适当增加底物浓度有利

于反应向生成物方向进行，因而反应速度加快。但当所有的酶都结合了底物被饱和之后，即使固液比再增加，反应速度也已达到了饱和状态，反应速度不再增加。同样，当酶的用量较小时，水解度随着酶的加入量增大而明显增加、当酶的浓度增加到一定程度时，底物浓度已不足以使酶饱和，反应速度变小，再增加酶的浓度水解度的变化幅度已经很小了。在单因素试验的基础上，继续考察多因素之间的相互影响，选用较多的试验方法为正交试验或均匀设计。

③ 酶解产物苦味的去除和酶解液脱色

蛋白质酶解产物普遍存在苦味。Murry 和 Baker 于 1952 年第一次描述了蛋白质酶解产物苦味，此后，科学家们对蛋白质酶解产物苦味产生的原因及酶解产物中的苦味成分进行了广泛而深入的研究，取得了重大的成就。认为蛋白质酶解产物中的苦味主要是由苦味肽而不是由游离氨基酸引起的，苦味肽中的氨基酸残基大多是含有非极性的脂肪烃或芳香环侧链即疏水性氨基酸残基（Val、Ile、Phe、Trp、Leu 和 Tyr），而且当疏水氨基酸位于肽链内部时苦味值较大，位于肽链 C 或 N 端的时候苦味值较低。在酶解过程中，由于蛋白酶的作用，原来包藏于蛋白质内部的疏水氨基酸残基暴露了出来，经过蛋白酶的酶切作用，含有较多疏水氨基酸残基的肽段被释放出来，从而使酶解产物产生了苦味。目前，苦味肽是将蛋白质酶解产物应用于人类消费品的主要障碍。一般采用选择性分离、塑蛋白反应（plastein reaction），掩蔽法和外肽酶的应用四种方法来减少或掩蔽蛋白酶解产物的苦味。酶解产物苦味值的大小与酶解所用蛋白酶的种类及水解度的大小都有关系，蛋白酶酶切作用方式及酶切作用位点的不同，酶解产物苦味值具有较大的差异，如 Alcalase 的酶解位点是疏水性氨基酸的羧基侧肽键，酶解产生的肽中疏水氨基酸位于肽的两端，苦味值较小。酶解产物水解度的大小对其苦味值也有较大影响，水解度的增加导致了酶解产物的苦味值的增大，随着水解度的进一步增大，苦味肽被酶切成为两端为疏水氨基酸残基的小肽甚至被降解成为游离氨基酸，因此酶解产物的苦味值随着水解度的进一步增大而降低。Flavourzyme 是一种蛋白酶/肽酶复合物，含有内切蛋白酶和外切蛋白酶两种活力，用于酶解可获得较高的水解度且产物具有较好的风味，由于其具有外切蛋白酶活力，Flavourzyme 还可用于酶解苦味的脱除。

蛋白质资源经酶解后，酶解液一般都带有深浅不一的黄色，随着水解度的增大，酶解液颜色液逐渐变深，通过活性炭、海藻糖等可对酶解液进行脱色。如刘惠宾等应用活性炭对鳄鱼酶解液进行脱色，结果表明在适宜的条件下活性炭对酶解液的脱色效果显著，然而，利用活性炭对酶解液进行脱色会导致酶解液营养成分的损失，即使在最适脱色条件下，氨基酸的损失率仍高达 3.5% ~ 5.0%。

④ 水解活性肽的分离和分析

酶对蛋白质的水解作用使产物具有相对分子质量降低、离子性增加及疏水性基团暴露等特性，在酶解制备多肽的过程中，酶的种类、浓度，水解的时间、pH 和温度等因素均会影响水解率和最终水解液的组成。蛋白酶解物的成分非常复杂，对蛋白酶解物中的生物活性肽分离纯化技术的研究目前主要集中在各种低压柱层析、高压液相色谱、超滤（膜分离方法）、毛细管电泳等几个方面。其中利用膜分离方法对酶解液进行分段，可以同时起到浓缩和分离纯化的作用，并可在维持原生物体系环境的条件下实现分离，操作简单，能耗低，受到很多研究者的重视。如 Joen 等用超滤技术对鳕鱼蛋白水解物进行分段，在获得的三部分肽片段中，相对分子质量介于 $(3 \sim 10) \times 10^3 ku$ 的肽片段抗氧化性能最好，而小于 $3ku$ 的肽片段，具有明显的 ACEI 功能。

在对多肽的进一步分离和分析中，如果要得到单一成分，一般采用几种色谱相结合或毛细管电泳的方法，然后对分离得到的组分进行氨基酸分析、序列分析或质谱进行结构确证。目前已从鱼类蛋白水解物中获得的具有抗高血压活性肽的氨基酸序列如下。

C_8 肽（沙丁鱼）：Leu – Lys – Val – Gly – Val – Lys – Gln – Tyr

C_{11} 肽（沙丁鱼）：Tyr – Lys – Ser – Phe – Ile – Lys – Gly – Tyr – Pro – Val – Met

C_8 肽（金枪鱼）：Pro – Thr – His – Ile – Lys – Trp – Gly – Asp

但是要从蛋白酶解物这一相对比较复杂的体系中分离纯化出具有一定生理功能的生物活性肽物质，并且要实现大规模的工业化制备水平的分离纯化并不是每一种方法都是可靠的、可行的。也有研究者认为，从应用的角度来考虑，由于酶解液的生物活性往往是多种肽混合物共同作用的结果，如采用色谱等技术对其进行纯化可能造成活性的部分损失且成本较高，不适合工业化生产，最佳的解决方法还是应通过对酶解过程的控制来实现。

（2）海洋鱼类水解生物活性肽的主要活性

目前酶解海洋鱼类蛋白所得到的生物活性肽主要有 ACE 抑制肽、抗氧化肽、抗菌肽、提高人体免疫、抗肿瘤的肽类和胶原肽等。

① 降血压肽（angiotensin converting enzyme inhibition，ACEI）

降血压肽是一种人们研究的较多的血管紧张素转换酶抑制剂类肽。其作用机理是通过抑制血管紧张素酶（ACE）的活性来实现降血压功能的。ACE 在人体的肾素 – 血管紧张素系统中对调节血压具有重要的生理功能。肾素作用于血管紧张素原（angiotensinogen）放出非活性的血管紧张素（Ang I），Ang I 在 ACE 的作用生成血管紧张素 II（Ang II），该物质可直接加强心肌收缩力，提高心率；可直接作用于血管平滑肌，引起血管强大的收缩，从而引起血压升高。ACEI 是 ACE 的抑制剂，同时 ACEI 具有免疫促进作用。Oshina 等于 1979 年首次报道了利用细菌胶原酶水解凝胶并从其水解物中分离出了 6 种降血压肽。此后，研究者相继成功地从大豆、酪蛋白、玉米、酒糟等众多食物蛋自质中获得了 ACE 抑制肽。近年来，越来越多的研究者将目光投向了以海洋蛋白为原料制备降血压肽，经过研究人员的多年努力，现在已经从多种海鱼水解物中分离出具有抑制 ACE 的活性多肽。

1986 年，Suesuna 等最先从沙丁鱼和带鱼的水解物中发现了血管紧张素转化酶（ACE）抑制肽，从多种食源性海洋生物源蛋白中均分离出了降压肽类物质。如 Seki 等用蛋白酶酶解沙丁鱼、带鱼等 12 种食物蛋白，Matsui、Astawan 等用蛋白酶水解沙丁鱼和鱼干，Byun 等对阿拉斯加青鳕鱼（*Theragra chalcogramma*）鱼皮进行水解，Fujital 用嗜热菌蛋白酶消化鲣鱼（*Katsuwouus pelamis*）均得了较高活性的 ACEI，动物试验表明酶解产物具有明显的降血压作用，并且发现消化道酶对其活性无明显影响作用。Fahmi 等利用碱性蛋白酶酶解真鲷（*Spanismacmcephalus*）鱼肉蛋白，并从中分离得到了 4 种降血压肽：G ly – Tyr；Val – Tyr；Gly – Phe 和 Val – Ile – Tyr。时瀚等以黄海的 22 种鱼类为研究对象，对酶解得到的 ACEI – 22 进行聚乙二醇修饰后其对自发性高血压大鼠的降压效果与卡托普利的效果相当。Wang 等采用各种酶对金枪鱼（*Thunnus albacares*）肉汤（含有 4 的水溶性蛋白）进行酶解，得到了 ACE 抑制活性最强的蛋白酶 Orientase 水解产物（OAH），并进一步采用 Sephadex G – 25 凝胶过滤层析分离得到的相对分子质量 <1000 Da 的组具有较高的 ACE 抑制活性。很多研究均表明从鱼肉、虾、蟹等水产动物蛋白中制得的酶解降血压肽其降压活性

要优于其他食物性蛋白来源，日本已有用沙丁鱼（*Sardiua melamosticta*）制取的酶解降血压肽问世。

血管紧张素转化酶抑制剂是目前用于治疗高血压的重要一线药物，食物蛋白源 ACE 抑制剂因其高安全性，副作用小、易吸收，成为活性肽研究领域的热点，已经通过实验证实酶解蛋白来源的降血压肽无任何毒副作用，并且只对高血压患者起到降压作用，对血压正常者则无降压作用，这些特点都是普通的化学合成降压药所不具备的。因此，ACE 抑制肽在开发为药物和具有降血压功能的功能食品中具有广阔的应用前景。

② 抗氧化肽（Antioxidant peptides）

自由基可造成机体的多种损伤和病变，加速机体的衰老。抗氧化肽作为自由基清除剂可清除体内多余的自由基，从而增强机体免疫力，延缓衰老。1991 年 Prokany 等提出，一些抗氧化肽和蛋白水解产物能降低自动氧化速率和脂肪的过氧化物含量。近年来，国内外研究者已从多种食物蛋白酶解液中分离出具有抗氧化活性的肽片段。KimSK 等从阿拉斯加青鳕（Theragra chalcograrnina）皮中提取的胶原蛋白采用碱性蛋白酶、链酶蛋白酶（Pmnase E）和胶原蛋白酶在三步循环的酶反应器中水解，发现第二步采用 Pronase E 水解完毕，由相对分子质量为 1.5 ~ 4.5kDa 肽组成的产物抗氧化能力最强，进一步分离纯化得到组分 P2 能够抑制亚油酸氧化，显著增强培养肝细胞的发育能力。Shin – Joung 等采用胃蛋白酶和鲭鱼（Scanber，japonices）胃肠道分离得到的粗蛋白酶（M ICE）对黄鳍金枪鱼（Linanda aspera）加工废弃物（YFP）进行酶解，对比研究了酶解产物经超滤膜分离得到 5 个组分的抗氧化活性。研究结果显示：具有较强的抗氧化活性组分的相对分子质量约 $1.3 \times 10^4 kD$、分离纯化得到的抗氧化肽由 10 种 N 末端氨基酸残基 RPDFDLEPPY 组成。Je 等采用各种酶对腔吻鳕鱼（Macnimnus novaezelandiae）加工废弃蛋白进行酶解，然后研究了酶解产物经超滤膜分离的各组分抗氧化活性，研究结果显示：胃蛋白酶酶解产物具有最高的抗氧化活性，且相对分子质量大小为 1 ~ 3kDa 的组分对 DDPH、羟基、烃基、超氧阴离子自由基具有最强的自由基清除活性。

Nagai 等采用胃蛋白酶对日本鱼糕（Kamaboko）进行酶解，研究结果显示：酶解产物具有较高的抗氧化和清除自由基的活性，能够抑制羟基和超氧阴离子自由基的氧化。Ranathunga 等采用胰蛋白酶水解鳗鲡（*Conger myriaster*）肉蛋白，并且经一系列分离纯化得到了单一的抗氧化活性肽（CEAP），其氨基酸序列为 LGLNGDDVN。李琳等采用酶解技术制备了鳙（*Aristichthys nobilis*）抗氧化肽，并且动物试验表明了此抗氧化肽具有延缓衰老的作用。Thiansilakul 等采用碱性蛋白酶及风味酶酶解蓝圆参（*Decaptenismaniadsi*）鱼肉蛋白，研究结果表明，此酶解产物具有很强的 1，1 – = – 二苯基 – 2 – 三硝基苯肼（DPPH）自由基清除率及抗油脂氧化能力。Kim Soo – Yong 等从皮氏叫姑鱼（*Johuius beleugerii*）骨架蛋白、Wu Huichun 等从花腹鲭（*Scomber austriasicus*）的酶解产物中均分离得到了具有抗氧化活性的功能肽。这些抗氧化肽的抗氧化能力与生育酚、抗坏血酸等相比，在清除羟自由基、超氧阴离子、DPPH 自由基，抑制脂质自氧化方面，均优于现在广泛使用的天然抗氧化剂。

酶解蛋白制备的生物活性肽具有生理活性强、安全可靠等优点，已成为新型天然抗氧化剂的主要来源。另外、海洋生物源蛋白酶解后普遍呈现出溶解性好，乳化性强，流动性增加等优点。因此，酶解海洋生物源蛋白制备的抗氧化肽作为天然抗氧化剂不仅在食品工业，而且在医药、化妆品和整形外科等领域中都将得到广泛应用。

③ 免疫活性肽（Immunological peptides）

免疫活性肽是指一类存在于生物体内具有免疫功能的多肽，这种多肽在体内一般含量较低，结构多样，是一种细胞信号传递物质，它通过内分泌、旁分泌、神经分泌等多种作用方式行使其生物学功能，沟通各类细胞间的联系。免疫活性肽的研究始于1981年，Jones 等首次报道，用胰蛋白酶水解人乳蛋白，从水解产物中分离得到一种具有免疫活性的肽段。

David 等指出从鳕鱼胃水解产物中得到的酸性肽组分具有免疫刺激活性，其中包括相对分子质量为 500～3000Da 中性短肽。Gildbeig A 等从大西洋鲑中分离得到的 4 种酸性肽组分，显示与刺激白细胞超氧阴离子的产生有着密切的关系。Rozenn 等采用碱性蛋白酶对沙丁鱼（Satdina pilchatdus）加工废弃物进行了酶解，然后采用放射性免疫，促有丝分裂和辐射感受器试验方法分别测定了酶解产物中的促分泌素肽，生长因子及降钙素基因相关肽。结果显示，该酶解产物具有免疫激活作用，且不同生物活性的肽片段与其相对分子质量大小密切相关。Liang 等采用酸性蛋白酶酶解鲈（Lateolabrax japonicus）头及内脏得到酶解产物 FPHs，发现 FPHs 能够增强鱼 NBT - 阳性细胞及吞噬细胞活性，提高鱼类的非特异性免疫能力。

④ 抗凝血肽（Anticoagulant peptides）

血栓性的心脑血管疾病已成为威胁人类健康和生存的大敌，世界各国都投入巨大的人力、物力探索和研究防治血栓性疾病的抗凝血药物。

Niranjan 等采用 7 种不同的蛋白酶对黄鳍金枪鱼进行酶解，然后从酶解产物中分离得到了 1 种特异性的鱼蛋白，它具有抗凝血和抗血小板凝集的作用。采用基质辅助激光解吸离子化 - 飞行时间质谱及 SDS - PAGE 对这种活性蛋白进行分析，结果显示此蛋白是一条相对分子质量为 12.01kDa 的单一肽链，它通过形成一种对 Zn^{2+} 调节无活性的复合物来抑制活性凝结因子 $rX\ II$（FX II a），其被称为黄鳍金枪鱼抗凝血蛋白（YAP）；体外试验结果显示，YAP 通过与 FX II a 及血小板膜相交联从而抑制脑血栓。

蛋白水解的肽类在食品、保健品、医药、饲料、日用化工等领域的需求逐年迅速增长，目前市场现有量远达不到需求量。我国作为一个海洋渔业和养殖大国，利用先进的酶技术开发海洋生物源蛋白活性肽，将为海洋水产品深加工提供广阔的前景。

（3）海洋鱼类水解生物活性肽的应用

① 水产风味调味品

随着时代的发展，人们对调味品的追求也越来越高，水产风味调味品，由于其含有丰富的氨基酸、多肽、糖、有机酸、核甘酸等呈味成分以及牛磺酸和高度不饱和脂肪酸等保健成分，越来越受到人们的青睐。应用蛋白酶酶解各种低值鱼类和鱼类加工过程中产生的副产物，获得风味产品以提高其经济价值。与内源蛋白酶自溶和强酸强碱分解法相比较，外源蛋白酶酶解具有反应条件温和、水解效率高、催化反应专一，有利于确定化学性质等优点。1999 年，Imm 和 Lee 应用 Flavourzyme 对红海鲷鱼肉进行酶解，证明经过酶解的鱼肉风味值远高于未经酶解直接烹煮的鱼肉，而且酶解产物中的风味氨基酸含量是未经酶解鱼肉中的6～9 倍。

② 在微生物培养中的应用——鱼类蛋白胨

鱼类蛋白资源被酶解后，酶解产物具有蛋白质含量高，水溶性好，其中多肽和游离氨基酸丰富等特点，因此，鱼类蛋白酶解产物即鱼类蛋白胨可作为发酵工业和实验室中微生物培养所用的蛋白胨。Guerard 等将来自于金枪鱼、鳕鱼、鲑鱼和杂鱼的蛋白胨应用于细菌、酵母和霉菌的培养，并与酪蛋白胨相比较，结果显示上述鱼蛋白胨应用于微生物的培养效果显著。Aspmo 等将从大西洋鳕鱼内脏酶解获得的产物应用于微生物培养，并与数种市售蛋白胨如胰蛋白胨、大豆蛋白胨、酵母提取物等进行比较，结果显示，大西洋鳕鱼内脏蛋白胨作为一种混合氮源，可用于替代市售蛋白胨；并且，对于培养一种对营养需求苛刻的乳酸菌（Lactobacillus sakei），其培养效果明显高于各种市售蛋白胨。

③ 在功能食品和药品中的应用

越来越多的研究表明，蛋白质氨基酸序列中的某些多肽片断在释放出来之后，具有一定的生物活性作用，如降血压、促进生长、抗凝血、抗氧化、增强免疫力等，因此，蛋白质酶解产物或从中分离得到的肽可以作为药品或作为配料应用于功能食品行业。近年来的研究表明，许多鱼类蛋白资源的酶解产物都具有抗氧化作用，如鳕鱼、鲭鱼、毛鳞鱼（capelin）等。2005 年，Je 等从阿拉斯加鳕鱼鱼排酶解产物中分离得到了一个具有抗氧化作用的六肽：Leu – Pro – His – Ser – Gly – Tyr，相对分子质量为 672Da。2001 年 Byun 和 Kim 从阿拉斯加鳕鱼鱼皮胶原蛋白酶解产物中分离得到了两个具有血管紧张素转化酶 I（ACE I）抑制作用的三肽：Gly – Pro – Leu 和 Gly – Pro – Met。2005 年，Rajapakse 等从黄鳍金枪鱼（yellowfinsole Limanda aspera）酶解产物中分离得到了一个具有凝血因子 XIIa 和血小板聚集抑制作用的蛋白质。

4.2.1.1.2　海洋鱼类胶原蛋白

胶原（collagen）作为生物性高分子物质，是蛋白质中的一种，在动物细胞中扮演结合组织的角色，是动物结缔组织中的主要成分。胶原是哺乳动物体内含量最多、分布最广的蛋白，主要存在于动物的皮、骨、软骨、牙齿、肌腱、韧带和血管中，与各种组织和器官功能相关的功能性蛋白，占蛋白质总量的 25% ~30% 。现已证实胶原蛋白是具有生理活性的蛋白质，它与组织的形成、成熟、细胞间信息的传递，与细胞增生、分化、运动、细胞免疫、肿瘤转移以及关节润滑、伤口愈合、钙化作用、血液凝固和衰老等有着密切的关系，也与许多结缔组织胶原病的发生密切相关。胶原蛋白也是生物科技产业最具关键性的原材料之一，在医学材料、化妆品、食品工业、研究用途等有着广泛应用。

长期以来，人们都是使用猪、牛的皮和骨提取胶原蛋白和明胶。但随着疯牛病（BSE）、口蹄疫（FMD）等牲畜疾病的爆发，使人们对牲畜胶原制品安全性产生疑虑。另外，由于宗教和习俗等原因，有些地区也不能使用牲畜胶原蛋白制品。因此寻找猪、牛皮和骨以外的胶原蛋白原料制备明胶和相关制品成为当务之急。在鱼体中，皮、鳞、鳍、鳃等部位都含有丰富的胶原蛋白，其胶原蛋白有着独特的生理功能和理化特性，鱼类加工废弃物鱼皮、鱼鳞等就成为最理想和现实的替代原料。随着世界各国鱼类加工业的发展，产生越来越多的鱼类加工废弃物，而这些废弃物是制备高蛋白食物的优良原料，结合研究的不断深入，目前人们已经能从鱼皮、鱼鳞等废弃物中提取胶原蛋白加以利用，这不仅可以促进水产加工废弃物的综合利用、提高产值，而且还可以减少对环境的污染。

（1）海洋鱼类胶原蛋白的结构

胶原蛋白是细胞外基质（ECM）的一种结构蛋白质，分子中至少有一个结构域具有 α 链组成的三股螺旋构象（即胶原域），即 3 条多肽链的每条都左旋形成左手螺旋结构，再以氢键相互咬合形成牢固的右手超螺旋结构，经超速离心后可分得 3 个组分，即 α、β、γ，其中 β 和 γ 组分分别是 α 组分的二聚体和三聚体。α 组分又分为 $α_1$、$α_2$、$α_3$ 和 $α_4$，它们在氨基酸组成上有所不同，但是其主要的组成氨基酸均为脯氨酸、甘氨酸、丙氨酸，其中，约含 33% 的甘氨酸、20% ~ 30% 的脯氨酸和羟脯氨酸，而且羟脯氨酸、羟赖氨酸为其特征氨基酸。胶原蛋白一级结构的最大特征是氨基酸呈现（Gly - X - Y）n 周期性排列，其中 X，Y 位置为脯氨酸（Pro）和羟脯氨酸（Hyp），是胶原蛋白的特有氨基酸，由 3 条多肽链构成三股螺旋结构，相对分子质量约 3×10^5。目前已发现 20 种以上类型的胶原蛋白，各型间的不同之处在于三股螺旋中段形成的多肽片段不同，从而折叠成不同的三维空间结构。海产品加工废弃物，皮、骨、鳞和鳍中含量最多的是 I 型胶原蛋白，它是一种纤维性胶原，长度约 300nm，直径约 1.5nm，呈棒状，由三条肽链组成，其中有两条 α_1 链，一条 α_2 链。α_1 链和 α_2 链只是在氨基酸顺序上有微小差异，而通常硬骨鱼类的胶原由 3 条异二链所形成的单一型杂分子，即它是由三条异种 α 链所形成的杂分子 α_1（I）α_2（I）α_3（I）组成，而不是 $[\alpha_1$（I）$]_2 \alpha_2$（I）。在鱼肌肉中主要存在 I 型和 V 型胶原蛋白，它们被认为是主要胶原蛋白和次要胶原蛋白。研究表明，鱼肌肉胶原蛋白对原料鱼肉和烹饪鱼肉质地的形成非常重要，胶原蛋白含量越高，鱼肉的质地越硬。近年来鱼肉的嫩化被认为与 V 型胶原蛋白降解有关，其肽键的破坏引起的细胞外周胶原纤维的裂解被认为是肌肉嫩化现象的主要原因，这一现象已引起广泛关注。相对陆生哺乳动物如猪、牛的皮肤胶原蛋白，鱼皮胶原蛋白的热变性温度较低，这和鱼皮胶原蛋白中脯氨酸和羟脯氨酸含量较陆生哺乳动物低有关，因为胶原蛋白的热稳定性和羟脯氨酸含量呈正相关。脯氨酸和羟脯氨酸起着连结多肽和稳定胶原的三螺旋结构的作用，脯氨酸和羟脯氨酸含量越低的胶原蛋白，其螺旋结构被破坏的温度就越低。但是海洋胶原中蛋氨酸的含量却比陆生动物高得多。

此外，胶原蛋白肽还富含金属元素（Cu、Zn、Ca、Fe、Na、K 等），因此显示出具有很高的营养保健价值。

（2）海洋鱼类胶原蛋白的物理特性

① 凝胶强度

凝胶性是指蛋白质产品在一定的条件下具有形成凝胶的能力。胶原蛋白在一定的条件下形成凝胶后，不但是水的载体，而且还是风味物质、糖及其他配合物的载体。胶原蛋白的凝胶性可以改善火腿、香肠等碎肉食品的质地和口感，提高产品的保水性等。凝胶强度是衡量胶原蛋白凝胶性强弱的重要指标之一，而胶原蛋白的凝胶强度受其组成、浓度、提取工艺、干燥工艺、凝胶时间、盐浓度、酸度等各种因素的影响。

如 Peng 研究表明，当胶原蛋白的组成中含有较多的 α_1 亚基时，胶原蛋白的溶液具有较高的凝胶强度。在一定的条件下，由于短链肽的增加，可使形成的凝胶强度提高。Cudmundasson 等还发现，蛋白质溶液的凝胶强度还受其组成氨基酸的影响，当疏水性氨基酸较多时，胶原的凝胶强度会较低，这一特性与疏水性氨基酸较多黏度较低是一致的。

由于胶原蛋白溶液在浓度较低的情况下不能形成凝胶，只有在浓度很高时才具有形成凝胶的能力，因而胶原蛋白凝胶强度受溶液浓度的影响较大。1948 年 Ferry 经过大量的实验发现，胶原蛋白的凝胶强度几乎与溶液浓度的平方成正比。随着胶原溶液浓度的增加，凝胶强度明显增大。

Cudmundasson 等研究发现，干燥工艺影响胶原蛋白的凝胶强度，如由常温干燥得到的鳄鱼皮胶原蛋白的凝胶强度在 110 ~ 120g，而由冷冻干燥得到的胶原蛋白在相同条件下的凝胶强度在 200g 左右。这是因为常温干燥导致了胶原蛋白的部分变性，使得胶原形成凝胶的能力减弱，凝胶强度较低。而冷冻干燥的胶原蛋白的三螺旋结构保存得较完好，所以凝胶强度较高。另外，经氢氧化钙溶液前处理可以提高产物胶原蛋白的凝胶强度。

实验表明，凝胶强度还与形成凝胶的时间有很大的关系。在凝胶形成的前 4h 内，凝胶强度迅速增加，若延长凝胶形成的时间，凝胶强度增加较缓慢，到 16～18h 基本达到稳定。Veis 在 1964 年发现凝胶强度还与凝胶形成时的外界温度有关，随着温度的升高而呈线性下降，Nijenhuis 在 1981 年的研究中也得到了相同的结果。

在胶原蛋白溶液中，由于酸、碱与水的水合作用均会影响胶原中的交联键，从而影响凝胶的形成。一般认为，当胶原蛋白溶液的 pH 较接近于等电点时，具有较高的凝胶强度；而在较强的酸、碱性条件下，胶原蛋白溶液不能形成较好的凝胶。

② 黏度

胶原蛋白的水溶液具有一定的黏度，其分子在水溶液中比较舒展，如果在外界条件下，胶原蛋白发生解链现象，溶液的黏度就会降低；相反，如果胶原蛋白内链与链之间相互缠结和粘连，刚性结构逐渐增大，溶液的黏度将增大。

胶原蛋白溶液的黏度受原料、氨基酸组成、外界温度、提取方法、干燥方法等各种因素的影响。如胶原蛋白的原材料来源不同，从根本上影响着胶原蛋白的黏度；目前研究较多的是陆生动物来源的胶原蛋白比水生动物来源的胶原蛋白的黏度高，而温水性水生生物胶原蛋白的黏度又比冷水性水生生物胶原蛋白黏度高。胶原蛋白的氨基酸组成中如含有较多疏水性氨基酸时，其黏度较低，如鳕鱼皮胶氨基酸组成中含有较多疏水性氨基酸，其黏度较低。胶原蛋白溶液的黏度与外界环境的温度有很大关系，如可溶性胶原蛋白加热至一定温度后，黏度下降。提取方法对黏度有较大影响，如 Motera 等研究发现，酸法提取过程中，胶原蛋白中疏水性氨基酸的组成发生了变化，从而影响了胶原的黏度；Johnstone - Banks 在研究胶原蛋白的热水提取时，也发现由于原料经碱前处理，减少了链内共价键的数量，导致了黏度的降低，而在用酶法提取胶原蛋白时，胶原蛋白黏度随着酶用量的增加而降低。干燥方法对黏度亦有较大影响，如 Choi 等报道了常温干燥造成胶原蛋白的部分分解或者部分变性，从而破坏了胶原的物理特性，使其黏度降低；冷冻干燥能较好地保存胶原蛋白原有的三维螺旋结构，因此胶原的黏度较大。

③ 乳化性及其乳化稳定性

胶原蛋白的乳化性是胶原蛋白应用于食品工业的一个重要指标，而国内外对于胶原蛋白尤其是淡水鱼胶原蛋白的乳化性研究得较少。王碧等研究了水解胶原蛋白的乳化特性，发现胶原蛋白的乳化性和乳化稳定性将随着溶液浓度的增加而增大，在酸、碱性溶液中均有较高的乳化能力和乳化稳定性，而且一定浓度的电解质可以提高胶原蛋白的乳化能力和乳化稳定性。

④ 热变性温度

研究表明，来源于哺乳动物的胶原蛋白的热变性温度较高，一般在 40～41℃，而来源于水生生物的胶原蛋白的热变性温度较低，一般不超过 30℃。Crossman 等指出，鱼类胶原蛋白的热变性温度较低的原因是它们含有的羟脯氨酸少。鸿巢章二研究表明，胶原的热稳定性与全部的亚氨基酸尤其是羟脯氨酸的含量之间存在正相关。胶原蛋白中羟脯氨酸和羟赖氨酸的含量与胶原蛋白分子对热或化学变性作用的抵抗力密切相关。Asghar 等的研究证明羟脯氨酸的羟基所形成的氢键对胶原螺旋体的稳定性起着重要的作用。

（3）海洋鱼类胶原蛋白的活性肽

早在十二世纪 Bingen 的 St. Hilde - gard 就描述了利用小牛的软骨汤作为药物来治疗关节

疼痛，在相当长的一段时间里，含胶原多肽及明胶的一些产品被人们认为对关节是很有益处的。

但由于胶原蛋白独特的三股超螺旋结构，性质十分稳定，一般的加工温度及短时间加热都不能使其分解，从而造成其消化吸收较困难，不易被人体充分利用。将胶原蛋白水解为胶原多肽，其在消化吸收、营养、功能特性等方面都会得到显著的提高。特别是最近的一些研究表明，胶原肽能最大程度地发挥胶原的各种功能。其营养及生理功能主要有以下几方面：蛋白质营养效果，其消化吸收率几乎达 100%；保护胃黏膜以及抗溃疡作用；抑制血压上升作用；促进骨形成作用；促进皮肤胶原代谢作用；抗肿瘤和免疫调节等作用。

近年来有很多学者对肽的消化吸收机制进行了研究，认为肽在动物体内可以被完整吸收并被机体利用，肽的转运系统和游离氨基酸相比转运速度更快。许多试验表明，肽的添加还可以提高氨基酸的吸收速度。此外由于肽能直接用于体蛋白质的合成，能促进蛋白质沉积率。过去的观点认为，动物的消化道只能吸收游离的氨基酸，即蛋白质必须分解成游离的氨基酸才能被吸收。然而大量试验表明，氨基酸纯合日粮或低蛋白氨基酸平衡日粮并不能满足动物对蛋白质的营养需要，动物生产性能并不能达到人们所预期的目标，而且动物对各种氨基酸的利用亦不受单一限制性氨基酸的影响，与传统营养学的经典法则——"水桶法则"并不一致。Agar（1953）首先观察到，肠道能完整地吸收转运双苷肽。Newey 等（1960）提出令人信服的寡肽可被完整吸收的论据。Hara 等（1984）在小肠黏膜上发现肽载体，表明肽能完整地通过肠黏膜细胞进入体循环。20 世纪 90 年代，小肽 I 型载体（Fei，1991）和 II 型载体（Adibi，1996）分别被克隆，肽可以完整的形式被吸收进入循环系统而被组织利用。

近二三十年来，海洋胶原肽类的研究取得很大进展，发现了许多新的海洋胶原生理活性肽类。Sue suna 等（1988）报道了沙丁鱼（*Sardina pilchardus*）和带鱼（*Trichiurus haumela*）的水解物中含有 ACE 抑制肽，其相对分子质量为 1000 ~ 2000Da。血管紧张素 I 转化酶（ACE I）抑制剂是降血压药物中发展最快的一种，但是，合成的 ACE I 抑制剂停药后会引发"停药综合征"，严重威胁患者的生命安全。该研究结果有可能成为非药物治疗高血压的希望。随后韩国 Hee - Guk Byun 等采用复合酶水解的方法从阿拉斯加鳕鱼皮中得到了具有血管紧张素转换酶（angiotensin - converting enzyme）抑制作用的 Gly - Pro - Leu 和 Gly - Pro - Met 三肽，其 IC_{50} 分别为 2.6μM 和 17.13μM。很多研究发现了具有降血压作用的活性寡肽（< 10 个氨基酸）。酶解产物的水解度与其 ACE 抑制率之间存在一定的相关性，水解度较高的水解产物，其 ACE 抑制活性也较高，并且相对分子质量较低的寡聚肽具有更高的 ACE 抑制活性。

由于胶原富含羟基、氨基等亲水基团而具有良好的保湿性，津田友香等人从鱼皮中得到水解胶原三肽，并证明其具有促进人皮肤成纤维细胞胶原和透明质酸的生成、改善皮肤弹性的作用。陈龙等人也研究发现鱼胶原肽具有安全性高、细胞黏结性、吸收性好、透明、无臭和无刺激作用等特点，可以用作化妆品原料。动物实验表明胶原蛋白能促进皮肤胶原蛋白的代谢，起到美容作用。

目前认为肥胖症的发生以及胰腺细胞凋亡和炎症性坏死或脂肪变性可能是绝经期妇女发生胰岛素抵抗（IR）和糖代谢异常的病理基础。朱翠风等人从三文鱼等海洋水产品的骨头和残余的肌肉中通过体外酶法水解提取出来的低聚活性肽混合物（MOP），较低剂量（1.5g/kg）MOP 就能明显抑制去卵巢大鼠胰腺细胞凋亡，保护胰腺组织减轻炎症损伤变性坏死；较高剂量（6.0g/kg）MOP 能明显抑制去卵巢大鼠体重增加。MOP 可望应用于绝经期妇女骨质疏松症、IR 和心血管疾病的防治。

由于氨基酸组成和交联度等方面存在的差异，使鱼胶原蛋白具有很多陆生胶原蛋白肽所没有的优点，如一定的凝胶性、高度的分散性、低黏度性、吸水性、持水性以及乳化性等。另外，鱼胶原蛋白因其独特的生理功能，如低抗原性、低过敏性、变性温度低、可溶性高、易被蛋白酶水解等特性，更适合作为优质安全的保健食品。美国 CTFA 化妆品原料手册录用的天然物质和日本《功能性化妆品原料》中选用的天然物质都有胶原蛋白及其水解产物胶原肽。所以海洋胶原肽作为食品原料，它的摄取是完全安全的，而且由海洋胶原肽制成的产品也是特别容易吸收。近年来不仅在欧洲，而且在美国和亚洲，胶原多肽的需求量最近几年都在不断增长。由于胶原多肽具有良好的营养功能、理化性能以及生理功能，所以它的应用范围非常广泛。

（4）海洋鱼类胶原蛋白的应用

食用级胶原通常外观为白色，口感柔和、味道清淡、易消化，此外，它还有一些独特的品质，如交联的热稳定性、紧密的纤维结构、高的水合特性等，使它在许多食品中用作功能性添加剂和营养成分。胶原蛋白材料具有良好的皮膜形成能力和亲水性，这些性能使胶原蛋白在食品应用方一面有着其他材料不可替代的优越性。

胶原蛋白作为一种补钙食品。骨骼中主要是 I 型胶原，Mizuno 等的实验发现 I 型胶原基质凝胶诱导成骨细胞分化骨髓细胞。胶原数量减少或分子结构的改变必然影响其对骨细胞的调节作用，最终会导致骨质减少乃至骨质疏松症的发生。因此在补钙的同时补充胶原多肽，能增强骨密度、促进生长发育、改善骨质疏松等。

胶原蛋白用作食用膜、胶囊，如制造香肠、火腿肠衣和冻肉、熏鸡肉、油炸肉等的包装膜，用作肉类、鱼类等的包装纸，具有抗氧化性，防水，保持肉食品的颜色鲜亮，保香等功能。胶原蛋白还可用于生产药用胶囊和微胶囊，近年来研究在明胶溶液中加入一定量的壳聚糖溶液制成药用胶囊，具有可消化吸收，易于生产、产品质量好的优点。

鱼明胶在食品工业中作为增稠剂、乳化剂、胶凝剂、黏合剂、稳定剂、澄清剂、发泡剂等，广泛应用于罐头、饮料、乳品加工、肉制品加工、果酒酿造等方面。鱼皮胶原应用在啤酒工业中，作为澄清剂，它不仅可以结合啤酒中的一些物质，而且能促进啤酒的后成熟陈化。鱼皮胶原应用在肉制品，可以影响肉类的嫩度和肉类蒸煮后肌肉的纹理，原因主要是肌肉中胶原蛋白在起作用，其含量和存在状态与肉制品的嫩度密切相关。通过破坏胶原蛋白分子内的氢键，使其原有的紧密超螺旋结构破坏，形成分子较小、结构较为松散的明胶，即可改善结缔组织的嫩度，提高其食用价值。

通过改变胶原多肽原料和分解条件，还可使之具有美容保健等功效。日本一些企业已经开始在我国鱼制品加工厂大规模的收购鱼鳞，作为高附加值产品的原料。胶原蛋白在水解过程中产生具有特定功能的生理活性肽，鱼鳞胶原蛋白水解液具有抗氧化和降低血压、降低血液总胆固醇、抗衰老等功效。

作固定化酶载体，胶原蛋白分子肽链上具有羟基和氨基等多种反应基团，易于吸收和结合多种酶和细胞，实现固定化，它具有与酶和细胞亲合性好、适应性强的特点。另外胶原是一种成膜性好的物质，并具有生物相容性，在体内可被逐步吸收，适于用作人工应用材料固定化酶载体。

4.2.1.1.3　海洋鱼类肽类毒素

肽类毒素是低肽类毒素和多肽类（蛋白质）毒素的统称。海洋毒素中发展最迅速的重要领域之一是肽类毒素，已研究的肽类毒素约有 40 余种，其中研究最多的是海葵毒素（Ananonetoxins）、芋螺毒素（Conotoxins）及海蛇毒素等。

肽类毒素按作用机理或作用靶位，可分为作用于离子通道的毒素、作用于胆碱受体通道的毒素、作用于心血管系统的毒素及细胞毒素四类。作用于离子通道的毒素，主要为神经性毒素，如 μ - 芋螺毒素造成钠离子通道阻滞，ω - 芋螺毒素作用于神经元的钙离子通道；有的毒素还能作用于钙离子通道后，造成神经递质或激素（如前列腺素）的大量释放。作用于胆碱受体通道的毒素，竞争胆碱受体结合部位，从而造成神经阻断。作用于心血管系统的毒素，如横沟海葵、黄海葵等的毒素，造成冠状动脉收缩引起心肌正变力效应及强烈的心脏收缩作用，属心脏毒素，从等指海葵中分离出的毒素，有很强的溶血作用，称为溶血毒素。从有的海洋动物中提取的毒素，具有凝血或抗凝血作用，与钙系统有关，如中国鲎的鲎素（Tachyplesin），属凝血和抗凝血毒素。具有细胞毒作用的毒素，主要包括破坏或溶解细胞膜的毒素和抑制细胞大分子合成的毒素。多肽、蛋白类毒素主要属于前者。这些毒素直接或间接作用于靶细胞而使细胞膜溶解，具有溶细胞蛋白质活性，多为碱性蛋白，也有少数酸性蛋白。

很多海洋动物的肽类毒素，为多种神经、心血管、细胞毒素的混合物。这种混合毒素共同作用，对哺乳动物来说是致命的。但具体分离纯化的每一种毒素，只要很好地控制剂量，分别具有很好的麻醉、升压、降压、强心、降脂、选择性杀灭癌细胞、抗菌、抗病毒作用。

蛋白、肽类毒鱼类主要包括毒腺鱼类、鱼皮毒素鱼类、刺毒鱼类三大类。

（1）毒腺鱼类

主要为海鳝科（Muraenidae）的毒素。如海鳝（*Muraenahelena*）的上下颌上有粘膜组成的囊，囊内有上皮细胞覆盖的毒腺，4 个能动的牙齿即位于囊中，当海鳝咬住其他动物时，毒液从粘膜与牙齿之问流出。我国有海鳝属 3 种，裸胸鳝属 10 种，有的种类有毒，为肽类毒素。

（2）鱼皮毒素鱼类

目前有可分泌鱼皮毒素的鱼种约有 40 多种，它们被划分为 5 个属，箱鲀科（Ostraciontidae）、蟾鱼科（Batrachoididae）、鮨科（Serranidae）、河豚鱼科（Tetrodontidae）以及鳎科（Soleidae）。这类鱼皮肤存在毒腺，能分泌鱼皮毒素于其生活的周围水体中，但无释放毒素的攻击器官。这种毒素具有鱼毒性及溶血性。皮肤能分泌蛋白、肽类毒素的种类，中国已知的至少有 2 种。一种为豹鳎（*Pardachirus pavoninus Lacepede*），分布于中国、日本、菲律宾、印度尼西亚、澳大利亚。另一种为鳗鲡（*Anguilla japonica Tanmincket Schlegel*），分布于中国沿海及江湖。日本、朝鲜及马来半岛也有分布。

（3）刺毒鱼类

刺毒鱼类是中国海域主要的具有毒腺、能分泌肽类毒素的鱼类。血毒鱼类血液里，也有可能有肽类毒素，尚需进一步研究。刺毒鱼类体有毒棘和毒腺，能螫伤人体，毒液由棘输入体内，引起疼痛和中毒，甚至危及生命。世界刺毒鱼类有 500 余种，中国有 100 余种，分属 10 大类：虎鲨类、角鲨类、魟类、银鲛类、鲶类、蓝子鱼类、刺尾鱼类、鲇类、鳜鱼类、鲉类。在海洋刺毒鱼类中，种类以南海所占比重最高，达 80% 以上；东海次之，为 70%；黄渤海较少，仅占 30%。此外，有些刺毒鱼类还见之于蝴蝶鱼科、帆鳍鱼科、雀鲷科、鲉鲕科中。

海洋毒素，是经上亿年的自然筛选进化发展而成，其生物活性在类似物结构中，是最强效果、最佳效力结构的。而肽类毒素是天然毒素中毒性最强的毒素之一，这些毒素能给我们提供药物合成和筛选的导向，其中包括改造毒素的基因，使其成为获得新的性质或"目标"的毒素。同时，若能通过转基因工程，对一些特效毒素蛋白类药物，进行大规模生产，将会对晚期癌症病人的疼痛缓解、心血管病治疗、癌症治疗、细菌和病毒（如 HIV）治疗做出重大贡献。

4.2.1.2　海洋虾贝类

海洋中虾类虽远不如鱼类多，但其资源量却十分诱人。如南极海域的小虾，科学家称之为南极磷虾，有"未来动物蛋白质仓库"之誉，其资源量约在 10 ~ 30 亿 t 之间。如果我们以较低的资源量几亿 t 的 10% 计算，那么 1.5 亿 t 即是它的可捕量。这个数字正好与目前全世界年水产品的总量相当。即开发南极磷虾可使目前水产品总量翻一倍。

贝类属软体动物门中的瓣鳃纲（或双壳纲）。因一般体外披有 1 ~ 2 块贝壳，故名。现存种类 1.1 万种左右，其中 80% 生活于海洋中。贝类中绝大多数种均可食用，很多贝类的肉质肥嫩，鲜美可口，营养丰富。头足类中的乌贼、枪乌贼、柔鱼、章鱼（Octopus）等海洋生物，腹足类中的鲍、凤螺、香螺（Neptunea）、东风螺（Babylonia）、涡螺（Voluta）、红螺，双壳类中的很多种类如蚶科（Arcidae）、扇贝科（Pectinidae）、贻贝科（Mytilidae）、珍珠贝科（Pteriidae）、牡蛎科（Ostreidae）、蛤蜊科（Mactridae）、帘蛤科（Veneridae）、蚌科（Unionidae）、竹蛏科（Solenidae）等科中的许多种类资源丰富，已发展为海水养殖的重要对象，产量也极为可观。海洋贝类除鲜食外，还可干制、腌制或罐藏，以下就海洋虾贝类的加工特点与功能进行阐述。

4.2.1.2.1　海洋虾贝类生物活性肽

大量的海洋虾贝类如毛虾、磷虾、贻贝、扇贝等都是高蛋白食品，其蛋白含量高于 11%。如南极磷虾肌肉中的蛋白质含量丰富，可占其鲜质量的 16.31%，其蛋白水解产物中氨基酸种类丰富，含有 18 种氨基酸，包含人体所需的 8 种必需氨基酸，以谷氨酸含量最高，赖氨酸次之。赖氨酸作为必需氨基酸之一，其在磷虾肌肉中的含量比虎纹虾、金枪鱼中的还高。另外，南极磷虾所含的必需氨基酸（EAA）占氨基酸总量（TAA）的 45.28%，必需氨基酸与非必需氨基酸（NEAA）的比值为 82.74%，这一比值满足 FAO/WHO 推荐的理想蛋白质模式（EAA：TAA ≈ 40%，EAA：NEAA ≥ 60%）。

人体所必须的全部氨基酸都可以在海洋贝类提取物中找到，其中牡蛎、扇贝、文蛤是我国的重要的海洋贝类资源，从北到南的整个沿海地区都大量盛产。这些贝类不但营养丰富，味道鲜美，而且还有很多保健功能，具有重要的食用价值和经济价值。如牡蛎、文蛤和扇贝等含有丰富的牛磺酸（Taurine，又称 α - 氨基乙磺酸，一种含硫的非蛋白氨基酸，分子式 $C_2H_5NO_3S$，在体内以游离状态存在，不参与体内蛋白的生物合成）。研究表明，牛磺酸对婴幼儿的发育是至关重要的营养因素，它是婴幼儿大脑发育、神经传导、视觉机能完善所需的氨基酸。我国把它广泛使用于婴幼儿配方奶粉中，作为营养强化剂，使其营养价值接近于母乳。海洋虾贝类生物是制备生物活性肽的优良来源，目前研究较多的是降血压肽和抗氧化肽。

（1）降血压肽

国内外对海洋虾贝类水解多肽的降血压作用研究取得了较好的成果。如王颖等从牡蛎中分离出一种具有抑制血小板聚集功能的含锌的肽，锌是非常重要的微量元素，在体内具有多种生理功能，尤其对婴幼儿的生长发育至关重要。于娅等通过酶法水解牡砺蛋白，经凝胶层析，发现相对分子质量在一定范围内的短肽对 ACE 具有较好的抑制作用。汪秋宽等利用木瓜蛋白酶和中性蛋白酶对牡蛎进行酶解和凝胶柱层析得到两种抗氧化肽，抗氧化活性分别达到了 83.6% 和 80.8%。Bordenave 等将太平洋牡蛎（*Crassostrea gigas*）用胃蛋白酶水解得到具有抑制 ACE 能力的水解产物，其 IC_{50} 为 72μg/mL。于娅等也通过酶法水解牡蛎，发现相对分子质量较大和较小部分的 ACE 抑制活性偏低，只有相对分子质量在一定范围内的短肽对 ACE 具有较好的抑制作用，质量浓度为 0.4mg/mL 的牡蛎功能短肽对 ACE 抑制率为 51.4%。

中国海洋大学用胰蛋白酶、S5317 酸性蛋白酶、黄海黄杆菌低温碱性蛋白酶、3942 中性蛋白酶和 2709 碱性蛋白酶 5 种蛋白酶酶解中国毛虾（*Acetes chinensis*，我国产量最大的海产虾类资源）蛋白，通过分析酶解产物的可溶性氮、总氮、苦腥味程度及对 ACE 的抑制活性，优选出酶解中国毛虾蛋白制备 ACE 抑制肽的最佳酶，并对中国毛虾活性肽的制备工艺进行了优化。Seki 等采用地衣芽孢杆菌（*Bacillus lichenifoanis*）碱性蛋白酶对虾、牡蛎等海洋食品蛋白进行酶解，获得了较高活性的 ACE 抑制肽。章超桦等采用胃蛋白酶酶解中国毛虾，得到了 ACE 抑制活性 IC_{50} 达 0.65mg/ml 的酶解产物，并且确定了其相对分子质量为 700 ~ 1900Da。Katano 等采用碱性蛋白酶（Alcalase）对珍珠贝（*Pinctada fucata martench*）肉进行酶解，动物试验表明酶解产物具有明显的降血压活性，经分离纯化得到 Phe - Tyr，Ala - Trp，Val - Trp 和 Gly - Trp 4 种 ACE 抑制肽。毋瑾超等研究表明，贻贝（Mussel）等水产蛋白为原料可开发具有高 ACE 抑制活性和显著降血压作用的降血压肽。

（2）抗氧化肽

He 等采用从 Bacillus sp. SM98011 分离得到的粗蛋白酶对小虾蛋白进行酶解后经超滤膜进行分离，结果显示：超滤后得到的相对分子质量低于 3kDa 的寡肽组分清除羟基自由基的抗氧化活性达到了 67.95%。曾庆祝等研究发现枯草杆菌蛋白酶和木瓜蛋白酶酶解扇贝边所得酶解物具有较好的羟基清除效果，清除率分别为 84.37% 和 79.93%。汪秋宽等利用木瓜蛋白酶和中性蛋白酶对牡蛎进行酶解和凝胶柱层析得到抗氧化肽，抗氧化活性可达到 83.6% 和 80.8%。Qian 等从牡蛎（*Caruis ostreae*）蛋白、Mendis 等从秘鲁鱿鱼（*Dosidicus gigas*）皮肤胶原蛋白的酶解产物中均分离得到了具有抗氧化活性的功能肽。这些抗氧化肽的抗氧化能力与 α - 生育酚、抗坏血酸等相比，在清除羟自由基、超氧阴离子、DPPH 自由基，抑制脂质自氧化方面，均优于这些现在广泛使用的天然抗氧化剂。此外研究证实有些抗氧化肽还具有抗癌、抗诱导及抗衰老等其他生物活性。如水解扇贝内脏而得到的抗氧化活性肽 PCF 具有明显的抗皮肤衰老及抗紫外线对皮肤损伤作用，并且对小鼠的肝脏和胸腺淋巴细胞的活性具有促进或保护作用。水解牡蛎得到的抗氧化肽对自由基引起的 DNA 损伤具有保护作用、对人肺成纤维细胞和巨噬细胞均无细胞毒性。

（3）抗肿瘤肽

多种天然海洋活性物质对肿瘤细胞具有明显的增殖抑制作用，近几年来，从虾贝类水解产物中分离出抗肿瘤多肽方面也取得了较大进展。洪鹏志等研究发现，翡翠贻贝肉蛋白酶水解物在实验剂量为 320mg/kg 体重时，对昆明小鼠移植性肿瘤 S_{180} 的抑瘤率可达 50.6%，且有增强免疫功能的活性。李鹏等从僧帽牡蛎匀浆液中分离提取到的天然活性肽 BPO - 1，实验表明能有效抑制人胃腺癌（BGC - 823）细胞增殖。李祺福等采用酸抽提方法得到的牡蛎低分子活性多肽组分 BPO - L，实验结果显示能有效抑制人肺腺癌 A549 细胞增殖活动，促

使细胞阻滞于 G_0/G_1 期。姚如永等从泥蛤水解液中制得的泥蛤多肽在 0.25～1.0g/L 内，对肿瘤细胞株 A549 和 Ketr-3 细胞的增殖和细胞蛋白质合成具有明显的抑制作用；在 100～400mg/kg 内，对小鼠 S_{180} 和 H22 的抑制率分别达到 29.35%～55.43% 和 26.87%～44.12%，明显延长 EAC 小鼠的生存时间。

（4）抗菌肽

在海洋虾贝类体内存在多种抗菌肽，目前对虾贝类抗菌肽的研究主要集中在贻贝。贻贝抗菌肽是一类小分子的阳离子抗菌肽，与人的中性粒细胞作用相似。在机体受到细菌感染后引起抗菌肽增加并在数小时迁移至感染部位，在感染部位吞噬细菌以发挥其抗菌活性。Mitta 等从蓝贻贝（*Mytilus edulis*）和地中海贻贝（*Mytilus galloprovincialis*）中分离到多种抗菌肽，根据一级结构的不同分为 4 种：防御素（defensin）、贻贝素（mytilin）、贻贝肽（myticin）和贻贝霉素（mytimycin）。其中防御素与贻贝肽主要对革兰氏阳性菌有抗菌活性，包括一些海洋无脊椎动物的病原体，抗革兰氏阴性菌和真菌的作用较弱。贻贝霉素有较强的抗真菌活性。贻贝素的同分异构体贻贝素 B、贻贝素 C、贻贝素 D 对革兰氏阳性菌和革兰氏阴性菌均有活性，而贻贝素 G1 只对革兰氏阳性菌有活性。刘尊英等用蛋白酶酶解紫贻贝，其中胰蛋白酶酶解液对于病原菌 Botryis cinerea 的抑菌率达 67.9% 以上。

4.2.1.2.2　海洋虾贝类消化酶类

目前对海洋虾贝类生物中酶类研究最多的是磷虾体内的消化酶，目前已取得一定的成果。

南极磷虾体内存在高效的消化系统，该系统能够降解各种蛋白质、多糖，并且降解迅速。该消化酶系统主要分布于磷虾的胃及肝脏中，包括 8 种酶，即 3 种丝氨酸类胰蛋白酶、1 种丝氨酸类胰凝乳蛋白酶、2 种羧肽酶 A、2 种羧肽酶 B。消化酶能够迅速降解各种蛋白质、多糖，甚至在较低温度下它们仍具有水解活性。Sjodahl 等发现胰蛋白酶样丝氨酸蛋白酶在 37℃ 时催化肌血球素的效率比牛胰蛋白酶高出 12 倍，在 1～3℃ 时高出 60 倍。除了良好的活性，磷虾蛋白酶表现出较强的稳定性。甚至在 45℃ 下储存 60d 仍有 40% 的活性。磷虾蛋白酶作为一种高效的复合酶，能够有效地去除坏死组织碎片，纤维蛋白及血痂等。Mekkes 等的研究表明，南极磷虾酶制剂在去除坏死组织方面的效果非常好，远高于医学上常用的生物制品如木瓜蛋白酶、纤溶素/核酸酶等。

相比于蛋白酶，对磷虾糖酶和酯酶的研究较少。1985 年，Turkiewicz 等在南极磷虾中首次提取出葡聚糖水解酶。它能够依靠自由巯基打开(1→3)-β-和(1→4)-β-连接，从而达到降解木聚糖、酵母甘露聚糖、海藻淀粉等含有这两种连接形式的物质。Turkiewicz 等在南极大磷虾胃内提取出另一类糖酶——木聚糖酶（endo-1,4-β-xylanases A 和 endo-1,4-β-xylanases B），并发现该酶在 37～40℃，pH5.7～6.0 时活性最高，且具有热不稳定性。另外，磷虾消化系统中酯酶主由位于磷虾消化道中的一种假交替单胞菌属嗜冷细菌产生。Cieslinski 等在南极磷虾中提取出酯酶，发现它可以降解短链和中链脂肪酸（C4～C10），并且，酯酶能够在 pH9～11.5 下保持稳定的催化活性，但是，其活性将会铜离子（Cu^{2+}）、镁离子（Mg^{2+}）、钴离子（Co^{2+}）所抑制，而被钙离子（Ca^{2+}）激活。

4.2.1.2.3　海洋虾贝类生物毒素

在中国广泛的海域里，生存有大量的有毒海洋动物，能产生大量极有价值的海洋生物毒素。有些毒素已成为合成新化合物的导向物、药物来源和开展生命科学研究的重要工具。许多毒素可作为神经、心血管系统疾病、癌症、受体病，遗传和免疫性疾病等疑难杂症的有效治疗药物，并可作为抗菌、抗病毒药及农业杀虫剂等。中国海域的蛋白、肽类毒素动物，腔肠动物主要包括水母 13 种、海蜇 15 种、珊瑚 1 种和水蛭 2 种共 32 种；软体动物主要包括芋螺 34 种、海兔 2 种、头足类 3 种，共 39 种；纽形动物 1 种；棘皮动物主要包括海星 2 种和海胆 8 种，共 10 种；鱼类主要包括毒腺鱼类 1 种、鱼皮毒素鱼类 2 种和刺毒鱼类 74 种，共 77 种；海蛇 15 种。这些毒素中，除鱼类毒素，芋螺毒素是研究最多、进展最快的一类海洋肽类毒素。

芋螺科动物多数具有毒腺，能分泌蛋白、肽类毒素，称为芋螺毒素（Conotoxins）。芋螺毒素目前是研究热点之一，其组成复杂，化学结构新颖，低分子肽，含 13 ~ 29 个氨基酸残基，含两对或三对二硫键，通过二硫键（ – S – S）高度交联，呈强碱性，是迄今发现的最小核酸编码的动物神经肽毒素。芋螺毒素结合在神经和肌肉的受体上，具有"高亲和力、高度专一"特点，是神经科学十分有效的探针。临床上用作特异诊断试剂，作为镇痛药具有疗效确切、不成瘾特点。数种芋螺毒素已申请美国专利。按其作用靶位不同分为 α，ω，μ，δ 等亚型，每种亚型仍可细分。对芋螺毒素的结构、药理和构效关系的研究主要集中在 α，ω – 芋螺毒素上，对其他亚型研究较少。其中 ω – 芋螺毒素为突触前毒素，其作用的靶分子部位是神经末梢突触前的电压敏感性钙通道（Voltage – sensitive Ca^{2+} channel），具有强烈的毒性和 β – 银环蛇毒（β – Bungaro toxin）相似，阻断神经传导，使捕获麻痹。目前的最新质谱技术可精确测定仅 1 ~ 2pmol 芋螺肽的相对分子质量和初级结构，甚至不经层析分离就可以分析混合物。因此芋螺毒素的研究进展很快，除了发展几种新芋螺毒素外，对毒素的高级结构、药理和构效关系也进行了大量研究工作。目前，芋螺毒素作为不成瘾镇痛药已在欧美国家使用，最近 Luna – Ramirez 等采用 HPLC 技术从 Conus spurius 分离纯化了一种芋螺毒素肽 sr7a，并运用氨基酸自动测序的技术得到了此毒素肽的氨基酸序列，并测定了其活性，sr7a 的发现作为无成瘾性镇痛药，在医药开发领域具有广阔的发展前景。

4.2.2　海洋藻类蛋白质加工技术与功能

海洋藻类是海洋天然活性物质的主要来源之一，具有陆生生物不具备的生长条件及生理、生化特性，是重要的海洋初级生产者。海藻是海洋中分布最广的生物，从微小的单细胞生物到长达数十米的巨藻，种类繁多，约 1000 种。海藻的蛋白质含量由于品种不同而有所差异。一般来说，棕海藻的蛋白质含量（干重 3% ~ 15%），比绿海藻或者红海藻（干重 10% ~ 47%）低。除了裙带菜的蛋白质含量为 11% ~ 24% 外，大部分被工业开发的棕海藻蛋白质含量均低于干物质的 15%。许多绿海藻，例如石莼属，其蛋白质含量为干物质的 10% ~ 26%。红海藻的蛋白质含量更高，如甘紫菜蛋白含量为干物质的 47%，而红毛藻蛋白质则达到了 45%。海水驯化的螺旋藻、小球藻中的蛋白质含量甚至达到了 65% 以上，这些藻类蛋白质含量比大豆还要高，因此大海是一个丰富的蛋白质宝库。

海藻蛋白具有多种生理活性。如在美国圣地亚哥召开的第 105 次美国胸腔学会会议上宣布的一项新研究，发现海藻中的一种蛋白质有助于治疗非典（SARS）病毒感染。据《印度时报》2009 年 5 月报道，美国艾奥瓦大学的研究人员发现，接受过海藻 GRFT 蛋白的实验鼠，暴露于 SARS 冠状病毒（SARS – CoV）之后，其幸存率为 100%；而未接受 GRFT 蛋白的实验鼠感染 SARS 病毒后，幸存率仅为 30%。GRFT 蛋白能发挥其抗病毒效果，是因为它可以改变病毒包膜外糖分子形状，遏制病毒进入人体细胞，并"接管"病毒细胞"自我复制机制"，对病毒遗传进行修改，使其丧失致病能力。研究还发现，GRFT 蛋白不仅可阻断病毒分裂复制，且可防止患者体重下降等"病毒感染次生灾害"。该结果对研究新方法以遏制 SARS 或其他冠状病毒流行有重要指导意义。又如，2011 年发表在《农业与食品化学》杂志上的一篇研究显示，海藻中的蛋白质同牛奶与乳制品中的生物活性肽一样，具有降血压的功效，其作用方式类似于血管紧张素转化酶抑制剂。研究人员表示，目前大多数生物活性物质来自牛奶产品，然而海藻含有大量的生物活性肽，它是一种被忽视的生物活性肽的资源。得益于良好的生长环境，海藻可产生独特的生物活性物质，由于海藻种类繁多、生长环境良好、易于培养，这使得海藻成为待开发生物活性成分的一种资源。目前，海洋藻类已在医药、食品、工业等各个领域得到广泛的应用，并有广阔的开发前景。

4.2.2.1　海洋大型藻类（海藻类）

海藻是生长在海中的藻类，是植物界的隐花植物，藻类包括数种不同类以光合作用产生能量的生物。藻类是一种原生植物，一般被认为是简单的植物，主要特征为：无维管束组织，没有真正根、茎、叶的分化现象；不开花，无果实和种子；生殖器官无特定的保护组织，常直接由单一细胞产生孢子或配子；以及无胚胎的形成。由于藻类的结构简单，所以有的植物学家将它跟菌类同归于低等植物的"叶状体植物群"。根据藻类所含色素的不同，它可被分为蓝藻、绿藻、黄藻、红藻和褐藻等。

海藻药用和食用的历史可以追溯到公元前 3000 年。中国著名的医学家神农就曾在书中描述过海藻的好处。希腊和罗马文学也曾提及某些藻类的营养及药用价值。海藻含有一种特殊的蛋白质称为亲糖蛋白，它对特定糖类具有亲和性而与之非共价结合。亲糖蛋白和细胞膜糖分子结合后会造成细胞沉降现象，因此是一种凝集素。海藻含有凝集活性物质是在 1966 年才被提出，随后的研究发现海藻的亲糖蛋白不但可以凝集红血球、肿瘤细胞、淋巴球、酵母、海洋细菌及单细胞蓝绿藻，也能促进小老鼠及人体淋巴球分裂作用。一些红藻如盾果藻、龙须菜、红翎菜及旋花藻的亲糖蛋白便具有这种作用。海藻亲糖蛋白能激活淋巴细胞，因而和免疫机能有密切关联。随后的研究陆续发现有些海藻亲糖蛋白能抑制肿瘤细胞的增殖，如抑制白血病细胞株及老鼠乳癌细胞的增长。可预期的是海藻亲糖蛋白未来在免疫系统机能诊断、肿瘤形成及转移诊断及其他临床应用上，具有很大潜力。

海藻中含有具有抗菌、抗病毒及杀伤肿瘤细胞等多重功能效应的生物防御素。如从海藻中提取的毒素肽，具有溶解细胞毒和神经毒等活性，可影响脑垂体细胞静止期的钙离子通道、提高电压敏感性钙离子通道的释放，促进脑内激素如催乳素的分泌增加而产生作用。从海藻中分离得到另一种具有细胞毒活性的环肽，它对 X5536 骨髓瘤细胞的抑制效果达到 35%。这些生物防御素由于分子小并具有稳定的分子结构等优点，为当今研制多肽新药提供了理想的分子设计骨架和模板。

4.2.2.1.1　海藻非蛋白质氨基酸

非蛋白质氨基酸是相对于组成蛋白质的 20 种常见氨基酸而言，指除组成蛋白质的 20 种常见氨基酸以外的含有氨基和羧基的化合物。非蛋白质氨基酸多以游离或小肽的形式存在于生物体的各种组织或细胞中。非蛋白质氨基酸多为蛋白氨基酸的取代衍生物或类似物，如磷酸化、甲基化、糖苷化、羟化、交联等。除此之外，还包括 D - 氨基酸及 β、γ、δ - 氨基酸等。据统计，从生物体内分离获得的非蛋白质氨基酸已达 700 多种，在动物中发现的有 50 多种，植物中发现的约 240 种，其余多存在于微生物中，其中已测定分子结构的有 400 多种。非蛋白质氨基酸在生物体内可参与储能、形成跨膜离子通道和充当神经递质，并在抗肿瘤、抗菌、抗结核、降血压、升血压、护肝等方面发挥极其重要的作用。非蛋白质氨基酸还可以作为合成其他含氮物质的前身，如抗生素、激素、色素、生物碱等。海藻非蛋白质氨基酸主要是指从海藻中分离获得的非蛋白质氨基酸，是海藻中的一类重要生物活性物质。

海藻非蛋白质氨基酸根据其结构可分为酸性、碱性、中性氨基酸和含硫氨基酸。表 4 – 11 中总结了近年来在海藻中发现的非蛋白质氨基酸。

表 4 – 11　海藻中已知的非蛋白质氨基酸

非蛋白质氨基酸	英文名称
3 – 氨基戊二酸	3 – Amino – glutaric acid
杉藻氨酸	Gigartinine
海带氨酸	Laminine
海葵毒素	Palythine
3 – 羟基 – D – 半胱磺酸	D – Cysteinolic acid
3 – 氨基丙烷磺酸	3 – Arninopropane sulfonic acid
3 – 氨基 – 2 – 羟基丙烷磺酸	3 – Amino – 2 – hydroxypropane sulfonic acid
角叉菜氨酸	Shinorine
甘紫菜酸	Teneraic acid
L – 鸟氨酸	L – Ornithine
L – 瓜氨酸	L – Citrulline
胱硫醚	Cystathionine
羊毛硫氨酸	Lanthionine
索藻氨酸	Chordaine
甲硫氨酸亚砜	Methionine sulfoxide
N – 甲基甲硫氨酸亚砜	N – Methylmethionine sulfoxide
S – 羟甲基高半胱氨酸	S – Hydroxymethyl homocysteine
1 – 甲基 – L – 组氨酸	1 – Methyl – L – histidine
β – 丙氨酸	β – Alanine
γ – 氨基丁酸	γ – Aminobutyric acid
2 – 哌啶酸	Pipecolic acid
1 – 氨基环丙烷 – 1 – 羧酸（ACC）	1 – Aminocyclopropane – 1 – carboxylic acid
L – 氮杂 – 2 – 环丁烷羧酸	L – Azetidine – 2 – carboxylic acid
5 – 羟基 – 2 – 哌啶酸	5 – Hydroxypipecolic acid
蓓豆氨酸	1, 2, 3, 6 – Tetrahydro – pyridine – 2 – carboxylic acid
3 – 磺 – L – 酪氨酸	3 – Iodo – L – tyrosine
软骨藻酸	Domoic acid
2,5 – 二羧吡咯烷	2,5 – Pyrrolidinedicarboxylic acid

非蛋白质氨基酸	英文名称
γ-脒基丁酸	γ-Guanidinobutylic acid
甲基牛磺酸	N-Methyltaurine
海人草酸	Kainic acid
牛磺酸	Taurine
N，N-二甲基牛磺酸	N，N-Dimethyl taurine
D-甘油牛磺酸	D-Glyceryltaurine
幅叶藻氨酸	Petalonine
软骨藻氨酸	Chondrine
叉枝藻氨酸	Gongrine
红藻酸	Rhodoic acid
蜈蚣藻氨酸	Grateloupine
舌状蜈蚣藻氨酸	Livdine

（1）海藻非蛋白质氨基酸的生物合成

非蛋白质氨基酸因其结构多样、种类繁多，其合成途径也复杂多样。但海藻非蛋白质氨基酸的生物合成途径主要有三种。①基本氨基酸合成后的修饰：即基本氨基酸在生物体内合成后，经过酶促反应简单修饰后而得到的衍生物。如γ-氨基丁酸是L-谷氨酸在L-谷氨酸脱羧酶作用下形成的，牛磺酸是γ-氨基丁酸、半胱氨酸通过氧化脱羧后形成等。②基本氨基酸代谢中间产物：即生物体在基本氨基酸合成代谢和分解代谢过程中产生的代谢中间产物或前体物质；如鸟氨酸和瓜氨酸是合成精氨酸的前体，β-丙氨酸是维生素泛酸的前体；还有些非蛋白质氨基酸只是基本氨基酸合成代谢中短暂存在的中间产物。除了合成代谢，基本氨基酸在分解代谢中也可通过脱羧作用产生许多重要的胺类或其他高级同系物。③L-氨基酸的消旋：许多生物体中L-氨基酸和D-氨基酸均存在，如首次从多管藻中分离出的3-羟基-D-半胱磺酸、从细喙杉藻中分离出的D-甘油牛磺酸等，它们以游离或结合成小肽的方式存在于生物体内。D-氨基酸多数是由L-氨基酸经消旋酶催化消旋后形成，并随后掺入肽键。

（2）海藻非蛋白质氨基酸的生物功能

非蛋白质氨基酸与常见的二十种天然氨基酸具有不同的结构特征，如非α位氨基取代，氮甲基化，α位、β位烷基取代，含卤素、羟基或氰基等取代基，含杂原子，亚胺型等。非蛋白质氨基酸结构上的差异性导致了其大多具有独特的生理活性。非蛋白质氨基酸在生物体内可参与储能、形成跨膜离子通道、充当神经递质，还可以作为合成其他含氮物质如抗生素、激素、色素、生物碱等的前身。例如，γ-氨基丁酸属于氨基酸类神经递质，对中枢神经系统具有抑制作用，它是谷氨酸经α-脱羧后的产物，可增加突触后神经细胞膜的钠离子通透性，并可使神经膜超极化。部分非蛋白质氨基酸还具有毒性作用，如海葵毒素、软骨藻酸都是重要的神经毒素，具有极强的毒性。海藻特殊的生长条件及生理、生化特性，使海藻非蛋白质氨基酸还具有清热、解毒、驱虫、降血压、防癫痫等特殊的生物功能。

（3）海藻非蛋白质氨基酸的应用

非蛋白质氨基酸作为抗癌药、抗菌素、酶制剂、激素等在医药、保健方面的应用日益受到人们的关注，其作为药物的种类已经超过蛋白质氨基酸，而且在开发新药方面具有良好的前景。目前具有潜在药用价值的海藻非蛋白质氨基酸见表4－12。

表 4－12　有潜在药用价值的海藻非蛋白质氨基酸

氨基酸名称	结　　构	功　能
蜈蚣藻氨酸	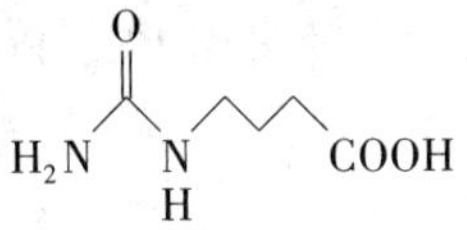 $H_2N-\underset{H}{N}-C(=O)-\cdots-COOH$	清热、驱虫
舌状蜈蚣藻氨酸	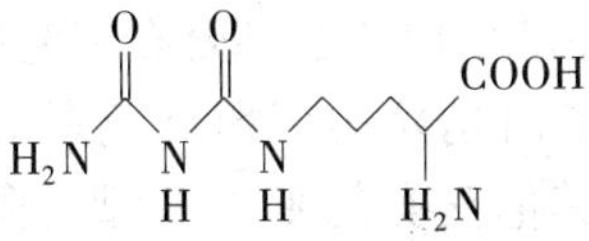 $H_2N-\underset{H}{N}-C(=O)-\underset{H}{N}-C(=O)-\cdots-\underset{NH_2}{CH}-COOH$	清热、驱虫
瓜氨酸	$H_2N-CO-NH-(CH_2)_3-\underset{NH_2}{CH}-COOH$	解氨毒、护肝
鸟氨酸	$H_2N-(CH_2)_3-\underset{NH_2}{CH}-COOH$	解氨毒、护肝
鹧鸪菜酸	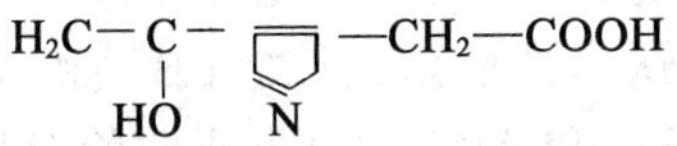 $H_2C=\underset{HO}{C}-\langle环\rangle-CH_2-COOH$	抗丝虫
软骨藻酸	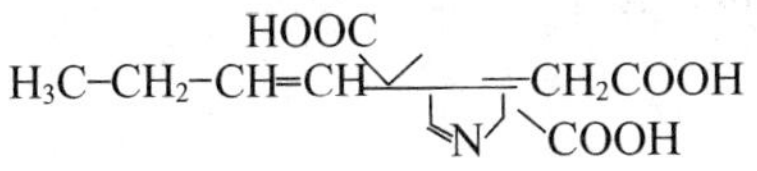 $H_3C-CH_2-CH=CH-\langle环\rangle-CH_2COOH$（含HOOC、COOH、N）	驱虫、杀虫
海人草酸	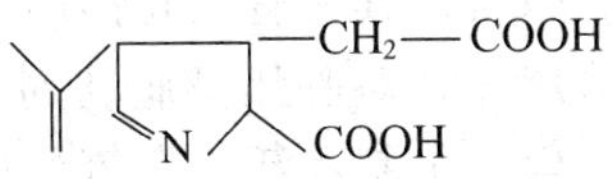 含CH_2—COOH、COOH的吡咯环结构	驱虫、杀虫、防癫痫
褐藻氨酸	$(CH_3)_3\overset{+}{N}-(CH_2)_4-\underset{NH}{CH}-COOH$	降血压作用

非蛋白质氨基酸在饮食业中也得到较好的应用。牛磺酸是婴、幼儿营养至关重要的营养强化剂，它对婴、幼儿大脑发育、神经传导、钙的吸收以及视觉机能的完善都具有良好的作用。目前在发达国家如美国、日本等将适量的牛磺酸加入专供婴、幼儿食用的奶粉、牛奶中，使其营养价值接近母乳。牛磺酸已作为条件性必需营养素在这些国家被列为合法的食品添加剂。牛磺酸在美国亦作为宇航员、飞行员、运动员、矿工等行业人员专供食品的优质添加剂，对增强体质、解除疲劳、预防疾病、提高工作效率等有独特的保健作用，牛磺酸在美国食品和饮料业中的消费量已大大超过其在医药方面的用量。另有研究报道，补充适量的β－丙氨酸可消除运动员疲劳，提升肌肉活动能力，这主要是因为β－丙氨酸有助于提升肌肉

组织内肌肽的含量，但如果 β－丙氨酸摄入量超过 10mg/kg 体重，将诱发机体感觉异常。

4.2.2.1.2 海藻中的藻胆蛋白

藻胆蛋白（phycobiliprotein，PBP）是藻类特有的捕光色素蛋白，在海藻细胞内，藻胆蛋白吸收太阳光能后，能将 70%～80% 的能量传递给叶绿素 a，藻胆蛋白的吸收光谱在 450～650nm，正好填补了叶绿素 a 吸收不到的光谱。藻胆蛋白根据藻胆色素光谱性质和来源主要分为藻红蛋白（Phycoerythrin，PE）、藻蓝蛋白（Phyeocyanin，PC）、别藻蓝蛋白（Allophycocyanin，APC）和藻红蓝蛋白（Phyeoerythrocyanin，PEC）四种，但是经过氨基酸序列和免疫交叉结果分析显示 PEC 属于 PC。三种蛋白 PE、PC 和 APC 分别呈现红色、蓝色和紫罗兰色的荧光。

（1）藻胆蛋白的组成

藻红蛋白和藻蓝蛋白均由辅基与脱辅基蛋白相互结合在一起的，辅基是藻胆色素（phycobilin）或发色团（chromphore）。藻红蛋白是藻胆蛋白红色素的主要成分，主要由海藻中的红藻产生，多数红藻产生的为 R 型，其他藻类的则为 B 型，藻红蛋白达到色素蛋白质含量的 50% 以上。R－藻红蛋白是由脱辅基寡聚蛋白与开链的四吡咯发色团共价结合而成，组成寡聚蛋白的亚基有 α、β、γ 等，通常红藻中的藻红蛋白是以 $(\alpha\beta)_6\gamma$ 形式存在，结合在亚基半胱氨酸残基上的色素分子有藻红胆素（PEB）和藻尿胆素（PUB），由于色素分子的存在，藻红蛋白在可见光区 480～570nm 波段有较强的吸收，其在 498nm 和 565nm 有特征吸收峰，而在 540nm 有吸收肩或吸收峰，据此把 540nm 处有吸收肩的称为 Ⅰ 型，540nm 处有吸收峰的称为 Ⅱ 型。其荧光发射峰在 580nm 左右，而也有学者认为吸收肩峰在 535nm。藻蓝蛋白和别藻蓝蛋白是蓝色素的主要成分，主要在蓝藻中存在，尤其是螺旋藻、藻蓝蛋白和别藻蓝蛋白仅有 α、β 亚基组成，一般认为藻蓝蛋白以 $(\alpha\beta)_3$ 和 $(\alpha\beta)_6$ 形式存在，而别藻类蛋自仅以 $(\alpha\beta)_6$ 形式存在。螺旋藻 PC 和 APC 的可见吸收峰分别在 620nm 和 650nm 处，室温荧光发射峰分别在 646nm 和 657nm 左右。

（2）藻胆蛋白的生物活性

① 抗肿瘤和抗突变作用

藻胆蛋白是一种重要的光动力药物的原料，其具有捕光作用即光敏作用，可作为光敏剂用于辅助激光治癌，用于肿瘤和光动力治疗。它对肿瘤细胞比对正常细胞有更强的亲和力，当它富集在病灶部位后，便吸收光高效产生自由基和活泼态氧，从而杀伤肿瘤细胞，且它只有光毒性而没有暗毒性，在人体内代谢快。藻胆蛋白介导的光动力反应能够有效的抑制肿瘤细胞 DNA 合成并杀伤癌细胞。张永雨等采用骨髓微核试验研究了龙须菜藻红蛋白粗提物对小鼠抗突变作用，并初步探讨了藻红蛋白对荷 S_{180} 肉瘤小鼠的抑瘤效果。结果表明，藻红蛋白粗提物可使环磷酰胺诱发的小鼠骨髓嗜多染红细胞（PCE）微核率明显降低，具有显著的抗突变作用，且呈现一定的剂量效应关系，其对小鼠 S_{180} 实体瘤的抑瘤率为 44%。日本学者研究发现，给接种肝癌细胞的小鼠口服藻蓝蛋白后，小鼠存活率比不给药组明显提高，并发现口服藻蓝蛋白组的淋巴细胞活性高于不给药组，这说明藻蓝蛋白对免疫系统有某种刺激和促进作用。

② 抗氧化和提高免疫力活性

1998 年，Romay 等率先报道从蓝藻 Arthospira maxima 中提取的藻蓝蛋白具有抗氧化作用。他们的研究结果表明，藻蓝蛋白能清除 OH— 和 RO— 自由基。藻蓝蛋白还能抑制肝脏微粒脂过氧化物生成。张素萍等用竞争反应动力学方法研究 3 种藻胆蛋白对羟基自由基的清除作用，结果表明 3 种藻胆蛋白对羟自由基有很强的清除作用。藻胆蛋白能提高淋巴细胞活性，通过淋巴系统提高机体免疫力，增强机体的防病抗病能力。陈关珍采用硫酸铵沉淀的方法提取龙须菜藻胆蛋白粗提物，并通过测定小鼠腹腔巨噬细胞的吞噬能力及小鼠脾、胸腺指数和血红细胞 SOD 活性及血清过氧化脂质（LPO）含量，探讨龙须菜藻胆蛋白粗提物对小鼠免疫功能和抗氧化能力的影响。结果显示，藻胆蛋白粗提物能够有效增强小鼠腹腔巨噬细胞的吞噬能力且能显著提高血红细胞 SOD 的活性，降低 LPO 含量，说明龙须菜藻胆蛋白粗提物能够提高小鼠免疫能力和抗氧化作用。

（3）藻胆蛋白的应用

① 荧光探针

藻胆蛋白的三种主要成分各自具有特征激发光谱，如藻红蛋白荧光强度比常用的荧光素强 30 倍，其检测灵敏度可提高 5～10 倍，近年来藻胆蛋白荧光探针的开发尤为引人注目。由于藻红蛋白 γ 亚单位的稳定作用，荧光特性较为理想，是最为常用的荧光探针，研究也比较多。藻红蛋白可用于荧光显微检测、荧光免疫检测、双色或多色荧光分析，在临床诊断和生物工程研究中有广泛用途。以往常用的放射性同位素标记因半衰期短、需要防护、废物处理困难等缺点正在被荧光标记法所取代。美国的 Sigma 公司、Molecular Probe 公司和德国的 Boehringer 公司都推出了自己的产品。我国一些科研机构也对藻胆蛋白进行了研究，如北京大学生命科学院利用藻蓝蛋白单体与纯化的 DF I 抗体进行偶联，偶联物再纯化得到藻蓝蛋白标记的抗体，为荧光探针。中科院化工冶金研究所和中科院海洋研究所等单位也进行了藻胆蛋白的荧光标记物和诊断试剂的研制，对诊断试剂和诊断试剂盒（荧光试剂的筛选、标记、检测技术等）进行了研究，有望得到用于取代其他荧光标记以及酶标记的一种技术和一种普及型藻胆蛋白标记乙肝病毒表面抗原诊断试剂盒。

② 天然色素

随着食品、化妆品及医药工业的发展，人们对食用色素的需求量不断增大。合成色素具有色泽鲜艳，着色力强，稳定性好，易于溶解调色，成本较低等优点，但合成色素多数有毒性，甚至有致癌、致畸等严重后果。而天然色素则有合成色素所没有的优点：如绝大多数天然色素无毒副作用，安全性高；天然植物色素具有一定的营养作用，如 β - 胡萝卜素既是维生素 A 的前体物质，具有维生素 A 的生理活性，又有着良好的着色双重功能；天然色素具有一定的药理功能，有些天然色素具有保健防病等功效，如红花黄色素，不但可着色，还可用于治疗心血管系统疾病。藻红蛋白由于有天然的红色，而藻蓝蛋白具有天然的蓝色，别藻蓝蛋白具有天然的紫罗兰色，因此适合作为天然色素添加剂，例如藻红蛋白已成为具有较高商业价值的天然色素蛋白，有很好的着色能力且无毒，在食品软饮料和化妆品中广泛应用；藻蓝蛋白有较高的营养，别藻蓝蛋白含有 8 种人体必需的氨基酸，可以作为食品营养添加剂。

③ 光敏剂

肿瘤光动力治疗（Photodynamic therapy，PDT）又称肿瘤光化学治疗，是光敏剂结合光照治疗肿瘤的新手段。其原理是利用光敏剂在一定波长的光照下，产生单线态氧等活性氧组分，这些分子可对生物大分子（蛋白质和 DNA 分子）产生破坏作用，直接进入肿瘤细胞。研究人员经过大量实验证实，藻红蛋白荧光量子产率极高，对游离组织的杀伤力强，是一种理想的光敏剂，其介导的光敏反应能够有效地杀伤肿瘤细胞，起到治疗肿瘤的作用，而藻红蛋白由于其优良的光学活性，成为开发藻胆蛋白光敏剂中研究的热点。也有研究发现，藻蓝蛋白对一些癌细胞有抑制作用。

由于藻胆蛋白的生物活性广泛，所以具有良好的应用价值；而且我国的海域宽广，藻类产量很大，藻类资源十分丰富。目前对藻胆蛋白的基础研究取得了一些重要的进展，同时由于其广泛的应用前景，已成为各学科的研究热点，备受人们的关注。

4.2.2.2 海洋微型藻类

海洋微型藻类，简称海洋微藻，是指在显微镜下才能辨别其形态的微小的藻群，有 2 万多种，一类原始的植物，是海洋生态系统中主要的初级生产者，也是重要的海洋生物资源。微藻遍布全球海洋的每一部分，种类多、数量大、繁殖快。微藻的很多种类具有很高的经济价值，在海洋生态系统的物质和能量的循环中起着极其重要的作用。海洋微藻的代谢影响着整个海洋生态系统的生产力，与水产养殖、生态环境、污染治理、工业生产密切相关。微藻本身营养丰富，富含蛋白质，是单细胞蛋白（Single Cell Protein，SCP）的重要来源，可以作为鱼类、贝类等育苗的开口饵料。随着全球温室气体的增加，海洋微藻因数量大、繁殖快、生长迅速，在生物量积累的过程中能大量吸收二氧化碳等诸多优点，很多科学家开始研究把微藻应用于节能减排。而且由于海洋微藻富含能产生蛋白、多糖、脂肪、类胡萝素等生物活性物质，因而在食品、医药、农业及工业生产等领域具有重要开发价值。大量事实表明，海洋微藻是新型生物活性物质和先导化合物的来源，也是其他有应用价值的医药品的重要来源。

海洋微藻蛋白质

微藻中部分蓝藻与绿藻的蛋白质含量很高，可作为 SCP 重要来源中小球藻、螺旋藻备受重视。小球藻属中以蛋白核小球藻（*Chlorella pyrennidosa*）蛋白质含量最高，一般不低于50%，明显高于植物蛋白源。螺旋藻在蛋白质品质及生产技术方面更为优越，它的蛋白质含量高达 60% ~70%，其蛋白质含量在地球上所有动植物中最高，其蛋白质基本上是水溶性的，极易为人体消化吸收，消化吸收率可达 85%，螺旋藻的蛋白质由 18 种氨基酸组成，其氨基酸组成比例非常理想，其中 8 种必需氨基酸含量接近或超过 FAO 推荐的标准，含有丰富的赖氨酸、苏氨酸和含硫氨基酸（蛋氨酸和胱氨酸）等为人和动物必需氨基酸，这几种氨基酸正是谷物蛋白质中所缺乏的。

微藻蛋白质具有一定的生物学活性，如 Humberto J. Morris 等发现，自 *Chlorella vulgaris* 分离出一种蛋白质的水解物具有激发 T 细胞依赖的抗体反应和促进迟发性过敏反应后的恢复，从而增强免疫作用。魏文志等通过反复冻融、细胞破碎、离心、盐析和凝胶层析，从小球藻中得到两种蛋白质（Pro I 和 Pro II），经 SDS 聚丙烯酰胺凝胶电泳显示为单条带，相对分子质量分别为 20.2 ku 和 20.4 ku。紫外可见光谱显示，Pro I 在 280 nm 有一特征吸收峰，Pro II 在 280 nm 和 675 nm 处各有一特征吸收峰。体外设计清除超氧阴离子自由基和羟自由基，结果显示，两种蛋白质能清除超氧阴离子自由基，黑暗条件下能清除羟自由基，但光照条件下生成羟自由基。即小球藻蛋白质对自由基的清除作用是有条件的，具有生成和清除的双重功能。这与周站平等报道的钝顶螺旋藻别藻蓝蛋白在光照下具有生成羟自由基的能力，而在黑暗下却表现为清除羟自由基的实验结果是相似的。小球藻蛋白质是小球藻的捕光色素蛋白，光照条件下，当存在适当的电子供体或电子受体，小球藻蛋白质能给出电子，从而产生自由基。在黑暗条件下，小球藻蛋白质与羟自由基反应的速率大于脱氧核糖，保护了脱氧核糖免受氧化损伤，从而具有清除自由基的作用。

海水小球藻的蛋白质提取物具有一定的体外抑菌效果，并且其抗真菌活性明显大于抗细菌活性。值得关注的是，小球藻蛋白质往往同其胞内多糖复合成为糖蛋白，从而体现出显著的抗氧化、抗肿瘤功效。

Piorreck M 研究了小球藻培养基成分与藻体细胞中成分含量之间的关系，通过控制培养基成分从而获得了高蛋白小球藻。Raruazauov A 筛选出低淀粉含量的小球藻突变种，从而获得了富含蛋白质的小球藻优良品系。

4.2.2.3　海洋微藻藻胆蛋白

藻胆蛋白（PBP）是藻类特有的捕光色素蛋白，具有抗氧化、提高机体免疫力和抗肿瘤等重要生理功能，是保健品及药品等的重要资源。藻胆蛋白的提取原料来自于红藻和蓝藻，目前研究较多的是红藻中的紫球藻和蓝藻中的螺旋藻。新鲜海藻中藻胆蛋白含量要比晒干或加工后的含量高。藻胆蛋白一般最高含量约为海藻干重的 2% 左右，但一些经过培养的螺旋藻，其藻胆蛋白含量可达干重的 18%～28%。螺旋藻藻胆体内仅含有别藻蓝蛋白和藻蓝蛋白，螺旋藻藻胆蛋白是由脱辅基蛋白（Apoprotein）通过一个或两个硫醚键共价连接藻蓝素（Phycocyanobilins，PCB）组成的（见图 4 – 17）。

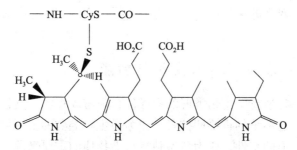

图 4 – 17　藻蓝素的分子结构示意图

在螺旋藻藻胆体内，PC 一般以（αβ）$_3$ 和（αβ）$_6$ 存在，APC 以（αβ）$_3$ 存在。在捕获及传递光能的能力方面，随着聚集程度的增加越来越强。其藻胆蛋白呈圆盘状叠在一起，由 PC 组成藻胆体的"棒"（Roa）亚结构，APC 组成藻胆体的"核"（Core）亚结构，"棒"呈现辐射状地排列在"核"的外周（见图 4 – 18）。

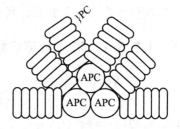

图 4 – 18　螺旋藻藻胆体结构示意图

紫球藻细胞内含丰富的藻红蛋白及藻蓝蛋白，藻红蛋白占藻胆蛋白 84%，其中以 B – 藻红蛋白含量最多。紫球藻 B – 藻红蛋白 38 个藻胆红素，而且每 240kDa 至少有 2 个藻尿胆素非肽基基团，B – 藻红蛋白由 3 个不同的亚基组成，这三个不同的亚基形成一个（αβ）$_6$ γ 聚合体。α 亚基包括 164 个氨基酸残基，β 亚基包括 177 个氨基酸残基，αβ 亚基有单独的藻红素载色体，而 γ 亚基有藻红素和藻尿胆素。

微藻藻胆蛋白除了可以作为一种天然的蛋白质资源外，在改造高等植物光合作用提高光合作用利用率等方面也显示出了巨大的潜在应用价值。近年来，微藻藻红蛋白在其他领域中也逐渐显示出强大的应用前景，如藻红蛋白颜色鲜艳，作为天然色素用于食品和化妆品工业，不会对人体造成伤害。而且藻红蛋白特有的红色，可以与藻蓝蛋白以不同比例混合，达到其他天然色素或人工合成染料所达不到的着色效果。目前，藻红蛋白色彩特性最大的用途是在荧光免疫学、诊断用荧光标记、光动力治疗领域等方面。从螺旋藻中分离出的藻蓝蛋白能有效清除硝酸过氧化物，从而起到避免 DNA 遭到氧化损伤的作用。

微藻藻胆蛋白具有一定的生理活性。如张成武等研究发现螺旋藻藻蓝蛋白对人白血病细胞株 HL-60，K-562 和 U-937 均有不同程度的抑制作用，且浓度越高的螺旋藻藻蓝蛋白抑制作用越强。Reddy 等研究得出藻蓝蛋白可选择性地抑制环过氧化物酶的活性。Ricardo Gonzalez 等用 4% 醋酸诱导老鼠患结肠炎，再用不同浓度的藻蓝蛋白和 5-对氨基水杨酸（5-aminosalicylic acid，5-ASA）进行处理。结果表明，藻蓝蛋白具有显著的抗炎活性，经过处理后的小鼠的肠微绒毛与正常的几乎一样，但是活性要低于 5-对氨基水杨酸。Vadira-ja B Bhat 等做过利用藻蓝蛋白对过氧亚硝酸盐阴离子（ONOO⁻）进行清除的研究，结果表明：通过藻蓝蛋白和它的发色团——藻蓝色素的相互作用，可以有效地将 ONOO⁻ 阴离子进行清除。Pinero Estrada J E 等研究了提取物的抗氧化活性，通过羟基基团的清除活性来衡量。随着藻蓝蛋白含量的增加，它的抗氧化活性也会得到相应地增加。因而可以推断，藻蓝蛋白是与抗氧化活性有着主要相关性的成分。

此外，微藻藻胆蛋白还具有抗辐射作用、促进细胞生长和免疫调节等。另外藻胆蛋白除了生理活性外它还具有较强的荧光性，在作为荧光标记使用方面，藻胆蛋白有着很大的发展空间。

4.2.3 海洋细菌蛋白加工技术与功能

海洋复杂的结构特征造就了生物类群的多样性，浮游动植物、真核原核微生物及海洋病毒等共同构成了海洋生态系统的重要调控者。作为微生物类群的主要发言者，海洋细菌有着其他生态系统成员不具有的特性，成为新型独特活性物质的重要来源。起步的相对滞后使得海洋活性物质中的蛋白及肽类研究报道不如陆地来源的多。但随着资源的不断开发利用，海洋研究领域发展迅速；同时，随着后基因组时代的到来，蛋白研究领域相当活跃，关于海洋细菌类活性蛋白及多肽的研究报道与日俱增。

4.2.3.1 海洋细菌活性蛋白及活性肽的制备

（1）活性蛋白的制备

利用生化分离手段是制备海洋天然蛋白最为普遍的途径，常用的分离方法包括以下几种：硫酸铵/丙酮梯度/衡浓度沉降盐析，富集蛋白；有机溶剂如乙醇、乙酸乙酯等抽提将蛋白与其他化合物分开；经各种浓缩获得较高浓度的蛋白样品；根据蛋白相对分子质量、极性等理化性质采用离子交换层析法、凝胶过滤法、亲和层析法、薄层层析等柱层析技术分离特异蛋白样品。另外，检测蛋白相对分子质量的 SDS-PAGE、检测蛋白等电点的等电聚焦技术、测定 N-端序列的 Edam 法等也较多用于蛋白质理化性质的表征。如枯草杆菌蛋白酶 BSF1 经 CM-琼胶糖凝胶柱层析、10kDa 超滤膜浓缩及 G-100 葡聚糖凝胶柱层析而获得，纯化 4.97 倍，相对分子质量 28kDa，N-端 11 个氨基酸为 AQSVPYGISQI。如今，也有许多新型活性蛋白的发现与获得是通过诱导差异表达的蛋白图谱追踪以及基因工程构建重组蛋白表达等来实现的。而在后续蛋白成分鉴定中，常结合使用正反相 HPLC、MS 技术以及 NMR 技术等。

（2）活性肽的制备

对于海洋活性肽类，国内外研究者主要是通过2种途径获得。其一为直接从海洋微生物中通过各种生化分离手段获取天然肽类，这在一些新型活性肽类中应用较多，如 Salvatore 等从海绵 *Ircinia variabilis* 共生菌中对环二肽（DKPs）的色谱质谱分析，Rosengren 等关于小于100个氨基酸的多肽类毒素的 NMR 研究。由于天然活性肽含量低，通过直接分离而获得高纯度产物步骤繁多且成本高。其次，对已知生理功能活性肽的获得一般采用一系列商品化酶（如胃蛋白酶、木瓜水解酶、胰蛋白酶及碱性蛋白酶等）水解海洋蛋白资源，即通过酶解而获得海洋活性肽，这也是基于酶工程技术发展起来的蛋白活性肽的开发手段。此法多用于海洋动物体内活性肽成分的分离，安全性高且成本低，过程易于控制，其中酶的选择及量的控制是关键。此外，人工合成肽技术以及肽库构建的相关研究也在蓬勃发展。

4.2.3.2　海洋细菌蛋白及肽类物质的生物活性

（1）抗肿瘤活性

在海洋资源抗肿瘤活性物质研究中，海绵海藻作为重要来源而备受关注。此外，另一重要来源就是海洋细菌，主要集中在假单胞菌属、弧菌属、微球菌属、芽孢杆菌属。海洋细菌来源的短肽是抗肿瘤活性物质研究中的焦点，它们具有高活性、高药效性、高稳定性等特点，在药物开发领域中发挥关键作用。其中，环二肽（cyclic dipeptides）由2个氨基酸通过肽键环合形成，是自然界中最小的环肽，具有抑菌、抗癌、保护心血管、保护神经系统和改善脑功能等效用。刘涛等从海洋细菌 *Bacillus subtilis* 发酵液分离到11种化合物，经鉴定其中多数属于环二肽类化合物。化合物 I 对前列腺癌细胞的生长有明显的抑制作用，化合物 VI 能抗鳗弧菌，还具有体外抗肿瘤活性。Thiocoraline 是 Brandon 等从海洋细菌 *Micromonospora marina* 中提取的一种含环状巯基缩酚酸的肽类抗生素，具有抑癌作用，使细胞周期停止在 G1 期，临床开发前景广阔。Wiliams 等报道了来自帕劳群岛海域的藻青菌 Lyngbya sp. 中的一种缩酚肽类细胞毒性物质 Ulongapeptin，其对 KB 细胞的 IC_{50} 为 0.163mmol/L。Halobacillin 是从一株海洋芽孢杆菌（分离自墨西哥 Guaymas 海湾124m 深海污泥中）发酵物中分离到的 Iturin 族酰基化多肽，结构特征是具有极性的环状七肽和亲脂的 β-酰氧基或 β-氨基脂肪酸，对人结肠癌细胞有中等细胞毒性（IC_{50}＝0.98mg/L）。

环酯肽是指一类由脂肪酸和肽片段通过酯键或酰胺键形成的具有两亲性的环状结构分子，是一类包含内酯键的环状多肽。按其环的个数与类型可分为单环环肽、双环环肽、假环肽。近年来，从海洋生物中提取分离得到了多种具有强抗肿瘤活性的环酯肽类化合物（结构见图4-19），为抗肿瘤药物研究提供了新的来源和途径。

海洋蓝细菌环酯肽类毒素 Apratoxin A（5），是2001年 Moore 等从美国关岛的 Apra 港口收集的海洋蓝细菌 *L. majuscula* 次级代谢产物中分离得到的具有强抗肿瘤活性的大环内酯内酰胺类化合物。对人口腔上皮癌细胞 KB 以及大肠癌细胞 LoVo 的 IC_{50} 值分别为 0.52nmol/L 和 0.36nmol/L。2006年，Luesch 等对 Apratoxin A（5）药理机制做了研究，发现它能够抑制癌细胞生长，引导进入 G1 期的癌细胞周期停滞并死亡。2009年，Shen 等发现了 Apratoxin A（5）抗肿瘤活性的分子机理，其靶点为热休克 Hsp70/Hsc70 家族蛋白，并揭示 Apratoxin A（5）作用于 Hsp70/Hsc70 后促进 Hsp70/Hsc70 与 HSP90 客户蛋白的结合并经 CMA 白噬途径降解。

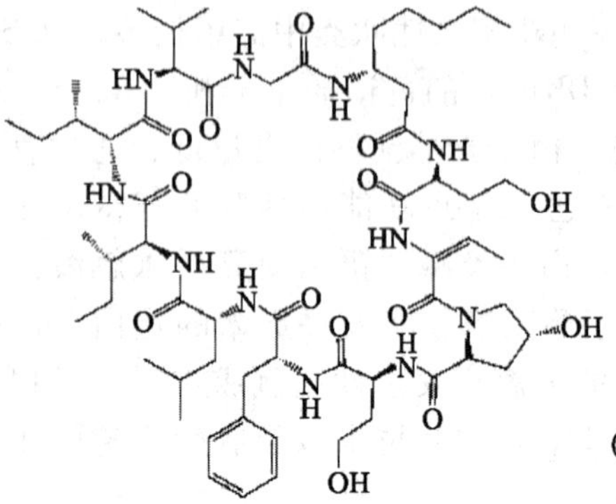

1

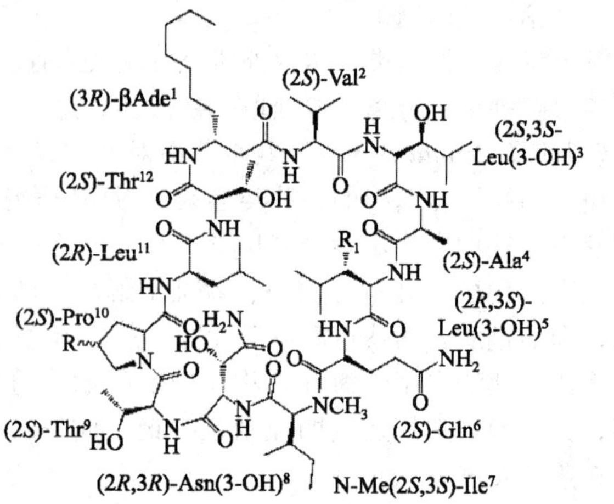

2 (2S,3S)-3-OHLeu[3]，(2R,3S)-3-OHLeu[5]，L-Pro[10]
3 (2R,3S)-3-OHLeu[3]，D-Leu[5]，L-Pro[10]
4 (2S,3S)-3-OHLeu[3]，(2R,3S)-3-OHLeu[5]，(2S,4R)-4-OHPro[10]

图 4-19　环脂肽（1-4）的化学结构

（2）生物酶活性

海洋环境独特性以及细菌产酶多样性，使得海洋蛋白与陆地生物蛋白有着极大差异。极端微生物的发现和研究，促进了新酶源的开发应用。海洋细菌产生的酶常常具有特殊的理化性质，特别是在极端环境下的高活性和稳定性。近年来，国内外科研工作者在海洋细菌生物酶资源开发方面取得了许多成果。

各国在海洋蛋白酶领域都有较多的研究，其中以低温蛋白酶的研究最多。这些产蛋白酶海洋细菌通常具有嗜低温的特性，有些海洋细菌适宜在偏碱性的条件下生长并产酶。我国深圳海域的多食鞘氨醇杆菌高产琼胶酶，青岛近海的菌株 QM11 产碱性纤维素酶，连云港海域的海洋细菌 L1-9 产蛋白酶、纤维素酶等细胞壁降解酶，且能抑制植物病原真菌。北极海洋微生物产蛋白水解酶的细菌远多于产多糖水解酶的细菌，温度、盐度是主要环境因子。上海近海的多株海洋细菌，具有胞外淀粉酶、蛋白酶及脂肪酶活性。

Tomoo 等从海带叶子分离到的海洋单胞菌 H-4 具有胞外藻酸盐溶解酶活性，且此单胞菌可利用藻酸盐作为主要碳源。1999 年，Turkiewicz 等发现南极大磷虾肠胃里的海洋少动鞘氨醇单胞菌 116 高产嗜低温金属蛋白酶。Sunog 等从海洋交替假单胞菌（*Pseudoalteromonas* sp.）A28 分离出一种蛋白酶，并具有杀灭 S. cosum NIES-324 的活性。日本科学家 Sugano 等较为系统地研究了海洋弧菌（Vibrio sp.）JTO107 的琼胶糖酶。杨承勇等从南海海水中分离到产几丁质酶的弧菌（Vibrio sp.）。王鹏等筛选到一株产岩藻多糖酶的海洋芽孢杆菌，可用于催化生产低相对分子质量的岩藻多糖。Elibol 等利用固体发酵优化船蛀微生物 Teredinobacter turnirae 碱性蛋白酶的生产。印度海岸海水耐卤芽孢杆菌 VITP4 在广盐度培养基中生长并分泌新型胞外蛋白酶。Agrebi 等从非洲突尼斯海水中的枯草芽孢杆菌 A26 纯化出新型纤维蛋白溶解酶（枯草杆菌蛋白酶 BSF1），并实现对其基因的分离与测序。

此外，来自海洋弧菌 No. 442 的新型几丁质酶，来自海洋芽孢杆菌 A-53 的纤维素酶，都表现出生物酶活性。新型碱性金属内肽酶、碱性磷酸酶、海藻解壁酶、葡萄糖降解酶、甘露聚糖酶、过氧化物酶、褐藻胶裂解酶等各种酶类在海洋细菌中均有发现。

（3）抗菌活性

微生物代谢物常表现出抗菌活性，许多海洋细菌来源的抗菌蛋白分子也具有抗菌活性。其中，来自地中海的细菌 Marinomonas 能产生一种新型抗菌蛋白 marinocine，其热稳定性好，对多种水解酶有抵抗力，抗菌谱广泛。Loloatin B 和 BogorolA 分别为新几内亚海虫组织中芽孢杆菌和海洋枯草杆菌所产的新型肽类抗生素，前者为抗 G$^+$ 菌的环十肽抗生素，后者能抗万古霉素耐药肠道球菌（VRE）和青霉素耐药金黄色葡萄球菌（MRSE）。Canedo 等报道了海洋生境芽孢杆菌产生的抑菌物质为环肽。

Longeon 等发现小鹅卵石中的海洋细菌 X153 天然培养液中的蛋白成分对致病弧菌有高抑制活性。在国内，漆淑华等从海洋细菌 Pseudomonas sp. 发酵液中分离鉴定的环二肽，其中环（Tyr－Ile）、环（Phe－Pro）、环（Val－Pro）和环（Ile－Pro）对多种海洋细菌显示一定的抗菌活性。岳蕾娜从海洋微生物资源中筛选出一株分离白海泥的细菌 TC－1，经鉴定为枯草芽孢杆菌（Bacillus subtilis），发现 TC－1 无菌发酵液对 Foc4（Fusarium oxysporum f. sp. cubense（E. F. Smith）Snyderet Hansen Race 4，Foc4）有明显的抑制作用，抑菌圈直径达 20.1mm；采用硫酸铵分级盐析法、柱层析法、SDS－聚丙烯酰胺凝胶电泳法提取分析发酵液中的抗菌蛋白，发现 TC－1 抗菌蛋白对 Foc4 具有明显的抑制作用，用 50% ~60% 饱和度的（NH_4）$_2SO_4$ 提取得到抗菌蛋白对 Foc4 的抑菌活性最强；抗菌蛋白对香蕉枯萎病菌 1 号小种、芝麻枯萎病菌、生菜立枯丝核病菌、白菜立枯丝核病菌、辣椒炭疽病菌、黑曲霉、黑根霉、桉树青枯病菌、大肠杆菌、金黄色葡萄球菌有明显的抑制作用，抑菌圈直径分别为 22.7mm、18.0mm、31.0mm、28.0mm、30.0mm、27.8mm、20.7mm、28.0mm、23.3mm、10.0mm。

近 10 年来，抗菌活性蛋白活性肽的研究随着海洋生物共生现象的发现也获得了不少进展。Wilson 等对澳大利亚悉尼海港海面表层吸附的微生物群落进行研究，分离到 8 种高效抗菌物质，经蛋白酶解抗菌活性消失，说明活性成分为蛋白。Salvatore 等在海绵 Ircinia variabilis 共生体中分离出 2 株能独立生存的细菌，细菌培养液中存在一系列环二肽（DKPs），这些 DKPs 功能并不局限于抗菌、细胞毒活性，还在 LuxR 介导的群体感应调控中充当着信号分子的重要角色。此外，在抗病毒方面，美国国立癌症研究所发现一种海洋细菌蓝绿菌 cyanobacterium 的蛋白 CV－N 不但能抵抗人 HIV，还能抵抗埃博拉病毒（EbolaVirus）的感染。

（4）肽类毒素活性

海洋动植物来源的毒素比例较大，如芋螺毒素、海葵毒素和微藻类毒素等。海洋微生物产生的毒素按其化学结构来分主要有肽类、胍胺类、聚醚类和生物碱等，多数为次级代谢产物，由基因直接编码的多肽蛋白类毒素在其中毒性最强，通常作用于离子通道，具有特定的生理活性，如镇痛、强心、抗病毒等。海洋细菌中，目前已报道的能够产生蛋白或肽类毒素的细菌以假单胞菌属、弧菌属较常见。Cheng 等发现日本比目鱼病体内的致病弧菌 harveyi T4D1 分泌的 Vhp1 是一种具细胞毒性的蛋白酶。而来源于海洋中蓝细菌的某些肽类毒素是强烈的神经毒素，它主要产生的两类毒素中有一种是肽类毒素为肝毒素，属于环状肽，其中由 7 种氨基酸组成的肽则是微囊藻素（microcystin）。来源于蓝藻特别是铜绿微囊藻的微囊藻素是一大类 50 多种环肽类肝脏毒素。王新等详细论述了海洋微生物毒素的种类分布，产毒种类和机理，检测技术及毒素利用等有价值的研究。此外，近年来对海洋中共生微生物产毒素的研究也使人们对海洋多肽类及蛋白毒素有了新的认识与了解，其中河豚毒素的微生物来源说观点已经为大多数学者所接受，相关研究还表明某些毒素来源于微生物的食物链积累。

（5）生物治藻活性

基于"以菌治藻"理念，近年关于海洋细菌在赤潮防治中的作用已有大量文献报道。据此，细菌可通过直接或间接方式杀藻，其中活性蛋白一般是通过微生物菌株产生并将其分泌到胞外发挥效应的。杀藻菌常见于弧菌、假单胞菌及假交替单胞菌等。其中，来自海洋假交替单胞菌的活性蛋白研究，如 Lee 等从来自日本有明海的假交替单胞菌 A28 培养液中纯化获得能溶解骨条藻的丝氨酸蛋白酶。Mitsutani 等报道 1 株海洋假交替单胞菌 A25 在稳定期产生的蛋白质能够杀死骨条藻，具体为何种蛋白质仍在研究。而国内对抑藻活性物质成功鉴定的例子较少，假交替单胞菌 SP48 通过分泌胞外活性物质间接抑藻，可能是某种小分子蛋白或多肽在发挥作用。此外，来自智利南部海湾的链状亚历山大藻共生的 3 株细菌在营养丰富时能分泌相关杀藻物质，包括氨基肽酶、脂肪酶和碱性磷酸酶等。

海洋肽类也能有效抑制有害藻，Banin 等从海洋弧菌 V. shiloi 培养液分离得富含脯氨酸的十二肽——毒素 P，其序列为 PYPVYAPPPVVP。该胞外毒素 P 在 NH_4Cl 存在时会抑制珊瑚共生藻类（虫黄藻）的光合作用，导致藻死亡，珊瑚褪色。新型短肽 Bacillamide 是 Jeong 等从海洋高效杀藻芽孢杆菌 SY−1 培养液经分离并用 2D−NMR 及 ^1H−^{15}N HMBC 技术鉴定得到的，它能特异性抑制赤潮多环旋涡藻生长。郑天凌等多年来从事海洋赤潮微生物调控研究，立足于藻际微生物群落多样性分析，探索获取胞外抑藻活性物质的有效途径，同时关注赤潮生物对细菌所产化感物质的响应，并逐步展开耦合"微生物环−赤潮−关键微生物菌群"的研究。此外，王新等的研究表明藻际细菌产生的 β−葡萄糖苷酶与几丁质酶会直接导致藻细胞裂解。

4.2.3.3　海洋细菌蛋白及肽类物质的应用

随着对海洋认识的提高、现代生物技术的飞速发展及研究中深度与广度的结合，近年来海洋活性蛋白多肽的实际应用体系得到良好建构与改进。由于来源丰富、结构新颖、活性独特，海洋蛋白与肽类已逐步实现了在工业养殖业、医药卫生、环境保护等领域中的应用。

（1）医药学应用

海洋、极地环境的地理特殊性及微生物多样性特异性使这些生境成为天然药物的重要来源。实践证明，海洋微生物中包括抗菌抗病毒、抗高血压、抗氧化、抗衰老、免疫调节及抑制肿瘤等药物的获得是实现海洋蛋白及多肽高值化的重要途径。20 多年来，已有不少海洋天然活性蛋白及肽类药物获得提取纯化，进行动物模型研究、临床验证并最终投向市场。海洋微生物部分次生代谢产物作为抗肿瘤药物已进入临床研究阶段，如 Didemnin B，Dolastatin 10 等。近期，来源于日本比目鱼病体内致病弧菌 harveyi T4D1 的蛋白酶 Vhp1 有望成为抵抗弧菌感染的有效疫苗。相信随着生物技术向海洋活性物质研究领域的渗透，海洋药物的产业化发展必将加速。

（2）海水养殖业应用

海洋活性蛋白多肽可直接用于海水养殖产业中，其中以抗菌肽的研究应用较为普遍。抗菌肽具有广谱抗菌活性，能杀灭某些耐药性病原菌，且不易被酶解，作为饲料添加剂能耐受制备时的高温，在规模化发酵生产中有着突出的优势。因此研究开发海洋抗菌肽，不仅可提高水产养殖生物的抗病能力，而且有望使抗菌肽替代抗生素作为一类无毒副、无残留、无致细菌耐药性的环保型制剂，从而推动绿色养殖事业的发展。鉴于以上优势，抗菌肽的制备与获取随着分子生物学研究发展已逐步实现。该方面的研究思路主要包括：在分子水平上研究抗菌肽体内合成调控机制；利用转基因技术将抗菌肽基因从"供体"转入"目的受体"自发生产抗菌肽；克隆抗菌肽基因，并通过对宿主无毒的融合蛋白技术高效表达有活性的抗菌肽。此外，结合抗菌肽活性与结构的关系改造已有抗菌肽并设计新抗菌肽分子，也是制备高活力抗菌肽的有效途径。

（3）工业生产应用

海洋生物活性酶作为海洋细菌的代谢产物，可应用于食品、饲料、医药、洗涤清洁剂、化妆品、纺织及基因工程等众多领域，而且具有广泛的研发前景。2006 年，孙德尔本斯从海洋的 γ – 变形杆菌中开发出耐盐、耐有机溶剂、耐漂白剂洗涤剂的碱性丝氨酸蛋白酶，由于其广谱耐性被用于洗涤、食品、皮革等工业中。研究技术的发展，特别是酶工程技术的应用使得海洋生物酶的开发利用更易于进行。通过蛋白酶水解海洋天然蛋白所获得的生物活性肽具有很多优点，实验条件要求低且便于工业化生产，因此这也成为生物活性肽的一种重要来源方式。

（4）环境保护应用

就海洋环境而言，沿海城市工业经济的迅速发展，近海生活区的高度聚集使得海洋生境面临着有机污染以及水体富营养化的困境。因此，海洋环保工作成为一项关键任务，其中安全无害的生物修复技术作为环境治理的重要方法，受到了普遍关注。在海洋有机污染物降解中，海洋微生物的活性成分发挥重要作用。其中，多环芳烃（PAHs）因其高遗传毒性和"三致"性（致癌、致畸和致突变）将造成极大危害，研究发现海洋细菌具有高效多环芳烃降解酶活性，应用前景广阔。在赤潮的生物防治研究中，郑天凌等通过赤潮海域采样筛选到的杀藻菌，经鉴定有假交替单胞菌、交替单胞菌及弧菌等，它们多数通过间接方式抑制目标赤潮藻生长，活性物质包括蛋白和小分子化合物如肽类、有机小分子等。新近展开的杀藻菌胞外活性蛋白研究发现菌株 DHQ25 发酵液上清经高温处理后丧失了杀藻活性，而超滤后仍有活性，这间接暗示了菌株上清液中可能含有大分子活性蛋白成分。目前从 DHQ25 无菌上清中分离到三个活性蜂 P5，P6，P7，其中 P7 已达电泳纯，相对分子质量在 14kDa 左右，P7 中的蛋白理化特征和杀藻过程及其机理正在研究中。

海洋细菌活性蛋白与肽类在新世纪海洋科学研究中相当活跃。理论研究及技术发展的相互渗透，促进了海洋天然蛋白与肽类的开发应用。借助各种新兴可行的技术方法展开研究将会是今后该领域发展的必然趋势。厦门大学郑天凌等认为，未来关于海洋细菌活性蛋白与活性肽的研究探索可以从以下几方面着手：基于分子生物学手段克隆已获得基因信息的海洋活性蛋白多肽基因，进行异源表达并实现活性的最高程度保留；利用信息学技术并结合合成生物学的方法合成所需的活性蛋白多肽；通过基因表达肽库或化学组合肽库的构建来实现功能目标物的高通量获取；对已获得的活性蛋白、活性肽类进行其功能发挥途径的探索，立体地阐释活性物质的作用机制；运用以 2D – PAGE 及质谱技术为核心的宏蛋白组学研究在后基因组领域对海洋细菌群落与功能活性蛋白、活性肽类时空上的关系进行深入探讨；结合借鉴极地环境、海洋极端环境等特殊生境的研究模式，注重从中挖掘出功能特异的蛋白及多肽来探索海洋特殊生境中微生物的存活机制及生命规律；还可从组学角度出发，结合基因组学、转录组学及代谢组学追踪海洋细菌群落中的关键活性蛋白多肽。

4.3　海洋脂质加工技术与功能

脂质（Lipids）化合物种类繁多、结构各异，其中 95% 左右是脂肪酸甘油酯，即脂肪（fat）。Lipids 通常具有以下共同特征：不溶于水而溶于乙醚、石油醚、氯仿、丙酮等有机溶剂；大多具有酯的结构，并以脂肪形成的酯最多；都是由生物体产生，并能由生物体所利用。Lipids 具有许多重要的功能，如是热量最高的营养素（39.58kJ/g）；提供必需脂肪酸；脂溶性维生素的载体；提供滑润的口感，光润的外观，塑性脂肪还具有造型功能；赋予油炸食品香酥的风味；是绝缘物质（保温、绝热作用）；是组成生物细胞不可缺少的物质，能量贮存最紧凑的形式，有润滑、保护、保温等功能；缓冲（对来自外界机械损伤的防御作用）及浮力获得物质等。不同的物种，体内脂质存在特异性，即在含量、存在形式、化学结构等方面都与其他的物种有存在差异，海产动物的脂质在低温下具有流动性，并富含多不饱和脂肪酸和非甘油三脂等，同陆上动物的脂质有较大的差异。

4.3.1　海洋动物脂质加工技术与功能

4.3.1.1　海洋鱼类脂质

脂类是鱼类生长必不可少的营养因子，脂类在鱼体的营养代谢活动中担任多种角色，作为鱼类的能量来源之一，有 10%～20% 来自脂类的分解供能；过多的脂类最终蓄积于组织中，需要时通过脂肪酸的 β-氧化提供代谢所需的能量。此外，脂类还能提供鱼体所需的必需脂肪酸，促进脂溶性维生素和类胡萝卜素等的吸收，改善动物的健康状况。另外，细胞的代谢应答高度依赖脂肪酸的选择性摄入和运输。饲料中多不饱和脂肪酸，尤其是 n-3 和 n-6 系列极长链脂肪酸（VLCFA）被输送到机体细胞后，调控膜的组成和功能、类二十烷酸的合成、细胞信号及基因表达等，影响养殖动物的生长代谢。脂类运输机制是个复杂的系统，受多种因素的调节，而脂蛋白和脂肪酸结合蛋白等在鱼体内的脂类运输和营养代谢中扮演重要角色，是脂类进出肝细胞的重要载体。

4.3.1.1.1　鱼类脂质的分类和结构

鱼类脂质大致可分为非极性脂质（nonpolar lipid）和极性脂质（polar lipid），或者为贮藏脂质（depot lipid）和组织脂质（tissue lipid）。非极性脂质中含有中性脂质（neutral lipid，单纯脂质），衍生脂质（derived lipid）及烃类。中性脂肪一般指脂肪酸和醇类（甘油或各种醇）组成的酯，但有时也包含烃类。中性脂肪（neutral fat）是三酰甘油（triacylglycerol，TG；甘油三酯）、二酰甘油（diacyglycerol，DG；甘油二酯）及单酰甘油（monoacylglycerol，MG；甘油单酯）的总称。衍生脂质是脂质分解产生的脂溶性衍生化合物，如脂肪酸、多元醇、烃类、固醇、脂溶性维生素等。

而极性脂质又称复合脂质（conjugated lipid）。磷脂（phlspholipid，甘油磷脂，鞘磷脂）、糖脂质（glucolipid，甘油糖脂，鞘糖脂）、磷酸脂（PhosPhonolipid）及硫脂（sulfolipid）等属此类。大部分的脂质组成中含有脂肪酸形成的酯。鱼类的器官和组织内，脂质有以游离状态存在的，但也有和其他物质结合存在的如脂蛋白（lipoprotein）、蛋白脂（proteolipid）、硫辛酰胺（lipoamide）等具有亲水性的复合脂质。

鱼类中的脂肪酸（fatty acid）大都是 C_{14}～C_{20} 的脂肪酸。大致可分为饱和脂肪酸、单烯酸、多烯酸。一般将具有两个以上双键结合的脂肪酸称作多不饱和脂肪酸（PUFA，polyunsaturated fatty acids）。脂肪酸的组成因动物种类、食性而不同，也随季节、水温、饲料、栖息环境、成熟度而变化。脂肪酸大都为直链脂肪酸，含奇数碳原子数的脂肪酸和侧链脂肪酸的量甚微。不饱和脂肪酸的双键大都为顺式（cis）的。鱼类脂质的特征是富含 n – 3 系的多不饱和脂肪酸（PUFA），且这种倾向是海水性鱼类比淡水性鱼类更显著。越是脂质含量低的种属，其脂质中的 n – 3 PUFA 的比例就越高。20 世纪 80 年代以来，EPA、DHA 在降低血压、胆固醇以及防治心血管病等方面的生理活性被逐步认识，大大提高了鱼类的利用价值。

鱼类的中性脂质大都为甘油三酯（TG），甘油二酯（DG）和甘油单酯（MG）一般含量不高。大多数鱼类的 TG 作为主要的贮藏脂质存在于脂肪组织（adipose tissue）、肝脏等组织中。鱼油的 TG 和陆上动物的油脂相比，往往是多种脂肪酸结合的混合甘油酯。和陆上动物的油脂相同的是 TG1（α）位结合饱和脂肪酸，2（β）位结合不饱合脂肪酸的比例高。

烃类方面，硬骨鱼类、动物性浮游生物的脂质中烃的含量低，一般在 3% 以下。除灯笼鲨、尾鲨等深海鲨类的肝脏含有大量的角鲨稀之外，还发现姥鲛烷（pristane，$C_{18}H_{38}$）、鲨烯（zamene，$C_{19}H_{38}$，有双键结合位置不同的异性体）、植物烷（phytane，$Q_{20}H_{42}$）等烃类。桡足类（copepods）含有丰富的姥鲛烷等烃类，可以说是海洋中姥鲛烷的第一生产者。此外，动物性浮游生物烃类的组成因种类而异。姥鲛烷等烃类在捕食桡足类的鱼类消化器官中不易变化，有利于食物链的追究。

蜡酯方面，某些鱼类以脂肪酸和高级脂肪醇形成的蜡酯（WE）来取代 TG 作为主要的贮藏脂质，WE 主要存在于海洋的中层和深层鱼类中，生活在饵料供给充足的温带、热带表层、深海的底层、淡水水域的动物浮游生物几乎不含 WE。也即，栖息于表层的鱼类热能贮存形式多为 TG，而中层及深层鱼类的 TG 含量低，由 WE 取代 TG 成为主要的贮存脂质。鱼类的 WE 是 $C_{30} \sim C_{46}$ 的偶数酯，主要构成成分有 16：1、18：1 的脂肪酸和 16：0，18：1 的高级醇。

极性脂肪方面，磷脂可大致分为甘油磷酸脂（glycerophospholipid）和鞘磷脂（sphingophospholipid）。磷脂质和胆固醇一般作为组织的脂肪分布于细胞膜和颗粒体中。磷脂质的组成，不因动物种类而有大的变动。鱼类存在的主要磷脂质也同其他动物一样，有磷脂酰胆碱（phosphatidylcholine，PC）、磷脂酰乙醇胺（phosphatidylethanolamine，PE）、磷脂酰丝氨酸（phosphatidylserine，PS）、磷脂酰肌醇（phosphatidylinositol，PI）、鞘磷脂（sphingomyelin，SM）等。鱼类肌肉磷脂的 75% 以上是 PC 和 PE。PC 的 1 位多为 16：0、18：1 等饱和脂肪酸和单烯酸；2 位往往结合 20：5、22：6 等 n – 3PUFA。

4.3.1.1.2　鱼体的脂类运输

（1）脂类的胞外运输

① 脂蛋白及其功能

脂蛋白在外源和内源脂类运输中发挥重要作用，鱼体通过以下几种脂蛋白将脂类和脂溶性成分从肠输送到肝或外周组织：高密度脂蛋白（high density lipopro，HDL）、中密度脂蛋白（Intermediate Density Lipoprotein，IDL）、低密度脂蛋白（low density lipoprotein，LDL）、极低密度脂蛋白（very low density lipoprotein，VLDL）及乳糜微粒（chylomicron，CM）。CM 由肠上皮细胞合成，主要负责转运外源性脂肪酸和胆固醇，早在 20 世纪 80 年代，几位学者就从鱼的血清中分离出乳糜微粒。VLDL 主要在肝和肠内合成，负责转运三酯酰甘油（TAG）、极性脂和固醇酯到不同的组织，包括通过门静脉或淋巴系统输送到肝细胞和将内源性脂类运出肝细胞。LDL 来源于 VLDL 的循环代谢，运载胆固醇从肝到肝外组织。HDL 在肝和肠内合成，负责清除外周组织中过多的胆固醇，并转运至肝经胆道排泄。除了 LDL 主要是通过内吞作用吸收，其他几种脂蛋白都是结合到细胞膜的特殊受体上，以利于脂肪酸的吸收。

② 脂类的胞外吸收

早在 20 世纪 80 年代，Vernier 等（1983）和 Sheridan 等（1985）就提出了 2 种鱼体对脂类的吸收模式，一种是游离脂肪酸（FFA）的快速吸收模式，包括可溶性的短链脂肪酸和结合脂肪酸的长链载体，可直接穿过线粒体内膜；另一种是同哺乳动物类似的富含脂蛋白颗粒的慢速吸收系统，包括一些长链脂肪酸，必须借助载体蛋白经特殊的跨膜转运机制方可进入组织细胞。另外，鱼类组织器官也存在 2 个类似于哺乳动物的脂类运输机制。外源性的脂类运输机制，主要是 CM、VLDL 及结合脂肪酸的载体蛋白，运载外源性的三酰甘油酯或磷酸甘油酯从肠到达肝，内源性的脂类运输机制是以 VLDL、HDL 和 LDL 的形式运送内源合成的脂类从肝到肝外组织和脂肪细胞中。2 种运输机制的协调使鱼体内的脂肪酸能在外源性脂类 – 肝 – 外周组织间进行高效转移，维持肝细胞内外的脂类动态平衡。

③ 鱼类脂蛋白的组成

同哺乳动物的脂蛋白组成一样，鱼类的脂蛋白主要由 TAG、磷脂（PL）和载脂蛋白等几部分构成，在脂类从肠上皮细胞运送到血液循环或肝的过程中，由于各种脂蛋白转运的主要脂类不同，相互间各组成部分所占比例也有差异。不同鱼类脂蛋白中的 TAG 部分的比例有很大差异，VLDL 作为运载内源性甘油三酯的主要形式，TAG 含量最高。一般 LDL 中的 TAG 含量较低，HDL 较 VLDL 和 LDL 更低。不同脂蛋白中的 TAG 比例与几种因子有关，包括鱼体的营养状态和性成熟发育阶段等。

鱼体脂蛋白中的胆固醇含量依其功能不同差别较大。一般来说，VLDL 由于携带胆固醇数量相对较少，含量较低。LDL 是运送胆固醇到外周组织的主要运载体，而 HDL 是提供胆固醇的贮藏库，接受来自外周细胞的胆固醇，运送到肝以用来排泄、降解或再利用。LDL 中的总胆固醇含量最高，但研究发现，HDL 作为大多数真骨鱼的主要血清脂蛋白，含有大量的磷脂，是鱼体中转运胆固醇出肝的主要载体。

PL 参与肝中 TAG 向肝外的转运，对水产动物具有促进 TAG 和胆固醇等脂质吸收、转运或传递的功能。所有脂蛋白的磷脂部分主要为甘油磷脂，在太平洋沙丁鱼和鳜等种类中，甘油磷脂占磷脂部分比例超过 95%。然而鱼类仔鱼合成 PL 的能力有限，而 PL 是合成脂蛋白所必需的，所以在仔鱼饲料中提供极性脂很有必要。磷脂酰胆碱（PC）又称卵磷脂，是合成 CM 或 VLDL 的必需部分，在饲料中添加 PC 有利于脂肪向血液中的转移，同时在肠道吸收中性脂肪的过程中也发挥重要作用。

（2）脂类的胞内运输

① 脂类进入细胞的途径

细胞内发生的脂肪酸分解代谢或 β – 氧化主要以外源脂肪酸为原料。脂肪酸的 β – 氧化发生于线粒体和过氧化物酶体中。过氧化物酶体中 β – 氧化的限速酶是酰基辅酶 A 氧化酶（AOX），该酶调控线粒体 β – 氧化是通过丙二酰辅酶 A 抑制肉碱棕榈酰转移酶（CPT – Ⅰ）实现的，丙二酰辅酶 A 是脂肪生成的主要限速酶乙酰辅酶 A 脱羧酶（ACC）的产物。位于线粒体膜外侧的 CPT – Ⅰ 催化酰基辅酶 A 结合脂酰肉碱载体，形成的脂酰肉碱复合体在脂酰肉碱移位酶作用下穿过线粒体内膜。最后，在线粒体基质内部，CPT – Ⅱ 催化脂酰残基从肉碱转移到辅酶上，从而形成脂酰辅酶 A 硫酯，进入 β - 氧化循环。CPT - Ⅰ 和 CPT - Ⅱ 在不同的功能组织中活力不同，如大西洋鲑红色肌肉中的功能组织中活力不同，如大西洋鲑红色肌肉中 CPT - Ⅱ 活性较高，而在肝和白色肌肉中二者活性相同。

② 脂类的胞内运输方式

胞内脂肪酸的吸收是被动还是主动仍有争议，Richards 等（2004）通过研究虹鳟肌肉细胞的脂类转运机制证实，脂肪酸通过易化运输穿过细胞膜，其转运速度限制着细胞内脂类的 β - 氧化，白肌和红肌中 LCFA 的吸收是由蛋白质介导的。一般来说，哺乳动物蛋白介导的细胞内脂肪酸吸收或转运有几种途径，脂肪酸结合蛋白（FABP）、脂肪酸转运蛋白（FATP）和乙酰辅酶 A 结合蛋白（ACBP），各通过不同的途径作用于细胞中的脂肪酸，而在鱼类的脂肪胞内运输中只见（FABI）途径的报道。

4.3.1.1.3　鱼类必需脂肪酸

脂肪酸在生命过程中具有非常重要的作用，尤其是多不饱和脂肪酸，它们是构成生物体的基本物质，是细胞膜磷脂的重要成分，参与调节细胞膜的组成，对生物体的健康有很大影响。脂肪酸根据饱和度的不同可分为饱和脂肪酸（Saturated fatty acid，SFA）、单不饱和脂肪酸（Monounsaturated fatty acid，MUFA）和多不饱和脂肪酸（Polyunsaturated fatty acid，PUFA）。在 PUFA 中，C 原子数 ≥20 同时双键的数目 ≥3 的不饱和脂肪酸称为高不饱和脂肪酸（High unsaturated fatty acid，HUFA）。在 PUFA 中，不饱和键在羧基相反方向第三至第四个碳上的统称为 n - 3 型不饱和脂肪酸；不饱和键在羧基相反方向第六至第七个碳上的统称为 n - 6 型不饱和脂肪酸。必需脂肪酸（Essential fatty acid，EFA）是指不能被机体合成或者合成能力不足，而又是生物体生命所必需，一定由食物中供给的脂肪酸。EFA 往往是一些 PUFA，能够调节膜转运、受体功能和酶活性等生理过程，可以用于供能、维持细胞膜结构和功能的正常性，同时还在免疫调节和疾病抵抗上发挥着重要的作用。有关海洋鱼类 EFA 的研究结果已征实，n - 系列高度不饱和脂肪酸（n - 3 PUFA）海洋鱼类 EFA，其中最为重要的是 EPA（Eicosapentaenoic acid，C_{20}：5 n - 3）和 DHA（Docosahexaenoic acid，C_{22}：6n - 3）。

（1）不饱和脂肪酸的合成过程

不饱和脂肪酸的合成是以 C_{18}：0 为前体，通过一系列脂肪酸去饱酶（Fatty Acid Desaturase，FAD）的去饱和作用以及延长酶的碳链延长作用生成 n - 3 和 n - 6 族等 HUFA（见图 4 - 20）。

饱和脂肪酸 C_{18}:0 在细胞溶质内合成后，依次通过 Δ9FAD 和 Δ6FAD 作用生成 C_{18}:1 n - 9 和 C_{18}：2 n - 9，再通过延长酶和 Δ5FAD 催化生成 n - 9 族 PUFA 产物；C_{18}：1 n - 9 在 Δ12FAD 作用下生成 n - 6 族脂肪酸 C_{18}：2 n - 6，再通过 FAD 和延长酶作用生成 ARA（Arachidonic acid，C_{20}：4 n - 6）等；也可以被 Δ15FAD 催化生成 n - 3 族脂肪酸 C_{18}：3 n - 3，通过 FAD 和延长酶作用生成 n - 3 族 HUFA，如 EPA 和 DH A 等。

（2）海洋鱼类必需脂肪酸的合成

① ARA 和 EPA 的合成

海水鱼类在 C_{18}：2 n - 6 和 C_{19}：3 n - 3 存在的条件下，可以通过 FAD 和延长酶的作用生成 ARA，EPA 和 DHA 等 EFA。同位素研究显示，相比较淡水鱼来说，海水鱼类合成 ARA 和 EPA 能力极低，这表现在同样的条件下淡水鱼类的 FAD 以及延长酶的活性要明显的高于海水鱼类。海水鱼体内 ARA/EPA 的合成途见图 4 - 21。Δ6FAD 作用于 C_{18}：2 n - 6/C_{18}：

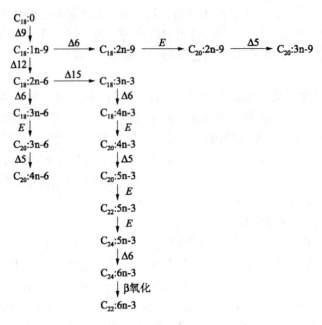

图 4 – 20　脂肪酸从头合成途径

（注：△数字代表相应的脂肪酸去饱和酶，比如△12
代表△12 脂肪酸去饱和酶；E 代表延长酶。）

$3 n-3$ 生成 $C_{18}：3 n-6/C_{18}：4 n-3$，再在延长酶作用下生成 $C_{20}：3 n-6/C_{20}：4 n-3$，最后通过 $\Delta 5FAD$ 作用生成 ARA/EPA。

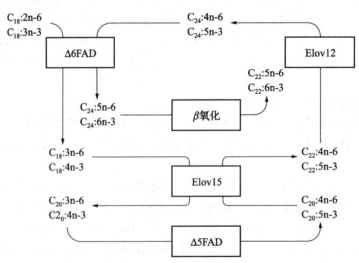

图 4 – 21　体内 HUFA 合成过程

（注：$\Delta 6FAD$ 和 $\Delta 5FAD$ 分别代表 $\Delta 6$ 和 $\Delta 5$ 脂肪酸去饱和酶，Elov15 和 Elov12
分别代表长链脂肪酸延长酶 5 型和长链脂肪酸延长酶 2 型。）

$\Delta 6FAD$ 作为合成 HUFA 的关键酶和限速酶首先得到关注。在多种海洋鱼类体内都发现较高的 $\Delta 6FAD$ 活性，可以作用于 $C_{18}：2 n-6$ 和 $C_{18}：3 n-3$ 生成下游产物，而且海洋鱼类的 $\Delta 6FAD$ 表现出对 $n-3$ 族脂肪酸的亲和力高于 $n-6$ 族脂肪酸。由于获得海洋鱼类的

Δ5FAD 基因一直以来存在困难，而且海洋鱼体内 Δ5 去饱和活性普遍很低。现在越来越倾向于认为 Δ5FAD 活性偏低是海洋鱼类 EFA 合成能力低的主要原因。同时海洋鱼中的延长酶大都是 Elov15 型，对 C_{22} PUFA 亲和力低也是造成海洋鱼类合成 EFA 能力低的重要原因。

② DHA 的合成

DHA 合成途径研究首先开始于 Sprecher 对哺乳动物 Δ4 脂肪酸去饱和能力的研究，即 Sprecher 途径。目前认为生物体内由 EPA 到 DHA 的合成途径分为 2 种：有氧依赖 Δ4FAD 途径和有氧不依赖 Δ4FAD 途径（见图 4 - 22）。

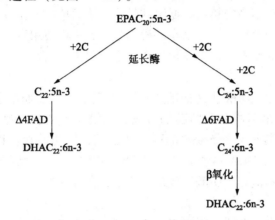

图 4 - 22　由 EPA 合成 DHA 的 2 条途径

（注：Δ6FAD 和 Δ4FAD 分别代表 Δ6 和 Δ4 脂肪酸去饱和酶。）

对于海洋鱼类来说由 EPA 生成 DHA 的 Sprecher 途径已经在虹鳟体内证实，后来在斑马鱼的研究中发现 Δ5/6FAD 能将 C_{24}：$5n-3$ 去饱和形成 C_{24}：$6n-3$，以及海鲷体内放射性 C_{24}：$5n-3$ 和 C_{24}：$6n-3$ 的产生间接说明了鱼类 DHA 的合成可能是通过 Sprecher 途径。目前还不能确定海洋鱼中是否存在 Δ4FAD 活性，也没有在海洋鱼中成功的调取 Δ4FAD 基因，而在某些鱼体内发现的放射性标记的 C_{24} HUFA 的产生都倾向于支持海洋鱼类 DHA 的合成是通过有氧不依赖 Δ4FAD 途径产生的。在海洋鱼类中 DHA 的合成到底是通过上述的哪一条途径，还是存在目前不为发现的途径，都需要进一步研究探索。

海洋鱼类体内富含丰富的 DHA，但海洋鱼类体内 DHA 的合成效率很低，合成能力也很有限。一方面是由于 Δ5FAD 活性低，造成 DHA 合成前体物 EPA 的含量偏低；另一方面由于 C_{24} 中间产物在微粒体和过氧化物酶体之间要发生传递过程，因此合成 DHA 耗时长，效率低；再者，有证据显示作用于 C_{24} 中间产物的 Δ6FAD 与作用于 C_{18} 脂肪酸的 Δ6FAD 是同一种酶，所以存在底物竞争 Δ6FAD 的现象也会造成合成效率的偏低。

（3）海洋鱼类必需脂肪酸（EPA 和 DHA）的制备技术

天然来源的海洋鱼油中 EPA 和 DHA 总含量在 20% ~ 30% 之间，但同时含有大量的饱和及单不饱和脂肪酸，属于低效成分或杂质，不但没有治疗作用，在人体内长期积累是有害的，在生产加工过程中应尽量分离除去。随着人们对鱼油类产品生理功能认识的深入，对药品和高级营养品中 EPA 和 DHA 的纯度有了更高的要求。目前国际上公认的 EPA/DHA 等 PUFA 产品纯度在 84% 以上时才具有确切的治疗作用，国际上一些鱼油加工企业生产的鱼油多烯酸乙酯中 EPA/DHA 总含量高达 96% 以上。由于 EPA 和 DHA 的生理作用不尽相同，因而开发高纯度的 EPA 和 DHA 单体具有重要意义和广阔的市场前景。其制备一般根据长链

PUFA 同其他脂肪酸在物理和化学性质上的差异经过结晶或蒸馏等方法实现。

① 低温结晶法

又称溶剂分级分离法，饱和脂肪酸在有机溶剂（常用丙酮）中的溶解度与碳链的长度成反比；而同一不饱和度的脂肪酸，碳链越长，溶解度越低；对同样碳链数目的不饱和脂肪酸，随双键数的增加，溶解度增加。在低温条件下，这种溶解度的差异更加明显。因此，利用脂肪酸在不同溶剂中的溶解度不同，再结合低温处理，可得到更好的分离效果。但这些方法只能用于粗分离，EPA 和 DHA 的总含量一般可达到 30% 左右，多用于 EPA 与 DHA 浓缩的第一阶段，以制备浓度不高的粗品。低温结晶法工艺简单，操作方便，有效成分不易发生氧化、聚合、异构化等变性反应，在中小规模生产中有一定使用意义，但由于需要回收大量的有机溶剂，并且分离效率不高，工业化生产中已经很少使用。

② 脂肪酸盐结晶法

如果将油脂皂化制成脂肪酸盐（如钠盐、锂盐等），利用脂肪酸盐类在不同溶剂中的溶解度差异可实现对长链多不饱和脂肪酸的分离，如铅盐酒精法、锂盐（或钠盐）丙酮法、钡盐法等。常用的有机溶剂为含 5% 水的丙酮或乙醇，脂肪酸盐类以钠盐、锂盐法应用最多，浓缩后得到的 EPA 和 DHA 总含量可达到 70% ~ 75% 。利用脂肪酸盐在不同溶剂中的不同溶解度来分离饱和与不饱和脂肪酸，效果要高于分离甘油酯。

③ 尿素络合法

尿素络合法又称尿素包合法、尿素包埋法。其原理是尿素分子在结晶过程中与饱和脂肪酸或单不饱和脂肪酸形成较稳定的晶体包合物析出，而多价不饱和脂肪酸由于双键较多，碳链弯曲，具有一定的空间构型，不易被尿素包合仍溶于溶剂中，再采用过滤方法除去尿素包合物，就可得到较高纯度的多价不饱和脂肪酸。此法在浓缩 EPA 和 DHA 方面得到有效的利用，也常与减压蒸馏法和分子蒸馏法联合，用于制备高浓度的 EPA 和 DHA。尿素包合法一般采用乙醇作有机溶剂，乙酯化鱼油、尿素、乙醇的比例一般为 1：2：60，首先将 100kg 尿素加入到 300kg 乙醇溶剂当中。待完全溶解后，缓慢加入 50kg 乙酯化鱼油，温度 75℃，搅拌 30min，静止冷却至室温使尿素充分结晶，形成包合物。离心分离技术回收尿素，再将滤液进行乙醇回收、酸洗和水洗等过程除去溶液中的乙醇和残存的尿素，即可得到较高 DHA 和 EPA 含量的高不饱和脂肪酸乙酯浓缩液。

④ 分子蒸馏法

分子蒸馏（Molecular Distillation）也叫短程蒸馏，其原理是在高真空下将混合脂肪酸或脂肪酸乙酯加热，利用混合物中各组分的分子自由程不同而得到分离。该方法一般在绝对压强为 0. 0133 ~ 133Pa 的高真空下进行。在这种条件下，脂肪酸分子间引力较小，沸点明显降低，挥发度较高，因而蒸馏温度比常压蒸馏大大降低。分子蒸馏时，短链的饱和脂肪酸和单不饱和脂肪酸首先蒸出，而双键较多的长链 PUFA 最后蒸出。天然鱼油中的PUFA 主要以脂肪酸甘油三酯的形式存在，一般先对鱼油原料进行乙酯化反应，将鱼油甘油三酯转化为乙酯混合物，然后对鱼油脂肪酸乙酯混合物进行分子蒸馏分离，利用蒸馏温度、操作压力等条件的控制调节，经过一级或多级分子蒸馏，将乙酯混合物中 PUFA 乙酯分离出来。

分子蒸馏的特点在于真空度高、蒸馏温度低于常规的真空蒸馏且物料受热时间短，可有效防止 PUFA 受热氧化分解，避免了使用有机溶剂，环境污染小，工艺成本低，易于工业连续化生产，尤其适用于高沸点高热敏性物质的分离提纯，在 PUFA 的富集方面大有应用前景。目前工业生产中采用分子蒸馏法分离鱼油乙酯，通过多级蒸馏，产品中的 EPA/DHA 总量可达 70% 以上。分子蒸馏法的优点在于蒸馏温度较低，可有效防止 PUFA 受热氧化分解，而且所生产的产品色泽较浅、腥味较淡，缺点是需要特殊的高真空设备。

⑤ 超临界气体萃取法

当流体处于临界状态附近时，会同时具有气体和液体的特征，既有气体的良好扩散性，而密度与黏度又接近液体。利用这种特性自物料中萃取脂质等成分，调节温度与压力可使其与溶剂分离。这种工艺已在若干领域得到应用，包括自油料中萃取油脂、EPA 以及 DHA。日本东北大学将尿素络合法与超临界萃取法联合运用获得了高纯度的 EPA 和 DHA。二氧化碳是比较理想的溶剂，因其耗能小，无极性，不燃烧，化学性稳定，价格低廉。

Ikushima 等研究了用超临界 CO_2 萃取鲭鱼中的不饱和脂肪酸，超临界萃取装置见图 4 - 23 所示。萃取器维持恒定的温度由超临界 CO_2 流体萃取称量好的样品。液态 CO_2 与一种添加剂通过高压泵一起加压到所需要的压力后输入萃取器，溢流出来的流体通过反馈压力调节器闪蒸至大气压力，将各种组分收集于捕集器中。Ikushima 以 CO_2 为临界流体，在 313K，$4.9 \sim 24.5 MPa$ 压力下，可得 EPA 和 DHA 高于 80% 的脂肪酸。

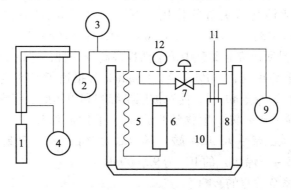

图 4 - 23　超临界萃取装置示意图

1—二氧化碳瓶；2—高压泵；3—添加剂高压泵；4—冷却循环器；5—预热器；6—萃取器
7—反馈；8—捕集器；9—流量累积；10—恒温池；11—热电偶；12—压力表

每种分离纯化方法都有其优缺点，采用单一的方法均难以得到高纯度的 EPA/DHA 产品。不同的分离方法具有互补性，在实际操作中为了获得高纯度的某种 PUFA 产品，应在考虑成本的基础上取长补短，将两种或多种方法有机地结合起来使用。如目前工业上将尿素包合同分子蒸馏结合起来使用，可以得到 EPA 和 DHA 总含量在 80% 以上的产品。开发高纯度的 EPA 和 DHA 单体具有广阔的市场前景，就现有的 EPA/DHA 富集方法而言，多数方法尚不能满足国标 XGB 2005 - 045 提出的纯度要求，因此进一步研究 EPA 和 DHA 的富集方法具有重要的意义。新分离技术的开发和应用，多种分离方法的耦合仍将是今后鱼油深加工技术的主要研究方向。

(4) 海洋鱼类必需脂肪酸（EPA 和 DHA）的生物活性

EPA/DHA 的研究起源于 70 年代流行病学的调查，结果发现纽因特人急性心梗、糖尿病、甲状腺中毒、支气管哮喘等疾病的发病率低，主要原因是由于他们每日通过海产食品摄入 5 ~ 10g 的 EPA/DHA。同丹麦人的血清脂质的组成明显不同的是，纽因特人血清脂质中的 EPA 远远高于花生四烯酸（C_{20}：5 n - 6）。在阿拉斯加原住民和日本渔村的调查亦表明，海产食品的摄取同低频度的血栓性疾病有较大的相关关系。此后，研究发现 EPA/DHA 具有更广泛的生理活性，主要表现在下列方面。

① 抗疟活性

疟疾是由疟原虫引起的寄生虫病，在热带及亚热带地区一年四季都可以发病，易流行，是当今人类的最大杀手之一。目前治疗疟疾的药物主要有以下三类化合物：芳香基氨基醇类，如奎宁；抗叶酸剂——二氢叶酸还原酶抑制剂，如乙胺嘧啶（息疟定）；青蒿素类化合物。但是目前可用的抗疟药数量少，而且存在着严重的副作用，迫切需要寻找新的抗疟药物。

研究报道，在人体或高等真核生物中，脂肪酸的生物合成属于第一类型的脂肪酸合成酶系统（FAS I），而疟原虫体内脂肪酸是在具有两层生物膜的 Apicoplast 细胞器（一种起源于蓝细菌的细胞器）上合成的，属于第二类型的脂肪酸合成酶系统（FAS II），该系统只存在于细菌和藻类生物中。因此，如果干扰疟原虫第二类型的脂肪酶合成酶系统，就能在不影响人自身脂肪酸生物合成的条件下阻止疟原虫脂肪酸的生物合成，抑制疟原虫的生长。

近来，关于脂肪酸抑制 P. falciparum 类疟原虫脂肪酸生物合成的机理得到广泛关注。1992 年，Kumaratilake 等报道了 n-3 族和 n-6 族多不饱和脂肪酸的抗疟性质，指出脂肪酸的不饱和程度对抗疟活性起着关键的作用。不饱和度越高，其抗疟活性越强，即 C22：6 （n-3）＞C20：5 （n-3）＞C20：4 （n-6）＞C18：1 （n-9）＞C22：0，二十二碳六烯酸（C22：6 n-3）是所研究脂肪酸中抗疟活性最高的一种，它在 $20 \sim 40 \mu g/mL$ 浓度范围内即可使 90% 以上的疟原虫死亡。1995 年，Krugliak 等报道了 C18 类不饱和脂肪酸的抗疟作用，它们在浓度小于 $200 \mu g/mL$ 时，能对被感染细胞和单体诸虫起到抑制作用。其中油酸（9-18：1，十八碳烯-9-酸）生物活性最高，半抑制浓度 IC_{50} 为 $23 \mu g/mL$、亚油酸（9，12-18：2，十八碳二烯-9，12-酸）的 IC_{50} 为 $76 \mu g/mL$、亚麻酸（9，12，15-18：3，十八碳-9，12，15-三烯酸）的 IC_{50} 为 $92 \mu g/mL$。

② 对视觉和神经系统发育的影响

怀孕后期是胎儿大脑和视网膜 DHA 累积的关键时期，而早产婴儿的视觉系统和神经系统发育也最易受 DHA 缺乏的影响。母乳中含有大量的 DHA/EPA 以及 ALA （18：3 n-3，α-亚麻酸，Alpha-linolenic acid，DHA/EPA 合成前体），但之前婴儿传统的膳食配方中仅仅对 ALA 作了要求，而未涉及其他 n-3 PUFA。尽管早产婴儿在出生时就可以利用 ALA 合成 DHA，但这种合成速度不足以满足肌体组织细胞对 DHA 的需求，所以还必须从食物中添加足够量的 DHA。早期研究发现给早产婴儿补喂富含 EPA 和 DHA 的鱼油可以增加其视觉灵敏度，但研究人员同时发现补喂鱼油后血清中 ARA 水平降低，而 ARA 水平和婴儿早期生长密切相关。这种结果很可能与鱼油中含有大量 EPA 有关，EPA 的存在干扰了 ARA 的合成。而给早产婴儿补充大量 DHA 并降低其中 EPA 含量，婴儿的血清 DHA 和 ARA 水平均正常，对生长没有阻抑作用。有证据显示早产婴儿配方奶中补充 DHA 对视觉系统发育有显著促进作用，而配方奶中没有添加 DHA 的早产婴儿视觉发育受阻。和早产婴儿添加效果相比，给正常分娩的婴儿添加 DHA 的效果并不显著。迄今为止，并没有证据显示配方奶中添加 DHA 会对婴儿发育产生副作用。

③ 对孕妇孕期的综合影响

人们开展了大量有关婴儿 DHA 需要的研究，对母体 n-3 PUFA 需求的研究却相对较少，而母体是胎儿和初生哺乳婴儿 n-3 PUFA 唯一供给者。母体在怀孕期间的随机分组试验结果显示，补充 n-3 PUFA 并没有降低怀孕所致的紧张状况和高血压的发生率，但与低

n - 3 脂肪酸摄入量的孕妇相比稍稍延长了孕妇的怀孕期。患有高危妊娠疾病的孕妇每天补充包含 2.7g n - 3PUFA 的鱼油，提前分娩的概率从 33% 降到 21%。迄今仍没有在妊娠期补喂鱼油或 DHA 有副作用的报道，但很多学者认为在妊娠期对 EPA/DHA 做特别推荐为时尚早。

④ 对心血管疾病（Cardiovascular diseases）的影响。

研究显示增加 n - 3 PUFA 摄取量可以通过以下途径降低心血管疾病发生率：阻止心率不齐的发生，心率不齐可能导致心脏突死；降低血栓的发生概率，血栓导致血管阻力增大、心脏受损；降低血清甘油三酯水平；舒缓动脉粥样硬化斑的生长；增强血管内皮细胞功能；降低血压；降低炎症发生。美国心脏联合会（American Heart Association）建议所有成年人都应该摄取大量的鱼类，尤其是比较肥的鱼，至少每周吃两次鱼，此外，还应该大量摄取富含 ALA 的植物油。

⑤ 对 2 型糖尿病（Diabetes type 2）的作用。

心血管疾病是导致糖尿病患者死亡的罪魁，2 型糖尿病患者常常血脂过高（200mg/dl 以上），而研究认为补充鱼油可以显著降低糖尿病患者血清低密度脂蛋白胆固醇（LDL - C）和血清甘油三酯水平。尽管高血脂患者补充大量鱼油后观察到 LDL - C 水平升高，但禁食后患者血糖和血色素 Alc 水平并没有升高。在对 5103 名女性 2 型糖尿病患者的研究中，患者在试验开始阶段并没有同时患心血管疾病或者癌症，结果发现在 16 年试验期间补充高剂量鱼油后患者患冠心病的概率显著下降。迄今为止没有证据显示服用 EPA + DHA 会对长期高血糖患者有副作用。

⑥ 对癌症（Cancer）的影响。

和普通细胞不一样，肿瘤细胞增殖和扩散非常迅速，并对细胞正常凋亡（apoptosis）有抵抗力。研究发现海洋生物提取的脂肪酸可以抑制体外培养的乳腺、前列腺和结肠的癌细胞增生，促进细胞凋亡；抑制体内结肠和直肠黏膜培养的癌细胞的增殖。癌细胞在动物模型中研究表明增加 EPA 和 DHA 的摄食可以降低乳腺、前列腺和肠癌细胞的增殖水平。众多的临床试验研究中，只有少数研究发现鱼的摄食和人体乳腺癌、前列腺癌以及肠癌的发生率之间存在负相关。在鱼类摄取量相对较高的人群中，鱼类摄取和癌症发病率之间存在较强的负相关。将来应该对 EPA/DHA 的摄入量和组织中含量、n - 6：n - 3 PUFA 比值以及 n - 3 脂肪酸含量进行较为详细的测定并给出推荐摄入量将有助于人们对抗癌症的发生。

⑦ 对炎症的作用。

实验发现，饲喂 EPA 的动物，其实验性炎症的水肿程度降低。其抗炎作用机理主要是抑制中性细胞和单核细胞的 5 - 脂氧合酶代谢途径，增加白三烯 B_5（LTB_5，几乎无生理活性）的合成，同时抑制 LTB_4（由 AA 产生，具有强的收缩平滑肌与致炎作用）介导的中性白细胞机能，并通过降低白介素 - 1 的浓度而影响白介素的代谢。

⑧ 抗结核活性

结核病是由结核分枝杆菌感染引起的慢性传染病，可侵入人体全身各种器官，长期困扰着人类的健康。我国目前广泛应用的抗结核药物有异烟肼、利福平、吡嗪酰胺、乙胺丁醇和链霉素。但是自 20 世纪 80 年代到近期的病例显示，分枝杆菌对上述药物已产生广泛的耐药性。因此，寻找新的方法来治疗结核病非常重要。结核分枝杆菌和真核生物的脂肪酸生物合成系统也存在着差异，如真核生物的 FAS I 系统和原核生物的 FAS II 系统。FAS I 系统合成的脂肪酸碳链长度在 16 ~ 24 之间，而 FAS II 系统能延长 C16 脂肪酸的碳链，形成分枝杆菌生长所必需的分枝菌酸。因此，分枝杆菌 FAS II 系统的合成酶是抗分枝杆菌脂肪酸抑制分枝杆菌的良好作用靶点。2 - 链烷酸脂肪酸类就具有良好的抑制分枝杆菌的活性，如 2 - 十六碳炔酸在最小抑制浓度（MIC）为 20 ~ 25 μmol/L 时就能够有效地抑制结核分枝杆菌 H37Rv。

⑨ 抗真菌活性

据报道，炔类脂肪酸，特别是 2 - 炔基脂肪酸，是一种很好的真菌抑制剂，其抑菌活性受 FA 链的长度和介质 pH 值的影响。当链长度为 8 ~ 16 个碳原子时，FA 抑制真菌的生物活性最强。十六碳 - 2 - 炔酸具有强的抗真菌活性，其抗菌活性归因于它能够抑制 2 - 炔基脂肪酸碳链的伸长，还能抑制脂肪酸的酰化作用，特别是抑制三酰基甘油的合成。因此多不饱和脂肪酸抗真菌的作用机制也与其抑制脂肪酸的生物合成有关。近来，研究发现一种被称为 6 - 十九酸的炔类脂肪酸能够抑制耐氟康唑的白色念球菌（MIC = 0.29 μg/mL），其抑菌机理为对真菌神经鞘脂类化合物生物合成的抑制。

⑩ 营养神经系统

DHA 是构成脑磷脂的必需脂肪酸，在人脑的灰质、白质和神经组织中大量存在，在脑细胞的线粒体、突触体和微粒体中都有发现，它与脑细胞的功能密切相关。DHA 不足，将造成脑神经发育障碍，胎儿及婴幼儿特别明显，少年表现智力低下，中老年表现为脑神经过早退化。研究资料表明，多食富含 DHA 的鱼类和鱼油制品，在脑神经，特别是突触体的磷脂中有较多的 DHA 分布，对神经的发育及维护、兴奋冲动和递质的传导，都起着有益的作用。利用小老鼠进行的迷宫试验表明，摄取富含 DHA 饲料的实验组比对照组的学习记忆能力强。DHA 可望在增强记忆力，防止老年性痴呆症方面得到应用。

（5）海洋鱼类必需脂肪酸（EPA 和 DHA）在食品上的应用

EPA、DHA 的不饱和双键达 5 ~ 6 个之多，在氧存在条件下受热、光、氧化催化剂的作用，极易氧化，因此将其添加到食品中时，要充分考虑到这一特性。首先必须做好防止其氧化的有效措施，一般常用的是加入天然抗氧化剂 V_E 和儿茶素（Catechin）或冲氮气等。

世界各国对富含 EPA/DHA 的食品开发都非常重视。日本已把富含 DHA 的鱼油确定为 21 世纪的智能食品并加以开发应用。在美国，鱼油并不划归膳食补充剂（中国称之为保健品）范畴而属于营养食品类产品。富含 DHA 成分的脱臭鱼油还被加成清凉饮料、鱼糜制品、鱼罐头、鱼肉香肠、糖果、豆奶、婴儿牛奶、人造奶油甚至糕点等。DHA 类保健产品已成为美国保健食品市场发展最快的新产品，DHA 脑保健类食品和眼保健食品分别占据美国保健食品市场份额的 20% 和 45%。

作为保健食品的 EPA/DHA 油一般以胶囊或微胶囊等形式上市。最近日本开发的粉末鱼油是用明胶、淀粉、卡拉胶等将 DHA 油微胶囊化，防止同空气的接触，使其的防止氧化能力和保存性得到了改善。此外，将鱼油添加到饲料中喂鸡，可得到 DHA 高含量鸡蛋。DHA 在鸡蛋中比 EPA 更易积蓄，饲料中约 30% DHA 可转移到鸡蛋中。即 1 个鸡蛋的蛋黄中约含有 300 ~ 400mg 的 DHA，完全无鱼腥味，以磷脂形式存在，不易氧化，是稳定性、保存性良好的高附加值的鸡蛋。日本厂家更进一步将 DHA 高含量的蛋黄，直接干燥粉末或采用有机溶媒抽出得到 DHA 高含量的蛋黄油。由于其防止氧化能力高，保存性能好，故其在食品中的应用将更为广泛。

1977 年，丹麦的 Derber 博士发表了鱼油中的 n - 3 多烯脂肪酸特别是其中的 EPA 和 DHA 具有防治心血管病功效的文章，引起了世人广泛的重视。研究人员在以后的研究中发现：EPA 和 DHA 还有抗炎、抗癌、增强免疫功能以及促进幼小动物生长发育等功效。近年来，在对 DHA 的深入研究中，发现此种脂肪酸对大脑发育、智力和记忆力的增长都有促进作用。鱼油是 EPA 和 DHA 含量最高、资源最丰富、价格便宜的原料，因此鱼油是生产富含高度不饱和脂肪酸 EPA 和 DHA 类产品的主要原料，此类产品包括药品、食品添加剂、饲料添加剂等。

国际市场上的鱼油产品可分为两大类：一类是直接用大西洋鳕鱼油类的精制鱼油加工而成的软胶囊，较为成熟的是三甘酯（TG）形式、含量为 EPA18%，DHA 12% 的产品；另一类是 EPA 和 DHA 不同含量及不同比例的浓缩型乙酯或脂肪酸形式的产品，EPA 和 DHA 总含量一般在 50% 以上。其中以第一种鱼油产品的市场容量最大，高含量的乙酯或脂肪酸形式的产品逐渐向甘油酯型转变。由于天然鱼油中同时含有大量的饱和及单不饱和脂肪酸，高 DHA/EPA 含量的甘油酯型产品是鱼油产品最具竞争力的发展方向。

鱼油制品在保健品及食品中的应用，对鱼油加工技术提出了更高要求，也促进了鱼油工业的进一步发展。多级分子蒸馏技术同尿素包合技术的联合使用，提高了鱼油中 EPA/DHA 的富集与纯化效率；参照植物油脱臭技术发展而来的鱼油脱腥工艺开始广泛应用于实际生产中。鱼油的氧化稳定性是国内外学者长期关注的重点，稳定型鱼油产品的开发是将来鱼油产品发展的一个重要方向。传统的食品或药品级 EPA/DHA 产品为乙酯型，近年来随着技术进步与研究层次的深入，食用或药用 EPA/DHA 产品开始向高浓度、高纯度、甘油酯型转变。基于这一趋势，国内外学者对 EPA/DHA 分离纯化以及乙酯型向甘油酯型产品转化技术进行了大量研究，现在国内外部分企业已经掌握了相关的核心技术，并且实现了产业化生产。

4.3.1.1.4 鱼类磷脂

随着鱼类加工业的飞速发展，约占鱼体总质量35% ~55% 的鱼头、鱼皮、鱼骨和内脏等副产品的加工利用水平成了影响水产业经济效益的关键所在，而这些副产物中除含有大量的蛋白质外，还含有丰富的脑磷脂、矿物质和其他生物活性成分。绝大部分的鱼卵，不但味道鲜美，营养丰富，还富含卵磷脂，是国际上流行的美容及保健食品，鱼卵的深加工大有可为。

杨文鸽测定了捕获旺季的马面鲀（Navodon septentrionalos）卵巢中的总脂和磷脂及脂肪酸组成，发现磷脂的含量占总脂的 23.01% ~ 33.03%，其中含有较丰富的磷脂酰胆碱（PC），磷脂酰乙醇胺（PE）；与大豆和蛋黄的磷脂相比，马面鲀卵巢中的总脂和磷脂含有更丰富的 PUFA，此外卵巢磷脂中的脂肪酸不饱和度及 EPA + DHA 之和要高于总脂。杨文鸽等还用正交试验探讨了以氯仿、甲醇混合液提取从马面纯卵巢中提取磷脂的方法，得到最佳工艺条件，为海洋生物磷脂的开发利用提供了依据。

最近的研究表明，DHA 和 EPA 的生理功能因其在脂肪中的分子形式不同而不同，人们因此而重视 DHA/EPA 等 n－3 PUFA 与磷脂的双重作用，研究结合有 n－3 PUFA 的磷脂（n－3 PUFA 磷脂，n－3 PUFA－PL）的生理功能。EPA 磷脂与 EPA 甲酯相比，前者在降低血清胆固醇的作用方面作用更强。另外用从鱼类肠道菌产生 PUFA 磷脂对大白鼠口服试验，发现其对脂肪组织的降低有新功能，同时发现 PUFA－PC 对细胞分化具有诱导作用，从而导致人们对 DHA 与 EPA 的脂肪分子形式的研究日渐活跃。DHA/EPA 作为脂肪酸或其甲、乙酯及甘油酯容易氧化，而 DHA/EPA 的磷脂则使其氧化稳定性增强，并且磷脂分子形态可以原封不动地由细胞摄取，在细胞内分解为 DHA/EPA 与磷脂，显示出增效作用，所以可以作为保健食品、化妆品、药品来利用。

（1）磷脂的结构和分类

磷脂（Phospholipid），也称磷脂类、磷脂质，是指含有磷酸的脂类，属于复合脂。按日本生化学会对磷脂的分类，见图 4－24，说明磷脂类是由众多的含磷化合物所组成。我们通常所指的含磷脂质即为"磷脂"（Phospholipid）。由于所含醇的不同，磷脂可分为甘油磷脂类和鞘氨醇磷脂类，它们的醇物质分别是甘油和鞘氨醇（sphingosine）。

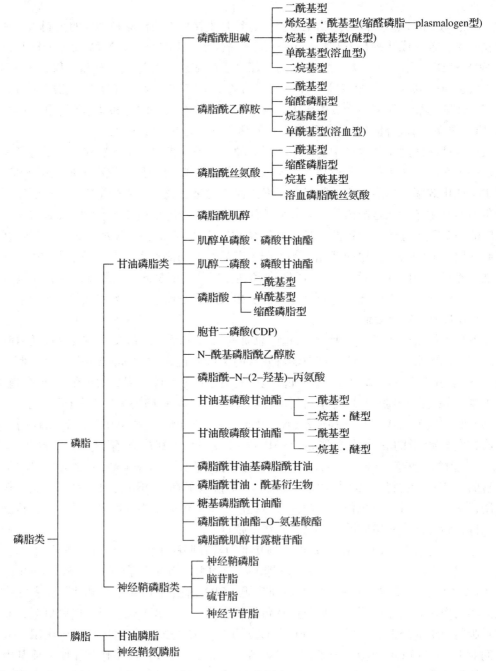

图 4 – 24　磷脂类的分类

① 甘油磷脂

甘油磷脂即磷酸甘油酯（phosphoglycerides），它是生物膜的主要组分。这类化合物所含甘油的第三个羟基被磷酸酯化、另两个羟基为脂肪酸酯化，其中的磷酸再与氨基醇（如胆碱、乙醇胺或丝氨酸）或肌醇结合。其分子结构可由图 4 – 25 通式表示。

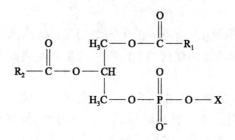

图 4 - 25　甘油磷脂分子结构通式

其中 R_1、R_2 分别表示 $C_{16} \sim C_{22}$ 的饱和或不饱和脂肪酸，由于 - X 基团的不同而呈现不同的种类。常见的 - X 基团见表 4 - 13。

表 4 - 13　常见甘油磷脂 - X 基团及名称

序号	- X 基团	中文名称	英文名称（缩写）
1	- H	磷脂酸	Phosphatidic Acid（PA）
2	- CH$_2$CH$_2$NH$_3$	磷脂酰乙醇胺	Phosphatidylethanilamine（PE）
3	- CH$_2$CH$_2$N（CH$_3$）$_3$	磷脂酰胆碱	Phosphatidylcholine（PC）
4	- CH$_2$CH（NH$_2$）COOH	磷脂酰丝氨酸	Phosphatidylserine（PS）
5	- CH$_2$CH（OH）CCH$_2$OH	磷脂酰甘油	Phosphatidylglycerol（PG）
6	肌醇	磷脂酰肌醇	Phosphatidylinoitide（PI）

② 鞘氨醇磷脂

鞘氨醇磷脂又称神经鞘磷脂、神经磷脂或鞘磷脂，大都存在于动植物组织中，易结晶，难溶于水、乙醚及其他有机溶剂中。它是神经酰胺（ceramide）与磷酸直接连接，然后再与胆碱或胆胺连接而成的脂。

神经酰胺由鞘氨醇（神经氨基醇）与脂肪酸缩合而来。鞘氨醇有两种，一种存在于动物组织中，其结构为：

$$CH_3-(CH_2)_m-CH=CH-\underset{\underset{OH}{|}}{CH}-\underset{\underset{NH_2}{|}}{CH}-CH_2-OH$$

另一种存在于植物组织中，结构为：

$$CH_3-(CH_2)_n-CH-\underset{\underset{OH}{|}}{CH}-\underset{\underset{OH}{|}}{CH}-\underset{\underset{NH_2}{|}}{CH}-CH_2-OH$$

动物源的鞘氨醇磷脂也含有磷酰胆碱或磷酰乙醇胺，被称作 SM（sphingomyelin），一种 SM 的分子结构为：

（2）磷脂的生理功能

作为一大类物质，不同磷脂具有不同的生物学功能。磷脂的应用已不仅仅局限于一般的磷脂加工性能，它的生物学功能和在药物上的应用愈来愈受到世界各国广泛注意。

① 磷脂的生理功能

磷脂组成生物膜骨架。生物膜是由蛋白质和脂类组成有机集合体，大多数膜中蛋白质与脂类比为 $1:4\sim4:1$，脂类主要是甘油磷脂其他还含有糖脂和胆固醇等。生物膜中甘油磷脂主要是 PC 和 PE。由于其双亲性，磷脂能自发在水介质中形成闭合双分子层，成为生物膜骨架。生物膜是细胞表面的屏障，又是细胞内外环境进行物质交换通道，众多酶系与膜结合，系列生化反应在膜上进行。膜上蛋白质可分为两种，即外周蛋白和内嵌蛋白。外周蛋白是以离子键与脂质极性头或内嵌蛋白两侧亲水部分结合。膜上许多活性蛋白质都是高度组织化、有序化，能执行特定生物学功能，这对整个细胞生命过程非常重要，而这种蛋白质活性又与磷脂骨架具有重要关系。磷脂脂肪酸不饱和度高，生物膜流动性强，膜蛋白运动性增强，使之更能为适应功能而改变其分布和构型，从而使膜酶发挥最佳功能。生物膜上酶有的还具有较强磷脂依赖性，只有在相应磷脂存在下才具有活性，因此磷脂对人体健康具有重要作用。

磷脂特别是 PC，在人体神经系统生长发育和激素的分泌调节等方面起着重要作用，可健脑益智，适宜于脑发育期的青少年，还可预防神经衰弱和老年痴呆症等。

磷脂能显著提高免疫功能，激活巨噬细胞的活力，增强肌体抵抗疾病的能力。

磷脂是脂质乳化剂，可乳化血浆，促进造血代谢，预防冠心病、高血压、高血脂和高粘血症等心脑血管疾病。

磷脂能改善肝脏脂质代谢障碍，防止肝炎及脂肪肝的形成。PC 的主要成分胆碱是使肝脏保持正常功能的必需营养素。PC 能促进脂蛋白合成、再生，保护肝细胞的线粒体、微粒体等膜免受损伤，改善脂质代谢异常。

磷脂可以改善肺功能。对于肺部磷脂，除作为细胞膜成分外，在肺泡腔内还存在作为表面活性剂的磷脂。这些磷脂具有保持肺泡换气的功能，因此能改善肺功能，可作为新生儿呼吸窘迫综合症治疗药。

磷脂能够提高药物治疗指数，降低药物毒性。磷脂除本身具有药物作用外，与其他天然活性成分复合，能提高活性成分的体内或透皮吸收，增强药物活性，显著改善生物有效性。

磷脂还具有排毒养颜的功效，能促进皮肤对氧气、养分的吸收。

磷脂具有抗氧化作用。研究发现，磷脂可以作为酚类化合物如 α – 生育酚（α – to-copherol）等的抗氧化能力的增效剂，原理可能是磷脂的氨基酸基团通过氢转移参与了生育酚的再生。

② DHA/EPA 磷脂的生理功能

作为结合有 DHA/EPA 的磷脂，DHA/EPA 磷脂除了上述的磷脂所具有的生理功能外，由于特殊的脂肪酸组成，其自身还具有独到的生理功能。

首先，DHA/EPA 型磷脂具有 DHA，EPA 所具备的生理功能。作为主要来源于海洋生物的 n – 3 PUFA，DHA 与 EPA 的生物学活性和功能受到科研和商业开发人员的高度重视。人们发现视网膜（retina）中 DHA 含量极其丰富，视网膜甚至可以在 n – 3PUFA 摄入量非常低的情况下储存和回收 DHA。动物实验显示，DHA 是视网膜正常发育和发挥其正常功能所必需的。研究还认为,视网膜发育有一个关键时期,在此期间如果 DHA 供应不足将会使视网膜功能产生永久缺陷。DHA 对视觉色素视网膜紫质(visual pigment rhodopsin)的再生起至关重要的作用,而视网膜紫质在从光线到视觉图像转换的系统中起关键作用。大脑和神经组织中 DHA 含量远远高于机体其他组织。DHA 对神经系统可能有以下一些功能:保护神经细胞(神经元)避免机体细胞程序死亡(programmed cell death),可能增强神经系统的生存能力;影响细胞膜的物理特性,如流动性。而细胞膜物理特性的改变可能改变神经传递素活力或者改变了神经膜受体蛋白的功能进而改变神经系统的传导能力。DHA 对神经功能发挥着至关重要的作用,因此,DHA 对神经系统的作用机理仍需进一步明确。

二十烷类衍生物(Eicosanoid)是一类重要的多聚不饱和脂肪酸化学信使物,在免疫和炎症反应上起至关重要的作用。细胞膜中含有的二十碳酸有 20∶3 n-3 和 20∶4 n-6(花生四烯酸,arachidonic acid,AA),20∶3 n-3 在去饱和酶作用下进一步生成 20∶5 n-3 (EPA),在炎症反应中,ARA 和 EPA 经环氧化酶(cyclooxygenases)和脂氧化酶(lipoxygenases)的作用代谢合成各种具有生物活性的二十烷类衍生物。在典型的西方膳食中,细胞膜的 ARA 含量远超过 EPA 含量,导致许多二十烷类衍生物是由 ARA 合成而不是由 EPA 合成。而如果膳食中大量摄取 EPA,降低 ARA 的相对摄入量,许多对人体健康有重要意义的二十烷类就会由 EPA 合成。由 ARA 代谢合成的二十烷类与由 EPA 代谢合成的二十烷类对人体具有几乎相反的功能,总的来讲,经由 EPA 合成的二十烷类不易引起炎症、血栓,可以促进血管舒张的作用。

其次,作为结合有 DHA/EPA 的磷脂,DHA/EPA 磷脂在拥有磷脂和 EPA/DHA 等 n-3 PUFA 各自功能特性的基础上具有更多独特的生物学活性。

(Ⅰ)细胞膜透过性增强

PC,LPC 是 n-3 PUFA 的良好载体,Cansella 等发现 n-3 PUFA 磷脂与结合有 n-3 PUFA 的甘油三酯相比更易于通过细胞膜从而促进脂肪酸被吸收,Stillwell 等研究发现 PC 在 Sn-2 位上结合 DHA 后显示了更强的细胞膜透过性。Hossain 等发现富含 DHA/EPA 的 PC 形成的脂质体与普通 PC 形成的脂质体相比,能更好地通过 Caco-2 细胞构成的单细胞层模型,更容易透过细胞膜被转运吸收。Bernoud 等用大脑毛细血管上皮细胞构成单细胞层,层下培养星型细胞,在体外构建血脑屏障模型,比较了未酯化形式的 DHA 和 DHA-LPC 的通过情况,结果发现 DHA-LPC 更易通过。Morash 等发现 2-酰基-LPC 比起 1-酰基-LPC 能更快地被神经母细胞瘤和胶灰质细胞吸收并乙酰化。迅速吸收并乙酰化 2-酰基-LPC 的能力被推测是许多细胞系的共同特征。因而 2-酰基-LPC 很有希望成为向某些肝外组织输送 PUFA 的有效载体。如何充分利用 2-酰基-LPC,更好地发挥其在体内的生理功能,是一个很有发展前景的研究方向。

(Ⅱ)癌症治疗作用

视黄酸(retinoic acid,RA)及联丁酰基环—磷酸腺苷(dibutyryl cyclic AMP,dbcAMP)能引导人白血病细胞 HL-60 分化成粒性白细胞。此类分化引导剂近年来用于和化学治疗药物联合使用,能够减轻治疗中的副作用而不影响疗效。对于 RA、dbcAMP 引导的 HL-60 细胞分化,2-DHA 磷脂(在 Sn-2 位上结合有 DHA 的磷脂)在加入后具有协同增效作用,而且其效果要优于游离脂肪酸形式的 DHA,使用 Sn-1、Sn-2 位上都结合有油酸(C18∶1 n-9)的 PC 和 PE 则没有效果。此外,2-DHA-PE 比 2-DHA-PC 效果要好。上述发现说明在磷脂 n-2 位置上的脂肪酸对于协同增效作用非常关键,而 PUFA 型磷脂的极性头部也很重要。2-DHA 磷脂的作用原理可能是通过改变 HL-60 细胞的细胞膜结构,从而令细胞对于引导分化的化学物质的作用更为敏感。而 Hosokawa 等研究发现,2-PUFA 磷脂与 dbcAMP 的联合作用能够调节 HL-60 细胞内功能基因的表达。当 1-油酰基、2-DHA-PE 与 dbcAMP 联合作用引导 HL-60 细胞分化时,增强了 $c-jun$ mRNA 的表达,而且其表达水平要高于 dbcAMP 单独使用时。$c-jun$ 的编码产物与转录因子 AP-1 的形成有关,而 AP-1 对于细胞的分化具有调节作用,因而推测 2-DHA-PE 可能正是通过促进转录因子 AP-1 的产生而促进细胞分化。

作为致癌基因之一,$c-myc$ mRNA 在多种肿瘤细胞内大量表达,导致细胞周期失调。研究发现,2-DHA-PE 与 dbcAMP 联合作用能够显著降低 $c-myc$ mRNA 的表达,而 2-DHA-PE 单独使用则没有效果。可以观察到因 2-DHA-PE 与 dbcAMP 降低 $c-myc$ mRNA 表达作用所导致的 HL-60 细胞的生长抑制。

在水相介质中磷脂能形成脂质体,而脂质体作为药物载体的作用已经被广泛研究。2-PUFA 磷脂本身已经具有如上面所述的治疗癌症的功效,可预见将其用于制备脂质体的话会有更优异的功能。Hosokawa 等用摩尔比为 7:3 的 2-DHA-PC 和 2-DHA-PS 制成 2-DHA-PC/PS 脂质体,与大豆磷脂制成的 PC/PS 脂质体作了对比研究。发现 2-DHA-PC/PS 脂质体在粒度分布和悬浮浊度方面的稳定性要优于大豆 PC/PS 脂质体。2-DHA-PC/PS 脂质体在小鼠体内显示出具有很好的抗纤维肉瘤的活性,而大豆 PC/PS 脂质体则无任何活性。关于纤维肉瘤方面的体外试验也显示 2-DHA-PC/PS 脂质体对 Meth-A 细胞的抑制活性要好于大豆 PC/PS 脂质体。两种脂质体对于巨噬细胞类 J744-1 细胞皆无抑制作用,而 2-DHA-PC/PS 脂质体比大豆 PC/PS 脂质体能够更加促进 J744-1 细胞单体的吞噬能力,而且能够使参与吞噬的细胞比例增加。从观察到的试验现象推断 2-DHA-PC/PS 脂质体能够抑制纤维肉瘤细胞生长至少部分原因是由于其直接阻止肿瘤细胞的生长同时促进巨噬细胞的吞噬能力。

Kafrawy 等比较了 Sn-1 位上各自结合硬脂酸、α-亚麻酸、花生四烯酸、DHA 的 PC 及 Sn-2 位上分别结合 EPA/DHA 的 PC 制成的脂质体对于体外培养的 T27A 鼠白血病细胞的作用,发现只有 DHA-PC 脂质体有细胞毒性,其他脂质体可被癌细胞吸收但无法杀死细胞,因此提出可以利用 DHA-PC 脂质体开发癌症辅助治疗制剂。

(Ⅲ) 氧化稳定性改善

由于高度不饱和,像 DHA 含有 6 个双键,EPA 有 5 个双键,PUFA 极易氧化,造成脂肪的过氧化,从而形成不快风味与气味以及引起颜色变深。而磷脂本身具有协同酚类物质抗氧化的能力。DHA/EPA 结合在磷脂上之后,氧化稳定性得到改善。DHA/EPA 磷脂的氧化稳定性甚至要优于结合其他不饱和程度低的脂肪酸的磷脂。

(Ⅳ) n-3 PUFA 溶血磷脂增强红细胞形变性的功能

与 2-DHA-PC 相比,2-DHA-LPC 能更好地增强红细胞的形变性。2-DHA-LPC 比 2-DHA-PC 能更迅速地被红细胞吸收从而使 DHA 更快地与红细胞的磷脂结合。研究发现,2-EPA-LPC 增强红细胞形变性的功能要优于 1-EPA-LPC,这表明 PUFA-LPC 的功能与 PUFA 的结合位置有关。而大豆磷脂制成的 2-酰基-LPC 则对增强红细胞形变性无任何效果,说明此功能与脂肪酸组成也密切相关。实验还发现 2-EPA-LPC 比 1-EPA-LPC 能更有效地防止红细胞的溶血现象。

（V）其他功能

Matsumoto 等发现，2 - DHA - PC 能够抑制 5 - 脂肪氧合酶的作用，而 5 - 脂肪氧合酶是生成白三烯的花生四烯酸途径第一步的重要催化酶。他们研究发现，1 - 油酰基，2 - DHA - PC（ODPC）是对 5 - 脂肪氧合酶最有效的抑制物，而且其对 12 - ,15 - 脂肪氧合酶和环加氧酶无作用。Izaki 等发现给大鼠腹腔注射 ODPC 后，可以增强其学习能力。

Morizawa 等研究发现，小鼠耳部用 2,4 - 二硝基 - 1 - 氟代苯接触致敏后，喂食从鱼卵中提取的 DHA 磷脂具有抗炎症的效果。食用 DHA 磷脂的小鼠体内与炎症反应有关的 IFN - γ、IL - 6 及 IL - 1β 的 mRNA 表达得到抑制。DHA 磷脂的抗炎效果要强于 DHA 甘油酯。DHA 的酯结合形式对其体外抗炎作用有影响，磷脂的化学结构可以更有效地促进 PUFA 的功能。

通过上述研究表明，分子类型、极性头部基团、脂肪酸的连接位置对于 PUFA 磷脂的生物活性表达都具有重要的意义。随着在分子水平上对 PUFA - 磷脂功能活性的认识不断深入，PUFA - 磷脂在有益于健康方面将会得到更多的开发利用，特别是 DHA/EPA 磷脂所具有的优异功能特性，将使其在营养、制药及医学领域都有良好的发展前景。

（3）DHA/EPA 磷脂的制备方法

① 原料来源

海洋性动植物及微生物中通常含有较多的 DHA 和 EPA，其中的 DHA 和 EPA 脂肪酸大多以甘油三酯和磷脂形态存在。Linehan 等对太平洋牡蛎的脂肪种类及脂肪酸组成进行了检测分析，发现其磷脂含量约占总脂的 30%，且富含 DHA 和 EPA。林洪等对紫贻贝（*Mytilus edulis*）、褶牡蛎（*Crassostre plicatula*）、杂色蛤（*Philippinarum Ruditapes*）、缢蛏（*Sinonovacula constricta*）、毛蚶（*Scapharca subcrenata*）、栉孔扇贝（*Chlamys farreri*）六种贝类的磷脂做了比较研究，发现其脂质含量在 1% ~3%，极性脂约占总脂的 25% ~45%，磷脂占总脂的 18% ~30%，即磷脂在极性脂中占 70% 以上，其余部分是由糖脂和未知成分组成。杨文鸽测定了捕获旺季的马面鲀（*Navodon septentrionalos*）卵巢中的总脂和磷脂及脂肪酸其组成，发现磷脂的含量占总脂的 23.01% ~33.03%。因此，海产贝类、鱼卵等是含 DHA 和 EPA 磷脂的良好来源。

表 4 - 14 至表 4 - 16 列出了部分海产动物中 DHA 及 EPA 存在形态及脂肪酸组成。

表 4 - 14　几种海产动物原料中总脂肪含量及胆固醇、中性脂、糖脂和磷脂比例（$n=3$）

原料名称	总脂肪含量/（%，m/m）		总脂肪中比例/（%，m/m）			
	湿基（每 100g 组织）	干基（每 100g 干物质）	胆固醇	中性脂	糖脂	磷脂
牡蛎可食部	2.7 ±0.8	13.2 ±3.8	0.2 ±0.0	70.4 ±2.5	5.1 ±0.4	24.6 ±2.1
扇贝卵巢	3.1 ±0.4	18.1 ±1.1	4.3 ±0.2	18.9 ±0.5	50.6 ±2.6	30.6 ±3.2
扇贝精巢	2.0 ±0.1	12.5 ±0.5	微量	18.0 ±0.3	15.1 ±0.5	67.0 ±0.2
莺乌贼卵	6.0 ±0.1	21.3 ±0.3	5.3 ±0.4	20.7 ±1.3	2.3 ±0.3	77.0 ±1.6
鳕鱼卵	3.9 ±0.1	13.8 ±0.7	7.9 ±0.1	20.7 ±5.2	24.0 ±2.5	55.5 ±2.7

表 4 - 15　样品中磷脂组成

原料	CL	PE	PI	PS	PC	SM	LPC	未知
牡蛎可食部分	4.460 ± 0.82	26.75 ± 0.54	19.04 ± 2.85	2.43 ± 0.67	40.32 ± 2.25	2.54 ± 0.06	—	4.46 ± 0.79
扇贝卵巢	7.98 ± 0.58	33.06 ± 0.93	20.19 ± 1.12	2.66 ± 0.11	30.42 ± 1.34	—	—	3.69 ± 0.76
扇贝精巢	—	30.53 ± 0.77	12.99 ± 2.35	1.36 ± 1.21	29.17 ± 0.46	—	—	26.00 ± 2.13
莺乌贼卵	10.87 ± 0.07	11.53 ± 0.60	3.17 ± 0.02	—	67.50 ± 0.55	5.82 ± 0.28	0.36 ± 0.01	—
鳕鱼卵	10.77 ± 0.76	11.56 ± 0.12	14.37 ± 1.10	—	61.04 ± 1.74	1.15 ± 0.07	1.122 ± 0.11	—
大豆卵磷脂	—	19.87 ± 1.08	46.13 ± 1.09	—	16.45 ± 0.33	—	—	17.78 ± 1.58
蛋黄卵磷脂	—	14.92 ± 1.48	—	—	72.21 ± 0.44	9.26 ± 0.38	3.90 ± 0.15	—

表 4 - 16　海产动物原料磷脂中主要脂肪酸组成

脂肪酸组成	原料名称				
	牡蛎可食部分	扇贝卵巢	扇贝精巢	莺乌贼卵	鳕鱼卵
14：00	1.0 ± 0.1	3.0 ± 0.1	1.0 ± 0.1	2.8 ± 0.3	2.3 ± 0.2
16：00	10.9 ± 0.7	12.0 ± 0.3	15.6 ± 0.9	25.5 ± 0.8	20.9 ± 1.1
16：$1n-7$	1.3 ± 0.2	1.8 ± 0.3	3.0 ± 0.1	—	6.0 ± 0.0
18：00	5.1 ± 0.1	7.5 ± 0.2	9.3 ± 0.5	7.6 ± 0.4	2.8 ± 0.3
18：$1n-9$	5.5 ± 0.4	3.7 ± 0.4	10.7 ± 0.2	5.0 ± 0.6	15.4 ± 0.6
18：$2n-6$	0.8 ± 0.1	0.5 ± 0.1	0.7 ± 0.1	-	1.7 ± 0.1
18：$3n-3$	0.6 ± 0.0	—	—	—	—
20：$1n-9$	0.8 ± 0.0	3.8 ± 0.3	1.1 ± 0.1	3.1 ± 0.2	6.5 ± 0.3
20：$2n-6$	1.6 ± 0.1	0.8 ± 0.1	2.0 ± 0.0	6.6 ± 0.5	—
20：$4n-6$	2.3 ± 0.1	1.2 ± 0.1	1.2 ± 0.1	2.5 ± 0.3	2.4 ± 0.3
20：$5n-3$	20.3 ± 1.0	26.1 ± 1.5	28.5 ± 0.8	9.3 ± 0.2	17.7 ± 0.8
22：$6n-3$	22.9 ± 1.3	19.1 ± 1.1	17.1 ± 1.1	31.3 ± 0.9	25.0 ± 1.6

② 制备方法

（Ⅰ）溶剂萃取法

溶剂萃取法是传统的磷脂制备方法。该方法利用各磷脂在溶剂中的溶解度不同，将磷脂与其他组分分离开来，主要有全溶剂法和无机盐复合沉淀法两类。全溶剂法从提取方式上可分为单一溶剂提取和混合溶剂提取。单一溶剂以乙醇效果最好，PC 提取率与含量分别为71.6 和 51.4%。磷脂是由不同极性组分组成的混合物，许多研究者将极性的醇类溶剂（如甲醇、乙醇、异丙醇等）与非极性的正己烷、乙醚、乙腈等进行复配提取大豆油脚或浓缩磷脂中的主要磷脂，通过比较发现，混合溶剂中以乙腈－甲醇效果最好，PC 的提取率和含量分别为 67.8% 和 72.8%。这说明混合溶剂的综合性能优于单一溶剂。但是，混合溶剂难以回收，容易造成浪费，因此人们采用多种单一溶剂分步浸取的操作方式。乙醇、乙醚、丙酮是最常用的 3 种溶剂。另外，也有利用无机盐复合沉淀法制备磷脂的报道，虽然可以大大提高PC 含量，但会在操作中引入金属离子（如 Zn^{2+}、Cd^{2+}），影响产品质量，加重污染。因此，以乙醇为单一溶剂从海产原料中制备含 DHA 和 EPA 磷脂是目前较为可行的生产技术。

（Ⅱ）超临界流体萃取法

超临界二氧化碳（SC－CO$_2$）萃取在天然产物方面的应用，使产品更趋向绿色无污染。不少研究者试图用该技术提纯 PC，单纯的 SC－CO$_2$ 不溶解磷脂，需加入夹带剂（如乙醇），改变其溶解特性，对磷脂中 PC 有较好的选择性，从而达到分离提纯目的。赖炳森等在40MPa 下用超临界二氧化碳萃取法去除蛋黄粉中甘油三酯和胆固醇，再用乙醇萃取磷脂，得到磷脂（PC、PE、SM 和 LPC）总含量为 95% 的产品。Siegfried 等用超临界二氧化碳提取1kg 粗磷脂，可获得 580g 磷脂总含量为 99% 的淡黄色卵磷脂。其工艺条件为：提取阶段压力 400kPa，温度为 60℃；分离阶段压力为 50kPa，温度 20℃，提取时间 4h。近年来，Lucas Mayer 公司公布了超临界二氧化碳生产去油级卵磷脂的专利技术，该专利技术不仅可以采用连续式或半连续式工艺操作，而且混合器操作条件温和，可以大大缩短萃取时间，萃取剂消耗低，能耗降低，生产成本也大为降低。

超临界流体萃取溶油能力较强而溶解磷脂的能力较弱，可以用于去除大豆或蛋黄原料中大部分的中性油脂及胆固醇，只是设备费用比较昂贵，适合制备粗磷脂产品而不适于磷脂的分级分离。但是作为一种与环境友好的绿色环保的提纯磷脂方法，与其他需要使用到具有人体毒性的有机溶剂的提取分离方式相比，在人们对于食品安全卫生日益关注的今天，其在磷脂功能保健产品的生产上具有一定的优势。

（Ⅲ）吸附色谱法

用于纯化 PC 的吸附色谱法多为柱色谱（Column Chromatography，CC），一般选用硅胶、氧化铝和离子交换树脂等为吸附剂，洗脱液常选用低级醇或氯仿等几种溶剂的混合物，也可采用梯度洗脱。

硅胶为吸附剂。硅胶价格低廉，分离重复性好，可再生，是纯化磷脂最常用的吸附剂。为了保证色谱柱的分离性能与使用率，多将原料通过溶剂浸取法等进行预处理，然后吸附纯化 PC，经此步骤基本可以获得纯度在 80% 以上的产品。

氧化铝为吸附剂。氧化铝柱纯化天然 PC 的研究相对较少，一般采用等度洗脱，PI 和 PE 吸附较强，乙醇溶液难以洗脱，氯仿－甲醇－水的流动相体系才能洗脱。Nielsen 以二氯甲烷－甲醇－氨水为洗脱液，在氧化铝柱上分离经无机盐复合沉淀的粗磷脂，从 30 g 脂质中分离出 2.8 g PC 产品。经化学分析，产品的磷含量、氮含量及 P/N 摩尔比与 PC 纯品的均相近。

离子交换树脂为吸附剂。离子交换树脂分离纯化磷脂的研究甚少，工业上未见应用。Juneja 等采用两柱联合纯化的方法对高纯度 PC 的制备加以研究：粗磷脂先用硅胶柱层析进行第一次精制，将含 PC，SM，LPC 的混合磷脂部分过离子交换纤维素柱，以二氯甲烷 - 甲醇溶液梯度洗脱，得到 PC 含量大于 95% 的产品。

总之，柱色谱设备简单，生产成本较低，是目前唯一能够用于大规模生产高纯磷脂的方法，因而成为研究热点。但是，大部分研究停留在分析级制备上，制备过程无论选用何种吸附剂多进行梯度洗脱，这给溶剂回收造成很大困难，造成环境污染。

（Ⅳ）膜分离法

膜分离法是选择具有一定孔径的半透膜，将溶剂溶解的粗磷脂加压通过半透膜。由于各磷脂组分的相对分子质量不同，它们通过半透膜的难易程度不同，从而起到分离的作用。膜分离法具有能耗低、装置简单、操作容易、不产生新的污染等优点，分离过程一般在常温下进行，特别适合分离天然物质，但是膜不易再生，重复性差，成本昂贵，工业上难以应用。

（Ⅴ）利用酶工程技术提高磷脂中 DHA/EPA 含量

随着现代酶工程技术的迅速发展，酶工程技术在食品、化工、医药领域的应用越来越广泛。在脂质研究和制造领域，利用脂肪酶为工具酶对脂质分子进行改性，制备高浓度 DHA/EPA 甘油三酯的研究报道较为多见。根据反应体系内水分含量的高低可简单将该体系分为水介质体系和非水介质体系，传统的观点认为酶只在水溶液中可发挥其催化作用，在有机溶剂中会发生构型变化而失活，因此，早期研究中水介质体系较多，但大多数脂质都不溶于水，大大限制了该领域研究的发展。1984 年美国 Klibanov AM 博士在仅含微量水的有机介质（Microaqueous Media）中成功地酶促合成了酯、肽、手性醇等许多有机化合物，并证实了酶在 100℃高温下，不仅能够在有机溶剂中保持稳定，而且还显示出很高的催化转酯能力。这一发现为酶学研究和应用带来了又一次革命性飞跃，并成为生物化学和有机合成研究中一个迅速发展的新领域。由于脂质多难以溶于水，所以非水介质体系在脂质酶工程领域的应用较为有效。

由于天然海洋水产原料中磷脂中的 DHA/EPA 含量一般较低，多低于 30%，因此如何提高磷脂中的 DHA/EPA 含量是目前研究的重要方向。国内有研究者以不含 DHA、EPA 的蛋黄卵磷脂为原料，以正己烷为无水介质，以脂肪酶为酯交换反应工具酶对合成含鱼油的磷脂进行了研究，证实了通过酯交换反应可提高磷脂中 DHA/EPA 的含量。

（Ⅵ）利用酶工程技术对磷脂种类的改造

研究发现不同磷脂在生物活性方面存在差异，卵磷脂（PC）在改善肝脏脂肪代谢方面效果优于脑磷脂（PE），而 PE 在降胆固醇方面效果优于 PC。日本北海道大学研究者最新的研究结果表明，在 DHA - 磷脂的抗癌活性方面，DHA - 磷脂酰丝氨酸（DHA - PS）活性显著优于 DHA - PC。但是，自然界富含磷脂的生物资源中主要磷脂是 PC 和 PE，PS 含量一般低于 3%，并且从天然产物中提取磷脂酰丝氨酸的工艺步骤繁杂，得率低，产品价格昂贵，限制了磷脂酰丝氨酸的进一步广泛应用。因此，通过酶学的方法将含量丰富的 PC 和 PE 转化成活性更高的 PS 具有良好的开发前景。

近年来，有文献报道利用磷脂酶 D 催化酰基转移反应，从原料易得的磷酯酰胆碱制备磷脂酰丝氨酸。磷脂酶 D 是一类特殊的酯键水解酶，它能催化水解脂分子中的磷酸和有机碱（胆碱，乙醇胺等）羟基成酯的键，水解产物为磷脂酸和有机碱。在特定的条件下，它还能催化各种含羟基的化合物结合到磷脂的碱基上，形成新的磷脂，这一特性称为酰基转移

（Transphosphatidylation）特性。利用这一特性可对磷脂进行改性，制备高纯度的单一磷脂和稀有磷脂。其催化机理见图 4-26。

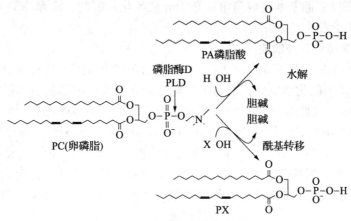

图 4-26　磷脂酶改性磷脂的机理

4.3.1.2　海洋贝类脂质

我国海洋贝类资源丰富，近海已知贝类约 3000 余种。贝类味道鲜美，营养价值高，其肉质含有丰富的蛋白质、脂肪和维生素。目前对于贝类的研究，一方面集中在蛋白质和多糖类物质，开发营养保健品和药品；另一方面就是对其食用安全性（毒素和重金属）的研究，有关这方面的报道很多。由于贝类中脂类成分含量相对较低（贝类中脂类成分含量大约在 2% 左右），一直以来被人们所忽视。但是在贝类脂类成分的脂肪酸组成中，n-多不饱和脂肪酸（主要是 EPA 和 DHA）含量相当丰富。贝类 EPA 具有明显降低血浆中的甘油三酯和胆固醇，改善机体脂质代谢，抗炎抗癌和提高免疫力等作用；DHA 则具有促进大脑发育，预防老年痴呆症以及保护视力等作用。贝类的脂类成分中富含磷脂成分如磷脂酰己醇胺，具有降血脂等众多的生理活性。贝类的脂类成分中还含有多种固醇物质，然而胆固醇的含量并不高，不足总固醇量的一半，其余非胆固醇、甾醇大部分不能或很难为机体所吸收，不产生升胆固醇效应。

有关贝类中必需脂肪酸（EPA 和 DH）、磷脂的生理功能、制备工艺与应用与鱼类类似，本节不再详细阐述。

4.3.2　海洋藻类脂质加工技术与功能

4.3.2.1　海洋巨型藻（海藻）类

海藻是重要的海洋生物资源，种类丰富，在我国已记录 800 种左右，其中有经济价值的有 100 多种，主要是褐藻、红藻和绿藻等大型种类。海藻脂质含量较低，一般为 0.1% ~ 2.0% 左右，但不饱和脂肪酸含量较高，尤其富含 n-3 和 n-6 系列 PUFAs。海藻是继鱼类之后人们研究得最多的富含高度 PUFAs 的生物，有些藻类中的 PUFAs 含量比鱼油中高出许多。由于海洋动物自身不能合成，其体内的 PUFAs 是通过食物链从海藻中摄取的。海藻能合成 PUFAs 并通过食物链转移到不能直接合成这些多烯酸的鱼类或其他水生生物中去。所以，可以认为海藻是海洋脂肪酸的原始生产者，也是研究多不饱和脂肪酸的合成和转化的主要环节。与鱼油相比，海藻脂肪酸具有一些鱼油不可比拟的优点：海藻油中 PUFAs 含量高；海藻油的氧化稳定性较好；海藻野生资源丰富，而且可以大量养殖，价格低廉；海藻中提取的 PUFAs 没有鱼腥味；脂肪酸组成简单，易于分离纯化。因此，海藻作为 PUFAs 的新来源正日益受到国内外学者的广泛关注。

4.3.2.1.1　海藻中脂类物质

海藻中能以非极性有机溶剂如乙醚、氯仿、石油醚、正己烷、二氯甲烷或混合溶剂（如氯仿 – 甲醇）萃取的化学成分，都属于脂类化合物。海藻中总脂的含量较低，如海头红（Plocamiun telfairiae）总脂含量为 1.63%，海蒿子（Sargassum pallidum）为 1.72%，孔石莼（Ulua pertusa）为 1.63%，缘管浒苔（Enteromorpha lirya）为 1.61%。从平均结果看绿藻的脂质含量比红、褐藻高些，褐藻脂质含量要比红藻高些。海藻脂质的主要组分是脂溶性色素、糖脂、甘油三酯、极性脂、固醇类化合物、游离脂肪酸、多酚类化合物等。海藻总脂的含量受藻体的成熟程度、营养状况、日照射程度等因素影响，同一种海藻随生长水深的增加脂质含量下降。

（1）海藻脂肪酸组成

海藻脂肪酸组成具有种属特异性。Jamieson 等，Khotimchenko 等分别报道了不同种属常见海藻的脂肪酸组成特点，认为脂肪酸组成具有种属特征，红藻主要含 C_{16} 和 C_{20} 类脂肪酸，绿藻主要是 C_{16} 和 C_{18} 类脂肪酸，褐藻主要有 C_{16}、C_{18} 和 C_{20} 类脂肪酸。有研究对我国 20 种海藻的脂肪酸进行分析，发现 C_{16}、C_{18} 和 C_{20} 系列不饱和脂肪酸占总脂肪酸 70% 以上，从不同碳数的脂肪酸分布看，依红藻、褐藻、绿藻到海草的顺序，20 碳脂肪酸含量逐渐降低，而 18 碳脂肪酸含量逐渐增加。红藻脂肪酸的特点是 $C_{20}:4n-6$ 和 $C_{20}:5n-3$ 含量非常高，二者之和占总脂肪酸的 50% 左右，褐藻脂肪酸则以 $C_{18}:2n-6$、$C_{18}:3n-6$、$C_{18}:3n-3$、$C_{18}:4n-3$ 和 $C_{20}:4n-6$、$C_{20}:5n-3$ 为主，绿藻脂肪酸特征性组分为 $C_{16}:3n-3$、$C_{16}:4n-3$ 以及 $C_{18}:2n-6$、$C_{18}:3n-6$、$C_{18}:3n-3$ 和 $C_{18}:4n-3$。

褐藻是大型海藻多不饱和脂肪酸研究中较常见的种属。黎庆涛等提取了鼠尾藻中的脂肪酸，并采用气相色谱法分析了亚麻酸等 4 种不饱和脂肪酸的含量。韩丽君等初步测定了 8 种马尾藻的脂肪酸组成，结果各种马尾藻中都含有 C_{18} 多不饱和脂肪酸和 C_{18} 单不饱和脂肪酸，多种马尾藻中的花生四烯酸和 EPA 含量较丰富。黄俊辉等研究了南海海域盛产的 4 种褐藻（海带、裙带菜、昆布和亨氏马尾藻）的总脂质及脂肪酸含量，发现海带中含有丰富的 C_{18}，裙带菜中花生四烯酸含量较高，而昆布中则含有较高的 EPA 和 DHA。另外，褐藻中特殊脂肪酸是 $C_{18}:4n-3$，目前被医学界认为是一种具很强生物活性的脂肪酸，可用于治疗老年人紧张症、糖尿病和酒精中毒病人常发的 Δ6 – 脱饱和酶（Δ6 – desatarase）缺乏症，而Δ6 – 脱饱和反应是人体内由亚油酸（$C_{18}:2n-6$）和 α – 亚麻酸（$C_{18}:3n-3$）向长链的必需脂肪酸转化的限制步骤。

红藻中的紫菜和江篱中的多不饱和脂肪酸含量也较高，紫菜主要含有亚油酸，而江篱中主要含有 EPA。

绿藻则是制备 $C_{16}:3n-3$ 及 $C_{18}:3n-3$ 的好原料。浒苔是绿藻门石莼科的一属。2008 年 7 月青岛海域浒苔绿潮爆发期间，杨柏娟等测定了 17 种漂移浒苔和 3 种本地浒苔的脂肪酸组成，所有浒苔中优势脂肪酸为十六碳酸，多不饱和脂肪酸，主要为 $C_{18}:3$ 和 EPA。马夏军等用 GC – MS 分析了中国南海总状蕨藻中的脂肪酸，共鉴定出 23 种脂肪酸，主要为 $C_{16}:0$（34.42%）、$C_{18}:3$（10.39%）、$C_{18}:2$ 和 $C_{16}:3$。

在极地环境中低温胁迫是一个非常重要的因子。在对南极冰藻的总脂含量和脂肪酸组成的研究中发现，脂肪的堆积及脂肪酸组成是南极冰藻的生存的关键。侯旭光等研究了从南极水样中分离出来的 4 种南极冰藻（2 种硅藻和 2 种绿藻）的总脂含量和脂肪酸组成和温度的关系。研究发现，4 种冰藻中膜磷脂的重要组成成分 $C_{22}:6$ 脂肪酸含量均较高，而且温度对其含量影响很小；2 种硅藻主要是通过单不饱和脂肪酸来抵抗低温，而 2 种绿藻是通过提高胞内的多不饱和脂肪酸含量来抵抗低温的胁迫。

（2）海藻极性脂质的组成

海藻中极性脂分为三种类型：① 含有糖基的糖脂如 MGDG（monogalactosyl diglyceride）、DGDG（digalactosyl diglyceride）及 SQDG（sulfoquinovosyl diglyceride）；②磷脂如 PC（phosphatidyl choline）、PE（phosphatidyl ethanolamine）、PG（phosphatidyl glyceride）、PS（phosphatidyl serine）、PI（phosphatidyl inositol）、SPI（phosphatidyl inositol）；③ 既不含糖基也不含磷的特殊极性脂，如二酸甘油羟甲基三甲基 – β – 丙氨酸 DGTA（Diacylglycerylhydroxy methyl trimethyl – β – alanine）、二酰甘油三甲基溶血丝氨酸 DGTS（Diacylglyceryl trimethyl homoserine）。

糖脂 MGDG、DGDG、SQDG 存在于所有的光合生物中，磷脂 PG 是叶绿体的特征组分。这四种极性脂广泛存在于红藻、褐藻、绿藻中。除上述四种极性脂外，红藻中还含有鞘磷脂酰肌醇（SPI）。褐藻中有许多未知的脂质，并且 PC 和 DGTA 两种极性脂质分布显著不同。绿藻中不仅含有 MGDG、DGDG、SQDG，还含有 PS 和 DGTS。存在于绿藻中 DGTS 和部分褐藻中 DGTA 的结构与 PC 相似，均是由含 N^+（CH_3）$_3$ 阳离子与酸根阴离子构成的两性分子。在植物脂肪酸脱饱和反应中，PC 是植物细胞内质网中 $C_{18}:1$ 向 $C_{18}:2$ 转化过程的主要酰基载体。而在绿藻中 DGT 或 DGTA 伴随着低含量的 PC 或不含 PC，说明这些藻中 DGT 或 DGTA 代替 PC 成为主要的酯基载体。

（3）海藻中固醇类化合物

海藻中固醇类化合物含量在绿藻、褐藻、红藻中的含量（mg/g 干藻）分别为 0.05 ~ 0.20、0.16 ~ 0.24 和 0.10 左右。褐藻中主要为岩藻固醇（fucosterol），还含有 24 – 亚甲基胆固醇，不同藻种之间两者比例差异较大。红藻中除胆固醇外，还含有菜子固醇（Brassicasterol），如紫菜和石花菜中均含有前述的两种固醇类化合物。绿藻中固醇类化合物组成复杂，主要组分为 28 – 异岩藻固醇（28 – isofucosterol），还存在少量 β – 谷固醇（β – sitosterol）、24 – 亚甲基胆固醇及胆固醇。

4.3.2.1.2　海藻中 PUFAs 生物活性

单细胞藻、红藻及硅藻等产生的 n – 3 多烯不饱和脂肪酸不含胆固醇，且品质稳定。PUFAs 是细胞和细胞器膜的主要成分，在真核生物细胞器进化和 PUFAs 缺乏之间起到了紧密的纽带作用。同时对于机体调节、动力学、相转移、膜的渗透性以及控制与膜相关的过程起到了关键性作用。PUFAs 也调节一些基因的表达，从而影响一些生物过程如脂肪酸合成、癌诱变和胆固醇调节，以这种方式，PUFAs 对细胞的生化活性、转移过程、细胞刺激反应均有影响，并参与生理过程，包括脂质代谢、细胞识别、免疫反应和寒冷的适应性等，也参与一些病理过程如：致癌作用和心血管疾病等。同时，PUFAs 为一类独特的经转化后进行代谢的前体物质，调节关键的生理功能（见图 4 – 27）。

海藻中 EPA 和 DHA 同样对心血管病有较好的疗效。EPA 可增加生物膜液态稳定性，稳定心肌细胞膜电位，降低兴奋性，减少异位节律。EPA 和 DHA 不仅可以显著降低血清中胆

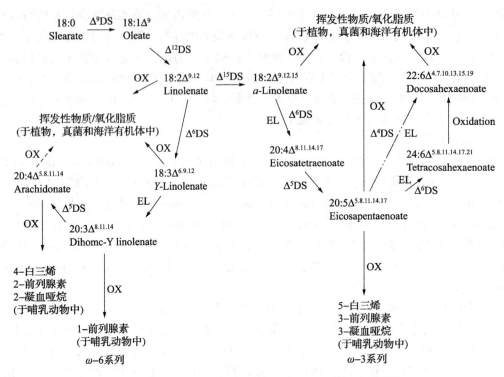

图 4 – 27　PUFAs 在生物系统中的生物合成及生物活性物质的转化

固醇水平、血液中超低密度脂蛋白和低密度脂蛋白，增加高密度脂蛋白，而且可以明显降低高脂动物主动脉内膜的硬化程度，抑制去甲肾上腺素、肾素等血管活性物质的升压作用。此外，EPA 和 DHA 还能抑制人血小板聚集反应，起到抗血栓作用。

4.3.2.2　海洋微藻类

世界海藻资源丰富，据专家估计，全世界海藻可提供 3000 亿 t 的产量。海洋藻类种类丰富，约占海洋生物物种的 40%。其中一些富含 DPA、DHA 和 EPA 等多烯脂肪酸。研究证实，在金藻类、褐藻类、小球藻、硅藻类、甲藻类、红藻类及隐藻类均含有丰富的多烯脂肪酸。

与大型藻类不同，微藻在光合作用时，能积累大量的油脂和淀粉。许多微藻每公顷每年能积累油脂 5 ~ 20 吨，单位面积油脂产量比油棕和油菜高出许多倍，是油棕的 8 ~ 25 倍，油菜的 40 ~ 120 倍。海洋微藻中脂类成分非常复杂，但所有的微藻脂类都含有脂肪酸和甾醇，大多数还含有少量的烃类。

4.3.2.2.1　海洋微藻油脂

微藻油脂（microalgae oils）属于单细胞油脂，其主要组成是脂肪酸甘油酯，是由微藻在一定条件下，利用碳水化合物、碳氢化合物和普通油脂作为碳源，在藻体内合成的，主要作为生物膜组分、代谢物和能量来源。

（1）微藻油脂的形成机制

微藻油脂的生物合成是初级代谢的一部分，是多酶催化的复杂过程，微藻油脂积累可分为发酵培养前期和后期两个阶段：发酵培养前期为细胞增殖期，在这个时期微藻消耗培养基中的碳源和氮源，以保证藻体代谢旺盛和增殖过程，在这一阶段微藻细胞合成油脂，主要用于细胞骨架的组成，即以体质脂形式存在。发酵培养后期，当培养液中碳源充足而某些营养成分（特别是氮源）缺乏时，藻体细胞分裂速度锐减，微藻不再进行细胞繁殖，而过量的碳元素继续被藻细胞吸收，在细胞质中经糖酵解途径进入三羧酸循环，同时激活甘油三酯的积累过程。

Acetyl – CoA（乙酰 – 辅酶 A）的形成如下：当氮源缺乏时，产油微生物的 AMP（腺苷一磷酸）脱氨酶活性增加，AMP 脱氨酶将 AMP 大量转化为 IMP（肌苷一磷酸）和氨。通常微藻线粒体中 CIDH（异柠檬酸脱氢酶）都是 AMP 依赖型脱氢酶，因此细胞内 AMP 浓度的降低将减弱甚至完全停止该酶的活性，异柠檬酸不再被代谢为 α – 酮戊二酸，三羧酸循环进入低迷状态。线粒体中柠檬酸积累增多，并通过在线粒体膜上的苹果酸/柠檬酸转移酶转运进入细胞质中，然后在 ATP，ACL（柠檬酸裂解酶）的裂解作用下生成 Acetyl – CoA 和草酸乙酸。

（2）微藻生长及油脂含量的影响因素

在单细胞微藻的培养过程中，培养基成分、温度、光照、pH 值、培养方式、通气量、盐度等均会影响微藻的生长以及其脂肪酸的含量与组成，这些因子，除了具有合适的范围外，也可能存在交互作用。

培养基中氮源对微藻的生长及脂肪酸的影响最为显著，微藻通常可以利用胺盐、硝酸盐及尿素等作为其氮源。

温度是影响藻类所有代谢活动的一个主要因子，也是影响微藻脂肪含量和脂肪酸种类的重要因素之一。研究表明，在极端高温或低温条件下，微藻合成脂肪含量减少，并指出极端温度下合成受限可能是因为相关的酶发生不可逆损伤所致。在一定范围内升高培养温度会使某些藻合成脂肪的含量增加，但高温下培养微藻不饱和脂肪酸的含量下降。

光照是影响微藻光自养培养最重要的因子。光照强度的增加有利于 PUFA 的合成，对许多硅藻和裸甲藻，低光照强度可以增加 PUFA 的形成和积累，但对一部分绿藻和红藻，效果相反。

pH 值是影响藻类生长代谢的许多生理过程的另一重要因子，它会影响光合作用中二氧化碳的利用度，在呼吸作用中影响微藻对有机碳源的吸收效率，并影响培养基中微藻细胞对离子的吸收和利用，及代谢产物的再利用和毒性。

小球藻细胞不但可以利用光能和 CO_2 进行自养生长，而且还可以在添加有机碳源的培养基中进行异养培养。

（3）微藻油脂制备生物柴油

生物柴油即脂肪酸甲酯，是一种可再生且可生物降解的能源，目前已作为传统柴油的替代品加以利用。

据统计，生物柴油制备成本的 75% 是原料成本，因此采用廉价原料及提高转化率从而降低成本是生物柴油能否实用化的关键。微藻由于具有种类多样、光合作用效率高、生物产量高、生长繁殖快、生长周期短和自身合成油脂能力强的有利特点而被许多学者认为是制备生物柴油最佳的生物质能原料之一。微藻作为生物能源具有多方面的开发价值：这种能源无污染可不断再生；微藻生长繁殖迅速，短期内即可获得大量微藻进行热解，所需养分不多，主要是阳光、水和 CO_2，进而得到所需要的产物；微藻热解简单易行、不需要复杂的仪器设备；相对于其他植物，藻类含有较高的脂类、可溶性多糖等，可以用来生产生物柴油或乙醇；同木质纤维素材料相比，藻类的光合作用效率比树木高；易被粉碎和干燥，预处理成本较低，利用光合作用生长繁殖，捕获废气中的 CO_2，可起到保护环境的作用。由于微藻具有众多优点，越来越受到广大科研工作者的青睐。美国国家可更新能源实验室（NREL）研究，通过现代生物技术建成"工程微藻"，即硅藻类的一种"工程小环藻"（Cyclotellacryptica），在实验室条件下可使脂质含量增加到占干重的 60% 以上，户外生产也可增加到 40% 以上。缪晓玲等使用微藻热解所得的生物质燃油热脂高达 33MJ/kg，是木材或农作物秸秆的 1.6 倍。通过调节小球藻的培养条件，异养培养，可获得 57.9% 高品质、高热脂的生物质燃油，是自养培养细胞产生生物柴油的 3.4 倍。因此，利用微藻热解产生可再生生物能源的技术倍受世界各国能源专家的关注，认为该技术是解决目前能源紧张的非常有效的方法，但我们在实际工作中可选择简单的生长系统、不必另外供应纯净 CO_2 可以直接从空气中获取、进行藻类培养液的氮和磷的再循环、依靠藻类的生物学特性和浓缩海水的物化学特性、不使用造成环境污染的化合物等方法均可降低投入。

4.3.2.2.2　海洋微藻脂肪酸

（1）海洋微藻脂肪酸的组成特点

海洋藻类种类丰富，约占海洋生物物种的 40%。不同的微藻种类中脂肪酸组成具有较大的差异，这方面已有很多研究结果。海洋中微藻的常见类群包括硅藻（Diatom）、甲藻（Dinoflagellate）、绿藻（Chlorophyta）、蓝藻（Cyanophyte）、红藻（Rhodophyta）、金藻（Chrysophyta）和隐藻（Cryptophyta）等，其脂肪酸组成特点见表 4－17。一般来说，属于同一微藻类群的海藻种类脂肪酸组成较相近。但有时不同种类之间也会存在显著的差异，如绿藻门绿藻纲中杜氏盐藻（*Dunaliella* sp.）和微拟球藻（*Nannochloropsis culata*），脂肪酸组成存在明显差异，前者 $C_{18}:3 n-3$ 含量较高，而后者 EPA 含量较高。

表 4 –17　主要浮游植物类群的脂肪酸组成特点

	主要 SFA	主要 MUFA	主要 PUFA
蓝藻	14：0、16：0	16：1（n-7）、18：1（n-9）	a. PUFA 含量低，如聚球藻（Synechococcus）品系 6301、7003 等 b. PUFA 含量高，以 C18PUFAs 为主，如聚球藻品系 7001、7002 等和 *Microcystis aeruginosa* 等 c. PUFA 含量高，除 C18PUFAs 含量高外，C16：2 含量也较高，如 *Gloeocapsa alpicola* 等
绿藻	16：0、18：0	16：1（n-7）、18：1（n-9）	16：0（n-3）、18：3（n-3）、C16 和 C18PUFAs 含量较高，小球藻（*Chlorella spp*）等绿藻 EPA 含量较高，DHA 含量低
硅藻	16：0、18：0	16：1（n-7）、18：1（n-9）	EPA 含量普遍较高，DHA 含量很少或不含，多数硅藻 16：3（n-4）含量也较高
甲藻	16：0	18：1（n-9）	18：4（n-3）、18：5（n-3）和 DHA，（n-3）PUFA 含量较高，C18PUFAs 和 DHA 比其他类群含量高
红藻	16：0	16：1（n-7）、18：1（n-9）	以紫球藻（*Porphyridium cruent*）为例，AA（20：4（n-6），Arachidonic Acid，）和 EPA 含量高，C16PUFAs 和 C18PUFAs 的含量很少。其特点是具有高含量的 AA，而该脂肪酸在其他藻类中一般含量较低

续表

	主要 SFA	主要 MUFA	主要 PUFA
金藻	14：0、16：0	18：1（n-9）	18：4（n-3）和 DHA 含量较高。（n-3）PUFAs 含量较为丰富，而且含有 22：5（n-6）这个在其他藻类中少见的脂肪酸
隐藻	16：0	18：1（n-9） 18：1（n-7）	18：3（n-3）、18：4（n-3）、EPA 含量高，有些种类还含有大量的 20：1（n-3），含有丰富的 C18PUFAs 和 EPA，而 C16PUFAs 缺乏

　　海洋微藻是 PUFAs 的最初合成者，其中一些富含 DPA、DHA 和 EPA 等多烯脂肪酸。研究证实，在金藻类、褐藻类、小球藻、硅藻类、甲藻类、红藻类及隐藻类均含有丰富的多烯脂肪酸。

　　海洋微藻具有生长速度快、光合效率高，无性繁殖和适应能力强等特点，可以利用各种反应器进行培养，可以对营养成分及环境因素做出精确的控制，可以实现纯种培养和通过基因工程获得特定脂肪酸高产藻种。当前除了从海洋生物物种中继续筛选多烯脂肪酸高产藻种外，还对已有高产藻种进行优化研究，完善发酵工艺，使利用海洋微生物培养生产多烯脂肪酸走向工业化。表 4-18 列出了一些常见藻类多烯脂肪酸的组成与含量。

　　利用微藻生产 PUFAs 具有以下优点。

　　① 微藻脂肪酸组成简单，某些微藻细胞 DPA，DHA 或 EPA 含量占总脂肪酸的 30% ~ 50%，其他长链多烯脂肪酸的含量不超过 1%，使得分离纯化特定脂肪酸的工艺过程相对于传统鱼油和海狗油更为简单。例如：日本筛选养殖的一种海藻 *Chlorella mimutissma* 中，其脂肪酸中含 99% 的 EPA。美国 Martek Biosciences 公司的研究人员发现 *C. cihnii* 藻种的油含量为干重的 15% ~ 30%，DHA 占 20% ~ 35%，几乎不含 EPA。

表 4-18　海洋藻类油脂中的多烯脂肪酸含量

名　　称	C18：2	C18：3	C18：4	C20：3	C20：4	C20：5	C22：5	C22：6
金藻纲（Chrysophceae）								
巴夫金藻（*Monochrysis lutheri*）	2	0	—	2	1	19	4	—
钙板金藻（*Coccolithus huxleyi*）	2	0	1	0	1	27	1	—
异青锋藻（*Isochrysis sp.*）	5	6	14	0	0	0	0	15
硅藻纲（*Bacillariophyceae*）								
中华盒形藻（*Biddulphia sinensis*）	0	—	0	—	—	24	1	—
北方劳德藻（*Lauderia borealis*）	1	0	—	—	1	30	1	—
三角褐指藻（*Phaeodactylum tricoronutum*）	3	—	—	—	—	28	—	—
骨条藻属（*Skeletonema costatum*）	1	—	2	—	—	14	0	2
甲藻纲（Dinophyceae）								
Cryp tocodium cohniii								30
薄甲藻属（*Glenodinium sp.*）	5	6	23	—	—	2	1	19

续表

名　称	C18：2	C18：3	C18：4	C20：3	C20：4	C20：5	C22：5	C22：6
曲沟藻属（*Gynodinium cohnii*）	0	0	0	—	—	0	—	30
G. polyedra	2	3	14	—	—	14	—	23
P. Micans	5	0	5	—	—	3	—	32
P. Mininim	5	0	4	—	—	5	—	25
红藻纲（Rhodophyceae）								
珊瑚藻属（*Corallina of ficinalis*）	2	1	1	1	6	52		
L. Pinnatifida	5	4	4	1	7	35	—	—
齿红藻属（*Oabnthalia dentata*）	1	1	0	1	13	38	—	—
紫球藻属（*Porphyridium cruentum*）	16	0	0	2	36	17	—	—
Cryptoleura kaliformis	1	1	1	0	6	49		
松节藻属（*Rhodomela subfusca*）	4	2	2	1	9	36	—	—
Dumontia cripataa	2	3	7	0	3	51		
裂膜藻属（*Schizymenia dubyi*）	2	3	3	0	8	50		
Crylochydia kaliformis	1	1	1	0	6	49	—	—
褐藻纲（Phaeophyceae）								
糖海带（*L. saccharina*）	4	11	20	0	10	28		
酸藻属（*Desmarestia aculeata*）	6	12	16	0	20	19		
水云属（*Ectocarpus confervoides*）	5	11	26	0	7	24	—	—
掌形昆布（*La minaria digitata*）	3	7	19	0	14	25	—	—
绿藻纲（Chlorophyceae）								
杜氏藻属（*Dunaliella minutissima*）	6	13	7	1	2	10	4	
小球藻属（*Chlorella minutissima*）	2	0	0	0	5	45		
刚毛藻属（*Claabphora albbida*）	3	15	4	0	2	12	2	—

② 微藻油中含有相当含量的脂肪酸，在商业上降低了生产和分离的成本，同时也消除了通常鱼油所具有的异味。微藻具有较宽的生长适应范围，更具有工业化生产潜力。生产一般不受季节和气候限制，可全年生产。

③ 环境和营养方式易被控制，使得油脂含量和比率得以调节，从而能控制脂质产量和脂肪酸组成。

④ 利用基因工程技术进行油料菌种的改良是提高多烯脂肪酸产量的研究热点，可望育成高产多烯脂肪酸的工程藻种。

（2）影响微藻脂肪酸的因素

在同一微藻种类细胞中，由于所处的环境条件差异，微藻处于不同的生长阶段或具有不同的生理状态，都会导致脂肪酸含量和组成的变化。影响微藻脂肪酸含量和组成变化的有光照、营养盐、温度等外界环境因素以及生长周期等内部因素。

① 光照

光照条件对微藻合成脂肪酸影响很大。廖启斌等以三角褐指藻（*Phaeodactylum tricornutum*）和小球藻为研究对象，观察测定了不同光照条件对两者体内脂肪酸合成的影响，结果发现这两种海洋微藻总多不饱和脂肪酸在总脂肪酸中所占比例随光照强度的增加呈下降趋势。Molina 等用球等鞭金藻（*Isochrysis galbana*）做过类似的实验，结果发现随光照强度增加，虽然总脂肪酸含量（TFA/干重%）逐渐增大，EPA 含量却有所降低。虽然光照强度对不同藻类的影响程度不一样，但光照条件较低的情况下一般有利于多不饱和脂肪酸的合成。

② 温度

温度是影响微藻脂肪酸组成和含量的重要因素，在一定范围内温度提高有利于部分微藻脂肪含量增加，如 *Isochrysis galbana* TKl。然而温度增加不利于多数微藻种类 PUFA 的积累。如李文权等的研究结果显示，随温度升高，球等鞭金藻、盐生杜氏藻和三角褐指藻中多不饱和脂肪酸含量均有下降的趋势，单不饱和脂肪酸和饱和脂肪酸均呈上升趋势。定鞭金藻（*Prymnesium*）NT19，隐藻中的 *Rhodomonas* sp.（NT15）、*Cryptomonas* sp.（CRFI01）随温度升高，PUFA 含量均下降。处于低温环境的极地冰藻中的单不饱和或多不饱和脂肪酸含量较高。低温下，PUFA 含量增加，较高含量的不饱和脂肪酸对于维持细胞膜流动性有重要作用。但是当温度变化时部分微藻 PUFA 变化趋势不明显，如小球藻、*Isochrysis* sp.（T. ISO）、*Chaetoceros*（CS256）等。

③ 营养盐

一般来说，在营养限制条件下，PUFAs 在微藻脂肪酸中所占的比例会有所下降。但不同微藻种类对营养条件的响应会有很大的差别，这使得在复杂的海洋环境中，很难找出营养盐与微藻中脂肪酸含量与组成的特定对应关系。

④ 生长阶段

微藻所处的生长阶段不同，体内脂肪酸的组成也会发生变化。Dunstan 等研究了眼点微拟球藻（*Nannochloropsis oculata*）、绿色巴夫藻（*Pavlova lutheri*）和等鞭金藻在对数生长期和静止期的脂肪酸组成，发现其组成发生了如下的变化：主要的饱和脂肪酸（14：0，16：0）和单不饱和脂肪酸 C_{16}：1 n−7 和 C_{18}：1 n−9 的含量从对数期到静止期有所增长，但是主要的多不饱和脂肪酸的含量却有所下降。李文权也提出球等鞭金藻从对数期到静止期的过程中饱和脂肪酸的含量增加，多不饱和脂肪酸和单不饱和脂肪酸含量降低。

（3）脂肪酸的生理功能

① 脂肪酸对微藻的作用

脂肪酸首先是微藻细胞中能量储存物质脂肪或油的结构组分，能为微藻在逆境时提供能量来源。脂肪酸对微藻细胞抵抗低温、紫外线照射等环境胁迫的作用也功不可没。虽然不同种类的微藻对抗环境胁迫的机制不同，但是不饱和脂肪酸在很大程度上对微藻细胞膜的流动性及细胞功能产生了重要的作用，微藻细胞内长链不饱和脂肪酸绝大部分位于细胞膜的极性脂中，在低温条件下可以通过增加膜油脂中的不饱和脂肪酸的相对含量适应环境，以便保护生物膜的正常生理状态。而这种保护是依靠单不饱和脂肪酸还是多不饱和脂肪酸，则和微藻种类相关：缪锦来等通过比较研究得出，硅藻主要是通过增加单不饱和脂肪酸含量抵抗低温，而绿藻则主要通过提高多不饱和脂肪酸含量抵抗低温的胁迫。

脂肪酸也是微藻抵抗紫外线辐射的武器。如 Goes 等发现，在紫外光（280~320nm）照射的条件下，绿藻卡德藻（*Tetraselmis* sp.）会增加体内主要脂肪酸 16：0 和 18：1（n-9）的相对含量，而多不饱和脂肪酸 16：4、18：3（n-3）相对含量则明显减少。这是因为紫外光照射会抑制 ATP 的产生，进而影响能量的提供，作为中性脂肪、磷脂和糖脂主要成分的脂肪酸，与微藻能量转换密切相关。在紫外光照射的逆境条件下，含有较多短链饱和和单不饱和脂肪酸的储存油脂增加，相应的多不饱和脂肪酸含量减少。

在遭受到来自种内或者种间的生长胁迫时，藻类可以利用脂肪酸作为他感物质来获得竞争利益。Ikawa 提出，许多藻类体内所含有的多不饱和脂肪酸能够影响其本身或者其他藻类的生长，如微囊藻（*Microcystis aeruginosa*）体内的多不饱和脂肪酸能够抑制小球藻的生长；微绿球藻（*Chlorococcum ellipsoideum*）对衣藻（*Chlamydomonas globosa*）生长的抑制作用也受多不饱和脂肪酸的影响。

② 微藻脂肪酸对海洋动物的作用

海洋生态系统中，微藻合成的脂肪酸，尤其是必需的一些多不饱和脂肪酸，对各类海洋动物的生长、生殖和生态行为具有重要的意义。如 Evjemo 等研究了食物中的脂肪酸对桡足类（*Temora longiconnis*）产卵及成功孵化的影响，发现春季微藻以硅藻为主，该季节的桡足类产卵少，孵化成功率低；而在夏季，其饵料组成以甲藻和原生动物为主，此时桡足类产卵率和孵化率都相对较高，Evjemo 等认为这是由于硅藻 DHA 含量显著低于甲藻，DHA 含量对于桡足类的繁殖具有不可缺少的作用。

多不饱和脂肪酸在动物体内含量还能影响动物自身的行为活动。如 Sweetman 等的研究表明 DHA 摄入不足会影响贝类的附着作用。DHA 对神经系统的发育有很大的作用，AA 和 EPA 涉及到类二十烷酸的产生和调节，AA 的缺乏会导致扇贝幼虫生长慢，存活率低和油脂含量低等。而多不饱和脂肪酸 EPA 的缺乏会导致鱼类的生殖能力下降、胚胎发育缓慢、幼体存活率低、视觉损害、摄食能力下降、低温下细胞膜的功能受损等一系列的后果。

（4）微藻脂肪酸组成的生态意义

① 指示微藻群落结构和变化

不同的海洋环境中生物群落的脂肪酸含量与组成不同，换言之，通过脂肪酸组成和含量特征可以反映出环境中生态系统的相应生态信息，如微藻及浮游动物的优势类群，以及它们之间的食物关系等。Napolidano 等对 Bahia Blanca 河口和 Trinity 海湾的季节性赤潮中的微藻和浮游动物的脂肪酸的追踪研究中发现，微藻脂肪酸含量特征（高含量的 14：0，16：4（n-1）和 EPA）反映了藻华期间硅藻的优势种地位，藻华后期颗粒物中典型的陆源脂肪酸亚油酸含量显著，说明碎屑和陆源植物的颗粒有机物输入较高；而藻华后期浮游植物显示高比例的 18：0、18：1（n-9）和 18：4（n-3），反映了甲藻逐渐取代硅藻成为优势类群。由此可以说明生态系统中特征脂肪酸的变化及其分布特征可以反映水体环境的群落结构及其演替。

② 指示食物传递路线

近年来对微藻脂肪酸的研究已经深入到微藻对海洋初级消费者（主要是海洋浮游动物）体内脂肪酸组成的影响研究。例如 Graeve 以 ^{13}C 作为标记，追踪浮游动物摄食硅藻后体内脂肪酸的变化情况，发现以硅藻威氏海链藻（*Thalassiosira weissflogii*）为食的几种桡足类脂肪酸与威氏海链藻的脂肪酸组成相似，主要由 C_{16}：1 n-7、C_{16}：0、EPA 和 DHA 构成。

Wong & Gao 应用主成分分析及聚类分析研究了香港富营养化海湾（吐露港）中贻贝及悬浮颗粒物（SPM）中脂肪酸含量及组成的关系，发现甲藻标志物的 DHA，在贻贝体内与

SPM 中的含量显著相关，证实了贻贝（*Perna viridis*）与 SPM 之间的营养传递关系。其研究成果还表明，在不同海域采集的贻贝及 SPM 的脂肪酸成分差异很大，而特征脂肪酸可以作为一种指示物来反映贻贝的食物来源。

动物摄取微藻后，并不是把微藻的脂肪酸照搬到自己体内，而是通过代谢、储存、去饱和或链加长等方式来改变脂肪酸的组成。如 Veloza 等用杜氏盐藻喂养非自养的原生动物，发现原生动物在摄食不含 DHA 和 EPA（但 DHA 前体 $C_{18}:3 n-3$ 丰富）的杜氏盐藻后，在其体内检测到了较高含量的 DHA 和 EPA，证实了原生动物合成新脂肪酸的能力。在摄食者的不同器官或组织中也会产生脂肪酸组成的变化。如底栖双壳类生物 *Placopecten magellanicus* 消化腺中的脂肪酸能反映出其摄食的微藻的脂肪酸组成，然而闭壳肌中的脂肪酸却基本不受所摄食微藻脂肪酸的影响。

以往对微藻脂肪酸的研究多集中在不同类群脂肪酸的组成方面，以及由此反映的不同类群的营养价值，而对脂肪酸在微藻生理尤其是生态上的意义的研究相对薄弱。这一方面是由于以前对这些意义的重视程度不够，另一方面是由于脂肪酸在微藻生理和生态上的作用受到复杂环境条件的影响，从而加大了认识的难度。海洋不同生物类群中脂肪酸含量和组成的变化，已经证实了对生态系统的变化有多方面的指示作用，但在样品采集、分析测定和信息分析的各个步骤中，还需要更科学完备的理论和更实用有效的方法，以深入了解脂肪酸对海洋生态系统演变的指示作用。

4.3.3　海洋细菌脂质加工技术与功能

海洋细菌在所有海洋微生物的生物活性物质研究中占主导地位。海洋细菌由于长期生活在海洋中，比陆栖细菌更偏爱含电解质多的环境，否则，不是生长不好就是改变代谢产物。目前对海洋细菌脂质的研究主要集中于海洋细菌中的脂肪酸。脂肪酸是脂质双分子层或脂多糖的组成成分，在细菌细胞中是一种重要的成分。迄今在细菌中已发现了 300 多种脂肪酸，不同菌种的脂肪酸在组成和含量上有较大差异，它和细菌的遗传变异、耐药性等有极为密切的关系。关于脂肪酸中的多不饱和脂肪酸，长期以来，有关的生源研究主要集中在真核生物，已经发现一些真菌和真核微藻具有生产多不饱和脂肪酸的能力。近年来在海洋细菌中发现这些多不饱和脂肪酸的存在，海洋细菌很可能是这些多不饱和脂肪酸的原始生产者之一。如 1973 年，Oliver 等在海洋细菌中发现有多不饱和脂肪酸存在；1977 年 Johns 等从海洋细菌 Flexibacter polymorphus 得到 EPA，从而证明原核生物也具有合成多不饱和脂肪酸的能力。

4.3.3.1　产 PUFAs 海洋细菌

早期研究表明，具有 PUFAs 生产能力的海洋细菌多为深海细菌，主要分布在深海海水和沉积物中，近期研究结果进一步证实脂肪酸组成与微生态环境之间有密切的关系，产 PUFAs 海洋细菌均生活于低温环境，低温是产生 EPA 的必要条件之一。目前发现的 PUFA 产生菌全部是深海细菌和极地细菌。

通过 5S 和 16S rDNA 序列分析，这些海洋细菌为革兰氏阴性菌，分别属于：*Colwellia*、*Shewanella*、*Alteromonas*、*Pseudoalteromonas* 和 *Ferrinwnas*。其中 *Colwellia* 和 *Shewanella* 被认为是生产 PUFAs 的主要海洋细菌种属。*Colwellia* 过去被鉴定为海洋弧菌 *Vibrio psychroerythrus*，最近 Bowman 等在南极海冰中又分离到生产 EPA 的四个新种，分别是 *Colwellia demingiae*、

Colwellia psychrotropica、*Colwellia rossensis* 和 *Colwellia hornerae*。

4.3.3.2 海洋细菌合成 PUFAs 机制

细菌同其他生物一样，有多种酶参与脂肪酸的生物合成，通常称为脂肪酸合成酶（FAS），大多数细菌脂肪酸合成采用Ⅱ型脂肪酸合成酶系，其中心为酰基载体蛋白（ACP）。这种系统与植物类似，与真菌不同。在脂肪酸合成过程中，反应中间体与 ACP 结合，合成涉及多个脂肪酸的脱氢和碳链延长，某些细菌还有类似动物合成脂肪酸的Ⅰ型脂肪酸合成酶系。

饱和脂肪酸合成的为厌氧机制；不饱和脂肪酸合成为需氧机制，涉及脂肪酸脱氢。PU-FAs 的合成应有多种脂肪酸脱氢酶参加。

1995 年 Iwanami 等从海洋弧菌中得到两种特殊的脂肪酸脱氢酶（D15 和 D17），这种弧菌可以转化花生四烯酸为 EPA。采用同位素示踪方法研究 EPA 的合成途径，结果表明 EPA 的合成可能涉及一系列脱氢和延长反应，但无法确切阐明合成机制。以海洋细菌 *S. gelidimarina* 为材料，分级分离的结果也没有证据证明 EPA 的合成涉及脂肪酸的脱氢和延长。

1996 年 Yazawa 等从海洋细菌 *Shewanella* sp. 成功克隆到一段 38kb 的基因簇，在大肠杆菌和蓝藻 *Synechococcus* sp. 中获得表达，虽然蓝藻产生的 EPA 量很少，只占总脂肪酸的 0.5%，但降低培养温度，EPA 的合成能力提高。序列分析结果显示，这段基因簇包含 8 个可读框，其中 3 个与 FAS 有关。

对这个 38 kb 基因簇做进一步分析，确定了对 EPA 合成所必须的 5 个可读框，几个预测的蛋白质结构域与脂肪酸合成酶（FAS）类似，由此推测 Shewanella PUFAs 的合成应该包括 16 和 18 碳脂肪酸碳链的延长，双键形成是有氧条件脂肪酸脱氢酶的产物。将 5 个可读框中至少 11 个区域作为假定酶活性区域，数据库比较分析，8 个与聚乙酰合成酶（PKS）的相似度远大于 FAS。另 3 个与细菌 FAS 蛋白相似度较高，其中一个区域类似于链霉菌烯酰还原酶（ER），另两个区域与大肠杆菌 fabA 编码的 FAS 蛋白相似，这种蛋白催化反式 – 2 – 癸烯酰 – ACP 和其异构体顺式 – 3 – 癸烯酰 – ACP 的合成。

pEPA 质粒转化大肠杆菌，厌氧培养仍具有合成 EPA 的能力，证明 EPA 合成不涉及有氧脱氢机制。转化大肠杆菌 FabB2 突变体（没有合成不饱和脂肪酸能力），无外源不饱和脂肪酸，大肠杆菌仍可以正常生长，且 EPA 的含量高于其他转化体。[13]C 标记乙酸培养基培养，纯化的 EPA [13]C 核磁共振结果显示，EPA 合成前体为乙酰辅酶 A 或丙二酰辅酶 A。超速离心分级分离的试验结果证明，EPA 的合成与 FAS 酶系和 ACP 无关。此外在其他具有合成 EPA 能力的海洋细菌中也发现有类似的 EPA 合成基因簇，从具有生产 DHA 能力的海洋弧菌 *Vibrio marinus* 中得到的 DHA 合成基因簇与 EPA 合成基因簇很相似。

上述研究结果初步表明，EPA 合成不涉及脂肪酸的脱氢和延长过程，由一种聚乙酰合成酶（PKS）催化，这种 PKS 与以往发现的 PKS 在结构和机制上有较大差异，PUFAs 中顺式双键的产生可能是位置异构化酶作用的结果。目前可以认为，在低温海洋生态系统中，细菌 PUFAs 的合成部分是 PKS 酶作用的产物。

深入了解细菌多不饱和脂肪酸合成和调控机制在理论和应用上都有重要意义，细菌的遗传机制相对简单，PUFAs 合成机制的阐明，有助于提高细菌生产 PUFAs 的能力，对其他生物进行转基因研究领域也有良好的应用前景。

4.3.3.3　PUFAs 在海洋细菌细胞膜中的作用

目前发现的 PUFAs 产生细菌都是分布于深海和南极海域的嗜冷菌。对产 PUFAs 的细菌而言，PUFAs 的组成和含量与培养温度密切相关，降低培养温度，PUFAs 产量则相应提高，这似乎表明 PUFAs 对低温环境下细胞膜流动性有重要作用。但相应的研究却证明，单纯增加膜脂中脂肪酸双键数量（超过 3 个），对细胞膜流动性几乎没有影响，而细菌中常见的单双键不饱和脂肪酸脂在零下几度仍可维持液态，因此 PUFAs 中存在的多个双键似乎对维持细胞膜流动性没有直接的作用。Keough 等通过对膜脂结构进行研究，发现在引入多个双键后，脂肪酸链的旋转受到限制，脂肪酸空间结构发生改变，在脂肪酸中引入 4 或 5 个双键的结果是形成发夹结构，从而减少脂肪酸的有效长度。

PUFAs 在维持膜脂的正确构象方面也具有重要作用，许多在低温环境生长的细菌的膜脂构象并非常见的磷脂双分子层，而是六角形 – II 型构象，这种构象不利于维持膜的正常通透性和完整性。PUFAs 具有多个双键，形成的发夹结构使脂肪酸长度缩短，从而改善膜脂流动性，抑制膜脂非双分子层构象的形成，在低温下维持细胞膜的正常通透性和完整性。Nichols 等采用快原子轰击质谱方法研究 PUFAs 在膜脂中的分布，在磷脂酰乙醇胺（PE）中，PUFAs 与带有侧链的饱和脂肪酸成对出现；在磷脂酰甘油（PG）中，PUFAs 与直链单不饱和脂肪酸结合，磷脂酰乙醇胺中 PUFAs 的含量高于磷脂酰甘油。由于不饱和磷脂酰乙醇胺倾向于形成六角形 – II 型构象，磷脂酰甘油则有利于形成双分子层构象，磷脂酰乙醇胺中的高 PUFAs 含量，利于维持膜双分子层，从而在低温下维持细胞膜的正常通透性和完整性。

Facciotti 等研究 *S. putrefaciens* 的突变体，在去除 EPA 合成基因后，菌体在 2℃ 不能生长，除非在培养基中加入 EPA 或其他种类的 PUFAs，回复突变体，PUFAs 的含量没有增加，但十六碳一烯酸和十八碳一烯酸的合成明显增加，这可能说明 PUFAs 并非是细菌适应低温的唯一的关键因素。

海洋特殊的地理环境和资源环境孕育了许多有特性的海洋细菌，海洋细菌生产 PUFAs 已向人们展示出工业化生产的潜力，其生产菌的改良和其"工程菌"的构建为提高这些不饱和脂肪酸产率创造最基本的条件。海洋细菌产生的 PUFAs 在医药、化妆品、保健食品及食品添加剂等方面也具有广阔的应用前景。

第 5 章　海洋食品危害及质量控制技术

教学目标: 掌握海洋食品中生物危害、化学危害及物理危害的主要种类,分布特点及污染的现状,了解危害海洋食品安全的主要危害物;掌握区分海洋食品危害物中天然存在的危害物、加工及贮藏过程中产生的危害物、外源添加危害物的区别;了解新型海洋食品危害物如过敏原等对安全性的影响;掌握海洋食品质量控制技术,包括感官鉴定、微生物鉴定和理化指标控制技术。

5.1　海洋食品危害概述

海洋食品是以生活在海洋中有经济价值的海洋动物、海洋植物或海洋微生物为原料,经过各种方法制成的食品。海洋动物原料以鱼类为主,其次是虾蟹类、头足类、贝类等;海洋植物以藻类为主,并以生鲜、冷冻、干制以及烟熏等形式呈现给消费者,具有高蛋白、低脂肪、营养平衡性好的特点,是合理膳食结构中不可缺少的重要组成部分,也是国民摄取动物性蛋白质的重要来源之一。

但随着环境全球化污染的日益加重,海洋食品质量存在一定的问题。就其疾病暴发的性质而言,引起海洋食品危害主要分三大类,即生物性危害、化学性危害和物理性危害。根据国家食源性疾病监测网对我国 13 个省、自治区和直辖市 1992—2001 年食源性疾病暴发资料进行回顾分析表明:十年间共上报 5770 件食源性疾病暴发事件,涉及的患者人数达 162995 人。因海洋食品引起的疾病事件占总数的 26.4%;究其病因表明,引起海洋食品疾病暴发的物质主要是致病菌,尤其是副溶血性弧菌,占疾病事件病因物质的 31.1%,其次是化学物质,物理因素最少。

5.1.1　生物性危害

大多数海洋食品中的质量问题都是由于生物性危害引起的,生物危害主要包括细菌、病毒、寄生虫和真菌危害。

5.1.1.1　细菌

生物污染最主要的是致病性细菌污染,不论是淡水还是海水的海洋食品均易被副溶血性弧菌 (*Viibro parahaemolyticus*)、霍乱弧菌 (*Vibrio cholerae*)、创伤弧菌 (*Vibrio vulnificus*)、沙门菌 (*Salmonella*)、单核细胞增生李斯特菌 (*Listeria monocytogenes*)、大肠杆菌 (*Escherichia*)、金黄色葡萄球菌 (*Staphylococcus auaeus*) 等细菌及其他病原菌的感染。其中以致病性弧菌为主,尤其是副溶血性弧菌。根据国家食源性监测网对我国 13 个省、自治区和直辖市 1992—2001 年食源性疾病暴发资料分析表明,微生物食源性疾病中,由副溶血性弧菌引起的占 38.5%。1994 年，我国销往日本、韩国的虾仁和鳕鱼因细菌超标而被退货。从速冻鱿鱼、冻海螺肉中分离到副溶血弧菌、沙门菌，鱼类中检出溶藻弧菌、变形杆菌等。从历史资料总结来看，细菌性污染是涉及面最广、影响最大、问题最多的一种污染，而且未来这种现象还将继续下去。

病原菌引起人体疾病的机制一般有两种：第一种机制是产生毒素，这些毒素既可以引起短期轻微的症状，也可引起长期的或危及生命的严重后果，即所谓的"食源性中毒"。能够产毒的细菌常见的有金黄色葡萄球菌、肉毒梭状芽孢杆菌（Clostridium botulinum）以及产气荚膜梭状芽孢杆菌（Clostridium penfringens）等。这些细菌在适宜的条件下繁殖产毒，并引起一系列人体中毒现象。第二种机制是因摄入能够感染寄主的活体生物而产生病理反应，即所谓的"食源性感染"。常见的细菌有沙门菌属、致病性大肠杆菌、变形杆菌属、副溶血性弧菌以及蜡样芽孢杆菌（Bacillus cereus）等。这些细菌通常在人体的肠道内生长，导致人生病。

5.1.1.2　病毒

容易污染海洋食品的病毒有甲型肝炎病毒（Hepatitis A virus，HAV）、诺瓦病毒（Norovirus）、积雪山病毒（Snow Mountain virus）、嵌杯病毒（Calicivirus）、星状病毒（Astrovius）等。这些病毒主要来自病人、病畜或带毒者的肠道，污染水体或与手接触后污染海洋食品。已报道的所有与海洋食品有关的病毒污染事件中，绝大多数是由于食用了生的或加热不彻底的贝类而引起的。滤食性贝类过滤的水量很大（如每只牡蛎滤水量达 1500L/d），导致贝类体内富集的病毒远远高于周围水体。1987 年 12 月底至 1988 年 1 月初，上海市民由于食用被污染而又加热不彻底的毛蚶，引起甲型肝炎暴发流行，感染者达 29 万人。

5.1.1.3　寄生虫

海洋食品中引起寄生虫感染主要发生在喜欢生食或半生食海洋食品的特定人群中。多种海洋食品可以感染对人体有害的寄生虫，其中感染比较严重并且易致人体患病的海水鱼有鳕鱼、真鲷、带鱼、牙鲆等，淡水鱼有鲢鱼、草鱼、鲫鱼等，海洋头足类动物中的乌贼有感染异尖线虫的报道，虾、蟹、螺也是寄生虫的宿主。目前，我国海洋食品中对人类健康危害较大的寄生虫有线虫、吸虫和绦虫。其中，比较常见的有吸虫中的华枝睾吸虫和卫氏并吸虫，线虫中的异尖线虫、广州管圆线虫。2006 年我国北京、广州等地人们食用污染广州管圆线虫的福寿螺时，由于加工不当，未能及时有效地杀死寄生在螺内的管圆线虫，致使寄生虫的幼虫侵入人体，到达人的脑部，造成大脑中枢神经系统的损害，患者出现一系列的神经症状。

5.1.1.4　真菌

真菌广泛存在于自然界中，其产生的毒素致病性强，但在海洋食品中并不多见，相对较少，有报道称连续低温的阴雨天气容易使鱼患上水霉病，甚至引发细菌性感染，因此也应引起重视。

5.1.2　化学性危害

海洋食品因化学物质引起的疾病暴发事件虽比生物性危害引起的疾病暴发频率低，但化学物质引起的危害程度更大，引起的死亡率较生物性危害高。来自海洋食品中的化学危害因素主要有：天然毒素、重金属污染、兽药残留以及环境污染物。

5.1.2.1 天然毒素

海洋生物中的天然有毒物质主要包括河豚毒素、组胺等鱼类毒素以及麻痹性贝类毒素、腹泻性贝类毒素、神经性贝类毒素、健忘性贝类毒素等贝类毒素。这些毒素有的是生产过程中产生，如鲨鱼、鲸鱼、旗鱼肝脏去除不完全；有的是生物富集作用产生的，如某些热带和亚热带鱼类食用有毒藻类对人体产生毒性鱼肉毒素；某些贝类因食用一些微生物和浮游植物而产生贝类毒素，如麻痹性贝类毒素、健忘性贝类毒素等；有的是本身具有的，如某些对特定鱼种因时间或温度处理不当而形成的组胺等。2007 年 3 月 7 日至 2007 年 3 月 9 日广东徐闻县发生一起因食用河豚鱼而引起食物中毒，患者 11 人，死亡 1 人。

5.1.2.2 重金属污染

海洋食品中的重金属污染主要包括汞、砷、铅、镉、铜等，这些物质主要通过污染的水体富集在生物体内。水体重金属污染主要来源是未经处理的工业废水和生活污水。油轮漏油、农药随雨水冲刷于江河中，都可使重金属如汞、铅等沉积于水体底质。水质的重金属污染极其复杂，一般常见的无机物质有汞、铅、铜、锌、砷、矾、钡等重金属类及其氰化物、氟化物等。污染水体具有很大的迁移性，伴随着水流的运动，水体中的浮游生物过滤性吸收获得较高水平的重金属。因此，重金属在以浮游生物为食物链的海洋动物体内也有明显的蓄积倾向。

海洋生物体中蓄积的镉、汞、铅及其化合物，尤其是甲基汞，对人体主要脏器、神经、循环等各系统均存在危害。医学和兽医的文献中有大量关于重金属毒性的文献。根据它们的毒性，不同的金属可以分为较大、一般、较小或无潜在毒性。一般认为可能有较大毒性的污染物有锑、砷、镉、铬、汞和镍，一般毒性的污染物包括铜、铁、锰、硒和锌。较小或无潜在毒性的有铝、银、锶和锡。因此像镍、铬这样的金属，是吸入性的致癌物，被归为毒性较大的一类，而硒和锡则归为较小的那一类。但是，同一类的金属，当其作为海洋食品的污染物来源时，它们的相对毒性会发生变化。

5.1.2.3 兽药残留

兽药残留是指动物产品的任何可食部分所含兽药的母体、代谢产物以及与兽药有关的杂质残留。海洋食品中的兽药和药物添加剂残留对人类的健康构成了威胁，成为全球范围内的共性问题和一些国际贸易纠纷的起因。2002 年我国舟山冷冻虾仁中因氯霉素残留而遭到贸易壁垒。随着养殖业的迅速发展，兽药和药物添加剂的使用范围及用量也不断增加，在增加了动物产品产量的同时，也带来了海洋食品的兽药残留，尤其是不遵守停药期规定，超量使用或滥用常导致海洋食品中兽药残留超标。常见的兽药和药物添加剂有抗生素、磺胺类、呋喃类、激素等。2007 年我国多宝鱼因硝基呋喃残留超标带来的严重后果，几乎毁掉了整个产业。

为了保证动物性食品安全，1986 年 FAO/WHO 成立了食品中兽药残留立法委员会（CCRVDF），其主要任务是制定动物组织和产品中兽药最高残留量法规和停药期。我国也很重视兽药残留的危害及检测。1999 年农业部和国家出入境检疫检验局制订了"中华人民共和国动物及动物源食品中残留物质监控计划"，农业部颁发了《动物性食品中兽药最高残留限量》标准，明确了 110 种兽药的最高限量。2000 年成立了兽药残留专家委员会，主要负责审议兽药最高残留限量、残留检测方法及其他技术项目。2001 年农业部颁布了无公害生猪、肉鸡、蛋鸡、奶牛兽药使用准则（NY/T 5030、NY/T 5035、NY/T 5040、NY/T 5046）和海洋食品渔用药物使用准则（NY/T 5057），以及《绿色食品兽药使用准则》（NY/T 472），发布了《动物组织中盐酸克伦特罗的测定气相色谱 - 质谱法》（NY/T 468）行业标准。

5.1.2.4　环境污染物

海洋食品中环境污染物主要体现在一些持久性环境污染物，如多氯联苯、石油烃等，这些物质在生物体内大多不容易分解，代谢周期长，对人具有"三致"作用。水上交通运输尤其是海上运输引起的原油泄漏对水体及海洋食品的污染更为严重。目前世界上通过不同途径排入海洋的石油数量每年为几百万吨至上千万吨，约占世界油总量的 5%。其中大洋石油污染的主要来源是油轮及其他航运，导致每年大约 147 万吨油类污染物进入海洋，占石油年入海量的 46%。据统计，日本石油污染事件占海洋污染事件总数的 83%，美国沿海每年发生 1 万起海洋污染事件，有四分之三是石油污染，导致每年有 8% 的海域所产的贝类不能食用。虽然石油中的烃组分在海水中能挥发掉 25% ~ 30% 左右，但大部分受波浪和湍流作用成小油滴混入海水中，使海水和海洋生物遭受污染，由此说明石油烃对海洋污染之严峻。

在我国，据 2007 年中国海洋环境质量公报报道，我国严重污染海域主要分布在辽东湾、渤海湾、黄河口、莱州湾、长江口、杭州湾、珠江口和部分大中城市近岸局部水域。海水中的石油烃成为仅次于无机氮和活性磷酸盐的第三大主要污染物。2002—2004 年，对福建沿海主要贝类养殖区 6 种养殖贝类体内石油烃含量水平调查结果表明，贝类石油烃含量较以往有上升的趋势，由此说明海洋环境中石油烃的污染也越来越严重，应引起足够重视。

5.1.3　物理性危害

物理危害通常是对个体消费者或相当少的消费者产生问题，危害结果通常导致个人损伤，如牙齿破损、嘴划破、窒息等，或者其他不会对人的生命产生威胁的问题。潜在的物理危害由正常情况下海洋食品中的外来物质造成，包括金属碎片、碎玻璃、木头片、碎岩石或石头。法规规定的外来物质也包括以下物质，如海洋食品中的碎骨片、鱼刺、昆虫以及昆虫残骸、啮齿动物及其他哺乳动物的头发、沙子以及其他通常无危害的物质。

5.2　海洋食品生产体系中的主要危害

5.2.1　海洋食品中可能存在的天然有毒有害成分

海洋食品中除了人为引起的各种污染危害之外，因生活的环境复杂和种类之间的差异，其本身就可能存在很多天然有毒有害物质，目前关注较多的便是一系列的毒素，其中包括鱼类毒素、贝类毒素、螺类毒素、海兔毒素、藻类毒素等。本节将海洋食品中常见的重要毒素物质介绍如下。

5.2.1.1 鱼类毒素

5.2.1.1.1 河豚毒素

河豚毒素（tetrodotoxin，简称 TTX）是从鲀毒鱼类体内分离得到的一种氨基喹唑啉型剧毒物质。结晶的河豚毒素无臭无味，不溶于水，也不溶于有机溶剂（如苯、乙醚、丙酮、氯仿）中，易溶于酸性甲醇中，呈弱碱性。其化学性质稳定，在中性或弱酸性条件下，一般的家庭烹调加热、盐腌、紫外线和太阳光照射均不能使其破坏。但在强酸和强碱条件下不稳定，会发生降解，从而失去毒性。

河豚毒素是一种剧毒的神经毒素，其 LD_{50} 为 8.7 μg/kg 小白鼠，其毒性甚至比剧毒的氰化钠要强 1250 倍。它能使人神经麻痹，最终导致死亡。鲀毒鱼类以东方鲀为代表，广泛分布于温带、亚热带及热带海域，是近海食肉性底层鱼类。河豚毒素在鲀毒鱼类体内分布不均，主要集中在卵巢、睾丸和肝脏，其次为胃肠道、血液、鳃、肾等，肌肉中则很少。若把生殖腺、内脏、血液、皮肤去掉，洗净的新鲜河豚鱼肉一般不含毒素，但若河豚鱼死后较久，内脏毒素流入体液中逐渐渗入肌肉，则肌肉也有毒而不能食用。

河豚毒素虽然最早发现于鲀毒鱼类的内脏，但目前发现许多其他的海洋生物中也含有该种毒素。现代研究表明，豚毒鱼类体内的河豚毒素并非源自于其自身，而是源自如下的两个方面：一是有多种嗜盐性海洋细菌都可产生河豚毒素，这些产生河豚毒素的细菌附生在豚毒鱼类肠道壁及皮肤上，产生的河豚毒素被豚毒鱼类吸收转贮于体内；二是已查明河豚毒素主要来源是豚毒鱼类在海洋中摄食的含河豚毒素的饵料生物，它们是扁平动物门的平涡虫、纽形动物门的多种纽虫、软体动物门的多种海螺。

我国每年河豚中毒人数为 200~250 人，在总的食物中毒人数中所占比例极小，但死亡率几乎均在 20% 以上，居食物中毒病死率之首。因此，严禁有毒河豚鲜品上市和自由贩卖，不得擅自处理或乱扔。

5.2.1.1.2 组胺

鱼类组胺（Histimine）又称为鲭亚目鱼毒（Scombiod toxin）。组胺中毒是由于食用高含量组胺的鱼而引起的。含高组胺的鱼类主要是海产鱼中的青皮红肉鱼类，如鲐鱼（青花鱼、油筒鱼、鲭）、蓝点马鲛，此外，还有秋刀鱼、沙丁鱼、青鳞鱼、金线鱼等。由于这些鱼的肌肉中含血红蛋白较多，因此组氨酸含量也较高，当受到能产生组氨酸脱羧酶的细菌污染后，鱼肉中的游离组氨酸在酶的催化下脱羧产生组胺。目前发现有 112 种细菌能产生组氨酸脱羧酶，包括莫根变形杆菌、组胺无色杆菌、埃希大肠杆菌、链球菌、葡萄球菌，最主要的是莫根变形杆菌（*Morganella morganii*）。

组胺往往是因为处理或贮存不当而产生的。在 15~37℃，有氧、中性或弱酸性（pH 6.0~6.2）、渗透压不高（盐分 3%~5%）的条件下，易于产生大量组胺。当组胺含量积蓄至 4mg/g，人体摄入组胺 100mg 以上时，易发生中毒。组胺中毒是由于组胺使毛细血管扩张和支气管收缩所致，中毒症状轻，主要是脸红、胸部以及全身皮肤潮红和眼结膜充血，同时还有头痛、头晕、胸闷等现象。部分病人出现口、舌、四肢发麻以及恶心、呕吐、腹痛、腹泻、荨麻疹等。有的可出现支气管哮喘、呼吸困难、血压下降。病程大多为 1~2d，愈后良好。

组胺可作为某些鱼是否腐败的指示物。欧美及我国对部分食品中组胺含量做了限量要求，FDA（美国食品与药品管理局）要求进口海洋食品中组胺的含量不得超过 50mg/kg，欧盟规定鲭科鱼类中组胺含量不得超过 100mg/kg，其他食品中组胺不得超过 100mg/kg。我国规定鲐鱼中组胺不得超过 1000mg/kg，其他海水鱼不得超过 300mg/kg。

5.2.1.1.3　胆毒

鱼胆囊内的胆汁含有天然毒素，这类鱼称为胆毒鱼类（Gall bladder poisonous fishes）。在动物性自然中毒案例中，胆毒鱼类中毒人数及死亡率近年来一直居高不下，仅次于河豚中毒而居第二位，成为一大公害。

胆汁中含有硫酸酯钠（一种水溶性胆盐），经动物实验表明其为毒性物质之一。其半致死量为 668.7 mg/kg，相对分子质量为 554，分子式为 $C_{27}H_{47}O_8SNa$。鲤醇硫酸酯钠具有热稳定性，且不易被乙醇所破坏，不论生吞、熟食或用酒泡过吞服，均会引起中毒。即使外用也难避免，如眼疾病人用鱼胆滴入眼内会有异物感、怕光流泪、眼睛又痛又痒、结膜浑浊、视力减退，严重者还会导致失明。曾发生过 2 例剖鱼时鱼胆溅入眼中而致盲的病例。并非所有鱼类的胆汁均有毒。有人对河鳗、海鲇、乌鳢、胡子鲶、石斑鱼、黄鳝、艾氏蛇鳗、海鳗、真鲷、黄颡鱼等的胆汁进行实验，发现它们的胆汁都对小鼠没有毒性，而另外 11 种鱼的胆汁有毒，且毒性大，实验小鼠全部先后死亡。从鱼类分类学的角度来看，这 11 种鱼隶属于鲤形目、鲤科。因此可以推断胆毒鱼类源自鲤科，吞饮任何鲤科鱼类的胆汁都是危险的。从实验小鼠死亡时间的长短来判断它们的胆汁毒性的强弱，其中以鲫鱼的胆汁毒性最强，赤眼鳟则最弱。这 11 种鱼的胆汁的毒性强弱顺序依次为：鲫鱼＞团头鲂＞青鱼＞鲮鱼＞鲢鱼＞鳙鱼＞翘嘴鲌＞鲤鱼＞草鱼＞拟刺鳊鲌＞赤眼鳟。

据调查，吞服鱼胆并非所有人均会中毒，吞服小鱼胆（鱼重 1.6kg 以下），则症状不明显或无中毒现象（但也有个别中毒的）。吞服的鱼胆越大或个数越多，则中毒症状越严重，甚至死亡。鱼胆中毒主要是胆汁毒素严重损伤肝、肾，造成肝脏变性、坏死和肾小管损伤、集合管阻塞、肾小球滤过减少、尿流排除受阻，在短期内即导致肝功能衰竭。毒素还会使脑细胞受损，造成严重脑水肿和心肌损伤，致使心血管与神经系统病变，病情急剧恶化，最后死亡。

20 世纪 70 年代中期，临床医学实验对胆的药理作用进行了动物实验。从其结果来看某些鱼类的胆汁虽具有轻度镇咳嗽、去痰和短暂的降压作用，但鱼胆治病的疗效微乎其微。数十年来吞服鱼胆治疗的中毒事故连续发生并不断地造成死亡，期望吞服鱼胆治疗疾病，无异于饮鸩止渴一样危险，因此有必要用科学手段来修正鱼胆可以治病的错误叙述。

5.2.1.1.4　血清毒

某些鱼类，如鳗鲡目中的鳗鲡属（Anguilla）、康吉鳗属（Conger）、裸胸鳝属（Gymnothorax）和合鳃鱼目中的黄鳝属（Monopterus），血液（血清）中含有鱼血毒素（ichthyohemotoxin）。血清毒素和河鲀鱼血中的毒素不同，可以被加热和胃液所破坏。因此在一般情况下，含血清毒素的鱼类虽未洗净血液，但经煮熟后进食，不会中毒。大量生饮含有鱼血清毒素的鱼血而引起的中毒称为血清毒鱼类中毒（ichthyohemotoxic fish poisoning）。此外人体黏膜受损，接触有毒的鱼血也会引起炎症。这种血液有毒的鱼类，称为血清毒鱼类（ichthyohemotoxic fishes）。在我国民间少数地区有饮鲜血以滋补身体的习俗，也发生过饮用生鱼血引起中毒的病例，因此，对血清毒鱼类应引起人们的关注。

5.2.1.1.5　卵毒

某些鱼类（鲀科除外）在产卵繁殖期间为了保护自己和防止已产出的卵子被其他动物所食，其卵含鱼卵毒素（ichthyootoxin），这种鱼卵有毒的鱼类称为卵毒鱼类（ichthyootoxinfishes）。卵毒鱼类和魨毒鱼类的区别是：卵毒鱼类仅成熟的卵和卵巢有毒，肌肉和其他部分无毒。即使在产卵期间，弃去鱼卵后仍可食用。

5.2.1.2 贝类毒素

贝类在世界范围内可供食用的有 28 种之多，属于滤食性水生生物，其本身并不产生毒性物质，但通过摄入毒性海藻或与藻类共生时就变成毒化的生物体，使食用贝类者发生中毒。常见的贝类毒素主要包括：麻痹性贝类毒素、腹泻性贝类毒素、神经性贝类毒素及健忘性贝类毒素等几种。

5.2.1.2.1 麻痹性贝类毒素

麻痹性贝类毒素（Paralytical Shellfish Poisoning，PSP）是由涡鞭藻所产生的一组多种毒素，但主要还是石房蛤毒素（Saxitoxin，SSTX）、膝沟藻毒素（Gonyantoxin，GTX）和新石房蛤毒素（Neosaxitoxin）。也是迄今为止世界范围内分布最广、中毒发生率最高的一类贝类毒素。目前我国对贝类有毒有害物质进行残留监控时，对贝类中麻痹性贝类毒素含量做了限量要求，根据《无公害食品　海洋食品中有毒有害物质限量》（NY 5073—2006）标准规定，其值不得超过 400MU/100g 贝肉组织。按照《农产品安全质量无公害海洋食品安全要求》（GB 18406.4—2001）标准规定，其值不得超过 80μg/100g 贝肉组织。

麻痹性贝类毒素是一类烷基氢化嘌呤化合物，类似于具有 2 个胍基的嘌呤核，为非结晶、水溶性、高极性、不挥发的小分子物质。这种毒素溶于水且对酸稳定，在碱性条件下容易分解失活；对热也稳定，一般加热不会使其毒性失效；不被人的消化酶所破坏。目前已经分离出 20 多种，按其基因的相似性可将这些毒素分成四类：第一类含有氨基甲酸酯的毒素，毒性最高；第二类是 N - 磺酰胺甲酰的毒素，毒性中等；第三类是脱胺甲酰基的毒素，毒性较低；第四类是 N - 羟基类毒素，其毒性尚不清楚。

5.2.1.2.2 腹泻性贝类毒素

腹泻性贝类毒素（Diarrhetic Shellfish Poisoning，DSP）主要来自于甲藻中的鳍藻属（Dinophysis）和原甲藻属（Prorocentrum）等藻类，它们在世界许多海域都可生长。现已证明产生腹泻性贝类毒素的藻类主要有 7 种鳍藻属和 4 种原甲藻属。腹泻性贝类毒素一般均局限于贝类中肠腺，分为毒化贝和非毒化贝，外观无任何区别。赤潮期间，贝类含毒量增加，毒化贝类常见双壳贝，主要有扇贝、贻贝、杂色蛤、文蛤、牡蛎等。同样腹泻性贝类毒素也被列入我国贝类有毒有害物质残留监控重要指标，根据无公害食品海洋食品中有毒有害物质限量（NY 5073—2006）标准规定，其值不得检出。按照农产品安全质量无公害海洋食品安全要求（GB 18406.4—2001）标准规定，其值不得超过 60μg/100g 贝肉组织。

腹泻性贝类毒素是从各种贝类和甲藻中分离出来的一类脂溶性物质，其化学结构是聚醚或大环内酯化合物。根据这些成分的碳骨架结构可以将它们分成三组：①酸性成分，软海绵酸（okadaic Acid，OA）及其天然衍生物——鳍藻毒素（dinophysistoxin I - III，DTXI - III）；②中性成分，聚醚内酯 – 蛤毒素（pectenotoxins，PTXs）；③其他成分，硫酸盐化合物即扇贝毒素（yessotoxin，YTX）及其衍生物 45 - OH 扇贝毒素。目前研究人员利用现代化学分离和分析技术从受有毒污染的贝类体内和有毒赤潮生物细胞中已分离出 23 种腹泻性贝类毒素，确定了其中 21 种成分的化学结构。大田软海绵酸和鳍藻毒素是导致腹泻性贝毒中毒的主要毒素类型，属于长链聚醚毒素，分子中有羟基和羧基基团。

5.2.1.2.3　神经性贝类毒素

神经性贝类毒素（Neurotoxic Shellfish Poisoning，NSP）与短裸甲藻（*Ptychodisus brevis*）、剧毒冈比甲藻（*Gambierdiscus toxincus*）细胞及毒素污染贝类有关，是短裸甲藻、剧毒冈比甲藻细胞裂解、死亡时会释放一组毒性较大的毒素——神经毒素的一种。在美国，神经性贝类毒素通常与食用来自于墨西哥沿岸的软体贝类有关，在南大西洋沿岸也时有发生。在新西兰，类似神经性贝类毒素的毒素高频率地发生。由于目前我国还没有神经性贝类毒素相关标准检测方法，因此，对其限量要求尚未做具体规定。

神经性贝类毒素属于高脂溶性毒素，结构为多环聚醚化合物，主要为短裸甲藻（Ptychodisusbrevis）毒素。据估计每年有 5000 例因消费含毒素的海洋食品而导致神经性贝毒中毒，神经性贝毒素耐热、耐酸、稳定性强，是已知最毒的海洋毒素之一，通过增强细胞膜对 Na^{2+} 的渗透性来破坏神经细胞的膜电位。

5.2.1.2.4　健忘性贝类毒素

健忘性贝类毒素（Amnesia Shellfish Poisoning，ASP）主要来自于硅藻属尖刺拟菱形藻（*Zitzschia pungens*）和假细纹拟菱形藻（*Zitzschia pseudodelicatissima*），这些藻类主要生长在美国、加拿大、新西兰等海域。在日本海域的微藻也可导致健忘性贝类毒素的发生。健忘性贝毒引起的中毒现象通常与食用北美的东北和西北沿海的软体贝类有关。另外还有从美国西海岸的太平洋大蟹石蟹、红石蟹和凤尾鱼的内脏中检出健忘性贝毒的报道。健忘性贝类毒素和神经性贝类毒素一样，在我国对其限量要求尚未做具体规定。

健忘性贝类毒素本质上是软骨藻酸（domoic acid），有相当一部分海洋生物能够累集软骨藻酸，其中包括双壳贝类、鱼类、甲壳类中的一些生物。软骨藻酸是一种从海藻中分离出来的一种神经性毒素——红藻氨酸（kainic acid）相近的刺激性氨基酸。软骨藻酸抑制谷氨酸在中枢神经系统突触后受体（kainate）接受器上的作用。这会引起去极化作用，Ca^{2+} 的流入，最终导致细胞的死亡。软骨藻酸被鉴定为导致 1987 年加拿大东部养殖贻贝毒素中毒的物质，食用 3 天后症状出现，包括恶心和腹泻，而腹泻有时会伴有神智错乱，丧失方向感甚至昏迷。

5.2.1.3　螺类毒素

螺类已知有 8 万多种，其中少数种类含有有毒物质，如节棘骨螺（Murex trircmis）、蛎敌荔枝螺（Purpura gradtata）和红带织纹螺（Massarius suecinctua）等。其中有毒部位分别在螺的肝脏或鳃下腺、唾液腺、肉和卵内。人类误食或食用过量可引起中毒。骨螺毒素、荔枝螺毒素（主要有千里酰胆碱和丙烯酰胆碱）和织纹螺毒素均属于非蛋白类麻痹型神经性毒素，易溶于水，耐热耐酸，且不被消化酶分解破坏。能兴奋颈动脉窦的受体，刺激呼吸和兴奋交感神经带，并阻碍神经与肌肉的神经传导作用。其作用的机理和中毒原因与症状，同石房蛤毒素相似。

5.2.1.4　海兔毒素

海兔又名海珠，以各种海藻为食物，是一种生活在浅海的贝类，但贝壳已退化为一层薄而透明的角质壳。头部有触角两对，短的一对为触觉器官，长的一对为嗅觉器官，爬行时向前和两侧伸展，休息时向上伸展，恰似兔子的两只耳朵，故称之为海兔。海兔的种类较多，常见的种类有蓝斑背肛海兔（Notarchus leachiicirrosus）和黑指纹海兔，为我国东南沿海居民所喜食，还可入药。海兔体内毒腺（蛋白腺）能分泌一种略带酸性、气味难闻的乳状的液体，其中含有一种为芳香异环溴化合物的毒素，是御敌的化学武器。此外，在海兔皮肤组织中含有一种挥发油，对神经系统有麻痹的作用，误食其有毒部位，或皮肤有伤口接触海兔时均会引起中毒。食用海兔者常会引起头晕、呕吐、双目失明等症状，严重者有生命危险。

5.2.2　养殖及捕获前可能产生的危害

某些海洋食品除了本身就含有一些天然的有毒有害物质外，在养殖及捕获前受到的污染也是不可忽视的。生活污水、工业废水的任意排放，使得江、河、湖、海中的化学物质、病原微生物、病毒以及寄生虫迅速增加。直接或间接进入水生生物体内，加之生物富集作用，使这些有毒有害物质在生物体内迅速累积，从而影响海洋食品质量。

近年来，随着人们生活水平的提高，对海洋食品的需求量日渐增加，水产养殖业便得到迅猛发展，养殖品种及产量也相应扩大。通过增大养殖密度来追求养殖产量从而获得更高利润的养殖方式是目前绝大多数养殖户常采用的养殖手段。养殖密度的增加，必然会增大投饵料，残饵及排泄物极易引起各种水产动物疾病，各种抗生素、杀虫剂、激素等物质的应用，这些物质有的对人体具有致癌作用。尤其是一些不法养殖户，乱用药、滥用药的现象特别严重。因此，应引起特别重视。本小节将海洋食品在捕获前可能受到的污染物质介绍如下。

5.2.2.1　致病菌

5.2.2.1.1　副溶血性弧菌

副溶血性弧菌（*Vibiao parahaemolytics*）为革兰氏阴性细杆菌，呈弧状、杆状、丝状等多种形态，无芽孢，嗜盐，主要来自海产品，如墨鱼、海鱼、海虾、海蟹、海蜇以及盐分较高的腌制食品，如咸菜、腌肉等。在温度为37℃，含盐3%～3.5%，pH为7.4～8.5的培养基中生长良好。该菌不耐热，56℃时5～10min即可死亡。在抹布和砧板上能生存1个月以上，海水中可存活47d。对酸较敏感，在pH6以下即不能生长，在普通食醋中1～3min即死亡。在3%～3.5%含盐水中繁殖迅速，每8～9min为一周期。

据统计，日本在1965—1974年间，副溶血性弧菌食物中毒占所有食物中毒的比例高达24%。在1985—1998年的13年间，日本共发生副溶血性弧菌食物中毒5160起，中毒人数达12.34万人，即平均每年400起，中毒人数1万人/年，中毒率约占细菌性食物中毒总量的40%～60%。在中国，对副溶血性弧菌的报道最早见于1962年，在随后的几十年里出现了大量由该菌引起的中毒事件，以沿海城市最为严重。上海市嘉定区卫生防疫站对嘉定区1988—1993年间细菌性食物中毒样品进行了检测分析，在所检323份食物中毒样品中，检出致病菌138株，致病菌菌型以副溶血性弧菌为首，比例高达76.8%。上海市卫生局卫生监督所对上海市集体食物中毒的分析发现，1990—1997年期间上海市共发生细菌性食物中毒169起，中毒人数达3693人，死亡1人，其中由副溶血性弧菌造成的中毒事件占首位为104起，占所有细菌性食物中毒的62.4%。

5.2.2.1.2　霍乱弧菌

霍乱弧菌（*Vibiao cholera*）是人类霍乱的病原体，霍乱是一种古老且流行广泛的烈性传染病之一。世界上曾经引起多次大流行，主要表现为剧烈的呕吐、腹泻、失水，死亡率甚高。属于国际检疫传染病。霍乱弧菌包括两个生物型：古典生物型（Classical biotype）和埃尔托生物型（ELTor biotype）。这两种型别除个别生物学性状稍有不同外，形态和免疫学性基本相同，在临床病理及流行病学特征上没有本质的差别。自 1817 年以来，全球共发生了七次世界性大流行，前六次病原是古典型霍乱弧菌，第七次病原是埃尔托型所致。

从病人体内分离出古典型霍乱弧菌和埃尔托弧菌比较典型，为革兰氏阴性菌，菌体弯曲呈弧状或逗点状，菌体一端有单根鞭毛和菌毛，无荚膜与芽孢。根据弧菌 O 抗原不同，分成 6 个血清群，第 I 群包括霍乱弧菌的两个生物型。第 I 群 A、B、C 三种抗原成分可将霍乱弧菌分为三个血清型：含 AC 者为原型（又称稻叶型），含 AB 者为异型（又称小川型），A、B、C 均有者称中间型（彦岛型）。霍乱弧菌的抵抗力较弱，在干燥情况下 2 h 即死亡；在 55℃湿热中 10min 即死亡；在水中能存活 2 周，在寒冷潮湿环境下的新鲜水果和蔬菜的表面可以存活 4 ~ 7 d；对酸很敏感，但能够耐受碱性环境，例如能在 pH 为 9.4 的环境中生长不受影响；容易被一般的消毒剂杀死。

5.2.2.1.3　创伤弧菌

创伤弧菌（*Vibrio vulnificus*）是一种革兰氏阴性嗜盐菌，自然生存于河口海洋环境中，能引起胃肠炎、伤口感染和原发败血症。通常人类感染是因为食用生或半生的受污染海产品，或是因为伤口接触了带菌海水或海洋动物。根据生化、遗传、血清学试验的差异和受感染宿主的不同，目前将创伤弧菌分为三种生物型。人类感染通常表现为散发形式，且几乎都是由于生物 I 型所致；生物 II 型主要引起鳗鱼的疾病，极少感染人；生物 III 型于 1996 年首次报道，可引起人类败血症和软组织感染。根据 16S rRNA 基因和毒力相关基因的序列变异，生物 I 型又进一步分为两个基因型。据报道，贝类中的牡蛎分离的创伤弧菌菌株有极高的基因变异，而临床分离却似乎来源于单个菌株。

创伤弧菌是美国海产品消费引起死亡的首要病因，美国州级贝类卫生委员会（ISSC）规定，收获后经处理的牡蛎中创伤弧菌的限量不超过 30cfu/g。日本每年创伤弧菌败血症病例数约 425 例。我国台湾地区 1996—2000 年每年创伤弧菌感染人数 13 ~ 26 例，大陆沿海地区也时有创伤弧菌散发感染的报告。

5.2.2.1.4　单核细胞增生李斯特菌

单核细胞增生李斯特菌（*Listeria monocytogenes*）简称单增李斯特菌，是李斯特菌属中唯一能够引起人类疾病的。其生物学特性为：该菌为较小的球杆菌，大小为（1 ~ 3）μm × 0.5μm；无芽孢，无荚膜，有鞭毛，能运动。幼龄培养物活泼，呈革兰氏阳性，48h 后呈革兰氏阴性，兼性厌氧，营养要求不高，在含有肝浸汁、腹水、血液或葡萄糖中生长更好。李斯特菌生长温度范围为 5 ~ 45℃，而在 5℃低温条件下仍能生长则是李斯特菌的特征，该菌经 58 ~ 59℃10min 可杀死，在 - 20℃可存活 1 年；耐碱不耐酸，在 pH9.6 中仍能生长，在 10% NaCl 溶液中可生长，在 4℃的 20% NaCl 溶液中可存活 8 周。李斯特菌分布广泛，在土壤、人和动物的粪便、江河水、污水、蔬菜、青贮饲料及多种食物中可分离出此菌，并且它在土壤、污水、粪便、牛乳中存活的时间比沙门菌长。这种菌还在 pH 高于或低于 4.5 的青贮饲料中被发现。从来源于稻田、牧场、淤泥、动物粪便、野生动物饲料场和有关地带的样品中，有 8.4% ~ 40% 分离出了单核细胞李斯特菌。据证实，这种菌可以在潮湿的土壤中存活 295d 或更长时间。

5.2.2.1.5　致病性大肠杆菌

大肠杆菌又称埃希大肠杆菌（*Escherichia coli*），包括普通大肠杆菌、类大肠杆菌和致病性大肠杆菌等。一般情况下，它是肠道中的正常菌群，不产生致病作用。大肠杆菌的生物学特性是：革兰氏阴性短杆菌，大小为（1.1 ~ 1.5）μm ×（2.0 ~ 6.0）μm；无芽孢，微荚膜，有鞭毛，需氧或兼性厌氧。最适生长温度为37℃。大肠杆菌抗原构造较为复杂，主要由菌体（O）抗原、鞭毛（H）抗原和荚膜（K）抗原三部分组成。

致病性大肠杆菌（pathogenic *Escherichia coli*）包括产毒素大肠杆菌（Toxigenic *E. Coli*）、肠道致病性大肠杆菌（enteropathogenic *E. Coli*）、肠道侵袭性大肠杆菌（enteroinvasive *E. Coli*）、肠道出血性大肠杆菌（enterohemorrhagic *E. Coli*）和肠道聚集性大肠杆菌（enteroaggregative *E. Coli*）。引起食物感染的致病性杆菌有免疫血清型 O157：H7、O55：B5、O26：B6、O124：B17 等。

肠道出血性大肠杆菌是能引起人的出血性腹泻和肠炎的一群大肠杆菌。以 O157：H7 血清型为代表菌株。出血性大肠杆菌 O157：H7 主要引起人的一种食源性疾病，以突发性腹痛、水样便、血痢、发热或不发热，严重时呈现出血性肠炎（HC）甚至溶血性尿毒综合征（HUS）为特征。已有研究报道该菌曾分离自血痢的犊牛，人工接种该菌导致出生 36h 内的犊牛发病。由于大肠杆菌 O157：H7 感染剂量极低，在食入不足 5 个细菌就可引起疾病，且病情发展快，死亡率高，近年在欧美、日本等国已多次暴发流行，对人类的健康构成了重大的威胁。我国 1986 年已发现大肠杆菌 O157：H7 感染病人，并在安徽、江苏等地暴发了食物中毒。O157：H7 也可以感染动物，并在实验动物中引起类似于出血性肠炎或溶血性尿毒综合征等症状，表明是一种人畜共患病。出血性大肠杆菌 O157：H7 不耐热，75℃时 1min 即被杀死，但它却很耐低温，据报道在家庭的冰箱中也能够生存。另外，这种菌也很耐酸，即使在 pH3.5 的条件下也能够存活，能在水中生存相当长的时间。O157：H7 主要通过食物，经口感染。摄入被此菌污染过的食物或被患者的粪便污染后直接或间接入口，是唯一的感染途径。

5.2.2.1.6　金黄色葡萄球菌

葡萄球菌属中的金黄色葡萄球菌（*Staphyloccocus aureus*）致病力最强，常引起食物中毒。它的生物学特性是：大多数无荚膜，革兰氏染色阳性，无芽孢，无鞭毛，动力试验呈阴性；需氧或兼性厌氧；最适生长温度 37℃；最适生长 pH = 7.4；具有高度耐盐性，生长的水分活度范围最低可达 0.82；可分解主要的糖类，产酸不产气；许多菌株可分解精氨酸，水解尿素，还原硝酸盐，液化明胶；对磺胺类药物敏感性低，但对青霉素、红霉素高度敏感。

食品被金黄色葡萄球菌污染后，在 25~30℃ 下放置 5~10h，就会产生肠毒素。这种毒素有 A、B、C、D、E 五种类型，其中 A 型的毒性最强，摄入 1μg 即能够引起中毒；B 型肠毒素，在 99℃ 条件下，经 87min 才能够破坏其毒性。

5.2.2.1.7　沙门菌

沙门菌（*salmonella*）属肠杆菌科，绝大部分具有周身鞭毛，能运动的革兰氏阴性杆菌。目前国际上有 2300 个以上的血清型，我国现已发现有 200 多个。按照菌体 O 抗原结构的差异，将沙门菌分为 A、B、C、D、E、F、G 七个组，对人类致病的沙门菌 99% 属 A~E 组。致病性最强的是猪霍乱沙门菌（*Salmonella cholerae*），其次是鼠伤寒沙门菌（*Salmonellatyphimurium*）和肠炎沙门菌（*Salmonella enteritidis*）。

沙门菌并不产生外毒素，而是因为食入活菌而引起感染，食入活菌的数量越多，发生感染的机会就越大。沙门菌外界存活力强，生长温度范围为 5~46℃，最适温度 20~37℃。在人体中（35~37℃）每 25min 可以繁殖一代，能在水分活度为 0.945~0.999 的环境中生长，当 pH<4 时则不生长。在水中可生存 2~3 周，在粪便和冰水中生存 1~2 月，在冰冻

的土壤中可以过冬，在含盐 12% ~ 19% 的咸肉中可存活 75d。沙门菌属在 100℃ 时立即死亡，70℃ 经 5min 或 65℃ 经 15 ~ 20min、60℃ 经 1h 方可被杀死。水经氯化物处理 5min 可杀死其中的沙门菌。值得注意的是，沙门菌属不分解蛋白，不产生靛基质，食物污染后并无感官性状的变化。

沙门菌在海洋食品中检出率不高，但在污染的贝类中曾分离到此菌。另外，在食品的加工与贮藏过程中因交叉污染也会导致该菌的食物中毒。

5. 2. 2. 2　病毒

5. 2. 2. 2. 1　甲型肝炎病毒

甲型病毒性肝炎（Hepatitis A Virus，HAV）简称甲型肝炎，是由甲型肝炎病毒引起的一种急性传染病。临床上表现为急性起病，有畏寒、发热、食欲减退、恶心、疲乏、肝肿大及肝功能异常。部分病例出现黄疸，无症状感染病例较常见，一般不转为慢性和病原携带状态。HAV 抵抗力较强，能耐受 60℃ 1h，10 ~ 12h 部分灭活；100℃ 1min 全部灭活；紫外线（1.1 瓦，0.9cm 深）1min，余氯 10 ~ 15mg/L 30min，3% 福尔马林 5min 均可灭活。70% 酒精 25℃ 3min 可部分灭活。实验动物猕猴及黑猩猩皆易感，且可传代。因此，在加工中仅将贝类蒸汽加热至开壳并不足以使甲型肝炎病毒失活。

5. 2. 2. 2. 2　诺瓦病毒

诺瓦病毒（Norovirus）（2002 年前称诺瓦克病毒）通常存在于牡蛎、蛤等贝类中，人若生食这些受污染的贝类会被感染，患者的呕吐物和排泄物也会传播病毒。诺瓦病毒能引起腹泻，主要临床表现为腹痛、腹泻、恶心、呕吐。它主要通过患者的粪便和呕吐物传染，传染性很强，抵抗力弱的老年人在感染病毒后有病情恶化的危险。诺瓦病毒是一组杯状病毒属的病毒，也称之为"诺如病毒"。诺瓦病毒感染影响胃和肠道，引起胃肠炎或"胃肠流感"。诺瓦病毒引起的危害可通过充分加热海洋食品和防止加热后的交叉污染来预防。此外，控制贝类捕捞船向贝类生长水域排放未经处理的污水可以降低诺瓦病毒的可能性。2006 年冬至 2007 年初日本因生食牡蛎而引起 300 余万人出现诺瓦病毒肠胃炎。

5. 2. 2. 3　寄生虫

5. 2. 2. 3. 1　单线虫

单线虫（Anisakis Simplex）通常称鲱鱼线虫（Herring worm），是一种寄生性线虫或圆形虫，它的最终宿主是海豚科动物、海豚和抹香鲸。在鱼和鱿鱼体内的幼虫（蠕虫状）一般长 1 ~ 36mm，宽 0.24 ~ 0.69mm，粉红至白色。单线虫病（Anisakiasis）是由单线虫引起的人类疾病，与食用生鱼（生鱼片、腌泡酸鱼、醋渍鱼和冷烟熏鱼）或未熟的鱼有关。

5. 2. 2. 3. 2　线虫

线虫（Pseudoterranova Decipiens）通常称鳕鱼线虫（Codworn 或 Sealworm），是另一种寄生性线虫或圆形虫，通常其最终宿主是灰海豹、港海豹、海狮和海象。鱼体内幼虫长 5 ~ 58mm，宽 0.3 ~ 1.2mm，呈黄棕或红色。这种线虫也是通过食用生鱼或未熟的鱼传染人体。对其控制方法与单线虫（Anisakis Simplex）相同。

5. 2. 2. 3. 3　二叶槽绦虫

二叶槽绦虫（Diphyllobothrium Latum）寄生于各种北纬地带的食鱼哺乳类动物。在南纬地带也有类似种类发现，并以海豹为寄主。绦虫有吸附于寄主肠壁的结构特点且身体呈环节。绦虫幼虫在鱼体内长达几毫米至几厘米，呈白色或灰色。二叶槽绦虫主要感染淡水鱼类，但在鲑鱼体内也可寄生，通常发现其无囊盘绕于肌肉或囊状存在于内脏中，虫体成熟而使人致病。该绦虫也是通过食用生鱼或未熟的鱼传染人体。控制方法与单线虫（*Anisakissimplex*）相同。

5.2.2.3.4　华枝叶睾吸血虫

华枝叶睾吸血虫（*Clonorchis sinensis*）又称肝吸虫，常寄生于人、猪、猫、犬的胆管内，虫卵随寄主粪便排出，被螺蛳吞食后，经过胞蚴、雷蚴和尾蚴阶段，然后从螺体逸出，附在淡水鱼体上，并侵入鱼的肌肉。人食用含有蚴的鱼肉，蚴在胆道内发育为成虫，引起肝脏病变。轻度患者无症状，但是可能引起肝肿大。较重的感染引起肝区不适，但全血计数和肝酶通常正常。超声波检查示胆囊扩张，有胆淤泥或胆石。有些患者经历多次发热和与吸虫团块或更常见的胆石相关的黄疸。慢性病例可出现胆汁性肝硬化，很少出现胆管癌。据对广东、辽宁、广西176份淡水鱼类进行调查，有105份（占59.66%）染有华枝叶睾吸血虫囊蚴，其中以鲤形目的鲤形科的阳性率最高，其次为鳅科及鲶形目的鲶科鱼。

5.2.2.3.5　卫氏并殖吸虫

卫氏并殖吸虫（*Paragonimus westermani*）又称肺吸虫，进入人体后，其囊蚴的囊壁在十二指肠溶解，蚴移行穿过肠壁、膜壁、横隔膜和胸膜进入肺，在那里形成与支气管相通的"巢"（空洞）。通常几个吸虫临近居住，引起产生褐色痰的咳嗽。发热、咳血、胸膜痛、呼吸困难和反复发作的细菌性肺炎是常见的症状。肺脓肿或胸膜渗出见于慢性感染者。卫氏并殖吸虫主要的传播食物为腌制的或生的淡水蟹和小龙虾。

5.2.2.3.6　广州管圆线虫

广州管圆线虫（*Angiostrongylus cantonensis*）常见的中间宿主有褐云玛瑙螺、福寿螺等，此外还有皱巴坚螺、短梨巴蜗牛、中国圆田螺和方形棱螺。转续宿主有黑眶蟾蜍、虎皮蛙、金线蛙、蜗牛、鱼、虾和蟹等。人体广州管圆线虫病是由广州管圆线虫感染人体所引起的食源性寄生虫病。人体感受该病主要是食用了含有该虫第3期幼虫的螺类、鱼、虾以及被3期幼虫污染的蔬菜、瓜果和饮水。随着人们生活水平的提高，膳食结构的改变，生食或半生食的习惯逐渐普遍，增加了食源性寄生虫病的发病概率。此虫可以引起人体嗜酸粒的细胞增多性脑膜炎或脑炎。除大脑和脑膜外，还可寄生在小脑、脑干、脊髓。主要病变为充血、出血、发热、昏迷、精神失常等，严重者可造成死亡或者后遗症。

5.2.2.4　重金属

5.2.2.4.1　砷

砷对海洋食品的污染主要是工业三废污染水体，从而污染了水生生物及藻类植物。食物中所含的砷分为有机砷化物（海产品）和无机砷化物两种形式。这两种砷化物均易于为胃肠道所吸收，其吸收率为70%～90%，一般有机砷化物的吸收率稍高。吸收后的砷经血液转运至肝、肾、脾、肺和肌肉中，主要蓄积于皮肤、毛发、指甲和骨骼中。吸收的砷大部分由尿排出，少量由粪便排出。尿砷是评价是否摄入砷和摄入多少的指标。

在食用的水生动物中主要以有机形态的形式存在，砷甜菜碱或砷胆碱。这些存在形式被称为"鱼砷"，还没有报道表明摄取后会在动物和人体产生毒性，而且没有证据显示砷甜菜碱具有诱变性。但鱼体中毒性更大的无机态砷（或在人体内可通过代谢由有机态转变为无机态的砷）的含量可以忽略。

海藻是含砷最高的食品，总砷和无机砷含量远远高于其他的食品。海藻砷化合物包括无机砷化合物亚砷酸盐（三价）、砷酸盐（五价），有机砷单甲基砷酸（MMAⅢ、MMAⅤ）、二甲基砷酸（DMAⅢ、DMAⅤ）、砷糖（arsenosugar）、砷脂（arsenolipid）等。海藻中的砷主要为有机砷，而有机砷则主要为砷糖，海藻中砷与单糖结合的物质基本上是二甲基砷核糖，总称为砷糖。普遍认为海藻中的无机态砷元毒，而甲基化砷化合物毒性很小。对砷糖化合物的毒性研究表明，目前认为其与砷甜菜碱毒性相似，这可能是从未发生过食用海藻中毒的原因。

进入人体后，无机砷会引起急性或慢性中毒，主要作为一种致癌物质，可引起肺癌、血管肉瘤、真皮基部细胞和鳞片的癌变。砷的毒性取决于它的氧化态和释放形式。砷引起的慢性中毒有肠胃炎、肾炎、肝肿大、末梢均匀神经病和对皮肤的大量损伤，包括脚底和手掌的角化过度症以及普遍会出现的黑色素沉淀。这些症状中有一些是与毛细血管的内壁被破坏以及随后发生的浮肿和循环障碍有关。现在已知，在分子水平上，金属可以阻止磷酸化作用；与巯基反应能够打乱细胞的新陈代谢；能直接破坏 DNA 并且抑制 DNA 的修复。另外，砷酸钠和亚砷酸盐可以引起低等动物的病变。因此，金属会给孕妇、哺乳期的母亲和她们的孩子带来特别的危害。

目前我国对海洋食品中砷的残留限量要求：根据《无公害食品　海洋食品中有毒有害物质限量》（NY 5073—2006）标准规定，无机砷 $\leqslant 0.1$ mg/kg（鱼类），无机砷 $\leqslant 0.5$ mg/kg（其他动物性海洋食品）。

5.2.2.4.2　镉

镉对海洋食品的污染主要是工业废水的排放造成的。工业废水污染水体，经水生生物浓缩富集，使海洋食品中的镉含量明显增高。某些海贝类的富集系数可高达 $1 \times 10^5 \sim 2 \times 10^6$ 倍。进入体内的镉以消化道摄入为主。镉在消化道的吸收率为 1% ~ 1.5%，一般为 12%。低蛋白、低钙和低铁的膳食有利于镉的吸收，维生素 D 也促进镉的吸收。吸收的镉经血液转运至全身。血液中的镉一部分与红细胞结合，一部分与血浆蛋白结合。红细胞中的镉部分与血红蛋白结合，部分可能以金属硫蛋白的形式与低分子蛋白质结合。这些结合的镉主要分布于肾和肝。肾脏含镉量约占全身蓄积量的 1/3，而肾皮质镉浓度是全肾脏镉浓度的 1.5 倍。这是因为含镉的金属硫蛋白可经肾小球过滤进入肾小管，或者排出体外，或重吸收，从而造成了镉在肾近曲管的选择性蓄积。而肝脏含镉量仅占全身镉的 1/6。因此，肾脏是慢性砷中毒的一个灵敏的靶器官。长期摄入镉后，可引起肾功能障碍，其早期的表现为尿镉和尿中低相对分子质量蛋白排出量增加。我国学者认为尿镉排出量达 15μg/L 或以上时，尿中低相对分子质量蛋白排出的阳性率明显增加，并建议个体尿镉的排出量以 15μg/L 作为临界值。镉在人体内的半衰期为 10 ~ 40 年，因此，易于在体内蓄积。吸收后的镉只有极少部分由粪尿排出体外。

镉主要损害肾近曲小管，使其重吸收的功能降低，引起蛋白尿、糖尿、氨基酸尿和尿钙排出量的增高。多钙尿可引起钙负平衡，造成软骨症和骨质疏松症。在日本发生过镉污染大米引起的"疼痛病"，主要症状为背部和下肢疼痛，行走困难。骨质疏松极易骨折。另外，镉还会引起贫血，其原因可能是镉干扰食物中铁的吸收和加速红细胞的破坏所致。

目前我国对海洋食品中镉的残留限量要求：根据《无公害食品　海洋食品中有毒有害物质限量》（NY 5073—2006）标准规定，镉 $\leqslant 0.1$ mg/kg（鱼类），镉 $\leqslant 0.5$ mg/kg（甲壳类），镉 $\leqslant 1.0$ mg/kg（贝类和头足类）。

5.2.2.4.3　铅

含铅工业三废的排放是铅污染的主要来源。工业生产中产生的烟尘和废气含有铅可污染大气，大气中的铅沉降到地面，从而污染农作物。汽车排出废气的铅可污染公路两旁的农作物。含铅废水的排放，可污染土壤和水体，污染水体的铅可通过食物链污染海洋食品。进入体内的铅主要来自食物，世界卫生组织估计每日由食物中摄入的铅量为 200～300μg。铅由食物进入体内后，主要由十二指肠吸收，其吸收率为 5%～15%，平均为 10%，儿童的吸收率要高于成人。吸收的铅主要血液运转，并分布于全身，铅主要贮存于骨儒中，骨中的铅约占体负荷的 90%。体内铅主要由尿排出（约占吸收量的 76%），只有少量的铅从乳汁、汗液、头发和指甲排出。1960 年世界卫生组织提出正常人血尿铅水平分别为 0.00075～0.0019mmol/L（15～40μg/dL）和 0.00017 mmol/L（35μg/L）。血铅水平与每天膳食的摄入量相平行，因此，血铅值比体铅值更能反映近期的摄入量。尿铅值除反映近期摄入量外，还能反映体负荷。

铅的生物半衰期较长，因此，长期摄入低剂量铅后，易于在体内蓄积并出现慢性毒性作用。主要损害造血系统、神经系统、胃肠道和肾脏。常见的症状和体征为贫血、精神萎靡、烦躁、失眠、食欲降低、口有金属昧、腹痛、腹泻或便秘，头昏、头痛和肌肉酸痛等。动物实验证明，铅可通过胎盘进入胎儿的体内，并引起豚鼠和小鼠等多种动物畸形。妇女接触低浓度的铅，可影响胎儿的生长发育。接触铅的男子可出现精细胞活力降低、畸形和发育不全等。

目前我国对海洋食品中铅的残留限量要求：根据《无公害食品　海洋食品中有毒有害物质限量》（NY 5073—2006）标准规定，铅（以 Pb 计）≤0.5mg/kg（鱼类和甲壳类），铅（以 Pb 计）≤1.0mg/kg（贝类和头足类）。

5.2.2.4.4　铜

在自然界中，铜矿物的种类很多，有 170 种以上，但实际含铜较高的矿物只有几种。铜化合物中氯化铜、硫酸铜和硝酸铜易溶于水。铜广泛用于冶金及其制造、电镀和化学等工业中，硫酸铜在农业和林业上可防止病虫害，抑制水体中藻类的大量繁殖。

铜是生命所必需的微量元素之一，正常人体中总含铜量为 100～150mg。人体中铜大都存在于肝脏和中枢神经系统，对人体造血、细胞生长、某些酶的活动及内分泌腺功能均有重要作用。但摄入过量，则会刺激消化系统，引起腹痛、呕吐，人的口服致死量约为 10g。铜对低等生物和农作物毒性较大，其质量浓度达 0.1～0.2mg 时即可使鱼类致死，与锌共存时毒性可以增强，对贝类的毒性更大。一般水产用水要求铜的质量浓度在 0.01mg/L 以下。铜对水体自净作用有较严重的影响，当其质量浓度为 0.001mg/L 时有轻微的抑制作用，质量浓度达到 0.01mg/L 时有明显的抑制作用。我国海洋食品铜的污染水平较低。

目前我国对海洋食品中铜的残留限量要求，根据《无公害食品　海洋食品中有毒有害物质限量》（NY 5073—2006）标准规定，铜≤50mg/kg。

5.2.2.4.5　汞

人类通过食物摄取的汞与环境接触的汞比较具有较大的毒理学危害。汞对海洋食品的污染，主要是工矿企业中汞的流失和含汞三废的排放造成的。近年来我国对各种食品中汞的化学形式进行了研究，发现海洋食品的汞主要以甲基汞的形式存在；植物性食品中，以无机汞形式为主。一般来说，生物有富集汞的能力。陆生食物链的生物富集系数较低为 2～3，而水生食物链的生物浓集系数最高，如鳕鱼的富集系数为 3000 以上。鱼类为摄食甲基汞的重要来源，主要是由于水体底质中的无机汞在微生物的作用下转化为甲基汞，并通过食物链逐级浓缩起来。另外，鱼的肝脏也可利用无机汞合成甲基汞，且鱼体表面黏液中的微生物，甲基化能力也很强。因此，鱼中甲基汞的浓度增高是引起汞中毒的主要原因。如日本的"水俣病"就是甲基汞中毒的典型病例。鱼体内汞含量可因水体和饲料汞污染程度以及鱼龄和鱼体的大小而异。一般来说，水体和饲料中的污染程度越大，鱼的重量越大，鱼龄越增加，其甲基汞的含量亦越高。

汞由胃肠道吸收与其化学形式有关。金属汞很少被胃肠道吸收，故其经口毒性极小。二价无机汞化物胃肠道吸收率为 1.4% ~15.6%，平均为 7%。吸收后经血液转运，约以相等的量分布于红细胞和血浆中，并与血红蛋白和血浆蛋白的巯基结合。二价汞化物不易透过胎盘屏障，主要由尿和粪便排出。有机汞的吸收率较高，如甲基汞的胃肠道吸收率为 95%，吸收入体内的甲基汞，主要与蛋白质的巯基结合。在血液中，90% 的甲基汞与红细胞结合，10% 与血浆蛋白结合，并通过血液分布于全身。血液中的汞含量可反映近期摄入体内的水平，也可作为体内汞负荷程度的指标。甲基汞脂溶性较高，易于扩散并进入组织细胞，主要蓄积在肾脏和肝脏，并通过血脑屏障进入脑组织。大脑对甲基汞有特殊的亲和力，其浓度比血液浓度高 3 ~6 倍。甲基汞也可随头发的生长而进入毛发，血液中浓度与头发浓度之比为 1：250，毛发中甲基汞的含量与摄入量成正比，因此，发汞值可以反映体内汞负荷水平。甲基汞主要由粪排出，由尿排出较少。

汞由于存在的形式不同，故其毒性也不同无机汞化物的急性中毒多由事故摄入而引起。有些汞化物，特别是烷基汞，在人体内不易降解，也不易排出，而易于积蓄。如甲基汞在人体内的生物半衰期为 70d，因此容易蓄积中毒。甲基汞中毒机制尚待研究，一般认为甲基汞能和含巯基的酶反应，成为一种酶的抑制剂，从而破坏了细胞的代谢和功能。慢性甲基汞中毒的症状主要为神经系统的损伤，起初为疲乏、头晕、失眠，而后感觉异常，手指、足趾、口唇和舌等处麻木，症状严重者可出现共济运动失调，发抖，说话不清，失明，听力丧失，精神紊乱，进而疯狂痉挛而死。甲基汞亦可通过胎盘进入胎儿体内，新生儿红细胞中汞的浓度比母体高 30%。因此，甲基汞更容易危害婴儿，引起先天性甲基汞中毒。主要表现为发育不良，智力发育迟缓，畸形，甚至发生脑麻痹而死。

目前我国对海洋食品中汞的残留限量要求，根据《无公害食品　海洋食品中有毒有害物质限量》（NY 5073—2006）标准规定，甲基汞（以 Hg 计）≤0.5mg/kg。

5.2.2.5　药物残留

造成海洋食品中的药物残留超标主要原因有以下几个方面：①使用违禁或淘汰药物；②不按照规定执行应有的休药期；③随意加大药物用量或把治疗药物当成添加剂使用；④滥用药物；⑤饲料加工过程受到污染；⑥用药方法错误；⑦捕获前使用药物；⑧养殖水体本身含有药物残留。

5.2.2.5.1　农药类化学污染物

农药是指在农业生产中，为保障、促进植物和农作物的成长，所施用的用于防治、消灭或控制危害农业、林业的病、虫、草和其他有害物质以及有目的地调节植物、昆虫生长的化学合成或者来源于生物、其他天然物质的一种物质或者几种物质的混合物及其制剂。农药自问世以来，品种越来越多，应用范围越来越广，目前几乎遍及各地各类作物，在控制害虫方面发挥了巨大的作用，同时也带来了诸如农药残留、环境污染、杀伤天敌等副作用。尽管全球都十分重视环境污染的治理，但迄今为止，国内外农药的生产和使用并无减少趋势。因此，短时间内完全禁用化学农药是不现实的，只有通过研究农药残留发生的规律和实质，做到科学用药，才能有效缩减农药残留的危害。

5.2.2.5.2 兽药类化学污染物

兽药是指用于预防、治疗、诊断动物疾病或者有目的地调节动物生理机能的物质（含药物饲料添加剂），主要包括：血清制品、疫苗、诊断制品、微生态制品、中药材、中成药、化学药品、抗生素、生化药品、放射性药品及外用杀虫剂、消毒剂等。长期以来，兽药在防治动物疾病、提高生产效率、改善畜产品质量等方面起着十分重要的作用。然而，由于存在重发展、轻质量，重规模、轻管理的倾向，一些地区养殖密度过高，环境污染严重，养殖品种退化，饲料品种较差，致使水生动物、植物发病率增加，疾病危害程度加剧，这些疾病的出现导致兽药的需求急剧增加。我国兽药生产企业从大到小，从少数几家迅速发展到目前的上千家，品种也从最初的中草药、消毒剂等发展到抗生素类、磺胺类、呋喃类、雌雄激素类甚至包括免疫多糖、基因诱导剂类等数百个品种。这些兽药的滥用极易造成动物源食品中有害物质的残留，这不仅对人体健康造成直接危害，而且对畜牧业的发展和生态环境也造成极大危害。尽管世界各国采取了一系列政策和监控措施，但世界范围内涉及食品安全的恶性、突发事件时有发生，兽药残留现状仍然令人担扰。

5.2.3　捕获后及加工过程中可能产生的危害

水产食品的种类繁多，除了以生鲜销售外，还加工成各种干制品、腌制品、熏制品、罐头食品、调味料、鱼粉、鱼油、鱼丸等。这些加工制品即使在原料上得到了质量保证，但在加工过程中仍容易受到微生物、化学物质以及外来异物等多种因素的影响，在正常情况下，这些不良因素是可以避免和控制的，但现在往往有一些不法生产户或经销商为了获取更高利润不仅不采取有效的控制手段，反而向海洋食品中掺杂使假、滥用食品添加剂或加入违禁化学添加物，给消费者安全带来极大的威胁。因此，把握好每一个生产环节，是确保海洋食品质量的一个关键。若加工环境的选择不合适、工作人员卫生措施不够以及添加剂的使用不当都可能带来一系列的危害。

5.2.3.1　加工环境不当引起的危害

海洋食品企业的厂址选择跟其他食品加工选择一样，若选择不当会造成周围环境对食品安全产生不良影响，涉及食品安全方面的主要问题有以下一些：①水源，如水源含有病原微生物或有毒化学物质超标会造成食品污染。②污染源，某些能产生较多毒害物质的化工厂、垃圾堆放处等，若与食品企业太近，都会对食品形成污染。此外，一些散发花粉的植物也会一定程度上污染食品。③风向，即使在与污染源有一定距离的情况下，如果食品企业处于污染源的下风口，污染物也会因风力作用而对食品生产形成污染。

厂房设施与设备：由于厂房设施、设备的不合理而影响食品安全的问题也很多，常见的有以下几种情形。

① 布局不合理。厂房设施、设备不合理是一个普遍存在的影响食品安全的问题，对部分食品加工企业的一项调查显示，不少企业生产工艺流程未按规定分开排列，整个生产线排列混乱，无污染区和洁净区的划分，甚至多个流程在同一个地点进行。工厂生产区和工人生活区离得太近，甚至混在一起，存在生活垃圾污染食品的可能性。此外，卫生间的合理布局

也十分重要，车间内部一般不设卫生间。在进入车间入口处应合理设置高压空气间、胶鞋清洗池、手的清洗与消毒盆等。

② 地板、天花板与墙壁。加工车间的地板凹凸不平，形成积水；地面不光滑或未及时清洁，都会使微生物滋生；房间内温湿度调控不当或室内外温差大，则天花板、墙壁易产生水珠，发生霉变；天花板、墙壁色彩太暗，污染物不易看清，不利于清除和消毒；交界处在设计上存在死角，会造成清洁上的困难；作业环境的照明不够，易使作业人员疲劳，影响工作，还可能分不清异物是否进入食品，从而带来食品安全上的种种问题。

③ 防鼠类、昆虫的设备不完备。造成鼠类、昆虫污染的可能原因很多，如车间与工厂内排水处理场、垃圾集中处、垃圾处理场等未隔离；作业人员进门时，昆虫随之而入；鼠类及昆虫从下水沟进入；诱虫灯与捕鼠器的设置不当等。

④ 空气的洁净程度。空气中的尘埃、浮游菌、沉降菌是造成食品污染的重要原因之一。粉状食品的原料处理，地面的冲洗都会使尘埃污染周围的空气。在生产环境中，排水沟、人体、包装材料等都可能成为尘埃发生源。车间内送风机与排风机设计不合理容易造成室内负压，那样会大大影响空气的质量。

⑤ 废弃物。有些企业废弃物随处丢弃，没有远离车间的废弃物集中地。有的虽设有专门场地，但缺乏密闭措施，都会使存放地形成新的污染源。

⑥ 设备的材质。接触食品的工器具、容器设备和管道的材料对食品安全有直接影响。如铜制设备，由于铜离子的作用会使食品变色变味，油脂酸败等；设备表面的光洁度低或有凹坑、缝隙、被腐蚀残缺等会增加对微生物的吸附能力，易形成生物膜，增加清洁和消毒的难度，使微生物残存量增加，从而增加污染食品的机会。

⑦ 设备的安装。设备、管道的安装若存在死角、盲端，管道、阀门和接头拆卸不便会造成清洁上的困难，使得微生物容易滋生。

⑧ 厂房设备的清洗。有些企业未严格执行清洗制度和清洗方法不当，会造成厂房内环境和设备表面微生物的滋生，清洁剂残留的问题，这些对于食品安全的危害性也是显而易见的。

⑨ 污水的处理。根据排放物的情况，确定污水处理工艺。如果污水处理不当，一方面造成排放超标，另一方面给厂区带来卫生问题甚至影响周围环境。

5.2.3.2　工作人员卫生不合格引起的危害

在所有导致食品的微生物污染的因素中，工作人员是最大的污染源。如果工作人员不遵守卫生操作规程，极易将其在环境中所接触到的腐败微生物和病原菌传播到食品上。工作人员的手、头发、鼻子和嘴都隐藏着微生物，可能在生产过程中通过接触、呼吸、咳嗽、喷嚏等方式传播到食品上。若操作人员患有各种传染病或不宜接触食品的疾病，违章上岗，会造成病原菌污染食品。操作人员工作服的卫生也是十分重要的，一定要定期清洗与消毒，否则也会成为污染源。

5.2.3.3　添加剂使用不当引起的危害

5.2.3.3.1　亚硫酸盐

亚硫酸盐是食品工业广泛使用的漂白剂、防腐剂和抗氧化剂，通常是指二氧化硫及能够产生二氧化硫的无机性亚硫酸盐的统称，包括二氧化硫、硫磺、亚硫酸、亚硫酸盐、亚硫酸氢盐、焦硫酸盐、低亚硫酸盐。海洋食品的兴起使得亚硫酸盐越来越多地出现在水产食品加工过程中，目的是防止氧化、褐变以及延长保存期。但亚硫酸盐的使用量是有要求的，一些不法商贩为了获得更大利益，将劣质产品加入过量亚硫酸盐来保持其外观。大量使用亚硫酸盐类食品添加剂会破坏食品的营养素。亚硫酸盐能与氨基酸、蛋白质等反应生成双硫键化合物，能与多种维生素如维生素 B_1、维生素 B_{12}、维生素 C、维生素 K 结合，特别是与维生素 B_1 的反应为不可逆亲核反应，结果使维生素 B_1 裂解成其他产物而损失。人类食用过量的亚硫酸盐会导致头疼、恶心、眩晕、气喘等过敏反应。哮喘者对亚硫酸盐更是格外敏感，因其肺部不具有代谢亚硫酸盐的能力。

5.2.3.3.2　多聚磷酸盐

多聚磷酸盐作为保水剂和品质改良剂广泛应用于水产食品加工过程中，起到保持水分改善口感的作用，同时还有提高产品生产率的作用。但磷酸盐的过量残留会影响人体中钙、铁、铜、锌等必需元素的吸收平衡，体内的磷酸盐不断累积会导致机体钙磷的失衡，影响钙的吸收，容易导致骨质疏松症。

5.2.3.3.3　N - 亚硝基化合物

N - 亚硝基化合物是一类有机化合物，根据化学结构分为两类：一类为亚硝胺，另一类为 N - 亚硝酰胺。亚硝胺和 N - 亚硝酰胺在紫外光照射下都可发生分解反应。通过对 300 多种 N - 亚硝基化合物的研究，已经证明约 90% 具有致癌性，其中的 N - 亚硝酰胺是终末致癌物。亚硝胺需要在体内活化后才能成为致癌物。亚硝酸盐、氢氧化物、胺和其他含氮物质在适宜的条件下经亚硝化作用易生成 N - 亚硝基化合物。

硝酸盐和亚硝酸盐是腌制海洋食品中常用的防腐剂。具有抑制多种微生物的生长，防止腐败的作用。亚硝酸盐还是一种发色剂。鱼类食品在加工焙烤过程中，加入的硝酸盐和亚硝酸盐可与蛋白质分解产生的胺反应，形成 N - 亚硝基化合物，尤其是腐败变质的鱼类，可产生大量的胺类，其中包括二甲胺、三甲胺、脯氨酸、腐胺、脂肪族聚胺、精胺、胶原蛋白等。这些化合物与亚硝酸盐作用下生成 N - 亚硝基化合物。

N - 亚硝基化合物是一种很强的致癌物质。目前尚未发现哪一种动物能耐受 N - 亚硝基化合物的攻击而不致癌。N - 亚硝基化合物还具有较强的致畸性，主要使胎儿神经系统畸形，包括无眼、脑积水和少趾等，且有量效关系，给怀孕动物饲一定量的 N - 亚硝基化合物也可导致胚胎产生恶性肿瘤。

5.2.3.3.4　甲醛

甲醛是有毒物质，但具有防腐败、延长保质期、增加持水性、韧性等特性。在我国海洋食品市场，有些不法商贩就利用这些特性，将甲醛添加在海洋食品中，造成海洋食品中甲醛残留。然而甲醛可凝固蛋白质，当它与蛋白质、氨基酸结合后，可使蛋白质变性，严重时可以干扰人体细胞的正常代谢，因此，对细胞具有极大的伤害作用。研究表明，甲醛容易与细胞亲核物质发生化学反应，形成化合物，导致 DNA 损伤。因此，国际癌症机构已将甲醛列为可疑致癌物质。

5.2.4　保藏及流通过程中可能产生的危害

5.2.4.1　保藏条件不当引起的危害

水生动物较陆生动物易于腐败变质，其原因有两个方面：一是原料的捕获与处理方式；

二是其组织、肉质的脆弱和柔软性。渔业生产季节性很强，特别是渔汛期，鱼类捕获高度集中。鱼类捕获后，除金枪鱼之类大型鱼外，很少能马上剖肚处理，而是带着易于腐败的内脏和鳃等进行运输和销售，细菌容易繁殖。另外，鱼类的外皮薄，鳞片容易脱落，在用底拖网、延绳网、刺网等捕获时，鱼体容易受到机械损伤，细菌就从受伤的部位侵入鱼体。由此说明抑制微生物生长繁殖是确保海洋食品质量的一项重要措施。而微生物的生长繁殖除了需要一定的营养基础外，还需要一定的温度、时间等条件。因此控制细菌培养温度是抑制细菌生长繁殖的有效控制手段。研究表明，新鲜牡蛎在5℃下可有效抑制其中的副溶血性弧菌的生长。

5.2.4.2　过敏原标识不清引起的危害

海洋食品过敏属于食物过敏，是机体受到食物中抗原刺激后产生的一种异常或病理性的免疫反应。在过敏反应中90%以上属于Ⅰ类过敏反应，由特异性IgE抗体介导，一般在食入致敏食物后数分钟内就会发作。病症较轻的，就只在身体某一处组织表现出症状。如舌头或嘴唇有刺痛感、口唇周围发生肿胀、出现腹部绞痛、恶心、呕吐、腹泻等症状；皮肤上发生红疹、荨麻疹、血管性水肿、湿疹；呼吸系统会出现喉水肿、哮喘、咳嗽、鼻炎、鼻出血等症状。如果病症较重，就出现全身性过敏症状（可表现在消化道、皮肤、呼吸系统及眼、耳、口、鼻等器官），甚至出现虚脱、过敏性休克，严重的甚至会引发死亡。因此，在对于此类特殊产品销售时，需要特殊说明标识。

5.3　海洋食品质量控制技术

海洋食品作为鲜活食品，很容易腐败变质，因此，其质量控制技术涉及面非常广，按照食品检验检测工作分类，大体可以分为感官鉴定控制技术、微生物控制技术和理化指标控制技术等三个方面。

5.3.1　感官鉴定控制技术

海洋食品感官鉴定主要控制感官指标，即通过人的味觉、嗅觉、视觉、触觉和听觉等感觉器官对海洋食品进行品质评鉴的一类质量指标。主要从色香味形几个方面评价鉴定，即视觉检验、嗅觉检验、味觉检验和触觉检验，有时还辅以听觉检验。

海洋食品进行感官鉴定时，一般将试样置于白瓷盘或不锈钢工作台上，自然光光线充足（一般照度为540勒克斯），不允许使用日光灯等照明装置，以免造成错觉。另外，环境空气应无异味。评定人员需经过培训，是具有一定专业知识和检验工作实际经验的评鉴师。

视觉检验是指通过被检验物作用于视觉器官（眼睛）所引起的反映对海洋食品外部特征（形态、色泽、清洁度、透明度等）进行评价的方法。如在自然光下，用肉眼观察水产鱼类的体表、眼球、腮部、腹部及肛门等部位的状态。

嗅觉检验是指通过被检验物作用于嗅觉器官（鼻子）所引起的反映对海洋食品的气味进行评价的方法。人的嗅觉非常灵敏，一般用仪器检测不出的轻微气味变化都会感知。如人可以觉察到鱼体最初的蛋白质分解产生的氨或胺类的气味。但是人的嗅觉器官也有局限性，就是久处有异味的环境，就变得不再灵敏。因此，在嗅觉检验时，需要浓度从低到高，而且检验一段时间则必须适当休息。

味觉检验是指通过被检验物作用于味觉器官（味蕾）所引起的反映对海洋食品滋味进行评价的方法。味蕾呈卵圆形花苞状，由支持细胞和味蕾细胞组成，有味孔伸向舌表面，可感受口腔内食物的味觉。不同部位的味蕾分别感知甜、酸、苦、咸4种味道。舌尖两侧对咸敏感，舌体两侧对酸敏感，舌根对苦的感受性最强，舌尖对甜敏感。味蕾对各种味的敏感程度不同，由高到低依次为苦味、酸味、咸味和甜味。通常在20～40℃时，味蕾灵敏度最高。味觉检验前，不宜吸烟或吃刺激性强的食物。对海洋食品的味觉检验，应将样品切块、煮沸，闻香气，观肉汤，再品尝滋味。品尝时，细嚼后吐出，温水漱口。连续鉴定时，也应先清淡。且如嗅觉已经感知腐败的，则不宜进行味觉检验。

触觉检验是指通过被检验物作用于触觉器官（手、皮肤等）所引起的反应对海洋食品的重量、质感进行评价的方法称为触觉检验。主要检验弹性、脆性、紧密度及软烂程度等指标。

听觉检验是指通过被检验物主动或被动发出的响声来鉴定其品质好坏的方法。该检验方法在禽蛋类食品检验时应用较多。

感官检验简单易行，但容易因检验员身体素质、职业熟练度不同而产生偏差。只有经验丰富的检验师才能迅速准确的对样品进行最接近真实情况的正确评鉴。在进行感官鉴定时，有时用一种、有时会几种方法配合使用，配合使用时，一般依次进行视觉检验、嗅觉检验、味觉检验和触觉检验，辅以听觉检验。目前，感官鉴定越来越多的依靠仪器进行，如电子鼻、电子牙（质构仪）和电子舌等物性检测仪器的开发应用，大大解决了人为因素造成的不稳定性和误差。但是这些设备也有很多局限性，还有待进一步开发研究。

一般新鲜鱼的特征：色泽光亮，体硬肉紧，富有弹性；眼球突出，清亮有神，角膜透明；鱼鳞紧贴不脱落；鱼嘴紧闭、易拉开，口内清洁无污物；鱼鳃盖贴紧而鳃部鲜红；鱼肚完整，色泽正常，腹内无胀气；肛门周围呈圆坑形，硬实发白，有正常鱼腥味。不新鲜或腐败鱼的特征：鱼体柔软，无弹性；眼球下陷收缩，眼睛浑浊；鱼鳞疏松易脱落；鱼鳃松弛，鳃或肛门口有粘污物外溢；体表暗浊，无光泽；有异味，甚至腐臭味。

5.3.2　微生物鉴定控制技术

5.3.2.1　微生物控制

5.3.2.1.1　水产品养殖环境的水质质量控制

海洋食品的质量依赖于海水质量，因此，养殖过程中水质控制极为重要。我国《贝类生产环境卫生监督管理暂行规定》根据生产区域水环境质量和贝类卫生质量监测结果，贝类生产区域划分为三类：

第一类区域：水环境质量和贝类卫生质量符合国家有关标准。该区域内养殖或捕捞的贝类可以直接投放市场供食用。

第二类区域：水环境受轻度污染，贝肉中部分污染物超标。但区域内产出的贝类经过净化或暂养处理后，卫生质量可以达到国家有关标准。该区域内养殖或捕捞的贝类需经过净化或暂养处理后才能投放市场供食用。

第三类区域：水环境和贝类均受到严重污染，区域内产出的贝类用目前的处理技术无法达到国家有关卫生标准。该区域内的贝类禁止供人类食用。

5.3.2.1.2　贝类微生物净化技术

目前贝类的微生物净化技术已经基本成熟，净化已经被证明能够有效降低贝类体内有害微生物的污染程度，紫外线、臭氧、氯、碘、溴化物等都可用于贝类净化，多种净化系统也已经设计成功并开始逐步应用于贝类的养殖加工，二类养殖水域所生产的文蛤、菲律宾蛤仔等贝类产品，经过 24～36 h 的净化处理后，都能够达到微生物卫生要求。

常用的贝类净化方法和技术主要包括以下几种：

（1）利用氯及含氯消毒剂净化。氯及含氯消毒剂是最早用来净化贝类的化学药剂，具有较强的杀菌能力，能迅速杀灭贝类体内外的致病菌。且低浓度的游离氯能抑制贝类张壳和滤食，有效控制病苗数量。这类化学试剂具有刺鼻的味道，会影响贝类的品质，同时容易产生有毒的氯胺，故现在大部分国家和地区已不再使用。

（2）暂养净化。在许多经济发达国家已建立了专门的贝类净化工厂，双壳贝浅水池净化工艺流程图见图 5－1 通过暂养能消除贝类体内 85% 的致病菌，这也是目前降低重金属污染指标的唯一方法。但是这种方法具有劳动强度大、时间长、贝类损耗大等不足之处。

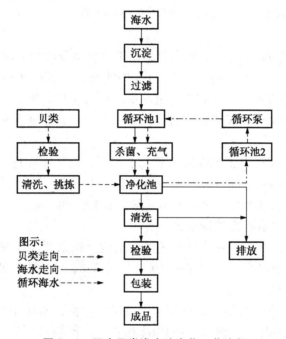

图 5－1　双壳贝类浅水池净化工艺流程

（3）紫外线灭菌净化。利用紫外线照射处理海水是进行贝类净化最常用的方法之一，紫外线能破坏不饱和键，尤其是 DNA 中的嘌呤和嘧啶，从而达到灭菌的效果。但是紫外线处理海水也存在局限性，海水的浑浊度、颜色和可溶性铁盐直接影响紫外线的杀菌效果。现在东南亚联盟和欧美大部分国家的贝类净化工厂主要都采用紫外线来净化贝类，我国也主要采用紫外线来净化贝类。

（4）臭氧灭菌。臭氧是一种强氧化剂，用其净化贝类的优点是不改变贝类的风味和外形，却能直接杀灭致病菌。所以臭氧是现今贝类净化技术中应大力提倡的方法。制造臭氧的设备也相继开发出来，如臭氧发生器、臭氧测定仪等，这些仪器的出现增加了臭氧净化的可行性和可控性。

我国已经发布水产行业标准《贝类净化技术规范》（SC/T 2013—2002），适用于滤食性海产瓣鳃纲双壳贝类浅水池系统净化处理，标准规定了贝类原料及净化贝产品要求、贝类净化工厂选址、设计和建造要求、贝类净化工艺和技术要求、贝类净化工厂的质量管理，可以清除贝类体内微生物和砂等的污染物质。

5.3.2.2　寄生虫的控制技术

5.3.2.2.1　水产品加工中寄生虫的预防控制措施

（1）鱼在加工中去内脏。鱼的内脏中含有大量的寄生虫，如异尖线虫、刚棘颚口线虫和绦虫。去除内脏可以彻底地清除肝、肠等部位的寄生虫。

（2）加工中剔除含有寄生虫幼体、囊蚴的鱼肉。为了控制水产品中寄生虫的危害，欧盟等发达组织和国家规定，含有寄生虫幼体、囊蚴的鱼肉不得投入市场流通和进行深加工。因此，在加工过程中要注意剔除含有寄生虫幼体、囊蚴的鱼肉。冷冻生鱼片肉中的寄生虫现依靠肉眼检验手工剔除。

目检法可以将样品的适当部位放置到 5 mm 厚的 45% 透过率的亚克力层上，在亚克力层上方 30 cm 处用 100 Lux 的光源照射，观察样品中是否有寄生虫存在，根据经验剔除肉中的寄生虫。

（3）热加工。高温或低温冷冻是较有效的杀灭寄生虫及卵的方法。厚度约 1mm 的鱼肉片内含有的肝吸虫囊蚴，在 90℃ 的热水中，1 s 即能死亡，75℃ 时 3s 内死亡，70℃ 及 60℃ 时分别在 6s 和 15s 内全部死亡。含异尖线虫幼虫的鱼肉加热到 90℃ 1min 以上或 70℃ 5min 以上都可以杀死幼虫。这意味着热熏、巴氏消毒、烹调处理在杀灭水产品寄生虫方面是安全的。

（4）冷冻。冷冻杀死寄生虫的效果依靠几个因素，包括冷冻过程的温度、冷冻鱼组织的时间长短、鱼保持冷冻的时间长短、鱼的脂肪组成以及寄生虫存在的类型。冷冻过程的温度、鱼保持冷冻的时间长短和寄生虫的类型显然是最重要的因素。例如，绦虫比蛔虫更易受冷冻的影响，吸虫比蛔虫有更高的抵抗力。

−21℃ 下冻结 24h，鱼虾体内的异尖线虫幼虫就会被杀死。如在同样有生鱼食俗的荷兰，政府就规定用作生食的鱼，必须在 −21℃ 下冷冻 24h，该项措施使得荷兰寄生虫病发病率大幅度下降。

FDA 把冷冻方法推荐给那些要把鱼作为生食的零售商，对用于生食的鱼类，在 −4 ℉（−20℃）或更低进行 7 d（全部时间）的冷冻和贮存，或在 −31 ℉（−35℃）或更低进行冷冻直到坚固并贮存在 −31 ℉（−35℃）或更低 15 h，或在 −31 ℉（−35℃）或更低进行冷冻直到坚固并贮存在 −4 ℉（−20℃）或更低 24 h，也能杀死寄生虫。这些条件有可能不适用于大鱼（如厚度超过 6 英寸）的冷冻。

（5）酸渍和盐渍。鱼肉在浓醋中浸渍 5 h 以上可以杀死异尖线虫幼虫。

当使用醋酸的浓度最小（在腌渍液中 2.5% ~3.0%）时，线虫在不同氯化钠含量下的存活时间见表 5 − 1，因此产品的最小处理时间应该是线虫最大的存活时间。

表 5 − 1　线虫在不同浓度氯化钠腌渍液中最大存活量

腌渍液中氯化钠含量/%	线虫最大存活量
4 ~5	>17 周
6 ~7	10 ~12 周
8 ~9	5 ~6 周

用盐水浸泡和腌制可以减少鱼体内的寄生虫危害，但是并不能消除它，也不能将其降低到可接受的水平。线虫幼虫已经表明能在 80% 盐液浓度中存活 28 d（盐占比重 21%）。

（6）超高压。200MPa 的超高压处理，对鱼肉中的肝吸虫囊蚴可产生杀伤效应。经 300MPa 的超高压处理，可将囊蚴全部杀死。

5.3.2.2.2　饮食中的预防控制措施

慎食鱼生。消费者消费鱼生时，应尽量到规模大、卫生条件好的场所，并应对鱼生的外观注意观察，因为有些寄生虫的幼体可用肉眼看到。

5.3.2.3　海洋食品杀菌技术

当代食品杀菌技术多种多样人们也在不断探索新的杀菌方法，尽可能提高杀菌技术的经济性、方便性。现代食品杀菌工艺正在逐步摆脱传统的加热杀菌方式，或采用低温冷杀菌，或各种除菌方法，或运用现代的各种包装技术与杀菌工艺密切配合，或运用现代加工技术如冷冻、干燥、冷藏、冷冻等。

（1）传统热力杀菌技术。利用加热杀灭食品中有害微生物的方法既是古老的方法，也是近现代极其重要的一种杀菌技术。19 世纪 50 年代，法国人巴斯德（Pasteur）阐明了食品的微生物腐败机理，为杀菌技术的发展奠定了理论基础。食品热力杀菌可分为低温杀菌法（巴氏杀菌）、高温短时杀菌法和超高温瞬时杀菌法。前两种方法，由于杀菌效果稳定，操作简单，设备投资小，已有悠久的应用历史。现在仍广泛应用在各类食品的生产中。

（2）辐照杀菌技术。自从原子能和平利用以来，经过 40 多年的研究开发，人们成功地利用原子辐射技术进行食品杀菌保鲜。辐照就是利用 X 射线、γ 射线或加速电子射线（最为常见的是印 ^{60}Co 和 ^{137}Cs 的 γ 射线）对食品的穿透力以达到杀死食品中微生物和虫害的一种冷灭菌消毒方法。1980 年联合国粮农组织（FAO）、国际原子能机构（IAEA）和世界卫生组织（WHO）联合专家委员会，提出了用 10kGy 以下剂量辐照的任何食品，都没有毒理学方面的问题，没有必要进行毒理学试验的建议，从而在世界范围内推进了辐照在水产品等食品生产中的商业化应用。

（3）臭氧杀菌技术。臭氧在水中极不稳定，时刻在发生还原反应，产生具有强烈氧化作用的单原子氧，在其产生瞬间，与细菌细胞壁中的脂蛋白或细胞膜中的磷脂质、蛋白质发生化学反应，从而使细胞的细胞壁和细胞膜受到破环，细胞膜的通透性增加，细胞内的物质外流，使细胞失去活性。同时臭氧能迅速扩散进入细胞内，氧化细胞内的酶或 RNA、DNA，从而致死菌原体。臭氧杀菌具有高效、快速、安全、便宜等优点，自 1785 年发现以来，广泛应用于食品加工、运输与贮存及自来水、纯净水生产等领域。

（4）微波杀菌技术。微波指波长在 0.001～1m（频率 300～300000MHz）的电磁波。它能以光速向前直进，遇到物体阻挡能引起反射、穿进、吸收等现象，用于杀菌的微波频率为 2450 MHz。研究结果普遍认为微波对微生物的致死效应有两个方面的因素即热效应和非热效应。热效应是指物料吸收微波能使温度升高从而达到灭菌的效果。而非热效应是指生物体内的极性分子在微波场内产生强烈的旋转效应，这种强烈旋转使微生物的营养细胞失去活性或破坏微生物细胞内的酶系统，造成微生物的死亡。微波杀菌具有穿透力强、节约能源、加热效率高、适用范围广等特点，而且微波杀菌便于控制，加热均匀，营养成分及色、香、味在杀菌后仍接近原物品质。微波杀菌目前在鱼类产品杀菌方面已经有一定应用。

（5）远红外线杀菌技术。对红外线的利用始于 20 世纪，1935 年美国福特汽车公司的格罗维尼（Groveny）首先取得将红外线用于加热和干燥的专利。食品中的很多成分及微生物在 3~10 μm 的远红外区有强烈的吸收。远红外加热杀菌不需要传媒，热直接由物表面渗透到内部。

（6）紫外线杀菌技术。紫外线处于 240~280nm 区段的紫外线杀菌力较强，而最强的波长为 25~265nm，多以 253.7nm 作为紫外线杀菌的波长。当微生物被紫外线照射时，其细胞的部分氨基酸和核酸吸收紫外线，产生光化学作用，引起细胞内成分，特别是核酸、原浆蛋白、酯的化学变化，使细胞质变性，从而导致微生物的死亡。紫外线进行直线传播，其强度与距离平方成比例地减弱，并可被不同的表面反射，穿透力弱，广泛用于空气、水及水产品表面、包装材料、加工车间、设备、器具、工作台的灭菌处理。

（7）高压电场中脉冲杀菌技术。高压电脉冲杀菌是将食品置于 2 个电极间产生的瞬间高压电场中，由于高压电脉冲（HEEP）能破坏细胞的细胞性，改变其通透性从而杀死细胞。高压电场脉冲杀菌一般在常温下进行，处理时间为几十毫秒，这种方法有 2 个特点：一是由于杀菌时间短，处理过程中的能量消耗远小于热处理法；二是由于在常温、常压下进行，处理后的食品与新鲜食品相比在物理性质、化学性质、营养成分上改变很小，风味、滋味感觉不出差异。而且杀菌效果明显（$N/Ne < 10^{-9}$），可达到商业无菌的要求，特别适用于热敏性食品。

（8）超高压杀菌技术。近年来，由日本率先研制出一种新型的食品加工保藏技术，这就是超高压杀菌技术。所谓高静压技术（High Hydrostatic Preseeure，简称 HHP）就是将商品密封于弹性容器或置于无菌压力系统中（常以水或其他流体介质作为传递压力的媒介物），在高静压（一般 100MPa 以上）下处理一段时间，以达到加工保藏的目的。对于大多数非芽孢微生物，在室温、450 MPa 压力下的杀菌效果良好；芽孢菌孢子耐压，杀菌时需要更高的压力，而且往往要结合加热等其他处理才更有效。温度、介质等对食品超高压杀菌的模式和效果影响很大。间歇性重复高压处理是杀死耐压芽孢的良好方法。超高压处理等可以延长水产品的保质期，同时较好地维持了品质和新鲜度。例如在确定生鲜海洋食品杀菌过程中，对不同优势分析，相对应地以不同高压进行处理，可以针对性地解决不同水产品中的微生物污染问题，而对维生素、色素和风味物等低分子化合物的共价键无明显影响，从而使水产品较好地保持了原有的营养价值、色泽和天然风味。国内已经开发出大容量超高压食品加工设备，年处理能力可达到 2500 L，有望实现超高压水产品技术的产业化。

5.3.2.4　海洋食品中病毒的控制技术

甲型肝炎病毒和诺沃克病毒对极端 pH 值有抵抗力，在冷冻和冷却温度下极稳定，并且对热和辐射处理也有抵抗力。贝类的组织对病毒极具保护性，因此贝类所带病毒均具有很强的抗热性。流行病学资料已表明，食用已蒸煮过的贝类仍有可能传染病毒性疾病。贝类经过 56℃、30min 处理后，甲型肝炎病毒还具有传染性。烹调条件诸如干热、蒸汽加热、烘烤和炖、焖等只能消灭 1% 的病毒，贝类经完全灭活病毒的热处理，一般将导致产品感官上不可接受。因此，最有效控制病毒的方法是在第一地点防止病毒污染物，必须从未被污水污物污染的水域中捕获贝类。

5.3.3　理化指标鉴定控制技术

理化鉴定是利用仪器设备和化学试剂对原料的品质进行判断，包括理化检验和生物检验两种方法。

理化检验主要是分析原料的营养成分、风味成分、有害成分等。生物检验可以测定原料或食物有无毒性或生物性污染。运用理化鉴定能具体而准确地分析食品的物质构成和性质，对原料品质和新鲜度等方面做出科学的结论，还能查出其变质的原因、有毒物质的毒理等。由于理化鉴定需要有专门的仪器设备和试验场地及专业的技术人员，检验周期长，难以在经营企业中使用。但随着食品市场监管的需要及完善，某些原料必须经国家设立的专门检验机构检验合格后才可以进入市场，因此理化鉴定主要在检疫部门等使用。

下面所列为理化检验指标的控制技术。

5.3.3.1　毒素的控制技术

5.3.3.1.1　环境监控

海洋毒素与鱼贝类间的相互作用是复杂的、动态的，且因种类及数量的不同而异。商业性渔区及贝类养殖设备经常不可预测地被毒素污染，使得预防困难。最好的预防途径是由海洋和水产研究所及监测部门，对海洋生态环境进行监测。

2002 年，我国在重要海洋增养殖区设立了 10 个赤潮监控区，实施了高密度、高频率的监测。2003 年，赤潮监控区增至 18 个。2004 年，每月两次发布《赤潮监控区养殖环境质量通报》，及时发布赤潮发生、发展相关的信息；监控区内赤潮的发现率达到了百分之百，赤潮灾害发生时，及时启动应急预案，加强赤潮毒素检测工作，确保不让受赤潮毒素污染的水产品进入市场；同时采取必要措施，降低了赤潮对养殖业的损害程度。2005 年，赤潮监控区增至 19 个；进一步完善了赤潮应急响应体系，定期发布《赤潮监控区养殖环境质量通报》，定期监测沉积物质量和主要水产品食品安全质量。赤潮监控区监控内容包括水环境和赤潮生物常规监测、贝毒监测、沉积环境监测和底栖生物监测等。重点检测时段为 3 ~ 11 月。赤潮监控区常规监测每半月 1 次；赤潮多发期可根据实际情况适当增加赤潮生物监测频率；赤潮发生期（包括赤潮发生至消失的全过程），可再增加赤潮生物监测频率。

我国农业部于 2007 年对海水贝类养殖生产区进行了划型工作，明确要求将贝类毒素作为海水贝类养殖生产区的管理指标进行监测，监测频率和取样数量由各省自定，当贝类产品中麻痹性贝类毒素（PSP）含量超过 400 MU/100g 或检出腹泻性贝类毒素（DSP）时，应实行临时性关闭，在关闭期间禁止采集贝类，达标后可解除关闭。

5.3.3.1.2　贝类的毒素排除技术研究

（1）贝类净化。麻痹性贝类毒素排除的最好方法是将贝类转移到清洁水体中使其自净。但其效果的好坏与贝类的种类有关，有些贝类在清洁的水体中相当长的时间后仍有较高的毒性，还有一些贝类在转移后毒性水平反而上升。而且转移大量的贝类是一件极为费时费力的工作。实验表明通过垂直移动水体中的贻贝能达到减轻麻痹性贝毒的效果，但在毒性水平较高时，这种垂直移动的方法受到抑制。贝类将毒素排除需要很长的一段时间，贝类染毒类型与排毒的速度因种群的不同而存在明显差异，也因季节的不同而存在差异。如：在海湾扇贝中，能检测到的麻痹性贝毒毒性水平（40 μg STXeq/100g）会在体内持续很长时间，从几个月到几年。初始毒性水平 34000μg STXeq/100g（≈1700 Mu/g 组织）的日本扇贝在实验室的流动水中自净 5 个月后仍然保持一定的毒性水平（100Mu/g）。因此，在选择贝类毒素的排除方法时，一定要考虑其他的物理、化学影响因素。

（2）物理方法。麻痹性贝毒的排除方法包括温度刺激、盐度胁迫、电击处理、降低 pH

值、氯化处理以及臭氧处理法。一些早期的研究报道认为臭氧能够有效地使贝体内的麻痹性贝毒失活。但截然相反的结果也是存在的。有人认为当受污于产麻痹性贝毒甲藻细胞的双壳类的自身生理状态没有改变时，臭氧能够有效地使麻痹性贝毒失活。赤潮发生时也有研究表明臭氧化的海水能阻止贝类（紫贻贝等）累积麻痹性贝毒。但臭氧在排泄胞囊或排泄已在组织中驻留很长时间的毒素时就显得无能为力。所以说臭氧法并非是一种有效的加速排毒方法。东南亚联盟包括马来西亚、新加坡、泰国、菲律宾和印度尼西亚贝类净化系统主要采用紫外线系统。西班牙是欧盟中消费贝类最多的国家，主要采用含氯消毒剂消毒法。法国用臭氧法作为净化贝类的主要手段。但到目前为止还没有一种有效的大规模的贝类毒素人工排除方法。

（3）烹调及罐头加工。烹饪法也被认为是排除麻痹性贝毒的好方法之一。煮、蒸、炸可在短时间内使毒素在高温下随着贝类失水而渗出。目前推荐的烹饪法是油炸法，因为油炸法有以下优点：温度更高、排毒更有效，并能避免更多的毒素流入汤中。烹饪法可以降低毒素水平，但并不能消除中毒的危险性。只有当初的贝类毒素的水平较低时，烹饪法才可能将毒素降到安全水平。

研究同时表明，商业性罐头加工也是降低麻痹性贝毒的好方法之一。这种工艺流程包括在绝缘套中先充入蒸气预蒸 15～20 min，然后将蛤肉分离出，去除吸管，将剩余蛤肉用温水清洗，再压入罐头。预蒸时渗出的肉汤毒素含量一般较高，但往往只是其中的部分被压入罐头，大部分已被去除，因此这种加工工艺对降低毒性水平很有效果，但其有效性也取决于初始毒素的水平。Noguchi 等的研究发现受毒于麻痹性贝毒的扇贝可以通过制罐过程加速排毒，在蒸馏过程中，110℃ 80min 或 122℃ 22min 的处理能去除大部分麻痹性贝毒毒素；而 70℃加热 20min 然后清洗的方法，效果就不是很好。相似的实验还曾用于排出冲浪蛤体内的毒素，但结果不理想。所以，应谨慎使用制罐方法加速排毒，因为许多环节仍需进一步改善。

（4）海产品的毒素控制。海产品中毒素控制的有效措施是制定有关水产中毒素最高含量（限量）的卫生法规及标准，含量超过限量规定则禁止销售流通。目前，对西加毒（Ciguatoxiu）尚没有有效预防措施，一般通过发布警告信息来提醒消费者有关该毒素的危害和食用产自毒素多发地的鱼类的危险性。感官检验有毒鱼类的可行性受到限制。目前，唯一的筛除西加毒素的方法是采用小鼠生物法检测可疑样品中的毒素。

麻痹性贝类毒素中毒是一个重要的公共卫生问题，目前世界上至少有 21 个国家已经或提议对食品中麻痹性贝类毒素限量进行控制，欧盟、美国及我国的限量为 80µg/100g 贝肉组织。现在，只有极少数国家设立了健忘性贝毒、神经性贝毒法规，其标准均是基于加拿大风险评估的 2mg/100g 产品的标准。我国现有相关标准中对贝类毒素的要求见表 5 - 2。

表 5 - 2　我国现有相关标准中对贝类毒素的要求　　　　　　　　　　mg/kg

毒素类型	无公害水产品限量要求 GB 18406.4—2001	无公害食品水产品中有毒有害物质限量 NY 5703—2006
麻痹性贝类毒素	0.8	400MU/100g
腹泻性贝类毒素	0.6	不得检出

（5）组胺的控制技术。死后的鱼体快速冷却是阻止组胺脱羧酶产生的方法中重要的因素，尤其对于暴露在温暖水域或空气中的鱼类 FDA 推荐的组胺控制措施包括：① 通常鱼应

该在死后 12h 之内放在冰里或 40 ℉（4.4℃）或更低的温度下的冷却的海水或盐水中，或者在死后 9 h 内放在 50 ℉（10℃）或更低温度下的冷却的海水或盐水中。② 暴露在空气或水温高于 28.3℃ 环境中的鱼类，或在船上冷却之前取出内脏的大金枪鱼（即 20 磅以上），应该在死后 6h 之内放在冰里（包括在大金枪鱼的腹腔内装入冰）或放在 4.4℃ 或更低的温度下的冷却的海水或盐水中。③ 在船上冷却之前没有取出内脏的大金枪鱼（即 20 磅以上），应该在死后 6h 之内冷却到中心温度在 50 ℉（10℃）或更低的温度。④ 未冷冻的能形成鲭鱼毒素的鱼，其安全的保存期限（产生组胺的升高水平之前的天数）决定于捕捞方式、船上的处理和整个加工、运输和贮存所暴露的时间/温度。对于贮存在 4.4℃ 下的产品其安全的保存期限只不过 5~7d。已经过预先冷冻的鱼，可以在捕捞之后的处理过程，能安全的在较高的温度暴露相对较长时间。如果那段时间的任何部分，温度在 21℃ 以上，对于没有经过预先冷冻的鱼应使暴露在温度为 4.4℃ 以上的时间累积不超过 4h。

组胺可作为某些鱼是否腐败的指示物。欧美及我国对部分食品中组胺含量做了限量要求，美国 FDA 要求进口水产品组胺不得超 50mg/kg，欧盟规定鲭科鱼类中组胺含量不得超过 100mg/kg，其他食品中组胺不得超过 100mg/kg。我国规定鲐鱼中组胺不得超过 1000mg/kg，其他海水鱼不得超过 300mg/kg。

5.3.3.2　过敏原的控制技术

人们食用某些食品后容易出现皮肤瘙痒、胃肠功能紊乱等不良反应，这些症状就称为过敏。由于各国民族的遗传因素差异和饮食习惯的不同，引起过敏的过敏原的主次顺序可能会有所不同。但总的来说，引起即时型过敏频度较高的食品不外乎 8 类，此 8 类占所有即时型食物过敏病例的 90% 以上。它们包括：牛乳及乳制品（乳酪、干酪、酪蛋白、乳糖等）；蛋及蛋制品；花生及其制品；大豆和其他的豆类以及各种豆制品；小麦、大麦、燕麦等以及谷物制品（含面筋、淀粉等）；鱼类及其制品；甲壳类及其制品；果实类（核桃、芝麻等）及其制品。

5.3.3.2.1　海洋食品中主要过敏原

(1) 鱼类过敏原。在鱼类中有两大类鱼过敏原，一类是硬骨鱼（如鲑鱼、鳕鱼、金枪鱼等），另一类是软骨鱼（如鲨鱼等）。所有的硬骨鱼类均含有一种主要的过敏原即小清蛋白，他们之间存在严重的交叉反应，因此很多患者对各种各样的鱼过敏。而对于软骨鱼类，目前的研究还比较少，但对硬骨鱼过敏的患者通常也对软骨鱼过敏。大西洋真鳕是一类非常广泛的过敏原，也是目前研究比较清楚的一种。其主要过敏原为小清蛋白，它是一种小相对分子质量的 Ca^{2+} 结合蛋白。这种小清蛋白在低等脊椎动物的白色肌肉中表达量很高，而在高等脊椎动物快速收缩的骨骼肌中含量较少，低等脊椎动物利高等脊椎动物中已分离出 α 和 β 两种类型的小清蛋白，从序列上分析鱼类中小清蛋白大部分属于 β 型。鳕鱼的主要过敏原为 Allergen M Gad c1，相对分子质量 12kD，pI 为 4.75。

(2) 甲壳类过敏原。虾中相对分子质量为 36 kD 的蛋白质是引起过敏反应的主要蛋白质，有关甲壳类过敏原有了很深入的研究。作为甲壳类动物的主要过敏原蛋白——原肌球蛋白是酸性糖蛋白等电点在 4.5 左右，其糖基的含量为 4.0%。随着技术的进步，越来越多的过敏原被发现，至少有 13 种之多，但主要的过敏原还是 36kD 的原肌球蛋白。不同种类的甲壳类过敏原之间存在严重的交叉反应。

(3) 软体动物类过敏原。软体动物的过敏原研究相对较少，目前研究的主要有鱿鱼和牡蛎等少数几种。其过敏原和甲壳类过敏原类似，属于原肌球蛋白，和甲壳类过敏原存在很强的交叉反应。鱿鱼的主要过敏原是 Tod p1，38kD 热稳定蛋白，氨基酸序列分析属原肌球蛋白。鲍鱼的主要过敏原是 Hal d1，其 cDNA 长 852bp，开放阅读框为 284 个氨基酸，编码的重组蛋白约 34kD，也属原肌球蛋白。

5.3.3.2.2　海洋食品中过敏原的控制

对食品安全性的风险控制是食品生产企业生存和发展的先决条件，预防性措施是控制食品过敏原产生的唯一手段，这涉及食品生产的全过程。其中重点在于要正确的标示食品的配料、必要的清洁措施以及有良好的管理来保证最大限度地减少对消费者造成的危害。

有关食品过敏原风险控制最重要的一步是了解产品中所有配料，并在食品标签中准确地把食品过敏原标示出来。同时需要进一步加强同原料供应商的联系，了解原料供应可能带来的风险。国外发达国家对食品标签的要求与管理十分严格，配料的标签和标示也非常具体，例如在配料表的最后还要添加上诸如"含大豆、乳清及小麦成分"等内容，以提醒消费者注意避免食用对自己产生过敏反应的食品。我国《预包装食品标签通则》（GB 7718—2011）对过敏原也做出了强制性要求，要求食品生产厂家对食品过敏原予以标示。GB 7718—2011 中对致敏物质的表述如下所述。

（1）以下食品及其制品可能导致过敏反应，如果用作配料，宜在配料表中使用易辨识的名称，或在配料表邻近位置加以提示：

① 含有麸质的谷物及其制品（如小麦、黑麦、大麦、燕麦、斯佩耳特小麦或它们的杂交品系）；

② 甲壳纲类动物及其制品（如虾、龙虾、蟹等）；

③ 鱼类及其制品；

④ 蛋类及其制品；

⑤ 花生及其制品；

⑥ 大豆及其制品；

⑦ 乳及乳制品（包括乳糖）；

⑧ 坚果及其果仁类制品。

（2）如加工过程中可能带入上述食品或其制品，宜在配料表临近位置加以提示。

5.3.3.3　重金属及有机污染物的控制技术

重金属指密度 4.0 以上的约 60 种元素或密度在 5.0 以上的 45 中元素。砷、硒是非金属，但它的毒性及某些性质与重金属相似，所以将其列入重金属污染物范围内。环境污染方面的重金属主要指生物毒性显著的汞、镉、铅、铬以及类金属砷，还包括具有毒性的重金属铜、钴、镍、锡、钒等污染物。现代工业的发展造成日益严重的环境污染，这其中就包括有害金属污染。有害金属污染源主要来自于冶金、冶炼、电镀及化学工业等排出的三废。污染水体具有较大的迁移性，伴随着水流的运动，水体中的浮游生物由过滤性吸收获得较高水平的重金属。因此，重金属在以浮游生物为食物的水生动物体内也有明显蓄积倾向。水生生物体中蓄积的砷、镉、铅、汞及其化合物，尤其是甲基汞对人体主要脏器、神经、循环等各系统均存在危害。根据它们的毒性，不同的金属可以分为较大、一般、较小或无潜在毒性。一般认为可能有较大毒性的金属有锑、砷、镉、铬、铅、汞和镍。一般毒性的污染物包括铜、铁、锰、硒和锌。较小或无潜在毒性的有铝、银、锶、铊和锡。对人体健康有害或可能有害的重金属污染物，它们都能够在可供食用的水生动植物中发现，而且其中的一些已经进行了危害性研究。在危害分析中要被鉴定的金属包括砷、镉、铅、汞等。

5.3.3.4　药物（渔药、兽药、农药）残留的控制技术

5.3.3.4.1　农药残留及其控制技术

（1）农药残留

农药按用途分类有杀虫剂、杀菌剂、除草剂、杀鼠剂以及植物生长调节剂，其中对水产品产生危害的主要是杀虫剂、有机氯农药。我国是世界上最早使用农药防治农作物中有害生物的国家之一，也是农药生产和使用的大国，1990 年我国的农药产量已占世界第二位，约占世界总产量的 1/10，仅次于美国。我国每年常用农药 150～160 种，用量在 4 万 t 左右。农药自问世以来，品种越来越多，应用范围也越来越广。目前几乎遍及各地各类作物，在控制害虫方面发挥了巨大作用，同时也带来了诸如农药残留、环境污染等副作用。

农药残留是指农药使用后残存于环境、生物体和食品中的农药母体、衍生物、代谢物、降解物和杂质的总称。尽管全球都十分重视环境污染的治理问题，但迄今为止，国内外农药的生产和使用并无减少趋势。因此，短期内完全禁用化学农药是不现实的，只有通过研究农药残留发生的规律与实质，做到科学用药，才能有效控制其危害。

水产品中的农药残留一部分来自人为施加的作为杀虫剂使用，另一部分来自污染的养殖水域中。农药还可经大气、水体、土壤等媒介的携带而迁移，特别是化学性质稳定、难以转化和降解的农药更易通过大气漂移和沉降、水体流动在环境中不断迁移和循环，致使农药对环境的污染具有普遍性和全球性。水生生物很容易通过食物链在体内富集农药。人处于食物链的末端，人体内约 90% 的农药是通过被污染的食品摄入的，水产食品是人体摄入农药的重要途径之一。当农药积累到一定程度后就会对机体产生明显的毒害作用，包括急性毒性、慢性毒性和"三致"毒性。

（2）农药残留的控制措施

在农药残留控制措施中，农药的合理安全使用是预防农药污染及积累的积极主动的措施；污染情况下，对于减轻农药污染程度是消极被动的补救措施；发展无污染农药与生物防治则是未来药物与防治的发展方向，也是防止污染、控制残毒的最可靠的途径。

① 调整农药产品结构。逐步淘汰高毒性和高残留农药产品，2002 年停止批准新增甲胺磷、甲基对硫磷、对硫磷、久效磷和磷胺 5 种高毒有机磷农药的登记。中国于 2001 年签署了《关于持久性有机污染物的斯德哥尔摩公约》，旨在减少或消除持久性有机污染物的排放。第一批受控化学物质包括 3 类 12 种，即杀虫剂：滴滴涕、氯丹、灭蚁灵、艾氏剂、狄氏剂、异狄氏剂、七氯、毒杀酚和六氯苯；工业化学品：多氯联苯；副产物：二恶英、呋喃。

② 科学地控制农药使用。应严格遵守《农药安全使用规范》和《农药安全使用标准》等规定，预防为主，综合防治。高毒、高残留农药不得用于果树、蔬菜、中药材和烟草等作物，禁止利用农药毒杀鱼、虾、青蛙和有益的鸟兽等，农药施用一定要在安全间隔期内进行。

我国农业部农药检定所从 20 世纪 80 年开始，已组织全国 52 个单位，共完成了 100 多家国内外企业的 165 种农药在 19 种作物上的 395 项残留试验工作，掌握了大量农药实际残留数据和资料。到目前为止，已经制定了 6 批《农药合理使用准则》国家标准，共计 160

种农药在 19 种作物上的 351 项标准。

③ 严格遵守农药高残留限量。我国颁布的最高残留限量（MRL）值标准的数量有限，到目前为止共颁布了 79 种农药在 32 种农副产品中的 197 项 MRL 值国家标准。其中，从 1994 年起农业部共同制定了 42 种农药近 100 项 MRL 的国家标准，并陆续制定在其他农副产品中新农药 MRL 值的国家标准。

（3）农药残留的降解

如何消除环境及食品中的农药残留已成为世界各国的研究热点。目前大多数研究集中在土壤以及粮食果蔬中农药残留的降解及消除。农药残留的消除方法主要有生物降解、化学降解、超声波、洗涤剂、电离辐射等。

① 生物降解

生物降解就是通过生物（包括各种微生物、植物和动物）的作用将大分子分解成小分子化合物的过程。化学农药的生物降解主要通过微生物及相关酶来进行。

a）微生物降解。农药微生物降解作用其实质是酶促反应。其主要降解途径有氧化、还原、水解、脱卤、缩合、异构化等。微生物降解农残最大的特点是无毒、无二次污染，而且可以工业化发酵生产菌种，并大规模进行推广使用。降解农残的微生物主要有细菌、真菌、放线菌、藻类等，其中细菌由于其极强的适应能力以及容易诱发易变菌株，因而占主要的地位，对有机氯农药的降解更为常见。

b）酶降解。共生或单一微生物对农药的降解作用都是在酶的参与下完成的，这些降解酶有的是微生物固有，有的是由于变异而产生。由于土壤中存在分泌磷酸酯和氨基甲酸酯结构水解酶的微生物，有机磷酸酯和氨基甲酸酯类农药在土壤中比较容易分解。降解酶往往比产生这类酶的微生物菌体更能忍受异常环境条件，而且酶的降解效果远胜于微生物本身，特别是对低浓度农药，因为在这种情况下，降解菌可以利用其他碳源而不能有效地利用农药为碳源。

② 化学降解

农药的化学降解大多通过氧化作用来进行，主要有臭氧（O_3）降解法、过氧化氢（H_2O_2）法、Fenton 法和超临界水氧化法等。

a）臭氧降解法。臭氧是 1840 年发现的，它具有消毒、除臭、杀菌、防霉、保鲜等多种功效，其化学特征是具有强氧化性质，可与蔬菜、水果中残留的有机磷或氨基甲酸酯类农药发生反应，生成相应的酸、醇、胺或其氧化物等。臭氧与农药反应后，多余的臭氧会分解为氧气，生成的化合物大都为水溶性，可以用水冲走。因此，用臭氧降解农药残留法是安全可行的。臭氧处理在有效降解农残的同时，可以很好保持果品的外观及营养价值，保证了果品在货架期的品质。

b）过氧化氢法。过氧化氢对有机磷农药有明显的降解作用，可使降解率提高 5 ~ 13 倍。光照、提高酸性或碱性都使农药降解率提高，且碱性比酸性更有利于农药的降解，而氧气则起到抑制作用。有机磷农药在经过氧化氢降解后，变成 PO_4^{3-}、二氧化碳和水及一些矿物质等，降解物基本无毒，对环境和食品是比较安全的，是解决目前农药残留的重要途径。

c）Fenton 法。Fenton 试剂于 1894 年由 H. J. Fenton 发现并应用于苹果酸的氧化，其实质是二价铁离子（Fe^{2+}）和过氧化氢之间的链式反应催化生成 $-OH$，$-OH$ 与有机物 RH 反应生成游离基 R·，R·进一步氧化生成二氧化碳和过氧化氢，从而降解有机农药。最早的

Fenton 试剂仅指 – OH 与亚铁离子的复合，近年来研究者发现，把紫外光和氧气引入 Fenton 试剂可以显著增强 Fenton 试剂的氧化能力并节约过氧化氢的用量。Fenton 法派生出许多分支，如 UV/Fenton 法、UV/过氧化氢法、铁屑/过氧化氢法和电 Fenton 法等。

d）超临界水氧化法。超临界水氧化技术是 20 世纪 80 年代初由美国学者 Modell 提出的一种新型水污染控制技术。它是利用超临界水的特性，使有机污染物在超临界水中氧化降解成为简单无害的小分子化合物的一种降解水中农药的方法。超临界水能溶解一般情况下很难溶解于水的有机物和一些气体如氧气，并且具有较大的扩散系数和较小的黏度，超临界水氧化法就是利用超临界水良好的溶剂性能和传递性能，使有机污染物在超临界水中迅速、有效地氧化降解。

③ 物理降解

降解农药残留常用的物理方法有夹带法、超声波法、电离辐射法和洗涤剂法等。

a）夹带法。夹带法主要是通过一些具有吸附性的物质（如活性炭、石英砂等）将农产品成水中的残留农药吸附而使之减少。

b）超声波降解法。超声波指频率在 16 kHz 以上的声波。超声诱导降解的原理是利用超声作用下液体的声空化，将难降解的有机污染物分解为坏境可以接受的小分子物质的方法。即液体在超声作用下产生一定数量的空化泡，在空化泡崩溃的瞬间，会在其周围极小空间范围内产生出 1900 ~ 5200K 高温和超过 5.065×10^8 Pa 的高压，温度变化率高达 109K/S，并伴有强烈的冲击波和时速高达 400km/h 的射流，这些极端环境足以将泡内气体和液体交界面的介质加热分解，使其产生强氧化性的自由基如 – O、– OH、– O_2 等，同时形成超临界水。

c）电离辐射。电离辐射降解是利用放射性同位素所释放的各种高能射线，使农药的各种化学键在射线的能量作用下断裂，从而由大分子降解成小分子的过程。可见电离辐射处理技术属冷处理技术，无需提高食品的温度，不添加任何化学药剂，无任何残留物，是一种物理去除方法，并且可以杀菌，有效节约能源。

④ 洗涤剂

研究表明：植物源洗涤剂对蔬菜、水果表面残留农药的清除率高达 80% 以上，比清水洗涤效率高 20% ~ 40%。还有研究表明用表面清洗剂对受芳烃污染土壤清洗效果好，能使土壤中污染物的残留量大大减少。

5.3.3.4.2　渔药残留

渔用药物是海洋生物增产、养殖过程中用以预防、控制和治疗水产动、植物的病、虫、害，促进养殖品种健康生长，增强机休抗病能力以及改善养殖水体质量的一切物质，渔用药物简称"渔药"。到 2005 年底，全国有渔药专业生产企业近 500 家，兼营渔用药的企业有 300 多家，地方标准渔药 500 余种，重复剂型 65% 左右。目前渔药的年销售量约在 30 万吨，销售额 30 多亿元。其中化学药物 1 万吨左右，因价格便宜，80% 为原料药成分装的原料药；中药制剂约 3 万吨；微生态制剂 15 万吨左右，消毒剂等 11 万吨左右（不含生石灰、茶柏、鱼藤酮等）。

我国渔药品种很多，常用药物按性质和用途大致可以分为六类，包括抗微生物药物、驱杀虫类药物、消毒药、调节生物代谢类药物、环境改良剂相水产用疫苗。截至 2007 年 10 月 10 日，我国允许并通过 GMP 认证的渔药生产企业生产和在水产养殖过程中使用的国家标准渔药制剂共 179 个。

（1）抗微生物类药物

水产用抗微生物药物是指对水产品中细菌、真菌、支原体和病毒等微生物具有抑制或杀灭作用的一类化学物质。国标渔药中的抗微生物药物主要由水产用抗菌药物组成，其中抗菌药物可分为抗生素、合成抗菌药。抗生素主要由β-内酰胺类（青霉素类）、氨基糖苷类、四环素类及酰胺醇类组成。其中，β-内酰胺类（青霉素类）1种；氨基糖苷类3种；四环素类1种；酰胺醇类5种；大环内酯类2种。合成抗生药物主要由磺胺类、喹诺酮类药及其他合成抗菌药物。其中，磺胺类药物10种、喹诺酮类药17种、其他合成抗菌药物1种，总计40种。

（2）杀虫驱虫类药物

杀虫驱虫类药物是指能杀灭或驱除水生动物体内外寄生虫以及敌害生物药物。根锯药物作用的特点，可分为抗原虫药、驱杀蠕虫药、杀甲壳动物药和除害药。水产养殖用杀虫驱虫类药物主要是抗原虫药、驱杀蠕虫药、杀甲壳动物药。其中，抗原虫药8种、驱杀蠕虫药10种、杀甲壳动物药6种，总计24种。

（3）消毒类药物

消毒类药物主要是用于杀灭微生物的药物，主要用于环境、栏舍动物排泄物、用具和器械等非生物表而的消毒。按其化学结构和作用分类，可分为醇类、醛类、卤素类、氧化剂、季胺盐类、金属化合物和染科类等。在水产养殖中使用较多的主要为卤素类、氧化剂、季胺盐类。其中，醛类1种、卤素类29种、氧化剂1种盐类1种、季胺盐1种、其他1种，总计34种。

（4）中草药制剂

应用中草药防治水生动物疾病，不但可以解决使用化学药物造成的耐药性和药物残留超标问题，而且符合发展无公害水产养殖业生产绿色水产品的原则。很多研究明，单方中草药或中草药制剂防治水生动物疾病疗效独特。目前，分布于《兽药质量标准》（2003年版）、《兽药典》（2005年版）、农业部627号公告和854号公告中的中药制剂品种有57种，其中抗微生物中药制剂38种、杀虫驱虫类中药制剂7种、调节代谢及促生长类中药制剂12种。

（5）调节水生动物代谢或促进生长的药物添加剂

药物水产养殖者为了提高饲料转换率，常在饲料中添加一些能调节代谢和促进生长的药物添加剂。这些添加剂要求不危害人和动物的健康，一般不具有诊断和治疗疾病的作用，大多用作改进饲料利用率。目前，在水产养殖生产中常用的调节水生动物代谢及促进生长的药物主要有维生素、脂质、激素、微量元素、促生长剂等几大类。其中，维生素3种、激素5种、微量元素2种、促生长剂1种，总计11种。

（6）环境改良剂

环境改良剂以改良养殖水域环境为目的所使用的药物，包括水质改良剂和生态改良剂等。其中，水质改良剂6种、生态条件改良剂4种，总计10种。

（7）水产用疫苗

疫苗在提高动物体特异性免疫水平的同时，也能增强机体抗应激的能力，且符合不污染环境、水产品无药物残留的要求，满足消费者对无公害水产品的需求，同时保护了养殖环境，达到了可持续利用的目的。

在水产养殖中，人们往往通过口服、注射、浸泡等方法给水生动物用药，用于防止动物疾病、促进动物生长、改善饲料的转化效率和提高繁殖能力等，但同时造成水产品可食组织的渔药残留。渔药残留是指在水生动植物养殖过程中，为防病、治病而使用的，在生物体内产生积累或代谢不完全而仍存在的渔药的原型化合物和其代谢产物，包括与药物本体有关的杂质。尤其是近年来为预防和治疗养殖鱼虾鳖患病而投入大量抗生素类化学药物，造成药物残留，伴随而来的是对公众健康和环境的危害。食品渔药的残留因此引起了普遍的关注。养殖环节用药不当是产生渔药残留的最主要原因，大致有以下几个方面：使用违禁或淘汰药物；不遵守休药期规定；滥用药物；渔药产品质量不合格。

人们食用残留激素、抗生素的海洋食品后，对健康危害主要表现以下几方面。

（1）一般毒性作用。人长期摄入含兽药抗生素残留的动物性食品后药物不断在体内蓄积，当浓度达到一定量后，就会对人体产生毒性作用。如氯霉素可以造成再生障碍性贫血。特别应指出，一些兽药具有急性毒性，如 β - 受体阻断剂、β - 受体激动剂、镇静剂、血管扩张剂以及致敏药物如青霉素等，这些兽药在污染食品后带来的健康危害更应引起关注。

（2）过敏反应和变态反应。经常食用一些含低剂量抗菌药物残留的食品能使易感的个体出现变态反应，这些药物包括青霉素、磺胺类药物以及某些氨基糖苷类抗生素等。它们具有抗原性，刺激机体内抗体的形成，造成过敏反应，严重者可引起休克。

（3）细菌耐药性。动物在经常反复接触某一种抗菌药物后其体内的敏感菌株可能会受到选择性的抑制，从而使耐药菌株大量繁殖。在某些情况下经常食用含药物残留的动物性食品，动物体内的耐药菌株可通过动物性食品传播给人体，当人体发生疾病时，耐药菌株感染往往会延误正常的治疗过程。迄今为止，具有耐药性的微生物通过动物性食品迁移到人体内而对人体健康产生危害的问题尚未得到解决。

（4）菌群失调。抗菌药对人体肠道菌群的影响主要包括，破坏肠道菌群的屏障作用，导致潜在病原菌过度生长，肠道细菌耐药株增加，肠道菌群代谢活性改变，肠道菌群结构改变。

（5）三致作用。是指某些药物或天然物的残留极易对人类和动物产生致畸、致癌和致突变作用。孔雀石绿是水产养成中经常使用的化学药品，可防治血卵的水霉病、车轮虫病，但却是一种致癌物；经常使用的呋喃类药物如呋喃西林、痢特灵以及在饲料中添加的生长促进剂如乙烯雌酚类也具有较强的致癌作用。

（6）内分泌及其他影响：儿童食用含促生长激素的食品易导致性早熟，一些属于类甲状腺素药物 β 受体激动剂，如盐酸克伦特罗，可导致嗜睡、心动过速甚至强直性惊厥等不良反应。

5.3.3.4.3　渔药残留的控制措施

水产品中渔药残留的监控最重要的是从源头抓起，加强渔药的安全、科学、合理使用，研制开发新型无公害渔药。

（1）遵守相关规定，建立残留限量要求。严格按照国家和农业部的规定进行诊断、预防或治疗疾病所用的渔药不得直接使用原料药，严禁使用未取得生产许可证、批准文号的药物和禁用药物。农业部相继发布了《无公害食品 渔用药物使用准则》（NY 5071），《无公害食品水产品中渔药残留限量》（NY 5070），农业部公告［第 193 号］——食用动物禁用的兽药及其他化合物清单，农业部公告［第 560 号］——兽药地方标准废止目录。农业部以 278号公告发布了兽药停药期规定，对 202 种列入兽药国家标准和专业标准的药物停药期做出了规定，其中包括 7 种渔用药物。为加强出口鳗鱼养殖用药管理，保证出口鳗鱼产品质量，参照日本鳗鲡养殖有关规定，农业部发山了《关于发布（出口鳗鱼养殖用药规定）、（出口鳗鱼养殖禁用兽药品种目录）的通知》[农牧函（1999）8 号文]，规定了鳗鱼养殖 7 种药物的使用方法和 21 种禁用药物。另外，卫生部还制定了无公害食品标准《无公害食品渔用药物使用准则》（NY/T 755），对渔药的规范使用起到了一定指导作用。水产品种渔药成分留限量见表 5 - 3。

表 5 - 3　水产品种渔药成分留限量

药物类别		药物名称		指标（MRL）/（μg/kg）
		中文	英文	
抗生素类	四环素类	金霉素	Chlortetracycline	100
		土霉素	Oxytetracycline	100
		四环素	Tetracycline	100
	氯霉素类	氯霉素	Chloramphenicol	不得检出
		磺胺嘧啶	Sulfadiazine	
磺胺类及增强剂		磺胺甲基嘧啶	Sulfamerazine	100
		磺胺二甲基嘧啶	Sulfamethazine	（一总数计）
		磺胺甲恶唑	Sulfamethoxazole	
		甲氧苄啶	Trimethoprim	50
喹诺酮类		恶喹酸	Oxolinic acid	300
硝基呋喃类		呋喃唑酮	Furazolidone	不得检出
其他		乙烯雌酚	Diethylstilbestrol	不得检出
		喹乙醇	Olaquindox	不得检出

（2）规范用药。规范用药，就是要从药物、病原、环境、养殖动物本身和人类健康等方面考虑，有目的、有计划和有效果地使用渔药，包括正确诊断病情，注意选药的有效性、安全性、方便性、经济性和给药方式等操作，建立用药处方制度，鼓励使用国家颁布的推荐用药，注意药物相互作用，避免配伍禁忌，推广使用高效、低毒、低残留药物，并把药物防治与生态防治和免疫防治结合起来。另外用药时间的选择，应根据具体的药物、养殖的种类、疾病的类型等综合考虑确定。无公害水产品标准明确规定严禁使用高毒、高残留或具有三致毒性（致癌、致畸、致突变）的渔药。严禁使用对水域环境有严重破坏而又难以修复的渔药，严禁直接向养殖水域泼洒抗菌素，严禁将新近开发的人用新药作为渔药的主要或次要成分。水产品上市前要严格遵守休药期。

（3）无公害渔用制剂的研究开发。开发环境友好的、无公害的渔用制剂，替代或者部分替代渔药抗生素以及化学添加剂等，也是解决水产品安全性问题的主要手段，如利用噬菌体裂解致病菌，降低其密度，进而减少或避免致病菌感染或发病的机会，从而达到预防和治疗疾病的目的。目前养殖鱼类、贝类的噬菌体疗法均展示了良好的应用前景，有研究表明养殖水体中适量施加噬菌体制剂可以有效缓解对虾的发病症状、显著降低养殖对虾的死亡率，噬菌体裂解水体宿主的同时，也显著清除了对虾体内器官中的副溶血性弧菌。

主要参考文献

[1] 李乃胜，薛长湖．中国海洋水产品现代加工技术与质量安全［M］．北京：海洋出版社，2010．

[2] G. M. Hall．水产品加工技术［M］．夏文水，陈洁，吕冰译．北京：中国轻工业出版社，2002．

[3] 林洪，江洁．水产品营养与安全［M］．北京：化学工业出版社，2007．

[4] 鸿巢章二，桥本周久．水产利用化学［M］．郭晓风，邹胜祥译．北京：农业出版社，1994．

[5] 岑琦琼，张燕平，戴志远，等．水产品加工干燥技术的研究进展［J］．食品研究与开发，2011（11）：156－160．

[6] 农业部渔业局．2011 中国渔业年鉴［M］．北京：中国农业出版社，2012．

[7] 彭燕，黄日明，郑建仙，周雪峰，杨献文，刘永宏．中华疣海星的化学成分及其抗菌活性研究［J］．中草药，2012，43（10）：1913－1915．

[8] Brink M，Belay G. Cereals and pulses［M］．PROTA，2006．

[9] 刘勇．渤、黄海两种主要中上层小型鱼类的摄食、生长和生态转化效率［D］．青岛：中国海洋大学，2003．

[10] 刘丹．海洋生物资源国际保护研究［D］．上海：复旦大学，2011．

[11] 刘妍，李志勇．海洋放线菌研究的新进展［J］．生物技术通报，2005（6）：34－38．

[12] 常耀光，薛长湖，王静凤，等．海洋食品功效成分构效关系研究进展［J］．生命科学，2012，24（9）：1012－1018．

[13] 焦慧．海鱼及其制品挥发性风味的研究［D］．杭州：浙江工商大学，2012．

[14] 孙元芹．浒苔作为食品源开发利用的初步研究［D］．青岛：中国海洋大学，2010．

[15] 沈月新．水产食品学［M］．北京：中国农业出版社，2001．

[16] 李学鹏．中国对虾冷藏过程中品质评价及新鲜度指示蛋白研究［D］．杭州：浙江工商大学，2011．

[17] 姜秉国．中国深海战略性资源开发产业化发展研究——以深海矿产和生物资源开发为例［D］．青岛：中国海洋大学，2011．

[18] 郝涤非．水产品加工技术（第 1 版）［M］．北京：科学出版社，2012．

[19] 杨宏．水产品加工新技术（第 1 版）［M］．北京：中国农业出版社，2013．

[20] 李玉环，徐波．高等职业教育教材·水产品加工技术（第 1 版）［M］．北京：中国轻工业出版社，2010．

[21] 隋伟．热反应虾味香精的制备［D］．无锡：江南大学，2006．

[22] 孟绍凤．虾风味的分析和虾风味基料的制备［D］．无锡：江南大学，2006．

[23] 孙学超．不同结构褐藻胶及其系列衍生物的制备与活性研究［D］．青岛：中国海洋

大学，2013.

[24] 刘芳，赵谋明，徐建祥，等．不同原料卡拉胶的物性比较研究［J］．华南理工大学学报（自然科学版），2001（5）：59 – 63.

[25] 江洁妮．常见浮游植物磷脂脂肪酸特征研究［D］．广州：暨南大学，2012.

[26] 刘雪平．低黏度低硫酸基耳突麒麟菜卡拉胶提取方法及流变学特性研究［D］．青岛：中国海洋大学，2013.

[27] 李明珠，马洪明．海水鱼类必需脂肪酸的合成能力［J］．中国海洋大学学报（自然科学版），2010，S1：59 – 64.

[28] 王琦．海产动物来源 n – 3PUFA 磷脂的提取及生物活性研究［D］．青岛：中国海洋大学，2008.

[29] 孙海红，毛文君，钱叶苗，等．海洋微生物活性胞外多糖的研究进展［J］．海洋科学，2011（11）：134 – 138.

[30] 张姗姗，王长云，魏晓蕾，等．海洋微生物胞外多糖结构与生物活性研究进展［J］．微生物学通报，2007（1）：153 – 156.

[31] 吕静琳，王宾香，郑天凌．海洋细菌活性蛋白、活性肽研究的若干新进展［J］．微生物学报，2010（9）：1121 – 1128.

[32] 王嵩．海藻油中分离纯化多烯脂肪酸的研究［D］．天津：天津大学，2008.

[33] 张真庆．褐藻胶酶解寡糖的制备、分离和结构鉴定［D］．青岛：中国海洋大学，2003.

[34] 张玉君．环境因素对浮游生物脂肪酸影响的研究［D］．青岛：中国海洋大学，2010.

[35] 余杨．基于生物柴油制备的海洋高脂微藻筛选［D］．厦门：厦门大学，2009.

[36] 刘名求，杨贤庆，戚勃，等．江蓠活性多糖与藻胆蛋白的研究现状与展望［J］．食品工业科技，2013，（13）：338 – 341.

[37] 张晓，周雁，徐维元，等．甲壳素的提取、分子修饰及其抗氧化活性研究［J］．中国食品学报，2013（10）：19 – 24.

[38] 赵谋明．江蓠加工高强度琼胶机理及其应用研究［D］．广州：华南理工大学，1995.

[39] 赵谋明，邱慧霞，彭志英，等．江蓠琼胶提胶新工艺的研究［J］．食品与发酵工业，1997（2）：3 – 7.

[40] 潘志杰．精制 ω – 3 不饱和脂肪酸鱼油的制取和生产［D］．舟山：浙江海洋学院，2012.

[41] 刘书成，李德涛，高加龙，等．近江牡蛎等 3 种贝类的脂类成分分析［J］．水产学报，2009（4）：666 – 671.

[42] 毛勇．卡拉胶的性质以及对啤酒酿造作用的研究［D］．无锡：江南大学，2004.

[43] 袁华茂．卡拉胶寡糖与衍生物的制备及生物活性研究［D］．青岛：中国科学院研究生院（海洋研究所），2005.

[44] 汪春牛，时杰，葛思思，刘洋洋，刘平怀．卡拉胶与琼胶提取工艺的研究进展［J］．海洋科学，2012（6）：122 – 126.

[45] 张文君，严小军，郑立，等．利用脂肪酸组成分析鉴定海洋细菌的初步研究［J］．科技通报，2006（4）：462 – 466.

[46] 刘士伟．螺旋藻降解肽的分离制备及其抑菌性的研究［D］．北京：北京林业大

学，2011.

[47] 胡文婷，张凯. 酶解海洋生物源蛋白制备活性肽研究进展 [J]. 海洋科学，2010 (5)：83－88.

[48] 刘书成，李德涛，高加龙，等. 三种贝类的脂类成分及其营养价值评价 [J]. 营养学报，2009 (4)：414－416.

[49] 郭守东. 微生物胞外多糖的结构及其抗氧化活性研究 [D]. 青岛：中国海洋大学，2010.

[50] 梅志刚. 隐甲藻生产 DHA 的研究 [D]. 广州：华南理工大学，2011.

[51] 宋志东，张利民，王际英，等. 鱼体的脂类运输（续）[J]. 饲料研究，2008 (12)：11－13.

[52] 宋志东，张利民，王际英，等. 鱼体的脂类运输 [J]. 饲料研究，2008 (11)：13－15.

[53] 张唐伟，李天才. 藻胆蛋白质的提取纯化与生物活性研究进展 [J]. 生物技术通报，2010 (1)：9－13.

[54] 廖永岩，徐安龙，卫剑文，等. 中国蛋白、肽类毒素海洋动物名录及其分布 [J]. 中国海洋药物，2001 (5)：47－57.

[55] 王娟. 紫球藻活性产物的代谢调控以及藻红蛋白的分离纯化 [D]. 福州：福建师范大学，2005.

[56] 卢行芳，卢荣. 天然磷脂产品的加工及应用 [M]. 北京：化学工业出版社，2004.

[57] 曹栋，裘爱咏，王兴国. 磷脂结构、性质、功能及研究现状 [J]. 粮食与油脂，2004 (5)：3－6.

[58] Kafrawy O, Zerouga M, Stillwell W, et al. Docosahexaenoic acid in phosphatidylcholine mediate cyto－toxicity more effectively than other omega－3 and omega6fatty acids [J]. Cancer Letters, 1998, 132 (1－2)：23－29.

[59] Hosokawa M, Takahashi K. Chapter 13 Preparation of polyunsaturated phospholipids and their functional properties：Handbook of industrial biocatalysis [J]. Boca Raton：CRC Press, 2005：1－13.

[60] Cho S, Joo D, Choi H, et al. Oxidative stability of lipids from squid tissues [J]. Fisheries Science, 2001 (67)：738－743.

[61] Bandarra N M, Campos R M, Batista I, et al. Antioxidant synergy of a40copherol and phospholipids [J]. Joumal of the American Oil Chemists Society, 1999 (76)：905－913.

[62] Weinong Zhang, Haibo He, Yuqi Feng, et al. SEPA ration and purification of phosphatidylcholine and ph08phatidylethanolamine from soybean degummed oil residue by using solvent extraction and column chromatography [J]. Journal of Chromatography B－Analytical Technologies in the Biomedical and Life Science, 2003 (798)：323－331.

[63] 张苓花，叶淑红，王晨祥，等. 酶法合成 DHA/EPA 型卵磷脂的研究 [J]. 大连轻工业学院学报，2000, 19 (1)：45－47.

[64] Caramujo M J, Boschker H T S, Admiraal W I M. Fatty acid profiles of algae mark the development and composition of harpacticoid copepods [J]. Freshwater Biology, 2008, 53 (1)：77－90.

[65] [51] Zhukova N V and Aizdaicher N A. Fatty acid composition of 15 species of marine microalgae [J]. Phytochemistry, 1995, 39 (2): 351 - 356.

[66] 林洪，水产品安全性 [M]. 北京：中国轻工业出版社，2005.

[67] 夏延斌，钱和，食品加工中的安全控制 [M]. 北京：中国轻工业出版社，2005.

[68] 林洪，江洁，水产品营养与安全 [M]. 北京：化学工业出版社，2007.

[69] 刘光明，曹敏杰，蔡秋凤，等. 水产品过敏原的研究现状和展望 [J]. 中国食品学报，2012 (5): 1 - 9.

[70] 郭俊生. 现代营养与食品安全学 [M]. 上海：上海第二医大出版社，2006.

[71] 钟耀广，食品安全学（第2版）[M]. 北京：化学工业出版社，2010.

[72] 魏益民，刘为军，潘家荣. 中国食品安全控制研究 [M]. 北京：科学出版社，2008.

[73] 李乃胜，薛长湖等. 中国海洋水产品现代加工技术与质量安全 [M]. 北京：海洋出版社，2010.

[74] 周才琼. 食品标准与法规 [M]. 北京：中国农业大学出版社，2009.

[75] 张水华，余以刚. 食品标准与法规 [M]. 北京：中国轻工业出版社，2011.

[76] 熊善柏. 水产品保鲜储运与检验 [M]. 北京：化学工业出版社，2007.